全国农业高等院校规划教材
农业部兽医局推荐精品教材

经济动物学

（动物科学　动物医学　特种动物专业用）

高文玉　主编

中国农业科学技术出版社

图书在版编目（CIP）数据

经济动物学/高文玉主编．—北京：中国农业科学技术出版社，2008.2

ISBN 978-7-80233-457-1

Ⅰ．经… Ⅱ．高… Ⅲ．经济动物-饲养管理-高等学校：技术学校-教材 Ⅳ．S865

中国版本图书馆 CIP 数据核字（2007）第 175958 号

责任编辑　杜　洪
责任校对　贾晓红

出 版 者　中国农业科学技术出版社
　　　　　北京市中关村南大街 12 号　邮编：100081
电　　话　(010)68919704(发行部)(010)62145303(编辑室)
　　　　　(010)68919703(读者服务部)
传　　真　(010)68975144
网　　址　http://www.castp.cn
经 销 者　新华书店北京发行所
印 刷 者　北京华正印刷有限公司
开　　本　787 mm×1 092 mm　1/16
印　　张　27　插页　1
字　　数　640 千字
版　　次　2008 年 2 月第一版　2008 年 2 月第一次印刷
定　　价　38.80 元

主　编　高文玉（辽宁医学院动物科学技术学院）
副主编　任东波（吉林农业大学）
王春强（辽宁医学院动物科学技术学院）
编　者　王春强（辽宁医学院动物科学技术学院）
任东波（吉林农业大学）
汤俊一（黑龙江生物科技职业学院）
张　宇（中国农业科学院特产研究所）
张淑娟（黑龙江畜牧兽医职业技术学院）
张金柱（北京农业职业技术学院）
邱文然（辽宁职业学院）
高文玉（辽宁医学院动物科学技术学院）

前 言

经济动物养殖是一种新兴的农业产业，具有投资少、见效快、经济效益高等特点，符合现代农业发展战略要求，在农业产业结构调整中占有重要地位。经济动物的各种高档次产品不但极大丰富了农产品市场、商场，为医药工业、毛皮工业等提供了优质的原料，在对外贸易、换取外汇中也有着不可替代的重要作用。因此，对繁荣农村经济，促进农业生产，加快农民脱贫致富起到了越来越大的作用。与传统的家畜、家禽相比，经济动物养殖是一种新兴产业，其教材建设相对比较薄弱，为了满足社会对经济动物领域生产、研究人才的需求，适应我国高等教育人才培养目标的需求，本着知识、能力、素质协调发展的人才培养原则，培养知识面广、能力强、素质高的人才培养目标，编写了本教材。

《经济动物学》是研究经济动物生物学特性、繁殖与育种、营养与饲料、饲养管理、产品初加工以及疾病防治等方面知识和技术的学科。根据经济动物的生物学特点，全书分为哺乳类经济动物、特禽生产、药用动物三大部分，涉及 28 种经济动物。为了满足学生自学的需求，每章之后留有思考题，部分思考题是编写人员多年经验教训的结晶，以及科研成果的积累，希望对学生的学习及指导生产与科研会有较大的帮助。本教材选择了不同地区饲养比较普遍、数量较多、经济效益较好的经济动物种类，选择动物种类时还考虑了我国特有的物种，以及有利于野生动物保护与产品可持续性开发等因素。由于我国地域广阔，地理环境差异较大，各院校可根据实际情况，因地制宜地选择适宜的动物种类作重点讲授。

本教材从我国农业产业结构调整对专业技术人才的需求出发，紧密结合当前我国高等农业院校专业结构调整与教材建设实际，坚持内容的科学性、先进性、实用性和准确性，力争反映国内外经济动物生产、科研的最新成果与技术。本教材既可作为动物科学专业、动物医学专业、经济动物专业教材，还可作为科研单位、生产一线专业技术人员的必备参考书。

本教材是集体智慧的结晶，共 3 篇 28 章，其中绪论部分、第二章茸用鹿、第三章麝、第九章毛皮加工与质量鉴定、第十章犬等内容由高文玉编写；第五章狐、第七章麝鼠、第八章海狸鼠等内容由任东波编写；第四章水貂、第六章貉、第十七章鸵鸟、第二十八章黄粉虫等内容由王春强编写；第一章家兔部分由张金柱编写；第十一章乌鸡、第十二章雉鸡、第十三章肉鸽、第十九章大雁等内容由张淑娟编写；第十四章鹌鹑、第十五章火鸡、第十六章珍珠鸡、第十八章绿头鸭等内容由汤俊一编写；第二十章中国林蛙、第二十一章鳖、第二十二章药用蛇类等内容由张宇编写；第二十三章蛤蚧、第二十四章蝎子、第二十五章蜈蚣、第二十六章地鳖虫、第二十七章蜜蜂等内容由邱文然编写。

虽然我们全体编写人员做了很大的努力，参考了众多的专业书籍与教材取长补短，以实现编写初衷，但由于本教材涉及内容广泛、动物种类繁多，加之水平有限，错误与不妥之处在所难免，恳请广大读者多提宝贵意见，以便我们今后进一步修订，在此先表谢意！

编 者

绪 论

一、经济动物的概念及分类

经济动物是由具有一定特点动物组成的动物群体，从广义上讲泛指对人类有益、并具有一定经济价值的动物。从动物学的观点来看，包括了哺乳动物、鸟类、爬行类动物、两栖类、鱼类、节肢类、软体类及昆虫类动物；从这个意义上讲，家畜、家禽都属于经济动物。而从畜牧兽医行业的狭义角度来讲，经济动物是指除家畜、家禽以外，由人类驯养历史相对较晚、产品比较独特、产品经济价值比较高、在家养条件下能够比较正常的繁殖、具有各自不同生物学特性的一类由野生变为家养的动物。

按照动物的主要经济用途，经济动物可分成毛皮动物、观赏动物、药用动物、伴侣动物。这种分类方法优点是动物的用途明确，而缺点是一种动物可同时归属于不同经济动物类，甚至部分动物很难归属其中。按照动物的自然属性，经济动物可分为哺乳动物类、珍禽类、特种水产类及其他类，此分类方法优点是动物来源明确，但分类方法不科学，有些动物的归属不明确。按照生物学分类原则进行分类，将经济动物划分成哺乳类、鸟类、两栖、爬行类及其他类。由于各分类方法各有优点与不足，本书采用综合的方法进行分类，将哺乳类、特禽类、药用动物及其他经济动物，分3篇进行编写。

二、经济动物发展概况

我国是世界上家兔驯养最早的国家，早在先秦时期就已进行驯养，距今已有2 000多年的历史。据统计，世界上186个国家和地区，家兔饲养量为12.1亿只，其中，肉用兔占94%，毛用兔占5.8%，皮用兔占0.2%。兔肉总产量为161.36万t，西欧是兔肉的主产区，占世界总产量的43%，年生产兔肉约64.7万t；东欧占24%，年生产兔肉约42.6万t；中国年生产兔肉约40.9万t。

据推测，数千年前人类已有放牧鹿。我国人工驯养茸用鹿是从清朝末期开始的，为了完成贡鹿任务，在吉林省东风、双阳，辽宁省西丰等地围圈养鹿，开创了人类驯养梅花鹿的历史。苏格兰是世界上养鹿比较发达的国家，早在1070年就建立了Glensaugh鹿场，17～18世纪养鹿业曾一度受到冲击，至20世纪初有圈养鹿群，现饲养赤鹿和黇鹿约15万只。原苏联养鹿是从狩猎食肉起步的，养鹿业历史久远，18世纪60年代中国商人将鹿茸药用知识传入后，开始猎取马鹿取茸。19世纪70年代采用围栏散放饲养马鹿，至90年代建立养鹿场200处，养马鹿3 000余只，梅花鹿2 000余只。第二次世界大战前，前苏联国营鹿场养鹿近2万只；1952年开始进行放牧养鹿试验，至1977年养鹿达8万多只。新西兰鹿的野生资源丰富，曾一度达到700万～800万只，1969年政府允许养鹿，出现一大批养鹿场，1990年新西兰围栏养鹿达100万只，居世界第一位。

毛皮动物生产始于北美，加拿大是野生动物实施人工养殖早而先进的国家。早在1860年加拿大就开始从野外捕捉野生银狐进行驯养，1883年人工繁殖获得成功，1894年建立起第一个养狐场，1912年起养狐业走向企业化生产。1937年挪威成为世界上最大的狐皮生产国。20世纪80年代后，狐皮的主要产区在欧洲，年产量占世界总产量的70%。水貂产于北美，1866年人工养殖获得成功，1867年美国首次建立饲养场，第一次世界大战后，德国、挪威、前苏联、瑞典、前南斯拉夫等欧洲国家相继从北美引种饲养，并在欧洲得到了发展。20世纪70年代以后，水貂皮、狐皮、波斯羔皮成为国际裘皮市场的三大支柱产业。

我国经济动物的发展主要是在中华人民共和国成立以后，1956年我国由前苏联引进银黑狐、北极狐和水貂等毛皮动物，并先后建立了黑龙江横道河子、太康、密山，辽宁省金州，吉林左家，山东烟台等大型国营养殖场。20世纪50年代后期发展较快，但60年代我国养狐业受到很大冲击。80年代随着我国对外开放，对内搞活经济政策的进一步落实，又重新引进种兽，包括养兔在内的经济动物养殖业得到较大的发展，十分明显的变化是养殖不仅局限在国营养殖场，经济动物的养殖逐渐在群众中以每家每户的个体养殖形式发展起来，市场出现了前所未有的大好局面。1989年受国际市场的影响，我国经济动物养殖出现大的滑坡，特别是对毛皮动物的影响更为明显，1992年后才得以逐渐恢复，至2006年我国水貂、狐、貉等主要毛皮动物存栏量估计可达千万只以上。20世纪80～90年代养鹿业总体形势比较好，但1997年受东南亚经济危机的影响，鹿茸市场受到暂时冲击，最近几年鹿茸市场由于受到来自国际和国内多种因素的影响，价格比较低，梅花鹿三杈茸生产场家售价仅仅在2 000元/kg左右。近年来，一些小型药用动物、珍禽类以及犬的养殖也都随着市场的需求，有了不同程度的发展，特别是肉用犬、宠物犬的养殖，呈现快速发展的势头。

三、经济动物生产的意义

经济动物生产有利于缓解和避免珍稀野生动物种群资源下降乃至濒临灭绝的境况，对于野生动物保护有着重大意义。通过人工驯养，发展经济动物养殖，不仅可以保护野生经济动物种群资源、减少对野生经济动物的乱捕乱猎，还可以创造新的类型和品种、使野生经济动物种群资源得以恢复和发展，把利用、开发和保护有机结合起来，麋鹿、麝的人工驯养就是一个典型的事例。

随着经济的高速发展和人们生活水平的不断提高，人们对衣食住行提出了新的要求，发展经济动物养殖业，可为高档服装制作提供优质原料、开发保健食品、为我国传统的中医药工业提供原料、提供宠物，从而满足人们日益增长的物质和精神生活的需要。

经济动物的许多产品都是我国传统的出口产品，其中不少种类是深受国外消费者青睐的名、特、优产品，出口换汇率高。据统计，我国每年出口的鹿茸达50～60t，创汇3.6亿美元，水貂皮年创汇1亿美元，兔毛、兔皮等产品在国际市场上也很畅销。

四、经济动物生产中应注意的问题

经济动物生产是我国近年来形成的一个新兴产业，虽然发展很快，但目前也存在很多阻碍其发展的问题。

第一，一些地区发展经济动物不能根据本地区的自然条件因地制宜，一哄而上的情况时有发生。一些适合高纬度地区饲养的长毛型毛皮动物，受利益的驱使，在低纬度地区也在大力发展，其结果，不仅繁殖机能很差，而且产品质量也逐渐下降。

第二，不重视选种选配、科学饲养管理，过分重视数量而忽视质量，致使我国经济动物产品在国际市场上缺乏强有力的竞争力，因此，在国际市场竞争比较激烈时就会败下阵来，使养殖业产生较大起伏，严重影响养殖者的经济效益。

第三，很多经济动物养殖者文化水平较低，生产的产品质量较差，经济动物养殖知识的普及有待进一步加强。

第四，一哄而上是经济动物养殖的大敌，而我国目前养殖业缺乏有效的行业控制的法律和法规做保证，所以一旦某一种经济动物养殖效果比较明显时，就会迅速招引大量的新养殖者的加盟，从而使原有市场的供需平衡遭受严重破坏，产生大起大落，最终对所有经济动物养殖者都产生严重的负面影响。

第五，产、供、加、销一体化亟待进一步加强，以适应规模化生产的需要；要不断加大产品深加工力度，提高产品的科技含量，充分挖掘国内市场潜力，摆脱过分依赖国际市场的被动局面，这样才能促进经济动物养殖业健康有序的发展。

第六，尽管近年来不同规模的协会、学会不断形成，但大多数经济动物养殖者还停留在单打独斗的落后状态，缺乏必要的联合与协作，严重制约着其发展和养殖效果。经济动物养殖需要来自社会的多方面有利而诚挚的帮助，使之形成一种合力，在技术上有保障，在产品销售上能够获得及时有效的信息，这样，经济动物养殖业才能真正形成一种产业，得到健康、持续的发展。

目 录

第二篇　特禽生产

第三篇 药用及其他经济动物

第一篇

哺乳类经济动物

第一章　家　兔

家兔是草食性经济动物，养兔是我国一项传统养殖业，是我国创汇农业的组成部分。兔肉蛋白质含量高，质量好，鲜兔肉含蛋白质21%（猪肉15.7%、牛肉17.4%、羊肉16.5%、鸡肉18.6%），脂肪含量低，为8%，比猪肉（26.7%）、牛肉（25.1%）、羊肉（21.3%）都低。家兔生产效率高，1只母兔年产的兔肉可相当于自身体重的20倍以上。

兔毛是保温、防潮、吸湿性能强的优质高级天然毛纺原料。用兔毛为原料纺织加工出来的各种服装都具有轻、软、美、暖等特点。

獭兔皮是物美价廉的制裘原料，具有绒毛细密整齐、光泽美观好看、皮板轻柔结实、保温防潮性能好、色型较多、饲养成本较低等特点。可制作出各种样式的长短大衣、披肩、围巾、帽子、手套、挂毯等，其下脚料可制成仿虎、豹、松鼠、猫、熊等儿童玩具等。

我国是养兔大国，是兔产品出口大国。我国长毛兔的饲养数量、兔毛产量均占世界90%以上，年出口兔毛数量占世界兔毛贸易量的90%以上。出口的冻兔肉占世界贸易量的60%左右。

全世界的兔肉生产主要集中在中国、意大利、法国、独联体国家和西班牙等国。中国生产兔肉较多的省是山东、四川、河北、山西、河南、江苏等。其中以山东省生产和出口数量最多。

当前世界养兔业总的发展趋势是：发达国家的养兔数量及兔产品数量逐渐减少，发展中国家的养兔生产在快速发展，国内外市场对兔产品的需求数量日益增多。

第一节　家兔的生物学特性

一、分类与分布

家兔属于动物界（Animalia）、脊索动物门（Chordata）、脊椎动物亚门（Vertebrata）、哺乳纲（Mammalia）、真兽亚纲（Eutheria）、兔形目（Lagomopha）、兔科（Leperidae）、兔亚科（Leperinae）、穴兔属（*Oryctolagus*）、穴兔种（*Oryctolagus cuniculus*）、家兔变种（*Oryctolagus cuniculus* var. domesticus）。按经济用途可分为肉用兔（新西兰兔、加利福尼亚兔等）、皮用兔（力克斯兔等）、毛用兔（安哥拉兔）和兼用兔（日本大耳白兔等）四大类。我国的肉用兔和皮用兔主要分布在北方一些省，而毛用兔主要集中在江苏、浙江等南方省。

二、生活习性

现在的野兔不是家兔的祖先，我国现有的野兔以草兔（*Lepus capensis*）为主，妊娠期41d，仔兔出生后睁眼，全毛，很快就能奔跑，不会挖洞，圈养条件下难以繁殖。家兔是由野生穴兔（*Oryctolagus cuniculus*）经长期驯养和培育而成。我国早在先秦时代即已养兔，至今已有两千多年的历史，是驯养家兔较早的国家之一。虽经2 000多年的人工驯养，家兔仍保留祖先的部分习性。

（一）昼伏夜行

野生穴兔天敌较多，为了生存，白天静伏在洞穴里，晚上出来觅食、饮水。至今家兔仍然保留这一习性，白天表现安静，静卧休息，黄昏至清晨表现相当活跃。根据这一习性，饲养管理中应注意进行夜间补饲，白天各项饲养管理操作要轻，避免惊扰，对接近临产期的妊娠母兔，要加强夜间检查和护理。

（二）胆小怕惊、听觉发达

家兔胆小怕惊且听觉发达，对环境变化非常敏感，听到异常声响或见到其他动物，就变得十分紧张，前肢离地，头部高抬，竖耳静听，继而张惶失措，乱蹦乱跳，顿足拍地，警示同伴。为此，修建兔舍要远离闹市、交通要道、机场、工厂，在日常管理中动作要轻，不要大声喧哗，避免陌生人参观，严防猫、狗等动物进入兔舍。

（三）合群性差

家兔性格孤独，群居性较差，特别是成年公兔之间争斗相当激烈。由于家兔行动敏捷，咬斗后果严重，因此在管理上不可轻易重组兔群。生产中种兔要单笼饲养，成年公兔在运动场时要单独运动，母兔可小群运动，性成熟前的幼兔很少咬斗，可以小群饲养。

（四）啮齿行为

家兔大门齿是恒齿，出生时就有，且终生生长，为了保持适当齿长便于采食，家兔养成了经常啃咬物品的习惯。在制作兔笼时，要注意边框用材，木质材料容易被啃咬损坏。日常饲养管理中，可在兔笼中放一些树枝或木块等，以满足家兔啮齿行为需要。

（五）打洞穴居

家兔有打洞穴居的习惯，虽然这一习性对现代养兔业已无意义，但在修建兔舍时要充分考虑到这一习性，如果考虑不周，家兔直接接触土质地面，容易打洞逃走或深藏不出，给管理造成十分被动的局面。

（六）喜干厌湿

家兔喜欢生活在清洁干燥的环境中，排粪排尿都有固定的地点，常舔舐被毛，清除脏物，保持清洁。家兔抗病力弱，在潮湿污秽的环境中易染疾病。在日常管理中，要保持兔舍的干燥、清洁和卫生。

（七）耐寒怕热

家兔被毛浓密，比较耐寒，除鼻镜和鼠蹊处有极少的汗腺外，全身无汗腺，故散热能力差，当气温高时，家兔心跳加快，急促呼吸散热。家兔的适宜环境温度为15～25℃，临界温度为5℃、30℃，夏季要做好防暑降温工作。

（八）嗅觉和味觉发达

家兔的嗅觉相当发达，靠嗅觉识别仔兔和食物。因此，在生产中饲喂家兔要注意避免堆草堆料，在进行仔兔寄养时，要让仔兔带上继母的气味后方可放入母兔。家兔味觉也相当发达，喜食具有甜味、苦味和辣味的食物。

（九）嗜眠性

家兔在一定条件下容易进入困倦或睡眠状态，在这种困倦或睡眠状态下痛觉消失或减弱，但仍保持嗅觉。人工催眠时，将家兔腹部朝上保定在“V”字架上，顺毛方向抚摸其胸腹部，同时用食指和拇指按摩其头部的太阳穴，即进入睡眠状态。

（十）跖行性

家兔后腿长，前腿短，后肢飞节以下形成脚垫，静止时呈蹲坐姿势，运动时重心在后腿，整个脚垫全着地，呈跳跃式运动，这种运动方式称为跖行性。由于家兔有跖行性习性，生产中要特别注意兔笼底部网眼的大小，过大容易造成家兔后肢的损伤，造成不必要的损失。

三、生理特点

（一）食性

家兔是草食动物，其肠道长度相当于体长的10倍以上；家兔有近于体长、在其肠道中最为粗大的盲肠，盲肠中有大量的微生物，对家兔消化纤维素起着重要作用。在家兔的小肠末端，入盲前，有一个中空壁厚的囊状器官——淋巴球囊，具有吸收、机械压榨和分泌碱性物质作用，分泌的碱性物质对调控家兔盲肠酸碱环境起着重要作用。

家兔以植物的根、茎、叶、种子等为食，对食物有选择性。家兔喜吃多叶的饲草，如苜蓿、三叶草、猫尾草、胡萝卜、甜菜以及苦荬菜、曲麻菜、蒲公英等野菜；在谷类饲料中喜食燕麦；大麦、小麦等；爱吃含脂肪在5%～10%的饲料。家兔不喜食鱼粉、肉粉等动物性饲料，动物性饲料在日粮中所占的比例不宜超过5%。从饲料形态上讲，家兔爱吃颗粒饲料，采食颗粒饲料家兔不但可达到啃咬磨牙的效果，还可防止采食粉料对鼻腔黏膜和上呼吸道的刺激、减少饲料浪费。

家兔有食粪特性，生后18～22d，从开始采食硬质饲料起，就有食粪行为，这种习性终身保持。家兔排出两种粪便，一种是常见的硬粪，另一种是软团状粪，软粪排粪时间通常在夜间，这种软粪排至肛门即被家兔自己吃掉。家兔吃软粪是正常的生理现象，在生理异常或患病时才停止。经对家兔软团状粪和硬粪所含营养成分的对比分析发现，软粪中含有大量的B族维生素和优质的菌体蛋白，因此，食粪对家兔获得优质蛋白质和B族维生素有重要的生物学意义。家兔硬粪球和软团状粪部分成分的比较见表1－1。

表1－1　家兔粪便营养成分含量　（%）

成分	水分	粗蛋白质	脂肪	灰分	微生物（亿个/g）	碳水化合物
软粪团	75	37.4	3.5	13.1	95.6	11.3
硬粪球	50	18.7	4.3	13.2	27	4.9

成分	维生素 B_1（μg/g）	维生素 B_2（μg/g）	维生素 B_3（μg/g）	维生素 B_6（μg/g）	维生素 B_{12}（μg/g）	烟酸（μg/g）
软粪团	40.84	30.2	51.6	84.02	27.33	139.1
硬粪球	2.29	9.4	8.4	11.67	0.89	39.7

成分	钙	磷	钠	钾
软粪团	0.61	2.2	0.22	1.80
硬粪球	1.01	1.3	0.11	0.57

注：表中钙、磷、钠、钾的含量指软粪团和硬粪球干物质中的含量。

（二）消化特点

家兔对粗纤维的消化率较高，对纤维素的消化能力与马和豚鼠相近。适量的粗纤维对家兔的消化过程是必不可少的，可保持消化物的稠度，有助于食物与消化液混合，形成硬粪，对维持家兔正常的消化机能、减少肠道疾病具有重要的意义。在家兔的饲料中，纤维素的含量在11%～13%比较适宜，不要超过15%。

家兔对青粗饲料中的蛋白质有较高的消化率。以苜蓿为例，猪对其中蛋白质消化率不足50%，而兔接近75%；又如全株玉米颗粒料，对其中蛋白质的消化率，马为53%，而兔为80.2%。

幼兔消化道发生炎症时，肠壁渗透性增加，消化道内的有害物质容易被吸收，这是幼兔腹泻时容易自身中毒死亡的重要原因，因此，夏季有效预防家兔消化道疾病的发生在生产中有十分重要的意义。

（三）体温调节特点

家兔是恒温动物，正常体温是38.5～39.5℃，但热调节机能较差，随环境温度变化体温有差别，夏季比冬季的体温高0.5～1℃。家兔主要靠呼吸散热，保持体温平衡是有一定限度的，所以高温对家兔十分有害。家兔生长繁殖的适宜温度是15～20℃，临界温度为5℃、30℃。仔兔初生时，调节体温的能力最弱，产箱内的温度应保持在30～32℃，随日龄增长，对体温的调节能力逐步增强，到10日龄仔兔初步具有调节体温的能力，30日龄时被毛已长齐，调节机能进一步加强。

（四）生长特点

仔兔出生时全身裸露无毛，闭眼封耳，几乎不具备调节体温能力。出生后3～4日龄开始长毛，6～8日龄耳朵内长出小孔与外界相通，10～12日龄睁眼，17～18日龄开始吃料，30日龄时全身被毛基本形成。仔兔初生时体重一般为50～70g，但生后体重迅速增长，正常情况下1周龄体重增加1倍，4周龄时增加10倍，8周龄时可达成年兔体重的40%。生长快的中型肉用品种兔，8周龄时体重可达2kg。据报道，肉用兔1月龄平均日增重为24g，2月龄为33.1g，3月龄为34.8g，4月龄为22.2g，5月龄为18.6g。可见，家兔在2～3月龄时为生长高峰阶段，应充分加以利用，以提高肉兔饲养效益。

（五）换毛特点

家兔的被毛经生长、老化、脱落及新毛更替补充的过程称为换毛。可分为年龄性换毛和季节性换毛。家兔的一生中有两次年龄性换毛，第一次约为30～90日龄，第二次约为120～180日龄。饲养皮兔要避免在换毛期屠宰。

成年家兔每年春秋两季进行季节性换毛，正常的换毛期为30～45d。春季换毛大约在3～4月份，天气变暖，毛囊代谢机能旺盛，被毛生长快，换毛时间短，新生毛枪毛多绒毛少，被毛稀疏；秋季换毛在9～10月份，天气逐渐变冷，毛囊代谢机能相对减弱，被毛生长缓慢，换毛时间长，新生毛绒毛多枪毛少，被毛浓密。换毛时先由头部的鼻端开始，躯体部则从脊背处以长条形开始，以后以长波纹层层向外扩展。

第二节　家兔的品种

全世界大约有60多个家兔品种和200多个家兔品系，大多数品种是在19～20世纪育成的。目前我国所饲养的家兔品种有20多个，少量由我国自己培育，多数是引入品种。

一、品种分类

（一）按经济用途分类

1. 肉用型品种　产肉性能比较突出的家兔品种。主要有新西兰白兔、加利福尼亚兔、比利时兔、公羊兔等。

2. 皮用型品种　以兔皮为主要产品的家兔品种。著名的品种有力克斯、哈瓦那、银狐兔等。

3. 毛用型品种　以兔毛为主要产品的家兔品种。毛用型品种只有安卡拉长毛兔一个品种，在土耳其育成后，推广到世界各国，在不同的国家和地区，又选育出了德系、法系、英系、中系、日系等。

4. 皮肉兼用型品种　产肉和产皮性能都比较好的家兔品种。主要有中国白兔、塞北兔、哈白兔、青紫蓝兔、日本大耳白兔等。

5. 实验用品种　白色被毛、耳静脉清晰易于实验操作的家兔品种。以日本大耳白兔用得较多。

6. 观赏用兔　体型、外貌具有独特之处，观赏价值较高的家兔品种。如公羊兔、花巨兔、英系安哥拉兔、袖珍小型兔等。

（二）按体重大小分类

1. 大型品种　成年体重在4.5kg以上的品种。如塞北兔、哈白兔、比利时兔、德国花巨兔、巨型青紫蓝兔等。

2. 中型品种　成年体重在3.5～5kg的品种。如大型青紫蓝兔、新西兰白兔、加利福尼亚兔、丹麦白兔、日本大耳白兔等。

3. 小型品种　成年体重在2.5～3.5kg的品种。如中国白兔、标准型青紫蓝兔等。

4. 微型品种　成年体重在0.5kg左右的品种。如德国微型力克斯兔等。

二、常见品种

（一）中国本地兔

中国本地兔早在先秦时期就已育成，是最古老的家兔品种之一。中国本地兔又称菜兔，是小型皮肉兼用型地方品种，各地均有饲养，分布较广，目前以四川省饲养数量较多。被毛多为纯白色，少数为黑色、灰色、棕色等。被毛短而密，毛长2.5cm左右，粗毛较多，皮板厚而结实。红眼睛，头型和体型清秀，耳朵短小直立，嘴尖颈短，体质结实紧凑。

属早熟型品种，仔兔初生重约50g，30日龄断奶体重300～450g，3月龄体重1.2～1.3kg，成年体重1.5～2.5kg。繁殖力强，产仔数高，母兔性情温顺，哺乳性能强，仔兔成活率高。耐粗饲，抗寒、抗暑、抗病力强，适应性强。肉质鲜美，皮毛品质好。但体型小，生长速度慢，屠宰率低，皮张面积小。

中国白兔是世界家兔育种的理想材料，如日本大耳白兔就含有中国白兔的血液。

（二）喜马拉雅兔

喜马拉雅兔原产于喜马拉雅山南北两麓，我国是主产区，育成历史悠久，但育成历史不详。喜马拉雅兔是小型皮肉兼用型品种。

被毛主体为白色，两耳、鼻端、尾背及四肢下部为浅黑色，故称“八点黑”。仔兔全身被毛为白色，1 月龄后，鼻、尾等处逐步长出浅黑色毛。黑色被毛颜色的深浅受环境温度的影响，冬季颜色较深，夏季颜色较浅。毛长 3.8cm 左右，眼睛呈淡红色。

成年体重 2.5～3.5kg，性成熟较早，繁殖力强，适应性好，抗病力强，耐粗饲。体型紧凑，体质健壮，是良好的育种材料。世界著名的加利福尼亚兔和青紫蓝兔等，均含有喜马拉雅亚兔的血液。

（三）塞北兔

塞北兔是用法系公羊兔与比利时兔为亲本，通过杂交选育而成的大型皮肉兼用型品种，于 1988 年通过品种鉴定。

该品种有 3 个品系，A 系被毛黄褐色，尾巴边缘枪毛上部为黑色，尾巴腹面、四肢内侧和腹部的毛为浅白色；B 系被毛纯白色；C 系被毛草黄色或橘黄色。

塞北兔体型呈长方形，头大小适中，眼眶突出，眼大而微向内陷，下颌宽大，嘴方正。两耳宽大，一耳直立，一耳下垂，又称斜耳兔，这是该品种兔的重要特征。体质结实，颈部短粗，颈下有肉髯，肩宽胸深，背腰平直，后躯肌肉丰满，四肢健壮。

仔兔初生重 60～70g，30 日龄断奶重可达 650～1 000g，90 日龄体重 2.5kg，成年体重平均 5.0～6.5kg。塞北兔具有体型大、生长发育快、饲料报酬高、性情温顺、耐粗饲、抗病力和适应性强、繁殖力高等优点。

（四）哈尔滨白兔

哈尔滨白兔也称哈白兔，是利用比利时兔、德国花巨兔、日本大耳白兔和当地白兔通过复杂杂交，经过 10 年时间培育而成，系大型皮肉兼用型品种。被毛纯白，毛纤维比较粗长。体型大，头大小适中，两耳宽大而直立，眼大有神呈粉红色，体质结实，结构匀称，肌肉丰满，四肢健壮，适应性强，耐寒、耐粗饲、抗病性能强。

仔兔初生重 60～70g，90 日龄体重 2.5kg，成年公兔体重 5.5～6.0kg，母兔 6.0～6.5kg。哈尔滨白兔皮毛质量好，遗传性能稳定，繁殖力强，早期生长发育快，屠宰率高。

（五）大耳白兔

大耳白兔也叫日本大耳白兔，原产于日本，是 19 世纪末 20 世纪初以中国白兔为基础选育而成的中型皮肉兼用型品种。

全身被毛纯白，浓密而柔软，针毛含量较多，眼睛红色，头长，额宽，耳朵长且直立，耳根细，耳端尖，耳穴向外，形似柳叶。颈和体躯较长，四肢粗壮，母兔颈下有肉髯。兔耳大、薄而直立，血管明显清晰，适于采血和注射，是理想的实验动物。

该兔成年体重可达 4.0～6.0kg，每胎产仔 7～8 只。具有耐粗饲、抗寒性强、成熟早、繁殖力强、母性好、泌乳力强等特点。

（六）丹麦白兔

丹麦白兔又叫兰特力斯兔，原产于丹麦，属中型肉用型兔种。

全身被毛纯白、柔软、浓密，红眼睛，头较小，耳朵中等长，耳壳较宽，直立前倾。嘴巴钝圆，额宽而隆起，颈短而粗，体型稍短，背腰宽平，身体浑圆丰满，整个体躯较其他兼用型兔稍短而粗，体型结构匀称，肌肉丰满。母兔颌下有肉髯。

仔兔初生重45~50g，40日龄断奶体重1.0~1.2kg，3月龄体重2.0~2.3kg，成年母兔体重4.0~4.5kg，公兔3.5~4.4kg。体型中等，早期生长快，育肥性能好。性情温顺，耐粗饲，繁殖力强，适应性、抗病力都较好。

（七）青紫蓝兔

青紫蓝兔又叫山羊青兔，原产于法国，利用野灰嘎伦兔、喜马拉雅兔和蓝色贝韦伦兔采用双杂交法育成的皮肉兼用品种，以后又引入了其他大型家兔的血液，形成了小型、大型和巨型青紫蓝兔。

被毛整体为蓝灰色，耳尖和尾面为黑色，眼圈、尾底、腹下和额后三角区的毛色较淡呈灰白色。单根毛纤维可分为5段不同的颜色，从毛纤维基部至毛梢依次为深灰色-乳白色-珠灰色-白色-黑色。毛被中间通常夹有全黑或全白色的毛。青紫蓝兔被毛颜色由于控制毛被特征基因不同有深有浅，研究表明，其特征基因有 c^{chd}、c^{chl}、c^{chm} 3种，与喜马拉雅兔特征基因 c^{h}、白化兔基因c为复等位基因，一般小型兔被毛颜色较深，中型和巨型兔被毛颜色较淡。

1. 小型青紫蓝兔（标准型）：体型较小，体质结实紧凑，耳短直立，面部较圆，母兔颌下无肉髯。成年公兔体重2.5~3.4kg，母兔2.3~3.6kg。

2. 大型青紫蓝兔（美国型）：由标准型青紫蓝兔与美国大白兔杂交选育而成，体型中等，腰臀丰满，体质结实，耳大，单耳立。繁殖性能较好，生长发育快。成年公兔体重4.1~5.0kg，母兔4.4~5.4kg。

3. 巨型青紫蓝兔：用弗朗德巨兔杂交而成，体型大，肌肉丰满，耳朵较长而直立，母兔颌下有肉髯，属偏于肉用型的巨型兔种。成年母兔体重5.9~7.3kg，公兔5.4~6.8kg。

青紫蓝兔性情温顺，耐粗饲，体型健壮，抗病力强，生长发育快，产肉力强，肉质鲜嫩，繁殖力强，仔兔成活率较高。小型和中型兔完全适应我国的自然条件，从南到北均有分布。

（八）新西兰白兔

新西兰白兔原产于美国，系用弗朗德巨兔、美国白兔和安哥拉长毛兔杂交育成，是当代世界著名的专门化的中型肉用品种。

全身被毛纯白色，眼睛呈粉红色，头宽圆而粗短，耳朵短小直立，后躯滚圆，腰肩肋肌肉丰满，四肢较短，健壮有力，全身结构匀称，发育良好，具有肉用品种的典型特征。

早期生长发育快，在良好的饲养管理条件下，8周龄体重可达1.8kg，10周龄体重可达2.3kg，成年体重4.5~5.4kg。产肉力高，肉质鲜嫩。繁殖力较强，耐粗饲，饲料利用率高，适应性和抗病力较强。有丰厚的脚毛，脚皮炎的发病率低，适于规模化饲养。

（九）加利福尼亚兔

加利福尼亚兔育成于美国加利福尼亚州，系用喜马拉雅兔、标准型青紫蓝兔和新西兰白兔杂交选育而成，是著名的中型肉用兔品种。

毛色似喜马拉雅兔，全身被毛以白色为基础，鼻端、两耳、四脚及尾部被毛为黑色，又称“八点黑”兔。被毛丰厚平齐、光亮，毛绒厚密、柔软。眼睛呈红色，耳小直立，颈短粗，体长中等，肩部和后躯发育良好，胸围较大，肌肉丰满，体型短粗紧凑。

体型中等，在良好的饲养管理条件下，成年公兔体重3.6~4.5kg，母兔3.9~4.8kg。生活力和适应性较强，肌肉丰满，早熟易肥，肉质肥嫩，屠宰率高，净肉率优于丹麦白兔、日本大耳白兔和比利时兔。母兔性情温顺，哺乳力强，可做“保姆”兔。生长速度略低于新西兰白兔，在生产中利用其作父本与新西兰白兔杂交生产商品肉兔效果较好。

（十）比利时兔

该兔是用比利时贝韦伦一带的野生穴兔改良而成的大型肉用兔品种。

被毛为深褐或浅褐色，体躯下部毛色呈灰白色，与野兔毛色相近。眼睛呈黑色。耳朵宽大直立，稍倾向两侧。头型粗大，颊部突出，脑门宽圆，鼻梁隆起，头型似马头，故又称其为“马兔”。四肢长而粗壮，体躯离地面较高，行动敏捷。

仔幼兔阶段生长快，6周龄体重1.2~1.3kg，3月龄体重2.8~3.2kg，成年体重公兔5.5~6.0kg，母兔6.0~6.5kg，最高的可达7~9kg。肌肉丰满，体质健壮，适应性强，繁殖力较高，仔兔生长发育均匀。但饲料利用率较低，耐粗饲较差，患脚皮炎、乳房炎者较多。在生产中常用比利时兔与中国白兔、日本大耳白兔、公羊兔等杂交生产商品肉兔，可获得较好的杂交优势。

（十一）德国花巨兔

原产于德国，是用弗朗德巨兔和不知名的白色兔与花斑兔杂交育成的大型肉用品种。

全身被毛为白底黑花，黑白分明。眼圈、耳朵、嘴头呈黑色，脊背处从耳朵后到尾根部有一条不连续的黑色背线，从头到身躯两侧有大小不等的黑斑，因头部的黑色花斑形似蝴蝶，故又称其为“蝴蝶花斑兔”。德国花巨兔背腰长，身躯呈弓形，腰腹部距离地面较高。行动敏捷，喜欢跳动。

早期生长发育较快，3月龄体重2.5~2.7kg，成年体重5~6kg，最高者可达7kg以上。繁殖性能好，性情温顺，但哺乳性能不够好，母性不太强，对饲养管理条件要求较高，如在粗放的饲养管理条件下，退化现象比较明显。

（十二）公羊兔

原产于北非，也称法比兔或垂耳兔，是一种大型皮肉兼用品种，有法系、德系、英系和荷系，我国引入的主要是法系和英系。

公羊兔因其两耳长宽而下垂、头型似公羊而得名。两耳较大，耳尖的直线距离最大可达60~70cm，宽20cm。被毛颜色以黄褐色者最多，也有黑色、白色和棕色的。公羊兔颈短、背腰宽、胸围大、臀圆、骨骼粗壮，体质比较疏松肥大，动作迟缓。

公羊兔体型大，早期生长快，40日龄断奶重1.5kg，成年体重6~8kg。公羊兔耐粗饲，抗病能力较强，易于饲养，性情温顺，不爱活动；但繁殖性能较低，主要表现在受胎率低，哺育仔兔性能差，产仔数少。公羊兔和比利时兔杂交生产商品肉兔效果较好。

（十三）安卡拉兔

安卡拉兔是世界上最著名、最古老、仅有的毛用品种，原产于小亚西亚，以土耳其首都安卡拉为名。安卡拉兔育成后流传到各国，形成了不同品系。

法系安卡拉兔：法系安卡拉兔是为手工艺需要培育而成的，培育过程中重视毛纤维的长度和强度。法系安卡拉兔耳部、四肢下部无长毛，是与英系安卡拉兔相区别的主要特征。头较大、稍长，面部长，鼻梁较高，耳朵大而直立，骨骼较粗壮。成年体重3.0~4.0kg。繁殖力强，母兔泌乳性能好，抗病力和适应性较强。该系兔毛长可达10~13cm，粗毛含量8%～15%，年均产毛量800～900g，优秀母兔可产1 200～1 300g。

英系安卡拉兔：在英国多用于观赏，逐渐向细毛型方向发展。全身被毛雪白，蓬松似棉球，被毛密度较差。耳端有缨穗状长绒毛，飘出耳外，甚为美观，俗称"一撮毛"。额毛、颊毛较多。头形圆小，鼻梁低，鼻端缩入，耳朵短、宽、薄。毛长而细软，有丝光，枪毛含量很少，不超过1.5%。体型较小，成年兔体重2.0～3kg，年产毛量平均300～500g。繁殖力较强，体质弱，抗病力不强。目前，纯种英系安哥拉兔极为少见，即使在英国也很少。它对我国长毛兔的选育曾起过积极的作用。

德系安卡拉兔：德系安卡拉兔体型较大，成年体重3.5～4.5kg。耳中长、直立。德系安卡拉兔耳尖有耳缨，头部被毛覆盖个体间不一致，四肢、脚毛和腹毛较浓密。属细毛型品系，细毛占90%以上，两型毛甚少，粗毛长度为8～13cm。被毛密度大，细长柔软，有毛丛，不易缠结，毛纤维有明显的波浪形弯曲。产毛量高，一般年产毛量960～1 400g，高产的可达1 600g。德系安卡拉兔引入我国后，产毛性能、繁殖性能和适应性等均有所提高，对改良中系安哥拉兔和培育我国新的长毛兔品系起了重要作用。

中系安卡拉兔：这是我国引进法、英两系后杂交，并掺入中国白兔的血液，经过多年选育而成的毛用兔品系，1959年通过鉴定。在各地又形成了不同类型，有耳毛细长浓密的"全耳毛兔"，有头毛较丰盛的"狮子头兔"，有趾间及脚底密生绒毛的"老虎爪兔"等。全身被毛都普遍较稀，容易缠结，体型较小。成年体重2.5～3.0kg。骨骼较细，胸部略窄。年产毛量300～500g，高产个体可达750g。繁殖力较强，哺乳性能好，仔兔成活率高。适应性和抗病力强，耐粗饲。但产毛量低，需要选育提高。

在上海，以本地安卡拉兔作母本，德系安卡拉兔作父本，经过级进杂交与横交固定，培育出唐行长毛兔，分为A型和B型两种，成年体重4.5kg，年产毛量950～1 050g。在安徽，以德系长毛兔与新西兰白兔杂交和横交选育成皖系长毛兔，成年体重4.2kg，年产毛量830g以上。在浙江，以本地长毛兔与德系长毛兔进行杂交，高强度择优选育成镇海巨高长毛兔，分A、B、C三型，主要特点是体型大，生长快，产毛量高，绒毛粗，密度大，不缠结。成年公兔体重5.5～5.8kg，母兔6.1～6.3kg，公兔年产毛量1 700～1 900g，母兔2 000～2 200g。繁殖性能也很好。

（十四）力克斯兔

力克斯兔是著名皮用兔品种，原产于法国，是由普通家兔变异分化出来的短毛、多绒类型家兔，再经过选育、杂交、扩群而成。由于被毛酷似水獭皮，我国普遍称其为獭兔。最大特点是被毛短、密、毛纤维直立、被毛平齐。力克斯兔头小嘴尖，眼大而圆，耳长中等，肉髯明显，体形清秀。

最初育成的力克斯兔被毛为深咖啡色，引到各地后，培育出许多色型的獭兔，有白色、黑色、红色、蓝色、加利福尼亚色、青紫蓝色、海狸色、巧克力色等。我国各地饲养的獭兔多数是从美国引进的美系獭兔。被毛品质、繁殖性能比较好，经过驯化后，适应性能、抗病能力都有所提高，但个体小，成年体重2.5～3.5kg。毛纤维一般长1.2～2.2cm，以1.6cm最佳，绒毛细度为16～19μm，粗毛4%～7%，被毛密度大，每平方厘米皮肤面积内为1.5万～3.5万根，毛纤维与皮板附着良好，不易脱落，皮板比较坚韧结实。

20世纪末，又引入了德系和法系獭兔，对改良原有獭兔起到了良好作用。

（十五）肉兔生产配套系兔

为提高肉兔生产效率，近年来从德国和法国引入若干专门肉用兔品种配套系。

德国的齐卡配套系由大型品种德国巨型白兔、中型品种德国新西兰白兔和小型品种德国合成白兔组成的专门化肉兔杂交配套系，父本由大型品种公兔与中型品种母兔杂交而成，母本由中型品种与小型品种杂交而成，商品代仔兔 28 日龄断奶体重 600 ~ 650g，2 月龄体重 1. 8 ~ 2. 0kg，3 月龄体重 3. 0 ~ 3. 5kg，日增重 35 ~ 40g，料重比 2. 8 ∶ 1，屠宰率 51% ~ 52%。

法国的布列塔尼亚兔是现代大型肉兔专门化配套品系。A、B、C、D 四系祖代兔，A、B 合成父系，C、D 合成母系，再生产商品肉兔。商品仔兔初生重 60 ~ 70g，35 日龄断奶体重 900 ~ 980g，70 日龄体重 2. 5 ~ 2. 6kg，35 ~ 70 日龄料重比 2. 7 ∶ 1，屠宰率 59%。还有伊普吕肉兔配套系、伊拉配套系等。

第三节　家兔的繁育

一、生殖生理

（一）性成熟与初配年龄

初生仔兔生长发育到一定年龄，体内产生成熟的配子时叫性成熟。性成熟因性别、品种、营养水平的不同稍有差异，母兔的性成熟较公兔早，小型品种较大型品种早，营养条件好的较营养水平差的早，一般为 4 ~ 5 个月。

性成熟的家兔虽然具有繁殖能力，但各器官仍处在发育阶段，不宜交配繁殖，过早配种影响种兔本身发育，繁殖效果差。一般要达到成年体重的 70%，小型品种兔 4 ~ 5 月龄，中型品种 5 ~ 6 月龄，大型品种 6 ~ 7 月龄以上才能配种使用（表 1 – 2）。

表 1 – 2　不同品种兔性成熟和初配月龄

品　种	性成熟月龄	初配月龄
新西兰兔	4 ~ 6	5. 5 ~ 6. 5
荷兰兔	3 ~ 5	4. 5 ~ 5. 5
德系长毛兔	5 ~ 8	6 ~ 10
比利时兔	4 ~ 6	7 ~ 8
青紫蓝兔	4 ~ 6	7 ~ 8
加利福尼亚兔	4 ~ 5	6 ~ 7
日本大耳白兔	4 ~ 5	6 ~ 7
哈尔滨白兔	5 ~ 6	7 ~ 8
塞北兔	5 ~ 6	7 ~ 8
太行山兔	4 ~ 5	5. 5 ~ 6

人工辅助交配，每只公兔可配 8 ~ 10 只母兔，人工授精，一只公兔可配 100 ~ 150 只母兔。种兔使用年限为 3 ~ 4 年，实际生产中一般使用 2 年。

（二）发情

1. 发情周期　性成熟以后的母兔，在没有妊娠的情况下，间隔一定时间发情一次，称之为发情周期。母兔发情周期变化较大，大致为 8～15d，母兔的发情持续期约为 3～4d。

母兔发情后若不与公兔交配，成熟卵子并不会自行排出，经 10～16d 后被全部吸收，新的卵子又开始形成，从而形成母兔的发情周期。只有在接受公兔交配或相互爬跨，或注射外源激素后才发生排卵，这种现象称为刺激排卵或称为诱发排卵。

2. 发情表现　发情母兔有行为上和生理上的可视变化。行为表现为活跃不安，跑跳刨地，啃咬笼门，后肢“顿足”，频频排尿，食欲减退。常在食盘或其他用具上摩擦下腭，有的衔草做窝，散养兔有挖洞表现。主动爬跨公兔，甚至爬跨自己的仔兔或其他母兔。当公兔追逐爬跨时，抬升后躯以迎合公兔。

外阴部可视黏膜的生理变化可作为发情鉴定的主要依据。母兔在休情期，外阴部黏膜苍白、干涩，发情初期呈粉红色、松软，发情盛期表现为潮红或大红、水肿湿润，发情后期黏膜为紫红色、皱缩。从粉红色到紫红色消退大约为 3～4d，称发情持续期。

鉴定为发情后应适时配种。自然交配的最适时间为发情盛期，早晚两次配种为好。人工授精时，最佳输精时机在排卵刺激后 2～8h 为宜。

（三）妊娠

1. 妊娠　受精卵在母体内发育成胎儿的过程叫妊娠，完成这一过程所需的时间叫妊娠期。中型体重母兔的妊娠期平均为 31～32d（28～35d），妊娠期的长短因品种、年龄、营养状况以及胎儿的数量等而略有差异。大型品种比小型品种长，老年母兔比青年母兔长，怀胎儿数量少时比数量多时长，营养和健康状况好的比差的长。

母兔的子宫是双子宫结构，互不相通。交配后 72～75h 胚胎进入子宫，在两侧子宫角均可着床，约 7～7.5d 胎膜与母体子宫黏膜相连，形成胎盘。

2. 妊娠检查

（1）外部观察法：配种后 8d 起观察母兔表现，判断是否妊娠。妊娠后，食欲增强，采食量增加，十几天后，散养的母兔开始打洞，作产仔准备，腹部逐渐增大。

（2）复配检查法：交配 5～7d 后进行一次复配试验，若母兔拒绝交配，沿笼逃窜，并发出“咕咕”叫声，可判断为妊娠。

（3）摸胎检查法：交配 7～10d 后可进行摸胎检查。将母兔捕捉到笼外置于地面或桌面上，头向术者，术者左手抓住两耳和颈皮，右手呈“八”字形伸到腹下，沿腹壁后部两旁轻轻摸索。如腹部柔软如棉，则没有妊娠，若摸到轻轻滑动的球状物，可判断为妊娠。球状物大小依妊娠天数而异，妊娠 10d 左右，如兔粪球大小，15d 左右如普通玻璃球大小，20d 左右生长到核桃大小，23～25d 后胚胎已经分化发育有兔的形状，并有胎动表现。初学者容易把 10d 以内的胚胎与粪球相混淆，粪球多为扁圆形，指触时没有弹性，不光滑，分布面积较大，不规则。胚胎的位置比较固定，呈圆球形，指触时光滑而有弹性。摸胎检查准确率较高，但动作要轻，避免造成流产。

（四）分娩

母兔在分娩前，会出现生理上和行为上的变化，称为分娩预兆。分娩前 3～5d 乳房开始肿胀，肷部凹陷，尾根和坐骨间韧带松弛，外阴部肿胀、充血，阴道黏膜潮红湿润。行动不安，食欲减退。分娩前1～2d开始衔草作窝，分娩前10～12h用嘴将胸部和乳房周围的毛拉下垫在草窝上。分娩前2～4h频繁出入产箱。

分娩多在晚上进行，由于子宫阵缩，使母兔精神不安，腹部阵痛，四肢刨地，顿足，弓背努责。胎儿进入产道后，胎衣破裂，羊水流出，仔兔连同胎衣一起产出。产第一只仔兔时，母兔呈半蹲式，产出仔兔以后，改为犬坐式，每隔2～3min产仔1只，产完一窝仔兔约需20～30min。母兔边分娩边将仔兔脐带咬断，吃掉胎衣，舔干仔兔身上的血迹和黏液。分娩结束后，母兔给仔兔哺乳1次，再拉一些毛盖在仔兔身上。跳出产箱喝水。

二、配种技术

配种方法有自然交配、人工辅助交配和人工授精。完全的自然交配方法已很少使用，规模较小、以商品兔生产为主的兔场主要采用人工辅助交配法，管理水平较高以繁育种兔为主的兔场采用人工授精法。

（一）人工辅助交配

公、母兔分笼饲养，鉴别出发情母兔后，放入公兔笼内进行自然交配。做好记录。这样就能有计划地进行配种，避免近亲交配和系谱混乱，保证繁殖效果。能进行选种选配，保持优良品种的优良性状，不断提高兔群质量。能合理安排公兔配种次数，延长种兔的使用年限，发挥优良公兔的作用。

1. 配种方法 在繁殖季节，要对母兔群进行例行鉴定，每只母兔处于什么状态要做到心中有数。鉴定出处于发情盛期、膘情适度、没有疾病的母兔，准备配种。毛兔应剪毛或剪去生殖器周围的毛。将公兔笼内摆放的食槽、水盆等用具拿走，场地干净卫生。

用正确的捉兔方法将母兔捉入公兔笼内。通过嗅觉识别对方性别后，公兔开始追逐母兔，若母兔处于发情盛期，在公兔的追逐下，跑动几下便伏在地上不动，接受公兔的爬跨，并举尾迎合交配。公兔交配动作很快，顺利射精后，后躯蜷缩，倒向一侧，同时发出尖叫声，爬起后频频顿足。表明配种成功。

有时母兔虽处于发情盛期，但并不接受交配，跑动一段时间后，伏在一角不动，任凭公兔跳跃爬跨，母兔只是不动，便无法交配。此时可以简单地更换一只公兔，有可能使配种成功。若配种计划不允许，只能进行人工辅助。术者用左手抓住母兔两耳和后颈皮，将其头部朝向术者胸部，固定在笼内中央。当公兔爬跨时，术者右手伸到母兔后腹下，将后躯托起，调整高度和角度，迎合公兔的爬跨和交配，成功率比较高。若仍不成功，有可能是发情鉴定不准确。

将母兔放入公兔笼后，管理人员要在旁监视，配种顺利或人工辅助配种成功后，记下日期和公母兔编号，将母兔放回原笼，没有必要让公兔长时间追逐和交配，一般交配1次，即可正常妊娠。若发情鉴定不准，母兔拒绝交配，公兔会长时间地追逐、抓挠、撕咬母兔，应及时将母兔抓出。

为确保配种成功，配种后5d左右可进行复配。如母兔拒绝交配，边逃边发出“咕咕”的叫声，可基本判定为妊娠。如母兔接受交配，则表明未孕，应将复配日期记入配种卡。若配后15～20d发现母兔有做窝现象，这可能是假孕或流产象征，应重新进行配种。

2. 注意事项

（1）公、母比例：1只健壮的成年公兔，可为8～10只母兔配种。

（2）配种频率：公兔一天可交配1～2次，连续配种2d后休息1d。若遇母兔发情集中，可适当增加配种次数或延长交配日数。

（3）交配场地：要在公兔笼内进行配种。公兔熟悉环境，使配种更易成功。

（4）遇下列情况不配：不到交配月龄不配，有病的母兔不配，血缘关系相近的不配，老龄的不配。

（二）人工授精

人工授精可充分发挥良种公兔的作用，1只公兔可负担100～150只母兔的配种任务，可有效提高兔群质量，经济效益明显。

1. 物品准备

（1）假阴道：假阴道包括外壳、内胎和集精杯。外壳用金属或塑料材料，长约8～10cm，直径3～4cm，中间打直径1cm的孔洞，做灌水用。内胎取12～15cm长人用避孕套。集精杯用双层玻璃套瓶，外套棕色，口径28mm，高80mm，内套有刻度，内外套可分开，中间加30℃保温水。也可用5～10ml刻度的离心管代用。固定胶圈可用适当宽度的自行车内胎。将消毒好的内胎放入外壳内，展开，两端翻回套在外壳的两端，用胶圈固定。将集精杯上牢固定，用消毒灭菌的葡萄糖液冲洗2～3次。由注水孔注入45～50℃温水30～40ml，用胶圈将小孔封住，防止漏水。测试温度和压力，内胎中适宜采精的温度为40～42℃，压力以内胎外口呈三角形并略有隙缝为合适，若压力小，可再补水加压。

（2）输精器械：上段5ml连续注射器代替，下段取15cm长导尿管代替。或完全用羊的输精器代替。

（3）冲洗液：用灭菌的5.51%的葡萄糖溶液做冲洗液，在操作过程中，用于冲洗各种用具和器具。

（4）稀释液：采出的精液要经过稀释处理，即可扩大剂量，也可补充营养物质，延长精子存活时间。稀释液要现用现配，一般是将其他成分溶解、过滤、消毒，降至室温后再加入新鲜卵黄。常用家兔精液稀释液的成分如表1－3。

表1－3 家兔精液常用稀释液的成分 （g/100ml）

成 分	7.6%的葡萄糖卵黄稀释液	11%的蔗糖卵黄稀释液	5%～10%的奶粉稀释液	柠檬酸钠卵黄稀释液	葡萄糖磷酸盐稀释液	蔗糖、奶粉、磷酸盐稀释
葡萄糖	7.6	—	—	—	6	—
新鲜蛋黄（ml/100ml）	1～3	1～3	—	1～3	—	—
蔗 糖	—	11	—	—	—	5.5
脱脂鲜奶粉	—	—	5～10	—	—	2.5
二水柠檬酸钠	—	—	—	2.9	—	—
磷酸二氢钠	—	—	—	—	0.41	0.41
磷酸氢二钠	—	—	—	—	1.69	1.69
青霉素（IU/100ml）	10万	10万	10万	10万	10万	10万
链霉素（IU/100ml）	10万	10万	10万	10万	10万	10万

（5）消毒剂：用70%的酒精溶液作消毒剂。

（6）台兔：开始时选用发情母兔作台兔，经多次采精调教的公兔，只用兔皮盖在术者手臂上即可采精。也可做成固定式的台兔。

（7）其他物品：操作过程中所用的显微镜、天平、烧杯、烧瓶和其他必要的设备。

2. 采精　选择发情良好的母兔做台兔，放入公兔笼中。当公兔爬跨时，术者左手抓住台兔的两耳及颈皮，使台兔头向术者，右手握住安装好的假阴道（事先在假阴道入口处滴入适量稀释液），小指和无名指护住集精杯，伸向台兔两后腿之间，使假阴道口紧贴在阴门下部，向下倾斜约30°，同时微用力托起台兔臀部，调整好方向和位置。当公兔阴茎勃起，有交配动作时，只要方向和位置适宜，便能顺利插入假阴道内，公兔臀部快速抽动，突然向前一挺，应将假阴道向上倾斜。公兔蜷躯落地并尖叫，倒在台兔一侧，表示射精完毕。将假阴道抽出，竖直，取下集精杯，送检验室检查，将用具清洗消毒。送回台兔。

经多次这样采精的公兔，可以将制作的“台兔”蒙上兔皮，放入公兔笼内，调教公兔爬跨交配，逐渐使公兔一见到“台兔”就能爬跨交配。调教好的公兔，术者只在手臂上蒙一张兔皮，手握假阴道，就可以顺利采精。1只公兔每周可以采精2~3次。

3. 精液品质检查　集精杯最好放置在恒温30℃左右的环境中，防止温度骤变，影响精子的生存能力。取少量精液室温条件下检查。

数量：一般公兔的射精量为1.0~2.0ml，变动范围较大。

颜色：正常的精液乳白色，密度大时颜色深一些，有腥味。

pH值：6.8~7.2，呈中性反应。

密度：每毫升精液中平均含有精子2亿左右。

活力：吸取少许精液滴于载玻片上，轻轻盖上盖片，用100~150倍以上的显微镜进行观察，用细胞计数法、分十级判断精子活力（表1-4）。

表1-4　十级制精子活力标准评定表

运动＼评分	1.0	0.9	0.8	0.7	0.6	0.5	0.4	0.3	0.2	0.1	摇摆运动
呈直线前进运动的精子所占百分比	100	90	80	70	60	50	40	30	20	10	—
呈摇摆运动或其他方式运动的精子所占百分比	—	10	20	30	40	50	60	70	80	90	100

4. 精液稀释　用事先准备好的等温稀释液（25~35℃）将精液稀释，根据精子的活力和密度，决定稀释倍数，多以2~5倍稀释，每份精液中的有效精子数须在1 000万~3 000万以上。

稀释方法是用注射器或乳头吸管吸取稀释液，沿玻璃管壁缓慢加入到精液中，稍加摇晃。如用离心管等较大器皿做集精杯时，可直接在其中稀释。必要时，取1滴稀释后的精液放在载玻片上，进行显微镜观察，看其活力有无变化，正常情况下活力会有所提高。

现采现用时，将稀释的精液放在30℃左右的环境中。若需在5~10h之内使用，可保存在15~20℃的室温环境中。若需更长时间保存时，则须先缓慢降温，在0~5℃的环境中保存。品质较好，稀释得当的精液可以保存200h。

5. 刺激排卵　母兔须经相应的诱发或刺激才能排卵。发情的母兔先用结扎输精管的试情公兔进行交配刺激，或者肌肉或静脉注射生殖激素，诱发排卵，然后才能输精，否则，输精无效。未发情的母兔可用生殖激素调节，使其发情。

对发情母兔，耳静脉或肌肉注射绒毛膜促性腺激素（HCG）50U，或促黄体素（LH）50U，注射后6h之内输精。对未发情的母兔，用孕马血清促性腺激素（PMSG）每天皮下注射120U，连续2d，48h后发情，或用其他雌激素处理。近年来，生产上使用促性腺激素释放激素（GnRH），商业名称为捉排二号（LRH），3～4kg的母兔每只静注或肌注0.2ml，5kg以上的母兔静注或肌注0.22～0.25ml，注射后6h内输精。

6. 输精　家兔是双子宫动物，两个独立的子宫分别开口于阴道，阴道长8～10cm，输精部位应在阴道底部靠近子宫颈口处为宜。输入稀释精液0.3～0.5ml，有效精子数约为1 000万～3 000万个。

输精时2人操作较好，把母兔放在操作台上，一人将母兔两后腿向斜上方拉起，另一人左手分开母兔阴唇，右手将输精管沿阴道背侧斜向缓慢插入，以防误入尿道，当插入7～8cm深，来回抽动几次，感到有阻力时，将精液推入。一人操作时，术者取坐姿，将母兔头向下夹在两腿之间，掀开兔尾，进行输精操作。

输精前将消毒过的输精器用6%的30℃葡萄糖溶液冲洗1～2次。母兔外阴部有污物时，可用葡萄糖溶液冲洗擦拭干净。为防止精液在输精胶管中滞留较多，可在注射器内先吸入一部分空气，再吸取精液，用空气把注射器和输精管中的精液全部推入阴道。

三、繁殖季节和方式

（一）繁殖季节

公兔一年四季均可配种，母兔均可发情，但由于气温不同，季节对家兔繁殖的影响是明显的，尤其是室外饲养的家兔。

春季气候温和，母兔发情率可达85%～90%，配种受胎率高达80%～90%，平均每胎产仔数达7～8只，是家兔配种繁殖的最好季节。仔兔断奶后，青绿饲料较为丰富，幼兔生长快，生产效果好。

盛夏季节气候炎热，温度高，湿度大，家兔食欲减退，性机能不强，配种受胎率低，产仔数少。当外界温度高于30℃时，公兔性欲降低，射精量少，高于35℃时，公兔性欲丧失，配种效果很差，有“夏季不孕现象”。母兔发情率仅为20%～40%，受胎率降为40%～50%，平均每胎产仔3～5只，不宜进行繁殖活动。

秋季气候温和，饲料丰富，公、母兔体质得到恢复，性活动能力增强，尤其是晚秋，母兔发情旺盛，配种受胎率高，产仔数多，是母兔配种繁殖的又一个好季节。9～11月份公兔性欲旺盛，母兔发情率、受胎率和产仔数可恢复到春季水平。秋季也是家兔繁殖的有利季节。

冬季气温降低，特别是严寒季节，缺乏青绿饲料，营养水平下降，种兔体质差，受胎率和产仔数均降低，保温条件不好时，仔兔成活率低，室外饲养的家兔，所产仔兔难以成活。冬季也不宜进行繁殖活动。

（二）繁殖方式

规模化养兔生产要求每只母兔每年提供断奶仔兔40~50只，按传统繁殖方式，仔兔40~45日龄断奶，断奶后母兔发情配种，一年只繁殖4胎左右，不能高效生产。

为提高生产效率，可采用频密繁殖方式，频密繁殖又称“血配”。母兔有产后发情的特性，利用这一点，产后1~2d配种，仔兔28日龄左右断奶，母兔处于妊娠与泌乳的双重生理状态中，在室内控温条件下，每年可繁殖8~10胎。室外饲养时，利用春秋两季，也可繁殖5~6胎。

采用频密繁殖方式，要选用体质健壮的母兔，充分满足母兔的营养需要，供给全价颗粒饲料和优质青绿饲料。频密繁殖时母兔只能使用1年。

频密繁殖方式对母兔有较大的伤害，妊娠与哺乳同时进行，营养上总是处于负平衡，仔兔断奶较早，也影响其成活率和断奶后生长发育。为减轻此种方式的负面影响，可采用半频密繁殖方式，母兔产后10~15d配种，仔兔30~35d断奶，每年也可繁殖5~6胎。仔兔成活率高，生长发育好，也能有效地提高生产效率。

第四节　家兔的饲养管理

一、饲养方式与设施

（一）饲养方式

1. 笼养　笼养是将家兔饲养在铁笼、木笼或竹笼内的一种饲养方式。可提高饲养密度，便于管理，便于控制环境，家兔较少接触粪便，疾病发病率低，可提高生产性能和饲料报酬，能合理组织配种。但一次性投入较多。

兔笼组合形式有单层或多层，单层笼适合于饲养特别优良、贵重的种兔，多层笼有重叠式、阶梯式或半阶梯式。有单只饲养笼或小群饲养笼，单只笼用来饲养种兔或毛兔，小群笼用来饲养幼兔或育肥兔。有室内兔笼或室外兔笼，室内兔笼为笼架结构，室外兔笼为笼舍结构。笼养的技术优势是明显的，笼底为网状结构，粪便和其他杂物由底网下漏到承粪板，再聚集到排粪沟内，环境整洁卫生，能发挥优良兔种的经济优势。

兔笼可用金属、木材、竹材制成，还可用砖、水泥砌成，笼的规格要根据品种大小与经济用途和生理阶段来确定。一般中型体重品种的家兔，种兔兔笼规格长、宽、高通常为90cm、50cm、45cm。

2. 栅养　商品肉兔和皮用兔可采用栅养的饲养方式。在室内或室外用栅栏（金属、竹竿等）围成小圈，也可室内外结合。家兔以小群饲养，饲养环境空气质量好，家兔运动量大，体质健壮，投资少。此法需注意避免早配。为减少球虫病发生，生产中可将栅栏离开地面，采用饲养床饲养。栅栏式饲养方法比较适合于饲养幼兔，可在一定程度上减少笼具的投资。

3. 放养　将成群家兔在一定范围内放牧饲养，任其自由活动，自由交配，自由采食。要求场地干燥，周围有2m高围墙，墙有1m深地基。场内设置凉棚，以避风雨。场内设饲槽和水槽，用以补饲和饮水。场中堆砌土丘，供家兔打洞栖居，也可在土丘内砖砌洞穴。在场地内种植多年生牧草。放牧饲养是一种简单粗放的方式，省钱省工，空气和草料新鲜，家兔运动充分，体质健壮，繁殖率高，可饲养肉兔和皮兔。但所需场地大，管理粗放，难以保持兔群质量。

（二）兔舍设计基本要求

兔舍建筑设计多种多样，没有统一的规格，要因地制宜，符合家兔的生活习性，经济实用、便于管理即可。

1. 利于隔热保温防雨　成年家兔抗热能力差，仔兔又惧怕低温。兔舍整体上可以矮一些，墙厚一些，选用隔热保温的建材。室外兔舍要注意防雨。

2. 利于通风透光　家兔对有害气体比较敏感，易得呼吸道疾病，封闭式兔舍须利用门窗、天窗、排气孔等进行通风换气。光照对家兔的繁殖生长都是有利的，尤其是幼兔和种兔，采光系数过低，幼兔佝偻病发病率明显增高。

3. 经济实用　因地制宜，就地取材，经济实用，降低成本。一般小型兔场 1～2 年，中型兔场 2～4 年，大型兔场 4～6 年应收回建设资金。

4. 利于防疫、维修和操作　兔舍内部地面墙面要光滑平整，利于清洗消毒和防鼠害。供水、排粪设施以组合式为好，食槽、草架、饮水器摆放位置合理，便于维修。笼舍之间的距离不小于 1m，便于管理操作。

5. 不宜过大　为降低成本，便于防疫和管理，兔舍不宜过大。若以基础母兔为参考标准，每栋或每单元以 50～100 只为宜。

（三）兔舍样式

1. 封闭式　房屋结构，建筑形式较标准。受室外环境影响小，保温遮阳，人工控制舍内温度、湿度、通风、光照等因素，一定程度上克服了季节的影响，便于管理，便于机械化操作。可防兽害。有利于发挥优秀品种的优势，能做到按计划均衡生产，生产效率高。但成本较高，对饲养管理要求较高，对水、电及其他设备条件依赖程度高。粪尿沟在舍内，有害气体浓度高，呼吸道疾病较多，通风与保温的矛盾突出。兔笼多以重叠式双列或多列摆放。

2. 半开放式　兔舍具有房屋结构的特点，有正式屋顶，三面有墙与顶相接，前面设半截墙，为防兽害，半截墙上部可安铁丝网。冬季加保温设施。还可将兔笼直接安置在南北墙上，兔笼直接通室外。这种形式的兔舍通风透光好，可防兽害，投资少，管理方便。适用于四季温差较小且较温暖的地区。

3. 开放式　以笼舍合一形式为主，以砖、石等砌成，两层或 3 层，重叠式，正面设笼门，三面为墙。舍顶大而厚，以遮阳防雨。有的另设产仔室。开放式兔舍通风透光，空气新鲜，管理方便，家兔患病少。投资少，见效快。可用于饲养各类型家兔。受环境影响大，北方地区冬季不宜繁殖。笼舍合一形式的兔舍宜大不宜小，宜宽不宜深，底层笼底距地面不少于 40cm，笼舍严密结实，以防兽害，冬季增加保温设施。还有室外棚式或塑料大棚式兔舍。

（四）常用设备

1. 兔笼　兔笼有活动式和固定式两种。

（1）活动式兔笼：多为竹、木或金属丝制成，单个或几个连接为一体，可搬移，适于小规模饲养。有单层活动式、双联单层活动式、单间活动式、单间重叠式等多种。

双联单层式兔笼：用方木做成框架，四周和笼底钉竹条，周边竹条间距 1.5cm，笼底竹条宽2cm，间距1cm。门开在上方，两门中央放置“V”字形草架。

单间重叠式兔笼：用料、结构和制作方法与单层兔笼基本相似，只是门开在侧面，草架和食槽装在门上，两层笼之间备有承粪板，重叠设置。

（2）固定式兔笼：多为2～3层，用砖、钢筋水泥等砌成或用镀锌铁丝点焊而成，笼底用竹条钉成或用金属网，对开门，草架、食槽和水槽装在笼门上，承粪板用2.5～3cm厚的水泥预制板，即是上层笼的承粪板，也是下层笼的笼顶。3层笼总高度在190cm以内，笼宽70～100cm，深60cm。

（3）镀锌铁丝笼：集约化或半集约化养兔往往采用金属笼。根据家兔用途和体型大小采用不同规格。

2. 食槽　食槽种类很多，用材有竹、木、水泥、陶瓷和金属等。

（1）竹制：把粗毛竹劈成两半，除去节间中隔，两端固定长方形木块，适于栅养或在运动场上使用。

（2）木制：用木板钉成长方形食槽，表面光滑，大小与铁槽相当。竹、木制作的食槽易被啃咬。

（3）水泥制：用水泥铁丝筋制成长方形或圆形食槽，大小容量相当于一个碗，笨重结实，不易打翻，但不便于清洗。

（4）白铁食槽：用白铁皮焊制成半圆形食槽，长约15cm，宽10cm，高10cm，固定在笼门上，喂料时不需打开笼门，便于加料，应易拆卸，便于清洗。边角要光滑。

3. 草架　用粗铁丝焊制成“V”字形草架，固定于笼门上，内侧铁丝间距4～5cm，外侧2cm，草架可以活动，拉开加草，推上让兔吃草。

4. 饮水器　常用的饮水器有盆、碗、瓶等多种，材质也多种多样。但以乳头式自动饮水器最为科学，将饮水器连接于减压水箱，再接自来水系统，清洁卫生，不易污染，节水，是理想的饮水装置。

5. 产仔箱　产仔箱是母兔产仔和育仔的地方，多用1.5～2.0cm厚木板钉制，注意产箱内面底板不要刨光，钉子不外露。也可用无毒塑料制作。产仔箱规格一般为长45cm、宽30～35cm、高25～30cm（图1－1）。

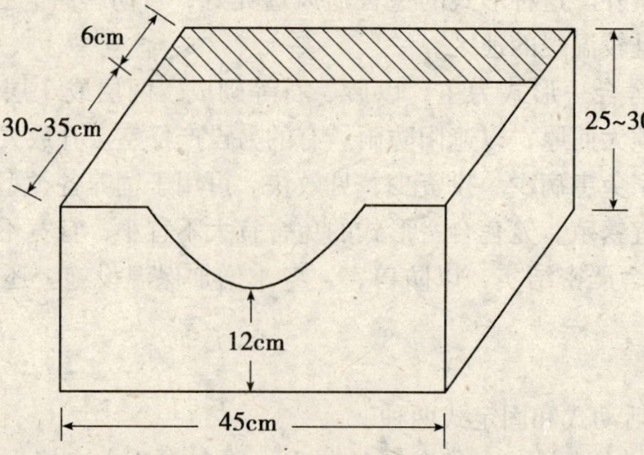

图1－1　家兔双面式产箱

二、饲料调制与营养需要

（一）饲料与调制

1. 青绿饲料　来源广泛，经济实用，是春夏秋季常用的饲料，可直接饲喂或青贮或制成草粉。

（1）栽培牧草：如苜蓿、紫云英、三叶草、黑麦草、羊草等，营养含量高，适口性强。栽培牧草除青饲以外，可晒成干草，在枯草季节饲喂，还可制成草粉与其他饲料配合制成颗粒饲料。

（2）野草、野菜：种类繁多，生长广泛，采集方便，是农村养兔的主要青绿饲料。除毒草以外，家兔几乎什么野草都吃，较喜食的有蒲公英、车前草、苦荬菜、曲荬菜、牵牛花、山扁豆、鸡眼草等。

（3）水生饲料：如水浮莲、水葫芦、水花生、浮萍等。含水量高，多生长在肥水里，污物较多，饲喂前应洗净晾干，并控制用量。

（4）树叶：如洋槐叶、桑叶、榆树叶等。营养价值较高，蛋白质、矿物质和无氮浸出物含量都比较高。蛋白质含量春季幼嫩时高，秋季低，脂肪、纤维素和无氮浸出物含量则正相反。树叶都含有单宁，喂量不宜超过2%。

（5）蔬菜类：各种蔬菜都可用来喂兔，为防止消化道疾病，应控制喂量。

青绿饲料应趁新鲜时直接饲喂，如有剩余要摊开，不得堆积存放。带有各种污物、雨水露水的饲草，先洗净，再摊开晾干后饲喂。含水分多的饲草，应晾到半干后饲喂。施过农药或有其他污染，施过兔粪的饲草，都不应喂兔。

均衡供应青绿饲料，能促进家兔生长、繁殖和泌乳等，要做好计划，无论盛草期或枯草期，都应饲喂青绿饲料。

2. 多汁饲料　常用的有胡萝卜、白萝卜、甜菜、马铃薯、红薯以及青贮饲料等。含淀粉、水分高，蛋白质、纤维含量少。洗净，切成小片饲喂或切成丝拌料喂。

3. 粗饲料　主要有青干草和农作物秸秆等。秸秆类饲料含粗纤维较多，水分少，蛋白质和维生素含量少，质地粗硬，适口性差，营养价值低。青干草的营养价值受收获、晾晒、运输和贮存工艺的影响。在盛花期收获、晾干而不是晒干、叶子保存较好、保持青绿颜色和芳香气味的青干草，营养价值较高。直接饲喂，浪费很大，最好制成草粉加工成颗粒料饲喂。粗饲料的最大饲喂量每天一般不要超过300g。

4. 精饲料　各种农作物籽实和加工副产品，营养价值高，适口性强，是家兔日粮的主体部分。精饲料要按营养需要加工成配合饲料，再加入草粉制成颗粒料，能有效地利用饲料中的营养物质，大大减少精粗饲料的浪费。要控制颗粒的大小，规格不同，对家兔的生长速度、采食量和料肉比将产生一定的影响（表1－5）。

表 1－5 颗粒直径和长度对断奶新西兰白兔性能的影响

颗粒大小（mm）		平均日增重（g）	平均日采食量（g）	料肉比
直 径	长 度			
4	6.4	33.7	111	3.30∶1
4	12.7	38.5	127	3.32∶1
4.8	6.4	40.2	127	3.17∶1
4.8	12.7	37.5	127	3.41∶1

5. 矿物质饲料及添加剂　常用的矿物质饲料有食盐，喂量占日粮的0.5%～1%，骨粉、石粉、贝壳粉等，喂量占日粮的2%～5%。常用的添加剂有氨基酸、维生素、微量元素和抗病保健类等。添加剂用量很少，须和饲料按顺序充分搅拌。维生素添加剂不宜和矿物质添加剂混在一起。

（二）营养需要

1. 水分　兔体含水约70%，如失去体内水分的20%，可引起死亡。兔对缺水比较敏感，长时间饮水不足，引起消化障碍，便秘，生长缓慢，体重下降，严重的肾、脾肿大。在日常饲养管理中不可忽视水的供应。

2. 蛋白质　与长毛、生长、繁殖、妊娠泌乳等活动关系密切，日粮中的蛋白质主要由油饼类饲料提供，日粮中粗蛋白可达15%，泌乳母兔和配种期的公兔还应再高一些。家兔对饲料中的蛋白质利用率较高，如苜蓿草粉中的蛋白质利用率可达74%。家兔对饲料中粗蛋白质的利用率和品质有关。

3. 能量　家兔正常的生理代谢活动、生长发育、繁殖等都需要足够的能量。但日粮中能量过高对家兔是有害的，一是易引起消化不良和刺激肠道细菌的繁殖而产生肠炎；二是脂肪沉积过多而肥胖，损害繁殖机能。所以，兔日粮中的能量要合适。

4. 纤维素　家兔日粮中粗纤维含量应在13%～15%，不低于10%。粗纤维对胃有填充作用，可刺激胃肠蠕动，促使饲料在消化道通过，还具有夹带作用，可将食入胃中的毛带走，这对毛兔是有意义的。

5. 脂肪　脂肪可以提供热能，补充家兔体内不能合成的3种必需脂肪酸（亚麻油酸、次亚麻油酸、花生油酸）。家兔缺乏这3种脂肪酸，会出现生长不良、皮肤干燥、脱毛及公兔生殖机能衰退等现象。还可满足对脂溶性维生素的需要。日粮中维持2%～5%的脂肪能提高适口性。

6. 矿物质　家兔维持正常生命活动需要的矿物质元素主要由饲料中得到。在配合日粮时主要添加钙、磷和食盐。青粗饲料以苜蓿为主时会出现高钙现象，但家兔能忍受高钙饲料，即使到4.5%，也能采食和生长。若磷的含量超过1%，家兔就会拒食。日粮中食盐约占0.5%。

7. 维生素　家兔的日粮中，维生素A容易缺乏，应注意补充。

（三）饲养标准

饲养标准是根据养兔生产实践中积累的经验，结合能量和其他物质代谢试验结果，科学地规定出不同种类、品种、生理阶段和生产水平的家兔每天每只所需营养物质的数量，或每千克日粮中各种营养物质含量。是制定饲料配方，组织生产的科学依据。饲养标准也不是一成不变的，要不断的补充和完善。

目前我国尚未制定出通行的家兔饲养标准，以美国国家研究委员会（NRC）和法国家兔营养学家（F. Lebas）公布的家兔营养需要为主要参考依据（表1－6、表1－7、表1－8）。

表1－6 我国建议的家兔营养供给量

营养指标	生长兔		妊娠兔	哺乳兔	成年产毛兔	生长肥育兔
	3～12周龄	12周龄之后				
消化能（kJ/kg）	12.2	11.29～10.45	10.45	10.87～11.29	10.03～10.87	12.12
粗蛋白（%）	18	16	15	18	14～16	16～18
粗纤维（%）	8～10	10～14	10～14	10～12	10～14	8～10
粗脂肪（%）	2～3	2～3	2～3	2～3	2～3	3～5
钙（%）	0.9～1.1	0.5～0.7	0.5～0.7	0.8～1.1	0.5～0.7	1.0
总磷（%）	0.5～0.7	0.3～0.5	0.3～0.5	0.5～0.8	0.3～0.5	0.5
赖氨酸（%）	0.9～1.0	0.7～0.9	0.7～0.8	0.8～1.0	0.5～0.7	1.0
胱氨酸＋蛋氨酸（%）	0.7	0.6～0.7	0.6～0.7	0.6～0.7	0.6～0.7	0.4～0.6
精氨酸（%）	0.8～0.9	0.6～0.8	0.6～0.8	0.6～0.8	0.6	0.6
食盐（%）	0.5	0.5	0.5	0.5～0.7	0.5	0.5
铜（mg/kg）	15	15	10	10	10	20
铁（mg/kg）	100	50	50	100	50	10
锰（mg/kg）	15	10	10	10	10	15
锌（mg/kg）	70	40	40	40	40	40
镁（mg/kg）	300～400	300～400	300～400	300～400	300～400	300～400
碘（mg/kg）	0.2	0.2	0.2	0.2	0.2	0.2
维生素A（IU）	6 000～10 000	6 000～10 000	6 000～10 000	8 000～10 000	6 000	8 000
维生素D（IU）	1 000	1 000	1 000	1 000	1 000	1 000

表1－7 自由采食家兔的营养需要量（NRC）

营养指标	生长	维持	怀孕	泌乳
消化能（MJ/kg）	10.45	8.78	10.45	10.45
粗蛋白（%）	16	12	15	17
粗脂肪（%）	2	2	2	2
粗纤维（%）	10～12	14	10～12	10～12
矿物质				
钙（%）	0.4	—	0.45	0.75
磷（%）	0.22	—	0.37	0.5
镁（mg/kg）	300～400	300～400	300～400	300～400

续表

营养指标	生长	维持	怀孕	泌乳
矿物质				
钾（%）	0.6	0.6	0.6	0.6
钠（%）	0.2	0.2	0.2	0.2
氯（%）	0.3	0.3	0.3	0.3
铜（mg/kg）	3.0	3.0	3.0	3.0
碘（mg/kg）	0.2	0.2	0.2	0.2
锰（mg/kg）	8.5	2.5	2.5	2.5
维生素				
维生素 A（IU/kg）	580	—	10 000	—
胡萝卜素（mg/kg）	0.83	—	0.83	—
维生素 E（mg/kg）	40	—	40	40
维生素 K（mg/kg）	—	—	0.2	—
吡多醇（mg/kg）	39	—	—	—
胆碱（mg/kg）	1.2	—	—	—
尼克酸（mg/kg）	180	—	—	—
氨基酸				
蛋氨酸十胱氨酸（%）	0.6	—	—	—
赖氨酸（%）	0.65	—	—	—
精氨酸（%）	0.6	—	—	—
苏氨酸（%）	0.6	—	—	—
色氨酸（%）	0.2	—	—	—
组氨酸（%）	0.3	—	—	—
异亮氨酸（%）	0.6	—	—	—
缬氨酸（%）	0.7	—	—	—
亮氨酸（%）	1.1	—	—	—
苯丙＋酪氨酸（%）	1.1	—	—	—

表 1－8　法国 F. Lebas 推荐的家兔营养需要量

营养指标	生长（4～12 周龄）	哺乳	妊娠	维持	哺乳母兔和仔兔
粗蛋白（%）	15	18	18	13	17
消化能（MJ/kg）	10.45	11.29	10.45	9.20	10.45
粗脂肪（%）	3	5	3	3	3
粗纤维（%）	14	12	14	15～16	14
非消化纤维（%）	12	10	12	13	12
氨基酸					
蛋氨酸＋胱氨酸（%）	0.5	0.6	—	—	0.55

续表

营养指标	生长（4～12 周龄）	哺乳	妊娠	维持	哺乳母兔和仔兔
氨基酸					
赖氨酸（%）	0.6	0.75	—	—	0.7
精氨酸（%）	0.9	0.8	—	—	0.9
苏氨酸（%）	0.55	0.7	—	—	0.6
色氨酸（%）	0.18	0.22	—	—	0.2
组氨酸（%）	0.35	0.43	—	—	0.4
异亮氨酸（%）	0.6	0.7	—	—	0.65
缬氨酸（%）	0.7	0.35	—	—	0.8
亮氨酸（%）	1.05	1.25	—	—	1.2
矿物质					
钙（%）	0.5	1.1	0.8	0.6	1.1
磷（%）	0.3	0.8	0.5	0.4	0.8
钾（%）	0.8	0.9	0.9	—	0.9
钠（%）	0.4	0.4	0.4	—	0.4
氯（%）	0.4	0.4	0.4	—	0.4
镁（%）	0.03	0.04	0.04	—	0.04
硫（%）	0.04	—	—	—	0.04
钴（mg/kg）	1.0	1.0	—	—	1.0
铜（mg/kg）	5.0	5.0	—	—	5.0
锌（mg/kg）	50	70	70	—	70
锰（mg/kg）	8.5	2.5	2.5	2.5	8.5
碘（mg/kg）	0.2	0.2	0.2	0.2	0.2
铁（mg/kg）	50	50	50	50	50
维生素					
维生素 A（IU/kg）	6 000	12 000	12 000	—	10 000
胡萝卜素（mg/kg）	0.83	0.83	0.83	—	0.83
维生素 D（IU/kg）	900	900	900	—	900
维生素 E（mg/kg）	50	50	50	50	50
维生素 K（mg/kg）	0	2	2	0	2
维生素 C（mg/kg）	0	0	0	0	0
硫胺素（mg/kg）	2	—	0	0	2
核黄素（mg/kg）	6	—	0	0	4
吡多醇（mg/kg）	40	—	0	0	2
维生素 B_{12}（mg/kg）	0.01	0	0	0	—
叶酸（mg/kg）	1.0	—	0	0	—
泛酸（mg/kg）	20	—	0	0	—

（四）饲料配方

根据家兔饲养标准和各自的实践经验，制定出稳定的、经济实用的饲料配方，以配合家兔日粮。现推荐以下几种家兔饲料配方（表1－9、表1－10、表1－11、表1－12、表1－13）。

表1－9　江苏省新沂县冷冻加工厂肉兔饲料配方　（%）

饲料种类 兔别	玉米	麸皮	米糠	豆饼	草粉	骨粉	食盐	生长素	日喂量（g）	
									精料	青料
幼兔	20	15	15	20	25	3.5	1	0.5	30～50	200～300
青年兔	10	15	10	25	35	3	1.5	0.5	60～80	400～600
成年兔	15	20	—	11	50	2	1.5	0.5	80～100	700～800
配种期种公兔	11	20	—	25	40	2	1.5	0.5	100～120	600～700
妊娠后期母兔	15	20	—	25	34	4	1.5	0.5	110～130	600以下
哺乳母兔	20	1.0	10	20	35	3	1.5	0.5	150	800～1 000

表1－10　四川省军区生产基地养兔场饲料配方　（%）

饲　料	维　持	生　长	妊　娠	泌　乳
玉米	23	39	29	17
小麦	0	0	0	10
麦麸	30	28.5	30	20
黄豆	0	8	14	12.8
米糠	28	0	13	18
胡豆	8	0	0	0
菜籽饼	6	6	6	6
蚕蛹	2	6	5	3
草粉	0	10	0	10
贝壳粉	2	1	2	2.2
骨粉	0	0.5	0	0
食盐	1	1	1	1
添加剂（另加）	0.5	0.5	0.5	0.5

表1－11　河北平山县太行山家兔原种场饲料配方　（%）

饲料	维　持		生　长		妊　娠		泌　乳	
	兔乐1号	兔乐2号	兔乐1号	兔乐2号	兔乐1号	兔乐2号	兔乐1号	兔乐2号
玉米	31.5	40	20	33	25	35	20	30
洋槐叶	15	10	27	9.5	27	15	32	20
麸皮	11	3.5	21	7.5	23	3	20	20
花生饼	6	4	12	1.5	6	7	10	8

续表

饲料	维持		生长		妊娠		泌乳	
	兔乐1号	兔乐2号	兔乐1号	兔乐2号	兔乐1号	兔乐2号	兔乐1号	兔乐2号
甘薯秧	3	3	3	31	3	20	4.5	6
青干草	28	20	10	3	9	10	4	6
花生秧	3	16	3	3	3	3	3	3
豆饼	1	2	2	10	2	5	4	4.5
食盐	0.5	0.5	0.5	0.5	0.5	0.5	0.5	0.5
骨粉	1	1	1	1	1.5	1.5	2	2

注：兔乐1号或2号（河北农业大学添加剂厂生产）按说明添加，夏秋用1号，冬春用2号。引自：单永利等，现代养兔新技术，2003。

表1-12　黑龙江省某兔场饲料配方　（%）

饲　料	空怀	妊娠	生长	泌乳
羊草	12.5	15	10	8
玉米	38	43	40	42
豆饼	15	17	20	22
麸皮	10	8	10	7
辣椒秧	2	2	3	2
玉米秸	10	0	0	0
黄豆秸	10	12	14	1.5
骨粉	0.5	1.0	1.0	1.5
贝粉	1.0	1.0	1.0	1.5
食盐	0.5	0.5	0.5	0.5
添加剂	0.5	0.5	0.5	0.5
多维	0	按说明	按说明	按说明

表1-13　宁夏西吉县兔场饲料配方　（%）

饲料	空怀	生长	妊娠	泌乳	
				1号料	2号料
苜蓿草粉	50	50	45	47	40
玉米	25	26.5	30.5	29.5	30.5
麦麸	17	14	14	14	17
胡麻饼	6	6	6	6	10
鱼粉	0.5	1	3	1	1
骨粉	1	2	1	2	1
食盐	0.5	0.5	0.5	0.5	0.5
复合添加剂	0	0.5	0.5	0	0
含硒添加剂	0	0	0	0.5	0.5

三、饲养管理

（一）一般要求

家兔属于食草动物，消化道结构和消化生理有其特殊性，不同于其他畜、禽，需要有针对性的饲养管理。

1. 精粗结合，合理搭配　家兔消化道容积较大，有发达的盲肠和特殊的圆小囊，便于营养物质的充分消化吸收，对于粗纤维的消化率为70%左右，高于禽而低于牛羊（70%～90%）。在规模饲养时，往往以配合饲料为主，青粗饲料较少，会导致消化不良，诱发消化道疾病。在家兔日粮中，青粗饲料可占日粮70%～80%。

2. 饲料多样，取长补短　每种饲料都有其营养特性，如禾本科牧草含碳水化合物较多，而豆科牧草含蛋白较高，禾本科籽实含能量较高，而饼粕类饲料含蛋白质较高。要多种饲料配合使用，取长补短，发挥营养互补作用。日粮中青粗饲料2～4种（最好禾本科和豆科牧草配合使用），能量饲料2～3种，蛋白饲料2～3种，矿物质饲料1～2种，添加适量的添加剂，以平衡日粮。

3. 优质适口，精工细做　饲料品质要好，发霉变质、受污染的饲料严禁饲喂，家兔较喜欢甜食，略带甜味的饲料可提高食欲。青粗饲料要按要求初加工，洗净晾干。粗饲料和能量饲料以粉状使用，油饼类饲料要去毒后使用，少用动物性饲料。

4. 提倡夜饲，保证饮水　家兔昼伏夜行，夜间采食量高于白天，炎热的夏季更为突出，冬季夜长昼短，也应夜饲。实际生产上可在夜间加喂1次粗料。随时保证清洁的饮水。

5. 少喂勤添，随时观察　家兔有多次采食的习惯，自由采食时，每天采食30～50次。应坚持少量多次、少喂勤添的原则，既可满足采食需要，又保证食物新鲜，刺激食欲，增加采食量。但每天的饲喂次数和顺序一旦确定，需保持稳定，不应随意变更。生产上成年兔每天饲喂2～3次，青年兔3～5次，仔兔每天哺乳1～2次。饲喂时间及次数，也要随季节及家兔的不同状况适当调整。体质较弱的兔，应增加饲喂次数，过肥的种兔应减少喂量。休闲兔群应少喂，商品兔群应多喂。冬季增加能量水平，夏季提高优质青绿饲料的喂量，炎热天气增加早晚喂量等。

6. 避免潮湿，保持安静　家兔喜欢干燥通风的环境，怕闷热潮湿，封闭式兔舍要注意通风换气，兔粪及时清理。保持环境安静，操作管理程序保持稳定，防止惊吓，减少应激，谢绝人员参观，严禁其他动物进入。

7. 防暑御寒，精心管理　炎热的夏季应有通风、洒水、遮荫等降温措施，以防家兔中暑。盛夏季节，毛兔应剪去长毛，种兔暂停繁殖活动。当环境温度低于0℃时，对种兔繁殖和仔兔育活影响极大，特别是晚上，要采取御寒措施，封闭门窗，堵塞漏洞，提高日粮能量水平。日常管理要精心细致，随时发现和解决各种问题。

8. 搞好卫生，防止疾病　平时应注意经常打扫，定期消毒，一般每周消毒1～2次。严格按照免疫程序操作，在疾病高发期进行预防性投药，发现病兔及时隔离。健康的家兔被毛光亮，活泼好动，鼻端潮湿，采食急切，饮水及粪便正常。病兔普遍表现精神沉郁，食欲降低或废绝，被毛干枯，缺乏光泽，鼻端干燥，有时排出稀粪。要及早发现病兔，及时处理。

（二）种公兔的饲养管理

饲养种公兔的目的是用于配种，要求品种纯正，体质健壮，发育良好，性欲旺盛，精液品质优良。

1. 严格选留，保证质量　3月龄时进行一次选择，将发育良好，体质健壮，符合品种要求的个体留下，其余的公兔做商品兔处理。达到性成熟时，再进行一次严格选择，数量上要有15%左右的余量，便于补充。进入使用阶段，不断地淘汰不符合品种要求、体重过大或过小、交配能力差、精液量少且品质较差、有残疾的个体，用青壮年兔代替老年兔。使青年、壮年、老年兔的比例为3：6：1。

2. 单笼饲养，防止早配　公兔群居性差，群养时易争斗，易造成伤害，接近性成熟时应单笼饲养。3月龄以后的兔，逐渐要进入性成熟，为了防止早配，应公、母兔分开饲养。

3. 营养科学，饲料合理　种公兔精液品质的好坏，与营养水平密切相关，蛋白质、矿物质和维生素对精液品质至关重要。近几年来，对比利时兔、新西兰白兔、加利福尼亚兔、中国白兔的采精实践来看，每次平均射精量在1ml以上，精子密度1亿～3亿不等。精液成分中除水分以外主要是蛋白质。对精液品质不好的种公兔，如喂给豆饼、麦麸以及豆科牧草，精液质量会有显著改善。种公兔的日粮蛋白质水平在17%～18%时，能保证种公兔性机能旺盛，精液品质好，受胎率高。维生素和矿物质缺乏时，精子数量少，畸形精子多，小公兔生殖器官发育不全。日粮组织要多样，精粗搭配，营养均衡。营养对精液品质的影响是缓慢的，在配种季节前20～30d，提高营养水平，可以改善配种时精液品质。小公兔的饲料体积不能过大，不能使用秸秆类或水分过大的饲料，不仅增重慢，成年体重小，而且易造成草腹，降低种用价值。

4. 加强运动，增强体质　为提高种公兔的体质，有条件的兔场应使公兔每周运动两次，运动可使公兔体质健壮，提高种用价值。

5. 合理使用，提高效率　合理使用种公兔，既可提高配种效果，又可延长使用年限。合格的种公兔6～7月龄可参加配种，壮年兔每周配种4～5d，每天1～2次，青年和老年兔每周不超过4～5次。配种次数过多，精液品质降低，使用年限缩短，配种次数过少，会加大种公兔的饲养量，增加生产成本。种公兔的利用年限为3年，最多不超过5年。

6. 维持舍温，精心管理　夏季高温和冬季温度过低时，种公兔的精液品质都很差。舍温保持在10～20℃，对维持公兔性欲和提高精液品质有利。但常年维持这个温度是困难的，在饲养管理上，对高温和低温的不同情况，采取有针对性的措施。种公兔在换毛期间不宜进行配种，毛兔在使用期间要减少剪毛次数，发病和投药期间的种公兔应停止使用。种公兔的笼舍应宽大一些，便于自由活动和配种采精活动。

7. 做好记录，建立档案　每次配种后要进行详细记录，包括配种时间、与配母兔、母兔的产仔情况及仔兔的生长发育情况等，便于逐代选择，提高兔群质量。

（三）种母兔的饲养管理

种母兔是兔群的基础，关系到整个兔群的数量和质量。根据母兔的生理状况，可分为空怀期、妊娠期和哺乳期，各阶段生理代谢特点不同，需要采取不同的饲养管理措施。

1. 空怀期的饲养管理　空怀期是指从仔兔断奶到下次配种受孕的间隔期。母兔在上一个哺乳期消耗大量营养，比较瘦弱，此期饲养目的是使母兔尽快恢复体力，保持中等肥度，保证其适时正常发情。养好空怀母兔的要领是“看膘喂料”，防止过肥或过瘦。体质较差的母兔，适当增加精饲料，日加精料 50～100g，供给充足的青绿饲料。体况较好的母兔，须增加青粗饲料的供给，减少精料，使其保持中等体况。所喂饲料营养全面，维生素和微量元素的供给量要充足，配种前 10～15d 进行短期优饲。在缺青季节要增喂胡萝卜、大麦芽等富含维生素的饲料，可促进发情与提高受胎率。

空怀母兔仍单笼饲养。空怀期的长短，依母兔生理状况和实际生产计划而定。小规模饲养场，一般皮、肉兔每年可繁殖 4～5 胎，长毛兔可繁殖 4 胎。仔兔断乳后体质瘦弱的母兔，应适当延长空怀期，不要一味追求繁殖胎次，否则将影响母兔健康，缩短优良母兔的利用年限，还会影响到仔兔的生活力和成活率。规模化养兔场，饲养管理较完善，夏季有防暑降温设备，冬季有保温增温的设施，体况较好的母兔，可实施频密繁殖或半频密繁殖，每年繁殖 6～8 胎。

2. 妊娠期的饲养管理　从交配到分娩这一段时间叫妊娠期，平均 30.5d。生理上的特点是，除母兔本身的生长以外，还有胚胎、乳腺的发育和子宫的增长，生长强度越来越大，在饲养管理上需要供给全价的营养物质，加强护理，防止流产。

（1）科学饲喂，加强营养：妊娠前期，胎儿在母体内分化很快，但绝对增重速度比较慢，妊娠 21d 胎儿的重量是初生重的 10%，此后，胎儿增重速度逐渐加大，后 1/3 时间里增加全部初出重的 90%。以妊娠 21d 的胚胎重量为基础，21～23d 时是它的 1 倍，23～25d 是它的 2 倍，25～27d、27～29d、29～31d 均是它的 3 倍。初生时，每只仔兔重 50g 以上。一只 3kg 体重的母兔，分娩时胎儿和胎盘的重量达 660g，除水分以外，主要由蛋白质构成，这些营养物质都要从饲料中取得。

对于在空怀期得到较好恢复膘情适中的母兔，妊娠以后可采用先青后精的饲喂方法，妊娠前期 1～12d 内，以优质青饲料为主，妊娠 15～21d 时，逐渐增加精饲料到空怀期的 1.5 倍。对于初产的青年母兔，从妊娠初期就逐渐增加精料，喂量比空怀的青年母兔多 10%～20%，即保证胎儿发育，也维持自身生长。对膘情比较差的母兔，或进行频密繁殖的母兔，要保持一贯的高营养水平，直到不再妊娠或体况得到恢复为止。无论哪一种方法，都要在临产前 2～3d 减少精料喂量，增加青绿饲料，以防止母兔乳房炎和提高产后泌乳量。在产前和产后 2～3d 内，母兔日粮中按预防量加喂磺胺药，可有效防止母兔乳房炎和仔兔黄尿病。

妊娠中后期的母兔采食量会明显增加，日粮营养水平为：消化能 10.5MJ/kg，粗蛋白质 16%～17%，粗纤维 13%，钙 1%，磷 0.5%，要特别注意蛋白质、矿物质饲料的供给，补充微量元素和维生素。根据兔品种的不同，大致喂量为：妊娠前期日喂青草 500～750g，精料 50～100g，15d 以后逐渐增加精料，20～28d 可日喂青草 500～750g，精料 100～125g。28d 以后喂给适口性好、易消化、营养价值高的青绿多汁的饲料，减少精料。

（2）精心管理，防止流产：流产现象多发生在妊娠 15～25d 内，流产时母兔也和正常分娩类似，叼草拉毛做窝，产下的胎儿是未成形的，多被母兔吃掉，舔干周围的血迹，可能什么痕迹也看不出来。导致流产的原因很多，如不正确的频繁捕捉母兔，突然的惊吓使母兔乱跑乱撞，饲料变质使母兔中毒或感染疾病等。

为防止流产，应精心管理。不能无故地捕捉母兔，做完妊娠鉴定以后，特别是妊娠后期，就不要再捕捉母兔。妊娠母兔需单笼饲养，保持环境安静，避免其他兽害侵入，禁止大声喧哗。保证营养全面平衡，搞好卫生消毒，防止疾病发生。笼舍保持干燥，夏季饮用井水或自来水，有利于防暑降温，冬季饮用温水，以防腹痛。霉变饲料、喷洒农药的饲草不能再喂，同一舍内有多种类型兔时，就先喂妊娠母兔，后喂其他兔。毛兔应停止梳毛和采毛。

（3）产前准备，产后护理：产前5d左右放入产箱，让母兔熟悉适应产箱。产箱往往周转使用，会带有其他母兔气味或病原微生物，应冲洗干净，晒干，用前经消毒处理。放入产箱后，再放入一些洁净的干草，以备母兔做窝用，先放入的干草，有可能被母兔吃掉，吃掉后应再放。不必把干草直接放入产箱，人工做的草窝不一定令母兔感到舒适，应放在产箱外，母兔自已会叼草做窝。

母兔在分娩前1～3d，有的在数小时之内，叼草做窝。草窝做成以后，在临产前数小时内，用嘴将胸腹部的毛拉下，垫在草窝上，做成一个毛窝。拉毛做窝，是母兔的大性，产前做好裖毛，将仔兔产在裖毛上，产后再拉毛盖在仔兔身上，给仔兔创造一个温暖舒适的环境。母性强的兔，拉毛很多，有的母兔将整个产箱都放满了毛，但有一些现代育成品种母兔，特别是初产时自已不会拉毛做窝，或拉毛很少。当临产期已到，经检查母兔乳房肿胀充分，乳头可挤出乳汁，仍不拉毛或拉毛很少，应进行人工辅助拉毛，从乳房周围拉下一些毛放在产箱内，以唤醒母兔的本能。拉毛越早、越多的母兔，母性好，产后泌乳量也高。拉毛做窝是一个重要信号，拉毛以后，母兔多在8～10h内分娩。

母兔分娩多在夜间或清晨，一般产仔都很顺利，不需人工护理。每2～3min产1只，20～30min产完。仔兔一生下来，羊水一干，便开始找乳头吃奶。母兔分娩结束后，会给所有仔兔哺乳一次，之后用毛将仔兔盖好，跳出产箱找水喝，最好事先准备好饮水，冬季要喂给温水。发现母兔分娩后，应记下产仔时间，清点仔兔数量，称初生窝重，将污湿的草、毛、死胎、畸形胎和弱胎取走，检查垫毛和盖毛情况。产后母兔体力消耗较大，应保持环境安静，精心饲喂。

3. 哺乳期的饲养管理　哺乳期是母兔分娩到仔兔断奶的时期。一般为28～45d。此阶段饲养管理的重点是保证母兔健康，提高泌乳量，保证仔兔正常发育，提高成活率。

（1）提高营养，保证泌乳：哺乳母兔每天的泌乳量为60～150ml，哺乳20d左右泌乳量达到高蜂，高产母兔达150～250ml，最高可达300ml以上，乳中干物质含量相当高（表1－14）。

乳中的营养物质都是从饲料转化来的，为了保证充分泌乳，母兔营养状况往往处于负平衡，在频密繁殖时，几个泌乳期过后，母兔骨瘦如柴。因此，应供给新鲜优质的青绿饲料，增加玉米、豆饼、鱼粉、食盐和骨粉等精料喂量，保障饮水。日粮营养成分：消化能11.3MJ/kg，粗蛋白质18%，粗纤维12%，钙1%，磷0.5%，维生素、微量元素适量。

表1－14　兔乳与牛羊乳干物质含量对比　（%）

种　类	蛋白质	脂肪	乳糖	灰分
兔乳	10.4	12.2	1.8	2.0
牛乳	3.1	3.5	4.9	0.7
山羊乳	3.1	3.5	4.6	0.8

母兔分娩 1~3d 内，消化机能尚未完全恢复，食欲不振，体质虚弱，分泌乳汁也少，这时饲喂量不宜太多，以青饲料为主，日喂易消化的精料 50~75g，经 3~5d 后应过渡到自由采食，日喂精料逐渐增加到 150~200g。精料用量的调节可用称重的方法，分娩后 3 周之内分别将母兔和仔兔称重，仔兔生后 1 周的体重比初生时增加 1 倍，第二周体重比第一周增加 1 倍，第三周体重比第二周增加 1 倍，同时母兔的体重没有明显的下降，说明饲料用量合适。母兔带仔 7~8 只，即保证仔兔正常生长，也保证母兔体重不下降，往往是困难的，在频密繁殖的方式下，就更困难。

（2）精心管理，养好仔兔：母兔产后哺乳多为一天两次，早晚各 1 次，每次哺乳时间为 2~5min，也有的母兔一天只哺乳 1 次，大约什么时间产仔便会在什么时间哺乳。以后随着仔兔日龄的增长，哺乳次数会减少。

在管理上要注意观察仔兔吃奶情况，仔兔腹部胀圆，肤色红润光亮，安睡不动，说明母兔泌乳正常，若腹部空瘪，肤色灰暗无光，乱拱乱爬，叫声不停，说明没有吃到奶或吃不足，要查明情况，采取措施。

若母兔无奶或产奶少，可进行人工催乳，喂给牛奶、羊奶、豆浆等营养价值高、水分含量大的食物，也可喂煮熟的黄豆以及蒲公英、苦荬菜、鲜苜蓿等。同时使用中草药或其他药物催乳。

若母兔有乳而不会哺乳，要采取强制措施。这多发生在培育程度较高的初产母兔，产前不拉毛或拉毛少，产后不会喂奶，也有的是受到惊吓不敢喂奶。强制训练的办法是，先将母兔乳房周围的毛拔去一部分，刺激乳腺泌乳，在每天固定时间将母兔捉住，拿开仔兔身上的盖毛，把母兔放入产箱并使之安静，仔兔在母兔腹下会自动找乳头吃奶，经过几次训练后，母兔就会自动喂奶了。

如乳汁过多，可适当减少精料和多汁饲料的喂量，多喂些优质青干草，也可饮些凉的盐水。

（3）搞好卫生，防止疾病：每天要清扫兔舍，清除粪便，污染的垫草和垫毛要及时更换，每周消毒笼舍 1 次，饲喂用具及水槽每次喂前和给水前均应洗刷干净，保持清洁卫生。不随意捕捉、干扰母兔，母兔哺乳时不得挪动产仔箱或将母兔赶走。

哺乳期间母兔易患的疾病是乳房炎，在临产前乳房由正常状态迅速肿胀，易感染出现炎症；产后仔兔较少或仔兔死亡多，乳汁分泌量大，每次哺喂仔兔不能吃空，使乳汁在乳房中长时间滞留；乳汁分泌过少，仔兔长期吸吮不放；卫生条件差、挤压碰撞等机械损伤都会引起乳房炎的发生。患病后母兔有痛感，不但不能哺乳，严重时母兔自身难保。产前产后检查乳房，发现有硬块、乳头红肿、触之有热痛感即为乳房炎的先兆或已患乳房炎，应及时治疗。积极的办法是预防，产前 2~3d 减少精料喂量，增加青绿饲料，产后 3~5d 后逐渐增加精料，药物预防为每次磺胺类药物 0.3~0.5g，苏打 1 片，每日两次。

（四）仔兔的饲养管理

1. 仔兔的生理特点　从出生到断奶这一阶段的小兔称为仔兔。仔兔属于不完全发育降生。出生时全身无毛，保温能力差，体温调节能力不健全，一般 4d 长出茸毛，10d 后才能保持体温恒定，最适环境温度是 30~32℃。兔 7d 前封耳，不能听到外面的动静，12d 前闭眼，不能看到外面的世界，除了吃奶就是睡觉。缺乏防御能力和适应能力，对不良环境和疾病的抵抗能力弱。但生长发育速度很快，需要科学、细心的管理。

仔兔的正常体重见表 1－15。

表 1－15　不同日龄仔兔正常体重　(g)

日　龄	大型品种	小型品种
出生	60～65	45～50
6	120～130	90～100
10	170～190	130～150
20	300～400	250～300
30	600～700	400～500

2. 睡眠期的管理　仔兔出生后 12d 左右睁开眼睛，这一段称为睡眠期。睁眼时间的早晚差别不大，一般为 12～14d。此阶段的管理重点是让仔兔早吃奶、吃足奶，防止兽害及其他意外伤亡，避免黄尿病的发生。

（1）及时吃到初乳：母兔分娩后 1～3d 内所分泌的乳汁叫初乳，营养成分含量明显高于常乳，是初生仔兔唯一营养来源。初乳中还含有一定量的免疫球蛋白，仔兔在产生主动免疫之前，免疫抗体主要通过胎盘来自于母体，初乳中抗体含量并不高，但对提高机体免疫力有不可替代的作用。出生后 4～6h 内吃到初乳，仔兔体质健壮，生长发育快，生活能力强。母兔分娩后应给仔兔喂饱第一次奶，在仔兔出生后 5～6h 内必须检查母兔的哺乳情况，看仔兔是否吃上奶、吃足奶。

吃饱奶的仔兔，在毛窝中安睡不动，腹部圆胀，肤色红润，绒毛光亮，身上没有皱褶，用手触摸时会立即有反应，但不会大动，手一离开即安睡。未吃饱奶的仔兔，不能安静，在产箱内乱爬，腹部不胀，皮肤干燥发暗，皱褶多，绒毛无光，用手触摸时，头向上拱，吱吱乱叫。

发现未吃饱奶时，若母兔有奶，可强制哺乳。活动能力很弱的仔兔，可将母兔腹部向上固定，露出乳头，把仔兔放在乳头上，帮助仔兔吃奶。若母兔本身有问题，应采取寄养或人工哺乳措施。

（2）合理寄养：一般母兔有 4 对乳头，可带仔 7～8 只，若母兔产仔过多，产后患病不能哺乳，产后乳汁少等，或优良种兔需减少泌乳负担，可采用寄养办法。选择分娩时间相近的母兔，产期相差不超过 3d，将仔兔放入保姆兔的产箱内，和其他仔兔混在一起，经 1～2h 后，一窝仔兔的气味基本相近，保姆兔一般不会拒绝。仔兔寄养很容易，成功率很高，只要注意母仔都健康无病，保姆兔泌乳能力要与所带仔兔相适应。

（3）人工哺乳：如母兔患病、死亡或缺乳，而又找不到保姆兔，或建立无特种病原菌兔群时，可采用人工哺乳的办法。哺乳器可选用注射器、玻璃滴管、小眼药瓶等，嘴上接上一段细橡皮管（气门芯）即成。用前煮沸消毒，用后冲洗干净。掌握好乳汁的温度、浓度和给量。喂牛、羊奶时，最初加入 1～1.5 倍的水，1 周后加 1/3 的水，半个月后喂全奶，随着仔兔的生长，营养不足时，再加入 2%～5% 奶粉。乳汁温度掌握在夏季 35～37℃，冬季 38～39℃。喂乳时，将仔兔仰面握在左手，右手平握哺乳器，将哺乳器嘴放入仔兔口中，使仔兔自由吮吸，不要人为帮助放奶，仔兔吸奶费力或停止吸奶时，不必把哺乳器拿开，过后接着吃。每次喂量以吃饱为限，每天喂 2 次。乳汁浓度可通过观察仔兔的粪、尿情况来判断，尿多，说明乳汁太稀，尿少，粪油黑色，说明乳汁太稠，须做调整。一般人工哺乳养仔兔效果很差，成功率较低，仔兔生长缓慢，死亡率高，关键是要控制好营养、温度和消毒效果。

（4）防止吊乳：母兔的乳汁少，仔兔总是吃不饱，每次哺乳时，总是咬住乳头不放，或母兔在哺乳时受到惊吓，突然跳出产箱，都会把仔兔带到产箱外边来，这种现象叫吊乳。被吊出的仔兔在气温低时很容易被冻死，或被母兔踏死。预防的办法是针对乳汁少的母兔要进行调整，母兔哺乳时不受惊吓。发现被吊出的仔兔要及时进行抢救，刚吊出的仔兔，四肢活动力较强时，可直接放回窝内；吊出时间长已失去活动能力的仔兔，可以慢慢试着放入40℃左右的温水中（露出头部），几分钟到十几分钟，皮肤恢复红润以后，擦干身体，放回窝中。

（5）防止冻死：仔兔御寒能力很差，产箱内的温度要保持在30℃以上，若早春晚秋仍有繁殖活动，特别是冬季，须采取保温措施（表1-16）。严密兔舍，关闭门窗，窗户可用塑料布密封。产箱内要有充足的垫毛和盖毛，母兔拉毛少，要人工给以补加。仔兔撒尿多时会使垫草垫毛潮湿，对仔兔是极为不利的，应及时更换。长毛兔的毛细而长，受潮后会出现毡结现象，不利保温，也应更换。封闭式兔舍有加温设施时，能有效地避免冻害，也有的兔场将仔兔养在暖房内，只在哺乳时将产箱拿到母兔笼。

表1-16　不同日龄家兔适宜的舍内温度

日龄	1	5	10	20~30	45	60以上	成年
温度（℃）	35	30	30~25	30~20	30~18	24~18	25~15

（6）防止鼠害：出生1周之内的仔兔很容易受到鼠害，兔舍封闭不严，老鼠自由出入时，死亡仔兔的70%~80%是受到鼠害，半封闭式和开放式兔舍更要防鼠害。笼舍做得严密，老鼠不能出入即可。

（7）防止兔毛毡结：长毛兔的毛细而长，垫在产箱中，当仔兔来回爬动时，易将长毛拉成细线，缠在仔兔的颈、腿部都会引起伤害，预防的办法是将长毛剪成短毛或将长毛拿掉换上短毛。

（8）预防黄尿病：1周以内的仔兔易感染黄尿病，这是仔兔吃了患乳房炎母兔的乳汁后引起的，乳汁中含有葡萄球菌，仔兔吃下后引起急性肠炎，排出黄色腥臭的稀粪，尿液也是黄色的，垫毛、盖毛被污染，仔兔身躯也被污染成黄色，仔兔体质弱，皮肤灰色，死亡率高，耐受过的仔兔，体型较小，不健壮，发育迟缓，防止该病的关键在于防止乳房炎。

3. 开眼期的饲养管理　仔兔从睁开眼到断乳这段时期叫开眼期。出生后10d左右，仔兔眼睛已能睁开一条缝，到12~14d，眼睛全部睁开。少数仔兔眼睛被一些分泌物粘住，须用脱脂棉蘸上温水轻轻擦敷，就可以睁开。

仔兔睁开眼睛后，精神非常振奋，在产箱内蹦蹦跳跳，表现异常活跃，几天后便可跳到产箱外面，这种现象叫出巢。出巢时间的早晚和母乳多少有关，仔兔体重越来越大，母乳已不能满足其营养需要，每次哺乳，仔兔都感到吃不饱，追着母兔要吃奶，逐渐就追到产箱外面，母乳仍不能满足其需要，仔兔就开始吃一些植物性饲料。吃饲料是一个重要的转变，营养需要逐渐以饲料为主，管理重点是做好补料和断奶工作。

（1）及时补料：仔兔出巢以后，就尝试着吃饲料，一般肉兔、皮兔16日龄，毛兔18日龄开始吃饲料。要让仔兔及早地吃饲料，减少对母乳的依赖，为断奶做好准备。刚开始时给一些易消化的营养高的青绿饲料，如苜蓿草、菜叶等，18~21日龄以后，增加一些配合饲料，25日龄以后，仔兔要以饲料为主，离开母兔也能生活。仔兔的消化机能还比较弱，但生长发育快，需要营养多，补料时少喂多餐，逐渐增加数量，一般每天补料5~6次。开始时作为诱料，不要给得太多，以免造成伤食，每次喂料采食时间不超过20min。18~20日龄，每天补料15g，20~27日龄20g，27~34日龄30g，35~41日龄45g。为防止母兔抢食，可将仔兔料槽用铁丝网罩住，只允许仔兔头进入。也可将仔兔取出，待补饲完后放回。

（2）防止球虫病：仔兔出巢以后，在尝试吃饲料时，会误食母兔的粪球或采食被粪便污染的饲料而感染球虫病，在炎热潮湿的环境更易发生，球虫病对仔兔和幼兔伤害极大。平时应注意及时清理粪便，消毒笼具，保持兔舍干燥卫生，在仔兔的饲料中按预防量加入抗球虫药物，如氯苯瓜、磺胺类药物。

（3）适时断奶：断奶是仔兔饲养的又一关键，一般以40~45日龄断奶为宜，频密繁殖时，一般在28~29日龄断奶。仔兔消化机能尚未完全建立，对环境适应能力和抗逆能力比较弱，对母乳还有依赖，断奶越早，对仔兔的不利影响越大，死亡率越高。

生产上一般采取一次性断奶的方法，将母仔一次分开饲养，断奶后的母兔少喂青绿多汁饲料和精饲料，以减少乳汁分泌，避免乳房炎。在条件允许时，采用分批断奶法，将弱小的仔兔留下继续吃奶，可有效提高断奶成活率。刚断奶后的仔兔常表现不安、胆小、食欲降低、生活力下降，应养在温暖干燥的环境，喂给易消化、营养价值高的饲料。

（五）幼兔和青年兔的饲养管理

1. 幼兔　从断奶到90日龄的兔为幼兔。断奶以后的幼兔，会有几天过渡阶段，精神不好，静卧少动，食欲不好，消化机能、体温调节机能尚不健全，胆小易受惊，对环境的变化极为敏感，抗病能力差。过了这几天以后，精神状态转为良好，活动能力大大增强，生长发育快，食欲旺盛，消化机能增强，吃的也多，对环境的适应能力和耐受能力也逐渐增强。断奶后逐渐进入第一次年龄性换毛，也是一个应激刺激。

为了减轻断奶应激，断奶后15d内应喂给与断奶前基本相同的饲料，幼兔适应断奶以后，表现的比较贪吃，饲喂上要定时定量，饲料种类和数量逐渐增加。少喂勤添，每天饲喂5次，3次青绿饲料，2次精饲料。

幼兔离乳后要按体重大小、体质强弱、品种、年龄、性别分笼饲养，并进行编号，建立档案。每笼可养4~5只，以使幼兔吃食均匀，生长发育均衡。对体弱有疾病的幼兔还要单独饲养，仔细观察，精心管理。

幼兔笼舍、运动场、食具要经常打扫，保持干净。幼兔活动量大，若有室外运动场，让幼兔多接触阳光和新鲜空气，对生长发育极为有利。搞好卫生消毒，按照免疫程序，做好免疫接种。在球虫病的高发时节进行药物预防。定期驱虫，防止疥癣的发生与传播。幼兔仍会遭受其他兽类的威胁，应注意保护。

2. 青年兔　青年兔是指从3月龄到初次配种这一时期的兔，又称育成兔，此阶段的兔有后备种兔，也有商品兔。

青年兔适应能力和抗逆能力大大增强，抗病力较强，死亡率低，体质健壮，消化系统已发育完备，采食量增加，对粗纤维的消化利用率高，生长发育快，特别是肌肉和骨骼发育快。养好青年兔，不仅可提高其产肉性能和产毛量，还可以培育出优良的后备种兔。3月龄后，公、母兔相继进入性成熟，后备公兔单笼饲养，母兔每笼2~3只，非种用公兔应去势作商品兔。

青年兔的日粮应以青粗饲料为主，适当搭配精料，粗纤维的含量提高到14%~15%，能量、蛋白质水平相对降低，并注意矿物质、维生素的供给。一般在4月龄之内，自由采食，使之吃饱吃好，5月龄以后，适当控制精料，防止过肥。留做种用的青年兔到6月龄时，要进行全面鉴定，符合种用标准的转入种兔群，准备参加繁殖，对不符合要求的，作商品兔处理。青年兔应多运动，多晒太阳。按时做好预防接种，防止发生传染病，特别要搞好兔瘟病的免疫。3月龄前的幼兔兔瘟感染率较低，但3月龄以上的青壮年兔则极易感染，死亡率高达80%~100%。要严格按照免疫程序进行疫苗接种，搞好卫生消毒，减少疾病的发生。

（六）肉用兔的饲养管理

目前，世界家兔生产仍以肉用兔为主，主要集中在中国、意大利、法国、独联体国家和西班牙等，这5个国家和地区兔肉的总产量占全世界的70%~80%。西欧是肉兔生产的最大基地，主要生产国有意大利、西班牙和法国，年产兔肉总量65万t。东欧的肉兔生产主要集中在俄罗斯、乌克兰和匈牙利，兔肉总产量42万t。亚洲以中国为主，年产兔肉达40万t，占世界兔肉生产总量的1/5，出口量占国际贸易总量的50%~60%，产兔肉较多的省份是山东、四川、河北、山西、河南、江苏等。

1. 品种的选择　过去饲养的主要是中国白兔，新中国成立以后引入了不少肉兔品种。标准型青紫蓝兔曾被广泛饲养，同时也饲养有比利时兔、法系公羊兔等，现在主要以新西兰白兔和加利福尼亚兔及其杂交后代为主。饲养肉用兔都是为了得到数量多、品质好的鲜肉和较高的饲料报酬，取得较好的经济效益。

在兔的品种中，肉用品种是最多的，各类体型的都有，大体型品种我国引入的也不少，对于这些品种应做正确的分析，不必盲目地追求。中型品种兔如新西兰白兔、加利福尼亚兔、丹麦白兔等，成年体重4~5kg，生产能力一般都比较好，3月龄前生长速度快，屠宰率比较高，饲料报酬比较高。生活能力正常，容易饲养。商品肉兔的生产可选择中型品种，充分利用前期生长快的特点，养到2.5kg出售或屠宰，屠宰率可在50%以上。

2. 生产水平　法国、匈牙利、意大利等处于领先地位，生产水平高，品种良种化，饲料颗粒化，环境稳定。母兔年产仔兔6~10窝，每年提供商品仔兔40~50只，2.5月龄体重能达到2.5~2.7kg，饲料报酬2.7：1~3.0：1。我国的生产水平还较低，母兔年产3~5窝，提供商品仔兔20~30只，2.5月龄时体重为1.5~2.0 kg，饲料报酬在3.5：1~5.5：1。规模生产小，千家万户的副业生产方式多，是生产指标低的主要原因。

3. 饲养管理和环境条件　室温应控制在15~20℃，对于育肥兔来说，不超过临界温度（5~30℃）不会有大的影响。舍内的湿度应在50%~60%，湿度不宜过高。通风量每小时每公斤活重4m^3，冬天降到1~2m^3，家兔对穿堂风敏感，空气的流动速度每秒钟不超过50cm，冬天不超过20cm，进气孔的面积要大一些，是地面的3%~5%，排气孔是地面的2%~3%。家兔对光照时间长短不很敏感，对于育肥兔，光照时间不超过12h，繁殖母兔可以延长到16h。单笼饲养或小群饲养均可，最好网上饲养。整个育肥期的死亡率不应超过3% ~4%。

4. 提高生产能力

（1）充分利用杂交优势，提高生产水平，是肉兔生产的必然途径：不同的品系，不同的品种间进行简单的杂交也会产生优势，为了使优势明显，对亲本的选择应该是父本生长速度快，饲料报酬高，肉质好，屠宰率高。母本繁殖能力强，哺乳能力强，适应性强，抗病性强。

对于公兔的选择应严格一些，最好通过后裔测定，母兔群由于数量较多，可以放宽条件。建立了基础群以后，仍然要继续选种。生产中种兔使用2年左右，每年基本要淘汰50%，所以选择亲本是一件长期的工作。

（2）控制适宜的产仔窝数和哺乳仔兔数：在一般饲养条件下，母兔产仔窝数和带仔数不要太多，过多时母兔不健壮，仔兔也不健壮，成活率低，生长不快。应抓住春秋季节，环境条件比较好时，繁殖4~5窝，每窝7~8只，年产仔兔30只以上，母仔的状况都会好。

（3）限制育肥兔的运动：放养对育肥是不利的，应该进行小群笼养。

（4）缩短育肥时间：利用3月龄前生长快的特点，给予充足的营养，饲喂足量的优质牧草，既降低成本，也提高育肥速度。育肥期长，主要是营养水平太低。

（七）毛用兔的饲养管理

毛用兔品种只有安哥拉兔。世界上饲养安哥拉兔的国家主要是中国和法国。法国的存栏量约2万只，主要是法系安哥拉兔。中国是饲养安哥拉兔数量最多、产毛总量最高和出口兔毛数量最多的国家，存栏量约6 000万只左右，年产兔毛超过2万t，产量和出口贸易量均占世界的90%以上。我国浙江省宁波市镇海种兔场培育和饲养的巨型高产安哥拉兔，产毛量已经达到并超过了世界先进水平，公兔平均年产毛量1 715g，母兔1 940g，创造了千只安哥拉兔群体产毛量世界纪录。法国、匈牙利、智利、阿根廷等国家也生产少量安哥拉兔毛，年产毛量约100~200t。

1. 兔毛　兔毛按其细度可分为细毛、粗毛和两型毛。

细毛也叫绒毛，是兔体上最柔软纤细的毛，一般呈波浪形弯曲，长度5~12cm，平均细度13~14μm，兔毛质量的好坏，很大程度上取决于细毛的多少和品质的好坏。第二类是粗毛或叫枪毛，是兔体上最粗最长而富有光泽的毛，毛质粗硬而脆，不弯曲，长度可达17cm以上，细度为30~120μm，长毛兔体上粗毛含量较少，英系兔只有1% ~2%，中系兔10%。粗毛耐摩擦，是毛丛中的骨干，具有保护绒毛、防止毡结的作用。第三类是两型毛，在单根纤维上具有粗毛和细毛两种纤维类型的特点。毛纤维的上部呈粗毛特点，下部呈细毛特点，粗的部分短，细的部分长，粗细相差很大，在交界处容易断裂，毛纺价值介于细粗毛之间。仔兔出生时无毛，第四天开始长出绒毛，发育正常的全耳毛兔，30日龄时，粗毛的长度可达4cm，细毛的长度也接近3cm，形成了全部乳毛。60日龄时，粗毛长度达7.5cm，细毛长度达4.5cm，90日龄以后毛的生长速度和成年兔一样。

兔毛有一定的生长期，长到成熟以后，毛囊底部的细胞就停止生长，毛根萎缩变细并和毛乳头分离使毛脱落。新毛又开始生长，毛乳头发育增大，细胞加速增生，细胞内不断积累角质蛋白，新毛就逐渐长出来了，平均每昼夜可生长0.6~0.7mm，剪毛后2.5~3

月，就可以长到5.6cm，达到优级毛的长度。

2. 换毛 兔毛长到一定的时间，便会自行脱落，又长出新的被毛，这个变换的过程就是换毛。换毛除了遗传因素以外，主要是受光照的影响。

（1）季节换毛：随着季节的变化，兔体感受到日照的变更，引起内分泌的变化，逐渐进行换毛，这是自然进化的结果。春天3～4月份，日照逐渐延长，意味着夏季将要到来，家兔会逐渐脱掉冬毛，换上较稀疏的夏毛，便于散热。9～11月份，日照明显缩短，气温下降，意味着冬季的到来，家兔又脱掉夏毛，换上浓密的冬毛，便于保温。这个过程，实际上并不受温度的影响，而主要是日照时间变化引起的。

（2）年龄换毛：主要受遗传因素的影响。仔兔出生以后，随着年龄的增长，要进行两次换毛。第一次70日龄左右（30～90日龄），脱掉乳毛，准备进入性成熟。第二次150日龄左右（120～190日龄），准备进入体成熟，长到成年兔以后，便有规律的进行季节性换毛。

（3）病理换毛：主要是由于患病、营养不良、新陈代谢紊乱、皮肤代谢失调等引起全身或局部性的脱毛，在全年任何时候都会出现，不受季节和年龄的影响。

3. 影响兔毛生产的因素

（1）国内市场小：国内市场比较小，难以保持生产的稳定，主要依赖国际市场，我国80%的兔毛和织品是外销的，兔毛生产受国际市场影响很大，国内缓冲能力较小，易挫伤生产者的积极性。

（2）单产水平低：中系安哥拉兔的生产能力不高。现在虽然已将群体水平提高到了500g以上，但仍不及其他品系，到了20世纪90年代，法系和日系兔也接近1 000g，德系兔的生产能力早已超过了1 000g，大群水平已达到1 300g以上，我国的毛兔，需要进一步的良种化，需要逐步的改良和选育。

（3）需要较高的饲养条件：由于追求高产，使毛兔本身的生活能力和繁殖能力下降了，需要较高的饲养条件。要高产，兔的新陈代谢必须旺盛，营养代谢主要用于产毛，产毛能力较高，繁殖能力较低。母兔的繁殖率仅为肉兔的50%～60%，产仔数少，死胎率高，仔兔死亡率也高。

（4）兔毛易受污染：兔身上浓密的长毛，极易被粪尿、草水污染，很容易毡结成块，形成污染和毡结的毛，会降低甚至失去毛纺价值，增加剪毛次数虽然可以解决这个问题，但会使毛的长度缩短，也会降低经济价值。

4. 影响产毛量的因素

（1）品系：毛的产量和品质，受到品系的影响，德系兔产量最高，中系兔含粗率高，产量低。

（2）个体：个体间产量差异比较大，同样是一个品系，差异可以差几百克，个体越大，体表面积越大，产量就越高。毛的品质，个体间也有差异，选种时，应选个体大，绒毛长，粗毛少的兔。

（3）性别：一般公兔，毛生长快，毛长而粗，产量高。母兔由于有妊娠和泌乳的生理负担，毛的生长减缓了，母兔在产仔兔时，拉了一部分毛做窝用，也会影响产量。

（4）年龄：幼兔产毛量低，品质也差，3岁以后，毛的产量和品质都会下降，2～3岁时，产毛量最高，品质也最好。

（5）健康状况：体质弱，患病，内分泌腺活动不正常时，会影响毛的生长。

（6）营养状况：营养状况良好时，兔毛生长快，产毛量也高。兔毛本身主要是角质蛋白，当饲料中蛋白质不足和含硫氨基酸缺乏时，毛的生长就缓慢，毛粗细不均，品质明显下降。

（7）季节：冬季寒冷，气温低，皮肤代谢活动减缓，毛的生长速度会减慢，但由于冬毛非常浓密，绒毛丰厚，产毛量仍然是高的。夏季被毛稀疏，产毛量减少，夏季比冬季可以减少15%～30%。以越冬以后，春季换毛之前的产毛量最高。

（8）管理：毛兔的饲养需要进行细致的管理，管理跟不上，就难以高产。兔笼内要保持干净卫生，当存有粪尿和杂草时，会污染兔毛，当舍内潮湿污秽时，会引起兔毛的毡结，不经常梳毛，也会使兔毛毡结成块。

5. 提高产毛量的措施

（1）多养杂交兔：引入的纯种兔，成本较高，饲养条件要求高，数量不可能多。选取少量高产品系的公兔，和当地的中系兔杂交，改良低产品系，杂交的后代，生活力强，个体大，生长快，产毛量高而且品质也好。

（2）去势饲养：毛兔的生长时期都比较长，只要不是留做种用的兔，均应去势饲养。去势以后的兔，贪吃肯长，体大毛长，优质毛也多。

（3）勤于梳毛：梳毛可以有效地防止毡结，使兔毛干净洁白，富有光泽，梳毛对皮肤是一个良好刺激，能促进皮肤的血液循环，促进毛囊细胞的活动，加速毛的生长，正常情况下，致少每15d要梳毛1次。

（4）提高饲料中粗蛋白质含量：在兔毛中，含硫氨基酸占的比较多，在毛的化学成分中硫的含量占40%左右。兔毛越细，硫的含量也越高，绒毛越多，含硫氨基酸也越多，以胱氨酸和半胱氨酸的形式存在。要想多出毛，饲料中蛋白质含量要高。日粮中粗蛋白质的含量应在17%以上，含硫氨基酸不低于0.6%，当饲养管理条件改善以后，产毛量的高低取决于营养水平的高低。长毛兔除了喂给全价颗粒饲料以外，应定期地喂一些长草，以防毛球病。

（5）适时采毛：目前主要是拔毛和剪毛两种方法。法国以拔毛为主，其他国家以剪毛为主。高温地区60d剪1次，低温地区90d剪1次，全年可剪4～5次。这样即可保证毛的品质，也防止毛成熟以后自行脱落造成的损失。

6. 采毛的方法　毛兔2.5～3月龄就开始采毛，以后进入正常程序。

（1）梳毛：梳毛是一种常规管理措施，也是一种采毛的方法。幼兔断奶以后就开始梳毛，每隔10～15d梳1次。换毛的季节应隔天梳1次，将梳下的兔毛收集起来，积少成多。用人用的梳子，顺毛插入，遇有毡结时不要硬梳，用手撕开以后，再继续梳，每次都要梳遍全身。将兔放在剪毛台上，让它逐渐熟悉剪毛台，先梳理颈肩部、背部和后躯，提起颈皮梳理腹部和大腿的内侧，最后梳理头部。

（2）拔毛：左手将兔固定，先用梳子将全身毛梳理一遍，将右手握成拳形，用拇指、中指、食指夹住一小撮毛，轻轻拔起，使劲的程度以兔不感到疼痛为合适，拔不下的毛，可能未成熟，不要硬拽。

拔毛有独到的好处，可以避免皮肤的外伤，直接刺激毛根的生长，新毛着生整齐而不易毡结。优质毛含量高，能避免一些皮肤病，但拔毛太费时间。拔毛方式有两种：

拔长留短：在换毛季节和冬季，30～40d拔一次，拔下较长的毛，留下短毛，以利于兔的保温。

全部拔光：除了头、脚、尾、四肢、软裆处的毛留下不拔，其余的毛可以一次拔光，每隔90d拔一次。妊娠母兔、种兔以及寒冷的冬季不宜采用拔光法。

（3）剪毛：是一种主要的采毛方法，幼兔2.5～3月龄时剪掉乳毛，以后就每隔90d剪一次。将兔抓出放在剪毛台上，剪毛台是长40cm、宽30cm、高80cm、周围用2cm高的木条做边的工作台，高度要适宜人的操作。左手固定耳朵，右手握剪，使兔毛沿背中线向左右分开，自臀部向前一行行地直剪至耳根，然后将被毛分成左右两边，逆毛向一排排地剪取。剪完背部、体侧、臀部的毛后，再剪头面及耳毛。剪毛时注意：①将皮肤绷紧，剪刀紧挨着皮肤剪下，剪下最长的毛，剪刀放得高，就会出现二刀毛。②剪刀紧挨着皮肤时，要防止将皮肤剪破，当剪破了皮肤以后，要在剪光毛时，涂上一些碘酒或紫药水，以防感染。③剪腹下时，要看准再剪，以防止将母兔的乳头、公兔的睾丸剪破。④剪毛时间不要过长，20min以内剪完，超过半小时，兔就会挣扎。⑤冬季剪毛时，可将腹毛留下，以利爬卧时保暖。⑥剪毛后的兔要精心护理，剪完毛后顺便检查全身，只要有剪破的部位，都要涂药。检查耳朵边缘、内侧和脚趾是否有疥癣或耳螨，发现可疑者，用1%～2%敌百虫酒精溶液洗脚和涂擦耳朵。冬季剪毛时要采取防寒保温措施，剪毛后可在笼底铺垫草，或放入产箱，以防受凉。夏季剪毛后1周内，要防止蚊虫叮咬。兔剪毛后的第一个月兔毛生长速度最快，需要较多的营养，这时采食量增加，需及时补足营养和增加饲喂量。

7. 兔毛的分级保存　根据毛纤维的长短、粗细、松软、色泽和含杂质的情况，分5个等级。级内毛品质，总的要求：无黏块、无毡结、无虫蛀、无杂质。分级规格标准如下（纺织工业用标准）：

特级毛：长6.35cm以上，纯白全松毛，粗毛含量不超过10%。

一级毛：长5.08cm以上，纯白全松毛，粗毛含量不超过10%。

二级毛：长3.81cm以上，纯白全松毛，粗毛含量不超过20%。略带能撕开、不损品质的毡结毛。

三级毛：长2.54cm以上，纯白全松毛，粗毛含量不超过20%，可带能撕开、不损品质的毡结毛。

次毛：长2.54cm以下，全白松毛和有毡结、粘块、变色的毛。

量毛的方法，以细毛的自然长度为准。在验收时，先按细毛主体长度归类（分级），把毡结毛从级内剔出列入次毛，再将混入的有色毛和变色毛分出，除掉草屑、杂质，然后分级验收。为了有利于按质论价，要推行“四分”方法，即分级采毛，分级计价收购，分级保管，分级包装调运。

兔毛的保管：收购兔毛，长度是一个主要指标，在剪毛时，应该分级采毛，准备4个纸盒，剪毛时就随时分成4个等级。最好将毛及时出售，保存时间长容易变质，发霉生虫。若需要存放时，应注意使用不褪色的包装材料。每放置一层，最好用纸隔开，包装好以后，不要重压，以防毡结。在包装中放入樟脑丸防止蛀虫。将毛放在通风干燥的地方，以防潮防霉。大规模较长时间存放时，须放入低温、低湿、通风的专用库内。

（八）皮用兔的饲养管理

皮用兔品种以獭兔（力克斯兔）为主，全世界饲养总量只占所有家兔数量的0.3%，主要饲养在中国、德国、美国和法国等国家，中国是目前饲养獭兔数量最多的国家，现存栏量可达600万～700万只，饲养的獭兔主要是从美国引进的獭兔所繁衍的后代。中国也是目前世界上惟一能批量生产和出口獭兔皮的国家，每年生产优质獭兔皮近100万张。世界毛皮市场上獭兔皮及制品比较畅销，美国、日本对獭兔皮需求量最大，意大利、韩国、东欧及中国香港等国家和地区，对獭兔皮及其制品的需求量也在增长。

在饲养管理上，除遵从一般要求外，还应注意以下几点。

1. 养好幼兔　幼兔时期的营养水平对取皮时皮张面积和质量有很大关系，幼兔骨骼、肌肉、毛皮组织的发育决定了皮张面积和毛密度。在生产上，应前期补饲，后期限量。刚断奶的幼兔，营养水平高一点，自由采食，消化能9.8～11.0MJ/kg，粗蛋白质16%～17%，粗纤维14%。3月龄后适当降低配合饲料比例，增加优质青绿饲料和干草。

2. 抓好配种　商品皮用兔饲养时间一般不超过6个月，取皮时间是在第二次年龄性换毛以后，冬季取皮质量最好，应根据皮用兔的生长规律，统筹规划，确定合理的配种、产仔时间，使大部分商品皮兔在12月份前后达到或接近6月龄，使生产效益达到最大化。

3. 搞好管理　皮兔催肥的饲料主要是精料，效果比较好的饲料有大麦、麸皮、豌豆、甘薯和马铃薯等，同时保证矿物质、食盐和维生素的供给量，加喂青绿饲料或青干草。3月龄以后的青年兔应去势催肥，有利于提高饲料利用率。笼舍不宜过大，限制其活动量。催肥的兔以幼兔和青年兔为佳，对淘汰的种公兔、种母兔催肥，也能得到较好的效果。搞好笼舍卫生，及时清理掉各种杂物、粪便和剩余饲草。

为保证皮毛质量，应单笼饲养或小群笼养，防止各种皮肤疾病。

（九）不同季节的饲养管理

1. 春季和秋季　春秋季节气候温和，青绿饲料丰富，是家兔繁殖的黄金季节，也是幼兔和青年兔生长发育的最好季节。北方春季雨水较少，对繁殖有利，应在早春和盛夏之间多繁殖仔兔，南方以秋季繁殖为好。早春家兔贪吃青绿饲料，易引发消化道疾病，要注意控制喂量和保证质量。春、秋两季，正值家兔换毛期，要喂些容易消化而营养较好的饲料。南方春季多雨，特别是梅雨季节，多种兔病易流行，要加强饲养管理，减少潮湿对家兔的危害，结合药物防治，控制球虫病和疥癣病的发生。秋末至早春是兔病毒性出血症（兔瘟）和兔巴氏杆菌病的流行季节，要提前做好防疫。

2. 夏季　夏季气温高，湿度大，闷热多雨，一定要做好防暑降温。兔舍要保持阴凉通风，不让阳光直照兔笼，露天兔舍最好要搭棚遮荫，如有树木或藤架遮荫更好。调整饲喂时间，早晨喂早，晚上喂迟。饮水不可中断。注意防止肠炎和球虫病的发生，三伏天要防止中暑。

3. 冬季　冬季气温低，日照短，缺乏青绿饲料，特别是北方更为寒冷，要防寒保暖。家兔虽有御寒能力，但寒冷会使繁殖和生长活动停止或效果极差。条件不够时，应停止冬繁。开放式兔舍更要做好保温工作，晚上用厚帘遮挡笼舍，封闭出粪口。封闭式兔舍也要关闭门窗，如要冬繁，必须加温。饮水易结冰，应喂温水。增加粗饲料和能量饲料喂量，饲料量要比其他季节增加1/3，缺乏青绿饲料，可喂一些根茎类饲料。当寒流过境、气温骤降时，更要注意防止家兔感冒、肺炎等呼吸系统疾病的发生。

复习思考题

1. 家兔有哪些生物学特性？生产中应如何应用？
2. 夏季幼兔死亡率为什么较高？
3. 家兔生长有什么规律？为什么幼兔佝偻病容易高发？
4. 家兔的品种是怎样分类的？哪些是肉用品种、皮肉兼用品种、皮用和毛用品种？
5. 德系、法系、中系安哥拉兔主要有哪些特点？如何进行区别？
6. 采用摸胎进行妊娠诊断时应注意什么问题？如何区别粪球与胚胎？
7. 养兔为什么要坚持以青粗料为主、精饲料为辅？
8. 如何养好睡眠期仔兔？怎样提高幼兔成活率？
9. 如何预防母兔乳房炎的发生？
10. 谈一谈养兔生产中加强卫生管理、注意“五不喂”的意义。

张金柱

第二章　茸用鹿

茸用鹿是经济价值很高的药用经济动物，全身都是宝，鹿茸、鹿胎、鹿鞭、鹿筋等鹿产品是名贵中药，鹿茸具有补中益气、壮阳、生精、调血脉、益智、散淤、消肿、活血等功效，不但可提高血压、振奋精神、促进造血功能，还可增进食欲，现代医疗实践中被广泛用于内科、外科、妇科、儿科等多种疾病的治疗中。鹿肉细嫩、味道鲜美，具有高蛋白、低脂肪、易消化等特点，一直受到人们的青睐，一些养鹿业发达的国家，已经把生产鹿肉作为养鹿的主要经济用途之一。鹿皮是制革工业的原料，其皮革不仅是上等的皮服、皮鞋制品的优质原料，还可用来擦拭精密光学仪器。鹿粪无强烈的气味，能改良土壤，不但可使农作物增产，还被广泛用于花卉栽培的肥料。

中国是世界上养鹿历史最悠久的国家之一，早在公元前 11 世纪就有驯养梅花鹿的记载。由于鹿的食性广、饲养成本低、经济效益高，因地制宜地发展养鹿业，对调整农业产业结构、促进农村经济发展以及人们生活保健都具有十分重要的意义。

第一节　茸用鹿种类与生物学特性

茸用鹿在动物分类上隶属动物界（Animalia）、脊索动物门（Chordata）、脊椎动物亚门（Vertebrata）、哺乳纲（Mammalia）、真兽亚纲（Eutheria）、偶蹄目（Artiodactyla）、反刍亚目（Ruminantia）、鹿科（Cervidae）。鹿是鹿科动物的总称，有人称鹿为经济动物，有人称鹿为药用动物，都说明鹿的经济价值很高。世界上有鹿科动物 16 属 52 种，我国有鹿科动物 9 属 15 种，它们是鹿亚科（Cervinae）斑鹿属（*Axis*）的豚鹿，鹿属（*Cervus*）的梅花鹿、水鹿、白唇鹿、马鹿、泽鹿—坡鹿，麋鹿属（*Elaphurus*）的麋鹿；白尾鹿亚科（Oaocoileinae）驼鹿属（*Alces*）的驼鹿，驯鹿属（*Rangifer*）的驯鹿，狍属（*Capreolus*）的狍；麂亚科（Muntiaciuae）麂属（*Muntiacus*）的黑麂、小麂、赤麂，毛冠鹿亚科（Elaphodinae）毛冠鹿属（*Elaphodus*）的毛冠鹿，獐亚科（Hydropotinae）獐属（*Hydropotin*）的獐子。其中毛冠鹿、白唇鹿、麋鹿属的麋鹿等系中国特有种。一般将有茸用价值的梅花鹿、马鹿、白唇鹿、水鹿、坡鹿等称为茸用鹿，梅花鹿和马鹿是人工养殖的主要茸用鹿种。

一、梅花鹿

（一）分布

梅花鹿（学名：*Cervus nippon* Temminek，1838　英文名：Sika Deer）主要分布于中国、俄罗斯、朝鲜、日本和越南等地。我国的梅花鹿有华南亚种、四川亚种、华北亚种、山西亚种、台湾亚种、东北亚种 6 个亚种，其中东北亚种主要分布在东北三省、内蒙古、松花江流域；华南亚种分布在长江以南地区；四川亚种20世纪60年代被认定，分布在四川诺尔盖地区；华北亚种分布在长江以北地区；山西亚种分布在山西省及其临近省份；台湾亚种分布在我国台湾地区。现仅存东北亚种和四川亚种，并且四川亚种仅有数百只，人工饲养的主要是东北梅花鹿。人工饲养的东北梅花鹿全国约有40万~50万只。

（二）形态特征

梅花鹿为中型鹿，成年公鹿平均体重123kg，体长100cm左右，肩高95~105cm；母鹿体重约70~80kg，体长75~90cm，肩高80~95cm。梅花鹿东北亚种体高大于体长。

梅花鹿头清秀，耳稍长、直立，眼下有一对泪窝，眶下腺比较发达，呈裂缝状，鼻骨细长。躯干紧凑，四肢匀称、细长，主蹄狭尖，副蹄细小。东北亚种鬣毛卷曲，背中央有一条2~4cm宽的棕色或暗褐色背线。夏毛背线两侧有3~5条排列整齐的白色斑点，体侧斑点呈星状散布，冬毛斑点模糊，甚至消失。夏毛稀短而鲜艳，呈红棕色，冬毛厚密，呈褐色或栗棕色。腹部及四肢内侧被毛呈白色或黄白色。尾短，背面黑褐色，尾腹面白色，臀端具有扇形白色臀斑。公鹿出生后第二年生长鹿茸，秋季骨化成椎形角，第三年可生长出分杈的茸角。成年梅花鹿成角呈四杈形，一般较少超过五杈。眉枝在主干基部约4~10cm处分生，与主干成锐角，向前上方生长，第二分枝位置较高，眉枝与第二分枝间距较远。

（三）生物学特性

1. 栖息地　因地理位置不同，梅花鹿的栖息地也不近一致。东北梅花鹿栖息于针阔混交林的林间和林缘草地，冬季多生活在阳坡、洼地、积雪较少的地方，春秋则在旷野或森林疏地觅食，夏季日间在林内休息，晨昏则到水草丰盛的地方采食与饮水。

2. 食性　梅花鹿食性广，耐粗饲，可采食各种草本植物的茎叶和乔灌木的嫩枝叶、花序，在北方，主要有柞树叶、椴树叶、胡枝子和苔属植物。冬季也采食落叶、细小枝条、树皮和苔藓属植物。

3. 生活习性　梅花鹿性情温顺，耳目锐敏，善跑跳，喜群居，活动范围相对比较固定。公鹿在生茸期非常注意保护自己的茸角，行动谨慎，胆小怕人；配种期颈上被毛直立，皮肤增生变厚，颈围显著增粗，性情粗暴，经常磨角、吼叫，行动分散，常为争偶而进行激烈的角斗。母鹿常年群居，个别母鹿在分娩后，有时为保护其仔，而扒打其他的鹿。

（四）梅花鹿的人工培育品种（系）

我国目前已培育出双阳梅花鹿品种、西丰梅花鹿品种、四平梅花鹿品种、敖东梅花鹿品种，长白山梅花鹿品系和兴凯湖梅花鹿品系，对改良我国鹿群质量，促进养鹿业的持续发展发挥了积极作用。

1. 双阳梅花鹿　该品种由吉林省双阳第三鹿场培育，于1986年通过鉴定，是世界上第一个鹿类动物培育品种，目前存栏数2万余只，已推广到全国各地。双阳梅花鹿体形中等，公鹿体躯呈长方形，四肢较短，胸部宽深，腹围较大，背腰平直，臀圆尾长，全身紧凑结实，头呈契形，额部宽平，角基粗壮。母鹿后躯发达，头清秀，体形较公鹿小。毛色为棕红色或棕黄色，梅花斑点大而稀疏，背线不明显，臀斑略呈方形，臀斑边缘生有黑色毛圈，内生黑色长毛。腹下和四肢内侧被毛较长，呈白色。冬季被毛密而长，呈灰褐色，梅花斑点隐约可见。成年公鹿体高100~110cm，体长103~113cm，体重120~150kg；成年母鹿体高 80 ~ 95cm，体长 95 ~ 100cm，体重 70 ~ 80kg。双阳梅花鹿性成熟较早，育成母鹿 16 月龄时 80% 以上达到性成熟，母鹿繁殖成活率为 82.82%，双胎率为 2.72%。成年公鹿平均单产鲜茸 3.0kg，最高达 15.0kg，鹿茸枝头大，茸质松嫩，含血足；干品茸一、二等品率在 70% 以上。2 岁公鹿能够生产部分高档二杠茸和三杈茸，3 岁公鹿可大部或全部生产高档的三杈茸，表现出明显的经济早熟性。生茸的最佳期为 4 ~ 8 锯，成品茸优质率 80% 以上，产茸性状具有很高的遗传稳定性，遗传力为 0.48。成年公鹿茸料比 6.095g/kg，生产利用年限为 10 年。

2. 西丰梅花鹿品种　该品种由辽宁省西丰县培育，于 1995 年 11 月份在辽宁省西丰通过鉴定。存栏数约 2 万只，部分鹿只已被引种到全国各地。西丰梅花鹿体形中等，有肩峰，裆宽，胸围和腹围大，腹部略下垂，背宽平，臀圆，尾较长，四肢较短而粗壮；头方额宽，眼大，短嘴巴，大嘴叉。母鹿具有明显的黑眼圈、黑嘴巴和黑鼻梁。公鹿角柄较细，间距较宽。鹿茸的主干和嘴头部分粗壮肥大，眉二间距较大，茸毛呈杏黄色。夏季被毛多呈浅橘黄色，少数呈橘红色，背中线不明显，梅花斑点大而鲜艳。四肢内侧和腹部被毛呈乳黄色。成年公鹿体高为 103cm，体长 105cm，体重 120kg；母鹿体高、体长和体重较公鹿略小。西丰梅花鹿性成熟较早，1 岁即进入初情期，初配母鹿受孕率为 69% ~ 72%。公鹿的种用年限为 3 ~ 15 岁，母鹿为 1 ~ 12 岁，配种佳龄为 3 ~ 10 岁，繁殖成活率 75%。西丰梅花鹿也具有较突出的经济早熟性，1 ~ 3 锯公鹿鲜茸平均单产 2.066kg，2 锯公鹿三杈茸率达 85%。鹿茸枝头大而松嫩，成年公鹿鲜茸平均单产 3.083kg，干品茸平均单产 1.203kg。头茬茸的一、二等品率为 71%。鲜茸重的遗传力为 0.49，属高遗传力，且稳定性较好。成年公鹿茸料比为 5.795g/kg。

3. 四平梅花鹿品种　该品种是由吉林省四平市种鹿场培育的，于 2001 年通过鉴定。目前主要饲养于吉林省四平市及其周围县区，存栏数 2 000余只。四平梅花鹿体形较其他品种略小，毛色浅淡，呈淡橘黄色，梅花斑点大而稀疏，背线不明显。成年公鹿体高 98cm，体长 92cm，体重 95kg。成年母鹿分别为 82cm，86cm，70kg。母鹿繁殖力高，成年母鹿平均受胎率 94.2%，繁殖成活率 87.2%，利用年限为 10 年。鹿茸主干粗短，嘴头粗壮上冲，多呈元宝形。茸质松嫩，优质率高。1 ~ 12 锯公鹿三杈鲜茸平均单产 3.42kg，最佳产茸年龄为 9 岁，三杈鲜茸平均产量为 3.94kg。鹿茸鲜重以及茸形性状具有很高的遗传力。公鹿生产利用年限为 12 年。

4. 敖东梅花鹿品种　该品种是由吉林省敖东药业集团股份有限公司养鹿场培育，于 2001 年通过鉴定。目前存栏数约 4 000余只。敖东梅花鹿具有体形中等，毛色棕黄，梅花斑点大小适中，茸形规整，茸质松嫩，繁殖力和产茸力高，遗传性能稳定等突出特点。母鹿繁殖成活率在 80% 以上，成年公鹿平均单产成品干茸 1.2kg 以上。

5. 长白山梅花鹿品系　该品系由中国农业科学院特产研究所和吉林省通化县第一、第二鹿场培育，于 1992 年通过鉴定。目前处于品种培育阶段，存栏数 3 000余只。该品系体形中等，粗短。公鹿体躯粗圆，四肢粗壮，胸宽深，腹围大，背腰平直，头方，颈部短粗，耳大小适中。角基距较宽，角柄圆正，角基较细。成年公鹿体高 106cm，体长 105cm，体重 110 ~ 120kg。成年母鹿体高 87cm，体长 90cm，体重 75 ~ 85kg。夏季被毛呈淡橘红色，无中背线，斑点大小适中，臀斑周围生有不明显的黑毛圈。喉斑较小，呈淡白色或灰白色，腹下和四肢内侧被毛呈浅灰色。冬季被毛长密，呈灰褐色，斑点不明显。成年母鹿繁殖成活率81.4%，双胎率2.04%，公鹿种用年限平均2.44年。鹿茸主干下细上粗，眉枝粗长，嘴头肥圆粗大，茸质致密。2~16岁公鹿头茬鲜茸平均单产3.166kg，产茸最佳年龄为9岁，产鲜茸3.9kg。茸重的遗传力为0.36。茸料比为7.346g/kg。公鹿生产利用年限仅为7年。

6. 兴凯湖梅花鹿品系　该品系主要饲养在黑龙江省兴凯湖养鹿场，目前存栏数约1 400只，目前处于品种培育阶段。该品系鹿具有体躯高大，骨骼坚实，肌肉丰满，四肢强健发达等特点。头方正，额宽平，角柄粗圆端正，颈部粗壮，胸部宽厚，臀部肌肉丰满。成年公鹿平均体重135kg。夏毛呈棕红色，冬毛呈浅棕色，体侧梅花斑点大而清晰，有明显的黑色背线，臀斑呈桃形。育成母鹿16月龄参加配种，母鹿繁殖成活率达90%以上。鹿茸茸形匀称，主干粗长，枝头肥大松嫩，茸形美观。成年公鹿平均单产干茸1.2kg以上，最高鲜茸产量达5kg以上，生产利用年限可达15年。

二、马鹿

马鹿（学名：*Cervus elaphus*　英文名：Red Deer）在我国有以下几种：

（一）东北马鹿

东北马鹿（*Cervus elaphus xanthopygus*）分布在东北大小兴安岭、完达山脉、老爷岭、张广才岭及长白山脉等林区和内蒙古东部的阿尔山南麓。

1. 形态特征　东北马鹿也叫黄臀赤鹿，属于大型茸用鹿，成年公鹿体高130~140cm，体长125~135cm，体重230~320kg；母鹿体高115~130cm，体长118~123cm，体重约160~200kg。眶下腺发达，泪窝明显，肩高背直，四肢较长，后肢和蹄较发达。夏毛红棕色或栗色，因此也叫赤鹿，冬毛厚密，灰褐色，臀斑夏深冬浅，由棕色变为黄色，界限分明，边缘整齐。尾扁平且短，尾端钝圆，尾毛较短，颜色同臀斑。颈部鬣毛较长，有些马鹿有背线。初生仔鹿躯干两侧有与梅花鹿相似的白色斑点，白斑随仔鹿的生长发育而逐渐消失。公鹿有角，鹿角多双门桩，眉枝在基部分出，俗称坐地分枝，斜向前伸，与主干几乎成直角。主干较长，后倾，第二分枝（冰枝）紧靠眉枝分生，眉冰间距较近，冰枝与第三枝间距离较远，成角呈5~6个杈型。

2. 生物学特性　栖息于海拔不高，范围较大的针阔混交林、林间草地或溪谷沿岸林地。主要采食各种植物的嫩枝和嫩叶。冬季的主要食物是杨树、桦树、柳树和一些灌木植物，春季以草本植物为主，夏秋两季，则以各种树叶为主。

东北马鹿集群性较强，母鹿及幼鹿常3~5只成群，多时可达10余只，公鹿平时单独活动或组成2~4只的雄性群。发情季节，公鹿加入母鹿群中，每只公鹿占有3~5只、甚至6~8只母鹿。马鹿听觉和嗅觉比较发达，性机警，行动谨慎，善奔跑。生茸期的公鹿独自隐蔽于山林深处躲避人、兽的侵害。配种期公鹿长声吼叫、扒地、淋尿、“泥浴”，泪窝开张，向人或其他鹿示威，争偶角斗十分激烈和凶狠。母鹿夏季炎热天气和秋季发情季节，喜欢到水库、池塘、河沟洗浴、嬉戏。

3. 生产性能　公鹿9~10月龄开始生长初角茸，初角茸鲜重达1.0~2.0kg；成年鹿1~10锯三杈茸鲜重平均单产3.2kg左右，3~14锯鹿锯四杈比锯三杈茸鲜重增加33%左右，干重增加65%左右；再生茸平均270g/只，最重的三杈型再生茸鲜重高达3.0kg。鹿茸致密，色黄。

16月龄育成母鹿有少部分能发情受配，妊娠产仔的很少，到28月龄时发情受配的母鹿仅有20%～30%产仔，成年母鹿受胎率为66%，产仔率60%，双胎不超过1%，繁殖成活率为47.30%。

（二）天山马鹿

天山马鹿（*Cervus elaphus songaricus*）分布于新疆的天山山脉，栖息于海拔1 800～3 200m的森林草原地带及灌丛草地。

1. 形态特征　天山马鹿也叫青马鹿，成年公鹿体高130～140cm，体重210～300kg；成年母鹿体高115～125cm，体重160～200kg。体粗壮，胸深、胸围和腹围较大，头大额宽，四肢强健，泪窝明显。夏毛深灰色，冬毛浅灰色，颈部有长而密的髯毛和鬣毛，头、颈、四肢和腹部的被毛呈明显的深灰色或灰褐色，在颈和背上有较明显的灰黑色带。臀斑为桃形，呈黄褐色，臀斑周围有一圈黑毛。茸角多为7～8个杈，眉枝向前弯伸并离角基很近，各杈之间的距离较大，眉冰间距离较远。

2. 生物学特性　主要采食草本和灌木植物以及乔木的枝叶。天山马鹿性情温顺，耐粗饲，适应性强。初生仔鹿头几天卧藏起来，5～7d后跟随母鹿活动，到翌年春季断乳。天山马鹿喜欢戏水，或进行水浴、泥浴。夏季在高山草原活动，秋天下到低层，生茸期隐于林间。有在咸水湖或盐碱滩舐食行为。配种期公鹿也因争偶而争斗，甚至也攻击人。

3. 生产性能　育成鹿初角茸鲜重可高达1.5～2.5kg，有相当一部分壮龄鹿能生产鲜重12.5～16.5kg的四杈茸和3.0～5.5kg的三杈型再生茸。一般到28月龄性成熟，引种到东北的繁殖成活率为60%～80%，比原产地的高，偶有双胎。

（三）塔里木马鹿

塔里木马鹿（*Cervus elaphus yarkandensis*）分布于南疆博斯腾湖沿岸、孔雀河和塔里木河流域，栖息于海拔860～890m的地带，生境内主要是有水源的干旱灌丛、胡杨林、疏林草地及田野环境。

1. 形态特征　成年公鹿体高120～135cm，体重180～250kg；成年母鹿体高110～120cm，体重120～160kg，体型紧凑，肩峰明显。头清秀，眼大耳尖，母鹿外阴部裸露1/2左右，公鹿阴筒前有一绺长毛。蹄尖细，副蹄发达。鹿角多为5～6杈，茸主干粗圆，嘴头肥大饱满，茸质较嫩，眉冰间距离较近，茸毛长密呈灰白色。全身毛色较为一致，夏毛深灰色，冬毛棕灰色，臀斑白色，周围有明显的黑带。新生仔鹿被毛似花鹿，不过颜色浅白。

2. 生物学特性　公鹿多单独活动，配种期群居，3岁以内幼鹿可与成年母鹿组成母仔群。发情期公鹿性情凶猛，争偶角斗十分激烈。母鹿于产仔哺乳季节护仔变凶，将仔鹿多隐藏于林端或灌木丛和野草丛中。驯养母鹿产仔时易受惊动而弃仔，初产和年轻母鹿尤为严重。冬季喜舐冰雪，夏季喜欢到沼泽、湖滨、河流中水浴或泥浴。

3. 生产性能　1～10锯锯三杈茸鲜重平均单产为5.3kg左右，5锯以上平均为7.91kg。茸料比为4.938g/kg，产投比为7.6∶1，这两项指标均为我国各种茸鹿之首。16月龄大部分可达性成熟。繁殖成活率为80%～90%。

三、水鹿

水鹿（学名：*Cervus unicolor* 英文名：Sambar）广泛分布于我国南方各省，分布在我国的水鹿有两个亚种，分布于四川、云南、广西、广东等地的为四川亚种（*Cervus unicolor dejeani*），分布于台湾省的为台湾亚种（*Cervus unicolor swinhoei*）。

（一）形态特征

水鹿体大粗壮，公鹿重 150～200kg，高 100～130cm，体长 130～150cm；母鹿重 150kg。体毛粗硬，呈黑棕色或栗棕色，颈部有长而蓬松的鬣毛，有黑棕色的背线。耳大直立，眶下腺发达，泪窝很大。尾长，密生长而蓬松的黑色长毛，无浅色臀斑。公鹿有角，角的枝杈较短，并向外倾斜；眉枝与主干呈锐角，在主干远端分出第二枝；角基部有一圈瘤状突起，周围密生被毛；茸毛较长，颜色发黑，成角 3 尖，很少有 4 尖的。

（二）生物学特性

1. 栖息地　水鹿一般生活在海拔 300～3 500m 的阔叶林或针阔混交林之间，春夏季多在高山区采食嫩的枝叶，秋冬季则在背风向阳的低山坡和人迹罕至的灌木丛林中活动。

2. 食性　水鹿可采食数百种草本和木本植物的嫩茎叶、花、果实，冬季也啃食山麻柳、柳树的枝条和树皮。

3. 生活习性　水鹿没有固定的栖息场所，白天在林间或高草丛中休息，黑夜才活动，月光明亮的夜晚也较少出没。水鹿喜水，四季都喜欢到水中活动，且可自由地游 2～3km，雨天活动更为频繁。从隐蔽地到饮水处，常因往返而踏出明显的小道。水鹿性机警，善奔跑，平时单独活动，交配时成群，但公鹿间往往为争偶而展开激烈的争斗。

（三）生产性能

1. 繁殖性能　性成熟时间母鹿为 1.5～2 岁，公鹿为 2.5～3 岁。多在 4～6 月发情，2～3 月产仔，但海南及广东的水鹿繁殖没有明显的季节性，终年呈周期性发情。发情周期 18～21d，发情持续期 36～48h，妊娠期 8～9 个月，每胎产 1 仔，仔鹿初生重 7～8kg。

2. 产茸性能　1～10 锯鹿锯三杈茸鲜重平均单产为 1.94kg 左右。生茸最佳年龄为 8 锯，1～6 锯平均年递增 27.1%，7～9 锯较稳定，10～13 锯平均每年下降 9.5%。

3. 产肉性能　水鹿肉也是一种高蛋白低脂肪、味道鲜美的珍贵补品。成年水鹿的产肉量分别为：公鹿 150kg，母鹿 100kg。

四、坡鹿

坡鹿（学名：*Cervus eldi* 英文名：Eld's Deer）分布在越南、泰国、缅甸和印度的部分地区，在我国仅分布于海南省。

（一）形态特征

体形与梅花鹿相似，公鹿体重 70～100kg 左右，母鹿约 50～70kg。毛被黄棕、红棕或棕褐色，背中线黑褐色，背线两侧各有一列整齐的白斑点。秋末冬初，成鹿全身长出较密的冬毛，斑点褪去或消失，次年春天，斑点复出。公鹿有角，眉枝从主干基部向前上方呈弧形伸展，主干则向后上方呈弧形伸展，且无大的分枝。

（二）生物学特性

1. 栖息地　坡鹿主要栖息于海南省西部和西南部海拔200m以下的低山、平坦地区，很少在深山密林中活动，而喜欢在落叶雨林间活动，植被由3～10m高的乔木层、1～2m高的灌木和草本层组成。砂生灌丛林及林缘草地也是坡鹿经常活动的生境。

2. 食性　坡鹿食性较广，但以草本植物为主要食物，主要采食幼嫩植物，对有些植物只在萌发幼枝嫩叶时才采食；坡鹿偏爱肖槿花，在木棉树开花季节，喜食落地木棉花。

3. 生活习性　坡鹿听觉和视觉都很发达，性情温顺，喜群居，善跑跳。昼夜活动，在旱季（12月～翌年6月），每天上午和傍晚各有一个采食高峰，而雨季，每天仅傍晚出现一个高峰，但持续时间较长。坡鹿对栖息地有较强的留恋性，在受到惊扰或追击时，总是在栖息地范围内回避，不会轻易离开，即使被迫暂时逃离，不久就会回到原地。

（三）生产性能

幼鹿1.5～2岁性成熟。每年3～5月发情配种，4月份为发情旺期，妊娠期220～230d，9月初至翌年1月中旬产仔，每胎产1仔。仔鹿初生重为2.9～3.8kg，在驯养条件下幼鹿每月增重2.5～3.5kg，至11月龄时，公鹿体重达37.5kg，母鹿达32.5kg。仔鹿约7月龄时形成角基，以后长出锥角。成鹿6～7月脱角，7～9月为生茸旺期，10月前的坡鹿茸质最佳。鲜茸重可达1～2kg。

五、白唇鹿

白唇鹿（学名：*Cervus albirostris* 英文名：White-lipped Deer）是我国特产的鹿种，属国家一类保护动物，主要分布于青海、甘肃、四川、西藏、云南等省区。

（一）形态特征

别名岩鹿、白鼻鹿、黄鹿，属大型鹿，与水鹿、马鹿相似，成年公鹿体重为220～280kg，肩高125～130cm，体长140～160cm。成年母鹿体重为140～200kg，肩高110～130cm，体长130～140cm。通体呈黄褐色或暗褐色，夏毛较冬毛色浅，背线较宽，呈米黄色，但鼻、唇、眼的周围和下颌为白色，臀斑较大呈淡棕色。初生仔鹿可见到隐约的白斑。泪窝大而深，头略呈等腰三角形，额宽平，耳尖长、内弯。胸宽而深，尾短。牧区的身体紧凑，农区的腹大。蹄宽阔，行走时4个蹄关节发出“咯吱”的响声。公鹿有角，角的直线长可达1m，有4～6个分枝。角基短，角基距很宽，角干略向后外弯曲，各枝几乎排列于同一平面上呈车轴状。茸的主干和分杈处呈扁平状。黑壳茸，茸下部的1/4茸毛很长，呈深灰褐色，上部茸毛渐短，呈灰白色，茸毛呈绒状，到9月时茸皮脱落。

（二）生物学特性

1. 栖息地　白唇鹿栖息于海拔3 000～5 000m的高山荒漠、高山草甸、草原和高山灌丛中，特别喜欢在林缘的矮树丛中生活。

2. 食性　以草本类植物为主，冬季除枯草以外，还采食一些柳类等灌木的芽。

3. 生活习性　白唇鹿喜群居，其群的大小因栖息场所而异，平均为35只左右。夏季在高山草原上活动，冬季则避开积雪向灌木林移动。喜水浴、沙浴、泥浴。夜间和黄昏前后活动较多，行走时前肢似“僵直”。白唇鹿性情很温顺，耐粗饲，耐风雪和饥寒。

（三）生产性能

1. 产茸性能　初角茸平均鲜重0.5kg左右，1～10锯鲜茸平均单产3.4kg，三杈茸主干长 75～90cm，眉二间距为 50cm 左右，眉枝仅 12～13cm。茸的鲜干比一般为 2.56：1。

2. 繁殖性能　公鹿 3 岁、母鹿 1.5 岁达性成熟。9～11 月发情，妊娠期 220～255d，6～7 月产仔，6 月中旬为产仔旺期，每胎产 1 仔。受胎率为 63%～90%，成活率 56%～66%，繁殖成活率 42%～76%。

六、麋鹿

麋鹿（学名：*Elaphurus davidianus* Milue-Edwards，1866　英文名：Milue，Pere David' Deer）曾广泛分布于我国东经 110°以东和北纬 43°以南的地区，主要是长江中下游和黄河中下游地区。麋鹿为我国特产的珍贵鹿种，其"角似鹿非鹿，尾似驴非驴，蹄似牛非牛，头似马非马"，因此，有"四不像"之称。

（一）形态特征

麋鹿属大型鹿类，成年公鹿体重 200～250kg，肩高 120～137cm，体长 200cm，母鹿体重为 130～150kg，新生仔鹿 12kg，3 个月龄可达 70kg。麋鹿头较长，尾细长，末端有丛毛，全长 60～75cm。蹄宽大、扁平，强度大，指（趾）间有皮腱膜，指（趾）与地面的夹角约 60℃，侧蹄发达，也着地，行走时"哒哒"有声。麋鹿冬毛呈灰棕色，夏毛红棕色，背线黑褐色，肩部背线最为明显，至臀部的旋涡处消失，臀斑不明显。初生仔鹿毛色橘红，并有白斑，6～8 周后白斑渐渐消失。公鹿有角，其角有别于其他鹿种，无眉枝，主干离头部一段距离后双分为前后两枝，后枝长而较直，一般不再分叉。前枝延伸一段后再分为前后两杈，前杈偏向内侧（头侧）并再向外分出一小杈，后杈偏向外侧，随年龄的增大，各枝杈还会长出一些刺或突。

（二）生物学特性

1. 栖息地　野生的麋鹿在我国绝迹多年，其栖息的环境只能根据记载、形态特征及目前圈养群体的适应情况来推测。据《本草纲目·麋》记载："鹿喜山而属阳，故夏至解角；麋喜泽而属阴，故冬至解角……"博物志云："南方麋千百为群，食泽草，践处成泥，名曰麋，人因耕获之"。有关麋为"泽兽"的记载，古籍中还有很多，而且麋的长尾有驱赶蚊蝇的作用，"肉蹄"（具皮腱膜、蹄分开）也适于在沼泽地中行走。大量化石记录表明，麋鹿的生活环境中有獐、水牛、扬子鳄等。因此可以推断，麋鹿的生活环境离不开沼泽草原。根据对北京南苑麋鹿群和江苏大丰麋鹿群的观察，也发现其特别喜欢沼泽水域。

2. 食性　麋鹿的食物组成主要为各种草本植物。如芦苇、拂子茅、鹅冠草、狐尾藻、狗尾草、菹草等，采食种类随环境植物条件的变化而变化，一般约占当地植物种类的 80%左右。根据对北京南苑和江苏大丰麋鹿群的研究，麋鹿采食的草本植物达 260 多种。早春主要采食白茅和拂子茅的叶子，暮春和初夏，采食人工种植的黑麦草以及芦苇等多种植物。

3. 生活习性　麋鹿喜平原、沼泽和水域等温暖湿润环境，喜集群生活，但集聚行为受食物分布、生理状况及季节变化的影响，一般脱角生茸期（12 月～翌年 4 月）组成多公多母混合群，产仔哺乳期（3～6 月）又多组成母仔群和成年公鹿群，发情期（6～8 月）雄性通过竞争，形成单公（群主）多母的繁殖群和雄性单身鹿群。

（三）生产性能

1. 产茸性能　公麋鹿1岁后开始长出茸角，2岁前初角脱落并逐渐长出2杈角，以后每增加1岁增加1杈，4岁后角枝发育方基本定型，12月至翌年1月脱角生茸，幼龄麋鹿晚于成年麋鹿。3月下旬茸发育成熟，至4月下旬已基本完全骨化，5月中下旬开始脱茸皮。因此，3月是割茸的适时季节。茸皮上长满灰黑色的绒毛，长约1.5cm。

2. 繁殖性能　麋鹿2岁前后性成熟，性成熟的早晚取决于营养状况、栖息地条件和管理水平，公麋鹿一般5岁即可参加配种，6、7岁为最佳配种年龄，到9岁时即不再适宜配种。母麋鹿在饲养条件和机体发育良好的情况下2岁即可参加配种。麋鹿夏秋之际（6~8月）发情配种，妊娠期长达9~10个月，产仔期在3~6月，经产麋鹿产仔较初产麋鹿提前。根据大丰和北京两地的繁殖记录，每胎产1仔，公母比例接近1∶1。仔鹿初生重12~13kg，哺乳期可达半年以上，仔鹿生长发育速度也极快，一般3月龄后体重达70kg。

（四）种用价值

麋鹿是我国重要的自然历史文化遗产，也是较早进行人工圈养的鹿种之一，有着曲折传奇的历史。野生麋鹿从商朝时代已渐稀少，因为当时这种鹿所栖息的平原已开始开垦，根据各方面的考查，野生麋鹿在秦汉时代就已灭绝，唯一剩下的只是猎苑里养的一个种群，至清代鸦片战争后，我国饲养在南苑的一群麋鹿屡遭浩劫，被明索或暗购到国外。1985~1987年，我国环保局与北京市政府从英国乌邦寺分两批共引进麋鹿38头，圈养于其祖居地北京南苑，并成立麋鹿园。1986年林业部与世界野生生物基金会（WWF）合作由英国国家动物园再引入麋鹿39头，散放于其野生故乡江苏省，并成立麋鹿保护区，现已列为国家一级保护动物。

七、驯鹿

驯鹿（学名：*Rangifer tarandus* 英文名：Reindeer）又名角鹿。

（一）形态特征

成年公鹿体高100~115cm，体长180cm，体重150~180kg，母鹿体高100cm，体长160cm，体重100~150kg。驯鹿头长，嘴粗、唇发达，耳短，形似马耳，眼较大，无泪窝。颈短粗，下垂明显，“鼻镜”甚至连鼻孔在内，都生长着绒毛。尾短，主蹄圆大，中央裂缝很深，副蹄较大，行走时能接触地面。驯鹿的毛色变异较大，从灰褐色（大约占86.6%），白花色（占4.2%）到纯白色（占9.2%）。从体色整体上看，还有“三白二黑”的特点：小腿、腹部及尾内侧都是白色，而鼻梁和眼圈为黑色。驯鹿公母均有角，只是母鹿角比公鹿的小。驯鹿角形的特点是分枝复杂，两眉枝从茸根基部向前分生，呈掌状，且分生许多小杈，第二杈（中枝）以后各分枝均从主干向后分出，各分枝上也生出许多小杈，茸主干扁圆，茸毛与体毛颜色一致。

（二）生物学特性

1. 栖息地　驯鹿广泛分布于欧亚和北美大陆之北纬48°以北的地区。我国驯鹿仅见于大兴安岭北部地区。驯鹿栖息在亚寒带针叶林中。在海拔1 000m以上，主要树种有落叶松、偃松、白桦等；低山有杜鹃、越橘、杜香等灌木植物；在山地阳坡多生有艾菊、禾本科杂草；河谷两岸多生着杨树、柳树、桦树丛等。

2. 食性　驯鹿食性广、耐粗饲、适应性强，所采食饲料的种类随季节的变化而有所不同。春季多采食禾本科、莎草科植物；夏季的饲料以绿色植物为主，约占70% ~80%，地衣占10% ~15%，其余为苔藓等饲料；秋季除采食一部分绿色植物外，主要采食地衣类饲料，也食蘑菇；冬季则以地衣类为主，占70%左右，也采食部分杨树、桦树、柳树的嫩枝尖。

3. 生活习性　驯鹿的集群性和游牧性都很强，常几十只甚至几百上千只成群游牧几十千米或几百千米。在5 ~6月的产仔期，驯鹿群正处于迁徙季节，因此，仔鹿出生后马上可以行走跟随鹿群活动。冬季幼鹿与母鹿生活在一起。每年6 ~9月为驯鹿的换毛期。

（三）生产性能

1. 产茸性能　成年公鹿每年3 ~4月脱盘，6 ~7月收茸，留茬高度20cm左右，即连眉枝留下。平均每副成品茸重：公鹿2.0kg左右，母鹿0.25kg左右。驯鹿茸茸质松嫩，茸的鲜干比例很高；茸毛密长，呈灰白褐色或银蓝色。

2. 繁殖性能　16 ~18月龄达性成熟，母鹿最佳利用年龄为4 ~10岁，公鹿为2.5 ~5.5岁。9 ~11月发情配种，母鹿有2 ~4个发情周期，每个发情周期15 ~16（11 ~22）d，发情持续时间1 ~3d。妊娠期225d（215 ~238d），雄性胎儿比雌性的多3 ~5d。每胎产1仔，偶有双胎；母鹿种用年龄2 ~12岁，个别母鹿可利用到15 ~16岁；产仔率为50% ~85%。

3. 产肉性能　成年公鹿的屠宰率为47.4% ~52.8%，净肉重为50 ~80kg；母鹿分别为46.4% ~52.4%和40 ~60kg。

4. 产乳性能　驯鹿乳是牛乳的良好代用品，在产后2 ~3周开始至配种前是挤乳期，每天产乳量50 ~1500ml，补饲精料时能增加15% ~20%。在一个泌乳期内共产乳30 ~84L。产乳量最高月份为产后第三个月。挤乳年限可到10 ~14岁，最佳年龄为4 ~8岁。

5. 役用运输　驯鹿具有役畜的品质、速度、耐性和载重量，可作为森林、山地、苔藓道路、泥泞地、冰雪地及凸凹不平的岸边等地的交通运输工具。

八、驼鹿

驼鹿（学名：*Alces alces*　英文名：Moose，Elk，Alaskan Moose）分布于欧亚大陆和北美大陆的北部，我国的驼鹿为其分布区的南界。驼鹿产于我国大兴安岭等地区，是鹿类动物中最大的一种，俗称堪达犴，简称犴。这种鹿形如驼，颈多肉，背上颈下仿佛骆驼，故名为驼鹿。

（一）形态特征

驼鹿肩高154 ~177cm，体长200 ~260cm，体重达400 ~500kg。体躯较短，腿长，尾短，蹄大呈圆形，跑步时呈侧对步。头长大，眼较小，鼻部隆起，喉下部有细长肉垂，嘴宽阔，双唇肥厚，上唇肥大，比下唇长5 ~6cm，能遮住下唇，无上犬齿。成体毛被暗灰棕色，幼鹿通体浅黄棕色，无白斑。公鹿有角，角多呈掌状分枝，角面粗糙。

（二）生物学特性

1. 栖息地　驼鹿是典型的亚寒带动物，主要栖息于原始针叶林和针阔混交林中，多在林中平坦低洼地带、林中沼泽地活动，从不远离森林。

2. 食性　根据国外资料介绍，驼鹿采食的饲料多于355种，其中25% ~30%是属森林植物。在夏季主要采食草本植物和乔灌木嫩枝条和叶，特别喜欢吃柳兰、驴蹄草，也吃木贼、睡莲和苔属植物，当雪厚找不到常绿植物时，也吃幼龄乔灌木的枝条和皮（松树、花楸橡树）。驼鹿采食量很大，冬季每昼夜可采食 14～15kg，春季 8～9kg，夏季在 30kg 左右。

3. 生活习性　驼鹿耐寒怕热。夏季喜欢浸泡在水中，能适应沼泽地和在厚达 50cm 以内的深雪层活动。驼鹿不形成大群，通常单独活动或 3～4 只小群活动。一般在每年 8 月或 9 月上旬脱落茸皮。发情期过后茸角脱落，成年鹿通常发生在 12 月，而青年鹿相对晚一些，鹿角脱落后，经 2～3 个月间隔期，新角开始生长。驼鹿每年换毛 1 次，从 4 月持续到 10 月。

（三）生产性能

驼鹿每年 9 月末至 10 月发情配种，妊娠期 8 个月，5～6 月产仔，发育较好的仔母鹿可以在出生后第二年（约 16 月龄）开始繁殖，但大多数青年母鹿第三年开始繁殖。虽然公鹿在出生后第二年具有繁殖力，但由于与其他成年公鹿竞争的结果，第三年的繁殖季节才可能参加交配。仔鹿初生重 10～12kg，胎产 1～2 仔，其中产双胎的多为壮年鹿，双胎率可在 20% 左右，偶有胎产三仔的现象发生。幼鹿生长发育迅速，到 6 月龄时可达 80kg 以上。8 月幼鹿脱去胎毛。在当年秋天，有些幼鹿可以长出 1～2cm 的初角，第二年春天，长出新角，但仍不分杈。第三年的鹿角开始分杈，第四年的鹿角可发育成扁平的掌状。只有到 6 岁龄，鹿角尺寸才有可能达到最大。

第二节　茸用鹿的繁育

一、茸用鹿的繁殖

（一）繁殖生理

1. 性成熟时间　茸用鹿性成熟的早晚受种类、性别、气候、出生时间、个体发育、饲养管理等多种因素影响。不同鹿种，性成熟时间有一定的差异，如梅花鹿的性成熟一般要早于马鹿；同一鹿种，母鹿达到性成熟的时间一般比公鹿提前 1 年多；寒冷地区的性成熟一般晚于温暖地区；出生较晚（如秋季出生）的个体，性成熟延长；发育良好的个体，其性成熟较早；发育缓慢或体质较差的个体，其性成熟必然推迟；饲养管理好、营养水平比较高，鹿的性成熟时间提前；因异性的相互刺激作用，公、母混群饲养的性成熟要早于公、母分群饲养的。母鹿首次排卵年龄通常都在 16～28 月龄之间。

2. 初配年龄　实践证明，生长发育良好的母梅花鹿和母马鹿在生后第二年的配种期（已满 16 月龄），体重达到成年体重的 70% 以上参加配种较为适宜；生长发育较差，出生晚（不足 16 个月龄）的母鹿应推迟 1 年参加配种。如果育成母鹿的初配年龄偏早，对育成母鹿及其仔鹿的生长发育都有一定的影响。种用母鹿的初配年龄要比生产群母鹿晚 1 年。公鹿的初配年龄为 3 岁以上。若过早参加配种，对其生长发育和生产性能均有不利影响。

3. 发情周期和发情表现　鹿是季节性繁殖动物，一年只繁殖 1 次。在我国北方地区，母梅花鹿在 9 月下旬至 11 月中旬发情，10 月中旬达到旺期；母马鹿在 9 月上旬至 10 月中旬发情，9月中下旬达到旺期；均历时2～2.5个月。公鹿一般在8月中旬就开始发情，直至配种结束，公马鹿较公梅花鹿发情早10d左右。从配种结束到次年发情开始的这段时间为乏情期，在乏情期里鹿的性腺机能活动处于相对静止状态。

绝大多数茸用鹿种为季节性多次发情的动物，一般经历3～5个发情周情，梅花鹿、马鹿发情周期平均12.5d，发情持续期18～36h。根据母鹿在发情过程中生殖器官的变化和行为表现，可以人为地将母鹿的发情周期划分为以下3个时期。各时期之间没有十分明显的界线。母鹿发情期分为发情前期、发情期和发情后期。

发情前期，生殖道轻微充血肿胀，腺体分泌稍有增加，无性欲表现。发情后期母鹿已变得安静，无发情表现。

发情期为发情周期中的主要阶段，又可分发情初期、发情盛期、发情末期3个时期。发情初期母鹿刚开始发情，但无显著的发情特征。母鹿食欲时好时坏，兴奋不安，摇臀摆尾，常常站立或来回走动，有的低声鸣叫；喜欢公鹿追逐，但却不愿接受公鹿爬跨；外阴充血肿胀，有少量黏液。此期母梅花鹿约持续4～10h，母马鹿约4～9h。发情盛期母鹿急骤走动，频繁排尿，有时吼叫；主动接近公鹿，低头垂耳，有的围着公鹿转甚至拱擦公鹿阴部或腹部；个别性欲强的经产母鹿甚至追逐、爬跨公鹿和同性鹿；两泪窝（眶下腺）开张，排放出一种难闻的特殊气味；外阴肿胀明显，阴门潮红湿润，牵缕状黏液流出增多。此期为配种的最佳时期，母梅花鹿约持续8～16h，母马鹿5～9h，排卵是在母鹿拒绝公鹿爬跨后的3～12h。发情末期母鹿的各种发情表现逐渐消退，活动逐渐减少，食欲逐渐恢复，如遇公鹿追逐则逃避，有的甚至回头扒打公鹿。外阴肿胀逐渐消退，黏液减少。此期母梅花鹿约持续6～10h，母马鹿持续3～6h。

公鹿在整个繁殖季节里，公鹿一直处于发情状态，发情的持续时间一般达60d，有的直到第二年生茸前期，性欲才逐渐消失。公鹿发情后，颈部变粗，颈部皮肤显著增厚，睾丸明显增大；活动频繁，食欲基本废绝；性情粗暴，摩角吼叫，行动分散，为争偶公鹿间常进行激烈的角斗，甚至攻击人；公鹿嗅闻母鹿的外阴部，挑逗或追逐母鹿，用吻端碰撞或舌舔母鹿的肋部、颈部以及外阴部，直到爬跨。

（二）鹿的利用年限

梅花鹿和马鹿的自然寿命可达20～25年。目前，国内茸用公鹿的经济利用年限一般不超过15年，个体应以产茸数量和质量为依据，群体应以生茸佳期结束为依据；母鹿的生产利用年限一般不超过10年，应以若干繁殖参数和繁殖成绩为依据。

1. 梅花鹿的使用年限　4～10岁的东北梅花公鹿三杈茸和二杠茸的产量逐年增加，10岁以后趋于稳定且有所下降，因此，东北梅花公鹿的利用年限至少应在11岁。公鹿的种用年龄以5～8岁为好，大于9岁的鹿不宜参配；已产7胎以上的老弱母鹿应淘汰。

2. 马鹿的利用年限　东北马鹿三杈茸的生产佳期为6～13岁，生产最佳年龄为11岁（平均产量达4.580kg）；天山马鹿三杈茸的生产佳期为6～12岁，生产最佳年龄为10岁（平均产量达7.180kg）；塔里木马鹿三杈鲜茸的生产佳期为5～11岁，生产最佳年龄为10岁（平均产量达6.963kg）；可见3种公马鹿的使用年限至少应分别在14岁、13岁及12岁。

3. 杂交鹿的利用年限　东北梅花鹿（雌）与东北马鹿（雄）的种间杂交子一代鹿（简称花·马子一代）的生茸最佳年限为6～14岁，因此，其使用年限至少应延到15岁。

（三）配种技术

1. 配种方法

（1）群公群母配种法：具体做法有群公群母一配到底法、群公群母适时替换公鹿配种法两种。

群公群母一配到底法：按1：3～1：5的公、母比例，公、母合群饲养，直到配种结束。配种期间及时拨出患病、体弱、性欲不强、失去配种能力的公鹿，不再增补其他公鹿。

群公群母适时替换公鹿配种法：按1：5～1：7的公、母比例合群饲养，根据配种进度，在适当时候整批更换种公鹿。第一批公鹿多为育成公鹿，以后各批为壮龄优良种公鹿。群公群母配种法是原始落后的配种方法，除放牧鹿场外，现已不用。

（2）单公群母配种法：具体做法有单公群母一配到底法、单公群母适时替换公鹿配种法、单公群母昼配夜息配种法、单公群母定时放入公鹿配种法。

单公群母一配到底法：将1只优良种公鹿放入10～20只母鹿群中，直到配种结束。

单公群母适时替换公鹿配种法：将1只优良种公鹿放入15～30只母鹿群中，根据配种进度适时替换种公鹿。一般在配种初期和末期1～2周替换1次公鹿；在配种旺期3～7d替换1次，若一天发情母鹿较多时，交配2只母鹿后就应更换，否则要影响母鹿受胎率。

单公群母昼配夜息配种法：每天早晨向母鹿群放入1只种公鹿，傍晚配种完毕后将公鹿拨出。每天放入的公鹿都可根据具体情况适当变换。

单公群母定时放入公鹿配种法：每天只在确定的时间里（特别是早晨和傍晚，因母鹿发情多集中在这两个时间段）向母鹿群放入1只种公鹿。单公群母配种法可以做到选种选配，后代系谱清楚，也能较好地利用种用价值高的公鹿，提高鹿群质量，鹿的伤亡较少，受胎率较高，但占用圈舍较多，劳动强度较大。

（3）单公单母试情配种法：在发情期内，每天（2～3次，最好定时）将1～2只试情公鹿放入母鹿群（20～30只），根据母鹿的行为表现，判断发情时期，将发情盛期母鹿拨入单圈或走廊和经过挑选的公鹿配种，配后应及时拨出母鹿。试情公鹿多由育成公鹿担当，性欲旺盛。当试情公鹿嗅闻母鹿后欲爬跨时，要立即强行分开，阻止它们交配；也可结扎试情公鹿的输精管，或给试情公鹿带试情布。此法既能提高优良种公鹿的利用率，又能按个体选配方案进行配种，母鹿的受胎率高，后代系谱清楚，但需较多人力和场地。

2. 配种前的准备工作　仔鹿断奶后，按繁殖性能、体质外貌、血缘关系、年龄以及健康状况等重新调整母鹿群，组成育种核心群、一般繁殖群、初配群、后备群、淘汰群。核心群以母鹿生产水平为依据，择优挑选，数量一般可在母鹿总数的30%左右。参配母鹿群的大小视圈舍面积和拟采用的配种方法而确定，一般以20～30只为宜。

收茸后，根据体质外貌、生产性能、年龄、谱系和后代品质等重新调整公鹿群，分成种用群、后备种用群和非种用群。种公鹿要严格挑选，比例一般不能少于参配母鹿总数的10%。公鹿圈应安排在鹿场的上风向，母鹿圈应安排在鹿场的下风向，尽量加大两圈距离，以免在配种季节因母鹿的发情气味诱使公鹿角斗、爬跨而造成伤亡。

3. 合群时间　公、母鹿的合群时间因配种方法不同而异。据观测，母鹿多集中在早晨4～7时和傍晚17～22时发情，因此，公、母鹿每天合群的时间应集中在这两段时间。

4. 种公鹿的合理使用　配种期应合理使用种公鹿，每只种公鹿平均承担10～20只母鹿的配种任务为宜。种公鹿每天上、下午各配1次较好，两次配种应间隔4h以上，连配2d应休息1d。连续交配次数过多的种公鹿常常很快消瘦，到后期不能很好配种。

（四）妊娠期和妊娠表现

1. 妊娠期　母鹿妊娠期的长短受下列因素影响：鹿种不同，其妊娠期的长短不同，同一鹿种，品种不同，其妊娠期长短也不同。一般而言，圈养鹿的妊娠期比放牧或圈养放牧相结合鹿的妊娠期稍长。在圈养条件下，东北梅花鹿的妊娠期平均为230d，东北马鹿的妊娠期平均为250d，天山马鹿的妊娠期平均为244d，东·天杂交子一代鹿的妊娠期平均为242.9d（表2-1）。

表2-1　不同鹿种的妊娠期范围

鹿种	妊娠期范围（d）	鹿种	妊娠期范围（d）
梅花鹿	225～245	水鹿	250～270
马鹿	240～260	驼鹿	225～240
白唇鹿	225～255	驯鹿	192～246
坡鹿	220～230	麋鹿	250～315

2. 妊娠表现　母鹿在妊娠初期，食欲逐渐恢复，采食量逐渐增大；在妊娠中期，食欲旺盛，膘情日渐变好，被毛平滑光亮，饲料的消化、吸收、利用率明显提高；在妊娠后期，乳房膨大，腹围显著增大，活动明显减少，行动谨慎、迟缓，时常回头望腹，喜躺卧，爱群居。

3. 保胎措施　母鹿妊娠后，应保证满足母体和胎儿的营养需要，减少不良刺激，维持环境安静。对有流产征兆的母鹿应投给保胎药物如黄体酮（孕酮）、安宫黄体酮、甲地孕酮等，做好保胎工作，防止流产发生。冬季注意防寒保温工作，并预防疾病发生。

（五）分娩

1. 分娩时间　母梅花鹿分娩时间为5月上旬到7月中旬，多集中于5月中旬至6月中旬；母马鹿分娩时间为5月下旬至6月中旬。一般而言，发情早，配种早，受孕早，分娩就早，反之，分娩就晚。母鹿产仔早（5～6月）而且集中有利于仔鹿的生长发育和饲养管理，成活率高；反之出生晚（6月下旬至8月上旬）而且分散时，仔鹿抵抗能力弱，发病率高，生长发育缓慢，不但不能安全越冬，而且还能延迟母鹿的发情配种，造成恶性循环。

2. 临产表现　孕鹿产前10d左右乳房开始迅速发育、膨胀，乳头增粗，腺体充实；临产前几天可从乳房中挤出黏稠淡黄色液体，如能挤出乳白色初乳时，即将在1～2d内分娩。孕鹿腹部严重下沉，肷部塌陷，在产前1～2d尤为明显。阴门明显肿大外露、柔软潮红、皱襞展开、有时流出黏液，在产前1～2d有透明索状物流出，排尿频繁、举尾，自舔外阴，时起时卧，常在圈内徘徊或沿着墙壁行走，表现不安，不时回首视腹，呈现腹痛症状，有时扬头嘶叫，或低声呻吟，有时鼻孔扩张，或张口呼吸。鹿场一般在4月20日以后就应注意观察孕鹿的乳房大小和行为表现，一旦有分娩征兆，应及时拨入产仔圈，放牧鹿应留在舍内。

3. 分娩期间的管理 母鹿分娩期间要保证产仔圈舍周围安静，避免任何干扰。准备好产圈或产房，仔鹿保护拦或小床，助产用具和药品以及垫料等用品。昼夜值班，责任落实，做到圈有人看，鹿有人管，人不离圈，随时准备应对突发事件。

加强临产孕鹿的看护，留心观察分娩情况，做好产仔记录，发现异常及时处理。对于产程达 3h 以上的难产母鹿应尽早施行人工助产；发现母鹿弃仔、扒仔等不正常母性行为时应立即隔离母仔，其仔由性情温顺同期分娩的其他母鹿代养或人工哺乳；仔鹿生后 10s 以上不见呼吸动作，有窒息的可能，应马上抢救；仔鹿生后 1h 以上仍不能站立，应区别原因进行护理；仔鹿生后 2h 以上仍不能就乳，应考虑人工哺乳或找其他母鹿代养，并设法使初生仔鹿吃上初乳，人工哺乳时应用温湿棉球或纱布涂擦仔鹿肛门以刺激排便，代养时应使被代养仔鹿与代养母鹿的亲生仔鹿的气味相同；仔鹿出生后，母鹿如果不能及时舔干其身上的胎膜和黏液，必须及时用无异味洁净的草或布等人为擦净；初生仔鹿吃过 3 ~ 4 次乳汁后，要检查脐带，若未能自然断脐，可人工辅助断脐，并严格消毒。

另外还应注意仔鹿生后的保温防潮和日常卫生工作，可在产圈（房）内设置仔鹿保护栏或小床，并铺垫清洁柔软的干草或树叶等，应勤换垫料，搞好周围环境卫生及环境、用品的消毒工作。仔鹿 2 ~ 3 日龄打耳号，并进行登记。

二、茸鹿的育种措施

（一）编号与标记

1. 编号 为便于管理应对鹿只进行编号，编号方法有以下几种：

（1）按出生先后顺序：按鹿出生的先后顺序依次编号，编号时应根据鹿群大小，采用百位或千位。公、母鹿编号可用奇、偶号数加以分别。

（2）按出生年代：为便于区分鹿只年龄，每年都从 1 号开始编号，在编号之前冠以年代。如 2007 年出生的第 6 只仔母鹿，即可编号为 076 号。

（3）按公鹿：为区别不同公鹿的后代，在编号之前可冠以公鹿号。如 238 号仔鹿为 86 号公鹿的后代，则 238 号仔鹿可标记为 86/238。

2. 标记 为了正确记录和识别鹿只，便于组织饲养管理，鹿场应该对鹿进行标记。

（1）剪耳号：一般鹿场多采用此法标记鹿只，剪耳号通常在仔鹿出生后 2 ~ 3d 进行。方法是在鹿的左右耳的不同部位用特制的剪耳钳打缺口，每个缺口表示相应的数字，其所示数字之和即为该鹿的号。

一般鹿的右耳上（内）、下（外）缘每一缺口分别代表 1 和 3，耳尖缺口代表 100，耳中间圆孔代表 400；左耳上（内）、下（外）缘每一缺口分别代表 10 与 30，耳尖缺口代表 200，耳中间圆孔代表 800。耳的上下缘最多只能分别打 3 个缺口，耳尖只能打 1 个缺口，耳中间只能打一圆孔。这种标记法可由 1 号延续到 1599 号。刻口的深度与部位必须适当，如果刻口的位置不当，容易认错鹿号，一般刻口深度以 0.5 ~ 0.7cm 为宜，刻口太浅只伤皮肤刻不到软骨易长平，过深则可能因软骨损坏严重导致耳壳变形。

剪耳号时，要注意同时做好登记工作，记录好打号的日期、顺序和属于哪对父母的后代，做到每打一个耳号，就登记上一个，以便作为以后拨出仔鹿的依据。

（2）打牌号：这种方法是用打耳标钳将一印有组合数字的一凹与一凸的组件穿、戴于仔鹿的耳上，耳标牌上的组合数字，从正面看一目了然。

（二）分群

为了正确地进行育种工作，应根据鹿的类型、等级、选育方向及亲缘关系等，将鹿群分为育种核心群、生产等级群和淘汰群。

1. 育种核心群　育种核心群是进行育种工作的基础，占全群的20%～25%，主要由特级鹿和少量一级鹿组成，二级以下的鹿一律不准进入核心群。组成核心群后，可逐步进行选种选配提高工作，或者实行群体继代选育提高，为全群的选育提高奠定基础。

2. 生产等级群　根据鹿场的圈舍情况、鹿群数量、性别、年龄、生产成绩等一系列情况将鹿分成若干个等级群，并按优劣的变化随时转群升级。这样既有利于生产的组织管理和生产力的发挥，也有利于鹿群选育工作的开展。

3. 淘汰群　把年老体衰、行动迟缓、生产力差、繁殖机能障碍的鹿列入淘汰群，不准其参加配种，并逐渐淘汰。

（三）选种

种鹿品质的好坏，直接影响鹿群的质量，因此，选择的种鹿必须具备生产性能高、体质外型好、发育正常、繁殖力强、合乎品种标准、种用价值高6方面的条件，缺一不可。

1. 种公鹿的选择　根据公鹿的遗传稳定性、生产性能、体质外貌等方面的性能综合选择。

（1）按系谱和后裔测定选择：按系谱选择时，一般要求三代系谱清楚，各代记录完整可靠，并需有两只以上种鹿的系谱对比观察，选出优良者作为种用。

（2）按生产性能选择：公鹿的鹿茸产量、茸型角向、茸皮光泽、毛地及产肉量等生产性能均应作为选择种公鹿的重要条件，因为茸重性状的遗传力属高遗传力，因此，根据茸重进行个体选择种公鹿效果很好，种公鹿的产茸量应比本场同龄公鹿平均单产高20%～30%。

（3）按体质外貌选择：公鹿体质外貌，不仅反映一个鹿群的类型特征，而且影响鹿茸生长。理想的公鹿必须具有品种或类型的特征，表现出明显的雄性特征，体大健壮、精力充沛、性欲旺盛。体型匀称，颈粗、额宽，茸角大，茸型角向适宜、美观整齐、两侧茸角对称。

（4）按生长发育特点选择：主要依据初生重、6月龄、12月龄体重、日增重和第一次配种的体重以及角基距、头深、胸围、体斜长、体直长等指标进行选种。在同龄鹿中，体重大往往鹿茸产量高，但体重随季节变化而变化，在参考体重选种时，必须考虑到称重时间。

（5）按年龄选择：种公鹿应在5～7岁的壮年公鹿群中选择，个别优良的种公鹿可利用到8～10岁，种公鹿不足时，可适当选择一部分4岁公鹿（配育成母鹿）。

2. 种母鹿的选择　种母鹿应在4～7岁的壮龄母鹿中挑选。选择那些母鹿特征明显，发情、排卵、妊娠、分娩和泌乳机能正常，母性强、繁殖力高、性情温顺、体躯长、体形匀称、体质健壮、后躯发达，肢形正常，四肢强健有力，蹄质坚实，皮肤紧凑，被毛光亮，乳房和乳头发育正常，位置端正，无流产或难产现象的母鹿。

3. 后备种鹿的选择　后备种鹿必须从来自生长发育、生产力良好的公、母鹿的后代中选择。选择那些强壮、健康、敏捷的仔鹿，如躯干长、胸廓发育好、臀宽、四肢健壮、好运动的仔鹿。仔公鹿出生后第二年就开始生长出初角茸，初角茸的生长情况与以后鹿茸的生长有一定的关系，在选择后备种公鹿时应考虑初角茸的生长情况。对选留的仔鹿应加强培育，使其遗传性能得以充分表现。后备公、母鹿在种用前应进行综合的种用价值评定，种用价值高的后备鹿才能参加繁殖，种用价值不大的鹿只，只能用于生产而不能参加繁殖。

第三节　茸用鹿的饲养管理

一、常用饲料

茸用鹿可利用的饲料种类繁多，按其营养特性可分为粗饲料、青绿饲料、青贮饲料、能量饲料、蛋白质饲料、矿物质饲料、维生素饲料、添加剂八大类。

（一）青绿饲料

青绿饲料包括青刈玉米、青刈大豆、紫花苜蓿、茎叶饲料、天然牧草和鲜嫩枝叶等。鹿对良好牧草的有机物消化率达55%～75%。鲜嫩枝叶是鹿广泛采食的一类饲料，也是山区、半山区、林区养鹿主要的青饲料来源。

（二）青贮饲料

青贮饲料是北方地区养鹿春夏和冬季青饲料的主要来源，要注意添加，但饲喂量不宜过多，过多或不用石灰水进行必要的处理，会影响鹿消化道中微生物的正常活动。

（三）能量饲料

包括谷物类、糠麸类、块根块茎瓜果类等。养鹿业中常用的谷物类有玉米、高粱、大麦、燕麦、小米等，是鹿能量的主要来源，通常占精饲料的60%左右。

（四）粗饲料

粗饲料主要包括干草类、农副产品类（荚、壳、藤、秸、秧）、树叶类、糟渣类等，是鹿冬季的主要饲料来源。

（五）蛋白质饲料

1. 饼粕类　饼粕类饲料主要有大豆饼、棉籽饼、菜籽饼、花生饼、向日葵饼和大豆粕等，这类饲料蛋白质含量高，但无氮浸出物含量低于谷物类。大豆饼和豆粕是鹿常用的植物性蛋白质饲料，粗蛋白质含量在46%～56%，总能为19～21MJ/kg。大豆饼粕中赖氨酸、精氨酸、色氨酸、苏氨酸、异亮氨酸等必需氨基酸含量高，而蛋氨酸含量低，与玉米配伍可发挥氨基酸互补作用。生大豆中含胰蛋白酶抑制因子（抗胰蛋白酶）、尿素酶、血细胞凝集素、皂角苷、甲状腺肿诱发因子、抗凝固因子等有害物质，这些物质大都不耐热，因此，在脱油过程中，如果加热适当，就可以受到不同程度的破坏。而生大豆和未经加热的豆饼、粕不得直接喂鹿。棉仁（籽）饼中蛋氨酸、赖氨酸含量低，但精氨酸过高，因此，与菜籽饼配合饲喂，可缓解赖氨酸与精氨酸的拮抗作用，减少蛋氨酸的添加量。棉仁（籽）饼中含有有毒的游离棉酚，一般来说，游离棉酚不致使鹿中毒，但摄入过量或时间过长，且饲料粗劣的情况下，也会引起中毒。生产实践中较实用的脱毒方法为小苏打去毒法：以2%的小苏打水溶液浸泡粉碎的棉籽饼24h，取出后用清水冲洗4次，即可达到无毒的目的。

2. 豆科籽实　鹿常用的豆科籽实有大豆、黑豆、豌豆等，以大豆用量最多。大豆的蛋白质达37%，总能为21.32MJ/kg，鹿对其消化能为16.51～17.10MJ/kg。大豆中赖氨酸含量为2.3%~2.5%，是玉米的8.5倍，且赖氨酸与其蛋白质的比例接近动物蛋白质中的比例。但生大豆含有抗胰蛋白酶等有害物质，因此，必须经加热处理后熟喂。一般是将大豆浸泡，然后在100℃加热30min，取出冷却后投喂。或将大豆制成豆浆，加热处理后投喂。但必须控制加热温度和时间，如温度过高，会降低赖氨酸和精氨酸的活性，同时亦会使胱氨酸遭到破坏。由于大豆价格较贵，故用量不能太多。大豆含有的天然蛋白质在瘤胃中降解率较高，因此，可通过加热或化学处理加以保护，以降低优质蛋白质在瘤胃的降解率。

3. 动物性蛋白质饲料　动物性蛋白质饲料是营养价值较高的一类饲料，其蛋白质氨基酸组成齐全，且比例适当，富含钙、磷、微量元素和维生素。但鹿对鱼、肉、骨的腥味反应敏感，不喜采食，因此，一般很少应用。

（六）矿物质饲料

1. 食盐　常用的是粗食盐，缺碘地区可用碘化食盐，其含碘量为70mg/kg。实践中也可以用食盐作载体，配制微量元素预混料或食盐砖，供鹿舔食。在缺硒、铜、锌地区，还可分别配制含相应元素的食盐砖、食盐块等。

2. 无机钙、磷平衡饲料　生产中多以碳酸钙和磷酸盐为原料，按一定比例配制而成无机钙、磷平衡料，以满足鹿对钙、磷的营养需要。

（七）饲料添加剂

鹿常用的饲料添加剂有：矿物质元素添加剂、维生素添加剂、氨基酸添加剂、非蛋白氮（NPN）添加剂、生长促进剂、饲料保存剂和中药添加剂等。

二、梅花鹿的营养需要和参考饲养标准

鹿的营养需要和饲养标准受多种因素影响，有些营养物质的饲养标准还停留在经验上，因此，需不断通过科学实验加以完善。

表2-2、表2-3、表2-4、表2-5、表2-6提出的仅为参考饲养标准，可根据各场的饲养条件（粗饲料的质量、种类、精饲料的组成、加工方法等）与鹿群的体况作相应的变动，以充分满足鹿所需要的营养。

表2-2　不同年龄公梅花鹿生茸期蛋白质需要量与蛋能比例

年龄（周岁）	饲粮蛋白质水平（%）	精饲料蛋白水平（%）	蛋能比（g/MJ）
1	22	27	13
2	20	26	12
3	19	24	11
4	15	19	9
5	14	18	8

表2-3　离乳仔鹿精饲料的适宜营养水平

月龄	粗蛋白（%）	总　能（MJ/kg）	代谢能（MJ/kg）	蛋能比（g/MJ）	钙（%）	磷（%）	赖氨酸	蛋氨酸
3~6.5	28	17.13	11.37	16.27	0.68	0.56	6.50	3.60

表 2－4 离乳仔鹿的参考饲养标准

月龄	体重 公	体重 母	精饲料	粗饲料风干	粗蛋白质	总能	代谢能	可代谢蛋白	降解蛋白	钙	磷	食盐
3～6.5	50	40	0.75～0.8	0.70～0.75	245～262	24.24～25.96	12.95～13.68	112～120	135～146	9.1～9.7	5.1～5.5	11～12

表 2－5 育成鹿的参考饲养标准

月龄	体重 公	体重 母	精饲料	粗饲料风干	粗蛋白质	总能	代谢能	可代谢蛋白	降解蛋白	钙	磷	食盐
9～10	55	46	0.8～1.0	0.9～1.0	269～330	28.38～33.40	14.63～17.51	127～153	146～195	10.6～12.5	5.6～6.9	12～15

表 2－6 母梅花鹿各生产时期的适宜营养水平

饲养时期	精饲料的营养水平				日粮的营养水平			
	粗蛋白质（%）	总 能（MJ/kg）	钙（%）	磷（%）	粗蛋白质（%）	总 能（MJ/kg）	钙（%）	磷（%）
配种期	15.19	16.13	0.62	0.36	10.37	16.22	0.56	0.24
妊娠前期	15.19	16.13	0.62	0.36	10.37	16.22	0.56	0.24
妊娠中期	16.48	16.88	0.88	0.58	11.14	16.55	0.68	0.34
妊娠后期	20.00	16.88	0.99	0.61	14.80	16.72	0.89	0.43
哺乳期	23.31	17.30	1.02	0.67	16.09	16.97	0.90	0.45

三、鹿的一般饲养管理原则

（一）一般饲养原则

以青粗饲料为主，精饲料为辅，多种饲料合理搭配，保证营养全价性。坚持规律性饲喂，做到定时、定量、定温、定人，坚持由少到多逐渐增减饲料和变更饲料种类，保证供应充足洁净的饮水。

（二）一般管理原则

养鹿生产区合理布局与分群，公鹿舍在上风头、母鹿舍在下风头、幼鹿舍居中。加强卫生防疫制度，仔鹿在出生 24h、1 周岁、2 周岁分别注射 1 次卡介苗，公母鹿夏季注射魏氏梭菌疫苗、秋季注射坏死杆菌病疫苗，全场定期消毒。为鹿群创造适宜的生活环境，保持鹿舍通风凉爽、冬季背风向阳，保持环境安静；饲养密度与鹿舍大小相适应，保证鹿只适当的运动，促进鹿群健康。加强驯化和科学饲养和管理，不断应用养鹿新技术，实现养鹿生产优质高效；细心观察和熟悉鹿群基本情况，发现异常及时处理。

四、成年公鹿的饲养管理

饲养公鹿的目的主要是为了生产优质高产鹿茸，繁殖优良后代，提高鹿群整体水平，因此，必须科学饲养管理，保证公鹿有良好的体况和种用价值，延长其寿命和生产年限。

根据公鹿在不同季节的生理特点和代谢变化规律，结合生产实际把公鹿饲养管理划分为生茸前期、生茸期、配种期和恢复期4个阶段，其中，生茸前期和恢复期基本上处于冬季，又称为越冬期。在北方，梅花鹿1月下旬至3月下旬为生茸前期，4月上旬至8月中旬为生茸期，8月下旬至11月中旬为配种期，11月下旬至翌年1月中旬为恢复期。马鹿的各个时期比梅花鹿提前一旬左右。但是，各饲养时期不是截然分开的，彼此间相互联系、相互影响，每一时期都以前一时期为基础。

（一）生茸期公鹿的饲养管理

1. 生茸期公鹿的饲养要点　公鹿生茸期正值春夏季节，饲料条件转好，但公鹿脱角、生茸和春季换毛需要大量的营养物质，因此，日粮配合必须科学合理，要保证日粮营养的全价性，提供富含维生素A、D的青绿多汁饲料和蛋白质饲料，精饲料中要提高豆饼和豆科籽实的比例，供给足够的豆科青割牧草及品质优良的青贮饲料和青绿枝叶饲料。同时，可用熟大豆浆拌精饲料，或把精饲料调制成粥状，以提高日粮的适口性。另外，要供给足够的矿物质饲料（如复合添加剂等）。公梅花鹿生茸期的饲料配方见表2－7。

表2－7　公梅花鹿生茸期精饲料配方　（风干基础,%）

饲料名称	1岁	2岁	3岁	4岁	5岁
玉米面	29.5	30.5	37.6	54.6	57.6
大豆饼、粕	43.5	48.0	41.5	26.5	25.5
大豆（熟）	16.0	7.0	7.0	5.0	5.0
麦麸	8.0	11.0	10.0	10.0	8.0
食盐	1.5	1.5	1.5	1.5	1.5
矿物质饲料（含磷≥10.32%）	1.5	2.0	2.4	2.4	2.4
营养水平					
粗蛋白质（%）	27.0	26.0	24.0	19.0	18
总能（MJ/kg）	17.68	17.26	17.05	16.72	16.72
代谢能（MJ/kg）	12.29	12.08	12.12	12.20	12.25
钙（%）	0.72	0.86	0.96	0.92	0.91
磷（%）	0.55	0.61	0.62	0.58	0.57

要根据鹿茸的长势情况，合理调配日粮及喂量，防止饥饱不均，保证日饲喂的均衡性。白天投喂3次精、粗饲料，夜间补饲1次粗饲料，做到定时定序饲喂。增加饲料时要逐渐进行，可按每3～5d加料0.1kg的幅度进行，至生茸旺期加到最大量，使鹿始终保持旺盛的食欲，防止加料过急而发生顶料现象或发生胃肠疾病。

科学合理饲喂精饲料，梅花鹿头锯公鹿0.8～1.55kg，二锯公鹿0.8～1.85kg，三、四锯公鹿0.5～2.1kg，五锯以上公鹿0.5～2.5kg，育成公鹿0.9～1.2kg；马鹿育成公鹿1.2～1.8kg，头锯、二锯公鹿1.4～3.0kg，三、四锯公鹿1.8～3.5kg，五锯以上公鹿2.3～5.0kg。

公鹿生茸初期正值早春季节天气变化无常，气温较低，昼夜温差大，鹿茸生长缓慢；生茸中后期，公鹿新陈代谢旺盛，茸生长发育快，营养需要多，因此，为满足公鹿换毛和生茸的双重需要，需供给一定量的青贮饲料。3～4 月份早晚喂干粗饲料，中午饲喂青贮饲料，5 月份后，每天早午饲喂青贮饲料，夜间投喂干粗饲料。公马鹿早喂干粗料 2～3kg，午喂青贮饲料 5～6kg，晚喂干粗料 5～6kg；公梅花鹿早喂干粗饲料 1～2kg，午喂青贮料 2～3kg，晚喂干粗饲料 2～3kg。

收完头茬茸之后，开始大量饲喂营养丰富的青刈饲料，可减少日粮中 1/3～1/2 精料。收完再生茸之后，生产群公鹿可少喂或停喂精饲料，但注意投喂优质的粗饲料，以控制膘情，降低性欲，减少因争偶顶撞造成的伤亡。头锯、二锯公鹿尚未发育成熟，性活动也较低，因此不应停料。

在生茸期间，应供给充足的食盐和洁净的饮水，梅花鹿每只每天供水 7～8kg、食盐 15～25g；马鹿供水 14～16kg，食盐 25～35g。饲料搭配和饲量的增减，也应根据气候条件、饲料条件和公鹿的生理变化灵活掌握，按脱角先后顺序和鹿茸生长状况调整日粮水平。严禁采取老少不分，强弱不分，一刀切的错误做法。在生茸旺季，为了充分满足公鹿营养需要的均衡性，应适当延长饲喂间隔时间，以日出前、日落时饲喂为宜。

2. 生茸期公鹿的管理要点　应将公鹿群按年龄分成育成鹿群、不同锯别的壮年鹿群、老龄鹿群等若干群，实施分群饲养管理，以便于掌握日粮水平、饲喂量以及日常管理和生产安排，提高劳动效率。舍饲公鹿每群 20～25 只，放牧的公鹿应采用大群放牧，小群补饲的方式，年龄相同、体况一致的公鹿每 30～40 只组成一群进行管理和补饲。

为了防止公鹿惊慌炸群损伤茸角，公鹿生茸期一定要保持舍内安静，谢绝外人参观。饲养人员饲喂及清扫要有规律，出入圈舍时，动作要轻、稳。同时，结合饲喂清扫，进行人鹿亲和和调教驯化，提高其抗应激性，便于实施科学的饲养和管理。生茸期间应专人值班，注意看管鹿群，及时制止公鹿间的角斗和顶撞，防止鹿群聚堆撞坏鹿茸。对有啃茸恶癖的公鹿，应隔离饲养或拨入尚未生茸的育成鹿群中去。值班人员应经常检查鹿舍和围栏，如有损坏或突出物要及时进行维修。饲喂枝叶饲料时，应防止硬枝刺破鹿茸。

生茸期间，每天早饲前后是观察鹿群的最佳时间，值班人员要细心做到四观察：第一，观察脱盘及鹿茸的生长发育情况，认真做好脱盘记录，注意鹿茸的生长状态，以便适时组织收茸，发现压茸花盘，可寻找适当时机人工拨掉，以免影响生茸或者出现怪角；第二，观察鹿对粗、精饲料采食情况，判断饲喂量是否适宜；第三，观察公鹿的精神状态、行走步态和反刍情况；第四，观察呼吸状态、粪便性状和鼻唇镜是否正常，判断鹿只是否健康，发现问题及时处理。

生茸初期正值初春，万物复苏，是病原微生物孳生、传染病和常见病多发流行季节，应做好卫生防疫工作。在解冻后对鹿舍、过道、饲槽、水槽进行 1 次重点消毒，圈舍、车辆用具等可用 1%～4% 热烧碱溶液或新配制的 10%～20% 的生石灰乳剂消毒，也可将苛性钠和生石灰各占 50% 配比进行消毒；饮水可用 0.5% 漂白粉消毒。消毒时间在上午为宜，经全天日照，药效发挥效果好。并经常保持饲槽、水槽、饮水及精、粗饲料的清洁卫生。

夏季气候炎热，为预防鹿只中暑，在运动场内可设若干荫棚。改善舍内的温度和湿度，保持舍内清洁卫生，以利于鹿只健康和鹿茸的生长发育。

（二）公鹿配种期的饲养管理

公鹿的配种期为 8 月下旬至 11 月中旬。配种期公鹿饲养管理的目的，一是保持种公鹿有适宜的繁殖体况、良好的精液品质和旺盛的配种能力，适时配种，繁殖优良后代。二是使非配种公鹿维持适宜的膘情，准备安全越冬。因此，收茸后应将公鹿重新组群进行饲养和管理。梅花种公鹿配种期饲料配方见表2-8。

1. 配种公鹿的饲养要点 由于精子从形成到发育成熟要经过8周的时间，因此，在配种期到来之前两个月（即生茸后期）就应加强对公鹿的饲养，促进精子的形成与成熟，使种公鹿在配种季节达到良好的膘情，具有良好的精液品质和旺盛的配种能力。

表2-8 种用公梅花鹿配种期饲料配方* （风干基础）

饲料名称	比例（%）	营养水平	含量
玉米面	50.1	粗蛋白（%）	20
豆 饼	34.0	总能（MJ/kg）	16.55
麦 麸	12.0	代谢能（MJ/kg）	11.20
食 盐	1.5	钙（%）	0.92
矿物质饲料（含磷≥10.32%）	2.4	磷（%）	0.60

*每只公鹿每天补给1~1.5kg块根、块茎、瓜类多汁饲料。

由于受性活动的影响，公鹿食欲急剧下降，易发生争偶角斗，同时由于配种负担较重，所以，体质消耗严重，配种期后其体重减少15%~20%。因此，在拟定日粮时，要着重提高饲料的适口性、催情作用和蛋白质生物学价值，力求饲料多样化，品质优良，营养全价。实践证明，配种期公鹿喜欢采食一些甜、苦、辣或含糖及维生素丰富的青绿多汁饲料，为此，应投给青割大豆、瓜类、根茎类、鲜枝叶、青贮玉米等优质的青绿多汁饲料和大麦芽、大葱等催情饲料。精饲料以豆饼、玉米、大麦、高粱、麦麸等混合而成，日喂量种用公梅花鹿1.4~1.0kg，种用公马鹿2.5~2.0kg。实际投喂时根据种公鹿的膘情调整，如果膘情好，少喂精饲料可避免过肥；如果膘情差，粗饲料质量又低，就必须多喂精饲料。如果喂以优质的粗饲料和混合精饲料，粗蛋白含量达到12%即能满足需要；如果饲料品质低劣，粗蛋白质需达到18%~20%。青贮类日喂量宜控制在1.5kg以下，饲喂过多会影响配种和精液品质。矿物质和维生素对精液品质及对公鹿的健康都有良好作用，必要时可补喂矿物质和维生素添加剂，满足公鹿的需要。

2. 配种公鹿的管理要点 种用公鹿和非种用公鹿应分别进行饲养和管理，在配种以前（8月中下旬）及时收获再生茸，以便伤口愈合，减少由于顶架造成茸根受伤，从而减少来年怪角茸的发生。种公鹿要有健康的体质，适宜的体况，充沛的精力，过肥过瘦配种能力都较差，因此，应设法调整公鹿体况，使之适于配种需要。体质过弱、营养不良、精液品质差或上一年性机能不良和有病的公鹿不宜参加配种。

配种期间必须设专人昼夜值班，细致观察配种情况和进程并做好记录，防止受配多次的母鹿被公鹿追逼穿坏阴道和肛门。发现被穿肛或撞伤的鹿，应及时治疗处理。注意观察种公鹿的健康状况和配种能力并及时替换。中途替换或配种结束拨出的种公鹿应单独组群或放入小圈单独饲养，暂时不能同未参加配种的公鹿混群，避免因带母鹿的气味而引起顶架伤亡。调换或拨出结束配种的公鹿时，以上午8点以前空腹情况下进行较好，要先易后难一次性拨完。

配种期间，水槽应设盖，防止公鹿在顶架或交配后过度喘息时马上饮水，否则易引发肺坏疽等疾病，丧失配种能力、降低生产性能。此外，配种期的公鹿常因摩角争斗损坏圈门出现逃鹿或串圈现象，并经常趴泥戏水，容易污染饮水，因此，要做好圈舍检修，定期洗刷和消毒水槽，保持饮水清洁。要经常打扫圈舍，定期消毒，保持地面平整，防止坏死杆菌病的发生。

3. 非配种公鹿的饲养要点　非配种公鹿进入配种期也出现食欲减退、角斗、爬跨其他公鹿等性冲动现象。为了降低配种期生产群公鹿的性反应，减少争斗和伤亡并为安全越冬做好准备，在配种期到来之前（生茸后期），根据鹿的膘情和粗饲料质量等情况适当减少精饲料量，必要时停喂一段时间精饲料。进入配种期后应充分供给适口性强的甜、苦、辣味或含糖和维生素丰富的青绿多汁饲料，但精饲料喂量可减少 1/3 ~ 1/2，非种用公梅花鹿精料日喂量 0.8 ~ 0.5kg，3 ~ 4 岁公梅花鹿 1.2 ~ 1.0kg；非种用公马鹿 2.0 ~ 1.5kg，3 ~ 4 岁公马鹿 1.9 ~ 1.7kg，保证饲料多样化。但老弱病残或 10 锯以上公鹿不应停喂精饲料。

4. 非配种公鹿的管理要点　在配种期到来之前，对不参加配种的生产群公鹿按年龄、体况分群调整，通过适当减喂或停喂精饲料，杜绝绝食现象，增加粗料的采食量。非配种公鹿和后备种用公鹿应养在远离母鹿群的上风头圈舍内，防止受异味刺激引起性冲动而影响食欲。同时，加强看管，控制顶撞和爬跨现象，防止激烈顶撞及高度喘息的公鹿马上饮水，发现被穿肛或撞坏的鹿只，及时做好妥善处理。实践证明，环境嘈杂、天气变化、饲喂时间不定、饲喂量不均，也是引起公鹿闹圈的主要原因。因此，一定要保持舍内安静，保持鹿群稳定，遵守饲喂规程，减少一切干扰和刺激，从而减少鹿只顶架伤亡。

在配种期，生产群中的壮年公鹿性冲动强烈，争斗称王较甚。初期，处于统治地位的“王鹿”，会顶撞和损伤其他公鹿，后期“王鹿”因体力消耗，机体消瘦，退居次要地位，又将受到其他公鹿的威胁，因此，发现败阵的“王鹿”要及时拨出，以减少角斗伤亡，保护和延长每只公鹿的利用年限。生产群公鹿的其他管理措施与种公鹿群相同。

（三）公鹿越冬期的饲养管理

鹿的越冬期包括配种恢复期和生茸前期两个阶段，此时正值冬末春初（12 月 ~ 翌年 3 月），由于公鹿不配种和不生茸，因此又称生产淡季。

1. 越冬期公鹿的饲养要点　此期公鹿饲养管理的目的是迅速恢复体况，增加体重，保证安全越冬，并为生茸贮备营养。精饲料中玉米、高粱等应占 50% ~ 70%，豆饼及豆科籽实占 17% ~ 32%。北方地区冬季寒冷，昼短夜长，要增加夜饲，均衡饲喂时间，日喂 4 次。精饲料日喂量：种用公梅花鹿 1.5 ~ 1.7kg，非种用公梅花鹿 1.3 ~ 1.6kg，3 ~ 4 岁公梅花鹿 1.2 ~ 1.4kg；种用公马鹿 2.1 ~ 2.7kg，非种用公马鹿 1.9 ~ 2.2kg，3 ~ 4 岁公马鹿 1.9 ~ 2.1kg。粗饲料应尽量利用树叶、大豆荚皮、野干草及玉米秸等。用干豆秸、野干草、玉米秸粉碎发酵后，混合一定量的精饲料喂鹿能提高对粗纤维的利用率。用青贮玉米可以代替一部分多汁饲料，饲喂时应由少到多逐渐增加喂量，酸度过高时，可用 1% ~ 3% 的石灰水或苏打水冲洗中和后再投喂。

加强老弱病残鹿的饲养，是越冬期公鹿饲养管理的重要内容。可单独配制日粮，配方为：玉米 30%，豆饼 35%，大豆 10%，麦麸 15%，小米 10%，食盐 0.5%，骨粉 1.0%。日喂 4 次，每昼夜驱赶运动 5 次，白天 2 次，夜间 3 次。通过饲喂营养全面、适口性好、消化率高的精饲料和充足的粗饲料，结合合理的驱赶运动鹿只增膘快，95%的个体均可安全越冬。梅花鹿越冬期饲料配方见表2－9。

表2－9　公梅花鹿越冬期饲料配方　（风干基础，%）

饲料名称	1岁	2岁	3岁	4岁	5岁
玉米面	57.5	52.0	61.0	69.0	74.0
大豆饼、粕	24.0	27.0	22.0	15.0	13.0
大豆（熟）	5.0	5.0	4.0	2.0	2.0
麦　麸	10.0	10.0	10.0	11.0	8.0
食　盐	1.5	1.5	1.5	1.5	1.5
矿物质饲料（含磷≥3.5%）	2.0*	1.5	1.5	1.5	1.5
营　养　水　平					
粗蛋白质（%）	18.0	17.9	17.0	14.5	13.51
总能（MJ/kg）	16.30	16.72	16.72	16.26	15.97
代谢能（MJ/kg）	12.29	11.91	12.41	12.37	12.41
钙（%）	0.79	0.65	0.65	0.61	0.61
磷（%）	0.53	0.39	0.39	0.36	0.35

2. 越冬期公鹿的管理要点　在1月初至3月初，按年龄和体况对鹿群进行两次调整，体弱有病的鹿单独组群饲养，有利于提高其健康状况和生产能力，延长公鹿的利用年限。

合理投喂精粗饲料，对越冬公鹿至关重要。鹿采食饲料有一定的规律性和顺序性，而且群体采食性强，全天采食粗饲料长达7h，如果饲料投放面积狭窄或成堆成片或投放位置不合理，会造成采食时拥挤，一部分体质强壮的鹿、“王鹿”争食霸横，顶撞干扰其他鹿只采食，致使弱鹿、瘦小鹿提前下槽溜边蹲角，不能按时按量进食。长期下去，会造成弱小鹿冬毛生长迟缓，体质下降，影响当年产茸。严重者被咬伤患病，体质极度下降，难以抵抗严冬的侵袭，在越冬期死亡。因此，越冬期公鹿在按年龄、体况科学分群的基础上，投喂饲料要均匀，从头到尾一条线，杜绝成堆或成片投放，防止采食混乱和采食不均。

鹿常因圈舍潮湿，寝床上尿冰积存，地面阴冷，使机体消耗热量而发生疾病，影响健康，因此，冬季鹿舍要注意防潮保温，避风向阳，定期起垫，及时清除粪便和积雪。圈内可铺垫10～15cm厚的软草，在入冬结冰前彻底清扫圈舍和消毒，预防疾病发生。

五、母鹿的饲养管理

母鹿在一年中有近8个月左右的妊娠期，2～3个月的泌乳期，生理负担很重，因此，必须根据母鹿不同生产时期的营养需要特点，实施科学的饲养管理才能获得理想的效果。

（一）配种与妊娠初期的饲养管理

1. 饲养要点　8月中旬仔鹿断乳后，母鹿停止泌乳进入配种前的体质恢复阶段，此期间气候适宜，牧草丰盛结籽，放牧鹿群宜选择豆科植物多，营养价值高的牧地，早出晚归，每天保证7～8h采食时间，收牧后补饲富含蛋白质、维生素和矿物质等营养成分的精饲料，供给充足的饮水。圈养母鹿应做到及时断乳，饲喂大量鲜嫩多汁饲料，每昼夜供给3次精饲料和充足清洁的饮水，使母鹿群在20～30d的准备配种期内体况恢复到配种要求。

配种母鹿日粮的配合，应以粗饲料和多汁饲料为主，精饲料为辅。精饲料按豆科籽实30%，禾本科籽实50%，糠麸类20%配比，多汁饲料以富含维生素A、E的根茎类饲料，如胡萝卜和瓜类为宜。圈养母鹿每天均衡喂精、粗饲料各3次，夜间补饲鲜嫩枝叶、青干草或其他青刈粗饲料。10月份植物枯黄时开始喂青贮，日喂量为0.5～1.0kg。放牧母鹿群从10月1日起，夜间补饲精饲料和粗饲料。初配母鹿和未参加配种的后备母鹿正处于生长发育阶段，应选择新鲜的多汁优质饲料，细致加工调制，增加采食量，促进其迅速生长发育。

2. 管理要点　母鹿在准备配种期不能喂得过肥，保持中等体况，准备参加配种；及时将仔鹿断乳分群，使母鹿提早或适时发情；将母鹿群分成育种核心群、一般繁殖群、初配母鹿群和后备母鹿群，根据各自生理特点，分别进行饲养管理，每个配种母鹿群以20只左右为宜；在配种期间，及时注意母鹿发情情况，以便及时配种；参加配种的母鹿群应设专人昼夜值班看管，防止个别公鹿顶撞母鹿，防止乱配，配次过多或漏配现象；配种后公、母鹿要及时分群管理，根据配种日期及体质强弱，适当调整母鹿群；发现有重复发情的母鹿要注意做好复配；要随时做好配种记录，一方面为来年推算预产日期提供方便，另一方面为育种工作打下良好的基础。

（二）妊娠期的饲养管理

母鹿的妊娠期历时8个月左右，可分为胚胎期（受精～35日龄）、胎儿前期（36～60日龄）、胎儿期（61日龄～出生）3个阶段。胎儿前期是器官发生和形成阶段，此期如营养不全或缺乏，会引起胚胎死亡或先天性畸形。妊娠后期，胎儿增重快，绝对增重大，所需营养物质多，在胎儿骨骼形成的过程中，需要大量的矿物质，如供应不足，就会导致胎儿骨骼发育不良，或母体瘫痪。此外，由于母体代谢增强，也需较多的营养物质，因此，妊娠期营养不全或缺乏，不仅导致胎儿生长迟缓，活力不足，也影响母鹿的健康。实践证明，妊娠中期精饲料粗蛋白水平在16.64%～19.92%，能量水平在16.18～16.97MJ/kg，妊娠后期精饲料的粗蛋白水平在20%～23%，能量水平在16.55～17.31MJ/kg的范围内，可以满足母鹿生产的需要。

1. 饲养要点　母鹿妊娠期的日粮应始终保持较高的营养水平，特别是保证蛋白质和矿物质的供给。在制定日粮时，应选择体积小、质量好、适口性强的饲料，并考虑到饲料容积和妊娠期的关系，前期应侧重日粮质量，容积可稍大些，后期在保证质量前提下，应侧重饲料数量，日粮容积应适当小些。在喂给多汁饲料和粗饲料时必须慎重，防止由于饲料容积过大而造成流产，同时，在临产前0.5～1个月应适当限制饲养，防止母鹿过肥造成难产。此外，舍饲妊娠母鹿粗饲料中应喂给一些容积小易消化的发酵饲料，日喂量为1.0～1.5kg。青贮饲料日喂量为1.5～2.0kg。放牧饲养的母鹿，可适量补给青贮饲料，日喂量1.0～1.5kg。饲喂妊娠母鹿的青贮饲料和发酵饲料切忌酸度过高，严防引起流产。母鹿妊娠期每天定时均衡饲喂精饲料和多汁粗饲料2～3次为宜，一般可在早4～5时，午11～12时，晚5～6时饲喂。如果白天喂两次，夜间应补饲1次粗饲料。日粮调制时，精饲料要粉碎泡软，多汁饲料要洗净切碎，并杜绝饲喂发霉腐败变质的饲料。饲喂时，精饲料要投放均匀，避免采食时母鹿相互拥挤。要保证供给母鹿充足清洁的饮水，冬季最好饮温水。

2. 管理要点　整群母鹿进入妊娠期后，必须加强管理，做好保胎工作。应根据参加配种母鹿的年龄、体况、受配日期合理调整鹿群，每圈饲养只数不宜过多，避免在妊娠后期由于鹿群拥挤而造成流产。要为母鹿群创造良好的生活环境，保持安静，避免各种惊动和干扰。各项管理工作要精心细致，出入圈舍事先给予信号，调教驯化时注意稳群，防止发生炸群伤鹿事故。在北方，冬季寝床应铺 10～15cm 厚柔软、干燥的垫草，并要定期更换，鹿舍内不能积雪存冰。每天定时驱赶母鹿群运动 1h 左右，增强鹿只体质，促进胎儿生长发育。妊娠中期，应对所有母鹿进行一次检查，根据体质强弱和营养状况调整鹿群，将体弱及营养不良的母鹿拨入相应的鹿群进行饲养管理。妊娠后期要做好产仔前的准备工作，如检修圈舍、铺垫地面，设置仔鹿保护栏等。

（三）产仔哺乳期母鹿的饲养管理

产仔哺乳期是母鹿饲养的重要阶段，仔鹿生长发育的好坏，繁殖成活率的高低与此期的饲养管理有密切关系。这一时期的主要要求是使妊娠母鹿能顺利产仔，产仔后能分泌丰富的乳汁，保证仔鹿成活和健康生长发育。试验研究表明，母梅花鹿泌乳期精饲料中，粗蛋白水平为 23.60%，能量水平在 17.56MJ/kg 时，母鹿乳量足且质优，仔鹿断乳成活率和体增重也较高。而且，在精饲料粗蛋白水平为 23.6%～26.6% 范围内，仔鹿体增重随着饲料能量水平的提高而提高。

1. 饲养要点　此期母鹿日粮中各营养物质的比例要适宜；饲料多样化，适口性强；除喂良好的枝叶饲料外，应喂给一定数量的多汁饲料，以利于泌乳和改善乳质量。母鹿产后按产前日粮量投喂，第二天再根据母鹿健康及食欲情况适当增加 0.2～0.4kg。2～3d 后每天应继续增喂 0.1～0.2kg。凡是生产潜力大，泌乳量较高，食欲旺盛的多加，反之则少加，总的目的是促进母鹿大量采食，以满足泌乳需要，减少体内原有贮积营养的消耗。

实践证明，产仔泌乳期母鹿消化能力显著增强，采食量比平时增加 20%～30% 左右。如果母鹿每天平均产乳按 0.5kg 计算，加上饲料利用上的消耗，仅供分泌乳汁的精饲料就需要 0.5～0.8kg。哺乳母鹿每天喂精饲料 0.8～1.0kg 为宜，其日粮中的蛋白质应占精饲料量的 30%～35%。母鹿产仔后 1～3d 最好喂一些小米粥、豆浆等多汁催乳饲料。舍饲母鹿在 5～6 月缺少青绿饲料时，每天应喂青贮饲料，母梅花鹿为 1.5～1.8kg。圈养舍饲的泌乳母鹿每天饲喂 2～3 次精饲料，夜间补饲 1 次粗饲料，放牧母鹿可在午间、晚上补饲精饲料，夜间补饲粗饲料。为了保持饲料的品质，青绿饲料宜边收边喂，不宜堆积时间过久。根茎类洗净切成 3～5cm 长的小段投喂，青枝叶应放置在饲料台上喂给。注意保持饮水洁净充足。

2. 管理要点　母鹿分娩后应根据分娩日期、仔鹿性别、母鹿年龄分群护理，每群母鹿和仔鹿以 30～40 只为宜。放牧的哺乳母鹿可采取大群放牧小群饲养的方法，每天上、下午分别放牧，哺乳初期每次放牧 2～2.5h，哺乳后期每次放牧 3～3.5h。对弃仔或扒打仔鹿的恶癖母鹿要严格看管，必要时将其关进小圈单独管理。夏季应注意保持母鹿舍的清洁卫生和消毒，预防母鹿乳房炎和仔鹿疾病的发生。拨鹿时，对胆怯、易惊慌炸群的鹿不要强制驱赶，应以温顺的骨干鹿来引导。对舍饲的母鹿要结合清扫圈舍和喂饲随时进行调教驯化。原来放牧的母鹿在分娩后 20d 可离仔放牧。母鹿放牧后应指定专人在舍内定时补饲和调教仔鹿，以便为以后驯化或随母鹿一起放牧奠定基础。在母鹿大批产仔阶段，饲养员责任心要强，工作要细心，及时对弱仔引哺或人工辅助哺乳，对缺乳或拒绝哺乳的母鹿加强看管和调教。母鹿各饲养时期的日粮配方见表2－10、表2－11。

表2－10　母梅花鹿粗料配方　（kg）

地区与饲料		1月	2月	3月	4月	5月	6月	7月	8月	9月	10月	11月	12月
山区或半山区	干枝叶类	1.6	1.6	0.8	0.7	1.4	1.4	—	—	—	1.4	0.8	1.6
	发酵饲料	0.5	0.5	0.5	0.5	—	—	—	—	—	—	0.5	0.5
	青贮饲料	—	—	2.0	1.8	1.8	—	—	—	—	2.0	2.0	—
	青草青枝叶	—	—	—	—	—	2.0	6.0	6.0	6.0	—	—	—
	块根块茎	0.3	0.3	—	—	—	—	—	—	0.5	0.5	0.5	0.3
	瓜类	—	—	—	—	—	—	—	—	0.5	0.5	—	—
	合计	2.4	2.4	3.3	3.0	3.2	3.4	6.0	6.0	7.0	4.4	3.8	2.4
农区	发酵饲料	1.0	1.0	1.0	0.7	0.7	—	—	—	—	—	0.5	0.5
	大豆荚皮	0.8	0.8	—	—	—	0.7	—	—	—	—	0.8	0.8
	青贮饲料	—	—	2.0	1.8	1.8	1.5	—	—	—	2.0	2.0	2.0
	青割饲料	—	—	—	—	—	2.0	6.0	6.0	6.0	4.0	—	—
	块茎与瓜类	0.3	0.3	—	—	—	—	—	—	1.0	1.0	0.5	0.3
	合计	2.1	2.1	3.0	2.5	2.5	4.2	6.0	6.0	7.0	7.0	3.8	3.6
草原区	青干草	2.4	1.6	1.6	1.6	0.7	—	—	—	—	—	1.6	2.4
	青草	—	—	—	—	—	—	—	—	—	1.5	—	—
	青贮饲料	—	1.5	1.5	1.5	1.0	—	—	—	—	—	1.5	—
	块茎块根类	0.2	—	—	—	—	—	—	—	0.5	0.5	0.5	0.2
	瓜类	—	—	—	—	—	—	—	—	0.5	0.5	—	—
	合计	2.6	3.1	3.1	3.1	1.7	—	—	—	1.0	2.5	3.6	2.6

表2－11　母梅花鹿各时期精饲料组成及营养水平　（%）

饲料种类	生产时期		
	妊娠中期	妊娠后期	哺乳期
玉米面	56.0	47.0	30.0
豆　饼	10.0	19.0	3.0
大豆（熟）	16.5	21.0	27.0
麦　麸	14.0	8.0	15.0
食　盐	1.5	1.5	1.5
鹿用骨粉	1.0	1.0	1.0
磷酸氢钙	1.0	2.5	2.5
合　计	100	100	100

续表

饲料种类	生产时期		
	妊娠中期	妊娠后期	哺乳期
	营养水平		
粗蛋白质	16.6	20.3	23.6
总能（MJ/kg）	16.72	17.14	17.56
粗纤维	19.2	13.1	19.0
钙	0.81	1.29	1.33
磷	0.54	0.75	0.80

六、仔幼鹿的饲养管理

从鹿的生长发育规律上看，幼鹿生长强度大，物质代谢旺盛，对营养物质的需要量较多，特别是对蛋白质、矿物质要求较高。生长初期主要是骨骼和急需参加代谢的内脏器官的发育，后期主要是肌肉发育和脂肪沉积，因此，必须保证营养物质的全价性，提供较高的营养水平，能量蛋白比例和钙磷比例适宜。由于幼鹿消化道容积小，消化机能弱，因此其对饲粮的营养浓度要求高，并且要容易消化。2～3月龄母鹿每天需可消化蛋白质100～105g，2～3月龄公鹿每天需要可消化蛋白质110～120g，断乳后至4月龄每天需要120～125g。哺乳期每天需钙4.2～4.4g，磷3.2g，育成期每天需要钙5.5～5.6g，磷3.2～3.6g。此外，维生素A和维生素D不足也会出现缺乏症。

（一）初生仔鹿的护理

初生仔鹿生理机能和防御机能还不键全，需要人工辅助护理。其中护理的关键是设法帮助仔鹿尽早吃到初乳，保证仔鹿充分休息。

1. 清除黏液及断脐　优良的母鹿分娩后，寸步不离其仔并舔舐爱抚，使仔鹿很快被舐干，15～20min后即可站立就乳。但是，有些母鹿，因为受惊或其他原因（如初产母鹿惧怕新生仔鹿、恶癖母鹿扒咬仔鹿，难产母鹿受刺激过重而遗弃仔鹿等）而不照顾仔鹿，仔鹿躯体的黏液不能及时得到清除，就不能站立就乳。尤其是在早春季节，早晚和夜间气温低，发生这种情况时，仔鹿体热散失较快，引起衰弱和疾病。因此，必须及时用软草或布块将其擦干，或找已产仔的温顺母鹿代为舐干，特别是清除口及鼻孔中的黏液，以免窒息而死。

初生仔鹿喂过3～4次初乳后，需要检查脐带，如未能自然断脐，可实行人工辅助断脐，并进行严格消毒，随之可进行打耳号、注射卡介苗和产仔登记工作。平时要特别注意仔鹿的卫生管理，周围的器具、垫草最好消毒处理。对早春出生的仔鹿要特别注意做好保温防潮工作，产圈和保护栏里要垫软干草。

2. 哺喂初乳　初乳对仔鹿的健康与发育具有极为重要的生理作用。仔鹿在生后10～20min就能站立寻找乳头，吃到初乳，最晚不能超过8～10h。个别仔鹿由于某种原因不能自行吃到初乳时，人工哺乳也可收到良好效果。挤出的鹿初乳或牛、羊初乳应立即哺喂（温度36～38℃），日喂量应高于常乳，可喂到体重的1/6，每天不少于4次。如遇母鹿产后患病或死亡，找不到代养母鹿或牛、羊初乳时，也可配制人工初乳哺喂仔鹿。配方为：鲜牛奶1 000ml、鲜鸡蛋3～4个、鱼肝油15～20ml、沸水400ml、精制食盐4g、多维葡萄糖适量。配制方法是：先把鸡蛋用开水冲开，加入食盐和多维葡萄糖搅匀，再将牛奶用4层纱布过滤后煮沸，待奶温降至50～60℃时，将冲开的鸡蛋液和鱼肝油一并倒入，搅拌均匀，凉至36～38℃，即可哺喂仔鹿。另一种方法是用常乳1 000ml，加入20ml鱼肝油，25ml泻油和150mg土霉素，连喂5d，以后土霉素喂量降至每只50mg/d。

3. 仔鹿代养　代养是提高仔鹿成活率可靠而有效的措施。当初生仔鹿得不到生母直接哺育时，可为它寻找1只性情温顺、母性强、乳量足、产仔时间相近的母鹿作为保姆鹿。在集中分娩期，大部分温顺的经产母鹿都可能被用来作为保姆鹿，但一般看来，选择分娩后1～2d以内的母鹿代养容易获得成功。代养时先将保姆鹿放入小圈，送入代养仔鹿，如果母鹿不扒不咬，而且前去嗅舔，可认为能接受代养。继续观察代养仔鹿能否吃到乳汁，凡是哺过2～3次乳以后，代养就算成功。双胎仔鹿往往比一般单胎仔鹿体质弱小，有的双胎仔鹿为一强一弱，也应按仔鹿代养的方式加强护理。否则，很难保证双仔全活。

4. 仔鹿人工哺乳　当出现产后母鹿无乳、缺乳或死亡、恶癖母鹿母性不强拒绝仔鹿哺乳、初生仔鹿体弱不能站立、从野外捕捉的初生仔鹿、为了进行必要的人工驯化等情况而又找不到代养母鹿时则需要进行人工哺乳。

人工哺乳的方法：先将经过消毒的乳汁（初乳或常乳）装入清洁的奶瓶，安上奶嘴冷却到36～38℃，用手把仔鹿头部抬起固定好，将奶嘴插入仔鹿口腔，压迫奶瓶使乳汁慢慢流入，防止呛入气管。如仔鹿出现挣扎，需适当间歇，哺喂数次后仔鹿即能自已吸吮。在人工哺乳时，要用温湿布擦拭按摩仔鹿肛门周围或拨动鹿尾，促进排出胎粪，以防仔鹿排泄障碍导致死亡。人工哺乳的时间、次数和哺乳量应根据原料乳的成分、含量、仔鹿日龄、初生重和发育情况决定。实际应用时可参考表2－12。

表2－12　仔鹿人工哺育牛乳喂量　(g)

初生重	1～5日龄 6次	6～10日龄 6次	11～20日龄 5次	21～30日龄 5次	31～40日龄 4次	41～60日龄 3次	61～75日龄 2次
5.5kg以上	480～960*	960～1 080	1 200	1 200	900	720～600	600～450
5.5kg以下	420～900*	840～960	1 080	1 080	870	600～450	520～300

*1～5日龄为逐渐增加量，其他日龄各栏为变动范围。

（二）哺乳仔鹿的补饲与管理

1. 哺乳仔鹿的管理　在产仔哺乳期，一些鹿场采用多圈连用，把几个母鹿舍互相连通，将母鹿群分为产前、待产和产后3组。临产母鹿进入待产（产仔）圈产仔，产后设法使仔鹿吃到初乳，并注射疫苗、打耳号，再连同母鹿一起调入产后圈。这种做法的优点是：可保证母鹿产仔时不受干扰，便于管理人员记录和及时发现并处理难产等问题，同时有利于仔鹿吃上初乳，防止大龄仔鹿偷奶和恶癖母鹿扒咬仔鹿。

产后圈内设仔鹿保护栏，仔鹿在保护栏内可以保证安全。仔鹿保护栏应设在运动场西北侧的高处，利于保温与采光，保护栏各柱间距在15～16cm为宜，不要过窄或过宽，防止夹伤仔鹿或母鹿进入。保护栏内要经常保持清洁干燥，并铺垫干草，为仔鹿创造一个干燥温暖、安全又安静的环境，并能防止母鹿扒咬仔鹿，和抢食仔鹿的补饲饲料。

仔鹿15日龄左右开始采食饲料，并出现反刍现象。此时其消化能力还很弱，抗病力也较低，容易发生胃肠疾病，特别是食入污秽不洁的草料和粪块更易发生仔鹿白痢。为此，要坚持每日清扫圈舍，定期更换垫草，并在保护栏内设料槽进行补饲。仔鹿大部分时间在保护栏内固定的地方伏卧休息，很少出来活动，应定时哄赶，逐渐增加其运动量。同时要注意观察仔鹿的精神状态、食欲、排粪等活动状况，发现有异常现象应及时采取治疗措施。饲养人员要精心护理仔鹿，抓住仔鹿可塑性大的特点，随时调教驯化，使仔鹿不惧怕人，注意发现和培养骨干鹿。为离乳后的驯化放牧打好基础。

2. 哺乳仔鹿的补饲　随着仔鹿日龄的增长，母鹿提供的营养物质不能满足仔鹿生长发育的需要，应对仔鹿尽早补饲，以促进仔鹿消化器官的发育和消化能力的提高，使仔鹿离乳后能很快适应新的饲料条件。15～20日龄的仔鹿便可随母鹿采食少量饲料，应在仔鹿保护栏内设小料槽，投给营养丰富易消化的混合精饲料，比例为：豆粕60%（或豆饼50%、黄豆10%），高粱（炒香磨碎）或玉米30%，细麦麸10%，食盐、碳酸钙和仔鹿添加剂适量。用温水将混合精饲料调拌成粥状，初期每晚补饲1次，后期每天早、晚各补饲1次。补饲量逐渐增加，要防止饲料腐败，仔鹿食后生病。吉林农业大学鹿场按豆饼40%、玉米面40%、麸皮15.5%、矿物质2.5%、维生素、生长素适量，配制混合日粮，获得良好效果。哺乳仔鹿不必单独补给粗饲料，可随母鹿自由采食，但应投给一些质地柔软的青干饲料、青草和嫩枝叶，开始补饲后应增设水槽，以保证仔鹿饮水。

仔鹿补料量见表2－13。

表2－13　哺乳期梅花仔鹿补料量

日　龄	10～30	31～45	46～60	61～75	76～90
日喂次数	1	2	2～3	3	3
日喂量（g）	50	100	150～200	200～350	400～500

（三）离乳幼鹿的饲养管理

从8月中旬离乳到当年底的小鹿称为离乳幼鹿。生产实践中常采取一次离乳的方法对仔鹿进行离乳，因此，仔鹿的哺乳期最长可达110d，而最短的仅为55d。由于离乳仔鹿要经受饲料条件和环境条件双重变化的影响，因此必须加强饲养管理，顺利度过离乳关。在离乳前应结合补饲，有目的的提供精饲料和一些优质的青绿多汁饲料，逐渐增加其采食量，使瘤胃容积逐渐增大，提高对粗纤维的消化能力，增强离乳后对饲料的适应能力。同时，驯化母仔分离，养成母仔分离行动自如的习惯，达到安全分群的目的。分群时，应按照仔鹿的性别、日龄、体质强弱等情况，每30～40只组成一个离乳仔鹿群，饲养在远离母鹿的圈舍里。

刚断乳时仔鹿思恋母鹿，鸣叫不安，采食量大减，3～5d后才能恢复正常。因此，要加强护理。饲养员要经常进入鹿圈呼唤和接近鹿群，做到人鹿亲和，并加紧人工调教工作，缓解仔鹿的焦躁不安情绪，使其尽快适应新的环境和饲料条件。离乳初期仔鹿消化机能尚未完善，特别是出生晚、哺乳期短的仔鹿不能很快适应新的饲料条件，因此，日粮应由营养丰富、容易消化的饲料组成，特别要选择哺乳期内仔鹿习惯采食的饲料；严禁饲喂腐败变质、酸度过高、水分过大、沙土过多的饲料，预防代谢性疾病和消化系统疾病的发生。逐渐增加饲料量，防止一次采食饲料过量引起消化不良或消化道疾病；饲料加工调制的要精细，将大豆或豆饼制成豆浆、豆沫粥或豆饼粥，饲喂效果比浸泡饲喂要好。根据仔鹿食量小、消化快、采食次数多的特点，初期日喂4~5次精粗料，夜间补饲1次粗料，以后逐渐过渡到成年鹿的饲喂次数和营养水平。9月中旬至10月末，正是断乳仔鹿采食高峰期，应看上顿采食情况确定下顿投喂量。其饲养标准和精饲料量可参考表2-14、表2-15。

表2-14 梅花鹿离乳仔鹿日粮标准

日粮标准	8月	9月	10月	11月	12月
精饲料（g）	170.7	370.0	530.0	715.0	640.0
可消化粗蛋白（g）	36.61	70.90	97.74	117.16	107.09
钙（g）	5.60	5.6	5.6	6.1	6.1
磷（g）	3.4	3.4	3.4	3.5	3.5
饲料净能（kJ）	244.52	622.16	919.10	1 286.75	1 145.34

幼鹿进入越冬季节，应供给一部分青贮饲料和其他含维生素丰富的多汁饲料，并注意矿物质的供给，必要时可喂给维生素和矿物质添加剂，防止佝偻病的发生，在日粮中加入食盐5~10g，碳酸钙10g左右，能收到较好效果。由于梅花鹿幼鹿对饲料的选择性较强，因此将青草和农作物秸秆粉碎发酵后饲喂效果较好。发酵后的饲料产生乳酸香味，可以提高采食量。要经常观察幼鹿的采食和排粪情况，发现异常随时调整精、粗饲料比例和日粮量。

仔鹿断乳4周后，在舍内驯化基础上，每天先舍内后过道（走廊），坚持驯化1h，逐渐加深驯化程度，尽快达到人鹿亲和，保证鹿群的稳定，有效减少幼鹿伤亡事故的发生。

要保持舍内及饲料、饮水的清洁，达到舍内无积粪、无脏水、无积雪。越冬期要保持圈内干燥，棚舍内铺垫干草或干软的树叶，保暖防寒，供幼鹿伏卧休息，确保安全越冬。

表2-15 离乳仔鹿精饲料配方

饲料种类	梅花鹿					马鹿				
	8月	9月	10月	11月	12月	8月	9月	10月	11月	12月
豆饼与豆科籽实（g）	150	250	350	350	400	300	400	500	500	600
禾本科籽实（g）	100	100	100	200	200	200	200	300	300	400
糠麸类（g）	100	100	100	100	100	100	100	100	100	100
食盐（g）	5	8	10	10	10	10	10	10	10	10
碳酸钙（g）	5	8	10	10	10	10	10	15	15	15

（四）育成鹿的饲养管理

离乳仔鹿转入第二年即为育成鹿，此时鹿只已完全具备独立生活能力，饲养管理无特殊要求，但如得不到应有的重视，就可能达不到预期要求。

1. 育成鹿的饲养 研究表明，梅花鹿育成期混合精饲料适宜的能量浓度（GE）应为

17.138～17.974MJ/kg，适宜的蛋白质水平应为28%，适宜的蛋能比应为16.34～17.25g/MJ（CP/GE）。饲喂量在0.8～1.4kg，如果精饲料过多，会影响消化器官特别是鹿瘤胃的发育，进而降低了对粗饲料的适应性；精饲料过少则不能满足育成鹿生长发育的需要。舍饲育成鹿的基础粗饲料是树叶、青草，以优质树叶最好。此时，可用适量的青贮饲料替换干树叶，替换比例视青贮饲料水分含量而定。水分含量在80%以上，青贮替换干树叶的比例应为2∶3，但在早期不宜过多使用青贮（特别是低质青贮），否则鹿胃容量不足，有可能影响生长。育成鹿的日粮配方参见表2－16、表2－17。

母鹿到了18个月龄即可初配，此时如能采食到足够的优质粗饲料，基本能满足营养需要，但如果粗饲料品质差，应适当补喂精饲料，以满足生殖器官发育的营养需要。饲养后备育成公鹿，必须限制容积大的多汁饲料和秸秆等粗饲料的喂量。8月龄以上的育成公鹿，青贮饲料的喂量以2～3kg为限。青割类及根茎类多汁饲料也应参照这个标准。6～8月龄的育成鹿，在优质草地上放牧，大约可进食体重5%～6%的青草，尚不能满足迅速发育的需要，仍需喂等量的精饲料。到1周岁以后，大约可进食体重8%～9%的青草，如果青草品质好，可少补饲精饲料，但在放牧期，骨粉和食盐等矿物质饲料仍需补充。

2. 育成鹿的管理　育成鹿处于由幼鹿转向成年鹿的过渡阶段，一般育成期为1年，公鹿的育成期更长些。对育成鹿的管理，应抓好如下几个环节：

（1）公、母分群饲养：公、母仔鹿合群饲养时间以3～4月龄为限，以后由于公、母鹿的发育速度、生理变化、营养需求、生产目的和饲养管理条件等不同，必须分开饲养。

（2）育成母鹿初配期的确定：应根据育成母鹿的月龄和发情情况确定，参加配种前，必须提高日粮营养水平，保证正常发情排卵，使其在配种期达到适宜的繁殖体况。

（3）防寒保温：处于越冬期的育成鹿，体躯小，抗寒能力仍较差，应采取必要的防寒措施并提供良好的饲养管理条件，特别是北方地区，更要积极采取防寒措施，堵住鹿舍墙壁的风眼，尽量使鹿群栖息处避开风口和风雪袭击，以减少体热的散失，降低死亡率。

（4）加强运动：育成鹿尚处于生长发育阶段，可塑性大，应加强运动以增强体质。圈养舍饲鹿群每天必须保证哄赶运动2～3h，夜间最好也哄赶1次。

（5）搞好鹿舍内卫生：育成鹿舍内应保持清洁干燥，及时清除粪便，冬季要有足够垫草，鹿舍和料槽、水锅要定期消毒，防止疾病发生。

（6）防止穿肛：育成公鹿在配种期也有相互爬跨现象，造成不必要的体力消耗甚至直肠穿孔。在气候骤变、雨后初晴时表现更为强烈，因此，饲养人员要注意看管，及时制止个别早熟鹿乱配，以免影响正常发育，避免伤亡事故。

（7）继续调教驯化：圈养舍饲的育成鹿群，虽已具有一定的驯化程度，但已形成的条件反射尚不稳定，当遇到异常现象时，仍易惊恐炸群。因此，必须继续加强调教驯化，建立新的更复杂的条件反射，增强对各种复杂环境的适应能力。放牧饲养的育成鹿群，虽然驯化程度较高，但仍具有脚轻善跑，易惊扰的缺点，可结合放牧继续深入调教驯化。

表2-16 育成梅花鹿精饲料配方

饲料种类	育成公鹿				育成母鹿			
	1季度	2季度	3季度	4季度	1季度	2季度	3季度	4季度
豆饼、豆科籽实（kg）	0.4	0.4～0.6	0.7	0.7	0.3	0.4	0.45～0.5	0.5～0.45
禾本科籽实（kg）	0.2～0.3	0.2～0.3	0.2	0.3～0.4	0.2	0.2	0.2	0.2
糠麸类（kg）	0.3	0.3	0.3	0.3	0.3	0.3	0.3	0.3
酒糟类（kg）	0.3～0.4	0.4～0	—	0～0.5	0.3～0.4	0.4～0	—	0～0.5
食 盐（g）	10	15	15	20	10	15	15	20
碳酸钙（g）	10	15	15	15	10	15	15	15

表2-17 育成梅花鹿粗饲料配方 （kg）

地区与饲料		1月	2月	3月	4月	5月	6月	7月	8月	9月	10月	11月	12月
农区	发酵饲料	0.6	0.6	0.7	0.7	0.8	—	—	—	—	—	0.4	0.5
	大豆荚皮	0.5	0.6	—	—	—	0.6	—	—	—	—	—	0.7
	青贮饲料	—	—	1.4	1.4	1.5	1.5	—	—	—	1.5	1.5	2.0
	青割饲料	—	—	—	—	—	1.5	4.5	5.0	5.0	3.5	—	—
	根茎瓜类	0.3	0.3	—	—	—	—	—	—	0.5	0.5	0.5	0.3
山区或半山区	干枝叶类	1.0	1.0	0.5	0.6	0.6	1.2	—	—	—	0.6	0.7	1.5
	发酵饲料	0.3	0.3	0.3	0.35	—	—	—	—	—	—	0.4	0.5
	青贮饲料	—	—	1.4	1.4	3.0	—	—	—	—	3.5	1.8	—
	青草、青树叶	—	—	—	—	—	1.5	4.5	5.0	5.0	—	—	—
	块根块茎	0.3	0.3	—	—	—	—	—	—	0.5	0.5	0.5	0.3
草原区	青干草	1.5	1.0	1.0	1.0	0.5	—	—	—	—	—	1.2	2.1
	青草	—	—	—	—	—	—	—	—	—	1.0	—	—
	青贮饲料	1.4	1.5	1.5	—	—	—	—	—	—	—	—	1.5
	块根块茎	0.2	—	—	—	—	—	—	—	0.3	0.4	0.4	0.2
	瓜类	—	—	—	—	—	—	—	—	—	—	—	0.2

七、生产区的建筑与布局

生产区是鹿场的核心，其建筑有鹿舍、饲料贮藏室、饲料加工室、粗料棚、青贮窖等，位于全场的中心地段，布局以力求紧凑，便于防疫和作业为主，同时还需考虑机械化程度、安装动力和能源利用等设置要求，各种建筑物力求整齐统一。鹿舍坐北朝南或向东南、西南倾斜15°～30°，运动场设在鹿舍的南面。可采取多列式建筑，以东西并列2～3栋，南北两栋配置方式为好，两栋间距3～5m。

圈养梅花鹿传统的鹿舍规格为：圈棚长10.5m、宽6m，运动场长27m、宽10.5m，可养梅花鹿公鹿20～30只，母鹿20～25只，育成鹿35～40只；圈养马鹿传统的鹿舍规格为：圈棚长17.5m、宽6m，运动场长30m、宽10.5m，可养马鹿公鹿25只，母鹿20只，育成鹿35只。实践证明，在使用面积一定的情况下，以方形圈舍鹿只伤亡较少，而细长的圈舍鹿只伤亡较多。圈养鹿每头平均占用面积见表2-18。

表 2-18　不同鹿占用鹿舍建筑面积

鹿别	梅花鹿（m^2/头）		马鹿（m^2/头）	
	圈棚	运动场	圈棚	运动场
公 鹿	2.1~2.5	9~11	4.2	21
母 鹿	2.5~3.2	11~14	5.2	26
育成鹿	1.6~1.8	7~8	3.0	15

鹿舍墙壁以砖石结构为主，中间隔墙高一般为 1.5~1.6m，宽为 0.6m。棚舍无前墙，仅有明柱，明柱的基础要深，最好修成圆砖垛或者用水泥柱，木柱不耐久，易因受冻和公鹿摩角顶撞而使棚舍变形。在每栋鹿舍前墙外要设 5~6m 宽的通道，即走廊，它是出牧、归牧和拨鹿的主要经路，也是安全生产的一种防护设施。通道两端均应留门，门宽 3m 左右。鹿舍的四周要有坚固的围墙，高度为 1.9~2.1m，地面以上明石墙高度 30~60cm，上砌实砖到 1.2m，以上为花砖墙。在采用圈养放牧相结合的饲养方式时，为适应放牧鹿群的需要，棚舍设计应尽量宽大和简易一些。

寝床和运动场要坚实、平坦、有弹性、不硬、不滑、并有 3°~5°的坡度，地面下设排水沟，以便清除和冲洗污物。东北地区各鹿场多采用砖铺地面，这样的地面有平整、易排水、便于清扫的优点。沙土地面温差变化小，具有柔软性，但地面容易受到公鹿打泥戏水的影响遭受破坏，同时肢蹄病高发。对于采用砖铺地面的圈舍，为减少由于公鹿彼此顶架造成的腿部伤害，在配种期最好在地面上铺 10cm 左右厚的沙土。

第四节　鹿　　茸

一、鹿茸的种类与形态

鹿茸是茸用鹿的第二性征，着生于额骨顶部，幼嫩时的茸角称为鹿茸，鹿茸骨化后茸皮脱落成为鹿角，鹿角是茸鹿争斗和自卫的武器。

（一）鹿茸的种类

根据茸鹿种类的不同鹿茸分成不同的种类，比如马鹿生长的鹿茸称为马鹿茸、梅花鹿生长的鹿茸称为花鹿茸等；根据鹿茸不同生长阶段、分杈多少的不同，鹿茸可分成三杈茸、二杠茸、四杈茸、莲花茸、初角茸等（图 2-1）；根据鹿茸初加工方法及工序的不同，可分成带血茸、排血茸；根据鹿茸收取方式的不同，分成砍头茸、锯茸两种；根据在一年中同一头鹿收取鹿茸的茬次，分成头茬茸、再生茸；根据鹿茸茸形是否与该鹿种应有的正常茸形一致，有正常鹿茸和畸形茸之分。

通常马鹿茸有初角茸、马莲花、马三杈、马四杈等鹿茸，梅花鹿有初角茸（初角毛桃）、花二杠茸、花三杈茸，以及马鹿、梅花鹿再生茸等（图 2-2、图 2-3）。

（二）鹿茸的形态

茸用鹿的鹿茸角属于实角，与牛、羊等动物生长的洞角不同，鹿的茸角外覆皮肤，未完全骨化前的鹿茸皮肤上生长有茸毛，皮肤层下由外向内依次为皮质层、髓质层。另外，茸用鹿的茸角是分杈的，而牛、羊等角不分杈；牛、羊等动物生长的洞角终生不脱落，而

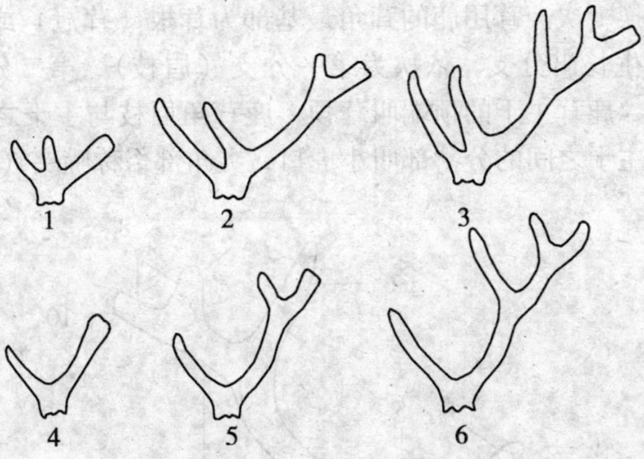

图2－1 鹿茸角的种类与形态变化

1. 马鹿莲花茸 2. 马鹿三杈茸 3. 马鹿四杈茸
4. 梅花鹿二杠茸 5. 梅花鹿三杈茸 6. 花四杈

图2－2 天山马鹿四杈茸

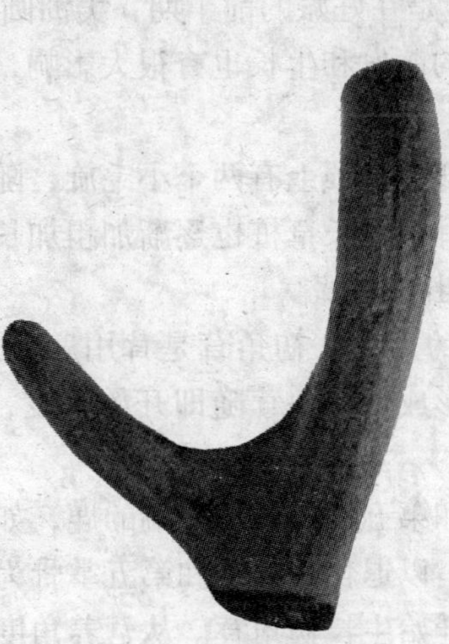

图2－3 梅花鹿二杠茸

茸用鹿的茸角每年脱换1次。茸用鹿的茸角最基部为茸根（茸冠）或角根，然后是主干，沿主干由下往上逐渐生长出分支，依次为第一分支（眉枝）、第二分支（马鹿为冰枝）、第三分支、第四分支，鹿茸主干的顶端叫茸顶，鹿茸角眉枝与主干之间的分岔部叫虎口，鹿茸最后一个分支与主干之间的分岔部叫小虎口，夹角部俗称嘴头（图2－4）。

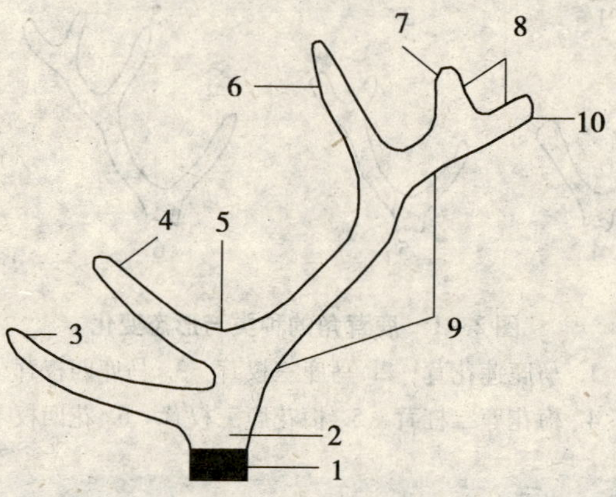

图2－4　马鹿茸不同部位名称

1. 草桩　2. 茸根　3. 眉枝　4. 冰枝　5. 虎口
6. 第三分支　7. 第四分支　8. 嘴头　9. 主干（大挺）　10. 茸顶

二、鹿茸生长发育规律与适时合理收茸

（一）鹿茸生长发育规律

1. 草桩（角柄）的发生　草桩是茸用鹿额骨上终生不脱落的骨质突，是茸角赖以形成和再生的基础，鹿在茸角生发之前，必须首先生发出草桩。青年鹿草桩有6～8cm长，但以后随着年龄的增长，茸角每年的脱落而逐年缩短，也就是说，年龄越大草桩越短。

关于草桩最初萌动的时间依茸鹿鹿种不同而不同，真鹿属的部分鹿和驯鹿属的鹿是在胎儿期（妊娠的后半期），赤鹿是在妊娠的前半期，美洲圆角鹿属的鹿发生在出生后。除鹿种因素外，营养因素对草桩的萌发和生长也有很大影响，若营养条件差和环境恶劣，草桩的发生可大大推迟。

梅花鹿、马鹿出生的小公鹿，头顶上有两个小毛旋，随着月龄增加，在此基础上逐渐形成两个小突起——草桩，随月龄增长草桩也逐渐加粗加长，正常生发的情况下，第二年3～4月份即可在此基础上生长出初角茸。

2. 初角茸的发生与锥形角的形成　初角茸是茸用鹿形成的第一副茸角。初角茸和草桩的发生过程是连续的，草桩形成后初角茸随即开始生发，但初角茸的生发时间因鹿种、营养条件和地区不同而有差异。

一般来说，以退化的第二和第五掌骨为肢末端的鹿，如驯鹿、白尾鹿和狍等，在生后的第一年秋季开始生长初角茸。以退化的第二和第五掌骨为肢近端的鹿，如马鹿、梅花鹿和黇鹿等，在生后的第二春季开始生长初角茸。从营养角度来讲，如果营养条件适宜，初角茸按时发生，但若营养水平差，初角茸可能推迟1～2年发生。

初角茸生发后，随时间的推移逐渐生长，梅花鹿、马鹿等北方鹿种，秋季鹿茸骨化，茸皮脱落，形成鹿角，由于梅花鹿初角茸通常不能分杈，因此形成的鹿角称为锥形角。

3. 成年鹿茸角的生长发育 从初角茸骨化后翌年脱落开始，至鹿茸的生长、鹿茸的骨化，呈现周期性规律。梅花鹿每年4月份、马鹿3月份以后开始脱角，伤口愈合约需7~10d。脱角后、伤口愈合前尚有凝固的血迹，处于这种状态时称为老虎眼；当伤口愈合，中部处于凹陷的碗状时称为灯碗子。

梅花鹿脱角后15d后生长出两个突起，鹿茸生长高度在1.5~2cm时的初期叫磨脐，经10d左右继续生长到3~4cm时叫茄包。梅花鹿20d分生第一分支，此时的鹿茸形似马鞍，故称为鞍子，生长初期叫小鞍，当主干生长高于眉枝时叫大鞍，再继续生长一定高度称为小二杠。梅花鹿30~50d，平均45d，开始分生第二分支，此时至第三分支分生之前的鹿茸称为三杈茸。梅花鹿51~75d，平均70d，开始分生第三分支，分生后的鹿茸骨化程度很高，茸皮脱落后便成为了鹿角，梅花鹿茸角最多可生长成4~5杈，有“花不过五”之说。

马鹿15d（13~17d）分生第一分支，分支较早，称为坐地分支；25d（23~30d）分生第二分支，此时的马鹿茸称为马莲花茸；51~75d，平均55d开始分生第三分支，此时至第四分支分生之前的马鹿茸称为马三杈茸；76~85d，平均80d，开始分生第四分支，此时至第五分支分生之前的马鹿茸称为马四杈茸；85~90d左右分生第五分支，分生后的鹿茸骨化程度已经很高，因此马鹿“五杈茸”也已经失去了固有的药用价值，茸皮脱落后便成为了鹿角。

正常情况下，成年鹿每年脱角生茸1次，每增长1岁，可增加1个分支。梅花鹿、马鹿春季脱角生茸，春夏是鹿茸快速生长期，秋季8月份左右骨化成角，以后进入硬角期。骨化的角称为毛杠，脱皮后叫清枝，脱了皮的三杈叫清三杈，脱了皮的四杈叫清四杈。

茸用鹿在同一地区脱角生茸时间，3~8岁之间随年龄增加逐年提前，因此，鹿茸生长期也随年龄的增加而逐年延长，产茸量随之增加。实验表明，梅花鹿3~6岁之间，二杠茸每年约提高33%，7~9岁之间每年约提高6%；三杈茸3~9岁之间每年约提高9%；优良的个体，产茸高峰可维持到10岁以后。茸用鹿脱角早晚还与鹿种有关，同一年龄的茸用鹿，马鹿较梅花鹿脱角时间大约早20~25d。茸用鹿脱角早晚还受营养状况、激素等影响，营养状况不良或患有疾病等，可使脱角时间推迟；在鹿茸生长的不同时期，人为的施加不同激素都会对鹿茸生长产生不同的影响。

（二）适时合理收茸

1. 收茸的种类 收茸的种类影响鹿茸的产量、质量和产值，应根据鹿的种类、年龄、个体生茸特点、市场需求及茸的价值等情况综合考虑。3岁（出生后第三年——头锯）公梅花鹿，应收取二杠茸；4岁公鹿，虽然大部分可生长出三杈茸，但由于生长潜力有限，要以收取二杠茸为主，对于在3岁时鲜茸产量高于0.5kg的，可根据具体情况收取部分三杈茸。5岁（三锯）以上的公鹿，脱盘早，生茸期长，生长发育旺盛，茸体肥大，收三杈茸较二杠茸增加产量1倍左右，重量增加明显，所以，三锯以上的公鹿应大量生产三杈茸。但是，对于主干细短、顶端生长无力的锥形茸，主干过于弯曲的羊角茸、爬头茸，嘴头扁平、顶沟长、过早呈四杈的掌形茸或小嘴头茸，嘴头主侧枝方向不正、大小不相称、不扭嘴或其他畸形茸，应收取二杠茸，这样可以避免生长出畸形三杈茸，可以增加产值。梅花鹿砍二杠茸和砍三杈茸是我国传统出口商品，在国际市场上享有很高的声誉，近年来国内市场也有需求，应严格掌握标准，根据市场需求组织生产。花二杠砍茸的要求是粗壮肥嫩、虎口饱满、长短适度、四衬全美、干重不低于0.25kg，并应在6岁以上公鹿中选择生产砍二杠茸；花三杈砍茸的要求是茸型规整、左右对称、嘴头饱满、挺圆、不底老、质地肥嫩，干重在0.75kg以上。

2. 收茸的适期　适时收茸是保证鹿茸质量，取得最大经济效益的重要技术措施。在收茸期必须每天晚饲前到鹿群中观察鹿茸生长情况，确定最佳收茸日期。

（1）梅花鹿锯茸：成年公鹿生长的二杠茸，如果主干与眉枝肥壮、长势良好，应适当延长生长期，如果为瘦条茸应酌情早收；壮年鹿生长的羊角茸、爬头茸等，由于通常长势好、生长快，应适当晚收；3岁公鹿通常第一次生长分叉茸，由于脱盘较晚，生长潜力不大，应适当早收。成年公鹿生长的三杈茸如果茸大型佳，茸根不老，上嘴头肥嫩，可适当延长生长期，收大嘴三杈，嘴头不超过14cm；对笊篱茸、马蹄茸可适当晚收1～2d，嘴头长度不超过12cm为宜；对短嘴头茸、嘴头细小、上稍穿尖的三杈茸，兔嘴茸，燕尾茸，茸根呈现黄瓜钉、癞瓜皮的茸，应在嘴头长8～10cm之间提前收取。

（2）梅花鹿砍头茸：砍头茸的收取应较同规格的锯茸适当提前2～3d进行。砍二杠茸应在主干肥壮、顶端肥满、主干与眉枝比例相称时收取；砍三杈茸在主干上部粗壮、主干与第二侧枝顶端丰满肥嫩、比例相称、嘴头适度时收取。

（3）初角茸和再生茸：发育好的育成公鹿在6月中旬前后，初角茸长至5～10cm时，应锯尖平槎，以避免穿尖，使角基变粗，以利于以后提高鹿茸的产量和质量。以后长至8月中、下旬再分期分批收初角再生茸。一般在7月上旬前锯过茸的4岁（二锯）以上的公鹿，到8月中旬绝大多数都能长出不同高度的再生茸，于8月中旬前依据茸的老嫩程度分期分批收取，但最晚不能晚于8月20日。

（三）收茸方法

根据收茸前观测鹿茸长势所确定的收茸种类和收茸鹿号，于每天早饲前进行收茸。

1. 夹板式保定器收茸　需6人操作，其中掌握操纵杆1人、压腰杠1人、压脖杠1人、抱头1人、锯茸1人、接血与止血1人。先将鹿由原舍拨入小圈，待操作人员准备妥当后，再逐头经过附属设备拨入通道，用推板迅速推入保定器内。当鹿的四肢完全站立在升降踏板上时，由推板人发出保定信号，掌握操纵杆的人向上猛推操纵杆，通过滑动铁架的连动作用，夹板捧起鹿体，踏板下降使鹿的四肢处于悬空状态，用腰鞍压住鹿背，保定人员推开上滑动门后抓住茸根，借助副夹板滑动作用拉出自动门外，立即压下脖杠挡住肩部即可锯茸。

掌锯人一手持锯一手握住茸体，从珍珠盘上方2～2.5cm处将茸锯掉，接血人用接血盘在茸根部接茸血。锯茸后要马上进行止血，先将止血药撒在已消毒好的塑料敷料（15cm×15cm）上，锯茸后马上用手托着敷料扣在锯口上，轻轻按压一下。对产茸量高的梅花鹿应在锯茸前用寸带或草绳将草桩扎紧，锯茸后将止血药压在锯口上，再用塑料布包住锯口，用寸带或草绳系紧，并于当天下午或次日锯茸时或喂鹿时将其取下。目前各鹿场使用的锯茸止血药较多，有七厘散、止血粉、消炎粉和由各种中草药配制的复合型锯茸止血药等，有的鹿场还延用传统的干面粉等。锯茸速度要快，又要防止撕裂茸皮，锯口必须保持平整。

有效止血后，保定头部的人发出放鹿信号，其他人员同时操作，动作迅速，协调一致，使保定器恢复到保定前的状态，开前门，鹿便从保定器中跳出。

2. 化学药物保定法收茸 目前，所用药物有司克林（氯化琥珀胆碱）、静松灵（2，4－二甲基苯胺噻唑）、氯胺酮、眠乃宁等注射药品，其中以眠乃宁注射液最为确实、可靠，易于使用，并有解药苏醒灵，因此得到国内养鹿界的普遍认可和广泛使用。目前最常用的化学保定药物主要为眠乃宁注射液。本品由作用于中枢神经系统的强效药物二甲苯噻嗪和二氢埃托啡以最优配比复合而成，具有镇静、镇痛和肌肉松弛作用，用药后可使鹿肌肉松弛，自行倒卧，安静睡眠，痛觉消失，进入较深的全身麻醉状态，可直接据茸。眠乃宁用法用量：肌肉注射给药，梅花鹿 1.5～2.0ml/100kg 体重，马鹿 1.0～1.5ml/100kg 体重，年轻体壮者适当增量，年老体弱者适当减量，宜按推荐剂量的上限给药，便于一针击倒，如给药后 15min 达不到理想制动效果时，可追加首次用量的 1/2 至全量。本药配有特效拮抗药苏醒灵 3 号和苏醒灵 4 号注射液，苏醒灵 4 号注射液一般按眠乃宁注射液用量的等容积计算药量，苏醒灵 3 号注射液则按眠乃宁的倍量使用，静脉注射。

化学药物保定法采用的注射方法有麻醉枪、长杆式注射器、麻醉箭等。使用麻醉枪注射，生产上受很多限制，比如必须按照有关枪支管理条例使用和保存，用于发射飞针的子弹需到相应的部门购买，一般除野生动物保护部门和一些大型养殖场外很少使用。长杆式注射器用于对茸用鹿进行麻醉注射比较普遍，但由于必须与鹿只相距较近时才能有效进行注射，且容易造成鹿群惊慌，所以逐渐被麻醉箭所取代（图 2－5）。

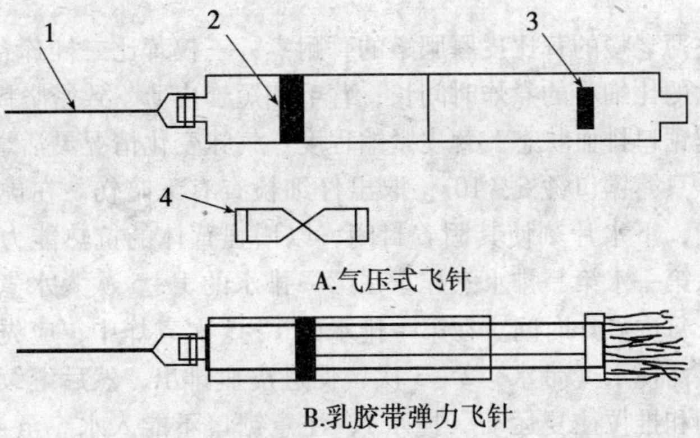

图 2－5 麻醉箭——飞针

1. 针头打孔处 2. 乳胶活塞 3. 封孔小活塞 4. 双向针头座

麻醉箭由两部分组成，一是发射管——吹管，长度约 1.7m 左右，可用其他的不锈钢管代替；另一部分是飞针，飞针用 2～5ml 的塑料注射器制成，自动注射的动力可来源于气压，也可以来源于橡胶带，用于飞针的注射器针头通常需 10～12 号，将原针孔用焊锡堵死，并在距针头尖端 1～1.5cm 处打一小孔（进药孔）。麻醉箭在使用前，先将药物吸入注射器，然后在针头上插一块橡胶块，以便将出药孔堵死，然后套上乳胶带或注入气体，即准备完毕。使用时将飞针装入吹管，对准待麻醉的鹿只用力将飞针吹出，只要飞针能准确刺中鹿体，便会自动注射。

注意事项：①鹿患有严重实质脏器病变、饱食或剧烈运动后仍处于高度兴奋状态时禁用本品；妊娠后期鹿慎重使用。②应在早饲前进行，并且当鹿倒地后应将头颈垫高，颈部摆直，防止瘤胃内容物逆流时误吸入肺脏造成窒息。③严寒条件下鹿对眠乃宁的耐受性增大，应增加眠乃宁用量，并相应增加催醒剂的用量。④鹿肌注本品后7~10min倒地熟睡，用药量恰到好处，药物反应最平稳，给以等量苏醒灵4号，可在2~3min内苏醒。如给药后3~5min倒卧，用药后反应剧烈、头颈强直后弯或突然摔倒，表明是眠乃宁用量偏大，或是鹿体敏感。⑤本品肌注给药后血药达峰时间30min，半衰期为2.5h，24h后从体内排泄完毕，因此本品不可短时间内连续使用，用药间隔时间至少24h以上。⑥本品为化学保定剂，应严格管理并由专业人员使用，药品应存放阴凉处避光保存。

三、鹿茸加工与质量鉴定

（一）鹿茸加工

鹿茸加工就是将鲜茸脱水干燥，加工成干品的商品茸，便于保存和运输。经过加工过程，对鹿茸还起到了防腐、保形、保色的作用。由于鹿茸成分复杂，含水量高，如果加工不当，不仅难以脱水干燥，而且容易腐败变质，影响药效，造成重大经济损失。因此，鹿茸加工技术直接影响产品质量和经济效益，是养鹿生产极为重要的环节。

1. 排血锯茸加工技术　排血茸的传统加工方法是通过煮前排血、煮炸加工、烘烤、风干、煮头等工序，对收取的各种鲜茸进行处理，排出茸内的血液，蒸散水分，加速干燥，以获得优质的成品茸。由于鹿茸的种类、规格和支头大小不同，其煮炸与烘烤时间也有很大差别。

一般而言，皮薄老瘦的茸比皮厚肥嫩的茸耐煮；三杈茸比二杠茸煮炸时间长些；同等规格的鹿茸，粗大的比细小的煮炸时间长；茸毛细短、皮薄、致密坚韧的鹿茸较耐煮炸。

实践中可根据锯口排血状态、茸皮紧缩程度、气味变化情况灵活掌握。煮炸方法先将全茸浸入沸水中，只露锯口烫5~10s，取出仔细检查有无暗伤。在虎口封闭不严或有伤痕等处敷上蛋清面，下水片刻使其固着封闭，以增强茸体的抗热能力，防止在煮炸中破裂，然后便可进入第一水第一排水煮炸。在第一排水的1~5次入水煮炸时，随下水次数的增加而逐渐延长每次煮炸时间。在第一排水的1~5次煮炸中，应先以嘴头及茸干上半部在沸水中推拉振荡搅水（带水）2~3次，促进皮血排出，然后继续下水至茸根，在水中轻轻作划圆运动和推拉往复运动（撞水），注意锯口不能入水。至4~5次下水时，由于茸体内部受热，开始从锯口排出血液，此时应用长针挑一挑锯口周围的血栓块，并由锯口向茸髓部位深刺数针，必要时用毛刷蘸温水刷洗锯口以利于排血。连续下水，适当延长和保持下水时间，当煮炸至大血排完，锯口流出血沫时，便可结束第一排水煮炸，间歇冷凉，当茸皮温度降至不烫手时，便可进行第二排水煮炸。

第二排水第一次下水时间与第一排水最后一次煮炸时间相同，以后逐次缩短。第二排水下水中间和出水前，需适当提根煮头（把眉枝和茸根提出水面，只煮茸尖和主干上半部）。为了避免眉枝撸皮，可事先在眉枝尖敷蛋清面。当锯口排出的血沫由多变少，颜色也由深红变为淡红，继而出现粉白沫时，说明全茸基本熟透，茸内血液基本排净，即可结束第一水煮炸加工。结束第一水煮炸加工前要将鹿茸全茸（连同锯口）入水煮炸10s左右取出，以避免生根现象发生。取出鹿茸后，剥去蛋清面，用毛刷蘸温水刷去茸皮上附着的油脂污物，再用柔软纱布或毛巾彻底擦干，连同茸架一起送至风干室中，放在通风良好的台案上风干（表2-19）。

表 2-19　排血茸煮炸时间表

茸别	鲜茸重	第一排水		间歇冷凉	第二排水	
		下水次数	每次时间（s）		下水次数	每次时间（s）
花二杠锯茸	0.2~1.5	12~15	35~45	20~25	9~11	30~40
	1~1.5	9~12	25~35	15~20	7~9	20~30
	0.5~1.0	6~9	15~25	10~15	5~7	10~20
花三杈锯茸	3.5~4.5	13~15	40~50	25~30	11~14	45~50
	2.5~3.5	11~13	35~45	20~25	8~11	35~40
	1.5~2.5	7~10	30~35	15~20	5~8	25~35

把鹿茸经过第一水煮炸加工后，第 2~4d 继续煮炸称为回水，回水又可分为第二水、第三水和第四水，第二水煮炸两排，第三水和第四水煮炸一排，每水煮炸都要适当提根煮头。每次回水后都要在 70~75℃烘干室中烘烤 40~60min，回水烘烤的主要目的是防腐、消毒、加速干燥。烘烤以后送风干室冷凉风干。经过回水（4 次煮炸、3 次烘烤）后的鹿茸，含水量比鲜茸减少 50% 以上，以后靠自然风干为主，适当地进行煮头和烘烤。最初 5~6d 每隔 1 天煮 1 次茸头，烘烤 20~30min 后自然风干，以后便可根据茸的干燥程度和气候变化情况不定期地煮头与烘烤，避免空头与瘪头。鹿茸每次水煮和烘烤后都应送入风干室脱水风干。每天应由专人对风干的鹿茸检查一遍，对茸皮发黏、茸头变软的鹿茸及时回水和烘烤。特别是在空气湿度大时，更应注意增加煮炸或烘烤次数，防止糟皮。风干室必须通风干燥，阴雨天及时关好门窗，随时扑灭苍蝇和昆虫。

2. 带血锯茸加工技术　带血茸是将茸内血液全部保留在茸内的成品茸，由于茸内流体有效成分不流失或少流失，不仅提高了产品质量，而且鲜茸的干燥率增加 2.4%~3.2%，提高了成品率。带血茸加工是一项操作复杂、要求严格的技术，包括封锯口、称重、测尺、编号、登记、洗刷茸皮、煮炸与烘烤和煮头与风干等过程。收茸后的前 4d 每天煮炸 1 次，烘烤两次。从第五天开始，连日或隔日回水、煮头或烘烤 1 次。到鹿茸八分干时可视情况不定期煮头、烘烤。煮炸时间、烘烤时间与温度视茸的重量、茸形结构、鹿茸种类、茸体分杈处愈合程度、茸皮厚薄及茸质老嫩程度灵活掌握。对分杈处皮薄、封口不严以及其他皮薄处涂蛋清面。破损、外伤应作包扎或涂蛋清面。

带血茸第一水煮炸比排血茸时间短、入水次数少，煮透即可。花二杠茸第一水煮炸共入水 2~3 次，第一次入水煮炸 50~60s，间歇冷凉 50~60s，然后再水煮 50~60s，见锯口中心将要流出血液即可结束煮炸。花三杈茸第一水煮炸，共入水 3~4 次，每次入水煮炸 60~80s，之后，间歇冷凉 50~60s，待见到锯口中心将要流出血液即可结束煮炸。马鹿茸茸体大，抗水煮能力强，不论三杈茸、四杈茸，第一水煮炸均入水 3~4 次，每次入水 60~80s，之后，间歇冷凉 60s，待见到锯口中心将要流出血液即可结束煮炸。

经过第一水煮炸后再进行的煮炸加工叫回水，1~4 水煮炸要连续进行。马鹿茸每次水煮 40~50s，共入水煮炸 3~7 次，两次之间间歇冷凉 30s；梅花鹿茸每次水煮 30~40s，共入水煮炸 3~5 次，两次之间间歇冷凉 30s；直至茸毛耸立、茸头有弹性、发出熟蛋黄香味为止，然后进行烘烤。回水煮炸要注意提根，主要煮茸的上 1/2~2/3，四水之后主要煮炸茸的尖部，熟称“煮头”，时间与下水次数不限，主要是把硬茸头煮软，进而至较硬且有弹性。

带血茸脱水主要靠烘烤，1~4 水每天烘烤 1~2 次，每水煮炸结束后擦干茸体即可烘烤。烘烤温度为 70~75℃，时间为 2~3h，每次烘烤结束后要擦干茸体上的水珠与油脂，送入风干室进行风干。为了血液分布均匀，带血茸烘烤时要平放，1~4 水烘烤时中间要将鹿茸翻转一次。带血茸风干时，最初两天要平放，以后进行挂放（表 2-20）。

表 2-20 带血茸加工程序

	马鹿茸				花三杈锯茸				花二杠锯茸			
	煮炸		烘烤		煮炸		烘烤		煮炸		烘烤	
	下水次数	时间（s）	温度（℃）	时间（h）	下水次数	时间（s）	温度（℃）	时间（h）	下水次数	时间（s）	温度（℃）	时间（h）
第一天	3~4	60~80	73	2~3/2~2.5	3~4	50~60	73	2~2.5/2~2.5	3~4	40~60	73	1.5~2
第二天	5~7	40~50	73	1.5~2/1.5~2	4~5	30~40	73	2~3/2~3	3~4	10~20	73	1~2
第三天	4~5	40~50	73	1.5~2/1.5~2	4~5	20~30	73	1~1.5	3~4	10~20	733	1~2
第三天	3~4	50~60	73	1~1.5/1~1.5	3~4	10~20	73	1~1.5	3~4	10~20	73	1~1.5

3. 鹿茸其他加工技术

（1）远红外线烤箱加工鹿茸技术：采用现代先进电子技术，充分发挥远红外线加热效率高、节约能源、脱水快等特点，从而取代传统的烘干室烘干。应用该技术程序简便、工效高，加工的成品茸质量好，能够达到商品规格要求。其主要工艺流程如下：鲜茸→封锯口→洗刷去污→煮炸→冷凉→双电子远红外线加热烘干→冷凉→回水→双电子远红外线加热烘干→煮头造型→成品茸。

（2）冷藏保鲜、远红外线鹿茸加工技术：这是应用现代先进技术和工艺，改进传统鹿茸加工的方法。具有程序简便、工效高、节省能源、成品茸质量好等特点。主要工艺流程如下：鲜茸→封锯口（排血茸排血）→煮炸→吹风冷凉→冷藏保鲜→远红外线加热解冻→吹风冷凉→回水→远红外线烘干→吹风冷凉→煮头造型→成品茸。

（3）活性鹿茸加工技术：这是采用现代食品和生物制品冷冻保鲜与干燥的原理，对鲜茸进行冷冻保鲜与真空脱水干燥的一种加工方法。与远红外线烘烤沸水煮炸加工鹿茸方法相比，可大大缩短加工周期，节省人力 75%，减少破损率 97%，增加干茸重 3.8%~4.2%。冷冻保鲜茸色泽鲜艳、茸型完整、茸质优良。活性冻干茸茸皮松软，色泽鲜艳，茸头饱满，开条含血充足，血色鲜红，不酸败，无异味，无焦化。比传统方法加工的鹿茸氨基酸总含量高 27.59%，谷草转氨酶（GOT）、谷丙转氨酶（GPT）、碱性磷酸酶（ALP）、肌酸激酶（CK）、乳酸脱氢酶（LDH）、（γ-谷氨酰转肽酶（γ-CT）、胆碱脂酶

(CHE) 7种酶活力高2.5～250倍，不仅填补了我国鹿茸加工理论与技术空白，而且为我国鹿茸加工技术标准化、自动化提供了科学依据。活性鹿茸加工设备包括大规格冰箱、水浴消毒器和真空冻干机。

活性鹿茸加工工艺：冷冻保鲜（鲜茸→称重登记→去污消毒→冷冻保鲜或冷冻贮藏）→冻干加工（鲜茸或冷冻保鲜茸→真空度0.67～1.33Pa，板温－38～－48℃的冻干箱内速冻→升华脱水72h→活性茸）。

活性鹿茸加工新技术的工艺特点：采用冷藏保鲜方法可将零星收取的鲜茸按照不同规格和种类分别冷冻贮藏，实现有计划的批量加工作业，从而提高了加工效率，节省人力和能源。在高真空度条件下，使鲜茸内的水分速冻成冰，直接升华脱水干燥成干品活性茸，能够最大限度地保持茸内的有效成分及其生理活性，因此活性茸质量更佳。但该方法能耗较高，设备投资多。

（二）鹿茸质量鉴定

鹿茸质量与收茸时期、加工技术密切相关，成品茸质量包括固有质量、加工质量和重量3个方面。鹿茸固有质量是指支头大小、茸毛长短、主干圆扁、茸质老嫩等固有品质；加工质量是指鲜茸加工成干品茸后的品质特征：如茸的皮色、茸型的完整性、茸头的饱满程度、排血茸的排血情况、带血茸的血液分布等，加工质量取决于加工技术的高低。

1. 鹿茸规格标准　本规格标准系参照中国梅花鹿标准（1986年颁布的国家标准）和吉林省中药现代化试行标准（GAP）（2001年）编写的（表2－21、表2－22），随着养鹿业的发展及国内外鹿茸市场需求的变化，鹿茸的规格标准也应做适当调整。

表2－21　花二杠锯茸等级规格标准

茸别	等级	固有质量	加工质量	重（g/支）
花二杠排血锯茸	一等	有正常典型分枝，锯口有正常带孔骨结构，主干与眉枝结构匀称，锯口无骨化圈，主干茸头不拉沟，无怪角（虎口以下稍有包棱除外）	干品含水量不超过18%，主干不存折，眉枝存折不超过1处，不破皮（虎口未封严处及破伤不露茸除外），纵断面上2/3为淡白色，以下呈浅红色或淡红色	不小于82.5g
	二等	有典型正常分枝，锯口有正常带孔骨结构，主干与眉枝结构匀称，顶端不拉沟，不怪角（包棱、奶子除外）	干品含水量不超过18%，加工不乌皮，无臭味，无虫蛀，大挺不存折，门桩不折断，大挺稍有破皮不露茸，锯口有正常色调，纵断面上2/3为类白色，以下呈浅红色或淡红色	不小于62.5g
	三等	锯口有正常带孔骨结构，大挺不怪角，顶端不扭嘴，有独挺茸	干品含水量不超过18%，无臭味，无虫蛀，大挺不折断，稍有破皮	不小于45g
	等外	干品含水量不超过18%，无臭味，无虫蛀，不合乎一、二、三等规格		
花二杠带血锯茸		花二杠带血锯茸一、二、三、四等固有质量同排血茸	皮色稍乌暗，横断面为红色，纵断面顶部为红色，以下均呈桃红色或深红色。其他指标同排血茸	同各等级排血茸

表 2－22　花三杈锯茸等级规格标准

茸别	等级	固有质量	加工质量	重（g/支）
花三杈排血锯茸	一等	有正常典型分杈和均称结构，质地嫩，嘴头丰满粗壮，不拉沟，无怪角（虎口奶子及茸根包、棱除外），基部横断面有蜂窝孔状结构	干品含水量不超过 18%，加工不乌皮，无臭味，无虫蛀，大挺嘴头不存折，不破皮（硬伤不露茸及门桩尖撸皮质白的除外），纵断面上 1/3 呈白色，以下均呈浅红色或淡红色	不小于 250g
	二等	有正常典型的分杈，嘴头较丰满，大挺嘴头不怪角，支头粗壮，茸根横断面有蜂窝孔状结构	干品含水量不超过 18%，加工不乌皮，不暄皮，大挺嘴头不存折，门桩不折断，嘴头不破皮，其他部位破皮不露茸，纵断面特征同一等茸	不小于 200g
	三等	不怪角，顶端不扭嘴，或三杈不开嘴，无门桩的人字角，茸基部横断面呈蜂窝孔状结构	干品含水量不超过 18%，无臭味，无虫蛀，嘴头不折断，不破皮（一、二等嘴头破皮按三等收购），纵断面特征同一等茸	不小于 150g
	等外	干品含水量不超过 18%，无臭味，无虫蛀，不符合一、二、三等规格		
花三杈带血锯茸		花三杈带血锯茸固有质量与排血茸相同	皮色稍乌暗，带血充分，横断面为红色，纵断面顶部为红色，以下均呈桃红色或深红色。其他指标同排血茸	同各等级排血茸

2. 鹿茸质量鉴定

（1）鉴定方法：感官鉴定为主，仪器设备鉴定为辅。

（2）取样部位和数量：同一批鹿茸数量不足 100 支（架）时，随机抽取 5 支（架）；100～1 000支（架）按 5% 抽取；不足 5 支（架）者抽取 1 支。取样部位为主干中间 2cm 一段。

（3）微生物学检验：中国梅花鹿茸微生物指标是致病菌不得检出，大肠杆菌 90 个/100g，霉菌 500 个/g，细菌总数 10 000个/g。微生物学指标不合格者不能进行理化指标和感官指标的检验。检出致病菌者不复检即行销毁。

（4）理化指标测定：①水分用含水率测定仪测定，将探针刺入茸体的中部，读取测定仪的读数。茸内含水量不超过 18% 为合格品，超过 18% 要扣除多余水分。②铅的测定按 GB/T5009. 12—1996 规定方法进行。③砷的测定按 GB/T5009. 11—1996 规定方法进行。④汞的测定按 GB/T5009. 11—1996 规定方法进行。⑤六六六、滴滴涕残留量按 GB/T5009. 19—1996 规定方法进行。

中国梅花鹿茸理化指标：水分 18%；铅 1mg/kg；砷 1mg/kg；汞 0. 05mg/kg；六六六 0. 3mg/kg；滴滴涕 0. 2mg/kg。

（5）感官检验：①茸内的含水量感官鉴别合格品轻度撞击时有骨质的清脆声，手摸茸皮不湿，茸毛耸立。②茸的骨化程度反映茸质的老嫩和有效成分变化情况，可以从茸表面疣状突起（骨豆）的多少、锯口面或茸根横断面结构特征进行鉴别。骨化程度低的鹿茸表面疣状突起（骨豆）少、锯口面或茸根横断面呈均匀的蜂窝孔结构，外围无骨化圈；

骨化程度高的则相反。茸的密度大，单位体积重量大。③鹿茸具有固有的气味和色泽，当茸内蛋白质等有机物遭受霉菌及微生物破坏时，将产生腐败物质和毒素，茸的颜色和气味发生改变，降低或失去药用价值。鹿茸腐败过程有微生物作用和化学作用，茸内蛋白质和非蛋白含氮物质被分解破坏，最终产生氨（NH_3）、硫化氢（H_2S）、吲哚、粪臭素、硫醇（$CH_3OHC_2H_6-SH$）、毒素（$C_3H_{14}O_8$）及腐败素（$C_8H_{14}H_2O_2$）等有强烈恶臭味的气体。同时霉菌繁殖所产生的菌素和毒素等使茸呈现紫色、黑色或黄色等。因此，在检验鹿茸是否变质时，应在茸体上半部或根部插入16号注射针头，吸出其中气体辨别气味，有氨气及硫化氢等恶臭气味为变质茸；剖开茸纵切面呈黑、紫或黄色等，非茸自身的淡白色、浅红色或深红色，此类茸已变质，为劣质茸，不可入药。④排血茸要求排血充分，皮色鲜亮，带血茸则要求含血充足，分布均匀。检验排血或含血情况时，可将茸纵向剖开，观察纵断面的颜色。一般花二杠排血茸纵断面上2/3应为淡白色，以下呈浅红色；排血花三杈茸纵断面上1/3呈白色，以下呈浅红色或淡红色。带血茸横断面呈红色，纵断面顶部为红色，以下均呈桃红色或深红色，颜色基本一致，则为血液分布均匀。⑤茸的完整性主要是感官检验茸型是否规整，有无暄皮、破皮、存折、空头、瘪头、生根、臭茸、底漏、糟皮等。

复习思考题

1. 茸用鹿有哪些品种？其有何外貌特征？
2. 如何区分天山马鹿与东北马鹿？
3. 梅花鹿、马鹿有哪些生物学特性？生产中如何应用这些特性？
4. 肺坏疽病是如何发生的？应如何防治？
5. 如何做到适时合理收茸？
6. 掌握收茸工序及收茸的技术要点。
7. 掌握茸鹿不同时期的饲养管理要点。
8. 掌握鹿茸加工工序及技术要点。
9. 理解并掌握常见的有关鹿茸的技术术语。

高文玉

第三章 麝

麝（Musk Deer）又名獐子、香子、山驴、麝鹿、獐鹿，是珍贵的药用动物，经济价值很高。麝是古老而珍贵的、小型草食性反刍动物，现生的麝属动物都分布于亚洲的东部，并且大部分产于我国境内，所以我国是该属分布的中心，是亚洲麝的主产区。

雄性麝香腺囊的分泌物——麝香是名贵的中药（近期麝香国际市场价格为每千克7万~8万美元），具有芳香开窍、通经活络、活血止痛、消炎解毒、排脓生肌等功效。以麝香为原料的中成药有290余种。麝香是一种名贵的定香剂。麝为草食动物，食量小，饲养成本低，是山区农民致富的门路之一。

由于各种麝类动物已经成为濒危物种，国务院于2002年10月24日批准，将麝类所有种，由国家二级野生保护动物调整为一级野生保护动物。自1988年12月10日国务院批准《国家重点保护野生动物名录》后，麝是第一批由国家二级保护野生动物调整为国家一级保护野生动物的重点保护物种，这一重大举措，为保护麝类资源提供了强有力的法律保证和法律武器。

麝在历史上曾是个广布种，种群数量巨大。20世纪中叶以来，麝的分布区域逐渐缩小，资源下降很快，目前仅分布于亚洲部分地区（大约在10多个国家）。根据有关资料显示，20世纪70年代俄罗斯麝种群数量在10万~12万只，到90年代初则下降了50%。目前，估计俄罗斯的麝种群在5.6万~6万只，其中在远东的麝种群近年内下降了60%；蒙古的麝类已罕见，1985年估计是4.4万只，在那之后未再进行过调查统计；朝鲜半岛种群已濒于灭绝；我国是世界麝的主要分布国，有记录的分布面积约200万平方公里，资源量和麝香产量均约占世界的70%。

在20世纪60年代我国麝资源的估计量为300万只左右，到90年代估计量为50万~100万只。80年代后，由于钢丝套等猎具的使用和偷猎、走私现象日益严重，其资源受到了极大的破坏。根据各方面数据分析，目前中国麝的资源量约在50万只左右，仅为50年代的1/5，其中林麝最多，以下依次为原麝、马麝、黑麝和喜马拉雅麝。

现在我国对麝类的生存和发展，已经采取了很多有效的措施，不仅在其分布区内建立了许多自然保护区，保护野生麝类资源。而且早在20世纪50年代后期就发展了麝类养殖业，并改变了以往杀麝取香的方法，逐步摸索出了从香囊口直接掏取麝香的科学方法，7~8月份麝香成熟时，可以活体取香2次，为减少破坏野生种群、扩大饲养规模、提高麝香产量发挥了重要作用。与此同时，我国科研部门还开展了人工合成麝香的研究，以及利用生物工程的最新手段，培养麝香腺细胞，为早日解决商品麝香的供求矛盾打下基础。

我国从20世纪50年代末开始对野生麝进行人工驯养和活体取香的研究，并于1972年获得成功。但是，40多年来，由于体制不顺，基础研究投入不足，又采取封闭落后的饲养方式，缺乏科学的理论技术指导，在饲料配制、饲养管理、疾病防治等方面都存在许多问题，加上饲养成本和销售价格的限制，这些都严重制约着养麝业的发展，家养麝种群发展停滞不前。我国历史上养殖麝的省份有四川、甘肃、陕西、安徽、湖北、广西、贵州、江苏、浙江、福建、上海、北京等10多个省市，而目前只有四川、甘肃、陕西、福建、上海、北京等省市尚有麝的养殖，饲养总数达2 000只左右。另外，在四川甘孜、马尔康；陕西的陇县、太白县；广西、福建、贵州等省区有小型的麝饲养场。累计全国家养麝的总数在3 000只左右。

第一节 麝的种类与生物学特性

一、生物学分类地位

麝在生物学分类上属于动物界（Animalia）、脊索动物门（Chordata）、脊椎动物亚门（Vertebrata）、哺乳纲（Mammalia）、真兽亚纲（Eutheria）、偶蹄目（Artiodactyla）、反刍亚目（Ruminantia）、鹿科（Cervidae）、麝属（*Moschus*），一些学者将麝划分为鹿科下的一个亚科。由于公麝、母麝均无角，且体小、尾短、后肢明显长于前肢，有些国外学者在近代分类学上将麝列为鹿科外的另一个独立科（麝科 Moschidae）。

二、种属分布与外貌特征

现生的麝属动物在全世界共有5种，即原麝、马麝、林麝、喜马拉雅麝和黑麝，主要依据头骨的量度以及染色体的异同来进行分类。因为它们的外部形态差别比较小，从前还曾将它们列为同一种的不同亚种。从体型大小来看，马麝体重大于其他麝种，林麝体重相对较小。

（一）原麝（*Moschus moschiferus*）

国内分布于河北、山西五台山、东北大小兴安岭、完达山、张广才岭、老爷岭山地及长白山以及安徽等地。国外分布于西伯利亚东部、蒙古北部和东部、朝鲜及库叶岛。

形状像小鹿，头三角形，雄性具有终生生长的上犬齿，长而尖，呈獠牙状突出口外，作为争斗的武器，向下微曲，雌麝的犬齿很细小，不露出唇外。耳长直立，上部圆形，约为头长的1/2，眼较大，吻端裸露，雌雄头上均无角。后肢明显长于前肢，四肢趾端的蹄窄而尖，侧蹄特别长，四趾全着地，并且开闭自如，尾短。雄麝肚脐和生殖器之间有麝香囊，呈囊状，外部略隆起，香囊外毛短而细，稀疏，皮肤外露，其腺体能分泌和贮存麝香，有特殊香气，可制香料，也可入药。

通体暗褐色或深棕色，密被波形中空的硬毛，只有头部和四肢被软毛，毛尖黑色，中段黄色，毛根白色。耳背、耳尖棕灰色，耳壳内面白色，下颌白色，颈部两侧毛色发白延至左右肩部有两条白带纹，脸部毛色较浅，鼠蹊部呈浅棕灰色。颈背，体背有4～5行土黄色斑点，腰部及臀部两侧的斑点明显而密集，无清晰的行次，腋下、鼠蹊部、四肢内侧和臀部周围浅棕灰色，四肢外侧深棕色，尾浅棕色。体重8～12kg，肩高55～60cm，身长65～95cm，公麝大于雌麝。

（二）林麝（学名 *Moschus berezovskii*，英文名 Forest musk deer）

林麝又名南麝、森林麝，体形比原麝小，体长为70～80cm，肩高45～50cm，体重

6～9kg。其獠牙较原麝细小，被习惯称为线牙獐。

背部为暗棕色，但没有原麝所具有的土黄色斑点，吻部短，颈部前缘有两条明显的浅棕色纵行颈纹，毛色较原麝深。不过，由于林麝的头骨与原麝没有明显的差异，所以最近我国的一些学者趋向于将林麝列为原麝的一个亚种。

林麝在国外仅分布于越南北部，在我国分布于西藏察隅、青海班玛，四川盐源、云南文山、会泽、大理、墨江、峨山、姚安、泸西、建水、开远、弥勒、绿春、元阳、金平、河口、景东，贵州贵阳、黔西、威宁、盘县、兴义、册亨、罗甸、雷山、天柱、梵净山、绥阳、余庆、务山、荔波，甘肃文县、舟曲、迭部、卓尼、碌曲、玛曲、夏河、临潭、平凉、漳县、天水、徽县、关山，湖北宜昌，湖南邵阳、新宁、绥宁、宜章、桂东、城步、资兴，广西靖西、龙州、那坡、田东、田林、德保、宜山、隆林、河池、南丹、大瑶山、全州、贺县、苍梧、玉林、灵山、钦州、上思，广东乐昌、阳山、连州、乳源、曲江、怀集，河南内乡，陕西洋县、陇县、周至、凤县、留坝、佛坪、宁强、宁陕、白河、镇坪、柞水、镇安、商南，安徽佛子岭、舒城、霍山、六安、金寨、岳西等地。林麝的亚种问题目前尚无定论，一般认为没有亚种分化，但也有人认为分布于陕西、甘肃、河南等地的体形明显较大，可能是新的亚种，此外，马麝的安徽亚种实际上可能是林麝的亚种。

（三）马麝（*Moschus sifanicus*）

马麝也叫西麝、高山麝，体形比原麝稍大，体长为75～90cm，肩高50～60cm，体重13～17kg。背部为浅黄褐色，较原麝颜色浅，也没有原麝所具有的浅棕色斑点，但出生的仔麝有斑点。吻部较长，有与林麝类似的颈纹，但不明显。马麝獠牙发达，习惯被称为板牙獐。

马麝是我国的特产种，分布于青海天峻、共和、门源、祁连、班玛、玛沁、湟源、芒崖、格尔木、都兰、德令哈、贵德、兴海、同德、贵南、尖扎、西宁、平安、乐都、曲麻莱、囊谦，甘肃临夏、临潭、舟曲、迭部、卓尼、碌曲、玛曲、夏河、张掖、武威、民乐、肃南、阿克塞、天祝、康乐、兰州，四川北川、平武、宝兴、会东、木里、康定、马尔康、小金、汶川、德格、若尔盖、理县、安县，西藏亚东、拉萨、鹿马岭、三安曲岭、旁多、曲水、萨迦、羊卓雍错、林芝、类乌齐、芒康、昂仁、彭波、巴青、察雅、江达、日喀则、山南、那曲、昌都，宁夏贺兰山，陕西眉县和云南德钦、贡山、丽江、维西、中甸、腾冲等地。

马麝主要栖息在海拔2 000～4 500m的高山草甸、灌丛或林缘裸岩山地，最高为海拔5 050m。性情孤独，大多单独活动。活动路线一般不轻易改变，就连雨后道路受到溪水的阻碍，也不会去寻找捷径，而是尽力涉水而过。只有冬季道路冰封时，才不得不绕道而行。主要以山柳、杜鹃、珠芽蓼等植物的叶、茎、花和种子为食。

（四）黑麝（*Moschus fuscus*）

黑麝又叫褐麂、黑獐子、獐子，体形与林麝相似，体长为70～80cm，体重7～9kg。耳朵的上半部、耳尖比林麝宽圆，四肢也比林麝明显粗壮。

身上被有粗硬、疏松的体毛，长度可达2cm左右。通体都是黑褐色或深褐色，没有颈纹，仅背部的中央沾有一些不规则的微黄色，另外头后的颈背处有一个稍宽而模糊的淡黄色半圆环。

黑麝是发现最晚的一种麝，于1981年由我国学者确立。它也是我国的特产动物，分布区仅限于云南北部的贡山、高黎贡山和西藏东南部的察隅、墨脱、米林、林芝、波密等地。

黑麝栖息于海拔3 800～4 200m之间的寒冷、潮湿的针叶林线附近，有时还到冰雪覆盖的山坡上活动，栖息地内有时也有林麝出没。早晨和黄昏也在林线以上的高山草甸中觅食。主要食物为各种苔草、杜鹃、高山柳等植物。

（五）喜马拉雅麝（*Moschus leucogaster*）

喜马拉雅麝体形较大，体长为78～92cm，体重11～15kg。毛色比马麝和林麝深，背部及体侧棕褐色，臀部为鲜艳的黄白色，与其他麝类不同。头部宽短，吻部比马麝宽阔，耳尖较圆。上下唇和耳的内侧均为白色，眼圈为棕黄色，没有颈纹。

喜马拉雅麝在国外分布于尼泊尔、锡金等地，在我国仅见于西藏南部喜马拉雅山北坡的亚东、樟木、吉隆等地。

喜马拉雅麝栖息于海拔2 500～3 900m的混交林和高山草甸地带。活动规律与马麝类似。主要以松萝、苔草、杜鹃等植物为食，有时也吃苔藓。繁殖情况也与马麝差不多，雌麝于5～6月份生产，每胎产1～2仔。

三、生物学特性

（一）栖息环境

麝的野生状态通常生活在海拔1 500～5 000m的高山，家养情况下海拔不低于500m，野麝多栖息于高山地带的针叶林、针阔叶湿交林、疏林灌丛地带的悬崖峭壁和岩石山地，很少见于平地的树林、平原、池沼或没有森林的山地。野生麝栖息地区通常植被较好，便于采食和隐蔽，环境幽静且有水质优良的水源。

（二）生活习性

麝有领地性，栖息在某一领域的麝不肯轻易离开，即使被迫逃走，也往往重返故地，舍命不舍山，一头公麝大约有75万平方米的活动区域。麝在领域内活动常循一定路线，有固定的麝道。趴卧和便溺均有固定场所，在固定的场所排便，形成粪堆，经青海考察队考察，一头公麝约有7个麝窝，其中有主窝和临时窝之分，每只麝一般有2～3个粪堆。麝每天排粪尿4～5次，冬天在上午5时、下午18时和午夜左右排粪，冬天在5时、19时和22时左右排粪，排粪尿的时间、次数和数量都比较固定，排粪后用前蹄刨土掩盖。雄麝和雌麝都具有发达的尾脂腺，在山路中行走时，往往将尾脂腺中的分泌物通过摩擦涂抹在路旁树干、木桩或岩石突出处，麝摩擦尾部的树干叫油桩，麝的油桩是比较固定的。

每天从凌晨4～5时便开始活动，夏季活动到8点，冬季可活动到9点左右，到天亮以后结束，白天休息；17～19时黄昏以后再活动，冬季活动到21点，夏季可活动到午夜之前。麝每天排粪尿的数量和时间次数也是比较恒定的。麝在领地内随季节活动区域发生规律性变化，夏季上高山避暑，每年垂直性迁徙约两个月，然后重返旧巢，所谓“七上、八下、九归巢”。

麝善于跳跃，能平地起跳1.8m的高度，由于麝蹄的特点，麝能登上倾斜的树干和在树枝上站立，紧迫时还可以借助奔跑的惯性冲爬到树的枝丫上避敌。性怯懦、胆小怕惊，在受到惊吓时，其心脏的跳动声距3m远就可以听到，惊扰可能导致麝的死亡。喜凉怕热，即使在冬季，在直射阳光照射下几十分钟后，其呼吸次数由几十次就会增加到100次以上。麝性急，运输时进行捆绑可能造成死亡。性情孤僻，非繁殖季节成年麝在自已领地单独活动，进入繁殖季节麝以香为媒，公麝靠释放麝香香气吸引母麝。麝的寿命十几年。

（三）麝的繁育

麝为季节性发情的动物，一年只繁殖1次，发情交配期在10月到翌年3月份。公麝发情期较长，从9月份开始直到翌年4月份，11～12月份为发情旺期，属于短日照发情动物。

公麝在发情季节睾丸变大，表现性情暴躁不安，食欲减退，经常追逐母麝，常仰天吹气，发出"呋呋"声，口喷白沫，沿獠牙流出泡沫状的唾液，常扭动身体后躯恫吓母麝，表现出性冲动，并不时发出发情时特有的叫声。

母麝是季节性多次发情，在1个发情季节，可出现3～5个发情周期。母麝性周期为19～25d，平均为21d，发情持续时间为36～60h，发情旺期可持续24h。

母麝达到性成熟后，在发情时表现出一系列发情征候。母麝发情时表现不安，在圈内来回走动，食量减少，阴道黏膜潮红，并有黏液流出，阴户略微红肿。发情旺期，到处嗅粪、尿、嗅其他麝，排尿频繁，臀毛竖立，尾巴翘起暴露出外生殖器，性欲强的，还发出"嘀嘀"或"咩咩"的叫声，愿意接近公麝，并接受交配。

麝的性成熟期与种类、性别、气候、饲养管理以及其他一些因素有关。麝的性成熟开始的年龄约在1.5岁，但并不能马上进行交配，早配会影响麝的正常生长发育，影响生产性能。为了保持麝的健康以及获得品质优良的仔麝，必须达到一定年龄才允许交配。营养好、发育快的母麝6～8月龄就性成熟，交配可受孕，个别发育慢的、营养不好的1岁半还不能性成熟。在人工驯养下，配种年龄必须在个体发育比较完全时才可以进行，一般适宜年龄，公麝是3.5岁，母麝发育好、体健壮的1.5岁左右可以配种，最好在2.5岁后配种。

公麝1次射精量约为0.5～0.65ml，每毫升精液含精子数为20亿～30亿。每天交配2～3次的公麝，每天可配2头母麝，交配量不宜过大。

麝的妊娠期178～187d，雌麝于5～6月份产仔，每胎产仔1～2只，偶尔为3只，仔麝出生重350～820g，哺乳期2个月左右。

第二节　麝的饲养管理

一、饲料与营养

（一）麝的饲料

成麝每昼夜食青粗饲料1 000～1 500g，精饲料100～150g。麝为反刍草食动物，食性很广。喜食鲜嫩多汁的野菜、树枝、树叶、山果及苔藓等。人工饲养条件下，饲料大致分为动物性饲料、植物性饲料、矿物质饲料和添加剂饲料。

1. 植物性饲料　植物性饲料分为精饲料和青粗饲料。精饲料主要有大豆、玉米、绿豆、麦麸等，与其他畜禽的种类基本相同。青粗饲料包括青绿多汁饲料和粗饲料。有青草、野菜、树枝、树叶、地衣、苔藓、胡萝卜、萝卜、白菜、甜菜、马铃薯等；粗饲料有干草、干树叶、干菜及农作物和经济作物的秸秆等。

2. *动物性饲料* 主要有牛奶、羊奶、蛋、奶粉、鱼粉、血粉等。这些饲料喂量很少，但因其营养价值高，对麝的生殖、泌乳、生长发育有很大作用，是饲料中不可缺少的成分。

3. *矿物质饲料* 主要有食盐、贝壳粉、骨粉、蛋壳粉等。微量元素对麝的配种繁殖、生长发育和提高生产力有重要的作用。成年麝每天每头可供给铁 20mg、铜 15mg、镁 8mg、锌 11mg、硼 1.4mg、锰 1.4mg、钴 2.5mg。微量元素要制成添加剂，均匀拌在饲料中喂给。

（二）麝的营养需要

不同生理时期麝对营养需要有所差异，其营养需要可参照表 3－1、表 3－2、表 3－3、表 3－4、表 3－5、表 3－6。

表 3－1 育成公麝的营养需要 （头/d）

月龄	体重（kg）	干物质（g）	消化能（kJ）	代谢能（kJ）	可消化粗蛋白（g）	粗纤维（g）	钙（g）	磷（g）	食盐（g）	赖氨酸（g）	蛋氨酸＋胱氨酸（g）
3～6	4～5	70	991.6	744.8	8.4	3.6	0.27	0.14	0.11	0.46	1.16
6～12	5～6	139	1 983.2	1 485.3	17.0	7.0	0.54	0.27	0.22	1.28	2.32
12～18	6～7	209	2 974.8	2 230.1	25.0	11.0	0.80	0.41	0.32	1.91	3.47
18～32	7～8	269	3 769.8	2 824.2	32.0	13.5	1.02	0.51	0.41	2.42	4.40

表 3－2 育成母麝的营养需要 （头/d）

月龄	体重（kg）	干物质（g）	消化能（kJ）	代谢能（kJ）	可消化粗蛋白（g）	粗纤维（g）	钙（g）	磷（g）	食盐（g）	赖氨酸（g）	蛋氨酸＋胱氨酸（g）
3～6	4～6	70	1 150.6	870.3	11.0	3.7	0.33	0.17	0.16	0.85	1.54
6～12	6～7	160	2 297.0	1 740.5	22.0	7.4	0.66	0.35	0.31	1.70	3.08
12～18	7～8	240	3 447.6	2 610.8	33.4	11.0	0.99	0.52	0.47	2.53	4.60

表 3－3 成年母麝的营养需要 （头/d）

月龄	干物质（g）	消化能（kJ）	代谢能（kJ）	可消化粗蛋白（g）	粗纤维（g）	钙（g）	磷（g）	食盐（g）	赖氨酸（g）	蛋氨酸＋胱氨酸（g）
1～3	256	3 962.2	2 995.8	31.0	13.8	1.21	0.60	0.50	1.41	2.38
4～7	276	3 828.4	2 899.5	37.0	12.4	1.10	0.58	0.52	1.58	2.49
8～9	292	4 623.3	3 681.9	49.0	14.2	1.26	0.63	0.54	2.45	4.67
10～12	287	5 100.3	4 150.5	42.0	13.6	1.20	0.60	0.53	2.00	2.83

表 3-4 成年公麝的营养需要

（头/d）

月龄	干物质（g）	消化能（kJ）	代谢能（kJ）	可消化粗蛋白（g）	粗纤维（g）	钙（g）	磷（g）	食盐（g）	赖氨酸（g）	蛋氨酸+胱氨酸（g）
1~3	262	3 635.9	2 631.7	23.0	18.5	1.08	0.54	0.42	0.66	2.32
4~7	262	3 016.7	2 087.8	21.2	15.0	1.14	0.57	0.40	1.26	2.18
8~9	269	3 790.7	2 832.6	27.0	14.2	1.06	0.53	0.43	2.03	4.39
10~12	260	3 824.2	2 840.9	27.8	15.0	1.05	0.53	0.45	1.19	2.38

表 3-5 妊娠母麝的营养需要

（头/d）

月龄	干物质（g）	消化能（kJ）	代谢能（kJ）	可消化粗蛋白（g）	粗纤维（g）	钙（g）	磷（g）	食盐（g）	赖氨酸（g）	蛋氨酸+胱氨酸（g）
妊娠前期（1~96d）	262	3 635.9	2 631.7	23.0	18.5	1.10	0.54	0.42	0.66	2.32
妊娠后期（96d~分娩）	287	4 723.7	3 422.5	32.0	13.6	1.84	0.92	0.71	0.92	3.25

表 3-6 哺乳母麝的营养需要

（头/d）

月龄	干物质（g）	消化能（kJ）	代谢能（kJ）	可消化粗蛋白（g）	粗纤维（g）	钙（g）	磷（g）	食盐（g）	赖氨酸（g）	蛋氨酸+胱氨酸（g）
妊娠前期（1~96d）	313	5 573.0	4 840.9	41.0	16.0	1.99	1.00	0.77	1.16	4.09
妊娠后期（96d~分娩）	348	4 966.4	4 313.7	36.0	16.2	1.77	0.89	0.69	1.03	3.63

二、饲养管理方法

公、母麝所需的营养不同，而且它们在不同的生长发育、生理阶段、营养需要也不一样，必须喂给不同的饲料。一般地说，公、母麝在生长发育阶段，公麝的配种期、泌香期；母麝的妊娠期、哺乳期要求有营养全面、蛋白质含量较高的饲料，所以，在饲养期间，要及时调整，合理搭配饲料。

喂料要求严格定时、定量、定次数，每次给料量以吃饱而无剩料为宜，一般分早、中、晚3次喂食，早晨喂日粮的30%，中午20%，晚间50%。喂料要求先粗后精，饲料种类和质量要相对稳定。变换饲料种类时，应由少量到多量，使之逐步适应。突然变换饲料，可引起消化不良，甚至腹泻，食欲减退。供给足够的清洁饮水，夏天应每天换水1次。饮水器要经常保持清洁卫生，防止粪尿污染。

麝应分圈饲养，以避免大欺小、强欺弱、公母互相追逐，使其生活环境安静，互不干扰。麝场周围及舍内应种些桑树、杏树、核桃楸等，供麝采食树叶和避开阳光直射。圈内应保持干燥、通风、空气新鲜，冬暖夏凉，安静，无不良刺激源。圈舍及运动场每年要定期消毒2~3次，食槽必须每天刷洗。

麝要有一定的运动场，使之有充分的运动，以促进新陈代谢，增强体质。种公麝应适当的运动，以增强体质，提高精子的活力，从而使受精率提高；妊娠麝适当的运动能保证胎儿正常发育，减少难产。饲养员接近麝时，态度要温和亲近，切忌简单粗暴的举动。

三、麝的饲养管理要点

（一）新捕野麝

应先在光线较暗、环境安静的圈舍内休息2～4h，再给饮水和适口性好的草料，待喂养至体况恢复正常，基本适应圈舍饲养时，再放入光线充足的舍内饲养。白天打开舍门，任其在运动场自由活动，以加快适应环境，晚上再圈入舍内。

（二）种公麝

在配种前的1个月，就应增加饲料中蛋白质饲料的比例和富含胡萝卜素的饲料，保证充足的运动，使之体质健壮，性欲旺盛。配种期结束后，为保证公麝迅速恢复体况，配种期间的饲料不要立即变更，待体况恢复后，再转入非配种期的饲料。每天供给精饲料100g，添加食盐1～2g（表3－7）。

表3－7　公麝参考日粮

饲料种类		泌香和配种前期									配种期		
		2月	3月	4月	5月	6月	7月	8月	9月	10月	11月	12月	1月
精饲料（g）				100	100	100	100	100	100	100			
青、粗饲料（g）	粗	500	500	400	250						250	500	500
	青					600	600	600	500	250			
多汁饲料（g）		600	600	750	900	650	650	650	650	1 000	750	500	600
合计（g）		1 100	1 100	1 250	1 250	1 350	1 350	1 350	1 250	1 350	1 000	1 000	1 100

注：精料为黄豆30%，绿豆20%，玉米50%；青、粗饲料为干鲜枝叶；多汁饲料为甘蓝、胡萝卜、南瓜等。

（三）母麝和仔麝

适龄、体况好的母麝在配种期间要及时配种，防止漏配、空怀或受孕推迟，并做好配种记录，搞好产后护理工作。母麝怀孕后，必须与公麝隔离，并保证环境安静，防止惊扰，被公麝追逐而引起流产。

每天供给母麝精饲料100～150g，添加食盐1～2g。母麝妊娠期间适当增加精料喂量，多喂蛋白质饲料及富含维生素的饲料，以保证胎儿发育的营养需要。临产前1～2d，减少精料，加喂多汁饲料。

临产前，需根据分娩的症状及预产期，提前1～2d单圈饲养。产后，若遇母麝母性较差，乳汁不足，可用母性好、产仔日期相近的其他母麝代乳或以羊乳进行人工哺乳。哺乳期间，应增加1次精料喂饲，精饲料由原来的100g增至150g左右，比平时增加30%～50%，并保证优质青绿多汁饲料的供应。

母麝参考日粮见表3－8。

表 3-8　母麝参考日粮

饲料种类		妊娠、哺乳和配种前期											
		2月	3月	4月	5月	6月	7月	8月	9月	10月	11月	12月	1月
精饲料（g）				150	150	150	150	150	150				
青、粗饲料（g）	粗	650	750	750	500						250	500	500
	青					750	750	600	500	300			
多汁饲料（g）		600	500	500	800	800	800	1 000	1 000	1 000	750	500	600
合计（g）		1 250	1 250	1 250	1 450	1 700	1 700	1 750	1 650	1 450	1 000	1 000	1 100

注：精料为黄豆30%，绿豆20%，玉米50%；青、粗饲料为干鲜枝叶；多汁饲料为甘蓝、胡萝卜、南瓜等。

仔麝生后15d开始吃草，这时供给的草料必须鲜嫩、质软。与此同时，要加强仔麝的护理，密切注意采食情况和精神状态，经常检查粪便，发现异常及时诊治。仔麝哺乳2～3个月以后即可断奶，公母分群饲养，体弱、有病的单独喂养。

1个月龄以前的仔麝，跑跳能力差，易与人接近，要注意驯化。饲养员可经常抚摸仔麝的耳根、额等部位，使其产生舒适感，卧息不动，并使仔麝多见异物，多听各种声响，在适应环境的过程中逐步驯化，麝的驯化程度是野麝家养的决定性因素。驯化可分为个体驯化、群体驯化和控制放牧。

个体驯化：包括人工哺乳、羊代乳、接近抚摸和牵引驯化4种方法。接近抚摸是人主动与麝接近并用手抚摸，从7月龄的仔麝开始进行，待麝不拒抚摸后作怀抱仔麝的训练，达到麝主动与人接近，改变其胆怯习性，脚顶刺激不引起惊恐。牵引驯化是将完成接近抚摸的仔麝戴上笼头牵引到野外放牧的训练，使麝逐步能够顺利地走向牧场和返回圈舍，进而达到能自由放牧。

群体驯化：以断乳后的仔麝为对象在圈舍内进行。采用定时、定量、定点投放饲料的训练方法，使之建立召集信号条件反射，达到麝群集体采食、活动、息卧。

控制放牧：以具备合群习性的麝群为对象，在人工牧场内进行放牧驯练。成功的关键在于调教骨干麝群和培养群体移动性。选择性情温顺、能接近抚摸、合群的个体组成骨干麝群，采用个体驯化和群体驯化的方法重点调教，使之成为麝群放牧的带头麝，采用改变饲料的投递点来引导麝群移动，即训练麝群按指定地点移动。最后，麝群通过召集信号集中起来，在饲养员的带领下进行控制放牧，达到能顺利地出牧和归牧的目的。

第三节　麝　　香

一、麝香的种类形态与功用

（一）麝香囊与麝香的种类形态

1. 麝香囊　麝香囊分香囊部和香腺部两部分。麝香囊长4～6cm，宽3～4cm，厚2～3cm，由外向内依次为粗皮层（皮肤层）、细皮层（肌肉层）、内皮层的外壳和囊腔构成，内层皮膜呈棕色，习称“银皮”或“云皮”，内包含颗粒状及粉末状的麝香仁和少量细毛及脱落的内层皮膜。香腺为管泡状腺，呈戒指状分布于香囊的前、两侧和后部，前宽后窄，分泌的麝香通过导管进入香囊。

2. 麝香的种类形态　麝香为雄麝麝香腺的分泌物，根据所含成分和状态，可将麝香分成蚂蚁香、蛇头香、银皮香、毛壳香、油香、心结香、逸香和“当门子”等。

野麝死亡后，立即割取香囊，阴干，得到俗称的“毛壳麝香”，除去囊壳，取出囊中分泌物，得到的是“麝香仁”，香囊重15～30g。毛壳麝香呈囊状球形、椭圆形或扁圆形，直径3～6cm，厚2～4cm。开口面的革质皮棕褐色，密生灰白色或灰棕色短毛，从两侧围绕中心排列，中央有1小囊孔，直径约3mm。

野生麝香仁品质柔、油润、疏松；其中有不规则圆形或颗粒状物，“当门子”外表呈紫黑色，微有麻纹，油润光亮，断面棕黄色；粉末状者多呈棕色或棕褐色或微带紫色。人工饲养所获的麝香仁呈颗粒状、粉末状、短条状或不规则团状，紫黑色或深棕色，表面不平，显油性，微有光泽。

（二）麝香的药效

麝香是珍贵的中药材和优质定香剂，具有浓郁香味，穿透力强，对中枢神经系统有兴奋作用。据《本草纲目》记载，麝香有“通诸窍”、开经络、透肌骨、活血通经，消肿止痛的功能，是治疗中风、脑炎的特效药。用于热病神昏，中风痰厥，气郁暴厥，中恶昏迷，经闭，癥瘕，难产死胎，心腹暴痛，痈肿瘰疬，咽喉肿痛，跌扑伤痛，痹痛麻木。安宫牛黄丸、速效救心丹、片仔癀、云南白药等国宝级的传统中成药药品都有麝香，对我国人民治病保健起到了长期的、巨大的作用。

1. 对中枢神经系统的作用　麝香直接或间接兴奋中枢神经，其作用具有双向性，即小剂量兴奋，大剂量则抑制。对心血管系统作用：麝香具有明显的强心作用，能使动物心脏收缩亢进，但对心率一般无影响。麝香酮能溶解家兔的红血球，降低血小板的凝聚率。

2. 抗炎作用　麝香具有明显的抗炎作用，对炎症病理发展过程的血管通透性增加期、白细胞游走期和肉芽形成期3个阶段都有影响。对子宫的作用：麝香对离体和在位子宫均有明显的兴奋作用，麝香酮具有抗孕作用。

3. 抗肿瘤作用　麝香悬液对小鼠艾氏腹水癌和肉瘤细胞有杀灭作用。

4. 雄性激素样作用　麝香乙醚提取物具有类似睾丸酮样的激素效果。

5. 抗生素作用　麝香汀的稀释液在试管内对猪霍乱弧菌、大肠杆菌及金黄色葡萄球菌均有抑制作用。

（三）麝香作为名贵香料

麝香是四大动物香料（麝香、灵猫香、河狸香、龙涎香）之首，香味浓厚，浓郁芳馥，经久不散。我国生产的麝香不仅质量居世界之首，产量也占世界的70%以上。

麝香作为香料珍品历史悠久，东汉时期，即用于梳妆和熏香衣物，到了唐、宋时期，已盛行将麝香作化妆品和赋香剂。此外佛事使用的香、“文房四宝”中的墨、裱画、鼻烟等，其中的高级者也使用麝香。麝香具有独特、柔和而幽雅的香气，扩散和透发力极强，具有良好的提香作用和极佳的定香能力，被用于调制高级香水。

二、麝的泌香规律

麝香是雄麝腹部下方生长的香腺和香囊中分泌和贮存的一种外激素或信息化合物。香囊是雄麝的副性征之一，为椭圆形的袋状物，埋于生殖器前的组织深处，香腺处于香囊的前方和两侧，主体部分包绕在香囊的前方，向后侧方逐渐变细，伸向囊的腹面两侧。麝香由香腺部和香囊部的皮脂腺分泌形成，香腺主要是由腺泡细胞和疏松结缔组织组成，高柱状的腺泡细胞游离部脱离腺泡细胞进入腺泡腔，成为麝香的初香液，初香液经导管进入香囊腔后与皮脂腺所分泌的大量皮脂共同形成麝香，并进行熟化和贮存，大约需要两个月的转化过程，才形成粉粒状的“蚂蚁香”和颗粒状的成熟的麝香。

雄麝从 1 岁（性成熟后）就开始分泌麝香，3 ~ 12 岁是麝香分泌最旺盛的时期，1.5 ~7.5 岁雄麝平均泌香量达到 12.26g/只，有效取香率达到 95.64%，4.5 ~7.5 岁平均泌香量达到 13.53g/只；在保持相同青绿多汁饲料和精饲料饲喂比例的情况下，提高精饲料的粗蛋白水平，能极显著提高雄麝的泌香量。

麝每年 5 ~7 月为泌香期，其形成和分泌过程是连续性的，但每个泌香期只有 28d 左右。泌香期分为泌香初期、泌香盛期和泌香后期 3 个时期。泌香初期约 10 ~12d，此期麝首先阴囊开始肿大，随后香囊开始肿大，尿液呈碱性，体温正常；泌香旺盛期 5 ~7d，届时雄麝阴囊、香囊明显肿胀，表现食量逐渐减少甚至拒食、呆立、尿液呈酸性，体温由正常的 38.5 ~39℃升高到 40℃，此期香腺开始泌香，囊口常有香液流出出现遗香现象；泌香后期约 8 ~10d，雄麝阴囊、香囊肿胀逐渐消退，体温、食欲恢复正常；以后为麝香逐渐成熟期，此期水分和其他气味逐渐挥发，麝香由原来的黄褐色、豆腐渣状、具有臊臭气味，变成褐色、颗粒状或粉末状、具有浓烈芳香气味的成熟麝香。

三、人工取香

取香前备全用具与药品，如不锈钢挖勺、盛香盘、固定床、镊子、剪刀、药棉、消炎膏、酒精、红药水等（图 3 -1）。

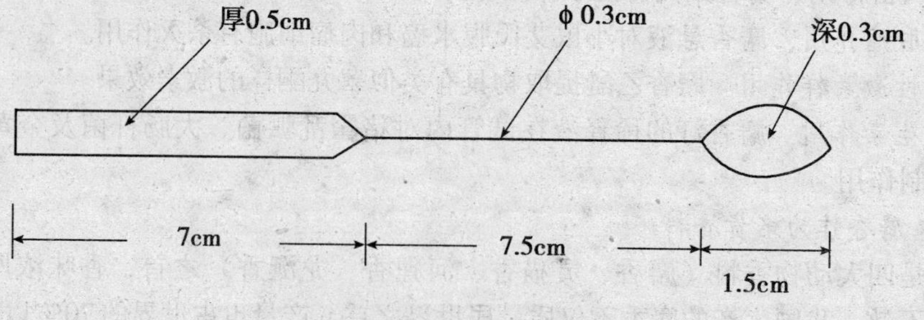

图 3 -1　取香勺示意图

（一）抓麝与保定

由饲养人员负责抓麝，抓麝时要在麝不注意时突然出手抓住后腿，并将后肢迅速提起，同时将麝骑跨夹于两腿之间以免过度挣扎，然后将麝两只后腿交于右手，空出左手抓住麝的两只前腿，将其提起，迅速坐在预先备好的木凳上，将麝背向内腹朝外固定于两腿上。

（二）取香

取香人员首先用手轻轻挤压揉搓香囊，以便将结块麝香揉开，然后用左手中指和食指在香囊基部固定，大拇指按住香囊口，无名指和小指按住香囊体，右手持挖勺插入香囊内（最深不超过2.5cm），徐徐转动挖勺，均衡地向外抽动，麝香便顺香囊口落入香盘。取香时注意不要挖伤香囊，麝香囊内壁受伤会影响麝香腺分泌的麝香进入香囊，从而影响产香量，囊口受伤，取香后要及时涂上消炎药。

麝香干燥后要保存在密闭容器内，防止受潮，防止阳光照射。1头公麝可连续取香13年以上。

（三）取香时注意事项

1. 取香时间　取香应在早饲前天气凉爽时进行，以免对麝造成不良影响，造成瘤胃臌气等消化道疾病。

2. 动作要求　抓麝以及取香时动作要稳、准、快，抓麝时注意避免由于麝的剧烈挣扎造成后肢损伤，取香时动作要轻，谨防香勺刺伤香囊。

3. 取香勺选择　根据麝的年龄和香囊口大小，选用不同规格的取香勺。

4. 准确区分麝香囊口与尿口　麝香囊口在尿口前方，与尿口很近，要注意区别，严防将取香勺误插入尿口。

5. 放麝与护理　取香完毕后，放麝时，要先放前腿后放后退，注意不要马上喂饲和饮水，待恢复平静后供给0.1%的盐水，并喂饲一些新鲜饲料。

四、麝香的真伪辨别

（一）冒槽现象

取毛壳麝香用特制槽针从囊孔插入，转动槽针，撮取麝香仁，立即检视，槽内的麝香仁应有逐渐膨胀高出槽面的现象，习称"冒槽"。麝香仁油润，颗粒疏松，无锐角，香气浓烈。不应有纤维等异物或异常气味。

（二）手感与味道

取麝香仁粉末少量，置手掌中，加水润湿，用手搓之能成团，再用手指轻揉即散，不应粘手、染手、顶指或结块，指压有弹性。味道辛辣、微苦。

（三）灼烧与气味

成熟的麝香具有浓烈的芳香气味，未成熟的麝香具有腥臭味。

取麝香仁少量，撒于炽热的坩埚中灼烧，初则迸裂，随即融化膨胀起泡似珠，香气浓烈四溢，应无毛、肉焦臭，无火焰或火星出现。灰化后，残渣呈白色或灰白色。

（四）颜色与形状

麝香微细形态为无数不定形颗粒状物集成的半透明或透明团块，淡黄色或淡棕色；团块中包埋或散在有方形、柱状、八面体或不规则的晶体，并可见圆形油滴，偶见毛及内皮层膜组织。宏观形态成熟的麝香为粉末状或颗粒状，麝香仁粉末棕褐色或黄棕色，未成熟的麝香呈油脂状或豆腐渣状，呈浅黄褐色，干香表面有白色结晶。

毛壳香具有皮肤层、肌肉层和内皮层等香囊的特殊结构；银皮香具有内皮层。

（五）成分

本品在［含量测定］项下所得色谱中的保留时间，与对照品的保留时间一致。成分有麝香酮（0.5% ~2%）、灰分（7% ~8%）、水分（10% ~15%）和胆固醇酯（0.4% ~2.4%）等。

（六）物理特性

比重0.8628；在水中溶解度50% ~70%，在99%酒精中溶解度10% ~20%，难溶于氯仿；沸点142 ~143℃，凝固点 -19℃。

（七）特异反应

遇碱、硫磺和动植物炭香味消失，遇氨水和稀碱香味变浓。

复习思考题

1. 麝有哪些种类？对麝进行人工驯养有何意义？
2. 麝有哪些生物学特性？了解这些内容对指导生产有何意义？
3. 如何对麝进行人工活体取香？取香时应主要注意哪些问题？
4. 如何鉴别麝香的真伪？

高文玉

第四章　水　　貂

水貂是短毛型珍贵毛皮动物，其毛皮板质柔软、毛绒细密，轻便美观，针毛呈宝剑状，富有光泽。水貂皮是加工高档女式大衣、披肩、帽子、领子、围巾和服装镶边的理想原料，在国际市场中占有十分重要的位置，是裘皮市场三大支柱之一，有“裘皮之王”的美称。

第一节　水貂的形态与生态

一、分类与分布

水貂属于动物界（Animalia）、脊索动物门（Chordata）、脊椎动物亚门（Vertebrata）、哺乳纲（Mammalia）、真兽亚纲（Eutheria）、食肉目（Carnivora）、鼬科（Mustelidae）、鼬属（*Mustela*），是一种小型珍贵毛皮动物。在自然界里，形态上相近的有欧洲水貂（*Mustela lutreola*）和美洲水貂（*Mustela vison*）两种。目前，国内外广泛饲养的水貂均为美洲水貂的后裔。

在野生状态下，美洲水貂主要分布在北纬40°以北地区，从阿拉斯加到墨西哥湾，从拉布拉达到加利福尼亚以及西伯利亚等地区，均有美洲水貂的分布。在自然条件下，北回归线以南地区水貂不能正常繁殖。目前，已经被世界许多国家和地区广泛饲养，在我国东北、华北、山东等地区饲养量较大。通过采用人为控光技术，在我国北貂南养已获得成功。

二、形态特征

水貂体躯细长，头小而圆，眼小而圆，耳壳较小，四肢短小，尾细长，尾毛蓬松，外形与黄鼬相似。水貂前后肢皆五趾，趾端具有锐爪，趾间有蹼，后肢趾间蹼较前肢明显。肛门两侧有1对臭腺，系水貂用以避敌的秘密武器。

野生水貂毛色为深褐色，下颌有白斑，称为标准色水貂，人工饲养的除标准色水貂外还有彩色水貂。彩色水貂是标准色水貂变异或人工培育而成，目前有白、蓝、灰、黄、红、黑等多个色系和几十种色型，如白化貂、黑十字貂、咖啡貂、蓝宝石貂和米黄貂等。

成年水貂体尺、体重性别差异很大，公貂体重1.5～3.0kg，体长38～50cm，尾长18～22cm；母貂体重0.9～1.5kg，体长34～37cm，尾长15～17cm。仔貂出生重7～10g，刚出生的仔貂身上裸露无毛，闭眼。标准貂的形态见图4－1。

图4-1 标准貂

三、生态习性

（一）栖息环境

野生水貂多栖息于河床、湖岸或林中溪旁等近水地带，利用天然岩洞营巢，巢内铺有干草或鸟的羽毛。洞穴在岸边或开口于水下，洞长约1.5cm；在洞穴附近常利用草丛或树丛为掩护。

（二）食性和消化特点

野生水貂主要以捕食鼠类、蝼蛄、鱼、麝鼠、昆虫、蛇等为食，食物随季节发生变化。在冬季食物中，哺乳类占一半以上；夏季蝼蛄占1/3，哺乳类占1/5；春初秋末鱼类占1/5。水貂的牙齿34枚，其犬齿较发达；盲肠已退化，肠道总长仅相当体长的4~5倍，是典型的食肉性动物。

水貂体内缺少胡萝卜素转化酶，所以不可通过添加胡萝卜来满足水貂对维生素A的需求。水貂几乎不能消化纤维素，因此，饲料中纤维素的含量不能超过3%，否则会出现消化不良。

（三）生活习性

1. 夜行性　野生水貂喜欢在近水且植被茂密的环境活动，并多在夜间活动。

2. 喜欢游泳和潜水　野生水貂可在水中捕食鱼、麝鼠等动物，家养情况下，水貂喜欢戏水。

3. 性情凶猛、活动敏捷　在人工饲养情况下要避免跑貂现象的发生，同时加强饲养人员的劳动防护，防止被水貂咬伤。一旦被水貂咬住，可采用对准水貂鼻孔猛吹一口气的方法加以摆脱。

4. 为仔貂叼送饲料行为　母貂在产仔哺乳期仔貂开眼前，有为仔貂叼送饲料的习性。由于水貂的这一习性，在母貂产仔期，要加强对窝箱的卫生管理，以减少仔貂尿湿病和仔貂脓疱病的发生。

5. 搬弄仔貂行为　水貂是一种小型的食肉性动物，其自卫能力有限，野生状态下，在受到外界惊扰时，水貂便养成了将仔貂叼弄到其他地方的习惯，以避免仔貂受到敌害的侵袭。在人工饲养的情况下，外界的惊扰便可导致母貂搬弄仔貂行为的出现，由于母貂在貂笼中，除窝箱外，并无更为安全的地方可寻，叼弄时间过长仔貂便会死亡，从而引发母貂食仔行为，给生产造成损失。

6. 嗅觉发达　水貂嗅觉发达，其采食、辨别仔貂都主要靠嗅觉，环境和仔貂气味的变化都可能引发水貂食仔。在生产中，水貂繁殖季节，饲养管理人员严禁用化妆品。在繁殖季节，场内消毒要选用气味小的药物，最好采用火焰等物理消毒方法。

7. *定点排粪行为* 水貂有定点排粪行为，一旦选定排粪地点便很难改变。在人工饲养情况下，引导幼貂选择笼网中合适的地点排粪很重要。如果水貂选择了在窝箱中，或在水槽、料槽附近排粪，可采用“逐步移粪法”帮助其改变排粪地点。

8. *舔食仔貂肛门刺激仔貂排粪尿行为* 母貂在仔貂开食前有舔食仔貂肛门刺激仔貂排粪尿行为，这一行为对于保持巢穴或窝箱的卫生十分有利。仔貂一旦开食，母貂便停止这一行为，因而，此时应加强窝箱卫生管理。

四、光周期与水貂换毛、繁殖的关系

（一）光周期与水貂毛被生长脱换的关系

水貂的毛被生长、脱换具有明显的季节性，以春分和秋分为信号，一年脱换两次。每年夏至后随着日照时数的逐渐缩短，到 8 月末、9 月初夏毛开始慢慢脱落，冬毛开始长出；秋分后冬毛生长加快，9 ~ 11 月为水貂冬毛生长期，11 月末、12 月初冬毛成熟。由于水貂冬毛的生长与光照关系密切，根据水貂脱换冬季毛被需要短日照的特点，采用控光养貂，人为的改变光周期，将“秋分信号”提前到 7 月 21 日或 8 月 1 日，以后每日缩短日照时间（每 5d 缩短 13min），可以使冬毛提前成熟，提前 1 个月取皮。明显的春分和秋分信号，是水貂毛被脱换与生长的必要条件，在南方，水貂毛被成熟较北方晚。

（二）光周期与水貂繁殖的关系

水貂的繁殖具有明显的季节性，水貂的生殖器官随着一年光周期的变化而变化。公貂睾丸的重量和体积在 8 月份最小，9 月以后开始发育，随着冬毛的成熟睾丸的发育迅速。在 12 月上旬，睾丸平均重为 1.14g，到 2 月中旬时达到 2.0 ~ 2.5g，开始形成精子并分泌雄性激素，出现性冲动。3 月份性欲旺盛，是水貂的配种期，但到 3 月下旬配种能力有所下降。5 月份公貂的睾丸发生退行性变化，表现为体积缩小，重量减轻，功能下降。夏季时睾丸的重量仅为 0.2 ~ 0.5g，仅为配种期的 1/7 ~ 1/5，精母细胞的机能相对停滞。

由于纬度的不同，秋分信号和春分信号到来的早晚不同，因而水貂的配种期到来的早晚也不同。在自然情况下，由于纬度越高春分、秋分信号到来的就越晚，所以配种期就越晚。在一定范围内纬度越低，水貂发情越早。然而，高纬度地区光照时数的季节性变化，是水貂季节性繁殖的主要信息和必要条件，一年中水貂由非繁殖期转至繁殖期，必须有短日照条件，因此，季节性变化不明显的光周期，往往导致繁殖的失败。在北回归线（北纬 23.5°）以南地区，由于一年中光周期变化不明显，自然情况下水貂不能正常繁殖。

不但水貂的发情配种明显地受光照的影响，光照对水貂的妊娠与产仔影响也十分明显，在母貂受配受胎后，有计划地适当增加光照可缩短妊娠期，有利于增加水貂产仔数；如果无计划地随意改变光照，妊娠水貂可出现死胎、化胎现象。

（三）控光养貂

控光养貂时，控光一开始就要创造昼夜相等的光照条件（12h 光亮/12h 黑暗）作为“秋分”信号，以后有规律地逐渐缩短光照。这一段时间不应少于 90d，这是由于水貂换毛和生殖器官发育所需要的。经过 90d，在日照达到最短时数（北纬 45° 地区冬至时，7.5 ~ 8h 光亮）的时候，又由最低点逐渐延长光照。经过 65 ~ 70d，光照时间可达 11.5h，这时就可放对配种。从开始控光到配种开始，这一段时间155～160d。光照时数以算式表示如下：

$$\sum_{155\sim160}=\frac{12h\rightarrow7.5\sim8h}{90d}+\frac{7.5\sim8h\rightarrow11.5h}{65\sim70d}$$

在配种基本结束后，应给予12h的光照作为“春分信号”，然后逐渐增加光照，经30～40d，到产仔时光照达到15h，并保持到产仔结束。其间光照时数按以下算式表示：

$$\sum_{40\sim50}=\frac{11.5\rightarrow12h}{10\sim15d}+\frac{12\rightarrow15h}{30\sim40d}\text{（产仔）}$$

第二节　水貂的繁育

一、繁殖生理

水貂每年2～3月份发情配种，4～6月份产仔。育成貂的初情期为9～10月龄。

（一）睾丸和卵巢的季节变化

水貂的季节性繁殖是以生殖器官的季节性变化为生理基础的。每年的6～12月份，公貂睾丸的重量和体积，比1～5月份相对小而轻，睾丸的内分泌功能很低，处于相对静止状态，没有性欲。约在秋分时睾丸开始发育，但初期发育缓慢。一般从11月下旬起，睾丸的体积和重量日益增大。冬至以后，睾丸的发育迅速，其功能逐渐恢复和加快。2月中旬，开始形成精子并分泌雄性激素，出现性冲动。3月份性欲旺盛，是水貂的集中配种期，可是到3月下旬配种能力有所下降；5月份睾丸发生退行性变化，表现为睾丸体积减小，重量减轻，功能下降。到夏季时睾丸重量和体积降至最低值。

母貂的卵巢在非动情期平均重量约0.3g，长约4.17mm，宽约2.57mm。在配种季节里，由于卵泡的生长，卵巢的重量和体积都有所增长，平均重量约0.65g，长约4.31mm，宽约2.77mm。非配种季节卵泡的直径为0.65mm，动情前期0.90mm，动情期可达1.0～1.2mm。Hansson（1947）曾观察过性周期与卵巢体积的关系。如果将休情期的卵巢体积定为100，那么动情期就增加为111；交配后、排卵前，卵巢继续增加到148，而排卵后又降至到动情期的水平，1周后又增至133，在胎盘期约为150。

（二）发情周期

水貂是季节性繁殖动物，公貂在整个配种季节始终处于发情状态，母貂为季节性多次发情。在整个配种季节里，母貂出现2～4个发情周期，每个发情周期通常为6～9d，动情期持续1～3d，间情期一般为5～6d。母貂在动情期容易接受交配，并能排卵受孕，但在间情期内不接受交配，即使强行交配，也不能诱发排卵，故此期称为排卵不应期。

（三）排卵

水貂是诱导性排卵的动物，排卵需要交媾刺激或类似的神经刺激。母貂通常在交配后37～72h排卵。水貂在接受配种诱发排卵后的一段时间内，虽然也发生闭锁，但并不随即形成有分泌孕酮功能的妊娠黄体，而处于休眠期。在黄体休眠期里，卵巢内又有一批接近成熟的卵泡继续发育成熟，并分泌雌激素，无论前次排出的卵是否受精，仍可通过交配再次排卵。

（四）受精

水貂的受精部位在输卵管上段。排卵后12h左右卵细胞就会失去受精能力。精子在母貂生殖道内保持受精能力的时间一般为48h。

据资料介绍，采用1+1配种，有37%的仔貂来自第一次交配的受精卵，63%的仔貂来自第二次交配的受精卵；采用1+2配种，有73%的仔貂来自第一次交配的受精卵，27%的仔貂来自第二次交配的受精卵；采用1+7配种，有14%的仔貂来自第一次交配的受精卵，86%的仔貂来自第二次交配的受精卵。三次交配的结果，同二次交配基本上是一致的，大部分仔貂来自第二次受精卵。

二、配种

（一）配种期

水貂的配种期虽然依地区、个体和饲养管理条件而有所不同，但一般都在2月末至3月下旬，历时20～25d，配种旺期一般集中在3月中旬。不同毛色的水貂配种期有所差异，如咖啡色、蓝宝石、黑眼白等彩色水貂，比标准貂配种期晚5～7d，咖啡色和白色貂在3月6日开始配种为宜。经产母貂比初产母貂发情早，因此，配种初期尽量先配经产母貂，争取在本场配种旺期达到全配。

（二）配种方式

水貂的配种方式可分为同期复配和异期复配两种。在一个发情期内连续2d或隔1d交配2次（1+1或1+2），称为同期复配。个别母貂由于初配后不再接受第二次配种，因而自然形成一次交配。

在2个以上的发情周期里进行2次以上的交配称为异期复配。异期复配可分为2个发情周期交配2次，和2个发情周期交配3次两种方式，前者是在第一个发情周期进行初配后，在间隔6～9d后的下一个发情期进行复配（1+7）；后者是在第一个发情周期进行初配后，在间隔6～9d后的下一个发情期进行2次复配（1+7+1或1+7+2），或在同期复配后再间隔6～9d进行复配（1+1+7、1+2+7）。

实践证明，采用1+1、1+7、1+7+1的配种方法效果较好。对每只母貂究竟采取哪种配种方式，要根据其初配日期而定。配种开始后1周以内（在3月12～13日以前）进行交配的母貂，多采用1+7的配种方式；而在3月中旬进行初配的母貂，则多采用1+1或1+2的配种方式。不论采用哪种配种方式，配种落点（最后一次复配）应在本场历年的配种旺期，也就是3月12～20日。就配种效果而言，同期复配较异期复配空怀率高一些，在同期复配方式中，1+2配种方式，即隔日复配，效果较差。不同交配方式对母貂繁殖力的影响如表4－1所示。

为了掌握和控制配种结束的适宜时期，合理使用种公貂，提高养貂场总体配种效果，目前我国各地普遍采用“分阶段异期复配”的配种体制。该体制将水貂配种期分成3个阶段，即初配阶段、复配阶段和查空补配阶段，规定初配阶段不进行复配，复配阶段尽可能完成复配，补配阶段查空补配。

研究表明，母貂卵泡发育成熟的数量配种季节中期（光照时间为11.5～12h）比初期和末期多，因此，在配种旺期完成复配，可获得较高的产仔数。另外，由于母貂交配后出现排卵不应期，所以复配应在初配的两天内或7～10d进行，不应在初配后的3～6d内进行。采取无规律的交配方式，容易造成空怀，过早地放对和勤放对，既增加人和貂的负担，也不会有什么实效。

表4－1　交配方式对繁殖力的影响

繁殖效果＼交配方式	一次交配	二次交配		三次交配		总数	平均
	1	1＋1	1＋7	1＋7＋1	1＋1＋7		
母貂数（只）	3 360	2 731	2 563	1 530	284	10 184	
胎平均（只）	4.64	4.94	5.91	5.98	4.60		4.90
空怀率（%）	32.2	18.7	15.5	10.5	14.8		21.1
群平均（只）	3.14	4.01	4.24	4.55	3.92		3.81

（三）配种技术

1. 发情鉴定　准确地对母貂进行发情鉴定，是确保水貂配种的关键，也是提高产仔率和产仔数的前提。发情鉴定有行为观察、外生殖器官检查和放对试情等方法，生产实践中以外生殖器官检查为主。通过发情鉴定，既可摸清水貂的发情规律，准确掌握放对的最佳时机，又可提前发现生产中存在的问题，及时采取补救措施。

公貂发情鉴定一般进行2次，分别安排在精选定群的11月15日前后和1月10日，用手触摸睾丸的发育情况，以大、中、小或好、中、差作标记，然后逐个淘汰单睾、隐睾、睾丸弹性差及患睾丸炎的公貂。母貂的发情鉴定一般进行4次，分别在1月30日、2月10日、2月20日及配种前，通过鉴定判定每只母貂发情的早晚及所处的发情阶段，逐个用罗马数字标记清楚。

发情母貂食欲下降，活动频繁，时常在笼中来回走动，时而嗅舔外生殖器，排尿频繁，尿液呈绿色，有时发出“咕咕”的求偶叫声，捕捉时比较温顺。当检查外阴部时，未发情的母貂外阴部紧闭，阴毛成束；发情的母貂按阴门肿胀的程度、色泽、阴毛的形状及黏液变化情况，通常可分为3期。

第一期（＋）：阴毛略分开，阴唇微开，呈淡粉红色。

第二期（＋＋）：阴毛明显分开，倒向两边，阴唇肿胀，突出外翻，有的分几瓣，呈乳白色，有黏液。

第三期（＋＋＋）：阴门状态基本上同一、二期，但有皱纹，比较干燥，呈苍白色。

2. 放对　初配阶段的放对时间最好在早晨喂饲后0.5～1.0h进行。当天气变暖时，在早饲前和下午可各放对1次。

水貂放对要把发情好的母貂抓到公貂笼中进行，这样由于公貂对环境熟悉，性欲比较旺盛，有利于公貂配种；另外，在抓母貂的同时，便于对母貂进行发情鉴定，提高工作效率，确保配种的顺利进行。

放对时待公貂叼住母貂颈部后，母貂并不激烈挣扎，同时也不发出刺耳的尖叫，才能撒开手，否则公母貂可能发生激烈的咬斗。放对后要观察一段时间，以便掌握配种情况。对于发情不好或未发情的母貂，当公貂爬跨时往往挣扎或逃避，有时还会发出刺耳的尖叫，对公貂表示敌意，甚至咬公貂，遇此情况应立即抓回母貂，以防咬伤。发情好的母貂，多半在公貂叼住颈部后便举臀翘尾，以迎合公貂交配。对于个别不会抬尾迎合的母貂，可采取人工辅助提尾的方法辅助交配。

交配时，公貂叼住母貂颈皮，以前肢紧抱母貂的腰部，腰荐部与笼底成直角。公貂射精时，两眼微闭，臀部用力向前推进，睾丸向上抖动，后肢微微颤动，母貂时而发出低微的叫声。假配时，公貂的腰荐部与网底呈锐角，身体弯度不大，经不起母貂的移动，并无射精动作。误配时，公貂阴茎插入母貂肛门，母貂发出刺耳尖叫，应立即分开。

水貂交配时间一般 40 ~ 50min，越到配种后期，交配时间越长。交配时间 10min 以上都有效。水貂交配不出现锁紧现象。

3. 公貂的利用　加强公貂的调教和合理利用种公貂，是顺利完成配种工作的重要措施之一。当配种工作开始时，应以发情好的、性情温顺的经产母貂与初配公貂交配，这样能使小公貂积累配种经验，确保以后顺利完成配种任务。

配种能力强的公貂，在一个配种期里可交配 20 次左右。在初配阶段，每只公貂每天只能交配 1 次，在复配阶段，每天不宜超过 2 次，两次间的间隔不能少于 4h。连续 2d 交配 4 次的公貂应休息 0.5 ~ 1d。

4. 精液品质检查　公貂的精液品质直接影响到配种效果。据资料介绍，水貂的一次射精量为 0.1ml 左右，每毫升精液中的精子数为 1 400万 ~ 8 600万个。

在生产上可用以下方法检查精液品质：用吸管或钝头玻璃棒插入刚交配完的母貂阴道内 2 ~ 3cm，蘸取公貂射入的精液，涂于载玻片上；在 200 倍视野的显微镜下检查精子的形态、密度、畸形率和活力。经几次检查，无精子和精液品质不良的公貂，不能再放对交配，已经与之交配的母貂，应用另一只公貂重配。

三、妊娠与产仔

（一）妊娠

水貂的妊娠期变化幅度很大（37 ~ 83d），平均为 51 ~ 52d。水貂的配种落点日期、水貂毛色、配种方法及个体差异等都在不同程度上影响妊娠期。大多数标准貂的妊娠期略短于彩色水貂（表 4 - 2）。

3 月 31 日交配的母貂妊娠期，要比 3 月 1 日交配的母貂妊娠期平均缩短 12.4d，配种期每差 1d，妊娠期平均缩短 0.44d。比如，3 月 1 日交配的标准色母貂，妊娠期平均为 58.5d，而 3 月 31 日交配的则是 46.1d。据资料介绍，在交配 1 次的情况下，水貂的妊娠期与配种日期的回归关系，可用以下回归方程表示：妊娠期 = 59.31 - 0.44 × 最后配种日期（$G = 59.31 - 0.44 \times t_1$）。交配日期与妊娠期的相关系数为 $r = -0.48 \pm 0.03$。

表 4 - 2　不同色型水貂的妊娠期

色　型	妊娠期（d）	母貂数（只）	色　型	妊娠期（d）	母貂数（只）
标准色	51.22	3 466	青铜色	51.95	718
咖啡色	53.04	5 662	粉红色	52.69	12
珍珠色	52.49	686	紫罗兰色	52.81	338
蓝宝石色	52.88	1 152	银蓝色	55.08	55

水貂的妊娠期在个体间的差异很大，在同样的气候和饲养管理条件下，同一天交配的水貂（3 月 7 日、14 日和 15 日），其妊娠期长短可能有 19d（44～63d）的差异。由于水貂具有异期复孕的特点，妊娠天数应自最后交配日期至产仔日期来计算。

交配方式和配种结束日期对妊娠期的长短有明显的影响，参见表 4－3 和表 4－4。

表 4－3　交配方式与妊娠期的关系

交配方式 / 妊娠期	1 n＝372	1＋1 n＝161	1＋7 n＝629	1＋1＋7 n＝90	1＋7＋1 n＝8
从第一次交配起（d）	49.8	50.5	55.4	57.3	54.1
从第二次交配起（d）	—	49.5	46.3	49.5	46.5
妊娠期相差天数（d）	—	1	9.1	7.8	7.6
变化幅度（d）	30～77	39～67	38～74	41～74	43～58

表 4－4　配种结束日期与妊娠期的关系

交配日期	3 月							
	1～3 日	4～6 日	7～9 日	10～12 日	13～15 日	16～18 日	19～21 日	22～24 日
母貂数（只）	21	100	136	166	154	93	51	26
妊娠期（d）	58.7	55.2	52.3	51.4	50.7	48.9	48.2	49
变化幅度（d）	47～68	46～76	43～63	42～70	39～62	40～63	41～60	41～53

由表 4－4 可见，早期结束配种的母貂，其妊娠期比晚结束配种的母貂的妊娠期长些。

水貂自受精到产仔的整个妊娠过程，可分为 3 个胚胎发育阶段。

1. *卵裂期*　卵细胞在输卵管上段受精后，经过 5～6 次均等分裂形成桑椹胚；然后细胞继续分裂成实囊胚，其表面为滋养层，里面为内细胞团；之后继续分化，在内细胞团的一边发生一个腔，渐渐变大，内细胞团贴附在腔壁上形成腔囊胚。受精卵经输卵管到达子宫的时间需 6～8d（有人认为 8～11d）。

2. *胚泡滞育期*　胚泡滞育期即从胚泡进入子宫至着床的时间，需 1～46d（有人认为 6～31d）。胚泡进入子宫后，由于子宫内膜尚未为胚泡植入做好准备，故处于滞育状态。此期胚泡发育非常缓慢，处于相对静止阶段，胚泡可自如地从一侧子宫角转移到另一侧子宫角。

由于滞育期随着春分后日照时间的延长而逐渐缩短，因此，交配结束早的母貂通常比交配结束晚的母貂有更长的胚泡滞育期（表 4－5）。

表 4－5　交配结束日期与胚泡滞育期的关系

交配结束日期	2 月底	3 月 1～5 日	6～11 日	12～17 日	3 月下旬
胚泡滞育期（d）	15～22	9～14	6～11	4～7	1～4

由于胚泡滞育期长短不一，导致个体间妊娠期变化幅度很大。滞育期的结束，与黄体所分泌的孕酮有关，当血浆中孕酮的含量增加后 7～10d，胚泡开始在子宫角内着床（在 4

月1日至10日左右）。在胚泡着床以前，胚泡从子宫腺体所分泌的子宫乳中获得维持其自身所需的营养。在自然情况下，无论配种结束日期早晚，孕貂血浆中孕酮的浓度，大多在3月25日至30日开始升高。人工有计划增加光照可诱发孕酮提前分泌，从而缩短胚泡滞育期。

3. 胎盘期　胚泡在子宫内膜中着床后，母体的子宫内膜与胚体的绒毛膜形成胎盘，这时胚胎开始迅速发育。水貂胎盘期平均30±2d。母貂妊娠期的长短，主要与着床前的滞育期有关，胚泡植入后，所有个体的生长速度大致相同。

胚胎在胎盘期死亡率很高，如果将排卵数与胚胎着床和产仔数比较，100个卵中平均只有83.7个着床，而出生的仔貂仅为50.2个；以黄体数目与胚胎数比较，早期死亡率占排卵数的50%～60%。

水貂有时会出现假妊娠现象，即母貂在发情后，虽然未能形成受精卵，或者胚泡未能着床，但是却出现一系列类似妊娠的征兆。假妊娠母貂，交配后黄体经过休眠期不仅未退化，反而不断增长，并分泌出孕酮。经组织学观察，假孕母貂的卵巢中存在小黄体，垂体中分泌促卵泡素（FSH）的细胞明显增强，并有高度活性，因而在卵巢中不仅有成熟的卵泡，而且子宫内膜的变化也完全与正常妊娠母貂相同，只是没有胚泡存在，故不形成胎盘。

（二）产仔

水貂的产仔期虽然依地区、个体而有所差异，但一般都在4月下旬至5月下旬产仔，特别“五．一”前后5天是产仔旺期（占产仔胎数的60%～65%）。

水貂的产仔数变异很大，平均6.5只（1～18只）。一般来说，彩色水貂产仔数比标准貂稍低一些。胎产仔数与配种期、妊娠期及产仔日期有关，一般来讲，配种落点越早、妊娠期越长、产仔越晚，则产仔数相对减少。通常在5月5日前产仔的母貂，平均产仔数较高。

控光养貂时，在配种基本结束后，应给予12h的光照作为“春分信号”，然后逐渐增加光照，经30～40d，到产仔时光照达到15h，并保持到产仔结束。其间光照时数以经验算式表示：

$$\sum_{40\sim50}=\frac{11.5\mathrm{h}\rightarrow12\mathrm{h}}{10\sim15\mathrm{d}}+\frac{12\mathrm{h}\rightarrow15\mathrm{h}}{30\sim40\mathrm{d}}$$

人工辅助光照的方法，是利用40W荧光灯管，或100～200W白炽灯泡照明，光源离貂笼垂直距离以0.8～1.0m为宜。人工辅助采光要有计划，随意乱增加光照可能导致妊娠母貂出现死胎、化胎现象，造成胚胎隐性吸收，从而减少水貂产仔数。

母貂多半在夜间或清晨产仔，顺产需3～5h。母貂难产时食欲下降，精神不佳，急躁不安，不断取蹲坐排粪姿势，或舔舐外阴部。

判断产仔的主要依据是听窝箱内仔貂的叫声，结合检查母貂的胎便。一般在产仔后6～8h对仔貂进行初次检查，之后每隔3～5d检查一次，以便随时发现仔貂的异常情况。检查最好在母貂走出窝箱采食时进行。检查时保持安静，动作迅速，窝巢尽量保持原状，并避免将异味带到仔貂身上，以免造成母貂弃仔和搬弄仔貂现象出现。为避免以上现象出现，饲养管理人员此期严禁使用化妆品，检查人员在检查时，可先用窝箱内的垫草搓手，然后再进行检查。

健康的仔貂全身干燥，同窝仔貂发育均匀，体躯温暖，集中趴卧在窝箱内，拿在手中挣扎有力，全身紧凑，圆胖红润。不健康的仔貂，胎毛潮湿，体躯较凉，皮肤苍白；在窝内各自分散，四处乱爬，握在手中挣扎无力，同窝仔貂大小不均。

四、选种选配

（一）选种

选种是选优去劣的过程，是不断改善和提高貂群品质和水貂皮质量的有效方法。通过对水貂的表型性状和遗传力的选择，使其优良的性状在后代中得到保持和提高，特别是对于遗传力较高的性状，正确的选择可以取得明显的效果。个体选择法比较适合于受环境因素影响较小的那些遗传力较高的数量性状，如体重、体长、毛色、毛色深浅、毛绒密度和长度、白斑大小等。在毛色基因的选择中可以根据后代的表现型判断亲本的基因型，从而进行有目的的选择。对于一些隐性基因，如脑水肿、先天性后肢瘫痪和短尾等，也可以根据后代的表现对亲本进行有效的选择。

在生产实践中选种是一项经常性的重要工作，可分3个阶段进行。

1. 初选　在5月末至6月份进行，主要是窝选。根据配种期和产仔期的情况，淘汰不良的种貂。公貂应选择配种开始早、性情温顺、性欲旺盛、交配能力强（交配母貂4只以上，配种8次以上）、精液品质好、所配母貂全部产仔和产仔数多的公貂继续留种。母貂选择发情正常、交配顺利、产仔早、产仔数多（5只以上）、母性好、乳量充足和所产仔貂发育正常的继续留种。当年出生的仔貂，选择出生早（小公貂5月5日前，小母貂5月10日前）、发育正常、系谱清楚和采食早的仔貂留种。

2. 复选　在9月10日进行。对成年种貂，除个别有病和体质恢复较差者以外，一般继续留种。育成貂则要选择那些发育正常、体质健壮、体型较大和换毛早的个体留种。实践证明，在正常饲养情况下，换毛推迟的水貂，直接影响下一年繁殖，因此，应注意观察换毛情况并做好记录，以作为选种的依据。复选的数量应高于计划留种数的20%～25%。复选时应对所有种貂进行一次血检，全面检查阿留申病。血检可采用对流免疫电泳法，有时检测循环免疫复合物值（CIC·OD）综合测定阳性貂，淘汰阿留申病阳性反应者。

3. 精选　在11月下旬取皮前进行，对所有欲留种的种貂全面进行一次选种，最后按生产计划定群。精选时将毛皮品质列为重点。凡阿留申病阳性的水貂一律淘汰。精选时要掌握以下标准：

（1）毛绒品质：标准水貂毛色深，近于黑色，全身被毛基本一致。针毛灵活、平齐、有光泽、长度适宜、分布均匀、无白针。绒毛厚密，呈青灰色。针绒毛长度比在1∶0.65以上。白斑小或仅限下唇。

（2）体型与体质：体型大、体质好、食欲正常、无疾病。公貂后肢粗壮，尾长而蓬松，经常翘尾。母貂体型稍细长、臀部宽、头部小、略呈长三角形，短而粗胖的母貂不能留种。

（3）公、母比例：标准貂是1∶4～1∶4.5，彩貂为1∶3～1∶3.5。

（4）年龄：2～4岁的水貂繁殖力高，应占貂群的50%～60%。

（二）选配

选配是选种工作的继续。总的要求是继承、巩固和提高双亲的优良品质，有目的、有计划地创造新的有益性状，以达到获得理想后代的目的。有了优良的种貂后，只有合理选择公母貂进行交配，才能获得更为理想的效果。

1. 品质选配　可分为同质选配和异质选配两种。同质选配是选择性状相同、性能表现一致的优良公、母貂进行交配，目的在于巩固和发展这些优点。异质选配是选择在主要性状上各不相同的公母貂交配，以综合双亲优点，创造一个新的类型；或选择具有同一性状，而性能优劣表现不同的公母貂进行交配，其目的在于以优改劣。

同质选配时，在主要性状上（尤其是遗传力高的性状），公貂的表型值不能低于母貂的表型值。这样才能保证下一代的优点突出，使群体平均水平更高。同质选配多用于纯种繁育。

异质选配时，在质量性状上必须用优点去纠正缺点，而不能用相反的缺点去互相纠正各方的缺点。在体形选配上，不应采用以大公貂配小母貂和小公貂配人母貂，以及小公貂配小母貂等做法。

2. 亲缘选配　根据个体之间的亲缘关系，亲缘选配可分为近交和远缘杂交。近交可分为自亲间的回交、全同胞交配、半同胞交配等。近交能使基因的纯合数量增加，杂合数量减少，从而产生一系列的表型效应。当然，近交还能使一些有害的隐性基因纯合，从而使水貂出现生长缓慢、生活力下降等现象。近交对繁殖力和生活力等遗传力低的性状均有不良的影响，而对遗传力高的性状，衰退表现十分明显。在确定育种目标的情况下，一般应避免近交，而培育新品种则必须进行近交，使基因的纯合性增加，将优良的性状相对稳定下来。

3. 等级选配　等级选配是根据公母貂交配双方的等级进行的选配方式。由于公貂对后代的影响面远远高于母貂，所以要求公貂的等级高于母貂，决不能使母貂的等级高于公貂。

4. 年龄选配　种貂的年龄选配对选配的效果有一定的影响。一般 2 ~3 岁的壮年种貂的遗传力比较稳定，选配后的生产效果也比较好；而年龄较小的种貂遗传力相对不稳定，老年的种貂选配后其后代的生活力往往较差。所以，生产上要尽量避免老公貂配小母貂、小公貂配小母貂、老公貂配老母貂的选配组合。

五、彩貂毛色育种

野生水貂的毛被颜色呈黑色，其毛色是由许多基因共同作用而形成的，在家养情况下人们把它称为标准色水貂。现在已知控制标准貂毛色的基因有 21 对，其符号为：PP IpIp GG AlAl BB BgBg BiBi BsBs BaBa BmBm BpBp CC HH OO ff ss cmcm ebeb jj fifi cscs。

彩色水貂是标准貂的突变型，其毛色来自将近 30 个突变基因和这些基因的各种组合。到目前为止，水貂毛色组合型已增加到百余种，其中多种彩貂在生产中具有较高的经济价值。

目前世界上通用的彩色水貂名称和基因符号，有美国和斯堪的纳维亚两个系统，后者主要用于丹麦、瑞典、挪威、荷兰和俄联邦（前苏联）等国家。斯堪的纳维亚系统野生型（黑褐色标准貂）的基因符号，是美国系统野生型基因符号中的 AlAl BaBa BiBi BmBm BpBp BsBs CC jj ebeb，分别改写成 AA RR JJ MM KK T^sT^s C^HC^H nn ee，其余与美国系统相同。彩色水貂的中文名、英文名和基因符号见表 4 -6 所示。

表 4－6　彩色水貂名称及基因符号

中文名	英文名	基因符号	
		美国系统	斯堪的纳维亚系统
		灰蓝系	
银蓝色（白金色）	Silverblu（platinum）	pp	pp
阿留申（枪钢色）	Aleution（gunmetal）	alal	aa
拟银兰色（拟白金色）	Imperial Platinum	ipip	ii
钴色	Coblt	gg	—
钢蓝色	Steelblu	p^Sp^S（p^Sp）	p^Sp^S（p^Sp）
		浅褐系	
咖啡色	Pastel	bb	bb
绿眼咖啡色	Green-eyeb Pastel	bgbg	gg
拟咖啡色	Imperial Pastel	bibi	jj
索克洛特咖啡色	Socklot Pastel	bsbs	t^St^S
琥珀金咖啡色	Ambergold Pastel	baba	rr
美国米黄色	American Palomino	bpbp	kk
瑞典米黄色	Swedish palomino	bs^Sbs^S	t^Pt^P
莫依而浅黄色	Moyle buff	bmbm	mm
潘林浅黄色	Perrin buff	bp^bbp^b	—
芬兰白色（金士米黄色）	Finn white（Jenz Palomino）	bs^mbs^m	t^Wt^W
		白色系	
黑眼白色	Hedlund white	hh	hh
白化	Albino	cc	c^hc^h
北欧浅黄色（北欧白）	Nordic buff（nordic albino）	bs^abs^a	t^nt^n
火绒草色（歌夫斯）	Edelweiss（goofus）	oo	oo
		显性突变型	
煤黑色	Jet black	JJ（Jj）	NN（Nn）
银紫貂色（蓝霜色）	Silver sable（Blufrost）	Ff	Ff
黑十字色	Black cross	SS（Ss）	SS（Ss）
黑蓝色	Ebony	Ebeb	Ee
科米拉	Colmira	Cmcm	—
“显性白”	“Dominante white”	Ff Ss（SS）	Ff Ss（SS）
王冠貂	Crown sable	Cscs	—
		组合色型	
蓝宝石色	Sapphire	alal pp	aa pp
银蓝亚麻色	Platinum blond	bb pp	bb pp
依立克	Eric	alal bb	aa bb
芬兰黄宝石色	Finn topaz	bb b_Sb_S	bb t^St^S

续表

中文名	英文名	基因符号	
		美国系统	斯堪的纳维亚系统
		组合色型	
珍珠色	Pearl	alal bpbp	pp kk
浅紫色	Lavaender	alal bmbm	aa mm
红眼白（帝王白）	Regal White	bb cc	bb c^hc^h
米黄色十字貂	Palomimo cross	bpbp Ss	—
银兰色十字貂	Blucross	pp Ss	pp Ss
青铜色十字貂	Aleutian cross	alal Ss	aa Ss
白化十字貂	Cross white	cc Ss	c^hc^h Ss
咖啡色十字貂	Pastel cross	bb Ss	—
浅黄褐色	Ofawn	bb bmbm	bb mm
春意咖啡色	BOS. Pastel	bbFf	bb Ff
春意银蓝色	BOS. Platinum	pp Ff	pp Ff
春意枪钢色	BOS. gunmetal	alal Ff	aa Ff
蓝鸢尾草色	Blue iris	alal p^Sp^S（p^Sp）	aa p^Sp^S（p^Sp）
芬兰珍珠色	Finn pearl（Blue beige）	pp bs^mbs^m	pp t^wt^w
瑞典珍珠色	Swedish pearl	pp bs^Sbs^S	pp t^Pt^P
瑞典白色	Swedish white	cc bs^mbs^m	$c^hc^ht^wt^w$
索克洛特咖啡银色	Socklot pastel silver	bb pp bsbs	bb pp t^St^S
“希望”	Hope	pp alal baba	pp aa rr
冬蓝色	Winterblu	alal bb pp	aa bb pp
紫罗兰色	Violet	alal bmbm pp	aa mm pp
乳白色	Opaline	bb bmbm pp	bb mm pp
粉红色	Pink	alal baba bmbm pp	aa rr mm pp
玫瑰色	Rose	Ff bb bsbs bpbp	Ff bb t^St^S kk

水貂的毛色育种，一方面通过杂交获得新的彩貂类型，另一方面利用现有的突变型，将2、3对基因甚至4对突变基因，重新组合后获得新的毛色类型。组合型的彩貂皮经济价值很高，据报道，岩红色水貂（aa pp baba bmbm）皮单价比标准貂皮高10~15倍，玫瑰色水貂（Ff bb t^st^s kk）皮的单价高达标准貂皮的25~40倍。

根据引起彩貂毛色发生变化的基因型不同，可将彩色水貂划分为隐性突变型，如阿留申貂（aa）、银蓝色貂（pp）、白化貂（cc）、咖啡色貂（bb）等；显性突变型，如黑十字貂（SS、Ss）、银紫包貂（Ff）等和组合型，如蓝宝石貂（aa pp）、银蓝十字貂（pp aa）、帝王白貂（bb cc）。根据对控制毛色特征起主要作用的基因（特征基因）数不同，通常将彩貂分为1对特征基因彩貂、2对特征基因彩貂、3对特征基因彩貂、4对待征基因彩貂等。只要了解了亲本的基因型，就可以有计划地进行彩貂的育种工作。

（一）1 对特征基因彩貂的育种

如果彩貂的特征基因为隐性时，其基因型必然是纯合的。为了保持某种彩色水貂，我们采用的最基本的方法是进行纯种繁育。但是，由于彩色水貂的数量往往有限，久之容易造成近交退化现象，因此应进行有计划地与标准貂进行杂交，然后再进行横交或与亲本回交将彩貂分离出来，这样既可保留彩貂的毛色，又可起到换血作用，较好地达到保种的目的。

显性突变型彩貂与标准貂杂交，其杂种一代的表现型均为基因型杂合的彩貂；隐性突变型彩貂与标准貂杂交，其后代均为基因型杂合的暗褐色貂（标准貂）。下面以阿留申貂（aa）、黑十字貂（SS）为例，将 1 对特征基因彩貂的保种情况分别介绍如下：

1. 阿留申貂

○ aa × ● AA
阿留申貂 ↓ 暗褐色（标准貂）
◓ Aa × Aa （横交）
暗褐色 ↓
◓ 1 AA + 2 Aa + 1 aa (1/4)
暗褐色 暗褐色 阿留申貂

○ aa × ● AA
阿留申貂 ↓ 暗褐色（标准貂）
◓ Aa × ○ aa （回交）
暗褐色 ↓ 阿留申貂
⊕ 1 Aa + 1 aa (1/2)
暗褐色 阿留申貂

2. 黑十字貂

○ SS × ● ss
黑十字 ↓ 暗褐色（标准貂）
◓ Ss × Ss （横交）
黑十字 ↓
◓ 1 SS + 2 Ss + 1 ss（3/4）
黑十字 黑十字 暗褐色

○ SS × ● ss
黑十字 ↓ 暗褐色（标准貂）
◓ Ss × ○ SS （回交）
黑十字 ↓ 黑十字
⊕ 1 SS + 1 Ss（2/2）
黑十字 黑十字

在显性突变型中，有些基因只有在杂合时才形成特有的表现型，如黑十字貂（Ss）就是如此。在黑十字貂的杂合个体中，由于部分个体黑毛明显多于白毛，所以难以辨认出黑十字特征。黑毛过多个体的出现率，与选配组合有关（表 4－7）。

表 4－7 不同选配组合与黑毛过多个体出现率的关系

选配组合（公×母）	子一代表现型（%）			黑毛过多个体的出现率（%）
	SS	Ss	ss	
SS×ss	—	100	—	7
Ss×Ss	25	50	25	5.8～6.1
Ss×ss	—	50	50	23～25

（二）2 对特征基因彩貂的育种

2 对特征基因彩貂的育种，包含已有彩貂的保种（略）和利用现有 1 对相关特征基因彩貂进行杂交育种两部分内容。2 对特征基因的彩貂，是通过将具有 1 对特征基因彩貂之间杂交，将2 对不同的特征基因组合在一起培育而成的。以蓝宝石貂（aapp）为例，它有 1 对阿留申貂基因（aa）和 1 对银蓝色貂基因（pp），因此将这两种彩貂进行杂交，就可以育成蓝宝石貂。

P　　aaPP　×　AApp
　　阿留申 ↓ 银蓝色貂
F_1　　AaPp　×　AaPp
　　暗褐色 ↓
F_2　　9A_P_ + 3A_pp + 3aaP_ + 1aapp（1/16）
　　暗褐色　银蓝色　阿留申貂　蓝宝石貂

再以银蓝十字貂（SSpp）为例，它有 1 对黑十字貂基因（SS）和 1 对银蓝色貂基因（pp），因此将这两种彩貂进行杂交，就可以育成银蓝十字貂。

P　　SSPP　×　sspp
　　黑十字貂 ↓ 银蓝色貂
F_1　　SsPp　×　SsPp
　　黑十字 ↓
F_2　　9S_P_ + 3S_pp + 3ssP_ + 1sspp（SSpp1/16）
　　黑十字　银蓝十字　暗褐色　银蓝色

（三）多对特征基因彩貂的育种

培育具有多对特征基因的彩貂，要将具有 1 对、2 对乃至 3 对特征基因的彩貂进行杂交，将不同的相关特征基因组合在一个个体上。培育的彩貂拥有的特征基因越多，培育的方案就越多，需要根据现场条件和具体情况进行选择。下面以冬蓝貂（aappbb）为例介绍如下：

冬蓝貂具有阿留申貂基因（aa）、银蓝貂基因（pp）和咖啡貂基因（bb），要想培育冬蓝貂有以下 3 种方案：

第一方案（采用只有 1 对特征基因的彩貂培育）：

第一年　　aaPP　×　AApp
　　阿留申貂 ↓ 银蓝色貂
第二年　　AaPp　×　AaPp
　　暗褐色 ↓
　　9A_P_ + 3A_pp + 3aaP_ + 1aapp（1/16）
　　暗褐色　银蓝色貂　阿留申貂　蓝宝石貂
第三年　　aappBB　×　AAPPbb
　　蓝宝石貂 ↓ 咖啡貂
第四年　　AaPpBb　×　AaPpBb
　　暗褐色 ↓
　　27A_P_B_ + 9A_P_bb + 9 A_ppB_ + 9aaP_B_ + 3 A_ppbb
　　暗褐色　咖啡貂　银蓝色貂　阿留申貂　银蓝亚麻
　　+3aaP_bb + 3aappB_ + 1aappbb（1/64）
　　衣力克　蓝宝石　冬蓝貂

第二方案（采用拥有 1 对与 2 对特征基因的彩貂杂交）：

第一年　aappBB　×　AAPPbb

　　　　蓝宝石貂　↓　咖啡貂

第二年　AaPpBb　× AaPpBb

　　　　暗褐色　↓

27A_P_B_ + 9A_P_bb + 9 A_ppB_ + 9aaP_B_ + 3 A_ppbb

暗褐色　咖啡貂　银蓝色貂　阿留申貂　银蓝亚麻

+3aaP_bb + 3aappB_ + 1aappbb（1/64）

衣力克　蓝宝石　冬蓝貂

第三方案（采用拥有 2 对特征基因的彩貂杂交）：

第一年　aappBB　×　AAppbb

　　　　蓝宝石貂 ↓　银蓝亚麻貂

第二年　AappBb　× AappBb

　　　　银蓝色　↓

9A_ppB_ + 3A_ppbb + 3aappB_ + 1aappbb（1/16）

银蓝色貂　银蓝亚麻貂　蓝宝石　冬蓝貂

对冬蓝貂培育的 3 个方案所需的时间不同，第一方案需要 4 年时间，最后培育出的冬蓝貂只有 1/64；采用第二方案，仅需要 2 年时间，最后培育出的冬蓝貂也只有 1/64；采用第三方案，需要 2 年时间，最后培育出的冬蓝貂有 1/16。因此，如果条件具备，最好选用第三方案。在具有相关的 2 对基因彩貂时，要直接利用，不要走弯路而采用 1 对特征基因彩貂培育。只有仅具备 1 对特征基因彩貂的情况下，才采用第一方案。

第三节　水貂的饲养管理

一、饲料种类及利用

水貂饲料种类繁多，在生产实践中将饲料分为动物性饲料（包括鱼类、肉类及副产物、乳类和蛋类）、植物性饲料（包括谷物类、果类和蔬菜）和添加饲料（包括维生素、矿物质、抗生素和抗氧化剂）三大类。

（一）动物性饲料

1. 鱼类饲料　鱼类饲料是水貂动物性蛋白质的主要来源之一。我国沿海地区及内陆的江河、湖泊和水库，每年出产大量的小杂鱼，除了少量有毒的鱼外都可以用来养貂。鱼的种类很多，据调查，常用的海鱼类有 33 种。由于鱼的种类和大小不同，其营养价值和含热量也有所很大差异。为此，在拟定日粮时，可利用下列等价物比例进行概算：100g 筋肉所含的可消化蛋白质与 130g 全鱼大致相同，150g 含刺少的鱼与 180g 含刺多的鱼大致相同。就营养成分而言，100g 杂鱼中平均含 10 ~ 15g 可消化蛋白质、1. 5 ~ 2. 3g 脂肪和 334. 4 ~ 355. 3kJ 代谢能。

鱼的营养成分依其种类、年龄、捕获季节及产地等条件有很大差异。一般鲜鱼中，蛋白质的含量占 15% ~20%，脂肪为 0. 7% ~13%。新鲜海鱼含有较多的脂溶性维生素（维生素 A、维生素 E），但利用长期保存的鱼类时，必须考虑在日粮中补加脂溶性维生素。

鱼肉中的蛋白质有肌蛋白、肌球蛋白和溶性肌蛋白纤维 3 种，其中肌球蛋白容易变性，甚至贮存在 -4 ~ -2℃时也发生大量的变质，达到 -20℃时较为稳定。鱼类还含有大量的不饱和脂肪酸，在运输、贮存和加工过程中，容易氧化酸败，所以要注意保鲜，尽量减少保存时间。因此，鲜鱼捕捞后应马上放在 -5 ~ 0℃条件下，然后于 -20℃冷库中急冻，再放在 -18℃左右条件下贮存。

有些鱼类的肌肉中含有硫胺素酶，对饲料中的硫胺素具有破坏作用。含有硫胺素的鱼类有：鲤鱼、胡爪鱼、狗鱼、金鱼、海鲱、弹涂鱼、虾虎鱼、山鲶鱼等，尤以鲤鱼科的鱼类为多。这些鱼在生喂情况下，可引起维生素 B_1 缺乏症。据资料介绍，450g 生鲤鱼可破坏 25 万 IU 的硫胺素，相当于 10kg 干酵母中维生素 B_1 的含量；每克鲤鱼肉可破坏 42.1μg 的维生素 B_1。生喂淡水鱼养貂时，初期无异常反应，但半个月后出现食欲减退，引起消化机能紊乱，多数死于胃肠炎或胃溃疡等疾病，这与维生素 B_1 缺乏有关。经高温处理可破坏硫胺素酶的活性，因此，采用淡水鱼养貂时应熟喂。但是，新鲜的海杂鱼最好生喂，生喂可提高适口性和消化率（蛋白质消化率达 87% ~90%）。

葫芦籽鱼、黄鲫鱼、青鳞鱼等含脂肪高，而且有特殊的苦味，尤其是干鱼，如果用量过多，水貂拒食。喂饲鳕鱼类时间过长，数量过多，会因缺铁而引起贫血，毛绒呈棉絮状。新鲜的明太鱼会引起水貂呕吐，但经过冷冻 1 周后再喂，就不会发生此种现象。像泥鳅鱼等无鳞鱼，体表有较多的黏液蛋白，这些鱼可先用 2.5% 的食盐搅拌，然后用清水洗净，或用热水浸烫，除去黏液之后饲喂，能明显提高适口性。

不新鲜的鲐巴鱼、竹荚鱼等含有大量组织胺，容易引起水貂中毒。组织胺是蛋白质分解的产物，在脱羧酶作用较强的细菌作用下，由组胺酸脱去羧基而产生组织胺，当组织胺蓄积到一定量时，便有中毒的危险。即使在新鲜的鱼肉中，每 100g 中也含有约 160mg 的组织胺，所以以鱼类作为水貂的饲料时，要注意鱼的新鲜程度。

在海杂鱼中，常遇到河豚和马面豚等有毒鱼。据分析，河豚有河豚精、河豚酸、河豚卵巢毒素、河豚肝脏毒素等 4 种毒素，主要分布在卵巢、睾丸、肝脏、眼球、血液及神经系统中，尤其是 1 ~ 5 月份（产卵期），鱼卵和卵巢中含毒量最多。这些毒素，耐高温（100℃经 6h 仅能破坏一半，在 115℃经 9h 才能完全失去毒性），耐酸，但易被碱分解。河豚的毒性很强，0.00017g 河豚毒素能在 30min 内麻醉神经纤维，河豚卵巢毒素的毒力是河豚酸的 2 倍。如用马面豚作饲料，应将鱼皮去净。

鱼类的新鲜程度，可根据其眼球、腮片、鳞片和气味的变化来辨别。新鲜鱼眼球突出明亮，带有原色；不新鲜的鱼，眼球凹陷浑浊，腮片呈褐色或黑土色，并有臭味。常见的鱼类的营养成分和必需氨基酸，如表 4 - 8 和表 4 - 9 所示。

表 4 - 8 不同鱼类的必需氨基酸含量 （占蛋白质的%）

氨基酸	鱼（平均）	杂鱼	鳕鱼	黑背鲱
色氨酸	1.3	1.0	1.1	0.8
赖氨酸	6.8	8.8	7.1	7.2
蛋氨酸与胱氨酸	4.6	3.7	4.3	4.0

续表

氨基酸	鱼（平均）	杂鱼	鳕鱼	黑背鲱
异亮氨酸	6.4	4.5	4.27	5.2
亮氨酸	8.0	7.0	7.0	6.9
苏氨酸	4.4	4.6	4.4	4.3
组胺酸	1.9	2.0	2.4	2.5
苯丙氨酸	4.5	3.8	3.8	3.1
缬氨酸	5.1	4.9	4.0	5.3
精氨酸	5.6	5.9	8.1	5.3

表4-9　常见的鱼类的营养成分　(g/100g)

鱼的种类	干物质	灰分	可消化营养		代谢能 (kJ)
			蛋白质	脂肪	
海杂鱼	19.3	0.9	13.8	2.3	351.1
小黄花鱼	19.1	0.9	15.8	0.7	326.0
小比目鱼	22.2	1.0	18.1	1.4	392.9
比目鱼头	26.1	6.5	9.8	4.5	355.3
带鱼	21.8	1.1	14.6	3.2	401.3
小鲱鱼	23.7	2.9	12.2	6.5	480.7
鲭鱼、竹荚鱼头	21.0	2.8	16.5	1.0	355.3
鲱鱼头、内脏	27.3	3.6	13.2	7.0	522.5
鳕鱼脊骨	20.8	4.6	13.3	0.6	271.7
鳕鱼、黑线鳕、北鳕	21.0	2.8	16.5	1.0	355.3
淡水杂鱼	18.0	1.4	13.8	1.5	313.5
鲭鱼（春）	24.5	2.2	15.5	4.8	480.7
鲭鱼（秋）	34.5	2.2	15.5	14.0	836.0
鲤鱼	21.0	1.1	16.7	1.5	334.4
鲫鱼	15.0	0.8	12.0	1.0	263.3
鲶鱼	19.7	1.9	14.8	1.6	342.8
狗鱼	22.0	2.5	16.9	0.7	342.8

2. 肉类及副产品　肉类饲料种类很多，只要新鲜、无病、无毒，均可作为水貂饲料。新鲜而健康的动物肉应生喂，其消化率高，适口性好，但被污染或不新鲜的肉应熟喂。对病畜肉和来源不明及可疑被污染的肉类，必须经过兽医检查或高温无害处理后方可利用。牛、马、驴、骡的肌肉，含可消化蛋白质达18%～20%。

利用痘猪肉时，要进行高温、高压处理，并适当搭配鱼粉、兔头、兔骨架等含脂肪低的饲料。夏季日粮中可搭配35%，秋季为15%，同时在日粮中增加维生素E和酵母。熟的痘猪肉中含有蛋白质27.2%，脂肪22.3%。

在水貂的繁殖期里，严禁利用经乙烯雌酚处理过的畜禽肉。如果日粮中含有 10μg 以上的乙烯雌酚就可能导致不育。难产死亡及注射过催产素的动物肉，饲喂水貂可造成水貂流产，要特别引起注意。

肉类副产品包括畜禽的头、骨架、内脏和血液等，在生产中被广泛使用。肉类副产品在日粮中可占 40% ~50%。

（1）肝脏：在日粮中添加肝脏 5% ~10%（15 ~30g）能显著提高适口性，并能提高日粮中蛋白质的生物学价值。新鲜肝脏可以生喂，但来源不明和可疑被污染的必须熟喂。因肝脏有轻泻作用，喂量不要超过 30g。当每天每只喂量 15g 以上时，不必再添加鱼肝油。

（2）心脏和肾脏：新鲜的可生喂，适口性好，消化率高。在繁殖期饲喂肾脏要将肾上腺摘除，以免造成繁殖紊乱。

（3）胃：胃蛋白质不全价，所以不能用以代替全部动物性饲料，必须与鱼、肉类搭配，才能获得良好的生产效果。在繁殖期可占动物性蛋白质的 20% ~30%，育成期为 30% ~40%。猪、兔的胃要熟喂。

（4）肺、脾、肠：单纯利用肺或脾，易引起食欲减退或消化不良，有时还会出现呕吐现象。在繁殖期日粮中，可占动物蛋白质的 15% ~20%，育成期可占 30% ~35%。

（5）兔头、兔骨架、兔耳：在繁殖期日粮中，兔副产品可占动物性蛋白质的 15% ~25%，育成期可增加到 40% ~50%。水貂日粮中兔头、兔骨架以不超过 40 ~50g 为宜，一般不要超过 80 ~100g。

（6）食道、喉头、气管：利用这些饲料时，必须把甲状腺摘除，因为含有激素，影响水貂正常繁殖，日粮中带有甲状腺的气管占 10% 以上时，胎产仔数明显下降。在妊娠、哺乳期日粮中，食道可占动物性蛋白质的 30% ~35%。

（7）血和脑：动物血液中含有丰富的含硫氨基酸，冬毛成熟期补加一些动物血，对提高毛皮品质有益。健康的动物血可以生喂（每日每只 20 ~30g），但猪血或血粉必须高温处理，否则易感染伪狂犬病。脑对水貂的生殖器官的发育有促进作用，1 ~2 月份每日每只可喂3 ~5g。

（8）鸡、鸭下杂：在冬毛形成期和育成期里，可大量利用禽类下杂喂貂。在拥有大量禽类下杂的养貂场，禽类下杂占日粮 70%（内脏 20%、头 30%、脚 20%）、肝脏 10%、谷物 20% 的日粮搭配，在生产上还能适用。鸡爪和鸡骨架不易消化，以占动物性饲料的 10% 左右为宜。

在日粮中，比较理想的动物性饲料搭配比例是：肌肉 10% ~20%，肉类副产品 30% ~40%，鱼类 40% ~50%。

3. 干饲料　优质干鱼在不同时期的日粮中可占动物性饲料的 70% ~75%。血粉在水貂日粮中占动物性饲料的 20% ~25%，水貂的生长发育和毛皮质量正常，但超过 30% ~40% 出现消化不良。蚕蛹干或蚕蛹粉蛋白质含量高，100g 蚕蛹中含可消化蛋白质 43g，可代替 200 ~300g 肉类的蛋白质，在 9 月至翌年 2 月份日粮中，占动物性饲料的 60% ~80%（热量比）时，生产基本正常。羽毛粉熟喂可提高消化率。日粮中投放羽毛粉 2 ~3g，连喂 3 个月，有减轻自咬和食毛症的倾向。

4. 乳类和蛋类　乳类和蛋类均为全价蛋白质饲料，消化率很高（95%），可提高饲料的适口性和蛋白质的生物学价值。但由于成本高，一般只在妊娠期和哺乳期使用，每只水貂的喂量一般不超过40g。

鲜乳在70～80℃下经15min消毒后方可使用，酸败变质的乳不可使用。如果用全脂奶粉调制，用开水按1∶7～1∶8稀释。

蛋黄对水貂性器官的发育、精子和卵子的形成以及乳汁分泌都具有良好的促进作用，蛋壳可作为矿物质的补充来源。由于生蛋的蛋白中含有一种抗生物素蛋白，这种蛋白能与生物素结合，形成无生物活性的复合体，长期使用生蛋喂貂，会使水貂发生皮肤炎、毛绒脱落等症状，所以应熟喂。

（二）植物性饲料

1. 谷物　在生产中常用的谷物有玉米、小麦、大麦、高粱、细米糠等。各地饲养场多数以玉米作为主要的谷物性饲料。

在水貂日粮中，每只貂平均15～30g谷物，一般不超过50g。在生喂情况下，谷物性饲料消化率较低，比如玉米面与肉类搭配，其中的淀粉消化率仅为50%，而熟喂其消化率可提高到91%以上，因此谷物性饲料应熟喂。

豆类一般占日粮中谷物类的20%～30%为宜。国外油饼类占日粮的15%～20%，即每日每只貂4～6g。马铃薯和红薯熟制后可用来代替部分谷物饲料（9～10月份可代替谷物30%～40%）。发芽的马铃薯含有大量龙葵素，能引起中毒，不能饲喂。

2. 瓜果与蔬菜　常用的蔬菜有白菜、油菜、菠菜、甘蓝、胡萝卜、萝卜、南瓜、嫩苜蓿和一些野菜及水果等，是维生素E、维生素K、维生素C的主要来源。

叶菜的维生素和矿物质含量丰富，日粮中可占10%～15%（重量比），即30～50g，占总热量的3%～7%。菠菜有轻泻作用，同时由于草酸含量高，容易和钙、铁等形成不溶性的草酸盐，影响矿物质的吸收，一般与白菜和莴苣结合利用为好。瓜果类可占瓜果与蔬菜总量的30%。蔬菜、瓜果要充分洗净，绞碎后与饲料混合生喂。要了解是否有农药，以防中毒，造成不必要的损失。

（三）添加剂饲料

常用的添加剂饲料有维生素、矿物质、抗生素和抗氧化剂。

1. 维生素　水貂日粮中要注重适当添加维生素A、维生素E、维生素B_1、维生素C等，正常饲养情况下，其他的维生素基本不缺。

（1）维生素A：据报道，野生的水貂肝脏中维生素A的含量很高，1g肝脏中含有的维生素A较笼养水貂高约15倍。所以，除了以鱼类为主的养貂场外，应常年供给维生素A。在水貂日粮中，有5%～10%的动物肝脏，维生素A的需求可以得到满足。在水貂繁殖期里，每公斤体重供给1 000～1 500IU，可收到良好效果。

（2）维生素E：维生素E主要来源于青绿饲料、植物油和小麦芽，100g小麦芽中含有维生素E25～35mg。12月至翌年4月，水貂日粮中添加15～20g小麦芽，生产效果良好。在水貂日粮中，每千克体重每天需要添加3～4mg维生素E，如果日粮中有不新鲜的饲料，或在炎热的夏季，需要把维生素E作为抗氧化剂来使用，每千克体重供给5～6mg为宜。

（3）维生素B_1：维生素B_1主要来源于酵母，水貂每天每千克体重需要0.5mg维生素B_1，每天在日粮中添加3～5g酵母，基本能满足对维生素B_1的需要。在繁殖期需要适当

增加维生素 B_1 的给量（每天每千克体重 0.5～1.0mg）。

(4) 维生素 C：维生素 C 主要来源于新鲜蔬菜和水果，日粮中有新鲜蔬菜时，基本上能满足水貂对维生素 C 的需要。在水貂妊娠前期日粮中缺乏蔬菜时，每只每日需要添加 10～20mg 精制维生素 C，到中、后期，需要增加到 25～30mg。妊娠期水貂缺乏维生素 C，可造成死胎、化胎现象和初生水貂的“红爪子病”。

2. 矿物质　常用的矿物质添加剂有钙、磷和食盐，有的还添加铁、铜、钴等添加剂。

(1) 钙和磷：以动物内脏为主的养殖场，在日粮中应添加 2～4g 的骨粉；以鱼为主的养殖场，以添加 1～2g 骨粉为宜。

(2) 食盐：日粮中应含有 0.5～0.8g 的食盐，哺乳期应增加到 1.0g。在添加食盐时，要考虑日粮组成，如果日粮中已有含盐的饲料，要将盐分统一考虑其中，谨防食盐中毒。在饮水充足的情况下，水貂不易中毒，所以饮水要充足。

(3) 铁、铜、钴：日粮中可添加硫酸亚铁 5～7mg、硫酸铜 0.3mg 或硫酸亚铁 3mg、氯化钴 0.5mg。

3. 抗生素　抗生素对抑制有害微生物和防止饲料酸败具有重要作用，在夏季能预防胃肠炎，并促进幼貂的生长发育。

腐植酸钠能促进水貂的生长和增进消化酶的活性。试验证明，在育成期的日粮中，每 100g 混合饲料中添加 20mg 腐植酸钠，用水溶解后拌入饲料，可获得生长快、个体大、抗病力强的效果。

二、营养需要和推荐饲养标准

(一) 营养需要

水貂不同饲养时期，对各种营养物质的需要都有不同的特点。

1. 蛋白质　水貂所需要的蛋白质主要来源于动物性饲料。在水貂日粮中，动物性蛋白质占 80%～90%，而植物性蛋白质仅占 10%～20%。蛋白质的需要量通常用每千克体重所需可消化的克数来表示，也可采用每兆焦饲料中所含的可消化蛋白质的克数或蛋白质占日粮干物质的百分比来表示。

在水貂的准备配种期、配种期和育成期，以肉类或海杂鱼为主的日粮，水貂需要可消化蛋白质 20～25g/kg 体重，妊娠期为 25～30g/kg 体重，冬毛生长期以鱼下杂和屠宰厂副产品为主时，需要可消化蛋白质 30g/kg 体重以上，维持期不能低于 17g/kg 体重。据报道，一般 7～10 月份需要可消化蛋白质 30g/kg 体重，11～12 月份为 27g/kg 体重，1～3 月份 22～25g/kg 体重。

2. 脂肪　脂肪是热能的主要来源，水貂在不同时期对脂肪的需要量有较大差异。繁殖期脂肪可占日粮干物质的 15%～18%，哺乳期为 20%～25%，育成期 23%，冬毛生长期可降至 18%～20%。

因为水貂的日粮中含有较多的脂肪，所以不需要补充必需脂肪酸。但是，在大量采用鱼粉、干鱼、蚕蛹粉等干饲料时，必需脂肪酸在水貂营养中具有重要作用。在日粮中含有 1.5% 的亚麻油酸和 0.5% 亚麻酸，就可有效地预防必需脂肪酸的缺乏症。

3. 碳水化合物　1 兆焦饲料中，谷物的最低标准量是 9.6g，最高 28.7g，相当于代谢能的 10% 和 13%。水貂日粮中谷物的含量一般 为 15～25g。

水貂对纤维素的消化能力很低，在日粮的干物质中含有1%的纤维素，对胃肠道的蠕动、食物的消化和幼貂的生长都有良好的促进作用；可是当增加到3%时就会引起消化不良。

4. 水貂对三大营养需要的关系　不但水貂对蛋白质的需要量，依季节和日粮中各种营养的组成情况而有所变动，其他营养的需求之间也都存在着密切的内在联系。当日粮中蛋白质水平升高时，脂肪和碳水化合物水平就适当降低，反之就适当升高；当日粮中脂肪升高时，碳水化合物水平也应适当有所提高；当蛋白质一定的情况下，脂肪和碳水化合物水平可根据水貂不同生理时期的需要，在一定范围内浮动；当脂肪升高，碳水化合物要适当降低，而当脂肪降低时，碳水化合物应适当升高，以维持三大营养的平衡，见表4－10所示。

表4－10　蛋白质与脂肪、碳水化合物的关系　(g/MJ)

可消化蛋白质	可消化脂肪	可消化碳水化合物
19.1	10.0～12.7	14.5～8.4
21.5	9.1～11.7	13.9～8.4
23.9	8.6～11.0	12.7～7.2
26.3	7.9～10.8	11.5～6.0
28.7	6.7～9.3	11.5～6.0

（二）推荐饲养标准

我国规模化人工养貂虽然经历了近半个世纪，但目前尚未制定统一的水貂饲养标准。吉林、黑龙江横道河子、辽宁大连、山东烟台等地养貂场，根据各自的饲养条件总结出了适合当地养殖现状的日粮供给标准，为制定我国水貂标准提供了重要依据。仅将经验标准和国外标准推荐如下，在生产实践中要结合实际灵活使用。

1. 以热量为基础的饲养标准　该标准以不同饲养时期所需的代谢能为基础，标出日粮中所含可消化蛋白质的数量。所谓代谢能，是指可消化热能——可消化蛋白质、可消化脂肪、可消化碳水化合物所含的热能，经消化被吸收的养料所含的热能。见表4－11、表4－12所示。

表4－11　以热量为基础的饲养标准

饲养时期		代谢能（kJ）	可消化营养（g）			占日粮代谢能（%）		
			蛋白质	脂肪	碳水化合物	动物饲料	谷物类	果蔬类
准备配种期	公貂	1 004.3～1 171.7	23～32	5～7	12～15	75	20	5
	母貂	1 004.3～1 171.7	20～28	5～7	11～16	65	20～29	5～6
配种期	公貂	962.4～1 087.9	23～32	5～7	12～15	75	20	5
	母貂	962.4～1 087.9	20～26	3～5	10～14	65～75	20～25	6
妊娠期		1 046～1 255.4	27～36	3～5	9～13	75	20	5
哺乳期		962.4*	25～30	6～8	9～13	75	20	5

续表

饲养时期		代谢能（kJ）	可消化营养（g）			占日粮代谢能（%）		
			蛋白质	脂肪	碳水化合物	动物饲料	谷物类	果蔬类
恢复期	公貂	1 046 ~ 1 171.7	22 ~ 28	3 ~ 5	16 ~ 22	60 ~ 65	25 ~ 30	8
	母貂	1 046	22 ~ 28	3 ~ 5	12 ~ 18	60 ~ 65	25 ~ 29	7 ~ 8
冬毛生长期	公貂	1 046 ~ 1 255.4	25 ~ 40	7 ~ 9	14 ~ 20	65	28	7
	母貂	1 046 ~ 1 255.4	27 ~ 35	7 ~ 9	14 ~ 20	65	28	5 ~ 6

* 在962.4kJ基础上，根据胎产仔数及其采食量的增加，在日粮中补加热能和可消化营养物。

表4－12　育成期幼貂经验标准

月龄	性别	代谢能（kJ）	日粮热能比（%）			营养需要（g）		
			动物料	谷物类	果蔬类	蛋白质	脂肪	碳水化合物
1.5 ~ 2	公貂	1 046 ~ 1 464.6	65	28	7	30 ~ 40	69	16 ~ 24
	母貂	795 ~ 920.6				22 ~ 30	47	12 ~ 16
2 ~ 3	公貂	1 046 ~ 1 129.8	60	32	8	25 ~ 35	46	22 ~ 32
	母貂	962.5 ~ 1 129.8				18 ~ 25	35	16 ~ 22
3 ~ 4	公貂	1 129.8 ~ 1 422.8	60	32	8	28 ~ 40	78	22 ~ 32
	母貂	836.9 ~ 1 046				20 ~ 28	56	16 ~ 22
4 ~ 7	公貂	1 046 ~ 1 464.6	65	28	7	30 ~ 45	810	16 ~ 24
	母貂	836.9 ~ 1 046				22 ~ 30	68	12 ~ 16

2. 以重量为基础的饲养标准　该标准以不同饲养时期每只水貂每日所需的总饲料量为基础，拟定出日粮中可消化蛋白质和日粮组成中主要饲料占的百分比。在重量比日粮中，水也计算在百分比中，而每只水貂补加的酵母、鱼肝油、食盐等添加饲料不列在内（表4－13、表4－14）。

表4－13　以重量为基础的饲养标准

饲养时期	日粮总量（g）	可消化蛋白质（g）	占日粮总量的（%）				
			鱼肉类	乳蛋类	窝头	蔬菜类	水或豆汁
准备配种期	250 ~ 300	23 ~ 30	55 ~ 60	5 ~ 10	10 ~ 15	8 ~ 10	10 ~ 15
配种期	220 ~ 250	23 ~ 28	60 ~ 65	5 ~ 10	10 ~ 12	8 ~ 10	10 ~ 15
妊娠期	260 ~ 350	28 ~ 35	55 ~ 60	5 ~ 10	10 ~ 12	10 ~ 12	5 ~ 10
哺乳期	300 ~ 1000	35 ~ 60	50 ~ 55	5 ~ 10	10 ~ 12	10 ~ 12	5 ~ 10
恢复期	250 ~ 350	22 ~ 28	50 ~ 60	—	10 ~ 15	10 ~ 14	15 ~ 20
冬毛生长期	350 ~ 400	25 ~ 30	45 ~ 55	—	10 ~ 20	10 ~ 14	15 ~ 20

注：(1) 窝头按熟制品计算。(2) 哺乳期的标准是基础母貂连同仔貂的量。

表 4-14　不同饲养时期维生素需要标准（每日、每只）

时期	月份	维生素					
		A（IU）	D（IU）	E（mg）	B_1（mg）	B_2（mg）	C（mg）
准备配种期	12～2	500～800	50～60	2～2.5	0.5～1.0	0.2～0.3	—
配种期	3	500～800	50～60	2～2.5	0.5～1.0	0.2～0.3	—
妊娠期	4	800～1 000	80～100	2～5	1.0～2.0	0.4～0.5	10～25
哺乳期	5～6	1 000～1 500	100～150	3～5	1.0～2.0	0.4～0.5	—
恢复期	7～8	300～400	30～40	2～5	0.5	0.5	—
冬毛生长期	9～11	300～400	30～40	—	0.5	0.5	—

3. 国外水貂饲养标准

（1）美国水貂的饲养标准（表 4-15、表 4-16、表 4-17）。

表 4-15　水貂不同时期的营养需要（每千克干物质）

营养物 \ 时期	繁殖期（1～4 月）	哺乳期（5～6 月）	育成期（7～8 月）	冬毛生长期（9～12 月）
蛋白质	40～42	40～42	36～38	36～38
脂肪	18～22	22～30	24～30	20～22
碳水化合物	28～35	22～27	27～32	33～38
灰分	7～8	7～8	6～7	6～7
蛋白质：热能	1：15～1：16			

表 4-16　育成公貂饲养标准

项目	周龄									
	7	9	11	13	16	19	22	25	28	31
湿料量（g）	112	182	236	276	315	315	297	264	236	227
干料量（g）	37	60	78	91	104	104	98	87	78	75
蛋白质（g）	9	15	20	23	26	26	24	22	20	19
维生素 A（IU）	130	210	273	318	364	364	343	304	273	262
维生素 E（mg）	0.9	1.5	2.0	2.3	2.6	2.6	2.4	2.2	2.0	1.9
维生素 B_1（mg）	0.044	0.072	0.094	0.109	0.125	0.125	0.118	0.104	0.094	0.09
维生素 B_2（mg）	0.06	0.09	0.12	0.14	0.16	0.16	0.15	0.13	0.12	0.11
叶酸（mg）	0.019	0.03	0.039	0.046	0.052	0.052	0.049	0.044	0.039	0.038
烟酸（mg）	0.74	1.2	1.56	1.82	2.08	2.08	1.96	1.74	1.56	1.5
泛酸（mg）	0.23	0.36	0.74	0.55	0.62	0.62	0.59	0.52	0.47	0.45
吡哆醇（mg）	0.041	0.036	0.08	0.1	0.114	0.114	0.108	0.096	0.086	0.082
钙和磷（mg）	148	240	312	364	416	416	392	348	312	300

表 4－17 育成母貂饲养标准

项目	周龄									
	7	9	11	13	16	19	22	25	28	31
湿料量（g）	97	158	206	239	26	255	136	215	194	182
干料量（g）	32	52	68	79	80	84	78	71	64	60
蛋白质（g）	8	13	17	20	22	21	20	18	16	15
维生素 A（IU）	112	182	238	276	301	294	273	248	224	210
维生素 E（mg）	0.8	1.3	1.7	2.0	2.2	2.1	2.0	1.8	1.6	1.5
维生素 B_1（mg）	0.038	0.062	0.082	0.095	0.103	0.101	0.094	0.085	0.077	0.072
维生素 B_2（mg）	0.05	0.08	0.10	0.12	0.13	0.13	0.12	0.11	0.10	0.09
叶酸（mg）	0.016	0.026	0.034	0.04	0.043	0.012	0.039	0.036	0.01	0.03
烟酸（mg）	0.64	1.04	1.36	1.58	1.72	1.68	1.56	1.42	1.28	1.2
泛酸（mg）	0.19	0.31	0.41	0.47	0.52	0.5	0.47	0.43	0.38	0.36
吡哆醇（mg）	0.035	0.075	0.057	0.087	0.095	0.092	0.084	0.078	0.07	0.06
钙和磷（mg）	128	208	272	316	344	36	312	284	256	240

（2）独联体成年水貂的饲养标准。独联体水貂饲养标准采用日粮总代谢能和每 MJ 热能中可消化蛋白质的含量来表示（表 4－18、表 4－19）。

表 4－18 俄罗斯成年水貂的饲养标准 ［kJ／（只·d）］

月份	11 月初体重（kg）							可消化蛋白质（g/MJ）
	1.15	1.3	1.5	1.9	2.2	2.4	2.6	
1～2	920.6	962	1 046	1 255	1 339	1 381	1 465	23.92～26.31
3	1 004	1 088	1 172	1 172	1 214	1 297	1 381	23.92～26.31
4～5（孕母）	920.6	1 004	1 088	1 172	1 255	1 339	1 423	23.92～26.31
6	920.6	1 004	1 088	1 339	1 465	1 632	1 758	21.53～23.92
7	962	1 046	1 130	1 423	1 506	1 674	1 799	19.14～21.53
8	1 004	1 088	1 172	1 464	1 590	1 756	1 841	19.14～21.53
9	1 046	1 130	1 255	1 506	1 674	1 799	1 925	19.14～21.53
10	1 130	1 255	1 381	1 632	1 758	1 841	1 967	23.92～26.31
11	1 004	1 046	1 130	1 297	1 339	1 423	1 506	23.92～26.31
12	920.6	962	1 046	1 255	1 297	1 381	1 465	23.92～26.31

表 4-19 维生素的需要量

维生素	每 kg 体重		每 MJ 中		每 100g 干物质中	
	最低量	适宜量	最低量	适宜量	最低量	适宜量
A（IU）	100	450	107.64	502.32	160	735
D（IU）	10	100	9.58	107.64	18	160
B_1（mg）	0.3	0.5	0.24	0.36	0.4	0.6
B_{12}（mg）	3.0	5.0	3.59	5.5	6.0	8.0
E（mg）	3.0	6.0	3.59	7.18	5.0	10.0

三、日粮的拟定

（一）拟定日粮的依据

我国水貂的日粮，依动物性饲料不同，大致可分为以海杂鱼或江杂鱼为主、以干鱼为主、以畜禽下杂为主，以及以鱼、肉类混合饲料为主等日粮类型。

水貂在不同时期，对各种营养物质的需要量不同，在拟定日粮时要根据饲料的热能及营养物质的含量，按照水貂消化生理特点尽量达到日粮标准的需求。

水貂是肉食动物，消化道短，胃肠容积小，无盲肠，食物通过消化道的速度快（一般3～4h）；对动物性饲料消化能力强，对植物性饲料的消化率很低。因此，拟定水貂日粮时要以动物性饲料为主，新鲜无害的动物性饲料要生喂，而谷物性饲料要熟喂。

拟定日粮还要充分考虑和利用各地的饲料条件，就地取材，因地制宜，既要考虑降低成本，又要保证水貂的营养需要。在搭配日粮时，还要注意各种饲料的理化性质，避免营养物质遭到破坏。如碱性的骨粉不能与酵母、维生素 B_1 和维生素 C 等酸性物质搭配，要现配现喂。

（二）日粮的计算方法

水貂日粮的配制方法有两种，即以每日所需代谢能为基础的热量法和以重量为基础的重量法。

1. 热量法　根据水貂所处的饲养时期及营养需要，确定每只貂 1d 所需的代谢能和各种饲料的热量比，然后计算出每兆焦相应的饲料量和可消化蛋白质的数量。

$$\text{每兆焦相应热能饲料量（g）}=\frac{\text{某种饲料占总热能的比例}}{\text{某种饲料的代谢能（MJ）}}$$

最后计算全群貂对各种饲料的需要量，确定出早饲和晚饲的比例，并提出调制的具体要求。

2. 重量法　根据水貂所处的饲养时期及营养需要，确定每只貂 1d 所供应的混合饲料量，然后按照饲养标准和本场的饲料情况，确定各种饲料的重量比，并计算出各种饲料的重量。然后计算出全群貂的各种饲料量，同时提出调制的具体要求。采用重量法时，重点要计算好可消化蛋白质的含量，必要时还要计算出可消化脂肪和可消化碳水化合物的含量，求得可消化营养物的数值后，日粮的代谢能就很容易计算。

$$\begin{aligned}\text{日粮总代谢能（kJ）}&=18\times\text{可消化蛋白质（g）}+39\times\text{可消化脂肪（g）}\\&+17\times\text{可消化碳水化合物（g）}\end{aligned}$$

四、饲养管理

在生产实践中，根据水貂不同的生物学时期的生理特点及生长发育、繁殖和换毛规律，将水貂一年的生活周期划分为不同的饲养时期：即准备配种期、配种期、妊娠期、产仔哺乳期、恢复期、幼貂育成期和冬毛生长期。各个饲养时期不是截然分开的，而是密切相关，互相联系，又互相影响，每一时期都是以前一时期为基础。

（一）准备配种期的饲养管理（9月21日至3月4日）

准备配种期的饲养管理的中心任务是促进冬毛的生长与安全越冬、体况恢复、生殖器官的正常发育和为配种作准备。因此，此期饲养管理的好坏，直接影响水貂生殖器官的发育、水貂的发情、配种乃至全年生产的成败，应给予高度的重视。

1. 准备配种期的饲养要点　为了突出重点，有针对性地进行饲养管理，又可以将准备配种期分为准备配种前期（9月21日至10月21日）、准备配种中期（10月22日至12月21日）和准备配种后期（12月22日至3月4日）3个时期。

准备配种前期主要是促进冬毛生长，恢复体况，为安全越冬做准备。因此，日粮中应用较高的能量。一般代谢能为1 100～1 400kJ，可消化蛋白质30～35g，可消化脂肪10g以上。饲料中鱼、肉、谷物、蔬菜的热量比分别为65%、7%、25%和3%，重量比分别为55%、10%、4.5%和10%，另加20.5%的水和1%的羽毛粉。日粮量应达到400～500g。

准备配种中、后期主要是调整营养，平衡体况，以促进生殖器官尽快发育。因此，需要全价蛋白质饲料和多种维生素，热量标准可适当降低。由于公貂在配种期起主导作用，此期公貂的标准可高于母貂。一般代谢能为920～1 046kJ，可消化蛋白质，公貂25～30g，母貂20～25g，可消化脂肪5～7g。各种原料的比例同前期。另外，每只貂日喂葱2g、酵母4 g、羽毛粉1g、食盐0.5g、氯化钴0.001g。每周一、三、五逐只喂鱼肝油1 500IU、维生素E 10mg，每周二、四、六逐只喂维生素$B_1$10mg、维生素C 25mg。日粮量，10～11月350～400g，12 ～1月350～300g，2月份275 g左右。

2. 准备配种期的管理要点

（1）种貂和皮貂分群饲养：种貂复选工作结束后，应立即将挑选出种貂集中到笼舍的南侧和双层笼舍的下层饲养，让种貂接受较充足的光照。皮貂则集中于笼舍的北侧和双层笼舍的上层饲养，减少光照强度，有利于提高毛皮质量。水貂分群后根据不同的饲养目的，采取不同的饲料配方和营养标准。种貂中尤其是新选的当年貂，体长生长尚未结束，因而饲料中应注重全价蛋白质饲料的补给。秋分以后随着冬毛的生长成熟，种貂的性器官也逐渐开始生长发育，繁殖所需要的维生素饲料也应当适时供给。

（2）体况调整：水貂的体况与繁殖力有密切相关性。在水貂准备配种后期，要尽力使全群种貂普遍达到中等体况，其中公貂适于中等略偏上，母貂适于中等略偏下。体况鉴定的方法主要有目测法、称量法和指数法3种。

体况鉴定后，根据情况分别采取降肥与追肥措施，以调整其达到中等体况。降肥的方法是设法使种貂加强运动，消耗脂肪。如人工逗引或后喂饲粮，均可刺激其加强运动。同时，减少日粮中的脂肪含量，适当减少饲料量。对明显过肥者，可每周断食1～2次。不太寒冷的地区，亦可暂时撤除小室内的垫草。追肥的方法主要是增加日粮中的优质动物性饲料比例和总的饲料量，也可单独补饲。同时给足垫草，加强保温，减少能量消耗。对因病消瘦者，必须从治疗入手，进行追肥。

（3）卫生防疫：小室要保持清洁、干燥，经常检查、打扫，严防湿污，以免水貂感冒而引发肺炎死亡。1月份应对种貂进行一次犬瘟热和病毒性肠炎疫苗接种。

（4）发情鉴定：水貂产仔率的高低与配种时间有很大关系，要做到适时配种就得准确掌握水貂发情的周期变化情况。据观察，水貂从1月份起就开始陆续的发情，但必须到3月初方可配种。在这期间进行发情检查的目的，一是摸清每只母貂发情的时间早晚和周期变化规律，掌握放对配种时机，避免由于急切追求进度盲目放对所造成的拒配、强制配种、咬伤、失配、空怀、低产等不良后果；二是提早发现由于饲料营养和环境条件失调所造成的生殖系统发育不良，及时采取补救措施，从而减少失配和空怀的比率。

检查的方法是，从1月份起，每5d或者1周观察1次母貂的外阴部变化情况。在正常饲养的情况下，一般在1月末母貂的发情率应达70%左右，2月末达90%以上。如果在1月、2月发现大批的母貂无发情征状，则意味着饲养管理上存在某种缺陷，必须立即查明原因加以改正。

（5）加强异性刺激，促进种貂发情：水貂达到性成熟后，通过雌雄接触的异性刺激，能提高中枢神经兴奋性，增强性欲，明显提高公貂利用率。方法是从配种前10d开始，每天把发情好的母貂用串笼送入公貂笼内，或者将公、母水貂邻舍，或者手提母貂在笼外逗引，即通过视觉、听觉、嗅觉等相互刺激促进发情。但是异性刺激不能过早的开始，以免过早的降低公貂食欲和体质。

（6）做好配种的准备工作：根据选配原则，做出选配方案和近亲系谱备查表，大型的养殖场应做出配种方案、配种登记表和配种标签；准备好各种工具、物品，如捉貂手套、捕貂笼（箱）、串笼、显微镜、记录本等。

（二）配种期饲养管理（3月5日至3月20日）

1. 水貂配种期的饲养要点　由于受性活动的影响，水貂的食欲有所减退，特别是公貂更为明显。因此，要供给新鲜、优质、适口性好和易于消化的饲料，但喂量不宜过多。对于食欲下降明显甚至拒食的公貂，可在日粮中加一些鲜肝、生肉等，使其尽快恢复食欲。

配种期日粮中要有足够的蛋白质和各种维生素，以肉类为主的日粮还要补加骨粉。参加配种的公貂，中午应给予补饲。配种期里要防止只顾忙于配种，而忽略正常饲养管理的倾向。日粮标准：代谢能为836.9～1046.2kJ，饲料总量不宜超过250g。配种期日粮和种公貂的补饲标准，可参见表4－20、表4－21。

表4－20　配种期日粮

饲料量［g/（d、只）］	蛋白质（g）	混合料重量比（%）				每只供给量（g）			
		动物料	谷物	蔬菜	水	酵母	麦芽	骨粉	食盐
220～250	23～30	60～65	10～12	10～12	15～20	3～4	10～15	2～3	0.5

表 4－21　配种期日粮

饲料	补饲量（g）	饲料	补饲量（g）
鱼或肉	20～25	蔬菜	10～12
鸡蛋	15～20	酵母	1～2
牛乳	20～30	麦芽	6～8
肝脏	8～10	维生素 A（IU）	500
兔头	10～15	维生素 E（mg）	2.5
窝头	10～12	维生素 B_1（mg）	1.0

2. 水貂配种期的管理要点　此期水貂白天的大部分时间用于放对、配种，故饲养制度要与放对配种相协调兼顾，要有合理的配种安排。一般采用先早饲后放对，中午补饲，下午放对后晚饲的方法。总之，无论饲喂制度如何安排，都必须保证水貂有一定的采食与消化时间，早饲后 1h 内不宜放对，中午应使水貂休息 2h 以上，不能连续放对。晚上不宜带灯饲喂和放对，以免因增加光照时间，从而引起水貂发情紊乱造成失配和空怀。必须保证水貂有充足而清洁的饮水，特别对配种结束后的公貂更为需要，同时要搞好配种记录为来年选配和后代留种提供依据。

（三）妊娠期饲养管理（3 月 21 日至 4 月 20 日）

妊娠期的饲养管理最终目的是使胚胎发育正常，母貂产后能有充足的乳汁，此期饲养管理是否合理，将决定一年养貂的成败。

1. 妊娠期的饲养要点　妊娠期水貂营养的消耗很大，不仅要维持自身的基础代谢，而且还要为胎儿生长发育，产后泌乳储备营养和春季脱换毛绒所消耗。妊娠期水貂的抵抗力较低，极易患消化道的疾病。因此日粮必须品质新鲜，种类稳定，营养完全，适口性好。其代谢能标准为 919.6～1 086.8kJ，动物性饲料要达到 75%～80%，可消化蛋白质在 25～28g。

妊娠期的水貂饲料必须保持品质新鲜，绝对不能饲喂腐烂变质、酸败发霉的饲料。否则，必然造成拒食、下痢、流产、死胎、烂胎，大批空怀和大量死亡等严重后果。妊娠期绝对不能饲喂含激素过高的动物性产品，如难产死亡的动物肉，带甲状腺的气管和雌激素化学去势的畜禽肉及下杂等作为水貂饲料，因其中含有的催产素和其他激素，能干扰水貂正常繁殖而导致大批流产。

2. 妊娠期的管理要点

（1）适当的控制体况：妊娠期，气候日趋温暖，母貂营养好而活动少，易于出现过肥而造成胚胎吸收、难产、产后缺奶、仔貂死亡率高等不良后果。故在妊娠期逗引母貂自然运动，以控制体况稳定在中等略偏下的水平。

（2）适当的增加光照：妊娠期已转入长日照周期，此时适当延长光照时间或增加光照强度，对繁殖都是有利的。因为光通过视神经作用到大脑中枢后，能增加下丘脑促黄体释放激素的活性，促进垂体促黄体激素的分泌，增加卵巢黄体孕酮的产生和分泌，这对促进胚泡及早着床发育是必需的条件。因而能够缩短妊娠期，提高产仔率。但值得注意的是，增加光照要严格按照计划进行，光照紊乱会导致化胎等严重后果，因此，在不具备控光条件与技术的养殖场，要采用自然光照，妊娠期场区夜间严禁开灯。

（3）保持环境安静，给母貂提供充足清洁的饮水。

（4）注意观察与记录貂活动、采食和排粪便情况：妊娠期饲养管理人员要对母貂经常进行观察，正常的母貂基本不剩食，喂前1h大多在笼里活动，粪便呈条形，换毛正常，常仰卧，喜晒太阳。当母貂出现下痢或排黄稀粪、连日食欲下降甚至拒食和换毛时，应立即查明原因，并及时采取有针对性的措施。妊娠期日粮见表4－22。妊娠貂每只日粮加维生素为320.5克，重量比加8%水即为100%。

表4－22　妊娠期日粮

饲料	重量比（%）	饲料量 g/（d·日）	饲料	重量比（%）	饲料量 g/（d·日）
海杂鱼	20	60	麦芽	—	15
牛、羊内脏	12	30	酵母	—	5
兔头、兔骨架	10	30	维生素A（IU）	—	1 000
牛肉	12	36	维生素B_1（mg）	—	1.0
鸡蛋	3	9	维生素B_2（mg）	—	0.5
牛乳或奶粉	13	39	维生素C（mg）	—	20
窝头	10	30	食盐	—	0.5
白菜	12	36	水	8	24
共计			100%		320.5

注：双线右侧接左侧。

（四）产仔哺乳期饲养管理（4月21日至6月20日）

在自然情况下，我国东北、西北地区水貂大多于4月下旬产仔，长江以南地区稍提前，生产上4月21日至6月20日定为水貂的产仔哺乳期。

1. 产仔哺乳期的饲养要点　据报道，1～10日龄的仔貂日平均消耗乳量为4.1g，11～20日龄5.3g；母貂产仔后头10d内日平均泌乳量为28.8g，11～20d时32.2g，所以一般情况下，一只母貂平均能哺育6～7只仔貂。仔貂对乳的需要随着日龄的增加而增多，当开始采食时吃乳量明显下降，母貂的泌乳量也发生相应变化。在拟定母貂日粮时，必须考虑一窝仔貂的数量和日龄。

哺乳期的日粮要维持妊娠期水平，在饲料种类上尽可能多样化，适当增加蛋、乳类和肝脏等容易消化的饲料。母貂日粮中按1 004.3～1 088kJ可消化能供给，仔貂所需要的部分另外添加，动物性饲料要占80%，植物性饲料可占18%～22%，日粮总量应达到300g以上，其中蛋白质含量要达到30～40g。

常规饲养一般日喂2次，最好3次。此外，对一部分仔貂还应给予补饲。此时，饲料颗粒要小，稠度要低，但必须使母貂能衔住喂养仔貂。饲喂时，要按产期早晚，仔貂多寡，合理分配饲料，切忌一律平均。对生后数小时内因某种原因没吃上奶的仔貂，可用牛、羊乳或者乳粉经巴氏杀菌后，加少许鱼肝油临时滴喂，然后尽快送给母貂抚养。由于家畜常乳缺少水貂初乳中所含的球蛋白、清蛋白和含量高的维生素A和维生素C、镁盐、卵磷脂、酶、免疫体（抗体）、溶菌素等复杂成分，故单纯靠牛羊乳哺喂幼龄仔貂不易成活。产仔哺乳期的日粮见表4－23。

表 4－23　产仔哺乳期日粮组成　（%）

饲料	4 月 20 日	5 月 5 日	5 月 20 日
海杂鱼	30	25	25
牛、羊内脏	15	15	15
兔头、兔骨架	10	10	10
熟痘猪肉	5	5	5
窝头	10	10	13
白菜	10	12	10
牛羊乳	8	10	15
肝脏或鸡蛋	3	5	3
水	8	8	5

水貂在临产前后多半食欲有所下降，此期日粮应减去总量的 1/5，并把饲料调稀。1 周左右母貂食欲恢复正常，应根据胎产仔数和仔貂日龄及母貂食欲情况，每日按比例增加饲料量。从 5 月 1 日开始，母貂日粮中的脂肪应增加到占干物质的 22%，以后逐渐提高到 25%，对于母貂泌乳有良好的作用。

2. 产仔哺乳期的管理要点

（1）昼夜值班：目的是及时发现母貂产仔，随时添加饮水，对落地、受冻、挨饿的仔貂和难产母貂及时救护。但必须保持场内肃静，值班人员每 2h 应巡查 1 次。

（2）加强产仔检查：产后检查是产仔保活的重要措施，采取听、看、检相结合的方法进行。听是听仔貂叫声，看母貂的采食泌乳及活动情况。若仔貂很少嘶叫，嘶叫时声音短促洪亮，母貂食欲越来越好，乳头红润、饱满、母性强则说明仔貂健康。检就是直接打开小室检查。先将母貂诱出或赶出室外，关闭小室门后检查。健康的仔貂在窝内抱成一团，浑身圆胖，身体温暖，拿在手中挣扎有力，反之为不健康。检查时饲养人员最好戴上手套，手上不要有强烈异味，否则仔貂身上沾染异味，会被母貂遗弃。

（3）注意气候骤变，保持环境安静：在春寒地区，要注意在小室中加足垫草，以利于保温。在温暖的地区，垫草不宜过多。遇有大风雨天气，必须在貂棚迎风一侧加以遮挡，以防寒潮侵袭仔貂，招致感冒继发性肺炎而大批死亡。产仔母貂喜静厌惊，过度惊恐容易造成母貂弃仔、咬伤甚至吃掉仔貂，故必须避免场内和附近有振动性很大的奇特声音干扰。

（4）搞好卫生管理：仔貂单纯哺乳期间，其粪便由母貂舔食。但从 20 日龄左右开始采食饲料以后，母貂不再食其粪便，而此时仔貂排便尚无定点，母貂还经常向小室内叼入饲料喂仔，加之天气日渐暖和，各种微生物易于孳生，故必须搞好小室的卫生，及时清除粪便、湿草、剩余饲料等污物。同时，还要搞好饲料品质的卫生检查和食具的消毒，避免发生传染病。

（五）恢复期的饲养管理

由于母貂经过妊娠期和哺乳期、公貂配种后体力消耗很大，变得很消瘦，所以水貂恢复期（公貂 3 月 21 日至 9 月 20 日；母貂 6 月 20 日至 9 月 20 日）的前半个月到 1 个月的日粮，应维持原来较高的饲养水平，待食欲和体况恢复后，再转入较低水平的恢复期饲养，否则会影响来年的繁殖。水貂恢复期的日粮标准见表 4－24。

表 4－24　恢复期日粮标准

营养 性别	总热量（kJ）	各类饲料占热量比（%）			营养成分含量（g）		
		动物性饲料	谷物性饲料	果蔬类饲料	蛋白质	脂肪	碳水化合物
公貂	752～1 033	60	32	8	16～24	3～5	16～22
母貂	585～836	60	32	8	13～20	2～4	12～18

（六）仔幼貂的饲养管理

1. 仔幼貂生长发育特点　仔幼貂生长发育很快，特别是在3.5个月龄之前。2个月龄时的体重比初生重增加50～60倍，3个月龄时达到100倍，在生后3个月内是生长最激烈的时期。在5.5个月龄后，体重增长缓慢，几乎处于稳定状态。

1～1.5月龄前，无论是绝对生长速度还是相对生长强度，公、母貂之间的差异均不显著，但以后差异逐渐显著，公貂快于母貂。

在30日龄以内的哺乳期，相对生长速度公母貂皆为178%以上，日绝对增长速度为5.6～6.5g。在30～40日龄的过渡期，开始10d由于仔貂由全靠母乳生长，逐渐转入适应饲料，生长系数明显下降，以后重新恢复生长速度。从45日龄开始到3个月龄，绝对生长最快，公貂为13～15g/d，母貂为7～11g/d，公、母貂的体长生长分别为0.4cm/d和0.3cm/d。3个月后生长速度和强度逐渐下降，到5个月龄时生长基本停止。

2. 哺乳期仔貂的养育　4月下旬到5月中旬，是提高仔貂成活率的关键时期。如果对初生仔貂的检查护理、代养和补饲不当，必要的技术措施跟不上，就会因仔貂的大批死亡而造成“丰产不丰收”的局面。生产中初生仔貂死亡的原因大致有以下几种。

（1）死胎：死胎和出生后死亡的仔貂，从外观上很难区别，但将死貂的肺取下来浸在水里，死胎的肺沉下去，产后死亡的则浮上来。给妊娠母貂喂饲氧化变质的或营养不全价的饲料，以及孕貂患有某些疾病，都可导致难产、流产、死胎和胎儿畸形造成死胎。

（2）冻死：新生仔貂体温调解能力很差，如果窝箱保温不良，在笼网上产仔，或初生仔貂掉在地上，都可被冻死。所以，产前必须对褥草和窝形进行检查，搞好窝箱保温和护理工作。不同日龄仔貂在窝箱内所需要的适宜温度不同，一般1～25日龄需要35℃、25～35日龄30℃、35～40日龄27℃、40日龄以上10～25℃。

（3）咬死：曾患有自咬病或有恶癖的母貂，若在产后1周内复发，会咬死仔貂。产后缺水、检查人员手带有异味和外界异常的惊扰等，会引起水貂搬弄、遗弃、咬仔和吃仔现象。

（4）饿死：仔貂出生后24h吃不上初乳，往往造成全窝死亡。另外，母性不强或缺乳，也容易造成仔貂死亡。因此，产后首次检查时，如果发现母貂体况过肥，乳头小，挤不出乳汁，窝内仔貂发育不均，仔貂干瘪而挣扎无力，应及时采取措施。如果胎产仔在8只以上，应采取寄养措施；如果母貂母性不强，或有恶癖，要全窝寄养；乳量不足，可采取催乳措施。

（5）病死：仔貂患有脓疱病、湿尿病和红爪子病等，都会引起仔貂死亡。引起红爪子病主要是由于母貂妊娠期维生素C缺乏所致，对这种病貂滴喂2%的抗坏血酸葡萄糖混合液，一次3～4滴，每日2～3次，效果良好。为预防脓疱病、湿尿病的发生，要加强窝箱、笼网的卫生管理，对已经发病的，前者用抗生素软膏，后者用抗生素结合维生素 B_6、B_{12}注射加以治疗。

为了掌握仔貂生长发育情况，每月至少应称重1次，从中了解仔貂的发育情况，采取相应措施。断乳前仔貂的正常体重如表4－25所示。

表4－25　断乳前仔貂的正常体重　　(g)

性别	初生	15日龄	30日龄	45日龄
公仔貂	7～10	60～65	170～180	335～340
母仔貂	7～8	55～60	165～170	325～330

3. *幼貂育成期的饲养管理*　断乳后1～2周，在同一个笼中可养2、3只，以减轻环境变化带来的应激刺激。在分笼饲养时，应随时观察幼貂的发育情况，对体质弱、发育落后的幼貂，要加强饲养管理。断乳后头两个月，幼貂正处在生长最迅速、骨骼和内脏器官发育最快的时期，此期饲养的科学与否，对体型大小和皮张大小影响很大。幼貂50～90日龄时，绝对生长最快，公貂每天增重13～15g，母貂7～10g，从4个月龄后骨骼和内脏变化不甚明显。因此，断乳的前两个月应加强饲养管理，促进幼貂生长。

断乳初期，每日供给可消化蛋白质10～23g，2～3个月龄时增加到25～32g。日粮要用多种动物性饲料搭配，同时适当增加脂肪。7～9月份的日粮中，脂肪占总代谢能的30%～31%，对幼貂的生长发育会收到良好的效果。此期日粮中要适当增加维生素和矿物质给量。

6月至8月中旬，正是幼貂的生长旺期，容易患膀胱炎和肾结石症，所以要随时测定尿液的pH值。尿液正常的pH值是5.9～6.1，当大于6.1时易患结石症。断乳后前3个月，在日粮中添加0.3～0.5g的氯化铵，对预防结石症有一定效果。

8月下旬至9月初，夏毛开始脱落，冬毛开始生长，10月下旬至11月底，为冬毛成熟期。为了生产优质毛皮，在日粮中要注意搭配富含蛋氨酸和胱氨酸的蛋白质，而脂肪和矿物质不宜过多。9～10月的日粮中，动物性饲料的比例要比8月份高10%～15%（重量比）。育成期幼貂的经验标准见表4－26。

表4－26　育成期幼貂的经验标准

月龄	性别	代谢能（kJ）	日粮热能比（%）			营养需要（g）		
			动物料	谷物类	果蔬类	蛋白质	脂肪	碳水化合物
1.5～2	公	1 046～1 464.6	65	26	7	30～40	6～9	16～24
	母	795～920.6				22～30	4～7	12～16
2～3	公	1 046～1 129.8	60	32	8	25～35	4～6	22～32
	母	962～1 129.8				18～25	3～5	16～22
3～4	公	1 129.8～1 422.8	60	32	8	28～40	7～8	22～32
	母	836.9～1 046				20～28	5～6	16～22
4～7	公	1 046～1 464.6	65	28	7	30～45	8～10	16～24
	母	836.9～1 046				22～30	6～8	12～16

（七）冬毛生长期饲养管理（9月21日至12月20日）

不论是幼年貂还是成年貂，9～11月均为冬毛生长期。此期的工作中心任务是促进水貂正常换毛，并获得质量好、张幅大的毛皮。进入9月，水貂由主要生长骨骼和内脏转为主要生长肌肉、沉积脂肪，同时随着秋分以后的日照周期变化，将陆续脱掉夏毛，长出冬毛。此时，水貂新陈代谢水平仍较高，蛋白质代谢仍呈正平衡状态。水貂肌肉中含蛋白质25.7%。含脂肪9.3%以上，毛绒则是蛋白质角化的产物，故对蛋白质、脂肪和某些维生素、微量元素的需要仍是很迫切的。据研究，此时水貂每千克体重每日需要可消化蛋白质为27～30g。尤其需要构成毛绒和形成色素的必需氨基酸，如含硫氨基酸（占毛皮蛋白质的10%～15%）、蛋氨酸、半胱氨酸和不含硫的苏氨酸、酪氨酸、色氨酸，还需要必需的不饱和脂肪酸，如十八碳二烯酸、十八碳三烯酸、二十碳四烯酸和磷脂、胆固醇，以及铜、硫等元素，这些都必须在日粮中供给。

日粮标准：代谢能为1 000～1 400kJ，蛋白质含量为27～35g，脂肪10～16g，碳水化合物15～17g。日粮总量可达300～400g，其中动物性饲料不低于75%，而且要由鱼类、内脏、血液、肉类副产品、鸡或兔下杂、鱼粉和颗粒饲料等品种组成，粮食比例不宜高过25%，蔬菜可不喂。各种维生素饲料，可由维生素和微量元素添加剂0.5～0.75g代替。此外，补加少许芝麻或芝麻油，将会明显增强毛绒光泽与华美度。

五、笼舍构造及设备

（一）水貂棚舍

水貂棚舍结构简单，只需要棚柱、棚梁和棚顶，不需要四壁。棚顶可用石棉瓦、油毡纸等覆盖。貂笼在棚内可双层两行排列，中间为过道。

水貂棚舍大致规格是：棚长50～60m，棚宽3m，棚间距离3～4m；棚檐高1.1～1.5m，屋顶高2.5m左右，用人字形起架。见图4－2所示。

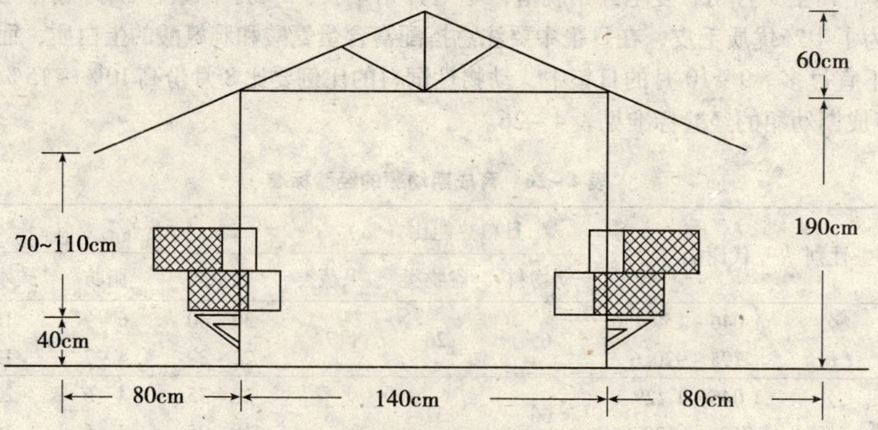

图4－2　水貂棚舍示意图

（二）水貂笼网与窝箱

1. 貂笼　貂笼是水貂活动的场所，其规格和样式较多，但必须具有简单实用、不影响正常活动、确保不跑貂、符合卫生条件和便于管理等特点。多用电焊网编制而成，网眼为2.5～3.0cm，网底用12号铁丝编制，四周用12～14号线编制。

2. 窝箱　用1.5～2cm厚木板制成。其长、宽、高种貂笼分别是40cm、30cm、40cm，皮貂分别是35cm、38cm、25cm。皮貂窝箱为联体结构，在38cm宽度的正中有隔板，使窝箱一分为二。窝箱上方留有可开启的箱盖，在箱盖的下方安装有网盖。在窝箱与笼网相接的一侧开有直径10cm的圆孔，此孔为窝箱通向笼网的水貂出入孔，孔的边缘用镀锌铁皮包边，以免水貂咬损和擦损水貂毛皮。在寒冷地区，窝箱内设有隔板，以便增强窝箱保温能力，所以窝箱尺寸可适当加大。

貂笼与窝箱安装时，距地面要在40cm以上，每笼之间上、下、左、右的间距应在3～5cm，以免相互咬伤。水貂的窝箱见图4－3、图4－4所示。

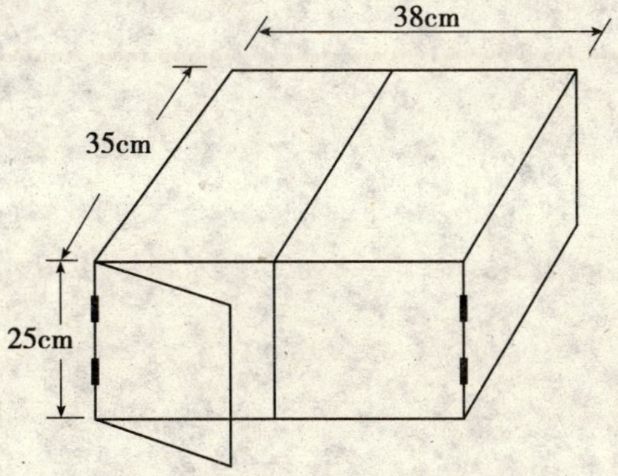

图4－3　皮貂窝箱规格示意图

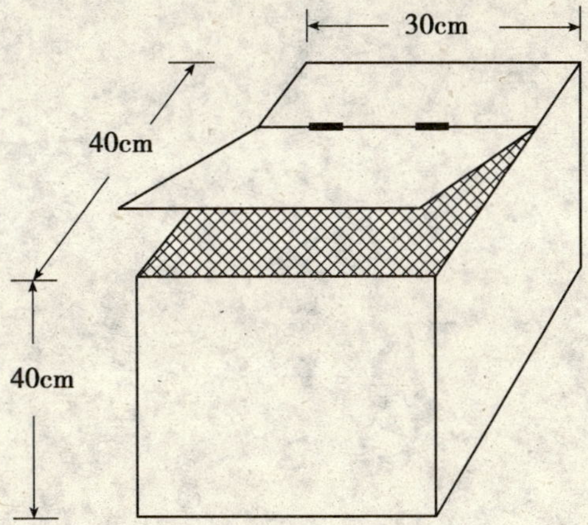

图4－4　种貂窝箱规格示意图

复习思考题

1. 熟悉水貂外貌特征，掌握水貂生物学特性及其在生产中的应用。
2. 水貂配种方法有哪些？配种效果如何？
3. 叙述光照与水貂繁殖的关系。

4. 何谓分阶段异期复配配种体制?
5. 总结水貂的繁殖规律。
6. 对于遗传力低的性状应采用哪种选种方法?
7. 掌握彩色水貂毛色育种方法。
8. 在水貂饲养管理中，利用植物性饲料应注意哪些问题?
9. 掌握水貂不同时期饲养管理要点。
10. 利用不同的饲养标准配制水貂日粮。

王春强

第五章 狐

第一节 狐的形态与生态

一、分类与分布

狐在动物分类学上属于动物界（Animalia）、脊索动物门（Chordata）、脊椎动物亚门（Vertebrata）、哺乳纲（Mammalia）、真兽亚纲（Eutheria）、食肉目（Carnivora）、犬科（Canidae）、狐属（*Vulpes*）或北极狐属（*Alopex*），世界上人工饲养的狐约有40多种，分属于狐属和北极狐属。养殖数量较多的主要有狐属的赤狐、银黑狐和北极狐属的北极狐、以及各种突变型或组合型的彩色狐。

（一）赤狐（*Vulpes vulpes* Linnaeus，1758）

赤狐又称红狐、草狐。赤狐在我国分布很广，有4个亚种，因地域不同，毛色和皮张质量有较大差别，其中东北和内蒙古所产的赤狐，毛长绒厚，色泽光润，针毛齐全，品质最佳。

（二）银黑狐（*Vulpes fulia*）

银黑狐又称银狐（图5-1），原产于北美北部和西伯利亚东部地区，是野生赤狐的一个突变种，也是最早人工驯养的一种珍贵毛皮动物，目前不少国家有人工养殖。

图5-1 银黑狐

（三）十字狐（*Vulpes crucigera*）

十字狐产于亚洲和北美洲，属于狐属，体型近似赤狐，四肢和腹部呈黑色，头、胸背部呈黑褐色，在背部有黑十字形的花纹。

（四）北极狐（*Alopex lagopus*）

北极狐产于亚、欧和北美北部近北冰洋地带，及北美南部沼泽地区和森林沼泽地区。野生北极狐有两种毛色，一种为白色北极狐，该色型的狐被毛呈明显的季节性变化，冬季被毛白色，其他季节毛色呈深褐色；另一种为淡褐色型（淡蓝色型），其毛色在冬季呈淡褐色，其他季节呈深褐色，有时生下白色北极狐。两种色型的北极狐的绒毛均为灰色或褐色。家养北极狐中可见到一些毛色变种，如影狐、北极珍珠狐、北极蓝宝石狐、北极白金狐和白色北极狐等，习惯上统称为彩色北极狐。目前彩色北极狐的毛色遗传研究已经取得了很大的进展，为培育北极狐新品种奠定了基础。

（五）其他彩色狐

目前各国已培育出不少彩色狐，常见的有琥珀色狐、珍珠狐、铂色狐、葡萄酒色狐等。

二、形态特征

赤狐体躯较长，四肢短、吻尖，尾长而蓬松。成年狐体重为5kg左右，体长60～90cm，尾长40～50cm。赤狐毛色变异较大，常见的有火红、棕红、灰红等，四肢及耳背呈黑褐色，腹部黄白色，尾尖呈白色。

银黑狐是赤狐的基因突变型，野生的银黑狐有阿拉斯加银狐（aa）和东部银黑狐（bb）两种类型。体躯比赤狐大，形态特征与赤狐相似，嘴尖，耳长。成年公狐体重5.5～7.5kg，体长57～70cm，尾长40～50cm。母狐体重5.0～6.6kg，体长63～67cm。银黑狐的基本毛色为黑色，全身被毛中有黑色、白色和银毛（白色毛干黑色毛尖）3种针毛，3种针毛比例和分布不同，毛被色泽和银色强度不同，绒毛的颜色为青灰色。在嘴角、眼周围有银毛分布，形成一种“面罩”。耳、尾部、四肢下部、嘴部为黑色，尾尖为白色。每胎平均产仔数4～6只。可利用年限5～7年，寿命10～12年。

北极狐体型比银黑狐小，嘴短，腿短，耳小，体较肥胖。成年公狐体重5.5～7.5kg，体长65～75cm，尾长25～30cm。母狐体重4.5～6.0kg，体长55～75cm。近年来，我国改良的北极狐体重10～15kg，公狐体长达80cm以上，母狐体长达65～70cm。野生北极狐有两种毛色，一种为白色北极狐，该色型的狐被毛呈明显的季节性变化，冬毛主色调为白色，针毛有黑毛梢，背部、头部黑毛梢较多，夏季毛色呈灰蓝色；另一种为淡褐色型（淡蓝色型），其毛色在冬季呈淡褐色，其他季节呈深褐色。两种色型的北极狐的绒毛均为灰色或褐色。由于淡褐色型（淡蓝色型）北极狐的毛色主要为淡褐色，近于蓝色，白色北极狐夏季毛色呈灰蓝色，所以人们又将北极狐称为“蓝狐”。蓝狐绒毛细密、丰厚，针毛相对不发达。

三、生物学特性

野生狐常栖居在河流、溪水、湖泊附近的森林、草原、丘陵、沼泽、荒地、海岛中，以树洞、土穴、石缝、墓地的自然空洞为穴，栖居地的隐蔽程度好，不易被人发现。

狐的食性较杂，但以肉食为主。野生状态下以小型哺乳动物、鸟类、爬行动物、两栖动物、鱼类、蚌、昆虫以及野兽和家禽的尸体、粪便为食，有时也采食浆果、植物籽实。

狐机警、多疑，性情凶猛，行动敏捷，攻击性强；嗅觉和听觉灵敏，且有较强的记忆能力；善奔跑、能攀岩、会游泳，昼伏夜出。以成对及家族居住为主，北极狐多数群居。

狐每年换毛1次，早春3~4月份开始脱绒毛，7~8月份开始脱针毛，之后针绒毛一起生长，直到11月份形成长而稠密的新被毛。

赤狐的寿命为8~12年，繁殖年限为4~6年。银黑狐和北极狐的寿命分别为10~12年和8~10年，繁殖年限分别为5~6年和3~4年。在自然界中狐的天敌有狼、猞猁等猛兽。

第二节　狐的繁育

一、狐的繁殖生理

狐属于季节性繁殖动物，银黑狐1月中旬~3月下旬配种，北极狐2~4月份配种，4~5月产仔，幼龄狐9~11月龄性成熟。但依营养状况、遗传因素等不同，个体间有所差异，公狐比母狐稍早一些。野生狐或由国外引入的狐，引进当年发情一般较晚，繁殖力较低。

（一）公狐的繁殖生理

公狐的睾丸在5~8月处于静止状态，重量仅为1.2~2g，直径5~10mm，质地坚硬，不能产生成熟的精子，阴囊布满被毛并贴于腹侧，外观不明显。8月末9月初，睾丸开始发育，到11月份睾丸明显增大，至翌年1月份重量达到3.7~4.3g，并可见到成熟的精子，但此时不能配种，待前列腺充分发育后才能配种。1月下旬到2月初，公狐睾丸质地柔软有弹性，阴囊被毛稀疏，松弛下垂，明显可见，有性欲要求，可进行交配。整个配种期60~90d。但后期性欲逐渐降低，性情暴躁。至5月份恢复原来大小。

（二）母狐的繁殖生理

母狐的卵巢在夏季（6~8月份）一直处于萎缩状态，8月末至10月中旬，卵巢上的卵泡逐渐发育，黄体开始退化，到11月末消失，卵泡迅速增长。翌年1月发情排卵。子宫和阴道也随卵巢的发育而发生变化，此期体积明显增大。

二、配种技术

（一）发情鉴定

常用的鉴定方法有外部观察法、试情法、阴道分泌物涂片法和测情器法。同时参照往年的配种记录进行发情鉴定。自然交配的养殖场，采用外部观察法和试情法交替并用，简便易行。非繁殖期母狐外阴部被阴毛覆盖，不易发现，到发情初期阴毛才分开。

1. 外部观察法　根据母狐外阴部变化和行为表现将发情期分为发情前期、发情旺期、发情后期和休情期。

（1）发情前期：阴门肿胀，近于圆形，子宫腺体分泌增多。母狐此时对相邻笼舍的公狐表现出较强的兴趣。当放入公狐笼内，公狐企图交配时，母狐又表现回避，甚至恫吓公狐。此时，性欲特别旺盛的公狐，能够完成交配，由于母狐未进入排卵期，这种交配是无效的，此期一般持续1~2d。初次参加配种的母狐，外生殖器变化通常不十分明显，而且发情前期延续时间较长，一般要4~7d，个别出生晚的母狐只出现发情前期，阴门即开始萎缩。

（2）发情旺期（适配期）：阴门呈圆形，外翻，颜色变深，呈暗红色，而且上部有轻微的皱褶，阴门流出白色或微黄色黏液或凝乳状的分泌物。母狐愿意接近公，当公狐爬跨时，母狐温顺，把尾翘向一侧，接受公狐交配。北极狐发情旺期持续2~4d，银黑狐持续1~3d。

（3）发情后期：阴门逐渐消肿，生殖道充血现象逐步消退，黏液分泌量少而黏稠。母狐不论是否已经受配，均对公狐表现出戒备状态，拒绝交配。

（4）休情期：阴门恢复正常，母狐行为又恢复到发情前的状态。

2. 试情法　采用这种方法选择试情公狐是关键。试情公狐性欲要旺盛，体质要健壮，要有配种经历，且无咬母狐的恶癖。

试情时一般将母狐放进公狐笼内，当发现母狐或公狐嗅闻对方的阴部、翘尾、频频排尿或出现相互爬跨等行为时，就可初步认定此母狐已发情。

试情一般隔天进行一次，每次试情时间为20~30 min，一般不超过1 h。个别母狐和部分初次参加配种的母狐，会出现隐性发情现象或发情时间短促，以上两种现象都容易错过配种机会，采用试情法进行发情鉴定是非常必要的。

3. 阴道分泌物涂片法　用消毒过的玻璃棒伸入母狐阴道内蘸取母狐的阴道内容物，制作显微镜涂片，在200~400倍镜下观察，根据阴道分泌物中白细胞、有核角化上皮细胞和无核角化上皮细胞的变化，判断母狐是否发情。该方法的鉴定结果较为准确，但操作程序复杂，一般只在实施人工授精的养殖场使用，采用自然交配的养殖场很少采用。

（1）休情期：可见到白细胞，有少量有核上皮细胞。

（2）发情前期：可看到有核角化上皮细胞明显增多，白细胞相对减少，逐步呈现有核角化上皮细胞、无核角化上皮细胞以及白细胞在视野中分布。

（3）发情盛期：可见到大量的无核角化上皮细胞和少量的有核角化上皮细胞。

（4）发情后期：已出现了白细胞和较多的有核角化上皮细胞。

4. 测情器法　利用测情器检测母狐阴道内容物的变化，以确定最佳交配时间。养狐业较为发达的北欧国家和美国、加拿大应用此种方法较多，在采用人工授精技术为主的养狐场，测情器已成为母狐发情鉴定、确定最佳输精时间的重要手段。随着国内人工授精技术的推广和普及，利用测情器进行狐的发情鉴定也被广泛接受。测情器是1个6cm×6cm的小盒，内有电子装备，表面有电阻读数，由0到1900。外连探头，探头长11cm，如筷子粗细，在探头前部有两个金属环。狐发情时阴道内黏液pH值会发生变化，导电系数也相应地发生变化，在测情器电阻表上应显示出不同的读数，以此测出是否发情。

测情时将测情器探头插入母狐阴道内，读取试情器显示的数值，根据每次测定的数据记录，确定母狐的排卵期。检测时，一般在每天相近的时间内进行测定，每天测定1次，当数值上升缓慢时每天要测定2次。当试情器读数持续上升至峰值后又开始下降时为最佳交配时间或人工输精的适宜期。要求操作人员动作迅速，读数、记录准确，注意测情器探头的卫生，防止感染及传播疾病（图5-2）。

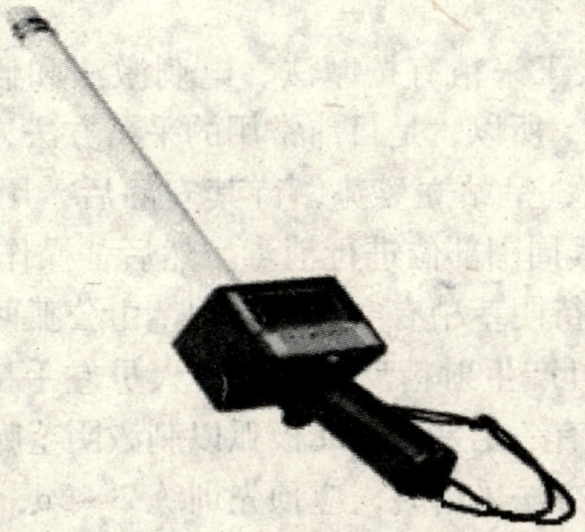

图5-2　发情检测仪

（二）配种

生产中本交通常采用人工放对的方法进行人工辅助配种，将处在发情旺期的母狐放进公狐笼内，交配后再将公、母狐分开。

狐比较怕热，放对时间在清晨为好，在阴天或下雪天气放对效果更佳。放对要在喂饲后1h以后进行，放对过程中要注意观察，以便进行有效配种判断，同时有利于及时发现择偶性强的母狐、及时更换公狐，以使配种工作顺利进行。

狐交配时出现"锁紧现象"，因此，不能将正在交配的公母狐强行分开，否则容易造成公狐阴茎损伤，不但会影响本次交配效果，还会影响以后公狐的正常配种，甚至失去配种能力。

母狐的排卵期往往晚于发情征候明显的时间，而且卵子不是同时成熟和排出的，一般银黑狐持续排卵3d、北极狐可持续排卵5~7d，而精子在母狐的生殖道中可存活24h。因此，必须采取连日或隔日复配2~3次的配种方式才能提高受胎率。商品狐场的复配可采用双重交配，以提高受胎率。公狐的配种能力，个体间差异较大，一般在一个配种季节可交配10~25次，每日可配两次，两次间隔3~4h。对体质较弱的公狐一定要限制交配次数，适当增加休息时间。体质好的公狐可以适当提高使用次数。个别公狐如果几次检查精液品质仍差者，只能作试情公狐，禁止参加配种。自然交配时的雄雌比例为1∶3~1∶4。

（三）人工授精技术

人工授精在挪威、芬兰、加拿大和美国等国家开展很早，近年来我国越来越多养狐场开始采用这项新技术，受胎率达85%以上。1只公狐在整个配种期内采集的精液可供50~60只母狐授精，人工授精不仅可减少种公狐的饲养数量，降低饲养成本，使优良种狐基因得以迅速扩散，提高优良种公狐的利用率；可增加自然交配困难的母狐受孕产仔的机会，减少生殖系统疾病的传播；此外，还可用于银狐和蓝狐的属间杂交，生产质优价高的蓝霜狐皮。

1. 人工授精的准备工作　为便于操作，保证人工授精的成功率，养狐场最好设立专用的人工授精室，面积以20m^2左右为宜，室温在15~18℃，要求室内清洁，空气清新，环境安静。为防止人工授精操作可能带来的感染，实施人工授精之前，要对各种器材进行严格清洗和消毒，其程序为：清水冲洗→洗涤剂刷洗→清水冲洗→消毒液浸泡→清水冲洗→蒸馏水冲洗3遍→120℃烘干（2h）。

2. 采精

（1）采精方法：狐的人工采精有按摩法、电刺激法和假阴道法。由于按摩法简易、效率高，对人和动物都安全，所以，是目前常用的采精方法，具体操作如下：

将公狐固定于采精架上，呈站立姿势，待其安静后，用42℃0.1%高锰酸钾水（或0.1%新洁尔灭）对阴茎及其周围部位进行消毒。然后，操作人员右手拇指、食指和中指握阴茎体，上下轻轻滑动，待阴茎稍有突起时将阴茎由公狐两后腿间拉向后方，上下按摩数次，约20~30s，公狐即可产生射精反应。操作人员左手持集精杯随时准备接取精液。银黑狐和北极狐的采精方法有一定差异，北极狐以刺激阴茎膨大部为主，银黑狐则刺激阴茎膨大部和龟头相结合。该方法采精时，应预先训练2~3d，使之形成条件反射，操作人员的技术要求熟练，动作要有规律，宜轻勿重，快慢适宜，忌粗暴。此外，公狐对操作手法也有一定的适应性和依赖性。采精频率：每隔1~2d采精1次，或1次/d，连续2~3次休息1~2d。

（2）精液品质检查：狐排精量约0.5~2.5 ml，精子数目3亿~6亿，活力大于0.7。采精后对精液的精子密度、活力和畸形率进行检查。若活力低于0.7，畸形率高于10%，狐的受胎率明显下降。

（3）精液的稀释及保存：采精前，把精液稀释液（表5－1）移至试管内，置于盛有35~37℃水的广口保温瓶内或水浴锅中预热保存。采精后，将预热的稀释液慢慢加入到精液中，先作1倍稀释。在确定原精液的精子密度后，再进一步稀释，使稀释后的精液精子密度在5 000万~15 000万/ml的范围内。精液稀释后要避免升温、震荡和光线直射，经精子活力检查符合要求后方可输精。每只母狐每次所输入的精子不应少于3 000万个。

表5－1　稀释液参照配方

配方1		配方2		配方3	
成分	剂量	成分	剂量	成分	剂量
胺基乙酸（g）	1.82	胺基乙酸（g）	2.1	葡萄糖（g）	6.8
柠檬酸钠（g）	0.72	蛋黄（ml）	30	甘油（ml）	2.5
蛋黄（ml）	5.00	蒸馏水（ml）	70	卵黄（ml）	0.5
蒸馏水（ml）	100.00	青霉素单位/ml	1 000	蒸馏水（ml）	97.0

配好的稀释液在使用前应进行精子保活能力的检查，如稀释后3h内精子活力无明显变化（在30~37℃范围内），则稀释液的质量达到标准。精液的保存方式有：

常温保存：较短时间，一般将盛有精液的容器放入温水保持在39~40℃广口保温瓶内，或水浴锅内，不要超过2h。

低温保存：短时间不用或没用完，放在0~5℃冰箱内，不超过3d。

冷冻保存：将精液保存在液氮内，此种方法的优点是保存时间长，便于携带运输，是一种较理想的精液保存方法。但是，狐精液冷冻保存技术，还需进一步研究、完善。

3. 输精

（1）输精器械：狐式输精器似注射针头，长21cm，粗0.3cm，在尖部4cm处变细，与10号针头差不多，针尖封死呈球状，在球的后方有一小孔，距尖部2.5 cm处有弯曲。

阴道扩张器为硬质塑料管，长 13cm，外径 0.9cm，内径 0.5cm，两端圆滑。

其他器材有保定架、水浴锅、消毒设备等。

（2）输精方法：对母狐人工输精的方法有两种。

阴道内输精法：此法操作虽简便，但受孕率低，尚未推广应用。

子宫内输精法：此法受孕率高，为国内外养狐场普遍采用。操作时需两人配合，一人保定狐，另一人输精。熟练者可在 3～5min 内完成，但初学者有一定难度。具体方法是：输精时用 70% 的酒精棉球对母狐的外生器消毒，将消毒过的扩张器缓慢地插入母狐的阴道，并抵达阴道底部。用左手的拇指、食指和中指 3 个手指隔着腹壁沿着扩张器前端触摸且固定子宫颈。用右手的拇指、食指和中指 3 个手指握住消毒过的输精针，调整输精针的标志对准右手的虎口。左手在固定子宫颈的同时，略向上抬举，保持扩张器前端与子宫颈的吻合，适度调整子宫颈方向，使输精针前端插入子宫颈口内 2～3cm，将精液缓慢注入母狐的子宫，慢慢取出输精针、扩张器。每次输精 0.5～1.5ml。母狐的输精次数和间隔时间应根据公狐精液的质量、精子的存活时间和母狐发情期的长短而定。精液品质较差、精子存活时间短的可 1 次/24h，连续输精 3 次。精液品质优良，精子存活时间长，可 1 次/48h，连续输精 2 次。

三、妊娠和产仔

（一）妊娠

狐的妊娠期平均为 51～52d，按初配日期推算：预产期应为月加 2、日减 8。妊娠的前期胚胎发育缓慢，30d 后可以看到腹部膨大，稍有下垂，越接近产仔期越明显。母狐有 4～5 对乳头，在妊娠后期乳房迅速发育，接近产仔期，在狐侧卧时可清楚看到乳头。

胚胎的早期死亡一般发生在妊娠后 20～25d 内，妊娠 35d 后易发生流产。阴道加德纳氏菌病（gardnerella vafinalis），是导致大批母狐流产的主要病因之一。该病多价菌苗及诊断液在我国已研制成功，可有效控制该病的流行。在繁殖期保持适宜的营养水平和管理措施对防止胚胎吸收和流产是有效的。

（二）产仔

产前用 2% 的苛性钠或 5% 的碳酸氢钠清洗产箱，有条件的养殖场可采用火焰喷灯消毒笼网和小室。为了保温，小室和产箱之间的空隙之处用草堵塞，并在产箱内铺垫清洁柔软的干草。

母狐临产前 1～2d，拔掉乳头周围的毛，多数食欲减退或废绝，产仔多数在夜间或清晨。母狐产前表现不安，在笼舍内来回走动或频繁出入小室，频频回视后腹部，有时会舔舐外阴，并发出叫声，产程需 1～2h，有时达 3～4h。仔狐出生后，母狐咬断脐带，吃掉胎衣，舔舐仔狐。银黑狐平均每胎产仔 4.5～5.0 只，北极狐 8～10 只。仔狐出生后 1～2h，身上胎毛干后，便可爬行寻找乳头吸吮乳汁，饱食后便睡。约 3～4h 吃乳 1 次。母狐的母性极强，除吃食外，一般不出小室。个别母狐抛弃或践踏仔狐，多为母狐高度受惊所致。

四、狐的选种选配

（一）选种

1. 初选　5～6月份结合仔狐断乳分窝进行。成年狐根据繁殖情况进行初选。幼狐根据同窝仔狐生长发育情况、出生早晚进行初选。选择系谱清楚，双亲生产性能优良，仔狐出生早（银狐4月10日前出生，蓝狐5月20日前出生），生长发育正常的狐留种。在初选时，应比计划多留30%～40%。

2. 复选　9～10月份根据生长发育、换毛、体质状况，在初选的基础上进行复选。选留那些生长发育快、体型大、换毛早而快的个体。选留的数量应比计划留种数多20%～30%。

3. 精选　在11月份取皮之前，根据毛被品质和半年来的实际观察记录进行严格精选。

（二）种狐的选择标准

1. 银狐

（1）毛绒品质：躯干和尾部的毛色为黑色，背部有良好的黑带，尾端白色在8cm以上。银毛率在75%～100%，银环为珍珠白色，银环宽度在12～15mm。全身的雾状正常，绒毛为石板色或浅蓝色。

（2）体型：体大而健壮，体重在5～6kg，体长在65～70cm，公大于母。全身无缺陷。

（3）繁殖力：成年公狐睾丸发育良好，发情早，性欲旺盛，交配能力强，性情温顺，无恶癖，择偶性不强，当年交配的母狐在4～5只以上，交配次数在10次以上，精液品质优良，所配母狐的产仔率高；成年母狐的发情早（2月份以前），性情温顺，胎平均产仔数多，母性强和泌乳力高，所产仔狐的成活率高。

（4）系谱要求：选择种狐时，一般将3代之内有共同祖先的归为一个亲属群。同系谱内的各代，其毛色、毛绒、体型和繁殖力等遗传性能要稳定。

2. 北极狐的选择标准

（1）毛色：蓝狐全身浅蓝色，浅化程度大，无褐色或白色斑纹。白色北极狐黑毛梢不过多。彩狐要求被毛纯正，不带杂色。

（2）毛绒品质：针毛平齐，丰满而有光泽，无弯曲，长度在40～60mm左右，数量占2.9%以上，绒毛色正，长度25mm左右，密度适中，毛绒灵活。

（3）体型：6个月龄的公狐体重5.1kg以上，体长在65cm以上；母狐体重4.55kg以上，体长61cm以上，全身发育正常，无缺陷。

（4）其他条件：公狐的配种能力强，精液品质好，择偶性不强，无恶癖和疾病；母狐胎平均产仔数高（7只以上），母性强，泌乳力高，无食仔恶癖，对环境的不良刺激不过于敏感。

（三）选配

种狐选定后还要根据双亲的品质、血缘关系、年龄等情况进行科学选配，以保证双亲的优良性状在后代得以遗传。选配时公狐的毛绒品质要优于母狐；大型公狐与大或中型母狐交配；在年龄上通常以当年公狐配经产母狐或成年公狐配当年母狐、成年公狐配经产母生产效果较好。

五、狐的毛色育种

（一）狐属狐毛色基因

野生狐的毛色为红褐色，习惯上称之为赤狐。1860 年，加拿大 Dalton 捕捉到了野生赤狐的黑色变种，并进行了驯养，这种黑色变种狐就是现在的银黑狐。在养殖过程中，不断有新的毛色出现，如白金狐、珍珠狐、蓝宝石狐等。人们把银黑狐、赤狐的毛色变种狐，以及由银黑狐、赤狐和毛色变种狐之间交配，产生的新的色型狐统称为彩狐。

目前，世界上通用的彩狐基因符号和名称有美国系统和斯堪的纳维亚两个系统。两个系统不但在基因符号写法上有所不同，还对某些彩狐的毛色遗传问题上有不同看法。如美国系统认为，北极大理石狐、北极大理石白狐的毛色遗传由铂色狐的复等位基因控制，而斯堪的纳维亚系统则认为，这两种狐分别由不同位点基因控制。所以基因符号写法有所不同，美国系统将北极大理石狐、北极大理石白狐基因符号分别写成 bb W^mw、bb W^mW^m，斯堪的纳维亚系统则将北极大理石狐、北极大理石白狐基因符号分别写成 bb Mm、bb MM。

表 5－2　野生型赤狐的基因符号

美国系统	AA	BB	CC	BrFBrF	BrCBrC	PEPE	PMPM	gg	ww	RR	—
斯堪的纳维亚系统	AA	BB	CC	GG	EE	PP	SS	—	ww	—	mm

（二）狐属狐的色型

根据彩狐毛色特征基因的显性、隐性，将狐的色型分为隐性突变型、显性突变型和组合型三大类。

1. 隐性突变型　根据毛色将隐性突变型彩狐分为黑色、褐色、灰蓝色、白色等几大类。阿拉斯加银狐（aa）、加拿大银黑狐（bb）被毛总体为黑色，有银色毛被特征，嘴、耳、尾为黑色，尾尖为白色；巧克力狐（bb brFbrF）被毛为深棕色，眼睛为黄色；Colicott 棕色狐（bb brCbrC）被毛为棕蓝色，眼睛为蓝色；冬部珍珠狐（bbpp）、西部珍珠狐（bbss）等珍珠狐是银黑狐的灰蓝色隐性突变种，毛色呈蓝色，尾尖为白色；白化狐（cc）被毛为白色，眼睛和鼻端为粉红色。

2. 显性突变型　铂色狐（bbW^Pw）是银黑狐的显性突变种，含有 ww 的杂合复等位基因。被毛呈现蓝色，颈部有色环，从鼻尖到前额有一条明显的白带，尾尖为白色。W^P 基因有半致死作用，因此，纯繁时由于胚胎在早期死亡而产仔数下降。

白脸狐（bbWw）属于深色类型狐，是银黑狐的白色显性突变型。有白色颈环，在鼻、前额、四肢、胸腹部均有或多或少的白斑，尾尖为白色。白脸狐的显性基因（W）纯合个体也存在胚胎早期死亡现象。

日光狐（W^mwBb）又叫日辉色狐，毛色与北极大理石狐相同，只是背部有红色的标志。杂合时毛色较暗。

3. 组合色型　组合型是 2 对以上突变的特征基因同时控制某个体的毛色性状，常见的组合色型彩狐基因型见表 5－3 所示。

表 5－3　常见的组合色型彩狐名称和基因符号

中文名	基因符号	
	斯堪的那维亚系统	美国系统
银狐与 1 对基因彩狐		
阿拉斯加银狐	aa	aa
加拿大银黑狐	bb	bb
白化狐	cc	cc
标准十字狐	Bb	Bb
阿拉斯加十字狐	Aa	Aa
白脸赤狐	Ww	Ww
日光白狐	MM	W^mW^m
日光狐	Mm	W^mw
2 对基因组合型		
双隐性银黑狐	aabb	aabb
银十字	AaBb	AaBb
东部珍珠狐	bbpp	bbpEpE
西部珍珠狐	bbss	bbpMpM
白脸狐	bbWw	bbWw
铂色狐	bbW^pw	bbW^pw
北极大理石狐	bbMm	bbW^mw
北极大理石白狐	bbMM	bbW^mW^m
Colicott 棕色狐	bbee	bbbrCbrC
巧克力色狐	bbgg	bbbrFbrF
3 对基因组合型		
琥珀色狐	bbppgg	bb pEpE brFbrF
浅棕色狐	bbppee	bb pEpE brCbrC
蓝宝石狐	bbppss	bb pEpE pMpM
珍珠珀色狐	$bbppW^pw$	bb pEpE W^pw
4 对基因组合型		
蓝宝石浅棕色狐	bbppssee	bb pEpEp pMpM brCbrC
琥珀铂色狐	$bbppggW^pw$	bb pEpEp brFbrF W^pw
蓝宝石铂色狐	bbppss W^pw	bb pEpEp pMpM W^pw

（三）狐属狐的毛色育种

1. 赤狐、银黑狐的杂交　阿拉斯加银狐（aa）与赤狐杂交，产生的杂交后代（Aa）

为阿拉斯加十字狐。阿拉斯加十字狐针毛出现金黄色，其狐皮商品名为金黄色十字狐。

东部银黑狐（bb）与赤狐杂交，产生的杂交后代（Bb）为标准十字狐。标准十字狐毛色近于赤狐，狐皮商品名为金色狐。

阿拉斯加银狐（aa）与东部银黑狐（bb）杂交，产生的杂交后代（AaBb）为银十字狐，又叫红黑杂色狐或十字狐。银十字狐被毛带有黄色，在肩胛部的深色毛形成一个交叉十字，在颈部、腹部和颊部两侧的针毛带有黄色。

aa BB　×　AAbb

阿拉斯加银狐　↓　东部银黑狐

AaBb　×　AaBb

银十字狐　↓　银十字狐

9A__ B__

赤狐（AABB）1/9、金黄色十字狐（AaBB）2/9、标准十字狐（AABb）2/9、银十字狐（AaBb）4/9

\+　3A__ bb

1/3 东部银黑狐（AAbb）、2/3 阿拉斯加十字狐（Aabb）

\+　3aaB__

1/3 阿拉斯加银狐（aaBB）、2/3 标准十字狐（aaBb）

\+　1aabb

双隐性银黑狐

2. 彩狐杂交分离　以巧克力狐与其他彩狐杂交为例：

A. 巧克力狐（bbggww）　×　铂色狐（bbGGW^pw）

↓

50%铂色狐（bbGgW^pw）＋50%银黑狐（bbGgww）

B. 巧克力狐（bbPPgg）　×　珍珠狐（bbppGG）

↓

100%银黑狐（bbPpGg）

C. 巧克力狐（bbgg）×　巧克力狐（bbgg）

↓

100%巧克力狐（bbgg）

D. 巧克力狐（bbPPgg）×琥珀狐（bbppgg）

↓

100%巧克力狐（bbPpgg）

E. 巧克力狐（bbwwgg）　×　北极大理石色狐（bbW^mwGG）

↓

50%北极大理石色狐（bbW^mwGg）＋50%银黑狐（bbwwGg）

（四）北极狐的毛色遗传

色型与毛色基因　浅蓝色北极狐毛色基因是野生型北极狐基础毛色基因，其他色型是浅蓝色北极狐的基因突变种。研究表明，浅蓝色北极狐的毛色基因有7个位点，其基因符号用CC、DD、EE、FF、GG、LL、ss表示（表5－4）。

表 5-4 北极狐的基因型

中文名	英文名	基因符号						
浅蓝色北极狐	Blue fox	CC	DD	EE	FF	GG	LL	ss
白化狐	Albino fox	cc	—	—	—	—	—	—
白色北极狐	Polar fox	—	dd	—	—	—	—	—
北极珍珠狐	Arctic fox	—	—	ee	—	—	—	—
蓝宝石狐	Sapphire fox	—	—	—	ff	—	—	—
北极蓝狐	Arctic blue fox	—	—	—	—	gg	—	—
珍珠狐	Bothnia pearl fox	—	—	—	—	—	ll	—
影狐	Shadow fox	—	—	—	—	—	—	Ss

说明：1. 丹麦基因分类系统。2. "—"表示与浅蓝色北极狐基因符号相同。

白化狐（cc）是蓝色北极狐的隐性突变型，毛色为白色，生活力较弱。白色北极狐（dd）是蓝色北极狐的隐性突变型，幼龄狐毛色呈灰蓝色，成年狐冬毛白色，有黑毛梢，底绒灰蓝色，夏毛呈现灰蓝色。北极珍珠狐是隐性突变型，被毛毛尖呈珍珠色，鼻镜为粉红色。蓝宝石狐（ff）毛色呈浅蓝色。影狐（Ss）是浅蓝色北极狐的显性突变型，基因有半致死作用，纯合型胚胎早期死亡。其被毛在背部、额部、肩部有斑纹，其他部位为白色。

（五）狐属与北极狐属间的杂交

由于狐属被毛针毛较多，长而粗硬，北极狐被毛针毛细少，绒毛丰厚，不耐磨，因此近年来，狐属与北极狐属之间的杂交越来越引起人们的重视。实践证明，杂交后代的被毛品质均优于其双亲，克服了银黑狐针毛长而粗硬，北极狐针毛短、细、绒毛易毡结等缺陷。

由于北极狐属与狐属之间，配种时间上有所差异，通常采用人工授精的方法进行。北极狐属产仔性能优于狐属，人工授精时多采用狐属作父本，北极狐属作母本。

值得注意的是，狐属与北极狐属间的杂交后代无繁殖能力，只能用作生产商品狐，不能留作种狐。

1. 赤狐与北极狐及其彩狐之间的杂交　赤狐与浅蓝色北极狐杂交，后代100%蓝霜狐；赤狐与影狐杂交后代50%影狐，50%蓝霜狐；赤狐与白色北极狐杂交，后代100%金岛狐。

2. 银黑狐与北极狐属间的杂交　银黑狐与浅蓝色北极狐杂交，后代25%蓝霜狐，75%银黑狐；银黑狐与影狐杂交后代50%银影狐，50%银蓝狐；银黑狐与白色北极狐杂交，后代100%金岛狐；阿拉斯加银黑狐与白色北极狐杂交，后代100%北方白狐。

3. 狐属彩狐与北极狐属彩狐杂交　白金狐（铂色狐）与浅蓝色北极狐杂交，后代50%白金蓝银狐，50%蓝银狐；白金狐与白色北极狐杂交，后代50%白金（铂色）北极狐，50%金岛狐或北方白狐；白金狐与影狐杂交，后代25%影铂色狐，25%铂色银狐，25%影银狐，25%蓝银狐；金黄十字狐与白色北极狐杂交，后代50%金岛狐，50%北方白狐。

第三节　狐的饲养管理

一、狐的营养需要与饲养标准

目前，我国尚无统一的狐营养需要和饲养标准，可参照表5－5至表5－11营养需要和推荐的饲养标准。

表5－5　成年银黑狐每千克体重的基础代谢和维持能

月份	基础代谢能（kJ）	维持能（kJ）
6～8	255～280	355～389
9～10	209～243	291～338
11	176～218	245～303
12	172～197	239～274

表5－6　育成狐每千克体重平均基础代谢能和维持能

月龄	基础代谢能（kJ）	维持能（kJ）
2	439	611
3	343	477
4	262	364
5	247	343
6	237	330
7	211	293
8	188	261

表5－7　哺乳期每只仔狐增加的代谢能（MJ）

狐别	日龄					
	1～10	11～12	21～30	31～40	41～50	51～60
银黑狐	0.29	0.52	0.75	1.17	1.26～1.46	—
北极狐	0.21	0.42	0.63	1.05	1.46	1.72

表5－8　成年狐维生素的需要量（每千克体重）

维生素A（IU）	维生素D（IU）	维生素E（mg）	维生素 B_1（mg）	维生素 B_{12}（μg）
400	100	6.0	0.15	5.0
717	167	14.3	0.36	12.0
1 000	250	22.0	0.5	17.5

表5-9　狐各生物学时期日粮营养水平推荐值

（%）

养分	生长前期 0~16周龄	长毛期 17周龄至取皮	繁殖期	泌乳期
代谢能（MJ/kg饲料）	14.2	12.6	12.6	14.2
粗蛋白	28	30	35	32
粗脂肪	10~14	8~12	8~12	10~14
蛋氨酸	1.0	0.9	0.96	1.12
赖氨酸	1.66	1.40	1.56	1.82
钙	0.8~1.0	0.8~1.0	0.8~1.0	0.8~1.2
磷	0.6~0.8	0.6~0.8	0.6~0.8	0.8~1.0
食盐	0.2~0.3	0.2~0.3	0.2~0.3	0.3~0.5

表5-10　狐对3种营养成分需要的比例关系

（g/MJ）

银黑狐			北极狐		
蛋白质	脂　肪	碳水化合物	蛋白质	脂　肪	碳水化合物
16.7	8.6~12.4	20.6~11.7	16.7	9.6~12.7	18.2~11.2
19.1	7.4~11.5	20.6~11.7	19.1	9.1~12.0	17.0~10.3
21.5	7.2~11.2	18.6~9.6	21.5	8.4~11.0	15.8~9.6
23.9	6.0~10.5	18.6~8.4	23.9	7.4~10.5	15.3~8.1
26.3	6.0~9.3	16.0~8.4	26.3	6.5~9.8	15.1~7.2
28.7	6.0~8.1	13.4~8.4	28.7	6.2~8.6	13.4~7.2

表5-11　狐的重量比饲养标准

饲料种类	饲养时期				
	准备配种期	配种期	妊娠期	哺乳期	恢复期
动物性饲料（%）	65	65	65	53	20
谷物饲料（%）	30	20	20	12	70
蔬菜（%）	3	5	5	12	10
乳品（%）	2	10	10	23	
食盐（g）	1.5	2	2	2	2.5
骨粉（g）		30	8	12	5
酵母（g）				10	
维生素A（IU）		2 500	2 500		
维生素C（mg）		30	10		
维生素B_1（mg）		20	20		
维生素D（IU）		300	400		
维生素E（mg）		10	10		

二、狐的饲养管理

（一）仔狐的养育

3月下旬至4月旬（银黑狐），4月中旬至6月中旬（北极狐）产仔，银黑狐每胎产4～5只，北极狐6～8只。银黑狐初生重80～100g，体长10～12cm，北极狐初生重60～80g。仔狐初生时闭眼、无牙齿、无听觉，身上披有稀疏黑褐色胎毛。生后14～16d睁眼，并长出门齿和犬齿。18～19d开始吃由母狐叼入的饲料。

产后12h内要及时检查登记，保证仔狐吃上乳、吃足乳。吃上乳的仔狐鼻尖黑、腹部增大、集中群卧、安静不嘶叫；未吃上乳的仔狐分散，肚腹小，嘶叫乱爬。一般1只雌银狐可哺养6～8只仔狐，1只雌北极狐可哺养10～11只仔狐，产奶少，而产仔多时，要及时调整或将弱小者淘汰。凡母性不强的母狐所产的仔狐，或同窝超过8只（北极狐13只）的以及母狐无乳等情况，都要找"保姆狐"代养或进行人工哺乳。人工哺乳的器具用10ml的注射器，套上气门芯胶管，喂给经巴氏消毒后保持在40～42℃的牛乳或羊乳，每日4～6次。人工哺乳的仔狐由于未吃上初乳，一般发育较为滞后。

据统计，仔狐在5日龄以前死亡率较高，占整个哺乳期死亡率的70%～80%。随着日龄的增加，其死亡率逐渐下降，仔狐死亡的原因主要有以下几种：

1. 营养不良　妊娠期和产仔哺乳期母狐的日粮中蛋白质不足，会导致泌乳量下降，乳内脂肪不足可使母狐体质急剧消瘦，从而影响产乳。仔狐在24h内吃不上初乳，或者泌乳期内吃不饱，生长发育缓慢，抵抗力下降，易感染各种疾病，甚至死亡。

2. 管理不当　产仔箱不保温，产仔箱的最佳温度在30～35℃。母狐在笼网上产仔或仔狐掉在地上，未及时发现被冻死。另外还有被压死或被咬伤，母狐搬弄仔狐等。

3. 仔狐的红爪病　母狐在妊娠期维生素C供给不足，仔狐发生红爪病，吮乳能力弱，造成死亡。

仔狐出生后，生长发育迅速。10日龄前，平均绝对增长10～20g/d；20日龄前增重为30～39g/d。20～25日龄的仔狐，完全以母乳为营养，25日龄以后雌狐泌乳量逐渐下降，而仔狐对营养的需要更多，母乳已不能满足其营养需要，此时，应补充一些优质饲料，同时提高雌狐的日粮标准。日粮可由肉馅、牛乳、肝脏等营养价值高而又易消化的品种组成，调制时适量多加水，这种饲料可供雌狐采食，仔狐也可采食一部分，以弥补乳汁的不足。30日龄以后的仔狐，食量增大，必须另用食盘单独投喂适量补充饲料（表5－12）。

表5－12　不同日龄仔狐的补饲量

仔狐日龄	补饲量（g/只）	
	银黑狐	北极狐
20	70～125	50～100
30	180	150
40	280	250
50	300	350

当仔狐采食后母狐便不再舔食仔狐粪便，所以要经常清理小室，保持小室的卫生。仔狐哺乳期排出的粪便全被雌狐吃掉，一旦仔狐开始吃饲料，雌狐即不再食仔狐粪便，因此，必须经常打扫窝箱，及时清除粪便、剩食等污物，保持窝箱的清洁卫生。

（二）育成狐的饲养管理

1. 育成狐的饲养　仔狐断乳分窝后到取皮前称为育成期。仔狐一般45～50d断乳，断乳分窝后，生产发育迅速、特别是断乳后头两个月，是狐生长发育最快的时期，也是决定狐体形大小的关键时期。因此一定要供给新鲜、优质的饲料，同时按标准供应维生素A、D、B_1、B_2和C等，保证生长发育的需要。一般断乳后前10d仍按哺乳母狐的日粮标准供给，各种饲料的比例和种类均保持前期水平。10d以后按育成期日粮标准，此时期要充分保证日粮中蛋白质、各种维生素及钙、磷等的需要量。蛋白质需要量占饲料干物质的40%以上。如喂给质量低劣、不全价的日粮易引起胃肠病，阻碍幼狐的生长发育。

日粮随着日龄的增长而增加，一般不限量，以吃饱为原则。仔狐刚分窝，因消化机能不健全，经常出现消化不良现象，所以，在日粮中可适当添加酵母或乳酶生等助消化的药物。从9月初到取皮前在日粮中适当增加含硫氨基酸多的饲料，以利于冬毛的生长和体内脂肪的沉积。

2. 育成狐的管理

采用一次断乳或分批断乳法适时断乳分窝，开始分窝时，每只笼内可放2～3只，随着日龄的增长，独立生活能力的提高，逐步单笼饲养。断乳后10～20d接种犬瘟热、病毒性肠炎等疫苗；各种用具洗刷干净，定期消毒，小室内的粪便及时清除。秋季在小室内垫少量垫草，尤其在阴雨连绵的天气、小室里阴凉潮湿，幼狐易发病，造成死亡。保证饲料和饮水的清洁，减少疾病发生。做好防暑降温工作，将笼舍遮盖阳光，防止直射光，场内严禁随意开灯。

（三）成年狐的饲养管理

1. 准备配种期的饲养管理　准备配种期的主要任务是平衡营养，调整种狐的体况，促进生殖器官的正常发育。银黑狐自11月中旬开始，北极狐自12月中旬开始，饲料中的营养水平需进一步提高，通常银黑狐需代谢能1.97～2.30MJ，可消化蛋白质40～50g，脂肪16～22g，碳水化合物25～39g；北极狐分别为：2.0～2.64MJ、47～52g、16～22g、25～33g。日粮中要供给充足的维生素，维生素A 2 000～2 500IU、维生素B_1 10mg、维生素E 5～10mg、维生素C 30mg。如果以动物内脏为主配制的日粮，每只每日供骨粉3～5g。准备配种期每天喂食1～2次，保证充足的饮水。

实践证明，种狐体况与繁殖力有密切关系，过肥或过瘦都会影响繁殖力，因此，应该随时调整狐的体况，注意提高过瘦种狐的营养，适当降低过肥种狐的营养，在11月前将所有种狐的体况调节到正常水平，在配种期到来前，种公狐达到中上等体况，种母狐要达到中等体况。个别营养不良或患有慢性疾病的种狐，在12月屠宰取皮期间一律淘汰。

光照是繁殖不可缺少的因素之一，对性器官的发育有调节和促进作用。因此，要把所有的种狐放在有阳光的一侧接受光照。

准备配种后期，气候寒冷，做好防寒保暖工作，在小室内铺垫清洁柔软的垫草，及时清除粪便，保持小室干燥、清洁。

银黑狐在1月中旬，北极狐在2月中旬以前，应做好配种前的准备工作，维修好笼舍，编制好配种计划和方案，准备好配种用具、捕兽网、手套、配种记录、药品等。

2. 配种期的饲养管理 配种期狐的性欲旺盛，食欲降低，由于体质消耗较大，大多数公狐体重下降10%～15%，为保证配种公狐有旺盛、持久的配种能力和良好的精液品质，母狐能够正常发情，此期日粮中，应适当提高动物性饲料比例，银黑狐供给代谢能1.67～1.88MJ，可消化蛋白质55～60g，脂肪25～35g，碳水化合物35～40g。饲料要新鲜、易消化、适口性强。对参加配种的公狐，中午可进行一次补饲，补给一些营养价值高的肉、肝、蛋黄等。此期严禁喂含激素类的食物，影响配种。保证充足的饮水。

在配种期随时检查笼舍，关严笼门，防止跑狐。配种期间，场内要避免任何干扰，谢绝外人的参观。饲养员抓狐时要细心而大胆操作，避免人或动物受伤。配种期要争取让每只雌狐受孕，同时认真做好配种记录。

3. 妊娠期的饲养管理 妊娠期母狐除供给自身代谢需要外，还要供给胎儿生长发育的需要，雌狐的日粮标准要酌情提高，尤其要保证蛋白质和钙、磷及多种维生素的需要。一般每日需要代谢能，银黑狐妊娠前期为2.09～2.51MJ，后期2.72～2.93MJ；北极狐妊娠前期为2.51～2.72MJ，后期为2.93～3.14MJ。可消化蛋白质，银黑狐妊娠前期为55.2～61.0g，后期62～67g；北极狐70～77g。脂肪，银黑狐妊娠前期为18.4～20.3g，后期为20.7～22.3g；北极狐为23.3～25.7g；碳水化合物，银黑狐前期为44.2～48.8g，后期49.6～53.6g；北极狐为56～61.6g。妊娠25～30d后，由于胎儿开始迅速发育，应提高日粮的供应量，临产前的一段时间由于胎儿基本成熟，加之腹腔容积被挤占，饲料量应较前期减少25%～30%，但要保证质量。北极狐由于胎产仔数多，日粮中的营养和数量应比银黑狐高一些。

妊娠期日粮必须保证新鲜、优质、易消化、尽量采用多种原料搭配，以保证营养的全价和平衡。如果饲料单一或突然改变种类，会引起狐群食欲下降，甚至拒食。实践证明鱼和肉混合的日粮，能获得良好的生产效果。若长期以饲喂鱼类为主的养殖场或养殖户，此期可加入少量的生肉（40～50g）；而以畜禽肉及其下杂为主的场或户，则增加少量的鱼类。鲜肝、蛋、乳类、鲜血、酵母及维生素 B_1 可提高日粮的适口性，在妊娠期可适量的添加。严禁饲喂贮存时间过长、氧化变质的动物性饲料，以及发霉的谷物或粗制的土霉素、酵母等。饲料中不能加入不明死因的畜禽肉、难产死亡的母畜肉、带有甲状腺的气管、含有性激素的畜禽副产品（胎盘和公、母畜的生殖器官）等。妊娠期饲养管理的重点是保胎，因此一定要把好饲料关。

母狐妊娠后食欲旺盛，因此，妊娠前期应适当控制日粮量，以始终保持中上等体况为宜。产仔前后，多数母狐食欲下降，因此，日粮应减去总量的1/5，并将饲料调稀。此时饮水量增多，经常保持清洁的饮水。但若发生暴饮，则有可能食盐喂量过多。

妊娠正常的母狐基本不剩食，粪便呈条状，换毛正常，多数在妊娠30～35d后腹部逐渐增大。当母狐经常下痢或排出黄绿稀便，或食欲不振、拒食和换毛不明显时，应立即查明原因，并及时采取措施，否则会引起死胎、烂胎和大批空怀等后果。

在妊娠期间，应认真搞好卫生防疫工作，经常保持场内及笼舍的干燥、清洁，对饲具要严格消毒刷洗，同时，妊娠期，提供安静环境，防止母狐流产。每日要观察和记录每只妊娠狐的食欲、活动表现及粪便情况，要及时发现病狐并分析病因，给以妥善治疗。

根据预产期，产前5d左右彻底清理母狐窝箱，并进行消毒。絮草时，将产箱内4个角落的垫草压紧，并按其窝形营巢。妊娠期不能置于室内或暗的仓棚内饲养，此期无规律地增加或减少光照，都会导致生产失败。

4. 产仔哺乳期的饲养管理　狐乳的营养成分含量高，特别是蛋白质和乳脂率高于牛奶、羊奶和水貂奶。产奶量与胎产仔数有关，仔狐越多，产奶量越大，产奶高峰期一般在产后11～20日，最高时每日可产525ml。产后最初几日母狐食欲不佳，但5日后及哺乳的中后期食量迅速增加，因此，要根据仔狐的数量、仔狐日龄及母狐的食欲情况及时调整并增加喂料量。饲料的质量要求全价、清洁、新鲜、易消化，以免引起胃肠疾病，影响产奶。产仔哺乳期母狐的饮水量大，加上天气渐热，渴感增强，必须全日供应饮水。哺乳期日粮，应维持妊娠期的水平，饲料种类上尽可能做到多样化，要适当增加蛋、乳类和肝脏等容易消化的全价饲料。日粮标准：银黑狐的代谢能2.51～2.72MJ，可消化蛋白质45～60g，脂肪15～20g，碳水化合物44～53g；北极狐分别为2.72～2.93MJ，50～64g，17～21g，40～48g。为了促进乳汁分泌，可用骨肉汤或猪蹄汤拌饲料。

仔狐一般在出生后20～28d开始吃母狐叼入产箱内的饲料，所以，此期母狐的饲料，加工要细碎，并保证新鲜和易于消化吸收。对哺乳期乳量不足的母狐，一是加强营养，二是以药物催乳。可喂给4～5片催乳片，连续喂3～4次，对催乳有一定作用。若经喂催乳片后，乳汁仍不足，应及时肌肉注射促甲状腺释放激素（TRH），有较好的催乳效果。4～5周龄的仔狐可以从产箱内爬出吃食，这时母狐仍会不停地向小室叼饲料，并将饲料放在小室的不同角落，易引起饲料腐败，因此要经常打扫小室，保证产箱清洁。

5. 恢复期的饲养管理　公狐从配种结束，母狐从仔狐断奶分窝，一直到9月下旬为恢复期。因为在配种期及哺乳期的体质消耗很大，狐一般都比较瘦弱，因而，该期的核心是逐渐恢复种狐的体况，保证种狐的健康，并为越冬及冬毛生长贮备营养，为下年繁殖打下基础。公狐在配种结束后、母狐在断乳后20d内，分别给予配种期和产仔泌乳期的日粮，以后喂恢复期的日粮，日喂两次。

管理上注意根据天气及气温的变化，优化种狐的生存环境，加强环境卫生管理，适时消毒，并对种狐进行疫苗的注射，以防止传染病的发生。

三、笼舍构造及设备

（一）场址的选择

在地势较高、地面干燥、排水良好、背风向阳的地方建场。交通便利，有充足的水源和饲料来源，饲养100只种狐，1年大约需要23t的动物性饲料。养殖场最好建在产鱼区或畜禽屠宰场、肉联场附近。

（二）狐场的建筑和设备

1. 狐棚　狐棚用来遮挡风雨及防止烈日曝晒的作用。结构简单，只需棚柱、棚梁和棚顶，不需要建造四壁。可用砖瓦、竹苇、油毡纸、钢筋水泥等制作。一般长50～100m，宽4～5m（2排笼舍）8～10m（4排笼舍），脊高2.2～2.5m，檐高1.3～1.5m。

2. 笼舍与小室

（1）笼舍：可用12～14号铁丝编织而。网眼规格：底为3cm×3cm，盖及四周网眼为3.0cm×3.5cm。种狐规格长×宽×高为（100～150）cm×（70～80）cm×（60～70）cm，将其安装在牢固的支架上，笼底距地面50～60cm。在笼正面一侧设门，规格为40～

45cm，高60～70cm。

（2）小室：银黑狐小室略大于北极狐，规格为75cm×60cm×50cm，小室内设走廊以防寒保温。北极狐小室规格60cm×50cm×45cm，在小室顶部设一活盖板，在朝向笼的一侧留直径为25cm出入口。

3. 其他　冷藏设备、毛皮加工室，兽医室，仓库以及菜窖等；自动捕狐箱、捕狐钳、捕狐网、捉狐手套、水盆、水桶、食盆以及清扫卫生的用具。

复习思考题

1. 掌握狐的生物学特性，并学会在生产中应用这些特性指导生产。
2. 掌握种狐的繁殖特点，熟悉狐人工繁殖技术要点。
3. 熟悉狐的毛色遗传基本规律，学会在生产中应用。
4. 掌握狐各时期饲养管理要点。
5. 在夏季幼狐饲养管理中，如何预防酮体症的发生？
6. 幼狐瘫软症是如何发生的？应如何预防与治疗？

任东波

第六章 貉

貉（*Nyctereutes procyonoides* Gray，1834）在生物学分类上属于动物界（Animalia）、脊索动物门（Chordata）、脊椎动物亚门（Vertebrata）、哺乳纲（Mammalia）、真兽亚纲（Eutheria）、食肉目（Carnivora）、犬科（Canidae），是一种珍贵毛皮动物，具有很高的经济价值。貉皮属大毛细皮，坚韧耐磨、柔软轻便、保温美观，是制做大衣、皮领、帽子和皮褥等皮制品的优质原料，在国际裘皮市场上十分畅销。貉的针毛和尾毛，可用来制作高级化妆用毛刷、高级画笔和胡刷的原料。貉肉细嫩鲜美、营养丰富，不仅是可口的野味食品，还含有一些人体所必需的维生素及氨基酸，用来制作滋补营养品。貉胆具有很高的药用价值，可代替熊胆入药，尤其对治疗胃肠疾病更加有效。貉油除食用外，还是制作高级化妆品的原料。

第一节 貉的形态与生态

一、分类与分布

貉在我国的分布较广泛，据1987《中国动物志》，将我国貉划分成3个亚种，其中指名亚种（*Nyctereutes procyonoides procyonoides* Gray，1834），分布于华东、中南地区；东北亚种（*Nyctereutes procyonoides ussuriensis* Matschie，1907）分布于辽宁、吉林、黑龙江三省；西南亚种（*Nyctereutes procyonoides orestes* Thomas，1923）分布于华南等地区。

图6－1 乌苏里貉

据1941年衣川义雄，将我国貉划分成7个亚种，乌苏里貉（*Nyctereutes ussuriensis* Matschie，1907）产于我国东北地区大兴安岭、长白山、三江平原，即黑龙江的伊春、保清、密山、虎林、林口、尚志等县；吉林省的敦化、延吉、辉南、靖宇、集安、安图等县；辽宁的新金县和摩天岭等地。朝鲜貉（*Nyctereutes koreensis* Mori，1922）分布在我国黑龙江、吉林、辽宁省的部分地区。闽粤貉（*Nyctereutes prycronoides* Gray）产于江苏、浙江、福建、湖南、四川、陕西、安徽、江西等省。江西貉（*Nyctereutes stegmanni* Matschie）产于江西省及其附近省份。阿穆尔貉（*Nyctereutes amurensis* Matschie）产于黑龙江沿岸和吉林省的东部地区。湖北貉（*Nyctereutes sinensis* Brass）产于湖北、四川等省。云南貉（*Nyctereutes orestis* Thomas）产于云南及其附近各省。

生产中通常以长江为界，将貉分成南貉和北貉两大类。北貉体型较大，毛长色深、底绒厚密，毛皮质量优于南貉；南貉体型小、毛绒稀疏、毛皮保温性能较差，但南貉毛被较整齐、色泽艳丽，别具一番风格。

二、貉的形态特征

貉体型似狐，但较狐小而肥胖、短粗，尾短蓬松，四肢短粗，耳短小，嘴短尖，面颊横生淡色长毛，长毛稀疏。眼下有黑色长毛，构成明显的“八”字形黑纹。背毛基部呈淡黄或带橘黄色，针毛尖端为黑色，底绒多为灰褐色，以淡紫色为上品，两耳周围及背中央黑色毛尖较多，体侧呈灰黄或棕黄色，腹部呈灰白色或黄白色，绒毛细短，并没有黑色毛梢，四肢呈黑色或黑褐色，尾的背面为灰棕色，中央针毛有明显的黑色毛梢，尾腹毛色较淡。

成年公貉体重为5.4～10kg，体长58～67cm，体高28～38cm，尾长15～23cm；母貉体重为5.3～9.5kg，体长57～65cm，体高25～35cm，尾长11～20cm。

三、貉的生物学特性

野生貉生活在平原、丘陵及山地，常栖居于靠近河、湖、溪附近的丛林中和草原地带。喜穴居，利用自然的树洞、石缝、坟地里的空洞为穴，也常利用狐狸、獾子、狼及其他动物的弃洞为巢穴，有时也与獾同居一洞，故有“一丘之貉”之说。个别也有自行挖洞为巢穴，栖居的地方不容易被人们发现。家养貉一般笼养或圈养，笼、圈都要有小室，或人造洞穴。

貉是昼伏夜出的动物，在野生状态下，夜行性有利于貉逃避敌害和便于采食。严冬季节因食物缺乏，貉进入非持续性的冬眠阶段，此期其代谢水平降低，依靠秋季贮存的脂肪维持生命，宁可忍受饥饿，不到万不得已决不轻易出洞，以免遭受“杀身之祸”；在家养状态下，由于人为的干扰和饲料的优越性，冬眠不十分明显，但大都食欲减退，行动减少。貉的汗腺极不发达，喜凉怕热，在天气热的时候常以腹部着地，伸展躯体，张口伸舌，以散失热量，因此，夏季要特别注意防暑降温，养貉场应有良好的通风和遮荫条件。貉胆小怕惊，有搬弄仔貉行为，一旦受到惊扰，容易将仔貉咬死，成年貉容易患惊恐症，因此，产仔哺乳期要特别注意保持环境的安静。貉还有伴性生活习性，有比较强烈的嫉妒心，家养情况下，如果长时间将一只公貉与一只母貉同笼饲养，配种期不利于公貉的合理利用与配种的顺利进行。

貉属于杂食性动物，其消化道的长度约为体长的7.5倍。野生貉常在溪边以捕捉鱼、蚌、虾、蟹或在鼠洞捉老鼠为食，也食青蛙、鸟类、昆虫和其他动物的尸体、粪便等动物性食物。此外，还食各种浆果、粮食作物的籽食和各种植物的果实、根、茎、叶等植物性食物。家养貉的主要食物有鱼、肉、蛋、乳、血及动物的下杂，谷物、糠麸类、饼渣，蔬菜类以及食盐、骨粉、维生素等，日粮中动物性饲料通常在30%以下，而植物性饲料为70%左右。

貉具有群居的特性，家养貉45~60d断乳后虽然可独立生活，但如果笼具有限，幼貉可10~20只集群圈养一段时间。

貉寿命为8~12年，繁殖年限为6~7年，2~5岁繁殖力最强。

貉一年换毛1次。在2月上旬至3月初开始脱掉绒毛，随着毛被的脱落，绒毛随后逐渐长出，形成以稀疏的针毛为主的毛被，7月份以后针毛开始脱落。幼貉出生后4~5周龄胎毛开始脱落，至6月份夏毛形成。从8~9月份冬毛开始生长，至11月中旬冬毛毛绒成熟。应当指出的是，脱毛的时间因地理分布、年龄、营养不同而有差异。

第二节　貉的繁育

一、貉的繁殖生理

貉为季节性繁殖动物，其繁殖与光照时间、年龄、营养、遗传等因素有关，其中年龄因素对一年中发情配种早晚影响比较大。幼貉8~10月龄性成熟。

（一）公貉的生殖生理

5~8月，公貉睾丸变化很小，处于静止期，约黄豆粒大，直径为3~5mm，坚硬无弹性，附睾中没有成熟的精子。9月下旬，睾丸开始发育，但发育速度非常缓慢，12月以后，睾丸发育速度加快，1月末到2月初直径达25~30mm，触摸时松软而有弹性，此时附睾中已有成熟的精子。阴囊被毛稀疏，松弛下垂，明显可见。公貉开始有性欲，并可进行交配。整个配种期延续60~90d。到5月又进入生殖器官静止期。

（二）母貉的生殖生理

每年9月下旬，母貉的卵巢开始缓慢发育，到2月初卵泡发育迅速。母貉季节性一次发情，自发性排卵，发情期在2~4月份，2月中旬发情比较集中。影响母貉发情的因素很多，光照的紊乱、体况过肥可能导致母貉不发情或发情不明显。2~3岁的母貉发情通常较早，大多在2月17~19日，1岁母貉较晚，大多在2月26日前后，而4~5岁的老母貉发情时间也略晚于2~3岁的母貉，通常在2月20~21日前后发情。

二、配种技术

貉一般在2月初至4月末发情配种，个别的在1月下旬。不同地区的配种时间稍有不同，一般在一定范围内，同一亚种貉，低纬度地区稍早些。

（一）发情鉴定

1. 公貉的发情鉴定　公貉的发情比母貉略早些，由1月末持续到3月末均有配种能力，此时公貉的睾丸膨大（鸽卵大）、下垂，具有弹性，活泼好动，经常在笼中走动，有时翘起一后肢斜着向笼网上排尿，也有时向食盆或食架上排尿，经常发出“咕咕”的求偶声。此时触摸睾丸，其质地松软，而具有弹性，配种期下降到阴囊中。

2. 母貉的发情鉴定 母貉的发情要比公貉稍迟一些，多数是2月至3月上旬，个别也有到4月末的。母貉的发情鉴定采用以下两种方法。

(1) 外部观察：母貉开始发情时行动不安，徘徊运动，食欲减退，排尿频繁，经常用笼网摩擦或用舌舔外生殖器，阴门开始显露和逐渐肿胀、外翻，此期为发情前期，通常持续7~10d。发情盛期，精神极度不安，食欲减退甚至废绝，不断地发出急促的求偶叫声，阴门肿胀有所消退、外翻、弹性减弱，呈“十”字形或“Y”形，阴蒂暴露，有大量乳黄色黏稠分泌物，通常持续1~4d。发情后期活动逐渐趋于正常，食欲恢复，精神安定，阴门收缩，肿胀减退，分泌物减少，黏膜干涩，持续5~10d。发情盛期是交配的最佳时期。

(2) 放对试情：开始发情时母貉有接近公貉的表现，但拒绝公貉爬跨。发情盛期时母貉性欲旺盛，后肢站立，尾巴翘起等待或迎合公貉交配。遇到公貉性欲不强时，母貉甚至钻入公貉腹下或爬跨公貉以刺激公貉交配。发情后期，母貉性欲急剧减退，对公貉不理甚至怀有“敌意”，需将二者分开。

生产中常将两种方法结合进行，以外部观察为主，以试情放对为准。

(二) 放对配种

1. 放对方法和时间 一般将发情的母貉放入公貉笼内，以缩短配种时间，提高配种效率。但性情急躁的公貉或性情胆怯的母貉，也可将公貉放入母貉笼内。对已确认发情母貉，放对30~40min还未达成交配的，应立即更换公貉。貉的交配动作与狐不同，不发生锁紧现象，但有翻转身体的姿态变化。放对时间以早晨、傍晚天气凉爽和环境安静为好。

2. 配种次数 初配结束的母貉，需每天复配1次，直至母貉拒绝交配为止。为了确保貉的复配，对那些择偶性强的母貉，可更换公貉进行双重交配或多重交配。母貉在发情期内进行多次配种，能促使母貉多次排卵并受精，从而降低空怀率和提高产仔数。

为了保证种公貉在整个配种期内有旺盛的性欲和较强的配种能力，应该有计划合理地使用公貉，并对当年初次参配公貉进行训练。一般每只公貉每天可放对2次，成功的交配1~2次，连续交配2~4d应休息1d。在配种期内，每只公貉一般可配3~4只母貉，如果公貉在整个配种期内一直性欲很强，最多可配14只母貉。

3. 配种时的注意事项

(1) 防止咬伤：貉在放对过程中有时会出现“敌对”现象，应及时分开防止咬伤。

(2) 对难配母貉进行辅助交配：配种过程中有时个别发情母貉后肢不能站立，不抬尾，阴门位置或方向不正常而引起难配，这时需要进行辅助交配。放对时一只手将母貉的头部抓住，将臀部朝向公貉，待公貉爬跨母貉并有抽动动作时，再用另一只手托起腹部，调整母貉后臀部位置，顺应公貉的交配姿势以达成交配。如果交配的母貉不抬尾，可采用绳助法或手助法将尾抬起或拉向一侧，协助公貉达成交配。

三、妊娠与产仔

(一) 妊娠

貉的妊娠期为54~65d。预产期的推算方法是由初配日期开始，向后推60d。

母貉妊娠初期睡眠增加，食后终日卧于小室或运动场内睡觉，表现安静、温顺、行动迟缓、食欲增加、代谢旺盛。妊娠25~30d时，从空腹母貉的腹部可以摸到胎儿，约有鸽卵大小。妊娠40d，由于胎儿发育迅速，子宫体明显增大，母貉腹部膨大下垂，背腰凹陷，后腹部毛绒竖立，形成纵向裂纹，而且行动逐渐变得迟缓，不愿出入小室活动。

（二）产仔

4~6月是貉的产仔期，集中在4月下旬至5月上旬。其笼养貉中经产貉最早，初产貉次之，而笼养野貉最晚。

母貉在分娩前半个月开始拔掉乳房周围的毛绒，使乳头全部暴露，绝食1~4顿。分娩前1d粪条开始由粗变细，最后排稀便，并有泡沫；往返于小室与运动场，发出呻吟声，后躯抖动，回顾舐嗅阴门，用爪抓笼壁。母貉多在夜间或清晨分娩，多数在小室中产仔，也有个别的在笼网上产仔。分娩持续时间约4~8h，个别的也有1~3d，仔貉每隔20min产1只，分娩后母貉立即咬断脐带，吃掉胎衣，并舔舐仔貉的身体，直至产完才安心哺乳。个别的也有2~3d内分批分娩的。母貉一般产仔8只左右，也有最多产19只的。

初生貉体重100~120g，低于85g很难成活。仔貉生后1~2h即开始爬行寻找乳头，吸吮乳汁，每隔6~8h哺乳一次。9~12日龄睁眼，20日龄后随母貉出窝采食。

四、种貉的选择

（一）选种时间

1. 初选　5~6月结合仔貉断乳分窝进行。成年公貉配种结束后，根据其配种能力、精液品质及体况恢复情况进行一次初选。成年母貉在断乳后根据其繁殖、泌乳及母貉的母性行为进行一次初选。仔貉根据同窝仔貉数及生长发育情况进行一次初选。

2. 复选　9~10月进行。根据貉的换毛情况、幼貉的生长发育和成貉的体况恢复情况，在初选的基础上进行一次复选。复选时要比计划数多20%~25%，以便在精选时淘汰。

3. 精选　在11~12月进行。在复选的基础上淘汰不理想的个体，最后落实留种。

选定种貉时，公、母比例为1∶3~1∶4，但如果貉群过小，要多留些公貉。种貉的组成以成貉为主，不足部分用幼貉补充，这样有利于貉场的稳产高产。

（二）种貉的选择标准

成年公貉要求睾丸发育好，交配早，性欲旺盛，交配能力强，性情温和，无恶癖，择偶性不强。每年交配母貉5只以上，配次10次以上，精液品质好，受配母貉产仔率高，仔貉多，生活力强，年龄2~5岁。对交配晚、睾丸发育不好、单睾或隐睾、性欲低、性情暴躁、有恶癖、择偶性强、有病的公貉应淘汰。对成年母貉，选择发情早（不能迟于3月中旬），性行为好，性情温顺，胎平均产仔多，初产不低于5只，经产不低于6只，母性好，泌乳力强，仔貉成活率高，生长发育正常的留作种用。当年幼貉应选择双亲繁殖力强，5月10日前出生的。同窝仔数5只以上，生长发育正常，体型大，性情温顺，毛绒品质优良，毛色纯正，外生殖器官发育正常，据估测产仔力与乳头数呈强的正相关（相关系数为0.5），所以选择乳头数多的母貉留种为好。

第三节　貉的饲养管理

一、营养需要及推荐饲养标准

貉的营养需要和饲养标准见表6－1、表6－2、表6－3。

表6－1　貉的营养需要

月份		1	2	3	4	5	6	7～12
代谢能（MJ）		1.570	1.013	1.155	2.534	2.217	3.593	2.410
可消化营养物质（g/MJ）	蛋白质	4.23	4.21	4.17	4.18	4.09	4.18	4.11
	脂肪	1.54	1.46	1.57	1.60	1.51	1.45	1.55
	碳水化合物	2.27	2.26	2.05	1.97	2.27	2.32	2.16

注：5月、6月是母貉和窝产仔貉的共同消耗量。

表6－2　成年貉各时期日粮组成

	准备配种期	配种期	妊娠期	哺乳期	恢复期
日粮量（g/只）	375～487	375～412	487	487	475
动物性饲料（%）	30	40	35	38	20
谷物饲料（%）	60	55	55	39	70
蔬菜（%）	10	5	10	10	10
乳品（%）	—	—	—	13	—
食盐（g）	2.5	2.5	3	3	2.5
骨粉（g）	5	8	15	15	5
酵母（g）	5	15	15	10	—
大麦芽（g）	16	15	15	10	—
维生素A（IU）	500	1 000	1 000	1 000	—
维生素C（IU）	—	—	5	50	—
维生素B_2（mg）	2	5	5	—	—

表6－3　幼貉日粮定额标准

月龄	日粮（g/只）	饲料配合比例（%）			
		动物性饲料	谷物制品	蔬菜	骨粉
3（7月份）	280	40	52	5	3
4（8月份）	380	35	57	5	3
5（9月份）	480	30	57	10	3
6（10月份）	500	30	57	10	3
7～8（11～12月份）	350	30	65	5	3

二、饲养管理要点

（一）准备配种期的饲养管理

1. 准备配种期的饲养要点　准备配种期饲养的目的是保证种貉有良好的繁殖体况，满足性器官生长发育的营养需要，为配种打下良好的基础。

准备配种前期日粮以吃饱为原则。增加脂肪类饲料，以帮助体内囤积脂肪，以备越冬。准备配种后期的饲养首先根据种貉的体况对日粮进行调整，全价动物性饲料适当增加，补充一定数量的维生素 A、维生素 E 以及对种貉的生殖有益处的酵母、麦芽。从 1 月份开始每隔 2 ~ 3d 可少量补喂些刺激发情的饲料，如大葱、大蒜、松针粉和动物脑等。12 月份可日喂 1 次，1 月份开始日喂两次，早饲喂日粮的 40%，晚喂 60%。

2. 准备配种期的管理要点　要注意防寒保温，搞好卫生，加强饮水，加强驯化，做好配种前准备工作。

（二）配种期的饲养管理

从母貉受孕之日起，即进入妊娠期，经过 60d 左右的怀胎即产仔，结束妊娠。妊娠管理是整个貉群繁殖的关键，如果饲养不当，管理疏忽，则极有可能引起母貉妊娠中止，出现胎儿被母体吸收以及流产、死胎、烂胎、仔弱等严重后果。因此根据妊娠期的特点，搞好饲养管理十分重要。

1. 配种期的饲养要点　要供给公貉营养丰富、适口性好和易于消化的日粮，以保证其旺盛持久的配种能力和良好的精液品质。饲料的投喂一般分早晚两次进行，早晨在放对前 1h 投食，按日粮的 40% 左右投喂，必须保证吃食在放对前半个小时结束，以免影响配种。晚上投喂则视情况而定，在放对交配完成半小时以后方可投喂，将余下的 60% 日粮全部投喂完毕即可，并供给充足饮水。公貉中午还要补饲，主要以鱼、肉、乳、蛋为主，每天每只喂蛋白质 45 ~ 55g。

2. 配种期的管理要点　要注意及时检查维修笼舍，防止跑貉，保持貉场安静，添加垫草，搞好卫生，预防疾病，加强饮水，尤其交配结束还要给予充足的饮水。

（三）妊娠期的饲养管理

1. 妊娠期的饲养要点　在日粮上必须做到供给易消化、多样化、适口性好、营养全价、品质新鲜。从营养需求结构特点上说，妊娠期母貉对蛋白质十分敏感，稍有缺乏即产生不良影响。而且，饲料结构的突然大幅变动，也容易引起母貉拒食。严禁喂腐败变质及含激素类的饲料，防止流产。在饲喂时应该注意的是，饲料浓度要稀一些，以便吸收、消化，因此要求在日粮制作时多加一些水。一般妊娠初期（10d 左右），日粮标准可以保持配种期的水平，每日喂食两次，早上少，晚上多，但到了妊娠后期（10d 以后）消耗速度加快，日粮稍稀，应改为日喂 3 次，加大饲喂频率，及时满足营养需求。饲喂时要区别对待，不能平均分食。

2. 妊娠期的管理要点　保持肃静，防止惊恐，禁止外人参观。注意观察貉群的食欲、消化、活动及精神状态等，发现问题及时采取措施加以解决。发现阴门流血，有流产症状的应肌肉注射孕酮 15 ~ 20mg、维生素 E 15mg，连注 2d，用以保胎。同时搞好卫生，加强饮水，做好小室的消毒及保温工作。

（四）产仔哺乳期的饲养管理

母貉经过2个多月的妊娠，终于分娩产仔，继而进入产仔泌乳期。这一时期为50～60d，是母貉负担很重，而且关系到幼貉体能基础发育的关键时期。

1. 产仔哺乳期的饲养要点　日粮配合与饲喂方法与妊娠期相同，但为促进泌乳，可在日粮中补充适当数量的乳类或豆汁，根据同窝仔貉的多少、日龄的大小区别喂食，以不剩为准。当仔貉开始采食或母乳不足时，可进行人工补喂，其方法是将新鲜的动物性饲料绞碎，加入谷物饲料、维生素C，用奶调匀喂仔貉。

2. 产仔哺乳期的管理要点　在临产前10d就应做好产箱的清理、消毒及垫草保温工作。小室消毒可用2%的热碱水洗刷，也可用喷灯火焰灭菌。

产后采取听、看、检相结合的方式进行仔貉的健康检查，确保仔貉吃上母乳，遇到母貉缺乳或没乳时应及时寻找保姆貉或其他动物喂养，也可人工喂养。

仔貉一般3周龄时开食，这时可单独给仔貉补饲易消化的粥状饲料。如果仔貉不太会吃饲料，可将其嘴巴接触饲料或把饲料抹在嘴上，训练它学会吃食。40～60日龄以后，大部分仔貉能独立采食和生活，应断乳。可采用一次断乳或分批断乳。

（五）恢复期的饲养管理

公貉在配种结束后20d内、母貉在断乳后20d内，分别给予配种期和产仔泌乳期的标准日粮，以后喂恢复期的日粮。日粮中动物性饲料比例（重量比）不要低于15%，谷物尽可能多样化，能加入20%～25%的豆面更好，以使日粮适口性增强，尽可能多吃些饲料。同时加强管理，保证充足的饮水，做好疾病防治工作。

（六）幼貉育成期的饲养管理

刚分窝的幼貉，因消化系统不健全，最好在日粮中添加助消化的药物，如胃蛋白酶和酵母片等，饲料质量要好、加工要细，断乳后头2个月是骨骼和肌肉迅速生长的时期，应供给优质的全价饲料，蛋白质每只50～55g/d。幼貉每天喂2～3次，此期不要限制饲料量，以不剩食为准。

如同窝仔貉生长发育不均，要采用分批断乳法，按先强后弱顺序分两批进行。断乳半个月，进行犬瘟热和病毒肠炎预防注射及补硒等工作。要经常在喂前喂后对幼貉进行抚摸，逗引驯教，直到驯服。

复习思考题

1. 貉的生活习性有哪些？如何应用这些特性指导生产？
2. 幼貉、育成貉的饲养管理要点有哪些？
3. 成年貉不同时期的饲养管理要点有哪些？
4. 貉的瘫软症、白鼻综合征主要与哪些因素有关？如何防治？

王春强

第七章 麝 鼠

第一节 麝鼠的形态与生态

一、分类与分布

麝鼠（*Ondatra zibethica* Linnaeus，1776）又名青根貂，俗称水老鼠、水耗子，因其排出体外的香液具有麝香气味而得名。属于动物界（Animalia）、脊索动物门（Chordata）、脊椎动物亚门（Vertebrata）、哺乳纲（Mammalia）、真兽亚纲（Eutheria）、啮齿目（Rodentia）、仓鼠科（Cricetidae）。

麝鼠原产于北美洲，分布很广，北至五大湖，南至墨西哥。但在南卡罗来纳州、佐治亚州、亚拉巴马州、西部加利福尼亚州的沿海地区和缺乏河流、湖泊的高原地区没有分布。现在在美国、加拿大、日本、蒙古和欧洲的一些国家都有分布。在北纬28°～68°，西经55°～165°，后来又扩大到北纬70°。麝鼠在我国分布很广，不仅在东北三省有较多分布，在内蒙古、西北、华北等地也有人工散放点，在贵州、山东、湖北、四川、浙江、云南、江苏、青海等23个省和自治区也都分布有较多的麝鼠。散放的麝鼠已经风土驯化成功，繁衍了大量后代，形成了我国现有的麝鼠野生资源。

二、形态特征

麝鼠体躯肥胖，成年体重1.0～1.5kg，个别的也有2.5kg者。体长35cm左右，尾长25cm左右，是田鼠亚科中体型最大者。

麝鼠头部略扁平，眼球外突小而黑亮，耳朵较小，隐于毛被之中，耳前纵褶比较发达，可随时关闭外耳道，耳孔有长毛堵塞，适于水中活动。嘴端钝圆，嘴边有稀长的胡须。牙齿结构与田鼠相似，上下颌各有1对门齿，长而锐利，呈浅黄或暗褐色，突露于唇外，门齿终生生长，无犬齿和前臼齿，上下颌各有后臼齿3对。

麝鼠的颈很短，也不灵活。躯干胸部较大，腹部比胸部发达，腰部、背部和臀部都很丰满，宽而圆。前肢短而灵活，内侧生有硬毛，有四趾，趾爪锋利，趾间无蹼；后肢比前肢长而强壮，趾间有半蹼，趾边有硬毛。尾较长，根基部呈圆形，中部与梢部扁平，表面上覆盖着圆形鳞质片和稀疏的黑色短毛。成年公鼠尾跟部趋于圆形，中部较宽厚；成年母鼠尾跟部稍扁，中部宽而薄。

麝鼠针毛长而稀，光滑耐磨，富有弹性，绒毛细短而密，质地柔软。背部毛被呈棕褐色或黄褐色，腹部呈棕灰色。夏季被毛色泽较淡，冬季较深。

公鼠比母鼠大，公鼠尿生殖孔与肛门的距离3cm左右，阴毛长而密，龟头有时裸露，腹股沟两侧有棕黑色针毛形成的一条细带。母鼠稍小，尿生殖孔与肛门的距离2cm左右，尿道口下方隆起处有阴道口，阴毛稀疏，腹股沟无针毛，出现凹陷的细带。

三、麝鼠的生态

(一) 栖息环境

麝鼠营半水栖生活，活动在水中，居住和繁殖在洞穴里。麝鼠喜欢栖息在水草茂盛的低洼地带，在沼泽地、湖泊、河流及池塘沿岸，以有挺水植物的浅水漂筏甸子最多，靠近水源的草丛、丛林间也有栖息。麝鼠善于挖洞和筑巢，洞穴分布于河流、湖泊和沼泽的岸边，有浅水的芦苇丛和香蒲丛中，也有在水筏甸子上筑巢的。洞穴由洞道、盲洞、贮粮仓、巢室等部分组成。

(二) 食性特点

麝鼠是水陆两栖的草食动物，极其喜爱以水生植物为食。在其食物结构中，水生植物和其他植物约120种，占93.4%，动物性食物占6.6%。麝鼠喜欢采食植物的幼芽和水生植物的根、茎、叶，夏季多采食嫩茎和幼芽，冬季则大多吃草根、块根和一些水浸植物。野生状态下，一般不采食陆生植物或农作物，但在水生植物奇缺时，也上岸觅食，陆生的野草、野菜、栽培作物、蔬菜及其果实。有时吃少量的动物性食物，如河蚌、田螺、蛙、小鱼等。

麝鼠有贮食性，野生麝鼠将食物贮藏于洞道中的专用贮仓内，尤其是冬季或哺乳期，储量可达数千克。母鼠产仔后的一段时间里，公鼠有往洞里叼草供食的行为，刚开始采食的仔鼠也采食洞里贮存的现成食物。

麝鼠的食量很小，成年麝鼠每日平均采食695g，夏、秋季节一天少则采食100g，多则可达1 448g，冬季采食量较少，夏季食量增大，一般相当于体重的30%～40%。家养情况下每日可消耗草类饲料250～500g，谷物籽实25～50g。

(三) 生活习性

麝鼠善于游泳和潜水，在水中活动自如，其游泳速度可达30m/min，每次可游数百米；潜水每次可达3～5min不露出水面，潜水时间最长达15min。

麝鼠全天活动和采食，但一般白天尤其是中午活动较少，而傍晚、黎明和夜间活动频繁。麝鼠活动范围较小，区域性很强。从季节上看，初春、秋末活动量大，冬季活动量小，多在中午活动。

麝鼠听觉、嗅觉灵敏，视觉较差。麝鼠靠嗅觉辨别仔鼠，识别有毒食物和接收同类发出的气味信号。灵敏的听觉有利于麝鼠及时发现异常响动，以便迅速潜水逃回洞穴和隐藏避敌。

麝鼠的门齿终生生长，除正常采食、挖洞穴等有一定磨损外，靠啃咬一些较硬的食物磨耗牙齿，以便于保持适当长度，便于采食。

麝鼠善于打洞，又能筑巢，每年入冬前，麝鼠都忙于修筑巢穴越冬。洞穴由洞道、盲洞、贮粮仓、巢室等部分组成，洞道分层很少，窝室内铺有5～10cm厚的垫物，用挺水植物的叶子絮巢。

麝鼠有家族群居的特性，每年春季公母配偶成对活动，另选新居繁育后代，秋后组成家族群居。麝鼠不与非家族同居，定居后有固定的活动领域，一旦发现外族入侵，就要发生咬斗。

（四）寿命与天敌

野生麝鼠的寿命不长，3 岁以上的成鼠数量不多，种群年龄结构季节性变化很大。人工饲养时，由于改善了生存条件，麝鼠的寿命有所延长，一般为 4 ~ 5 年，最长可达 10 年。繁殖适龄只有 2 ~ 3 年。

麝鼠是一种小型哺乳动物，自卫能力十分有限，天敌很多，常见的天敌有黄鼬、狗獾、豹猫、貉、狐、水貂、狼、犬等食肉哺乳类动物，还有鹰、鹏等猛禽。

第二节 麝鼠的繁育

一、生殖生理

（一）性成熟

麝鼠是季节性繁殖动物，幼龄鼠 4 ~ 6 个月龄性成熟。性成熟受季节、营养、遗传等因素的影响，个体差异很大。麝鼠的适宜繁殖期为 4 ~ 9 月份。

（二）性周期

麝鼠的性周期有一定规律，公鼠性周期呈年周期变化，其性器官的发育是从 1 ~ 2 月份开始到 3 ~ 4 月份发育基本成熟。从 4 月中旬到 9 月末，公鼠始终处于发情状态，经常保持有成熟的精子，可以随时配种。到 10 月份，睾丸逐渐萎缩，性欲减退，失去配种能力，进入静止期。

母鼠的性周期呈年周期变化与公鼠同步，但在繁殖季节里发情出现周期性变化，发情前期 5 ~ 7d，发情持续期（旺期）2 ~ 4d，发情后期 2d，间情期 13 ~ 19d。发情周期个体差异很大，少则 1 个月 1 个周期，有的 2 ~ 3 个月才出现 1 个周期。1 年可多次发情受孕，但也有 1 年只产 1 胎的。3 月份以后母鼠具有发育成熟的卵泡，到 10 月初多数停止发情。一般生产之后 2 ~ 3d 内有排卵接受交配的现象，称为血配，若血配未受孕，再经过 15d 左右还可发情和交配。

二、配种技术

（一）发情鉴定

公鼠睾丸膨大、松软、有弹性，外观可见有时阴茎外露，在腹下可摸到肿大的香囊，且开始泌香，活动量增加，见母鼠追逐不息。

母鼠发情时表现外阴部红肿、阴门开张或外翻，有分泌物流出，分泌物有乳白色的，也有豆绿色的，特别是经产母鼠表现更为明显。此外，表现为兴奋不安，发出“哽哽”叫声，来回走动，出入窝室频繁。食欲减退，戏弄追逐，爬跨异性，嗅闻外生殖器。

（二）配种方法

公、母鼠的组合可在仔鼠断奶分窝、秋末冬初或春季配种时进行皆可。公、母鼠的组合放对时，为避免咬斗，要将体型、年龄、体重相近的公、母鼠分别装在中间隔有铁丝网的笼网中，待双方彼此经数小时或 1 ~ 2d 气味熟悉后，即可将两鼠合放在一起。公、母鼠应避免近交。常用的配种方法有以下几种：

1. 1 公 1 母固定配种　一经确定配对的公、母鼠，将其常年放在同一圈舍内，春季自然交配。此种方法适用于公、母鼠数量相等的情况。

2. 1公1母轮换配种 到母鼠哺乳仔兽时，取出该圈舍的公鼠，与其他圈舍的母鼠配成新对。待留下的母鼠与仔鼠分窝后，再次发情时，另选1只公鼠与之配对，继续进行繁殖。

3. 1公1母临时放对配种 公、母鼠平时分开饲养，只在母鼠发情旺期才放入公鼠进行交配，放入一段时间完成交配后，即可取出公鼠放回原圈舍。

4. 1公多母配种 1只公鼠与2~5只母鼠长时间饲养于同一圈舍内，任其自由交配。采用此法要求圈舍面积要大。

（三）配种过程

交配前，公、母鼠有追逐、嬉戏现象，一般1h左右。当公鼠发出大声"哽哽"叫声时，母鼠在运动场或水池中鸣叫，等待交配，此时公鼠便开始追逐母鼠嬉戏并爬跨交配。交配时，公鼠用前肢紧紧抱住母鼠腰部，用后肢频频拍水，交配时间很短。交配以后，公、母鼠各自整理外生殖器，并回窝室内休息。次日再进行交配，持续1~4d，追逐、鸣叫和交配才停止。麝鼠的交配多在早晨4时左右和下午19~21时进行，有在水池中进行的，也有在运动场上进行的。

三、妊娠与产仔

（一）妊娠与妊娠期

母鼠的妊娠期28d（25~30d），在妊娠前期无明显的体态变化，仅食欲增加。妊娠后期身体变胖，食欲大增，腹部明显增大，行动变得迟缓，活动减少，喜欢在窝中趴卧休息；尤其在临产前，母鼠叼草絮窝，最后用草堵塞出入口，用草和粪便等的混合物将小室缝隙堵严，静候产仔。公鼠在母鼠产仔1~2d也参与母鼠的叼草和做窝，同时将走廊通向运动场的出入口堵上，并在走廊里自做一个简单小窝，与母鼠分开居住。配种15d后，用手可触摸到胎儿。

（二）产仔

母鼠产仔大多在小室内，也有个别的在走廊产仔。母鼠产后5~7d除外出进行血配或排便外，一般不出窝，精心护卫仔鼠。新生仔鼠皮肤裸露呈粉红色，背部颜色较深，两眼紧闭，初生重10~22g。母鼠一胎平均产仔6只左右（3~16只）。初生后1~2h仔鼠可爬行寻找乳头，吃饱后叼住乳头沉睡，10~12d睁眼，20~25d断乳。母鼠有4~5对乳头，可哺育6~9只仔鼠，一般不需要代养。

四、种鼠的选择

（一）成鼠选择

成年种鼠要选择外貌端正，五官、四肢齐全，无外伤，尾巴完整，背腰平直无躬行背，体况适中，体质健壮，无病，发育完全，毛绒致密，呈棕栗色，有光泽，食欲良好，神态活泼，体重在1.0kg以上，体长在35cm以上者。公鼠四肢健壮有力，母鼠乳头数目多，胎产仔数要在5只以上，年产2~3胎。

（二）仔、幼鼠选择

仔鼠在分窝后进行选择。应选择毛绒致密，毛被呈深褐色，具有光泽、弹性，性情温顺，活泼健康，尾完整，体况适中的留种。同窝仔鼠在5只以上，母鼠发情正常，泌乳力强的后代作种用。

第三节　麝鼠的饲养管理

一、营养需要和日粮

（一）营养需要

根据麝鼠的生物学特性及繁殖特点，麝鼠的饲养时期大致可分为繁殖期、非繁殖期，一般繁殖期是在4~9月，非繁殖期在10月至翌年3月份。在繁殖期间又交错有配种期、妊娠期、产仔哺乳期及仔、幼鼠培育期；在非繁殖期又分为恢复期、越冬期及准备配种期。

各时期麝鼠的营养需要参见表7-1。

表7-1　麝鼠各生物学时期营养需要

营养 \ 年龄 \ 时间	4~9月 成年 公	4~9月 成年 母	5月 幼年（窝平均）	6月 幼年（窝平均）	7月 幼年（窝平均）	8月 幼年（窝平均）	9月 幼年（窝平均）	10~11月 成年	10~11月 幼年	12~3月 成年和幼年
体重（kg）	1.0	1.2	2.4	4.0	6.7	8.9	7.8	1.0~1.2	0.7~0.9	1.0~1.25
总热能（kJ）	552	837	1 105	4 297	7 608	8 344	5 586	552	506	544~460
代谢能（kJ）	410	619	816	3 180	5 628	6 172	4 134	347	318	276~234
干物质（g）	36	54	66	257	454	498	234	38	31	30
粗蛋白（g）	7.2	10.8	13.2	51.4	90.8	99.6	66.8	4.6	3.7	3.6
粗纤维（g）	5.4	8.1	9.9	38.5	68.1	74.7	50.1	11.4	9.2	9.0
粗脂肪（g）	1.4	2.0	2.4	9.5	16.8	18.4	12.4	1.1	1.4	1.4
钙（g）	0.2	0.2	0.3	1.1	2.0	2.2	1.5	0.2	0.1	0.1
磷（g）	0.2	0.2	0.3	1.1	2.0	2.2	1.5	0.2	0.1	0.1

（二）日粮

目前，我国还没有对麝鼠的营养需要进行深入和系统的研究，因此也未制定统一的饲养标准。仅将推荐的经验日粮标准介绍如表7-2、表7-3，供参考。

表7-2　成麝鼠适用日粮标准

饲养时期		越冬期（10~12月）	准备繁殖期（1~3月）	繁殖期（4~9月）	幼鼠育成期（5~12月）
日粮总量（g）		295	360	450~605	145~660
粗饲料（g）	日给量	265	315	400~550	130~615
	青草	—	—	300~350	50~300
	块根	200	200	50~100	25~200
	蔬菜	50	100	50~100	50~100
	干草	15	15	—	5~15

续表

饲养时期		越冬期（10～12月）	准备繁殖期（1～3月）	繁殖期（4～9月）	幼鼠育成期（5～12月）
精饲料及搭配比例（%）	日给量	30	45	50～55	15～45
	麦　麸	25	20	20	10
	豆　饼	10	15	15	11
	豆粉或大豆	4	4	6	4
	鱼　粉	5	6	7	8.5
	奶　粉	—	—	1	0.5
	玉米面	50	50	45	58
	酵　母	5	5	5	7
	骨　粉	0.5	—	0.5	0.5
	食　盐	0.5	—	0.5	0.5
蛋白质水平（%）		17.35	19.21	20.17	19.0
能量（kJ/kg 干物质）		16.82	16.95	16.86	16.95

表7-3　幼麝鼠适用日粮标准

日　龄	日粮总量（g）	精饲料给量（g）	粗饲料（g）青　草	块根蔬菜		干草	日给量	备　注
20	225	25	100	50	50	—	200	精饲料搭配比例同表6-2
30	230～280	30	100～150	50	50	—	200～250	
45	290～340	40	150～200	50	50	—	250～300	
60	295～350	45～50	150～200	50	50	—	250～300	
60以上	360～415	50～55	200～250	50	50	10	310～360	

二、饲养管理要点

（一）仔、幼鼠的培育

仔鼠生长发育很快，生后3d门齿尖即露出，7日龄露于唇外，10日龄长出被毛，10～12日龄睁眼，开始采食精料，18～20日龄时能采食嫩草，并下水游泳，30日龄体重达210g以上，可独立生活。

仔鼠10日龄以前完全依靠母乳生活，应加强母鼠的营养。若同窝仔鼠多于6只，应采取寄养和人工哺乳等措施，以提高仔鼠成活率。仔鼠能下水游泳时要将水池充满，以防不能上岸而溺死。

在人工饲养条件下，35～40日龄可以断乳，分窝采用分批断奶法，分2～3批进行，每隔3～5d断乳一批。分窝要先将体质强壮的断奶，后分体弱的仔鼠。分窝后仔鼠可以群养，尽量喂给嫩草，精料不要喂得太多，每次以不剩下为准，日喂2次。仔鼠生后3个月内，生长速度最快，应加强营养供给和管理工作。夏季注意防暑。池水每日换2～3次。

（二）成鼠饲养管理

1. 准备配种期饲养管理　准备配种期是1～3月份。此期麝鼠生殖器官开始发育，因此，此期的饲养管理任务是促进生殖器官的迅速发育，以确保进入配种期性机能正常。在饲料供给上，尽量多样化，日粮中注意维生素 A、E 的供给，日粮中要补喂一些胡萝卜、麦芽等饲料。调整体况，避免过肥或过瘦，公鼠体重控制在 1.0～1.2kg，母鼠体重控制在0.8～1.0kg。在管理上，首先要分窝配对，对此期刚达到性成熟的育成麝鼠要进行分窝配对，对越冬期发生死亡，或因外调而出现的单只麝鼠也应选好配偶，放在同一圈中饲养。及时清除窝中污物，更换垫草。对室外饲养的麝鼠，根据气候条件，当天气变暖不结冰时，将水池灌满水。

2. 繁殖期饲养管理　麝鼠的繁殖期在4～9月份，是水草和陆生植物茂盛、麝鼠食物最丰富的季节。配种期麝鼠的食欲有所减退，应供给其喜欢吃的饲料。妊娠期饲料要新鲜，禁止喂发霉变质的饲料，日粮组成要多样化。管理上不要抓孕鼠，临产前及时投放柔软的干草，以便于孕鼠做窝。产仔哺乳期要适当增加精饲料和食盐的喂量，但食盐不可过多，以促进泌乳。母鼠产后不要随便打开窝室的盖观察，以免惊扰母鼠产生弃仔、叼仔和吃仔等现象。在炎热的夏季，要做好防暑降温工作，除供水游泳爽身外，还要用树枝、草帘等覆盖在鼠舍顶盖上，避免阳光直射。圈舍的水要定期更换，2～3d 换一次，保持环境清洁、安静，给繁殖麝鼠创造一个适宜的环境。

3. 恢复期饲养管理　母鼠的恢复期，是从秋季最后一胎仔鼠断乳后，到下一年准备配种期开始前，一般是10月至翌年1月份。公鼠的恢复期基本也是这一段时间。

此期营养消耗相对较少，这是野生麝鼠越冬期采食量低于其他季节的原因。人工养殖情况下，要考虑麝鼠用于抵御寒冷、增加产热的能量消耗，所以应补饲一些玉米面等高热能饲料。入冬前对圈舍全面检修，做到圈舍四壁坚实无缝；将水池中的水全部放掉，并添上干草，以免水池被冻裂，另外，要注意防冻加强保温。可通过向圈内投给冰块、雪及多喂蔬菜等方法满足麝鼠对水的需求。麝鼠有储食性，不必每天投喂饲料。越冬期间，麝鼠门齿容易由于采食较少而生长过长，影响采食，除投喂一些树枝等物，供麝鼠啃咬外，经常进行检查，一旦发现门齿过长，要及时用钳子将其剪掉。

三、圈舍构造及设备

人工圈养麝鼠要选好场址。场址要建在高爽干燥和易于排水的地方，周围环境要安静，并有一定遮阳物，要有充足清洁的水源。尽管养殖麝鼠的圈（笼）舍造型和构造不同，但由于麝鼠门齿终生生长，经常啃咬物体，时有磕洞逃跑，所以材料必须结实坚固。麝鼠的圈（笼）舍一般由棚、水池、窝室、运动场和采食台几部分构成。

棚是用于遮挡雨雪、防烈日暴晒的简易建筑。可盖成“人”字形也可盖成一面坡形。盖用石棉瓦、油毡纸等覆盖。高 1.2～1.5m，宽 2～4m，长度根据具体情况而定。饲养麝鼠要备浴水池，麝鼠多在水中活动、交配，不结冰季节麝鼠是离不开水的。麝鼠是在洞巢中产仔、哺乳、休息，所以要具备一个防雨、干燥、避风、黑暗，冬季防寒、夏季防晒的窝室。麝鼠多是“坐”在一个固定的平面上进食，同时还需要一定的活动范围和运动量，应设有运动场和采食台（图 7－1）。

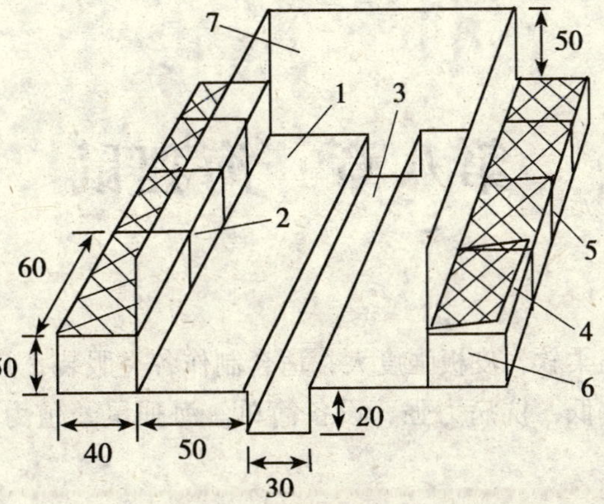

图 7-1　公用水池式群养幼鼠圈舍（单位：cm）

1. 运动场　2. 进出口　3. 公用水池　4. 窝室盖　5. 隔墙　6. 窝室　7. 四周围墙

复习思考题

1. 掌握麝鼠生物学特性，并学会在生产中合理应用。
2. 简述麝鼠不同时期饲养管理要点。
3. 掌握麝鼠配种方法与技术。
4. 如何对种鼠进行选择？

任东波

第八章 海狸鼠

海狸鼠的毛皮保温柔软，皮板强度大，适合制作各类服装，其肉质细嫩、鲜美，高蛋白、低脂肪。饲养成本低，抗病力强，设备简单。海狸鼠繁殖力高，年产仔2~2.5胎，每胎4~12只。

第一节 海狸鼠的形态与生态

一、分类与分布

海狸鼠（*Myocastor coypus*）又称狸獭、泽狸等，是动物界（Animalia）、脊索动物门（Chordata）、脊椎动物亚门（Vertebrata）、哺乳纲（Mammalia）、真兽亚纲（*Eutheria*）、啮齿目（*Rodentia*）、海狸鼠科（Myocastoridae）的珍贵毛皮动物。有3个亚种：*M. coypus bonariensis*、*M. coypus coypus* 和 *M. santa cruz*。

海狸鼠原产于南美洲的南纬22°~25°地带，分布于阿根廷、智利、乌拉圭、巴拉圭、玻利维亚、巴西等国家，直到南部的火地岛。海狸鼠的人工养殖在国外已有较久的历史，1882年法国首次进行人工饲养；1922年阿根廷建立了人工养殖场；1929~1932年，前苏联、法国、德国、瑞士、斯堪的纳维亚、美国、加拿大和日本等国家先后从南美洲引种试养。波兰、意大利、独联体等国家发展较快，不少国家还育成了彩色海狸鼠。

1956年，我国由中国畜产进出口总公司首次从前苏联引进了海狸鼠种兽，20世纪60年代初曾获得很大发展，20世纪80年代北京地区又重新由国外引种饲养，并陆续向其他地区推广饲养。

二、形态特征

海狸鼠是大型啮齿类动物，体形肥胖，头大，颈短而粗，身躯圆平，上唇有浅褐色的长须，眼小而圆，耳壳被绒毛覆盖，游泳时不进水。两对橙黄色的大门齿明显露于唇外，嘴唇能紧闭于4颗门齿之后，使门齿与口腔隔离，鼻孔有自由开闭的活瓣，潜入水中时鼻孔不进水，因此能潜入水中啃咬水生植物的根和茎。海狸鼠四肢粗壮，前肢比后肢稍短，前趾间无蹼，后趾有蹼（1、2趾间无蹼）。尾呈圆锥形，外表有深灰色角质鳞片，有深褐色稀疏的粗毛。海狸鼠上下颌各有门齿1对，前臼齿1对，后臼齿3对，无犬齿。

成年雌鼠体重5.5~6.0kg，最重可达8~10kg，体长平均50~65cm，尾长30~40cm，通常公鼠比母鼠重10%~20%。

海狸鼠毛被微褐带棕黄色，背部毛色比腹部深，呈黄褐色，绒毛为棕色；腹部绒毛比背部密而厚，呈浅褐色。

公鼠没有阴囊，睾丸隐藏于腹腔中。外观上难以区别公、母鼠，可通过观察尾下孔洞的多少加以区别。公鼠肛门的下方有一个肛门腺孔，与肛门共同开口，在距肛门4～6cm处有阴茎长15～18cm。母鼠有3个孔，前面是尿道孔，中间口是阴门，后面的开口是肛门和肛门腺的共同开口。母鼠有4～5对乳头，位于腹侧面上1/3处，这样母鼠坐在潜水中，仔鼠即可吸吮到乳汁。幼鼠阴门未裂，此孔不易观察，因此很难从外观上区别雌雄。

三、海狸鼠的生态

海狸鼠栖息于水草丰茂的湖泊、溪流、沼泽等地，居于洞穴或窝巢内，洞长3～5m，洞深1～2m，一般无支洞。随季节、水位、食物来源等更换栖息地。通常在清晨或傍晚活动，白天多在窝中困睡或静卧。夏季为避强烈开阳光，多隐藏在草丛之中，冬季则喜欢晒太阳。天气恶劣时，躲在窝巢内基本不出来活动。

海狸鼠以植物性食物为主。夏季吃青草，冬季吃干草和植物块根、树枝等，也喜吃一些软体动物。进食时用前肢抱着食物啃咬，吃食很慢，时间也很长，并喜欢将食物拖入水中吃。海狸鼠与大多数啮齿类动物一样，门齿是不断生长的，因此人工饲养时，要投给木质饲料，以满足啮齿行为的需要。

海狸鼠善于游泳，由于身体肥胖及腹部松弛，陆地活动笨拙，而水中活动则自如迅速。游泳时头部露出水面，尾如船舵左右摇摆，后肢如船桨来回划动。潜水能力很强，在水中可潜水5～6min。

海狸鼠视觉较差，但听觉、嗅觉、触觉发达，稍有响动便立即潜入洞穴或在草丛中隐蔽起来。

海狸鼠一年换毛1次，3～5月份和8～9月份换毛比较明显。春季毛被稀疏，夏季短而稀，秋冬季密而有光泽。

其天敌有猛禽、狐狸、狼等。寿命8～10年。

第二节　海狸鼠的繁育

一、繁殖生理

海狸鼠一年四季都可以繁殖，当公鼠4～5个月龄，母鼠5个月龄，体重达到1.8～2.2kg时出现第一次发情，7月龄到3岁繁殖能力最高，4～5岁时配种能力开始下降。公鼠一年内都可以交配；母鼠间隔25～30d发情一次，一年中可出现多次发情，繁殖几次，繁殖无季节性，发情持续期一般为2～4d。母鼠产后2～3d即可以血配并受胎，但在产后第2～3个发情周期里受胎率最高（表8－1）。

表 8－1　产仔后不同发情周期与受胎率的关系　（%）

场别＼发情	第一次（产后 1～3d）	第二次（20～30d）	第三次（50～60d）	第四次（75～90d）	第五次（100～120d）
卡拉雅	8.2	50.8	32.8	6.6	1.6
塞维林	12.8	34.0	29.0	24.2	—
左　家	9.6	49.1	30.5	10.8	—

海狸鼠是诱导性排卵，只有在交配等刺激后才能排卵。无论在水中还是陆地均可以受配。母鼠每胎产仔 5～6 只，妊娠期长达 133d ±2.5d（120～140d）；仔鼠初生重大，达 150～250g。

由于海狸鼠原产于亚热带和温带，母鼠既无为仔鼠做窝的习惯，也无护理仔鼠的习惯，母性表现较差，所以要加强对仔鼠的护理。

二、配种技术

（一）发情鉴定

母鼠发情主要根据阴门的开张来确定。未发情的母鼠阴门紧闭，发情母鼠的阴门潮红、肿胀、湿润并有黏液。精神烦躁不安，食欲不振。长在窝外徘徊，频尿，尿味浓烈。乐于接近异性，甚至主动寻找公鼠。公鼠发情与母鼠基本相同，但具有一定的择偶性。

（二）放对配种

当母鼠有发情表现时，应及时放对交配，交配时间应根据季节变化灵活掌握。一般夏、秋两季，上午在 8～10 时、下午在 14～19 时进行交配；冬、春两季早晚冷，上午 9～11 时、下午 14～16 时进行放对配种效果较好。

海狸鼠的放对交配有 1 公 1 母交配、1 公多母交配和多公多母交配等方法。采用 1 公 1 母交配法和 1 公多母交配可减少种公鼠饲养量，减少建筑面积和降低成本，但系谱不清，后代不能留种。

1. 1 公 1 母交配法　公母按约 1∶4 比例搭配，将发情的母海狸鼠放进公海狸鼠窝舍内进行交配，约 4～5h 后分开，间隔 4～5h 后进行复配，或第二天进行复配，复配 2～3 次。

2. 1 公多母交配　将 1 只公鼠和 6～8 只母鼠长期合养在一起，自由交配。采用这种方法由于公鼠企图交配已经怀孕的母鼠容易引起流产，同时妊娠母鼠对其他母鼠变得具有挑衅和攻击性，所以每月应定期检查 2 次，发现已经怀孕的母鼠要分出来单独饲养，待仔鼠断乳后，再将母鼠送回原室。

3. 多公多母交配　将 3～4 只公鼠和 20～30 只母鼠合养在一个窝舍内，自由交配。采用这种方法，公、母鼠年龄体重应大致接近，公鼠略大于母鼠。也应定期检查，将怀孕的母鼠及时分室饲养。

三、妊娠与产仔

（一）妊娠

海狸鼠妊娠期 133d ±2.5d（120～140d）。妊娠母鼠不接受交配，较为安静，多半时间静静地呆在小室内。妊娠 80～90d 后，母鼠腹部和乳头明显变大。妊娠检查的方法有两种。

1. 触摸法　怀孕 40～50d 时，胚胎可长达 1.5～2cm。检查时用一只手抓住母鼠尾部，将母鼠前爪放在一个固定的物体上，另一只手沿着腹部从胸廓向后触摸，如果摸到光滑且具有弹性的圆球状胚胎，即可确定为妊娠。抓鼠动作要轻，触摸时动作要轻匀、缓慢，以免伤害胚胎，引起流产。技术熟练的人员，在妊娠 30～35d 时即可进行较为有效的妊娠检查。

2. 测乳头法　妊娠期母鼠乳头变化明显，测乳头是有效的妊娠检查方法。妊娠母鼠的乳头变化，如表 8－2 所示。

表 8－2　妊娠母鼠的乳头变化　（mm）

妊娠天数（d）	初产母鼠		经产母鼠	
	长　度	粗　度	长　度	粗　度
未孕鼠	1.5	1.4	4.1	2.4
20	2.4	1.5	4.4	2.4
40	2.6	2.1	4.4	2.4
60	3.6	2.4	4.4	2.7
80	4.6	3.1	5.0	3.1
100	4.9	3.3	6.0	3.5
120	5.6	3.4	6.2	3.9
哺乳期	6.7	2.9	7.0	2.7

（二）产仔

根据预产期，在产前 1 周左右做好准备工作。产前应设置产仔室，室内放入柔软的干草，寒冷季节要做好防寒保温工作。

母鼠产前表现安静，衔草做窝，食欲减退，呼吸急促，外阴周围脱毛。乳头周围的针毛自然分开，产仔多在夜间和清晨进行。一般每隔 5～10min 产 1 只，产程 2～3h，个别的延长 6～8h，甚至 2d。产后 12h 内要检查窝室，及时处理并登记产仔情况。

仔鼠初生重 150～250g，公鼠比母鼠稍大。新生仔鼠能睁眼，牙齿俱全，身上有被毛和触毛，生后 2min 即能尖叫，20min 后开始吃乳，4h 后就能出窝活动，也能下水游泳，并能寻食。10 日龄前仔鼠依赖母乳生活，10 日龄后开始补饲，哺乳期 1～1.5 个月。仔鼠生长发育很快，一般生后 2 个月的体重，公鼠平均达 1 450g，母鼠为 1 325g。

四、种鼠选择

一般在 6～7 个月龄到 3 岁的成年鼠中选择。选种工作应常年进行，最好在 11 月末至 1 月中旬，对种鼠群进行品质鉴定。选种时以体型大小、体重、体况、毛绒品质、色泽、繁殖力、后裔品质等为依据。

因为海狸鼠皮在使用时拔去针毛，所以毛被的品质鉴定以毛绒为依据。优良种鼠应具有均匀、光亮的毛绒，背、腹部绒毛的密度和长度（20mm 以上）应相近。毛色以褐色和深灰色为佳。淘汰那些毛被质量差、颜色不符合要求的个体。腹围宽阔，体质健壮，四肢粗壮有力，适应性强，食欲旺盛，年龄不超过4岁，健康无病者可留为种用。

母鼠应具有高的受胎率，胎产仔6~8只，泌乳力强，母性好，乳头4对以上，年产仔2胎以上，性欲强，体重在4~4.5kg以上，系谱清楚。产仔少、易流产、泌乳量少、难产、容易空怀的母鼠淘汰。公鼠性欲要强，性情温顺，头宽平，腰背平直，四肢强壮，所配母鼠繁殖力高，体重在4.5~5kg以上。把不能使母鼠受孕、配种能力低、体质瘦弱或患病的公鼠及时淘汰。补充幼鼠要考虑到母鼠的健康，体况差的母鼠所产的后代不宜留种。幼鼠4~5月龄时尚未体成熟，要在6~7月龄时进行选种，此时小母鼠体重应不低于3.5kg，小公鼠不低于4kg，毛被稠密而有光泽，长度不低于10mm。

第三节　海狸鼠的饲养管理

一、营养需要和饲料配方

海狸鼠的营养需要，因生理时期不同而有所差异。目前还没有统一的营养需要和饲养标准，表8-3、表8-4、表8-5将海狸鼠不同时期、不同季节的营养需要和经验标准介绍如下，仅供参考。

表8-3　海狸鼠的热能和蛋白质需要

月　龄	体　重 (kg)	总热能 (kJ)	粗蛋白 (g)	每MJ中含蛋白质 (g)
2~3	1.6	1 841	15.4	8.4
3~4	2.1	2 176	17.7	8.1
4~5	2.6	2 908	20.4	8.1
5~6	3.2	2 804	22.8	8.1
6~7	3.7	3 097	25.2	8.1
7~9	4~4.6	3 264	26.5	8.1

注：以家畜的饲养标准为基础推算，仅供参考。

表8-4　海狸鼠的营养需要

项　目	可消化营养物质				维生素		矿物质		
	蛋白质	脂　肪	无氮浸出物	粗纤维	维生素A (IU)	胡萝卜素 (mg)	食盐	钙	磷
日需要量 (g)	13~16	6~9	18~19	4~6	—	—	—	—	—
占日粮干物质 (%)	13~14	3~4	76~81	6~9	—	—	—	—	—
每MJ代谢能 (g)	7.66~8.6	1.44~4.4	43.06~45.45	4.79~7.18	478.5~598.1	0.6~0.72	0.36~0.48	0.36~0.43	2.39~0.29

表8－5　海狸鼠的饲养标准

鼠别与时期	可消化蛋白质（g）	淀粉单位
公鼠和未孕母鼠	1.5～2	18～25
妊娠前半期	3.5	34
妊娠后半期	4.0	59
2月龄以后幼鼠	2.5	28

注：以家畜的饲养标准为基础推算，仅供参考。

仔鼠开食早，应及时进行补饲；断乳至7个月龄以前为幼鼠阶段，7～8个月龄以后的海狸鼠列为成年鼠。海狸鼠不同时期、不同年龄及不同季节的日粮，见表8－6、表8－7、表8－8、表8－9所示。

表8－6　哺乳仔鼠日粮　(g)

饲料 日龄	精饲料	块根	骨粉	食盐
5～30	10～30	—	—	—
30～50	30～50	40～80	0.2	0.1

表8－7　幼鼠日粮　(g)

饲料	月龄						
	2	3	4	5	6	7	8
干草（冬季）	30	50	100	140	170	200	200
青草（夏季）	140～160	160～190	190～240	240～270	270～300	300～370	370～400
块根类	30	50	100	140	170	200	200
精料	30	50	60	70	80	90	100
树枝	—	—	100	100	200	300	500
鱼粉	2	4	5	6	7	8	9
骨粉	1	1.5	1.5	1.5	1.5	1.5	1.5
食盐	0.2	0.2	0.3	0.4	0.5	0.5	0.5

表8－8　不同时期成年海狸鼠的日粮　(g)

时期	月龄	草（夏季） 甜菜（冬季）	精料	其中			食盐	干草（冬季）
				禾本科配合饲料	豆饼、饲用酵母	动物性干饲料		
非繁殖期	12～48	300～400	120 170	120～170	—	—	1.4	80～120
准备配种期	7～8	250～350	100 160	90～150	4～8	37	1.2	50～80
	12～48	330～430	130 180	120～170	4～8	37	1.5	80～120
妊娠前期	8～11	270～370	120 170	110～160	5～10	48	1.4	80～120
	16～48	330～450	140 190	130～180	5～10	48	1.6	80～120
妊娠后期	11～13	330～450	140 190	125～175	8～15	713	1.7	100～120
	18～48	370～470	150 200	135～185	7～13	611	1.7	100～120
泌乳期	12～15	300～400	120 170	105～150	8～14	712	1.5	80～120
	20～48	300～400	130 180	115～160	7～12	611	1.5	801～20

表 8－9　不同季节成年海狸鼠的日粮　(g)

饲料	公鼠		母鼠	
	夏季	冬季	夏季	冬季
青草	600	—	600	—
干草	—	175	—	175
块根类	—	200	—	200
精料	100	120	150	175
树枝	250	500	250	500
食盐	0.5～1	0.5	0.5	0.5

注：妊娠期和哺乳期，在精料中加 2～5g 骨粉和 5～7g 鱼粉。

二、饲养管理要点

（一）仔、幼鼠养育

1. 仔鼠的养育　从出生到断奶的鼠为仔鼠，仔鼠每隔 1.5～2h 吸吮一次奶，5～7 日龄后吃乳次数逐渐减少，并开始试着采食，但是前 1 个月母乳对仔鼠仍是不可缺少的，尤其是前 1 周对仔鼠的成活起着关键性作用，此时仔鼠死亡率最高。因此，此期在加强哺乳母鼠的饲养管理的同时，应加强仔鼠的补饲。10 日龄的仔鼠可喂牛乳和精饲料调制的粥状饲料，随着日龄的增加，逐渐减少日粮中的乳量，同时适当增加精饲料和青饲料。

当母鼠无奶或缺奶时，应考虑代养或人工喂养。在出生后 10d 内，每天给仔鼠滴喂豆浆或鲜牛奶 3～4 次，奶温在 35～37℃，连喂 10d 后，每次增加到 5g。在 3～4d 开始添加面包片，以牛奶泡软成稀粥状喂饲，到第十天，面包块增加的到 20g，从第二十天开始，再用煮软的饲料代替面包块。

出生后 40～45d，当仔鼠平均体重公鼠达到 1 000g 以上，母鼠达到 900g 以上时，开始断奶。在冬季气候寒冷，饲料条件差，应适当延长断乳日期（60 日龄）。断乳时，边断乳边打蹼号，打蹼号后的 2～3d 禁止下水。

2. 幼鼠养育　仔鼠断乳后到性成熟以前的一段时间称为幼鼠。幼鼠刚断乳时由于生活环境和食物的变化，在 1 周内表现不安，食欲不振，消化能力较弱，要加强饲养管理。

饲料应喂一些幼鼠喜吃、富含营养且容易消化的饲料，如白菜、鲜嫩牧草、胡萝卜、马铃薯等多汁饲料。2～3 个月龄时，每日每只供给粗蛋白 15.4g，5～7 月龄时 22～25g。断乳后的幼鼠，按性别、出生日编组进行栏舍饲养，或 15～20 只一组进行圈养。

到 7～8 月龄时进行一次选种，将幼鼠分成种鼠和皮鼠，皮鼠养到 9～10 月龄时取皮，留种的幼鼠按种鼠要求继续饲养供繁殖用。幼鼠的正常体重见表 8－10。

表 8－10　幼鼠体重变化　(g)

月龄	2	3	4	5	6	7
公鼠	1 200	1 850	2 500	2 800	3 000	3 150
母鼠	1 000	1 600	2 000	2 300	2 650	3 000

(二) 成年鼠饲养管理

海狸鼠达到7~8个月龄即进入成年期。成年海狸鼠就个体而言，不同生产时期很容易划分，但就群体而言，这些时期就不容易划分了。由于海狸鼠常年繁殖，在同一时期，不同的群体往往处于不同的生理时期，饲养管理上，要根据不同群体所处的生理时期，采取相应的饲养管理措施。

冬季气候寒冷，海狸鼠抗寒能力有限，圈舍应采取防寒措施。窝室里应添足柔软的垫草，关好小门，投给不结冻的饲料，少给勤添。

要合理地安排配种和产仔期，尽量避免在严寒的冬季产仔，在11月末至12月交配，使其在4~5月份产仔为宜。饲养在有取暖设备鼠舍里的海狸鼠，冬季也可以进行繁殖，但室温不能低于16℃。

海狸鼠被毛丰厚，皮下脂肪较厚，体内热量不宜散失，夏季天气炎热，很容易中暑或引起热射病，要采取相应的防暑措施。夏季海狸鼠的圈舍必须通风，窝室周围要有遮荫设备，水池中的水要定时更换。

海狸鼠的冬季日粮主要由多汁饲料（白菜、胡萝卜、甜菜等）、精饲料、干草和补充饲料组成。海狸鼠特别喜欢吃各种块根、蔬菜和熟马铃薯。100g的白菜、甜菜、胡萝卜中含有1~1.5g可消化蛋白质、188~230kJ代谢能；马铃薯分别含有1.6~2.0g和377~414 kJ代谢能。海狸鼠的夏季日粮，主要由青饲料和精饲料组成，由青草代替块根和干草。优质的青草中可消化蛋白质占干物质58%~59%。

三、栏舍构造及设备

按照海狸鼠的生活习性，鼠舍必须配备窝室、运动场和水池。修建鼠舍应本着因地制宜、就地取材的原则，要求鼠舍整齐、经济实用。人工养殖海狸鼠目前绝大多数采用圈养方式。

圈舍由窝室、运动场和水池3部分组成，一般用水泥、砖、木板、石棉瓦等材料。规格和样式见图8-1。

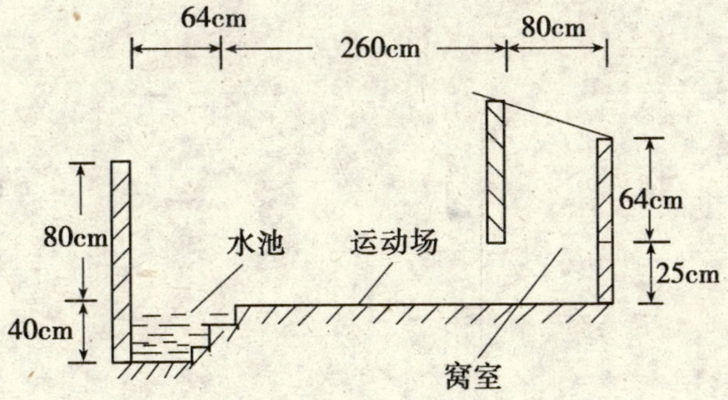

图8-1 海狸鼠圈舍横切面示意图

(一) 窝室

窝室长120~130cm，宽80cm。可饲养1只母鼠及其仔鼠，或1只种公鼠和3~5只成年母鼠，或育成鼠6~8只。

冬季为了保温，可将窝室由中间隔开，分成饲喂室和窝室两部分。窝室内可在木板小床上铺设柔软的垫草。

（二）运动场

运动场是海狸鼠活动的场所，一般长200cm左右，宽120～130cm，四周墙壁不能低于80cm，以海狸鼠不能爬出墙外为原则。运动场要向水池方向有一定的倾斜度，以便于排水和清洗。

（三）水池

水池的长度与运动场宽度一致；水池宽度可根据具体条件而定，一般应在60cm左右；水池的深度以30～40cm为宜。水池要设有排水口，以便于定期更换净水。水池可分为一舍一池和多舍一池两种，前者有利于防疫但管理较为费事，后者供水方便、省工、便于管理，但不利于防疫。

复习思考题

1. 海狸鼠有哪些繁殖特性？如何进行母鼠发情鉴定？
2. 如何进行海狸鼠性别鉴定？
3. 掌握海狸鼠仔幼鼠的养育要点。
4. 人工饲养情况下，海狸鼠为何难产率通常较高？
5. 掌握海狸鼠不同时期饲养管理要点。

任东波

第九章　毛皮初加工和质量鉴定

第一节　毛皮初加工

一、屠宰

（一）屠宰季节

在不同季节里，毛皮动物毛被的密度、色泽、长度、粗细度及皮板强度、厚度、色泽等有明显的差异，所以，毛皮动物的屠宰时间，应根据不同毛皮动物的毛被脱换规律来决定。

由于动物品种、生活习性及气候等因素不同，毛被成熟早晚不同，根据毛被成熟早晚，可将动物分为四大类。

早期成熟类：在霜降前后至立冬前成熟的，主要有灰鼠、香鼠、花鼠、白鼠、银鼠。

中期成熟类：指毛被在立冬至小雪成熟的，如黄鼬、紫貂、水貂、石貂、艾鼬等。

晚期成熟类：一般指毛被在小雪至大雪成熟的动物，主要有狐狸、貉、猸子、狗、雪兔等。

最晚期成熟类：一般指毛被在大雪以后成熟的动物，有麝鼠、海狸鼠、水獭等。

野生毛皮动物毛皮依捕捉和收购季节，分为秋冬类皮和冬春类皮。一般珍贵毛皮动物，如紫貂、狐、石貂、水獭、貉、松鼠等，多在秋冬季捕猎取皮；各种鼠类一般在冬春季节捕猎取皮，如麝鼠、海狸鼠等。

人工饲养的毛皮动物，毛皮一般多在 11 ~ 12 月份成熟。此期绒毛整齐且有光泽，毛被灵活、板质良好，呈白色。各种家养毛皮动物的取皮时间有很大差异，水貂一般在 11 月中旬到 12 月份（白水貂 11 月 10 ~ 15 日，珍珠色和蓝宝石水貂 10 ~ 25 日，咖啡色水貂 11 月 20 ~ 30 日，标准貂在“小雪”至“大雪”）。在具体实施时，可按照老年公貂、育成公貂、老年母貂、育成母貂的顺序进行。银黑狐、北极狐多半在“大雪”至“冬至”前后（银黑狐 12 月 22 ~ 27 日，北极狐 1 月 4 ~ 7 日）取皮。紫貂在 11 月初，海狸鼠和麝鼠为 11 月至翌年 3 月取皮。

为了合理掌握取皮时间，必须在取皮前进行毛皮成熟鉴定，以便做到随成熟随取皮，保证毛皮质量，提高经济效益。

毛皮成熟的标志是，毛绒丰厚、真毛自立、毛被灵活、有光泽，尾毛蓬松。当动物转动身体时，颈部和身体部位出现一条条“裂缝”，当吹开被毛时，能见到白色或粉白色皮肤，试宰剥皮时，如躯干皮板呈白色，仅尾或头部略黑，即可屠宰取皮。

（二）屠宰方法

对动物的屠宰方法很多，以处死迅速，毛皮质量不受影响且经济适用为原则。常用的处死方法可分为三大类，有化学处死法、机械处死法和物理处死法，生产中可根据情况任选其一。下面就生产中经常被采用的方法简介如下。

1. 折颈法　这种方法适合于小型兽类，以水貂和家兔为例简介如下。屠宰水貂时，操作者将水貂捉住，放在坚固而平滑的台面上，先用左手压住水貂的肩部，然后用右手心托住其下颌部，将头部向后翻过来，最后左右手同时用力把头部向前下方搓压，当听到骨折声时，颈椎即脱臼。值得注意的是，下按时必须迅速有力，特别是处死大公貂更应如此。

屠宰家兔时，一只手抓住家兔后肢，另一只手握住家兔头部，用力将家兔身躯拉长，待家兔用不上力时，突然翻转握住家兔头部的一只手的手腕，以折断家兔颈椎，当听到骨折声时颈椎即被折断。

采用断颈椎法，简便易行，对动物的处死迅速，不损伤毛皮，但要注意不要让口腔中流出的血液污染毛被。

2. 药物致死法　常用横纹肌松弛药司可林（氯化琥珀胆碱）处死。小型动物按 1ml/kg、大中型动物按 0.5～0.75ml/kg 剂量皮下注射，动物在 3～5min 即可死亡。采用此法，死亡动物尸体内的残留药物无毒性，不影响尸体的利用。药物致死法还可以采用嗅氯仿法使动物致死。

3. 心脏注空气法　一人用双手将动物保定，另一人用左手确定动物的心脏，右手持注射器，在心脏跳动最明显的部位插入注射针头，如有血液自然回流，即可注入空气。注射量水貂 5～10ml，貉 10～20ml。

4. 电击法　将连接 220V 火线的金属棒导入动物肛门，待动物前爪或口唇、鼻端接触地面时，接通电源，动物立即僵直，5～10s 即可死亡。采用此法时，要注意人员的自身安全和用电安全，避免损伤动物毛被。

二、剥皮

屠宰之后，应在尸体尚有一定温度时进行剥皮，僵硬和冷冻的尸体剥皮困难。各种毛皮动物的剥皮，都应按照其商品规格要求，按正确的剥皮技术进行，如方法不当，容易造成各种伤残，降低毛皮质量，影响销售和价值。

目前毛皮动物的剥皮方法，主要有圆筒式剥皮、袜筒式剥皮、片状剥皮 3 种，其中人工饲养的珍贵毛皮动物多采用圆筒式剥皮法。

（一）圆筒式剥皮法

采用此法剥出的皮张为圆筒式外形，开后裆，便于上楦板干燥和毛皮收购时进行质量鉴定。圆筒式剥皮法适用于狐、貉、水貂、麝鼠、海狸鼠、艾鼬、紫貂、猞猁、灰鼠和石貂等动物的剥皮。下面以水貂为例介绍其方法和步骤。

圆筒式剥皮法在剥皮前，先用无脂锯末把尸体的毛被擦净，按商品规格要求，去掉前爪，保留头、尾和后肢，然后按程序挑裆、退筒剥皮。

1. 挑裆　先将两后肢固定，从爪掌心下刀，沿后肢内侧长、短毛分界线，由肛门前缘约 2～2.5cm 处过刀，直向对侧爪掌心挑去；再从肛门分别向此刀挑开线方向放射形挑去两小刀，去掉一小块三角皮。然后，在尾腹面由肛门处开始，向尾尖方向，沿中线挑开尾皮。

2. 抽尾骨　用挑刀先将尾皮与尾骨适当剥离，然后借助于用两根拇指粗细的小木棒做成的小木夹，由尾根处插入并夹住尾骨，将尾骨抽出。

3. 退筒剥皮　先将手指插入后肢皮肉之间，钝性剥离后肢皮；剥至掌骨处时，用力往下拉皮，当露出第一趾骨节时，将后爪趾骨由第一趾骨节处剪断，将趾骨与毛皮剥离，使后肢皮形完整，呈片状，带爪。

然后，固定后肢，抓住皮张，将皮张用力下拉，进行钝性翻剥，将皮张呈圆筒形剥离动物尸体。剥离头部时，一只手握紧貂皮，另一只手用挑刀小心地挑开皮肉，剥离头皮，要求貂皮耳、眼、唇部完整无损。

按此法剥离的貂皮，后肢呈片状，趾爪完整；前肢由腕关节处剪断呈圆筒形；整个皮张完整，呈圆筒形。

（二）袜筒式剥皮法

袜筒式剥皮法，是由头部向后剥离，将整个皮筒通过口部翻出退下，皮形完整，外观上看不出任何动刀的痕迹。

操作时，用钩子将上腭挂住将尸体挂起，用快刀沿着唇齿连接处切开，使皮肉分离，以退套的方法逐渐由头部向臀部翻剥。四肢也采用退筒法退筒剥离成圆筒形，当剥离至爪部时，将最后一个趾骨节剪断，使爪留于皮上。最后割断肛门与直肠的连接处，抽出尾骨，将尾从肛门翻出，即剥成了毛朝里板朝外（尾部毛朝外）的圆筒板，要求头、腿、尾、眼及胡须完整。

袜筒式剥皮法，一般适用于张幅小、价值高的珍贵毛皮动物及犬科毛皮动物，如元皮、香鼠皮及猎人捕猎的野生狐狸皮等。

（三）片状剥皮法

片状剥离法最为普遍，一些张幅大和一些常见的皮张，如獾皮、狗皮、羔皮、猾子皮、驹皮、猫皮、黄鼬皮、旱獭皮、毛丝鼠皮、海狸鼠皮、麝鼠皮多采用此法。下面将毛丝鼠皮的剥皮方法和步骤介绍如下。

剥皮时将尸体放于干净的操作台上，先用剪刀前肢由腕关节处、后肢由飞节处剪断，尾部虽然无多大用处，但为剥皮抓握方便，可保留几厘米长。

然后从下腭部中央沿腹中线至肛门挑开毛皮，切忌形成锯齿状切口。用手指握住毛皮，逐渐采用钝性剥离法使胴体与毛皮分开。当剥离至四肢时，先将四肢基部的毛皮钝性剥开，然后将四肢抽出，使四肢皮呈毛朝里板朝外的圆筒形。如果需要破开后肢皮，可将一根扇条插入一条腿皮里，经生殖器下方穿到另一只后腿皮里，用刀顺着扇条槽走刀将皮挑开（挑开腹部皮也可借助扇条，以便于挑成直线）。然后剥离躯体两侧及后部，最后小心剥离头部，要求眼、耳、上唇完整。这样使剥离的毛皮呈片状，前肢皮呈毛朝里、板朝外的圆筒形，后肢呈与前肢相同的筒状或片状。

三、毛皮初加工

毛皮初步加工包括刮油、洗皮、上楦、干燥防腐等操作程序，最后下楦板并整理入库，毛皮的初步加工便基本结束，皮张可作为商品等待出售。

（一）刮油

从动物尸体上剥离下来的鲜皮，皮板上常附着油脂、血迹、残肉等，这些物质对毛皮的晾晒、保管均有危害，易使皮板假干、皱褶、油渍和透油，因而影响毛皮品质，必须在初步加工时除去。

在刮油过程中，操作不当容易造成各种伤残，如透毛、刮破、刀洞等，会降低皮张等级，影响售价和使用价值。刮油时必须注意以下问题：在皮板干燥前进行；刮油刀要用钝刀；刮油方向要由尾根部和后肢向前刮，用力要均匀，切忌过猛；边刮油，边用锯末搓洗双手，以免油脂污染毛被；刮油时要将筒皮套在光滑的圆木棒或橡胶管上，或平铺在光滑的木楦上，不要使皮皱褶；头部皮不易刮净，可用剪刀除去残肉；刮油前必须将毛皮抖净，以免刮油时，由于锯末等硬物造成凸起而刮破毛皮。

为减轻劳动强度，大中型饲养场，可结合刮油机进行刮油。目前国内已经试制出G120型刮油机，供选用。

（二）洗皮

水貂、狐、貉、紫貂、毛丝鼠等珍贵毛皮动物的毛皮，刮油后要用硬质锯末进行搓洗，以便洗去附着在毛被、皮板上的附油。洗皮前要将锯末进行筛选，漂洗后晾干备用。先用较细的锯末搓洗板面上的油脂，洗净后，将皮翻过来，用粗锯末，按照先逆毛后顺毛的顺序搓洗毛面。

洗皮工作完成后，抖净锯末，以使毛皮达到清洁而有光泽的目的。大型饲养场由于一次洗皮数量大，可采用转鼓和转笼进行洗皮和除尘。在采用转鼓和转笼进行洗皮和除尘时，转速要控制在18～20r/min，皮张和锯末的总量不能超过其容积的2/3。用转鼓洗皮时，转动约20min，用转笼除尘时转动5～10min即可。

（三）撑板

为了使原料皮张按照商品规格要求呈对称形状，防止干燥过程中收缩折皱，洗皮后要及时进行上楦定型。片状的皮张可伸展固定在木版上进行定型干燥；圆筒皮要套在标准楦板上进行固定。以水貂皮为例简介上楦方法。

先检查楦板是否有劈裂、毛刺等破损，然后用衬纸缠好楦板。将貂皮套在备好的楦板上，用两手扯住貂耳用力下拉，使头部的皮尽量拉长，用两个前腿校正皮张上楦是否端正，然后均匀下拉皮身，既不要过紧，又要保持毛绒平顺。

为有目的的加工，不影响皮张尺码，上楦时要用楦板上的刻度衡量，在接近的尺码上用按钉固定在这一尺码的外线，不要强拉硬拽，以免造成毛绒空疏影响质量，降低等级。

水貂皮尾皮很长，上楦时要尽量将皮拉宽，使其呈倒宝塔形，用按钉或铁网固定在楦板上。加工时尾皮可以打小皱褶，由根部开始，边宽拉边向上推，使其上宽下尖并加以固定。加工后的尾皮要比自然长度缩短1/2左右。

水貂的下唇皮大部分为带有白斑的部分，剥皮后形如舌状，加工不当影响美观。貂皮上楦后要将此皮横向拉成扁平状，翻向内侧。

后腿皮要在腹下部展平固定。皮的上部要与臀部皮在同一个尺码刻度上，防止腿皮超过正面皮影响质量。两腿皮位置要摆正，两腿皮中间相压，用一排按钉固定。

以上皆指一次上楦而言，如果烘干条件较差，应采用两次上楦烘干法。先将洗好的貂皮板向外、毛向内上楦，待烘干至六成干时，再将皮张翻过来，将板向内、毛向外固定皮形烘干。

我国不同动物的楦板都有统一的规格，按照统一规格的楦板加工的毛皮，便于收购和确定长度比差。不同动物的楦板外形及楦板规则见表 9－1、表 9－2、表 9－3、表 9－4、图 9－1 所示。

表 9－1　水貂皮楦板规格　（cm）

公　貂	母　貂	公　貂	母　貂
全长 110，厚 1.1	全长 90，厚 1.0	距尖端 13 处起，中部透槽长 71，宽 0.5	距尖端 13 处，中部透槽长 60，宽 0.5
距尖端 2 处，宽 3.6	距尖端 2 处，宽 2.0	距尖端 13 处，两侧半透槽，长 84，宽 1.5	距尖端 13 处，两侧半透槽，长 70，宽 1.5
距尖端 13 处，宽 5.8	距尖端 11 处，宽 5.0	由尖端起，两侧正中开一条小沟槽	由尖端起，两侧正中开一条小沟槽
距尖端 90 处，宽 11.5	距尖端 71 处，宽 7.2	距尖端 14 处，两侧开长 14 与中央透槽相通的透槽	距尖端 12 处，两侧开长 13 与中央透槽相通的透槽

表 9－2　貉皮楦板规格　（cm）

距楦板尖端长度	楦板宽度	距楦板尖端长度	楦板宽度
0	3.4	76	18.5
7.4	8.1	108	18.5
19.4	12	150	18.5
50	17		

注：楦板厚度 2.0cm。

表 9－3　狐皮楦板规格　（cm）

距楦板尖端长度	楦板宽度	距楦板尖端长度	楦板宽度
0	3	90	13.9
5	6.4	108	14.4
20	11	126	14.5
40	12.4	150	14.5
60	13		

注：楦板厚度 2.0cm。

表 9－4　麝鼠皮楦板规格　（cm）

型号＼项目	全　长	上部宽	中部宽	下部宽
大号	55	7	13	15
小号	40	6	10	12

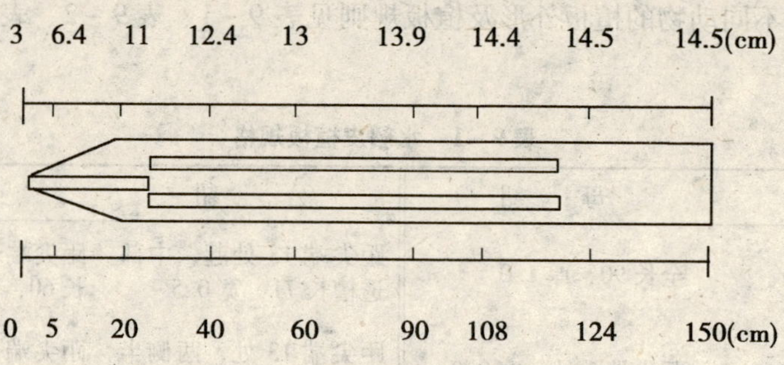

图9－1 狐皮楦板及规格

（四）烘干

皮张的防腐方法有干燥法、冷冻法、盐腌防腐法、盐干防腐法、浸酸防腐法等多种方法，而干燥防腐法比较常用，特别是珍贵毛皮动物的皮张一般都采用干燥防腐法。

毛皮的干燥防腐方法有自然干燥法、烘干法和机械鼓风干燥法。机械鼓风干燥法干燥速度快、毛皮质量好、不容易出现事故，而且可以在常温条件下进行，所以效果最佳。自然干燥法很少在毛皮动物养殖场被采用。

烘干法在小型养殖场常被采用。采用烘干法时，温度要控制在25～28℃，过高容易使毛锋勾曲或出现焦板，过低时不但干燥速度慢，容易受闷掉毛。烘干室要通风良好，及时排除潮气，否则也容易造成受闷掉毛。烘干时貂皮要挂在距炉火、火墙1m远以外的位置，不要距炉火过近，当炉火过爆时，要在炉火周围洒水。当烘干至六、七成干时，要将腿皮筒翻入貂皮筒内。

（五）皮张整理

烘干后的皮张，板质易干燥、出皱褶，毛被不平顺，特别是颈部毛锋不易抖起，影响毛皮美观，故应在烘干后进行加工整理，使其商品化。

将新毛巾蘸温水，使毛巾略潮即可，将烘干后的皮张逐个擦拭，使皮张皮板洁净并稍微回潮、软化，然后将皮张背对背地码成垛（貂皮高度不宜超过10对），用纸或苫布苫好防尘，用平滑的木板压在上面，6～8h后打开苫盖物逐个抖动通风即可。

第二节 毛皮的质量鉴定

一、毛皮分类

各类毛皮在毛型、毛色、产地、张幅及所具有的特征上都有很大的差异，根据不同的目的，可进行不同的分类。

根据来源不同，可分为野生和家养毛皮；根据用途不同，可将皮张分为革皮和裘皮；按照毛型，可分为大毛细皮（狐皮、貉皮、山狸皮等）、小毛细皮（水貂皮、猫皮、黄鼬皮等）和胎毛皮（猾子皮、羔皮、驹皮）；按产区，分为东北路、西北路、西南路、华北路和江南路等；按产季不同，分为冬皮、春皮、夏皮和秋皮，生产中一般都是正产季节皮，非正产季节皮很少。

二、影响毛皮质量的因数

(一) 自然因素

1. 性别、年龄、种类的影响 雌性动物由于妊娠和哺乳育仔的影响，毛被脱换以及光泽不如雄性动物的毛皮；鼬科动物的雄性个体比雌性大，其毛皮价格一般明显高于雌性。幼龄和老年动物的毛皮品质不如壮年的毛皮好。当然，不同动物的毛皮质量相差更为悬殊。

2. 气候和动物生长地区的影响 不同的纬度地区毛皮质量差异显著，对裘皮而言，一般产于北方的往往比南方的质量好，所以我国将毛皮分成若干路分，某种程度上代表着不同地区的毛皮品质。产于同一地区的毛皮，由于动物生长在山南、山北，阴坡、阳坡，黑土地、黄土地或沙土地的不同，毛皮质量也有所不同。

3. 营养与疾病的影响 一般肉食动物的毛皮比草食动物的毛皮有较好的光泽。动物在营养状况好的情况下，毛皮质量亦佳。动物的寄生虫病、疫病等同样影响毛皮质量。

(二) 人为因素

1. 捕捉和屠宰季节的影响 动物的毛皮在不同的季节里，毛皮有明显的季节特征和不同的质量。不同季节里动物处于不同的毛被脱换过程，其毛被的成熟和皮板的组织状态均不同，所以严格控制捕捉季节是很重要的。

立冬至立春所产的皮为冬皮，针毛稠密、整齐、灵活，底绒丰厚，色泽光润，皮板细韧，油性好，呈乳白色，尾毛丰满，质量最佳。

立秋至立冬所产的皮为秋皮。早秋皮针毛粗短，稍有油性，尾毛短；中秋皮针毛较短而平伏，底绒稍厚，光泽较好，仅头、颈部有少量夏毛，皮板厚呈青色，有油性，尾毛较短；晚秋皮，针毛整齐，底绒略显空疏，光泽好，皮板较厚，颈部或臀部呈青色，油性好，尾毛丰满。

立春至立夏所产的皮为春皮，冬毛逐渐脱落并换成稀短的夏毛。早春皮毛绒较弱，光泽差，底绒稍欠灵活，皮板呈粉红色，略厚硬，油性差，尾毛略有弯曲；春皮针毛略弯曲，底绒已显粘合，干涩无光，皮板发红，显厚硬，枯燥无油性，尾毛勾曲；晚春皮，针毛枯燥、弯曲、凌乱，底绒粘合或已经浮起，皮板厚硬，呈红黑色，尾毛已脱针。

立夏至立秋的皮为夏皮，以粗毛为主而底绒较少，稀短且显干燥，皮板枯白薄弱，尾毛稀短，大部分没有制裘价值。

2. 捕捉和屠宰方法的影响 捕捉和屠宰方法不当，常易造成各种伤残，如淤血、火燎、枪洞、刀伤等，影响毛皮的使用，降低质量。因此，应采用合理的捕捉和屠宰方法。

3. 初加工的影响 合理正确的初步加工，可以有效地保持原有的质量，甚至能改进外观，如果方法不当，势必降低毛皮质量。剥皮不慎可造成刀洞、描刀、缺材、撕伤等伤残；晾晒不当易造成脏板、油浸、贴板、掉尾、焦板、霉板、冻板和皱板等缺欠。

4. 保管与运输的影响 保管与运输不当容易发生虫蛀、鼠咬、发霉、掉毛等事故，轻者降低质量，重者使毛皮失去使用价值。

三、毛皮质量鉴定要求

对所有毛皮的鉴定，都应以毛被的质量和影响毛被的伤残鉴定为主，兼顾皮板质量。

由于衡量毛皮质量的指标很多，而且不同用途的裘皮对质量的各个指标又有不同的要求，所以鉴定各种裘皮时，应按国家采购规格等级标准分别对待。

（一）大毛裘皮的鉴定

有特殊的斑点或斑纹的皮张，主要用来制作高贵的翻毛大衣和装饰品，鉴定时除要求板质良好、毛绒丰厚平齐、毛细、色泽鲜艳外，最主要是斑点、花纹是否清晰。

狐、貉、狗、狼和羊皮，鉴定时要求板质良好，毛大绒足，毛细，针毛平齐无残缺（貉皮稍有缺针无妨）。

獾皮主要是拔取针毛，以供制造高级刷子，因此鉴定时主要以针毛坚挺，毛长而密，毛尖洁白，毛条黑白节分明为重点。

（二）小毛细皮的鉴定

这类毛皮的共同特点是毛绒细而密，针毛平齐，张幅小，各具独特的天然色泽。鉴定时必须仔细慎重，毛被和皮板上的任何伤残，甚至胡须、四肢、尾、爪等部位的伤残都会对质量产生较大的影响。此外，在毛色方面亦极为重要，除猫、兔和鼠皮外，均要求毛色纯，无异色混杂。

（三）胎毛裘皮的鉴定

胎毛裘皮包括马、骡、驴驹和羔皮、猾子皮等，这类裘皮有独特的花纹，可制作美观的服装。鉴定这类皮张时，以花纹多而清晰、美观、毛长适中、花口紧和具有底绒为重点。

四、各类皮张收购规格

根据中华人民共和国供销合作总社畜产品收购规格和中国土畜产进出口总公司对其他品种规格的规定及有关补充规定，结合介绍的毛皮动物种类，将皮张的收购规格介绍如下。

（一）水貂皮

1. 加工要求　采用圆筒式剥皮，剥皮适当，剥皮完整，头、腿、尾、耳齐全，去掉前爪，抽出尾骨、腿骨，除净油脂，开后裆，毛朝外，圆筒按标准楦板晾干。

2. 等级规格　一等皮，毛色黑褐、光亮，背、腹部毛绒平齐、灵活，板质良好，无伤残。二等皮，毛色黑褐，毛绒略空疏；具有一等皮毛质、板质，可带下列伤残之一：毛色淡，或次要部位略带夏毛，或有不明显的轻微伤残，或轻微塌脊、塌背；自咬伤、擦伤或小伤疤，面积不超过 2cm^2；轻微流针、飞绒或有白毛锋集中 1 处，面积不超过 1cm^2。不符合等内要求的，或受焖掉毛、开片皮、白底绒、毛锋勾曲较严重者为等外皮。

3. 长度比差　公貂皮 77cm 以上为 130%，71～77cm120%，65～71cm110%，59～65cm100%，59cm 以下 90%；母貂皮为 65～71cm130%，59～65cm120%，53～59cm110%，47～53cm100%，47cm 以下 80%。

水貂皮现行市场尺码规格：国际规格 3 号，尺码长度为 59～65cm；国际规格 2 号，尺码长度为 65～71cm；国际规格 1 号，尺码长度为 71～77cm；国际规格 0 号，尺码长度为 77～83cm；国际规格 00 号，尺码长度为 83～89cm；国际规格 000 号，尺码长度为 89cm 以上。

4. 等级比差　一等皮 100%，二等皮 75%，等外皮 50% 以下按质计价。

5. 品种比差　标准貂皮 100%，普通彩色貂皮 125%，杂花色貂皮按等外皮对待，50% 以下计价（除指定的育种场外）。

6. 性别比差　公貂皮 100%，母貂皮 80%。

7. 颜色比差　标准貂皮颜色分级比差是：浅褐色 96%，中褐色 98%，褐色 100%，最褐色 102%，最最褐色 104%，黑色 106%。

8. 说明　等内皮长度必须符合统一楦板宽度。断尾不超过 50%，腹部有垂直白线且宽度不超过 0.5cm，后裆秃针面积不超过 $5cm^2$，全皮有少数散白针、破洞 1 处且面积不超过 $0.5cm^2$ 等不算缺点。后裆开割不正、破洞、缺腿、缺鼻、撑拉过大、毛绒空疏、春季淘汰皮、非正产季节死亡皮、毡结皮等酌情定等。量皮方法从鼻尖至尾根。尺码计算就下不就上。

（二）银黑狐皮

1. 加工要求　加工过程和皮张样式与水貂皮相同。采用圆筒式剥皮，剥皮适当，剥皮完整，头、腿（后肢与貂皮相同，可保留前爪，在趾骨端剪断）、尾、耳齐全，抽出尾骨、腿骨，除净油脂，开后裆，毛朝外，圆筒皮按标准楦板晾干。

2. 等级规格　一等皮，毛色深黑，针毛从颈部至臀部分布均匀，色泽光润，底绒丰足，毛锋齐整、灵活，皮张完整，板质优良，无伤残。

二等皮，毛色暗黑，或略褐，针毛分布均匀，毛绒略空疏或略短薄，带有光泽；或具有一等皮毛质、板质，但有轻微塌脖、或臀部针毛略有擦尖（即蹲裆）、或两肋针毛略擦尖（即拉撒）。

三等皮，毛色暗褐欠光润，针毛分布不甚均匀，毛绒空疏或短薄，板质薄弱。或具有一等、二等皮毛质、板质，具有下列伤残之一者为三等：塌脖、塌脊较重，或臀部针毛擦尖较重（即蹲裆），或两肋针毛擦尖较重（即拉撒），或中脊针毛擦尖。

不符合等内要求的皮张为等外皮。

3. 等级比差　一等皮 100%；二等皮 80%；三等皮 60%；等外皮 40% 以下按质计价。

4. 尺码标准　000 号为 115cm 以上；00 号为 106～115cm；0 号为 97～106cm；1 号为 88～97cm；2 号为 79～88cm；3 号为 70～79cm。

5. 尺码比差　000 号按 130% 计价；00 号按 120% 计价；0 号按 110% 计价；1 号按 100% 计价；2 号按 90% 计价；3 号按 80% 计价。

6. 说明　皮形标准按国家统一楦板而言；量皮方法从鼻尖到尾根；尺码比差就下不就上。

（三）北极狐皮

1. 加工要求　加工过程和皮张样式与水貂皮相同。采用圆筒式剥皮，剥皮适当，皮形完整，头、腿（后肢与貂皮相同，可保留前爪，在趾骨端剪断）、尾、耳齐全，抽出尾骨、腿骨，除净油脂，开后裆，毛朝外，圆筒皮按标准楦板晾干。

2. 等级规格　一等皮，颜色纯正，毛绒丰足，针毛齐全、灵活，色泽光润，板质优良，无伤残。

二等皮，毛绒略空疏或略短薄，针毛齐全，板质良好。或具有一等皮毛质、板质，但有轻微塌脊或臀部针毛略有擦尖（即蹲裆）或两肋针毛略擦尖（即拉撒）。

三等皮，毛绒空疏或短薄，针毛齐全，板质略薄弱。或具有一等、二等皮毛质、板质，具有下列伤残之一者为三等：塌脖、塌脊较重，或臀部针毛擦尖较重（即蹲裆），或两肋针毛擦尖较重（即拉撒），或中脊针毛擦尖。

不符合等内要求的皮张为等外皮。

3. 等级比差　一等皮 100%；二等皮 80%；三等皮 60%；等外皮 40% 以下按质计价。

4. 尺码标准　000 号为 115cm 以上；00 号为 106 ~ 115cm；0 号为 97 ~ 106cm；1 号为 88 ~ 97cm；2 号为 79 ~ 88cm；3 号为 70 ~ 79cm。

北极狐皮现行市场尺码规格：国际规格 0 号，尺码长度为 80 ~ 85cm；国际规格 00 号，尺码长度为 85 ~ 90cm；国际规格 000 号，尺码长度为 90 ~ 95cm；国际规格 0000 号，尺码长度为 95 ~ 100cm；国际规格 00000 号，尺码长度为 100cm 以上。

5. 尺码比差　000 号按 130% 计价；00 号按 120% 计价；0 号按 110% 计价；1 号按 100% 计价；2 号按 90% 计价；3 号按 80% 计价。

6. 说明　皮形标准按国家统一楦板而言；量皮方法从鼻尖到尾根；尺码比差就下不就上。

（四）貉皮

1. 加工要求　剥皮适当，皮形完整，头、腿、尾齐全，除净油脂，展平或用标准楦板晾干。

2. 等级规格　一等皮，毛绒丰足，针毛齐全，色泽光润，板质良好，可带枪伤、破洞两处，总面积不超过 11cm²。

二等皮，毛绒略空疏或略短薄，可带一等皮伤残。或具有一等皮毛质、板质，可带枪伤、破洞 3 处，总面积不超过 16.6cm²。

三等皮，毛绒空疏或短薄，可带一、二等皮伤残。或具有一、二等皮毛质、板质，可带枪伤、破洞，总面积不超过 55.4cm²。用不符合统一规定的楦板加工的皮张。

不符合等内要求的为等外皮。

3. 面积规定　一等皮，北貉为 1 777.4cm² 以上，南貉为 1 444cm² 以上；二等皮，北貉为 1 444cm² 以上，南貉为 1 222cm² 以上；三等皮，北貉为 1 222cm² 以上，南貉为 999.8cm² 以上。

4. 长度规定与尺码比差　0 号 99cm 以上，按 130% 计价；1 号 90 ~ 98cm，按 120% 计价；2 号 81 ~ 90cm，按 110% 计价；3 号 72 ~ 81cm，按 100% 计价；4 号 63 ~ 72cm，按 85% 计价；5 号 57 ~ 63cm，按 70% 计价；6 号 57cm 以下，按 55% 计价。

貉皮现行市场尺码规格：国际规格 0 号，尺码长度为 80 ~ 85cm；国际规格 00 号，尺码长度为 85 ~ 90cm；国际规格 000 号，尺码长度为 90 ~ 95cm；国际规格 0000 号，尺码长度为 95 ~ 100cm；国际规格 00000 号，尺码长度为 100cm 以上。貉皮现行市场尺码比差，本着尺码大价格高的原则随行就市。

5. 等级比差　一等皮 100%；二等皮 80%；三等皮 60%；等外皮 40% 以下按质计价。

6. 地区品质比差　黑龙江省、吉林省、内蒙古自治区、辽宁省、天津市、北京市、河北省、山西省为 100%，其他地区为 60%。

7. 说明　擦针、磨绒、刺脖、黑底绒酌情定等。量皮方法从尾根至耳根，选腰间适当的比较平均部位为宽，长宽相乘求出面积（圆筒皮加倍计算）；用标准楦板加工干燥的，按收购要求确定长度比差，尺码长度就下不就上。

（五）海狸鼠皮

1. 加工要求　采用圆筒式剥皮，不要开片皮。去净油脂，去掉尾巴、爪子。然后，皮筒毛向内、板向外上楦板，置于阴凉处晾干。上楦时不要强拉硬拽，上楦时务必要毛向内。

海狸鼠皮楦板厚 1.2cm，长度 122cm 以上。由于海狸鼠皮大小不同，楦板分大号和小号两种。大号楦板上宽 14cm，下宽 15cm，小号楦板上宽 13cm，下宽 14cm。

2. 等级规格 一等皮，底绒丰厚，背部和腹部的毛绒致密，色泽无显著差别。板质足壮，伤残只限 1 处，刀伤长度不超过 3.3cm，破洞面积不超过 0.98cm^2，皮张面积在 1 833cm^2以上。

二等皮，底绒稍欠丰厚，背部和腹部的毛绒密度和色泽差别较明显。板质良好，如有刀伤、破洞不超过两处，刀伤总长度不超过 5cm，或破洞总面积不超过 2.72cm^2，皮张面积在 1 388.6cm^2以上。

三等皮，底绒较稀薄，背部和腹部的毛绒密度和色泽差别明显。板质薄弱，如有刀伤、破洞不超过 3 处，刀伤总长度不超过 6.66cm，或破洞总面积不超过 11cm^2，皮张面积在 1 111cm^2以上。

（六）麝鼠皮

1. 加工要求 采用圆筒式剥皮，不要开片皮。除净油脂，去掉尾、爪。然后，皮筒毛向内、板向外上楦板，置于阴凉处晾干。

2. 等级规格 一等皮，毛绒丰厚，针毛齐全，板质良好，伤残不超过两处，总面积不超过 1.1cm^2。

二等皮，毛绒略空疏或略短薄，板质较弱，可带一等皮伤残。或具有一等皮毛质、板质，可带伤残 3 处，总面积不超过 3.3cm^2。

三等皮，毛绒空疏或短薄，板质较弱或较厚，可带一等皮伤残。或具有一、二等皮毛质、板质，可带伤残 4 处，总面积不超过 5.56cm^2。

不符合等内要求的为等外皮。

3. 面积规定 东北地区等内皮要求面积在 444.44cm^2 以上；西北地区一等皮 450cm^2 以上，二等皮 350cm^2 以上，三等皮 250cm^2 以上。

4. 等级比差 一等皮 100%；二等皮 80%；三等皮 60%；等外皮 30% 以下按质计价。

5. 说明 量皮方法从尾根至耳根，选腰间适当的比较平均部位为宽，长宽相乘求出面积；用标准楦板加工干燥的，按收购要求确定长度比差。

复习思考题

1. 了解各种毛皮动物的毛皮脱换一般规律，掌握主要毛皮动物的打皮季节。
2. 熟练掌握水貂皮、狐皮、貉皮的剥皮方法与技术。
3. 如何判断和区别春皮、冬皮和夏皮？
4. 在毛皮动物的屠宰方法中，哪些方法比较适合用于水貂、狐、貉的宰杀？
5. 掌握水貂皮、狐皮的加工要求与收购规格。
6. 影响毛皮质量的主要因素有哪些？
7. 掌握圆筒式剥皮的操作技术，了解片状剥离和袜筒式剥离的操作方法。
8. 掌握鉴定不同种类毛皮的要点和毛皮鉴定的一般手法与技术。
9. 掌握水貂、狐皮的初步加工工序与技术。

高文玉

第十章 犬

第一节 生物学特性与品种

一、生物学特性

犬在长期的进化过程中，因其自然选择和人为选择的作用，逐渐形成了一些适应环境的、利于生存的生物学特性。了解和掌握这些生物学特性，对于犬的饲养管理、疾病防治、繁育等都具有十分重要的意义。

（一）犬的起源与进化

犬在动物分类学上属于动物界（Animalia）、脊索动物门（Chordata）、脊椎动物亚门（Vertebrata）、哺乳纲（Mammalia）、真兽亚纲（Eutheria）、食肉目（Carnivora）、犬科（Canidae）、犬属（*Canis*）。我国古代，把大者称为犬，小者称为狗，现在两者皆用。

关于犬的进化与演变，科学工作者已经得出了一些结论。犬的直系祖先是什么动物目前尚无定论，各国专家和学者还在争论并积极探讨，主要有“一源说”和“多源说”两种观点。持“一源说”观点的学者认为，世界上所有的犬均为狼这种动物演变、进化而来；持“多源说”观点的学者则认为，犬不仅源于一种动物，它来源于狼（*Canis lupus*）、丛林狼（*C. lafrans*）、豺（*C. aureus*）、黑背胡狼（*C. mesomelas*）、侧纹胡狼（*C. adustus*）和澳洲野犬（*C. dingo*）6 种犬属动物。

据推测，在狼和人共同生活的蛮荒时代，当人类开始有能力与其他凶猛大型动物进行抗争，进一步确立人类自身在自然界强有力的地位的时候，即人类进入狩猎时代。这时，在人类居住区由于人类劳动能力的提高，猎获物除了自身需要外，还有剩余或有一部分遗弃物，这很自然成了野生动物的一种食物来源，于是这些野生动物就与人类有了互相接触的机缘，通过长期接触，使其产生了条件反射，同时也使人类对这些反复接触的动物产生了愿意接触的感情，于是这些动物与人就从互相的抗争关系走向了相互依存的关系。大约在旧石器时代向新石器时代转变的时期，这些有缘接近人类，并通过和人类反复的接触而建立条件反射的个体，经过一代一代的遗传和变异，便具有了新的进化特征，成为生物学上与狼不同的新的物种，这就是最初的犬。

随着人类社会的发展和进步，根据犬的各种特性，人类便有意识地选择和饲养犬，逐渐使犬从形态、习性和用途等方向发展演化为新的物种，在人类大约进入农耕文明时代之后，犬的演变就进入了品种多元化、社会功能多样化的发展历程。

（二）犬的生活习性

1. 怕热耐寒　动物体的散热方式有蒸发散热、传导散热、辐射散热等方式，其中对流散热是动物体散热的主要方式。犬的汗腺不发达，因此通过体表蒸发散出的热量很少，所以成犬特别怕热而耐寒。犬在 -50℃的低温仍然能生存，而气温稍高或少量运动，便会通过吐舌与加快呼吸频率来调整体温。

2. 听觉发达、视觉较弱　犬的听觉非常发达，可在多于人类听力最大距离 4 倍的距离处听到大部分声音，并能正确判断声源的方向和空间位置。研究表明，对于低音犬的听力范围和灵敏度与人差不多，但随着频率的增高，犬的听力比人的听力越来越灵敏，犬可听到 35kHz，有的可高达 100kHz。过高的音量和音频，对犬是一种逆境刺激，会使犬惊恐，生产和生活中应引起注意。

犬的视力较差、色盲，但其暗视力灵敏、视觉范围较广。犬的晶状体调节能力差，仅为人的 1/5 ~ 1/3，使其视觉距离较近，对于固定目标只能感受 50m 的距离，对于运动目标可感受 825m 的距离；视网膜上缺少锥状视觉细胞，使其无法分辨色彩变化，对于信号灯的变化仅以色彩的亮暗度来区别。犬的视觉范围可达 250° ~ 290°。

3. 嗅觉发达、触觉灵敏　犬的嗅觉异常灵敏，比人高 40 倍以上。犬的嗅觉对犬十分重要，犬通过嗅觉辨别主人、同伴、母子、性别、发情、路途、犬舍、猎物与食物等。由于犬的味觉不发达，辨别食物主要靠嗅觉，所以在配制日粮时，应特别注意在食物的“香味”上下工夫，以增进食欲。

犬的触觉最为灵敏，特别是在犬的脚、尾巴、耳朵、嘴、胸腹部等部位。触其胸部、耳部、头部，犬有一种亲切的感觉。利用这一习性在驯犬时，可抚摩这些部位来表示对犬完成动作或任务的奖赏，而对于陌生人应尽量避免触摸这些敏感部位。

4. 智力发达且接受能力强　犬具有较为发达的智力和较强的接受及理解能力。各种犬经过适宜的饲养、调教与训练，对人类的语言、信号、手势，甚至表情都能领会和理解，并且作出正确的反应和建立起条件反射。人们根据犬的这一特点，可进行有针对性的训练警犬、军犬进行追捕和搜索，训练玩赏犬进行各种表演，训练导盲犬进行导盲等。

5. 方向感和归向性强　俗话说“老马识途”，而犬的认路能力比马要强几倍，它不但对走过的路能够很快识别，对于没有走过的路也能凭借方位找到回家的路。1983 年，曾有一只德国牧羊犬，横越广阔的欧洲，跋山涉水 3 600km返回到原主人家。

6. 防卫性和领地性强　犬的领域行为在动物中表现得极为明显，它把其主人家视为领地，同时也把主人视为其保护的对象，而且占有欲很强。比如，当主人受到攻击时，它会奋不顾身地扑向生人，对主人实施保护；当主人家有生人进入时，一般家犬都会狂叫，企图将其赶走，以保护自己的地盘不受侵犯。

7. 守夜性　犬在野生时具有夜行性，白天睡觉，晚上活动。经过人类的长期驯化，尽管这一习性有所改变，并且活动基本与人类活动保持一致，但犬在睡觉时，习惯于将耳朵贴地，始终保持高度的警觉，对周围1 000m以内的各种声音都能分辨清楚，具有守夜性。这一习性就灵敏性而言，往往立耳犬比垂耳犬灵敏。生产、生活中，人们通常利用犬的这一习性，代替或辅助人完成很多守夜工作。

8. 忠实性　在漫长的进化过程中，犬与人类建立了密切的依从关系，犬对其主人非常忠诚，俗话说“狗不嫌家贫”，即使在其主人非常困难，甚至拿不出食物喂养它的情况下，犬也不会背主而去。犬能够领会主人的语言和表情，因主人忧而忧，因主人乐而兴奋。犬对主人有着强烈的保护意识和绝对的服从精神，当主人受到侵害时，可以奋不顾身拼死相救；经过训练的犬，当主人交给它任务时，会奋勇当先地完成主人交给的任务。

9. 表情变化明显　随着周围环境的变化，犬的表情也会发生变化，并且能够通过全身不同部位动作变化而充分地不加掩饰地表露出来。

当犬心情愉快时，尾巴使劲摇动，前肢向上轻佻，舌头不断地舔、靠主人的身体等；有的犬会目光温和、头向上仰、腰部来回扭动；有的犬会发出“哼哼”的声音。

犬惊恐时，尾巴向下耷拉或夹于两腿之间，双耳后倾，双目圆睁，全身颤抖，四肢不停地移动或呆立不动，有时后退到一个角落，甚至逃跑。

犬愤怒时，两眼圆睁、目光锐利、两耳向后倾伸、龇牙、被毛直立、尾巴上扬或直伸，一般不张嘴发出“呜呜”的威胁声。如果两前肢下伏，身躯后坐，说明要发起进攻。

犬悲哀时，头下垂、双目无神、目光瞧向主人并向主人靠拢，有时一声不响地静卧在某一角落。

当犬屈服时，仰卧于地、四肢屈曲、发出“呜呜”声。

当犬表示友好时，摇头摆尾、耳朵竖起、身体扭动，有时轻举前肢。

当犬表示期待时，尾巴摆动、身体安静直立、双目凝视主人。

10. 性情活泼、喜欢戏耍　犬在动物中是最喜欢戏耍的，无论是幼犬还是成年犬，都喜欢互相戏逗、玩耍，这是犬生理行为的正常表现。圈养犬如果长期缺乏户外运动，就会变得行为失调。为了使圈养犬能够正常健康成长，就要满足犬的这一需要，在圈舍、活动舍放一些供其玩耍的东西，如大骨头、粗木棒等让其啃咬，或定期运动。

11. 犬有嫉妒心、虚荣心和好胜心　犬的嫉妒心很明显，它把主人和主人的家，看作是自己的势力范围，神圣不可侵犯，最感到满足的是主人对它的爱。当陌生犬被主人带到家，就会激起它的愤怒，表现为强烈不满，甚至会扑咬。在进食和其他活动时，犬会竭力压倒对方。因此，新引进的犬要单独饲养，经过一段时间的熟悉与调教后，再逐渐与原来的犬一起饲养。

当犬完成某件任务时，或受到主人的赞美、抚摸或奖励时，会表现为兴高采烈，心满意足，摇头摆尾，身体贴近主人亲昵。当犬受到主人训斥和打击时，会躲在角落里不肯出来，表现得十分羞涩，这些都是犬的虚荣心的表现。在主人带它去表演或竞争性活动时，会竭尽全力去获胜，并为获胜而高兴，为失败而悲伤。根据这一特性，在饲养管理和驯犬时，结合给予犬一定的表扬鼓励和食物鼓励，会收到较好的效果。

12. 母性强　正常的母犬在哺乳期间性格会发生明显的改变，分娩前表现温顺、亲切、走路很轻，以防受到某种撞击；而分娩后表现得十分凶恶，不许别的犬和生人接近自己的仔犬，有时对主人或饲养员也持谨慎态度，以防仔犬受到伤害。一旦有动物或生人靠近犬窝，母犬会怒目而视，并发出警告的怒吼声，甚至发起攻击。母犬每天精心照顾仔犬，母犬经常舔舐仔犬体表，保持其体表洁净，也经常舔舐仔犬肛门和外阴，以促进仔犬排粪尿。除采食和排粪外寸步不离。直到仔犬睁眼后才肯离开仔犬短暂时间；当仔犬活动能力较强时，才肯让主人和饲养员接近。

13. 吠声多样　犬的吠声有多种，不同的吠声有不同的含义。犬虽然在高兴和警戒时都发出“汪汪”的叫声，但仔细辨听会发现在警戒时，“汪汪”叫声前有“嗯”的叫声，而高兴时没有“嗯”的声音。低沉的“嗯嗯”声是威胁对方。“哼哼”鼻音是犬诉说情感的声音，表明犬感到无聊或肚子饿了。如果发现犬的精神不佳，发出“嗯嗯”声，是表示身体不舒服。“哀嚎”声表示身体疼痛，有些胆小的犬，受到威胁时也会发出这种声音。

"嗡嗡"声是幼犬发出求救的声音，母犬听到此音后，便会立即奔向幼犬。当犬感觉到周围出现异常，自己和主人将受到威胁时，便会狂躁乱叫，此时犬的精神状态表现出紧张和焦躁。"远叫"声，是犬呼叫远方同伴。夜晚听到远近呼应的叫声，则是犬相互之间传递信息。

14. 排斥与竞争行为　犬的排斥行为是普遍存在的，两只陌生的成年犬相见，马上就会彼此表现出敌意，或互相咬斗；自己食盆中的食物一般不让其他犬采食。竞争行为在犬的生活中存在也比较广泛，比如，仔犬一生下来就开始竞争吃奶，这种无形的竞争使犬群中保留了强者。配种季节公犬之间会发生激烈的殊死搏斗，胜者进行繁殖，将强悍的体质性状遗传给下一代，这种自然的选择使犬群中优良的性能得到了保持，使之不致于衰退。根据这一行为，对于未去势的成年公犬，和新引进的犬要单独分栏饲养；在护理仔犬时，要注意对体质弱小的个体的护理，帮助其哺乳，以提高仔犬成活率 。

15. 勇敢顽强与胆小怕事的特性　犬既有勇敢顽强的性格，又有胆小怕事的行为。犬在与其他犬发生冲突时，总是表现为你软它硬或你硬它软的特点。不论在与其他犬争斗时，还是在进攻其他动物或看门护院时，只要主人在，犬便理直气壮，"狗仗人势"，表现得异常勇敢、顽强与凶猛。

16. 适应性和生命力强　犬对环境的适应能力很强，能够在极其恶劣的环境中生存和繁衍后代。整个地球上只要有人类生活的地方，都有犬的足迹。在北极和南极，在沼泽和沙漠，在高原和平原，在沿海和内陆都有犬的存在。

犬有极强的耐饥饿能力，即使在 1 周内没有食物，也不会发生十分衰弱的现象。犬的耐外伤性很强，在严重的伤势下多数能活过来，并且自愈能力很强。

17. 合群与协作性　犬具有集群活动的习性，但犬的群性并不是简单地如家畜那样随便地合群，它们的群体内有序位特点，这种序位是通过争斗决定的。在犬群中存在协同行为，当一个犬群面临外来侵袭时，犬群内马上停止竞争与咬斗，这时处于支配地位的犬便会首先反击侵犯者，其他犬也会一起勇敢地参加反击活动，群起而攻之。人们利用犬的这一特性，进行群猎或群犬追踪，可以大大提高狩猎和侦破效果。

（三）犬的食性和消化特点

1. 肉食性与杂食性并存　犬是肉食动物，消化道短、蠕动快，食物通过消化道的时间较短，一般 16 ~ 20h；犬的胃排空比较迅速，一般在食后 3 ~ 4h 开始排空，经过 5 ~ 10h 完全排空。小肠发达，其消化腺发达，可分泌大量蛋白酶和脂肪酶，对蛋白质和脂肪有较强的消化能力。肝脏发达，约为体重的 3%。

在家养过程中，经过长期的驯养和饲养条件的限制，逐渐变为杂食动物，但从其摄食行为与生理特点来说仍喜食肉，若在其食物中加一些带有腥味和肉香味的食物，可提高犬的食欲，增大其采食量。

2. 采食匆忙　犬的采食匆忙，从不细嚼慢咽，以所谓的"狼吞虎咽"方式采食。根据这一特点，在犬的饲养管理中，饲料调制要细，在对犬进行衔物训练时，也要选好所衔物品的大小，避免造成异物性梗塞。

3. 味觉不发达　犬的味觉迟钝，在饲养管理中，要注意饲料品质，否则容易造成食物中毒。特别是对那些香味浓烈，但已经变质的食物，或其中含有有害、有毒成分的食物，更容易引起犬的中毒。

4. 对食物的选择性　犬是肉食动物，喜欢吃肉食及腥味食物，不太喜欢采食植物性饲料。在饲养管理中，动物性饲料不要单独饲喂且喂得太多，一旦长期喂饲动物性饲料，犬将不再喜欢采食植物性食物。动物性饲料要与谷物性饲料、蔬菜等饲料搅拌调制均匀饲喂，这样可减少和避免犬的挑食。

5. 食粪性　犬有采食人类粪便的行为，这一行为是犬在进化过程中养成的适应环境、利于生存的生物学特性，也是犬在进化过程中与人类关系密切的一个见证，如今这一习性仍然保留着。无论在大型犬还是宠物犬的饲养管理中，都要充分重视这一习性，通过食粪，犬容易感染寄生虫病。

6. 对纤维素消化能力较差　犬的大肠较短，仅为60~70cm，不太发达，对纤维素消化能力较差。谷物性饲料应粉碎，并蒸熟后饲喂；蔬菜应切碎后用开水过一下，与其他饲料一起调制后饲喂。

二、品种

犬是人类驯养最早的动物之一，在长期的进化过程中，人类根据不同的目的和要求，经过长期的选种选配，培育的犬品种达300余种。目前，被国际公认的犬品种有137种。

犬的分类方法很多，根据犬的体高可将犬分为如吉娃娃犬等极小型犬（体高在25.4cm以下）、可卡犬等小型犬（体高在25.4~40.7cm）、松狮犬等中型犬（体高在40.7~61cm）和大丹犬等大型犬（体高在61cm以上）；根据品系分类法可将犬分为獒犬型、狼犬型、灵猩型、博美犬型、波音达型和腊肠型犬；根据犬的用途可将犬分为玩赏犬、㹴犬、猎鸟犬、猩、工作犬、实用犬或非猎犬。

全球迄今为止尚未有专门化的肉犬品种，当今人们所讲的肉犬品种包括两种类型，一部分是不同国家和地区培育的体型大、生长快的优良犬种；另一部分是上述犬种与当地犬种杂交后代，作为肉用犬的代用犬，实际上是优良犬种对地方品种的改良型，这种杂交的后代，往往遗传性不稳定，其后代会有较大分化。肉用犬根据其体型大小可分为大型、中型和小型三大类。大型肉用犬体重在40kg以上，体高在70cm以上，体长70cm以上；中型肉用犬体重在20~40kg，体高40cm，体长50cm以上；小型肉用犬体重在20kg以下，体高、体长在40cm以下。

（一）大型犬种

1. 圣伯纳　原产于瑞士阿尔卑斯山圣伯纳尔寺，历史悠久，因其在阿尔卑斯山中圣伯纳教堂担任救援任务而得名，其祖先是藏獒。公元1世纪初，罗马军队将藏獒引进瑞士，在阿尔卑斯山圣伯纳尔寺中饲养。公元10世纪，修道士们用大丹犬、大比利牛斯犬与藏獒杂交育成。

头大而宽，头盖骨突出，圆形，鼻梁直，吻长；眼深褐色，并露出第三眼睑，耳下垂、中等大小。背宽而直，胸宽而深，腹部圆而微收，前肢粗壮，后肢肌肉发达，尾下垂。

圣伯纳犬有长毛和短毛两个品种，长毛品种被毛长而浓密，平直呈波状；短毛品种毛短、密生硬直，富有光泽。无论长毛还是短毛品种，尽管个体间红黄色浓淡有所不同，毛色都是红黄色带有白色斑块，或白色带有红黄色斑块而构成的花色被毛。嘴周围、鼻带、前额、颈圈、胸部、四肢、尾尖为白色，眼眶、耳朵、颊部为黑色。

成年犬体高，公犬 70cm 以上，母犬 65cm 以上；成年犬体重，长毛型公犬 64～91kg，最大的超过 100kg，母犬 54～77kg；短毛品种体重较轻；最重的圣伯纳犬，1982 年由美国人开始饲养，在 1984 年体重达到 140.74kg。窝产仔数 8～12 只，一年两胎。

该犬体型大，具有性情温顺、抗病力强、耐粗饲、生长快、产仔数多、饲料转化率高等特点。是优秀的救生犬、护卫犬，并可作为优良的肉用品种，或作为亲本改良地方品种生产杂交型肉犬。

2. 大丹犬　一般认为产于德国，但究竟产于德国还是丹麦仍有争议。16 世纪左右，由马士迪夫与灰猎犬杂交改良而成。

头大窄长，唇大下垂，眼中等大小，鼻为黑色，耳中等大小，自然下垂，颈部长而肌肉发达，胸宽深，腹紧收，臀部宽而斜，尾下垂、前粗后细、尾端稍卷，四肢较长。

被毛短而厚，且有光泽。毛色有虎斑色型、淡黄褐色型、花色型、黑色型。

成年犬体重，公犬 80kg 以上，母犬 65kg 以上；成年犬体高，公犬 80cm 以上，母犬 70cm 以上。窝产仔数 8～12 只，一年两胎。

具有性情温顺、抗病力强、耐粗饲、生长快、产仔数多和反应略迟钝等特点。

3. 马士迪夫　又名獒犬、旧英国獒犬，原产于英国，其祖先是中国藏獒，公元前 55 年，由腓尼基人运至英国繁殖。此后，古罗马政治家、军事家凯撒远征英格兰将其带回罗马。后来在罗马战争中多用作军犬。

该犬体型魁梧匀称、紧凑结实、强壮有力，给人以雄壮的印象。头部大，嘴短而宽，耳根高、垂耳呈“V”字形，眼距宽，眼睛呈褐色。头顶略呈圆形，颊部皮肤松弛有皱褶，唇下垂。背部平直，胸宽深，前肢粗直，后裆宽，肌肉发达，尾根高，尾下垂。

被毛短而平滑，毛色有金黄褐色、浅黄褐色、银白色、灰色、虎斑色等。眼眶、嘴、耳、鼻为黑色。

体高公犬为 76cm 以上，母犬为 70cm 左右；体重公犬 80～100kg，母犬 70kg 以上。窝产仔数 6～10 只，一年两胎。

该犬性情温顺、忠实、勇敢，在犬群中争斗性强。抗病力强，耐粗饲，早期生长发育快，肉用性能优良，是肉用犬生产的优良种犬品种之一。

4. 藏獒　又叫西藏獒、西藏马士迪夫，原产于中国西藏，现在广泛分布于青藏高原牧区，据估计有 30 万～40 万只，但优良者不足 1%，标准的纯种藏獒多见于河曲地区，由于该犬被西藏人视为“神犬”，加之西藏地区交通不便，所以西藏獒种得以较好保存下来。

西藏獒体貌威武雄壮，头部硕大，吻粗短，额段较高，鼻大黑色，上下颌强健，咬肌发达。耳呈心形、下垂，眼睛深褐色。颈部粗壮有力，胸宽而深，背腰平直。四肢结实有力，爪呈方形，尾高高卷起于背上。

被毛浓密，颈部和尾部有装饰毛。毛色黑色，眼眶、嘴部、胸前、腹下、四肢有黄色或金黄色毛点缀。

体高成年公犬可达 80cm 左右，母犬达 65cm 以上；成年公犬体重可达 100kg，母犬达 40kg 以上。窝产仔数 5～8 只，一年两胎。

该犬性情刚毅，力大凶猛，耐寒怕热，护领地性和护食性强，耐粗饲，抗病力强，生长速度中等。善于攻击，但对主人极其亲热。

5. 大白熊犬　又名庇里牛斯山犬，因体型硕大，形似白色北极熊得名，产于法国。

大白熊犬头大、呈楔形，耳中等大小、自然下垂、呈“V”字形，眼睛小、呈琥珀色。颈粗，胸深，背宽，臀斜。后肢有两个狼爪，尾长而重。该犬具有库瓦萨犬的优雅、圣泊纳犬的体格、纽芬兰犬的气派，是集数犬优点于一身的大型犬。

体高成年公犬 75 ~ 82cm，母犬达 65 ~ 73cm；成年公犬体重可达 46 ~ 57kg，母犬达 41 ~ 52kg。

该犬性格温和，态度从容，耐力持久，勇猛果敢，与人亲近，护主心切。此犬可用于各种用途。

（二）中型犬种

1. 德国牧羊犬　过去此犬只是德国一些地区极普通的牧羊犬，1990 年以后，人们有计划有目的进行选择、繁育、改良，即成为今天的德国牧羊犬。第二次世界大战中，其大显身手。现今已被世界广泛饲养，用作牧羊犬、军警犬。在我国深受公众喜爱，其影响远远超过其他外来犬种。德国牧羊犬分为长毛、短毛和粗毛 3 种类型，但以短毛牧羊犬较多。

德国牧羊犬粗毛直而粗硬，厚而密生，绒毛细软。背部毛长以 5cm 左右为宜。毛色可分为黑、褐、灰等色，有些为单色毛构成，有些为各种色调毛组合而成。以强烈的深色最为理想，白色不受欢迎。

头部轮廓鲜明，口吻较长；耳呈“V”字形，大小适中，朝前直立；眼如杏仁，呈暗褐色。颈部肌肉结实，强而有力。胸宽深，背直而有力，腰宽广强壮，臀部长而缓缓下斜（140° ~ 150°为宜）。皮肤与体型显得十分紧凑。尾部休息时稍弯曲下垂，兴奋和活动时挺起，但一般不高过水平状态。尾巴形态多种。

德国牧羊犬活泼敏感，胆大勇敢，沉着顺从，个性顽强，忠诚，易于训练，适用于各种用途。该犬适应性、抗病力、护卫性强，喜欢工作，不喜欢悠闲的生活。

体高成年公犬 60 ~ 65cm，母犬达 55 ~ 60cm；成年公犬体重可达 33 ~ 38kg，母犬达 26 ~ 31kg。

2. 拳师犬　产于德国，是 19 世纪后期由斗牛犬与獒犬等杂交培育而成。1894 年第一次参加犬展，1896 年慕尼黑成立第一个拳师犬俱乐部。

毛短粗而密生，毛色分为黄褐色及棕杂色两种。拳师犬自然为垂耳；眼大小适中，为暗褐色；尾短，上翘；前肢直，后肢发达；身体结实；鼻子宽大并上翘；胸深，腹收。

拳师犬勇猛强悍，聪明机敏，与人亲近，喜欢玩耍，善于奔跑。

体高 54 ~ 64cm；体重 22 ~ 25kg。

3. 松狮犬　又名熊狮犬、巧巧犬，此犬的名字来源于中国的猎猪犬。产于中国，已有 2 000 ~ 3 000 年历史；由西藏獒犬和萨摩犬交配而育成。

蓝黑色的舌头是此犬的最大特征。被毛长而浓密，上毛粗硬，下毛柔软，毛色有黑、红、蓝、乳白等色。

头大，眼小，耳小而直立；腹阔，胸深，背短；尾根高举，卷于背上，有饰毛。整个面部显得愁眉苦脸，好似有伤心事一般。

该犬活泼、固执、警戒心强，有只忠于一人的习惯（有时也会接受主人全家）。饲养时要以温和的态度对待它。该犬是良好的家庭犬、护卫犬，也可用于狩猎和肉用犬。

体高 46 ~56cm；体重 25 ~30kg。窝产仔 4 ~6 只，年产两胎。

（三）小型犬种

1. 北京犬　又名北京狮子犬、宫廷狮子犬、京巴；产于中国，原祖先为欧洲小型犬，2 000年前经丝绸之路传到我国。

被毛的上毛为粗而直的长毛，无卷曲；下毛柔软，卷曲；颈部、肩下及尾部有长而美丽的绵毛。有各种颜色，但以金黄色最为漂亮。

头大而宽，两耳间平坦；耳呈心形、下垂，扁鼻，眼睛圆大而突出，吻部短，下腭突出，显现出“兜齿”的特点。尾向背部翘起。颈短，胸宽，背部平直。前肢短粗，肘部向外呈弓状弯曲，后肢轻而稳健。

北京犬个性活泼，生性胆大固执，自尊心强，沉着稳健，不随便吠叫。是优秀的玩赏犬种之一。

体高 20 ~25cm；体重 3. 2 ~5. 5kg。

2. 西施犬　又名中国狮子犬、狮子犬；产于中国。

西施犬头宽而圆，眼大距离宽，常被鬓毛遮挡。吻短鼻黑，耳大下垂，饰毛较多；尾向背部卷曲，饰毛多。胸宽背直，前肢垂直，后肢短而强健。西施犬不容易与拉萨犬相区别，鼻子和四肢较长者为拉萨犬。

被毛长而浓密，不卷曲，毛色颇多，但以尾部、头部有白色者较佳。

体高 27cm 以下；体重 4. 5 ~8kg。

3. 吉娃娃犬　中国名为音译，还可以叫齐花花犬、奇瓦瓦犬、娃娃犬；产于墨西哥。

此犬可分为短毛和长毛两种，以短毛种居多。短毛种被毛短而密生，并富有光泽；长毛种毛长而柔软，肩、耳、头及趾有饰毛。毛色有红、蓝、褐、棕、淡黄等多种颜色。面部肌肉较薄，耳大似蝴蝶犬，平时以 45°向外扭转，警觉时竖起，眼大而圆，距离稍宽。胸缩肋突，背平腰拱，四肢短小，体小轻盈。尾巴卷向背部或偏向一侧。

该犬气质高雅，个性温柔，活泼聪明。吉娃娃犬怕寒冷，有喜欢在陌生人面前颤抖的习性，有时会使人误认为受了惊吓或受了寒冷，其实不然。

体高 12 ~15cm；体重 0. 5 ~2. 7kg。

4. 腊肠犬　因其身体似腊肠而得名，由于过去多用于猎獾，有猎獾犬之称；产于德国。按毛被分为有长毛、短毛和刚毛 3 种类型，按体型大小分为标准型和迷你型 3 种。其中以标准型短毛腊肠犬最为普遍。

腊肠犬头长嘴尖，耳宽下垂，眼呈椭圆形、黄褐色；胸骨突出，背部平直；前肢短粗，向内弯曲，后肢结实发达，脚距稍近；尾长下垂无弯曲。可见其外观特点是，短腿长身、耳大下垂、眼小嘴尖。

腊肠犬毛色较多，有红色、黑色、巧克力色、黄褐色等或杂色。短毛种被毛短、密而平滑；长毛种被毛光滑似绸缎，并且梢呈波浪式，颈下、耳、躯体下部被毛稍长，尾部有装饰毛；刚毛种被毛粗硬密生，长有长而密的颌毛及眉毛。

该犬感觉敏锐，动作敏捷，好奇心强，沉着忠实，叫声较大，易与人亲近。

体高 21 ~27cm，迷你型更小；体重 6. 5 ~7kg，迷你型 4. 5kg 以下。

第二节　犬的繁育

一、繁殖生理

（一）性成熟与适配年龄

性成熟是指犬生长发育到一定年龄，生殖器官已基本发育成熟，能产生出成熟的配子细胞，具备了繁殖后代的能力的时期。性成熟时期的早晚，受犬的品种、生态环境、饲养条件、性别等多种因素的影响，即使同一品种的不同个体间也有差异。一般大型犬成熟较晚，小型犬稍早一些；公犬较同一品种的母犬大约晚 1 ~3 个月；饲养条件好的较早。犬一般在 8 ~12 个月龄达到性成熟。

由于犬体成熟的时间较性成熟晚，所以刚刚性成熟的犬不能立即安排配种。如果过早交配受孕，由于母犬身体各个器官还尚未发育成熟，机能还不完善，对母犬和仔犬都不利，会使母犬身体的进一步发育受到不可弥补的影响，仔犬在母体内的发育不好，容易产弱仔，并且容易出现产后乳汁不足。犬的初配年龄在性成熟后的 2 ~3 个月，体重达到成年体重的75% 为好。一般地讲，犬的最佳配种年龄，母犬在 12 ~16 个月，公犬 14 ~18 个月；如果考虑季节因素，母犬可在生后 1 ~1. 5 岁，公犬可在 1. 5 ~2 岁配种为佳。犬的寿命一般在 10 年以上，一般种用年限不超过 7 ~8 年。

（二）发情与排卵

犬是季节性繁殖动物，虽然季节性不甚明显，但犬的发情高峰多集中在每年的 3 ~5 月份和 9 ~11 月份的春、秋两个季节。犬在一个发情季节中只出现 1 次发情。

1. 发情周期　犬在一年中可出现两个发情周期，一个发情周期大约 6 个月。犬的发情周期可分为发情前期、发情旺期、发情后期、乏情期（或间情期）4 个阶段。

（1）发情前期：发情前期是指有发情表现开始，到接受配种为止的一段时期。发情前期大约持续 6 ~12d，平均 9d。此期，犬的外阴部逐渐充血、肿胀、潮红、湿润，发情最初 2 ~3d 开始流出混有血液较为稀薄的分泌物，以后阴道分泌物由少到多，红色黏液由浅到深。这种分泌物与灵长类或人类的月经血不同，月经是子宫小血管破裂，而母犬流出的血液则是血管渗透性的结果。母犬分泌物的气味会吸引公犬接近母犬。这时母犬频尿，急促不安，但不接受公犬交配。

（2）发情旺期：此期是母犬发情征兆最为明显的、接受配种的时期，大约持续 5 ~12d。此期，发情母犬外阴部保持明显的肿胀，但与发情前期相比，弹性有所减弱。当黏液颜色变淡、分泌量显著减少时，母犬会主动接近公犬，迎合公犬交配。发情旺期到来的第 2 ~3d，即流出血后的第 11 ~13d 开始排卵，是最好的交配时期。

（3）发情后期：阴部逐渐恢复正常，性情安静，黏液减少，出血停止。此期无论妊娠与否，黄体也要维持 2 个月左右，在黄体激素的作用下，子宫黏膜增生，子宫壁增厚，为胚胎的发育作准备。此期大约维持 2 个月左右。

（4）乏情期：又叫间情期、休情期，是母犬从发情后期到下一个发情前期到来的一段时间，此期母犬生殖器官处于静止状态。乏情期大约持续 3 ~4 个月。

2. 影响发情的因素　犬的发情除受季节影响外，温度、光照和营养状态等因素，都会对犬的发情产生影响。一年中自然的、有规律的光照，是犬产生有规律发情的重要条件，如果光照混乱势必导致犬的发情与繁殖异常。当营养贫乏时，犬会出现发情不正常，甚至不发情；当营养过剩时，犬易肥胖，也可能造成犬的发情异常。在对犬发情的诸多营养因素中，维生素 A 与维生素 E 营养至关重要。犬的品种和年龄对发情表现也有一定程度的影响，越是选育程度高的品种，其发情表现越不甚明显，壮年犬发情往往比较明显。

3. 犬的排卵　犬是自发排卵动物，母犬在发情旺期的第 2 ~ 3d 排卵。犬为多胎动物，一般每次可排卵 2 ~ 12 枚。排出的卵子处于初级卵母细胞阶段，经过 48 ~ 72h 发育为次级卵母细胞阶段后才具有受精能力。

值得注意的是，犬在排卵后，即使未妊娠，其排卵后形成的黄体也要维持 2 个月左右的时间。

（三）锁紧现象

在交配过程中出现锁紧现象，是犬、狐狸等动物在交配过程中出现的特有行为。公犬在交配过程中阴茎海绵体出现两次充血，第一次充血使阴茎勃起；第二次充血是在交配过程中出现的，公犬阴茎的中部有两个球状海绵体分列两侧，在公犬交配高潮到来时，此海绵体充血膨胀。母犬尿生殖前庭有两个比较发达的突起，交配时前庭受到刺激两个突起膨大，与公犬阴茎的球状体共同作用而出现锁紧现象，即通常所说的“连裆”现象。

（四）妊娠与产仔

1. 妊娠　母犬受配后，卵子在输卵管中与精子结合形成受精卵，在 72h 后开始分裂，发育成桑椹胚后进入子宫。在配种后的 17 ~ 22d，胚胎着床，通过胎盘与母体建立起血液循环，开始迅速发育。犬的妊娠期平均 60d 左右，变动范围是 57 ~ 63d。妊娠期的长短因品种、年龄、胎次、胎儿数目、饲养管理条件等因素而有所差异，一般小型品种略短，初产的略长。

母犬在配种后 1 周左右，外阴部开始收缩，有少量的黑褐色液体排出，并且妊娠母犬会出现短暂的食欲不振。配种后 2 ~ 3 周，食欲增强，有时出现偏食现象，有的母犬还会出现妊娠反应样呕吐现象。配种后 35 ~ 40d，母犬的乳房开始逐渐增大，乳头周围的无色素区的皮肤变红，乳房下垂，乳头富有弹性；腹围增大、体重增加、毛色光亮；妊娠 55d 腹围增至最大。

妊娠中期母犬行动缓慢而谨慎，喜欢在温暖场所活动与休息。妊娠后期，母犬易疲劳，频繁排尿，接近分娩时有叨草做窝行为。妊娠期母犬一般表现比较温顺。

对母犬的妊娠诊断，根据条件采用视诊、触诊、超声波、X 射线透视及激素水平测定等方法进行。

犬的生殖内分泌活动比较特殊，所以犬的假妊娠现象比较常见。犬在排卵后即使不交配，所形成的黄体也要维持相当长的一段时间，这一点与其他动物截然不同。假妊娠与正常妊娠在外表变化上，假妊娠母犬比真妊娠母犬喜欢活动，性情不温和，乳房和腹部增大较早，到妊娠后期也保持膘情肥满。

2. 产仔　产仔前 2 周要将母犬调到产房，以适应环境，减少应激因素对母犬的不良影响，产房内的温度应保持在 15 ~ 18℃。产仔前 1 周要做好产前准备，备好垫草、药品、用具等。

母犬在产前数天，食欲下降，行动迟缓，排粪尿频繁，粪便颜色多为黑褐色；坐骨结节处下陷，外阴部肿胀，乳房迅速发育，乳腺充实，可从乳头挤出少量乳汁；有的母犬还有做窝的现象。妊娠母犬在产前1～2d食欲突然下降，甚至停食，急躁不安，常以爪抓地，自动寻找隐蔽的角落；有少量的白色黏性分泌物从阴门流出，母犬常舔舐外阴部。犬的正常体温为38～39℃，临产前2d左右体温开始下降，可降到36.5～37.5℃，当体温开始回升时即将分娩。在产前2～3h，母犬还会表现急促不安，在产床附近左顾右盼，甚至呻吟。

在母犬产前，要备好清洁的温水，有条件的可在水中少量加一些红糖。在母犬生产过程中，要在仔犬出生后及时称重、编号并作好记录，要及时剪掉狼爪；如果发现难产，及时进行助产。产后要及时进行产床的卫生清理与更换垫草，加强对母犬的护理。陌生人不要随便进入产房。

母犬产仔时间的长短，与产仔数的多少、母犬身体状况等因素有关。一般母犬分娩过程需要8～12h。第一个胎儿产出后，大约10～30min第二个胎儿产出。母犬分娩后胎衣排出可持续5～10min，胎儿产出与胎衣排出交替进行，但也可能全部胎儿产出后才排出胎衣。

二、配种技术

（一）发情鉴定

发情鉴定的目的是确定母犬在发情周期中所处的时期，以便有效地进行适时准确的配种，提高母犬的受胎率。发情鉴定的方法很多，主要有观察母犬外阴部变化法、观察母犬分泌物法、阴道检查法和试情法等。

1. 分泌物及外阴部变化　母犬在发情的过程中，由阴门流出的血样分泌物，呈现颜色由浅到深、由稀到浓，然后由深到浅、由多到少的变化过程。当黏液分泌量显著减少，颜色变浅呈稻黄色时最适于配种。从时间上看，犬的最适配种时期是阴部出血后的11～13d，出血减少、黏液颜色较淡。由于不同年龄、不同个体之间的最适配种时期有差异，一般老犬交配的时间要稍提前，而青、壮年犬要适当推后，所以生产中犬的配种期通常掌握在阴部出血后的9～13d进行。换言之，在阴道分泌物的量减少，并且分泌物由开始时的血样黏液变为稻黄色黏液后2～3d是配种适期。

母犬的外阴部从发情前期至发情旺期急剧变化，这种变化要早于阴道流出血样分泌物，增大的高峰发生在发情前期结束时。发情前期对阴部触摸时，阴唇深部较硬，富有弹性；到发情旺期阴部肿胀明显，变得柔软，弹性减弱；到发情后期外阴部肿胀消退，恢复正常。

2. 阴道检查法　犬在发情的不同时期，由于受生殖激素的调控，其阴道上皮组织构造也发生变化。间情期阴道上皮薄，在发情前期开始时黏膜表面光滑；随着发情的进行，开始可见细小皱纹，在卵泡发育成熟时，黏膜皱纹变得清晰。

对阴道内容物涂片进行显微镜检查，发情前期，红细胞、角化细胞增多；发情旺期，角化细胞可占90%以上，有红细胞存在；发情后期阴道内容物涂片出现白细胞，在乏情期可见到白细胞，很少有角化细胞。阴道内容物涂片法主要在人工授精时采用，自然交配很少采用。

3. 试情法　配种前先用试情公犬（结扎输精管的公犬）对母犬进行试情，待确认母犬发情后，再用种公犬进行配种。试情时，如果母犬站立不动，尾巴高举，阴门有节律性收缩等迎合配种行为时，说明母犬已进入了发情配种适期。这种配种方法具有节省种公犬体力，配种时期掌握准确等优点，是生产中比较实用的一种好方法。

4. 试情器法 目前养狐业较为发达的北欧国家和美国、加拿大多应用试情器测试母狐排卵时期，并结合其他方法确定最佳配种适期，养犬生产中可以借鉴。

其方法是将试情器探头插入阴道内，读取试情器所显示的数值。每天在相近的时间测试1次，当数值上升缓慢时，每天测试两次。当数值持续上升至峰值后又开始下降时为最佳配种适期。

(二) 配种方法

犬的配种方法有本交和人工授精两种方法，而本交法又分为自然交配和人工辅助交配。为确保受胎率，犬的配种通常采用复配法和双重配种法。两次交配的间隔时间以24~48h为宜。

(三) 有效配种判断

犬在配种过程中有锁紧现象，在公犬精液品质和母犬排卵正常的情况下，一旦出现锁紧现象，配种效果往往较好。部分犬由于饲养不科学，可能不出现锁紧现象，这是犬未达到性欲高峰的表现，对配种效果会产生一定的影响。

(四) 注意事项

第一，在交配前几天对犬要进行一次健康检查，给犬适当增加营养，并根据选配要求制订配种计划。配种实施前，要让公、母犬处于安静状态，让犬自由活动、排便。

第二，在天气较热的季节，配种应选在清晨或傍晚进行；在天气较寒冷的季节，配种要安排在中午进行。在配种前1h不要让公犬做激烈运动，也不要喂食过饱，最好在喂食后进行。

第三，最好选在较为安静、种犬比较熟悉的场所进行配种。配种要避免多人围观，减少对犬的惊扰。

第四，犬在配种过程中有锁紧现象，强行驱赶容易造成公犬生殖器官损伤，影响种公犬的利用。

三、种犬选择

(一) 种犬的一般要求

种犬的体质、外貌、体重、繁殖力、抗病力及其特点符合该品种的标准要求。体形匀称，肩胛丰满，背平直，胸围宽，腹部紧凑，肢势正确，四肢有力。种犬性欲旺盛，公犬配种能力强，所配母犬产的仔犬健壮；母犬母性好、产仔性能好、泌乳力强、仔犬育成率高。通过家系选择、后裔鉴定及指数选择时，种犬亲代、同胞及后代性能优良，选择指数明显高于群体平均值。种犬鼻镜湿润，眼睛明亮有神，牙齿齐整，精力充沛。

(二) 健康状况选择

健康犬活泼好动，反应机敏，愿意与人玩耍；病犬则精神沉郁，喜卧少动，或垂头呆立，对外界刺激反应迟钝，或过于敏感，容易惊恐。健康犬两眼炯炯有神，不流泪，无眼眵，眼结膜呈粉红色；鼻镜湿润、发凉，两侧鼻孔不流任何分泌物；口腔清洁湿润，舌面粉红色，无舌苔，无口臭，牙齿洁白无缺齿，犬嘴闭合时无闭合不全或流涎现象。如果鼻镜干燥，甚至干裂，或由鼻孔流出黏性、浆液性乃至脓性分泌物，有大量眼眵，表明犬可能患有某些传染病。

健康犬皮肤柔软富有弹性，皮肤温度正常，手感温和，被毛蓬松有光泽；臀部被毛洁净，无粪便污染。如果皮肤干燥，弹性差，皮屑多，被毛蓬乱或有病理性脱毛、断毛现象，皮肤上有疹块、痂皮，肛门松弛，周围被毛污秽不洁，说明犬有病。

（三）年龄选择

在选择种犬时，年龄选择很重要，壮年犬种用性能最佳。幼犬乳齿长齐后，乳齿 28 枚，长头型成年犬牙齿 42 枚，短头型成年犬牙齿 38 枚。幼犬齿式为：2×（I 3/3、C 1/1、P 3/3、M 0/0）；长头型成年犬齿式为：2×（I 3/3、C 1/1、P 4/4、M 2/3）；短头型成年犬齿式为：2×（I 3/3、C 1/1、P 4/4、M 1/2）。

犬出生后 19 ~20d 开始长出乳齿；4 ~5 周龄时，第一、第二乳切齿长齐；5 ~6 周龄时第三乳切齿长齐；2 个月龄时，乳切齿全部长齐。乳齿白色，细而尖。2 ~4 月龄时，更换第一门切齿；5 ~6 月龄时，更换第二、第三乳切齿和乳犬齿；8 个月龄到 1 岁，更换臼齿至全部更换为永久齿。

1 岁时永久齿长齐，洁白光亮，切齿有尖突；1.5 ~2 岁时，下颌第一门齿大尖峰磨损，与小尖峰平齐，称为尖峰磨灭；2.5 岁时，下颌第二切齿尖峰磨灭；3.5 岁时，上颌门齿尖峰磨灭；4.5 岁时，上颌第二切齿尖峰磨灭；5 岁时，下颌第三切齿和犬齿尖峰稍磨损，第一、第二切齿呈矩形；6 岁时，上颌第三切齿尖峰稍磨损，犬齿钝圆；7 岁时，下颌门齿磨损至根部，磨面呈纵椭圆形；8 岁时，下颌门齿磨损面向前方倾斜；10 岁时，下颌第二切齿磨损面呈纵椭圆形，上颌门齿磨损面也呈纵椭圆形；16 岁时，切齿脱落，犬齿不全；20 岁，犬齿脱落。

第三节　犬的饲养管理

一、饲料

（一）饲料种类

1. 动物性饲料　犬是肉食动物，日粮中添加一定比例的动物性饲料是十分必要的。犬的常用动物性饲料有畜、禽的内脏、血粉、肉骨粉，鱼粉、杂鱼、奶粉、孵化厂的毛蛋及肉类等。动物性饲料成本较高，生产中要根据不同饲养时期和饲养条件合理添加。动物性饲料在日粮中配比一般为 10% ~20%，提供日粮蛋白质总量 30% 的动物性蛋白质。

2. 植物性饲料　植物性饲料种类多，来源广，价格低廉，是犬的重要饲料。主要的植物性饲料有玉米面、米糠、面粉、大豆、豆饼、小米、大米等谷物类，以及白菜、胡萝卜、菠菜、马铃薯、红薯、冬瓜、南瓜等水果蔬菜与块根、块茎类饲料。植物性饲料在日粮中配比一般为 70% ~80%。

3. 矿物质添加剂　矿物质添加剂含有动物体必需的矿物质营养，添加矿物质可补充动物性饲料和植物性饲料中矿物质的不足。犬所需要的主要矿物质有钙、磷、钾、钠、铁、铜、锌、镁、氯、碘、钴、锰、硒等。可通过添加骨粉、贝粉补充犬对钙、磷的需求，通过添加硫酸铜、硫酸亚铁、亚硒酸钠等制剂补充相应的矿物质。

4. 维生素添加剂　维生素对犬的生长发育及健康十分重要，犬需要添加的维生素有维生素 A、维生素 B_1、维生素 B_2、维生素 C、维生素 E、维生素 D 等。维生素 A 可通过在日粮中添加胡萝卜、动物肝脏及其制剂来补充。

（二）饲料加工调剂

犬的饲料要熟制，调制成粥状饲喂，否则会影响犬对饲料适口性及消化吸收。饲喂犬的饲料不要过凉、过热，以40℃左右为宜。

生肉或动物的内脏制作时，用凉水浸泡、洗净，浸泡时间不宜过长，尽量保持蛋白质少受破坏。肉要切碎煮熟，煮沸时以达到灭菌、肉熟为度，不应碎烂过火。谷物性饲料要制成窝头蒸熟，蔬菜要用开水浸烫熟后切碎，块根、块茎类要熟制，而后粉碎与动物性饲料及添加饲料一起拌食。需要粉碎的鱼类及动物的骨头，要粉碎得细一些，以免划伤犬的消化道。

二、饲养管理

（一）犬舍建筑

1. 犬舍建筑要求　犬舍尽量要建成正房，阳光充足、空气流通，能防寒、防暑，舍内不潮湿。犬舍的地面最好为水泥地面，并向外倾斜 3°～5°，以便于冲洗和保持地面干燥。犬舍周围要栽一些树木，起到绿化、遮阳和改善环境的作用。

犬舍可分为群养和单养舍两种。群养舍适合于饲养肉用犬和空怀母犬，单养舍适合于饲养妊娠母犬、哺乳母犬、种公犬和试验犬。群养舍面积不要过大，饲养的犬不要过多，避免争食等过于严重，影响生长发育及健康。

2. 犬舍建筑面积　种犬舍总的使用面积以 8～10m^2 为宜；高度不低于 2m，犬的住舍以 3m^2 为宜，运动场面积不少于 5m^2，中间隔墙高度不低于 1.6m。产仔犬舍住舍面积不少于 4m^2，同时应在舍内设置一通道，以便于饲养员在犬产仔时观察护理。肉用犬舍要保持安静、阴暗，以便于肉用犬休息利于生长。

（二）饲养管理原则与注意事项

1. 定时定量喂饲　定时定量饲喂可以使犬形成条件反射，促进消化腺有规律地分泌消化液，有利于提高饲料消化率，减少消化道疾病的发生。每顿喂饲数量要相对稳定，避免饥饱不均，每天饲喂饲料重量相当于体重的 20%～30%。一般情况下，成年犬每天喂饲 2 次，幼犬每天可加喂 3～4 次。

2. 注意饮水　犬的饮水要洁净，以减少传染病、寄生虫病及消化系统疾病发生。冬季可采用定时饮水方式供水，要让犬饮温水，避免饮用冰碴水；夏季天气炎热，建议采用自由式饮水。充足的饮水对各种犬都十分重要，如果饮水不足，即使其他营养供给充足，由于犬需要加强分解代谢产生内源水来满足生命活动对水的需要，会使幼犬生长发育缓慢，成年犬变得消瘦、体重减轻、犬的健康受到影响。

3. 饲料要合理搭配与调剂　多种饲料的搭配可以使不同的饲料成分相互补充，容易使日粮接近“全价”，利于犬的生长发育。在饲养过程中，要特别注意动物性饲料与植物性饲料的搭配。动物性和植物性饲料都要加工熟制粉碎后饲喂；骨粉等碱性饲料和维生素等酸性饲料，要在临喂饲前混拌在饲料中，立刻饲喂，以避免营养遭受破坏。

4. 注意卫生，保持干燥　对犬舍要经常打扫，保持卫生与干燥，确立正确的卫生消毒制度，以减少和预防体内外寄生虫病及传染病的发生。犬场要在春季和秋季进行季节性消毒，犬舍要半个月消毒1次，配种前、产仔前等都要对犬舍及相应设备进行必要的消毒。运动场可用化学消毒药消毒，犬舍可用火焰消毒与化学消毒结合进行。为防止由于气味影响母犬对仔犬的哺育，建议在产仔前对产房及产床的消毒采用火焰消毒。在换毛期，要加强清扫工作，避免犬在采食及饮水时误食犬毛，造成消化道阻塞。

水槽、食槽每周要用0.1%高锰酸钾水、0.1%新洁而灭或2%～4%的烧碱刷洗1次，刷后用净水清洗。食槽每顿喂饲前都要进行清洗，把好病从口入关。

5. 做好防寒防暑工作　犬的汗腺不发达，怕热，犬舍通风要良好，舍顶要有较好的隔热效果，舍的周围最好有遮阳设施。犬虽然比较耐寒冷，但在冬季犬舍也要有较好的保温条件，这样不但有利于犬的健康，还可以减少犬用于维持体温的能量消耗，从而提高饲料利用率，降低饲养成本。夏季舍内温度以21～24℃为宜，最好不超过30℃；冬季繁殖用犬和仔幼犬舍温度以保持在20℃为好。

6. 科学合理的运动　种犬和幼犬每天要进行适当运动，适当运动有利于健康和种犬各种繁殖性能的正常发挥，有利于幼犬生长发育。一般每天运动1～2次，每次运动30～40min。值得注意的是，进行肥育的肉用犬要适当控制运动，以便于快速增加体重。

注意在饲喂前后避免激烈运动，在喂饲前激烈运动，会使流向四肢的血液增加，而使流向消化道的血液减少，影响消化液的分泌，从而影响犬的食欲及食后对营养的消化；在喂饲后激烈运动，不但会使流向四肢的血液增加，流向消化道的血液减少，影响对营养的消化，由于犬处于饱腹状态，还可能造成消化道疾病。长久在喂饲前后激烈运动，会使犬植物性神经紊乱，打破正常的采食和胃肠蠕动规律，影响犬的健康。

7. 加强检查，细心观察　在日常管理中，要不间断地通过细心的观察对犬进行检查，及时发现饲养管理中出现的问题，以便得到及时处理。

8. 定期防疫驱虫　青年犬和成年犬每年要接种五联苗1次，驱虫两次。仔幼犬分别在30日龄、45日龄、60日龄和3月龄接种五联苗各1次，在45日龄和4个月龄各驱虫1次。

（三）犬日粮标准与经验日粮

1. 日粮标准　犬对蛋白质的需求因日粮的能量浓度不同而异，当日粮消化能为17.06kJ/g时，蛋白质的需要量为19.1%；当日粮消化能为20.63kJ/g时，蛋白质的需要量为27%；当日粮消化能为23.71kJ/g时，蛋白质的需要量为32.6%。犬的饲料中代谢能含量，生长阶段为14.64kJ/g，妊娠和哺乳阶段为16.32kJ/g。

肉用犬的营养标准是：蛋白质17%～25%，脂肪3%～7%，碳水化合物44%～49.5%，纤维素3%～4.5%。幼犬日粮中营养含量应在蛋白质17%～25%，碳水化合物44%～50%，脂肪3%～7%，粗纤维在3%～4.5%，灰分8%～10%，钙1.5%～1.8%，磷1.1%～1.2%浮动。

美国NRC犬的饲养标准是：每千克犬饲料中营养物质（干物质90%）中，含蛋白质20%，脂肪4.5%，亚麻油酸0.9%，钙1.0%，磷0.8%，钾0.5%，食盐1.0%，镁0.04%，铁54mg，铜6.5mg，锰4.5mg，碘1.39mg，硒0.10mg；维生素A 4 500IU，维生素D 450IU，维生素E 45IU，维生素B_1 0.9mg，维生素B_2 2.0mg，维生素B_6 0.9mg，维生素B_{12} 0.03mg，泛酸9.0mg，烟酸10.3mg，叶酸0.16mg，生物素0.09mg。

犬的营养需要量见表10-1、表10-2所示，供参考。

表10－1 犬对各种维生素的需要量 (mg)

维生素	每千克体重需要		每100g日粮含量	
	成年犬	幼犬	干料	湿料
维生素A	100IU	200 IU	500 IU	150 IU
维生素D	7 IU	20 IU	50 IU	15 IU
维生素E	2	2.2	5	1.5
维生素K	0.03	0.06	1	0.3
维生素B_1	0.02	0.03	0.1	0.03
维生素B_2	0.04	0.09	0.25	0.075
维生素B_6	0.02	0.05	0.15	0.045
维生素B_{12}	0.0007	0.0007	0.03	0.001
叶酸	0.008	0.015	0.03	0.009
维生素PP	0.24	0.4	—	—
维生素C	0.1	—	—	—
氯化胆碱	30	40	120	36

表10－2 犬的营养需要 (g)

营养成分	100g食物中含量		每千克体重需要量	
	成年维持需要	生长发育需要	成年维持需要	生长发育需要
蛋白质	22	35.5	4.8	9.6
脂肪	5	23	1.1	2.2
亚油酸	1	1.7	0.22	0.44
钙	1.1	1.3	0.24	0.48
磷	0.9	1.0	0.2	0.4
钾	0.6	0.7	0.13	0.26
氯化钠	1.1	0.87	0.24	0.48
镁	0.04	0.07	0.009	0.018
铁	6	11	1.32	2.64
铜	0.73	2.7	0.16	0.32
锰	0.5	1.7	0.11	0.22
锌	5	5.7	1.1	2.2
碘	0.15	3.6	0.034	0.068
硒	11	13	2.42	4.84

2. 肉用犬经验日粮　配制肉用犬日粮，要根据地区特点和具体条件因地制宜，本着配制的日粮既能满足肉犬的营养需要，又具有较低成本的原则进行，不要生搬硬套。下面

介绍几个犬的日粮配方，供参考。

配方1：玉米面50%，麦麸12%，豆粕19%，酵母1%，鱼粉13%，鲜鸡肝1.5%（按含水10%添加量），骨粉1.5%，食盐1%，添加剂1%。

配方2：玉米面40%，碎米30%，麦麸或米糠17%，内脏10%，骨粉2%，食盐1%，青饲料每日每只150g。

配方3：玉米面25%，碎米15%，麦麸18.5%，米糠20%，鱼粉9%，豆粕10%，骨粉2%，食盐0.5%，青饲料每日每只150g。

配方4：玉米面54.3%，豆粕13%，鱼粉5%，肠或肺脏10%（按含水10%计），血粉1%，骨粉2.5%，麦麸10%，面粉1%，葵花饼2%，食盐1%，添加剂0.2%，蔬菜适量添加。

犬每天饲喂2次，对于中等水平的混合饲料，成年犬每日饲喂量一般为体重的1成左右。当然，生产实践中要根据采食情况灵活掌握，具体情况具体对待。

（四）各种犬的饲养管理要点

1. 仔犬养育　从出生到45日龄断奶前的犬为仔犬。仔犬生长发育快，10日龄的仔犬体重已为出生重的2倍以上；消化机能不完善，体温调节能力较差，还缺乏主动免疫能力。饲养管理中应注意做好以下工作：

（1）吃足初乳：母犬分娩后1周内所产的乳汁为初乳，不但营养丰富，还含有仔犬所需的抗体并具有轻泻作用，有助于仔犬排除胎粪，增强免疫力，要及时让仔犬吃上初乳。

（2）固定乳头：母犬分娩后，应把仔犬排列在母犬的乳头旁，让仔犬主动选择乳头。对于吃不上初乳的仔犬，特别是体弱的仔犬，应人工辅助其找到乳量较多的乳头吸吮，使其尽快赶上其他仔犬，与同窝仔犬一起均匀发育，提高仔犬的成活率。母犬的前两对乳头泌乳量少，后两对乳头泌乳量多。乳头的固定在哺乳的前几天，需要人工辅助，几天后，仔犬就会识别常哺乳的乳头而无需辅助了。

（3）寄养与人工哺喂：一只母犬只能哺育6~7只仔犬，对于缺乳或母乳不足的，要进行寄养或人工哺喂。寄养最好选择产仔时间相近、品种相同、母性好、泌乳量多的母犬哺喂。人工哺喂可用牛奶或奶粉代替，但是由于其营养含量低于犬乳，可在其中加入一定的蛋黄，初期配制的浓度要稀一些，以免仔犬便秘，以后要逐渐加大浓度，以满足仔犬的营养需要，奶温应在35~38℃。

（4）及时补饲、注意补铁：随着仔犬的生长，需要的营养越来越多，母犬的乳汁已不能满足仔犬的需要，应及时进行补饲。给仔犬补喂的饲料要味道鲜美、容易消化、适口性好，同时要加一些牛奶拌料。饲料的温度要在27~30℃，每天补喂3~4次。30日龄后，仔犬的营养供应，应主要由饲料提供。

90%的仔犬出生15~20d后就普遍患有不同程度的贫血，导致被毛粗乱，皮肤苍白，发育迟缓，生长不良，其原因主要是缺铁所致。为了预防缺铁引发贫血，除了给母犬饲喂含铁丰富的饲料外，最有效的办法是在仔犬3~7d内进行补铁，每只仔犬肌肉注射1ml补铁王或富铁力等铁制剂。

（5）加强仔犬管理：为防止新生仔犬窒息，应尽快清除仔犬口腔及呼吸道内的黏液、羊水等。新生仔犬的脐带断端，一般在出生后24h内即干燥，1周左右脱落，应防止脐带感染。

仔犬体温调节能力较差，出生后1~14日龄需要的适宜温度为20~29℃，14~21日龄需要的适宜温度为23~26℃，以后接近常温，管理中要注意保温。

出生后3~5d，天气好时每天要将仔犬抱至室外，与母犬一起晒太阳，每次半个小时。仔犬睁眼后（生后13d左右），可先在室内活动，然后在逐渐让其在室外活动，并逐渐增加时间，以免阳光刺伤眼睛。对仔犬要经常擦拭，保持身体清洁。

2. 幼犬养育　从断奶到性成熟前的犬为幼犬。仔犬生长到45日龄左右，根据生长发育情况可进行适时断奶。对于发育比较均匀的可实行一次性断奶，发育大小不均的可实行分批断奶。

（1）幼犬饲养：幼犬时期是生长发育的主要阶段，生长发育快，4~7月龄主要增加体长，7月龄后主要增加体重。其单位体重的能量消耗高于成年犬，在断乳初期是成年犬的1.8倍左右，当生长到成年体重的40%时，是成年犬的1.6倍左右，当生长到成年体重的80%时，是成年犬的1.2倍左右。饲养上要供给充足的生长发育所需的各种营养。

幼犬每天至少饲喂4~5次，其中夜间喂饲1次。

（2）幼犬管理：断乳幼犬要根据体重大小、性别等分群饲养，种用幼犬不宜超过4~6头，肉用幼犬不宜超过8~12头。圈舍、地点和环境不要有大的变化，以免影响生长发育。管理中训练幼犬养成良好的定点排粪习惯，并加强卫生管理。

3. 肥育犬饲养管理　肥育犬每天饲喂3次，喂饲量可按照每千克体重20~30g计算，每天200~500g。出栏前30d，饲料中可适当增加脂肪，以利于催肥。为加快肉用犬肥育，在肉用犬快速催肥的第三个月开始，饲料中可添加曼陀罗、闹羊花、洋金花等中药。

管理上要减少犬的活动量，运动场面积不要太大，犬舍光线不要太强。减少对肥育犬的惊扰，使之经常趴卧休息。

4. 妊娠期母犬饲养管理　犬的妊娠期平均60d左右，妊娠母犬的饲养管理，主要着眼于母犬妊娠的顺利进行，确保胎儿的正常生长发育，使妊娠母犬有一个良好的体况，产后有充足的乳汁哺育仔犬。妊娠母犬的饲养标准是：每千克饲料中含粗蛋白20%~22%，消化能12.54~12.96MJ，钙1.4%~1.5%，磷1.1%~1.2%。日粮以熟喂为主，配置好的日粮首先加热熟制，然后添加青饲料100g和按标准加入添加剂，调成糊状饲喂。要定时饲喂，每天饲喂2~3次；当妊娠后期，胎儿发育较大、母犬腹腔饱满时，应采用少喂多餐的方法饲喂，中午补饲1次，每次喂八成饱；临产前适当减少饲喂量。饲料要新鲜，严禁使用死亡原因不明的动物产品和含有甲状腺的动物副产品。特别注意维生素E、维生素A、维生素C的添加。供给充足的饮水，寒冷季节，要给母犬饮温水，避免饮用冰碴水。

妊娠母犬在管理上应保持适当运动，严禁抽打、爬跨、咬斗、惊扰和攀爬，避免剧烈运动。保持犬舍清洁、安静、干燥、光线充足、空气流通，寒冷季节要加铺垫草，做好防寒保温工作。

5. 哺乳犬母犬饲养管理　满足哺乳母犬自身和泌乳营养需要，确保母犬健康和仔犬的正常生长发育，是此期饲养的中心目的。饲料要全价平衡，适口性好，容易消化。

在产仔后6h以内，先不要急于给母犬提供饲料进行喂饲，但要备好饮用温水。产后几天内，应给予营养丰富、适口性好的流食或半流食，比如牛奶冲鸡蛋、肉汤泡米饭、豆浆等。初期，每天饲喂3~4次，每次要适当少添，以利于内脏恢复；待母犬体质虚弱期过后，饲喂量要逐渐增加，11~12d后按正常方式饲养。对于乳汁不足的，可喂给红糖水、牛奶等，必要时采用药物催乳。哺乳期要注意B族维生素、维生素C、维生素E、维生素A的添加。每千克饲料中含粗蛋白质22%~24%，消化能12.96~13.38MJ。

要经常检查母犬乳房情况，发现乳房炎要及时治疗。每天最好用酒精棉球擦拭乳房1次，每天要适当运动，多晒太阳，创造安静、卫生的环境，避免粗暴管理惊扰母犬。

6. 种公犬饲养管理　对种公犬的饲养上，饲料中动物性蛋白质的含量要高于一般的犬，其他饲料可大致相同。种公犬的能量需要在维持需要的基础上增加20%，蛋白质和氨基酸与妊娠母犬基本相同，钙占干物质的1.1%，磷为0.9%，锰为每天每千克体重0.11mg，维生素A每天每千克体重110IU，维生素E为每天每千克体重3~4mg。在种公犬休情期每千克混合料中要含粗蛋白14%~15%，消化能12.54MJ。在配种前10~15d要逐渐提高饲养标准，适当增加营养，保证种公犬在配种期有旺盛的性欲和优良的精液品质。

饲喂种公犬应定时定量，每次不要喂得过饱；非配种季节每天饲喂2~3次，在配种季节除按常规饲喂外，中午应补饲1次。配种期在饲养管理上要注意控制种公犬的体况，保持中等膘情；每顿喂饲不要过饱，日粮容积不要过大，饲料要多样搭配，适口性要好。种公犬每天上、下午要放到大运动场各运动1次，每次30~40min，夏天最好在清晨和傍晚运动，冬天在中午运动，以确保种公犬有良好的体质和旺盛的配种精力。管理上要合理利用种公犬，每天利用不要超过两次，连续配种两天休息一天或半天，避免利用过度。

复习思考题

1. 犬有哪些生物学特性？了解它在生产中各有何意义？
2. 了解犬的分类，掌握常见犬种的外貌特征与主要特点。
3. 如何进行犬的发情鉴定？
4. 怎样才能养好不同用途、不同生理时期的犬？
5. 如何选择种犬？
6. 如何进行犬的年龄鉴定？
7. 仔犬在出生后2~4周内，最容易发生的营养缺乏症是什么？应如何对待？
8. 在犬的饲养中，为什么要特别注意饲料气味，而不必过多地考虑饲料的味道？

高文玉

第二篇

特禽生产

第十一章 乌　鸡

乌鸡（*Gallus gallus* domesticus）属于鸟纲（Aves）、今鸟亚纲（Neornithes）突胸总目（Carinatae）、鸡形目（Galliformes）、雉科（Phasianide）、原鸡属（*Gallus*）、原鸡种（*Gallus gallus*），原产于江西省泰和县武山汪坡村，故又称泰和鸡。乌鸡的饲养有上千年的历史，现已分布全国及世界各地，是世界上家禽著名标准品种之一。

乌鸡外貌美观，具有很高的药用、食用和观赏价值，是驰名中外的优良药用鸡种，其肉质细嫩，营养丰富，具有较强的滋补作用，中医认为：乌鸡气味甘、微温、无毒，有补中止痛、滋补肝肾、益气补血、滋阴清热、调经活血、止崩治带等功效，特别是对妇女的气虚、血虚、脾虚、肾虚等症以及小儿生长发育迟缓、妇女更年期综合征等尤为有效。现代医学研究认为乌鸡含有人体不可缺少的赖氨酸、蛋氨酸和组氨酸，能调节人体免疫功能和抗衰老。我国用乌骨鸡配药治病已有许多古方，如青蒿乌骨丸、金莲子丸、唐氏乌鸡丸等。目前以乌鸡为原料生产的药品、食品等都深受欢迎，如乌鸡白凤丸、乌鸡天麻丸、乌鸡精、乌鸡药酒等都有广阔的市场前景。

乌鸡体型娇小玲珑，外貌奇特俊俏，头小颈短，眼乌舌黑，紫冠绿耳，丛冠凤头，五爪毛脚，两颊生须，羽毛洁白绢亮如丝，被誉为观赏珍禽，1915 年荣膺巴拿马国际博览会金奖，并被命名为“世界观赏鸡”。

第一节　乌鸡的生物学特性

一、形态特征

外貌特征其体态小巧玲珑，细致紧凑，头小、颈短、腿矮。泰和鸡具有十大特征：

1. 丛冠　母鸡冠小，如桑椹状，色特黑；公鸡冠形特大，冠齿丛生，像一束怒放的奇花，又似一朵火焰，焰面出现许多“火峰”，色为紫红，也有大红者。

2. 缨头　头顶长有一丛丝毛，形成毛冠，母鸡尤为发达，形如“白绒球”，又似“游泳头”。

3. 绿耳　耳叶呈现孔雀绿或湖蓝色，犹如佩戴一对翡翠耳环，在性成熟期更是鲜艳夺目，光彩照人，故有人喻为“新婚巧装”。成年后，色泽变浅，公鸡褪色较快。

4. 胡须　在鸡的下颌处，长有一撮浓密的绒毛，人们称之为胡须。母鸡的胡须比公鸡更发达，显得温顺而庄重。

5. 丝毛　由于扁羽的羽干部变细，羽支和羽小支变长，羽小支排列不整齐，且缺羽钩，故羽支与羽小支不能连接成片，使全身如披盖纤细绒毛，松散柔软，雪白光亮，只有主翼羽和尾羽末端的羽支和羽小支钩连成羽片。

6. 毛脚　由跖部至脚趾基部密生白毛，外侧明显，观赏者称之为“毛裤”。

7. 五爪　在鸡的后趾基部又多生一趾，故成五趾，又称为“龙爪”，又有“五爪兴龙”之说。

8. 乌皮　全身皮肤均为黑色。

9. 乌肉　全身肌肉、内脏及腹内脂肪均呈黑色，但胸肌和腿部肌肉颜色较浅。

10. 乌骨　骨膜漆黑发亮，骨质暗乌。

泰和鸡的十大特征人们形象地概括为：一顶凤冠头上戴，绿耳碧环配两边；乌皮乌骨乌内脏，胡须飘逸似神仙；绒毛丝丝满身白，毛脚恰似一蒲扇；五爪生得很奇特，十大特征众口传。

二、生活习性

成鸡对环境的适应性较强，患病较少，但幼雏体小，体质弱，抗逆性差。乌鸡耐热性较强，但对寒冷和潮湿环境适应性较差，在饲养中要提供温暖、干燥的环境。乌鸡胆小，一有异常动静即会造成鸡群受惊，影响生长发育和产蛋，因此，应创造一个较宁静的饲养环境。性情极为温和，不善争斗，但最好公、母分群，大、小分群饲养，使鸡群生长发育均匀、整齐。善走喜动，但飞翔能力较差，管理方便，一般采用地面平养或网上平养为宜。

食性广杂，一般的玉米、稻谷、大麦、小麦、糠麸、青绿饲料均能喂饲，但应注意饲料要全价，这样有利于鸡的生长发育和繁殖性能的提高。乌骨鸡防御能力差，尤其是雏鸡。对鼠、猫、狗等侵袭缺乏自卫能力。因此在饲养时要注意提供安全的环境。

乌骨鸡就巢性强，有的个体就巢 25d 才醒，但个体差异较大。就巢时间短者，产蛋量较高，相反则少。在养殖时要注意采取措施及时醒巢，以提高产蛋量。

第二节　乌鸡的繁育技术

一、种鸡的选择

种乌鸡的选择包括个体选择和家系选择。个体选择根据乌鸡的外貌特征、生长发育和生产记录。家系选择可根据全同胞、半同胞资料进行。选择过程可根据本场情况酌情进行，现推荐 4 次选择法，具体如下：一次可在 60 日龄时进行，根据乌鸡的生长发育和健康状况进行选择与淘汰，将外貌特征不明显、跛脚、弱小的鸡淘汰。第二次在 150 日龄结合转群进行，进一步淘汰外貌特征和体重不符合要求的个体。第三次在 35 ~ 40 周龄时进行，种公鸡要选择体大、健康、“十全”特征明显、胸宽挺直、鸣声洪亮、好斗、交配能力强、精液品质好的个体；种母鸡除“十全特征”外，还要侧重在高产性状上，如肛门松弛；耻骨间距大，可容纳 3 指以上，腹大而柔软；产蛋数多，胸肌发达，皮肤细腻且光滑；腿脚粗壮有力；觅食性强，换羽晚的高产鸡。第四次在种鸡休产前 2 ~ 3 周。测定母鸡的生产性能决定第二年是否继续留种。也可以进行 3 次选择，在 90 日龄进行第一次选择，每 10 只母鸡选留 1 只公鸡，选择的种公鸡要完全符合本品种的体型外貌特征，发育良好，体态健壮，双亲生产性能高，健康无病。在 120 日龄进行第二次筛选，每 20 只母鸡选留1只公鸡。在180日龄进行第三次选择，结合对公鸡按摩调教进行，每30只母鸡选留1只公鸡，并留有10%～15%的后备种公鸡。

二、乌鸡的繁殖技术

（一）乌鸡的繁殖特点

乌鸡的性成熟较晚，公鸡14～18周龄开啼，20周龄左右才能配种，母鸡24～26周龄开始产蛋，31～33周龄达产蛋高峰，一般每产蛋15～20枚就巢1次，因此年产蛋量75～140枚，蛋重40～50枚。种鸡的利用年限为1年，第二年产蛋量下降15%左右。

（二）配种技术

配种方法有自然交配和人工授精两种。

自然交配

（1）大群配种：在母鸡群中按适当的公、母比例放入公鸡，任公母鸡自然交配。用此种方式母鸡受精率较高，管理也简单，多用于商品生产群。

（2）小群配种：按育种或配种工作需要，按1只公鸡配8～15只母鸡的比例小群配放种鸡。

（三）人工授精

1. 人工授精常用器具　人工授精常用器材与用品有：集精杯、0.05～0.5ml滴管、0.05～0.5ml刻度滴管、保温瓶或保温杯、5～10ml刻度试管、10～20ml注射器、12号针头、消毒盒或铝锅、100℃温度计、显微镜、载玻片、盖玻片、微量吸液器、瓷盘、瓷桶、弯剪、电炉、生理盐水、蒸馏水、试纸、酒精、药棉、试管刷、纱布、脸盆、毛巾等。

2. 采精技术

（1）采精方法：采精的方法有多种，如按摩法、台鸡法、隔截法和电刺激法等。当前生产中最普遍使用的是按摩法，此种方法安全可靠，简便，采出的精液干净。

①保定：通常两人操作，保定员用双手各握住公鸡一只腿，自然分开，大拇指扣住翅膀，使公鸡头部向后，尾部对向采精员，呈自然交配姿势。

②按摩：采精员左手手心向下，拇指及其余4指分开，紧贴公鸡，沿腰背向尾部轻轻地按摩2～3次，引起公鸡性反射。

③采精：当公鸡出现性反射时，采精员右手拇指与食指分开，中指与无名指间夹住集精杯，轻轻按公鸡耻骨下缘两侧，并触摸抖动，当泄殖腔翻开时，左手将尾羽拨向背部，拇指与食指分开，轻轻挤压泄殖腔，公鸡即可射精，右手迅速将集精杯口置于泄殖腔下方承接精液。

（2）采精次数：公鸡的射精量、精液密度与采精次数有密切的关系。采精过频，影响精液的质量。泰和鸡公鸡以每2d或3d采精1次为宜，这样精液质量高。

（3）采精应注意的事项：

①公鸡的调教。采精前必须对公鸡进行调教训练。首先剪去泄殖腔周围的羽毛，以防污染精液，每天训练1～2次，经3～4d后即可采到精液。多次训练仍没有条件反射或采不到精液的公鸡应予以淘汰。

②公鸡的隔离。公鸡最好单笼饲养，以免相互斗殴，影响采精量，采精前2周将公鸡

上笼，使其熟悉环境，以利采精。

③采精前要停食。公鸡当天采精前3～4h要停食，防止饱食后采精时排粪，影响精液质量。

④固定采精员。采精的熟练程度、手势和压迫力的不同都影响采精量和品质，故最好固定采精员。

⑤用具消毒。采精用具应经过刷洗、消毒、晾干或烘干后使用。

⑥搞好精液的保存和使用。采集的精液应立即置于25～30℃的保温瓶内保存，精液最好在采精后30min内用完，否则活力将会大大降低。

3. 精液品质的评定

（1）外观检查：正常精液为乳白色或稍带黄色。混有血液、尿液及粪便的精液均为异常，品质不良，受精率也低。

表11－1　精液外观区别

精液外观	颜色与状态	可能原因
正常	乳白色、不透明	—
异常	黄褐色	粪便污染
异常	粉红色	混有血液
异常	粉白色、棉絮状	混入尿酸盐
异常	上层水渍状	混入过量透明液

（2）精液量检查：用带有刻度的吸管或其他计量器，将精液吸入后读数，一般1只公鸡1次采精量为0.5ml。

（3）活力检查：采精后20min内，取同等量精液和生理盐水各1滴，置于载玻片上，混合均匀，放上盖玻片，在37℃条件下，用200～400倍显微镜检查，呈直线运动的才有授精能力，视其中比例的多少，评为0.1至1级，在实践中最好的为0.9级，故精子活力达0.8，受精率可达90%以上。呈旋涡翻滚状的为活力高、密度大的精液。如精子呈圆周运动或原地摆动的均无授精能力。

（4）密度检查：可采用精子密度估测法。在显微镜下，如见整个视野布满精子，精子间几乎无空隙，一般每毫升精液的精子在40亿以上，为浓稠的精液；如在视野中精子间距明显，每毫升精液的精子在20亿～40亿，为中等密度的精液；如见精子间有很大的空隙，每毫升精液的精子在20亿以下，为稀精液。

（5）酸碱度检查：正常精液的氢离子浓度为100nmol/L（pH7），当氢离子浓度大于1 000nmol/L（pH值小于6）时，精子运动缓慢；氢离子浓度小于10nmol/L（pH值大于8）时，精子运动快，易死亡。

（6）畸形率的检查：取精液一滴滴于载玻片上，抹片，自然风干，后用98%的酒精固定1～2min，冲洗，再用0.5%龙胆紫染色3min，冲洗，晾干后在显微镜下检查，数出300～500个精子中有多少个畸形精子，换算成百分比即为畸形率。

4. 精液的稀释与保存

（1）精液的稀释：精液稀释的目的，一是扩充精液量，增加输精鸡数；二是延长精子的寿命的保存时间，以便操作与运输。将合格的精液与等温的稀释液缓慢混合，防止起泡，也要防止急剧降温和温度反复波动。常用的稀释液有：

①1%氯化钠溶液：氯化钠1g，蒸馏水100ml。

②磷酸盐缓冲液：磷酸二氢钾1.456g，磷酸氢二押0.873g，蒸馏水100ml。

③葡萄糖液：葡萄糖5.7g，蒸馏水100ml。

④蛋黄葡萄糖液：新鲜蛋黄1.5ml，葡萄糖4.25g，蒸馏水100ml。上述各种稀释液中每100ml加500～1 000U青霉素和链霉素。

（2）精液的保存：短期保存可于采精后15min内稀释，在0～5℃条件下保存。如需长久保存，则需进行冷冻保存。

5. 输精技术

（1）输精操作：一般输精由2人操作，助手左手握住母鸡腿部，右手按压腹部，施加一定压力，将泄殖腔翻开露出输卵管口，输卵管口在泄殖腔左侧上方，右侧为直肠开口，立即将母鸡泄殖腔朝向输精员，便可输精。当输精器插入的一瞬间，便稍往后拉，助手即可解除对母鸡腹部的压力，这样就使精液有效地输到母鸡输卵管内，每输一只母鸡，都要用酒精棉球擦拭输精器头。最好每输一只母鸡换一个输精器头，以免交叉感染。

（2）输精深度：一般以浅输精为宜，输精管插入输卵管口1～2cm，即可收到很好的效果。

（3）输精时间：应在每天下午2～4点钟，母鸡产蛋之后输精。提前输精，输卵管内有蛋，阻碍精子运行，受精率明显下降。

（4）输精次数与输精量：母鸡在产蛋期，每周输精1次，就可获得较高的受精率，但一般以3～4d输精1次为好。输精后48h即可收集种蛋。精液的品质决定采精量和采精次数。新鲜未经稀释的精液，每次人工授精可用0.025～0.05ml。正常种公鸡每毫升精液中含有40亿精子，每次输入0.025ml，有效精子数可达1亿，受精率可达95%以上。

第三节　乌鸡的饲养管理

一、乌鸡的饲养标准和饲料配方

见表11－2、表11－3。

表11－2　乌骨鸡不同生长阶段和生产阶段的营养需要

阶段	代谢能（MJ/kg）	粗蛋白（%）	钙（%）	磷（%）
育雏期	12.14	20	0.9	0.60
中雏期	11.93	18	0.9	0.60
大雏期	11.50	16	1.2	0.62
产蛋前期	11.50	17	2.0	0.65
产蛋高峰期	11.50	18	3.2	0.60
产蛋后期	11.30	16	3.4	0.50

表 11－3　乌骨鸡维生素与微量元素的需要量（每千克饲料中含量）

名　称	幼雏鸡	育成鸡	种　鸡
维生素 A（IU）	1 500	1 500	4 000
维生素 D（IU）	200	200	500
维生素 E（IU）	10	5	20
维生素 K（mg）	0.5	0.5	0.5
维生素 B_1（mg）	1.8	1.3	0.8
维生素 B_2（mg）	3.6	1.8	3.8
维生素 B_6（mg）	3.0	3.0	4.5
泛酸（mg）	10	10	10
生物素（mg）	0.5	0.10	0.15
烟酸（mg）	27	11	10
胆碱（mg）	1 300	500	500
叶酸（mg）	0.55	0.25	0.35
维生素 B_{12}（mg）	0.009	0.003	0.003
钙（%）	0.8	0.6	3.0
磷（%）	0.6	0.5	0.6
钠（%）	0.15	0.15	0.15
氯（mg）	800	800	800
铜（mg）	4	3	4
碘（mg）	0.35	0.35	0.35
铁（mg）	80	40	80
锰（mg）	50	25	30
硒（mg）	0.1	0.1	0.1
锌（mg）	40	30	50

二、乌鸡的饲养管理

乌鸡的饲养管理按阶段划分：雏鸡为 0～60 日龄，育成鸡为 61～150 日龄，种鸡为 151 日龄以后，不同阶段，其饲养管理方法不同。

（一）雏鸡的饲养管理

1. 温度　乌鸡个体一般比家鸡小，初生重仅 30～33g，羽毛稀少，散热快，对外界的适应性较一般鸡差；因此，为了保重鸡雏的正常生长发育，必须严格掌握育雏温度（表 11－4）。

表 11－4　不同周龄的乌鸡育雏温度　（℃）

周　龄					
1	2	3	4	5	6
35～33	32～31	30～29	28～26	25～23	22～20

2. 湿度 乌鸡出雏第一周相对湿度为65%～70%，第二周后相对湿度为60%～65%。

3. 光照 雏鸡出壳后前3d光照采用每天24h，以诱导其饮水，采食饲料，促进生长速度。第四天到脱温采用每天18h光照，每周减少0.5h，逐渐采用自然光照。一般灯泡离地面2m，光照强度5.97～7.96lx（1.5～2W/m^2）即可。光照强度由强变弱，1～2周龄时，应为15～20lx，第6周起保持10lx。

4. 通风 育雏舍要求空气新鲜，特别是育雏后期，随着雏鸡的生长，采食量、饮水量增加，生理代谢加强，雏鸡需要更多新鲜空气，这时应加强通风换气，保持鸡舍适宜的温度、湿度。空气流速以0.2～0.3m/s为宜。

5. 密度 适宜的密度与雏鸡的生长发育和成活率关系密切。合理的饲养密度保证采食均匀，生长发育整齐，防止疾病、啄癖的发生。平养密度1～3日龄50只/m^2，4～10日龄45只/m^2，10～20日龄40只/m^2，20～30日龄35只/m^2，30～40日龄30只/m^2，40～50日龄25只/m^2，50～60日龄20只/m^2为宜（表11－5）。

表11－5 不同的育雏方式不同周龄的乌鸡育雏密度 （只/m^2）

育雏方式	周龄					
	1	2	3	4	5	6
网上育雏	80	70	60	50	40	35
平面育雏	50	45	40	36	30	20

6. 饮水和开食 雏鸡进入育雏室的24h内必须饮到清洁的水。饮水中可加入白糖或葡萄糖水（5%）、水溶液中可加入水溶性补液盐，预防白痢、大肠杆菌的药物，加饮3d即可。雏鸡先饮水后开食，开食料可直接采用全价配合饲料，实行自由采食，最初1周可用开食盆，以后可改用饲槽饲喂。

7. 断喙 雏鸡1～2周龄左右可进行断喙，1月龄左右进行第二次补断喙，断喙后的喙要上短下长，因此上喙断去1/2，下喙断去1/3。注意留种公鸡要只断喙尖，如果断喙过长会影响配种。

8. 免疫 鸡场根据各场具体情况，制定切实可行的免疫程序和全年预防接种计划，并采用免疫监测手段，及时、安全地做好各种疫苗的接种工作（表11－6）。

表11－6 乌鸡商品代免疫程序

日龄	疫苗	接种方法
出壳24h内	马立克氏疫苗	皮下注射
7～10	新城疫Ⅱ疫苗	点眼滴鼻
10～15	法式囊疫苗	点眼滴鼻
20～25	鸡痘疫苗	点眼滴鼻
20～25	法氏囊疫苗	饮水

注：鸡传染性喉炎疫苗应根据情况选用，非疫区严禁使用。

（二）育成鸡的饲养管理

作为种用或蛋用的母鸡，在育成后期应限制饲养，以防止开产过早，影响产蛋率和受精度。作为药用或肉用的乌鸡，则要求缩短饲养期，使其增重加快，耗料减少，提高成活率和商品合格率。

1. 饲养　乌鸡育成期消化机能逐渐增强，采食量增加，新陈代谢旺盛，生长发育速度快，特别是骨骼和羽毛生长发育迅速，育成后期生殖系统开始发育，因此育成前期保证饲料营养全价，满足乌鸡的营养需要，后期采用限制饲喂，控制鸡的性成熟时间，防止开产过早，影响生长发育和蛋的质量。

2. 管理

（1）及时转群：雏鸡60日龄后体温调节能力已完善，这时可脱温，但脱温要逐渐进行，开始时，白天脱温，夜晚仍供温，适应几天后可完全脱温，转入育成舍，为防应激可在饮水中加入多维及抗应激药物，捉鸡尽量在傍晚进行，转群按强弱、雌雄分群。

（2）合适的温度和湿度：育成期的最佳温度为15～21℃，相对湿度为55%～60%。夏季要注意人工降温，加强通风换气。

（3）光照：光照时间影响乌鸡的性成熟。开放式、半开放式鸡舍以当地自然光照时间变化，辅以人工光照来控制。10～20周龄保持8h，不超过10h。22周龄，每周逐渐增加光照，至产蛋时达每天光照14～16h。

（4）饲养密度：合理的饲养密度保证育成鸡良好生成发育，以获得标准体重的健康种鸡群（表11－7）。

表11－7　育成鸡平养饲养密度

周　　龄	10～14	15～18	19～23
饲养密度（只/m^2）	18～16	15～12	10～8

（5）加强环境卫生，保持安静环境：舍内外要定期消毒，饮水器具、饲喂用具要每天清洗，定期消毒。保持环境安静，防止鸡受惊吓而影响生长。乌鸡在开产前2周接种新城疫Ⅰ系疫苗和做好驱虫工作。

（三）种鸡的饲养管理

1. 加强饲养　为保持雌鸡良好的产蛋性能，对种雌鸡分阶段饲养，产蛋前期、高峰期、后期日粮蛋白质水平满足营养需要，同时应注意给种雌鸡提供足够的钙质。

2. 提供适宜的环境条件　母鸡产蛋的适宜温度13～25℃。产蛋期的光照原则逐渐延长。光照时间14～16h/d，强度以10lx为宜。

3. 做好母鸡的醒抱工作　注射“丙酸睾丸注射液”，每只肌肉注射0.25～0.3mg，1～2次即可，10d后基本恢复生产；该药具有副作用，生产中应酌情使用。重要的还是通过选种选育，建立无抱性或抱性弱的种鸡群。

（四）商品乌鸡的饲养管理

药用和肉用商品乌鸡生产分为生长期和育肥期两个阶段。5周龄前为生长期，日粮中应含有较高的蛋白质，同时保证足够的维生素和微量元素的供给。6周龄后为育肥期，这一时期主要增加肌肉和脂肪的沉积。采用高能量高蛋白日粮。日粮中尽量限制糠麸和青饲料等能量低的饲料喂量。在管理上采用全进全出，适当增加饲养密度，减少运动量和能量消耗，保证充足饮水；舍内清洁干燥，防止球虫病发生。光照不要太强，使鸡群安静，利于快速增重育肥。雌雄分养，利于提高增重、饲料效率和整齐度。商品乌鸡 60～70 日龄可达上市体重，上市时母鸡活重为 750g，公鸡为 1 000g。

复习思考题

1. 乌鸡的十大特征是什么？
2. 简述乌鸡的人工授精技术。
3. 掌握乌鸡育雏期的饲养管理技术要点。
4. 掌握育成期的饲养管理技术要点。
5. 掌握种鸡的饲养管理技术要点。
6. 掌握商品乌鸡的饲养管理技术要点。

张淑娟

第十二章　雉　鸡

雉鸡（*Phasianus colchicus*）又称山鸡、野鸡、环颈雉，属于鸟纲（Aves）、突胸总目（Carinatae）、鸡形目（Galliformes）、雉科（Phasianide）、雉属（*Phasianus*）。雉鸡肉质鲜嫩，清香可口，营养丰富，在世界上久负盛名。雉鸡肉在中医上食疗具有补中益气，止痰化淤，清肺止咳之功效。《本草纲目》中记载，雉鸡脑治冻疮；屎治久疟等；鸡内金主治消化不良、反胃呕吐、遗尿、遗精等；鸡胆具有清肺止咳之功效，主治百日咳等；鸡尾烧灰合麻油，敷丹毒。雉鸡羽色华丽，带羽剥制的皮张可做装饰品或制成生态标本。羽毛及尾羽可制成羽毛画及其他工艺品。

第一节　雉鸡的生物学特性

一、雉鸡的外貌特征

雉鸡的羽毛鲜艳美丽，雄雉和雌雉的外观有明显区别。雄雉羽毛颜色缤纷，并具金属光泽，颈部有明显的白环，故称环颈雉。

（一）雄雉

头顶青铜褐色，两侧有白色眉纹。前额及上喙基部羽毛黑色，且有金属光泽。眼周围及眼下方的皮肤裸露，有的文献称肉垂，呈绯红色，在繁殖季节呈鲜红色。眼的后下方生有绿色短羽，耳羽为黑色，喉部羽毛为紫色。颈部羽毛背侧紫色，腹侧绿色，颈的后方有白色颈环，在颈腹侧断开或几乎断开，在颈背侧也稍变窄。肩和上背部羽毛淡黄色，围以黑色条纹。背和腰部均为浅银灰色而带绿色，具金属光泽。胸部羽毛栗紫色，羽端红铜色，有明显的金属光泽。肋部羽毛金黄色，羽的尖端有一个大黑斑。下胸部中央及腹部羽毛黑褐色。翼上羽浅灰色，羽喙白色；翼下羽白色，杂以淡黄色。尾羽灰色和黄褐色掺杂且有黑色横斑。喙灰白，趾、脚灰色，有短距。体长 700～900mm，尾长 400～500mm，体重 1 200g 左右。

（二）雌雉

头顶羽毛米黄色，杂有黑褐色斑纹。脸部羽毛淡红色，颈部浅栗色，胸腹部沙黄色，尾羽黄褐色，上有黑色斑纹，背部褐色或棕褐色，有黑色斑纹。喙和脚均为灰色，脚无距。体长 550～650mm，尾不足 300mm，体重 800g 左右。

二、雉鸡的生物学特性

（一）雉鸡的适应性和抗病力强

从海拔 300m 的草原、丘陵到 3 000m 的高山，都有雉鸡繁衍生存。夏季能耐 32℃以上高温，冬季在35℃以下也能在雪地上行走、觅食，能饮有冰碴的水，且不怕雨淋。在恶劣环境条件下也能栖居过夜，雉鸡是广栖性动物。

（二）雉鸡有集群习性

交配期以雄雉为核心组成相对稳定的“婚配群”，活动在雄雉的领地上，如有其他雄雉侵入，雄雉之间会发生强烈争斗。孵卵期雌雉常在隐蔽处营巢孵卵，幼雉孵出后，雌雉带领幼雉成群活动，成为血亲群。幼雉能独立生活时，重新组成觅食群，成群活动觅食。每群十几只或几十只不等。人工饲养的雉鸡能适应大群饲养的环境，但如果饲养密度过大，防碍采食，常发生互相叨啄现象。

（三）胆怯而机警

即使在采食过程中，雉鸡也不断抬头张望，如遇敌害，则迅速逃避。人工饲养的雉鸡，如听到响声或怪动静，则乱飞乱撞，常碰得头破血流。因此，雉鸡养殖场的环境要安静，以免雉群受惊。

（四）性情活跃，善于奔走

雉鸡高飞能力差，只能短距离低飞，且不能持久。雉鸡的脚强健，善于游走，在行走过程中，常左顾右盼，不时的跳跃。

（五）食性杂，食量小

雉鸡的嗉囊较小，只能容纳少量食物，因此，雉鸡喜欢少食多餐。在采食时，雉鸡常吃一点就走，过一会儿回来再吃。

（六）叫声特殊

雉鸡常发出“咯—克—咯”或“柯—哆—罗”的叫声。它们用悦耳的低叫来互相呼唤。受惊时，则暴发出尖锐的“咯咯”声。繁殖季节，天刚亮公雉就“咯咯”啼叫，十分清脆，每次鸣后都拍动双翅，表现出发情姿态，稍晚时，叫声变低。天气炎热时，雉鸡不叫或很少鸣叫。

第二节 雉鸡的繁育

一、雉鸡的品种

野生雉鸡世界上共有30多个亚种，我国境内有19个亚种，其中有16个亚种为我国特有。雉鸡在国内分布很广，遍及全国大部分地区。目前，世界上和我国人工饲养的雉鸡大部分是由我国这些亚种驯化或杂交而成。

（一）地产雉鸡

地产雉鸡20世纪80年代初，由中国农业科学院特产研究所等单位用我国环颈雉东北亚种驯化选育而成。该雉鸡的白色颈圈宽，雄雉头部眶上有明显的白眉，雄雉体重1 100～1 300g，雌雉800～1 000g，年产蛋25～40枚，最高可达48枚，蛋重25～30g。受精率87%，受精蛋孵化率89%左右。蛋的颜色差别较大，有橄榄色、暗褐色、浅褐色、黄色及蓝色。其肉质优于美国七彩山鸡。

（二）美国七彩山鸡

美国七彩山鸡是由我国华东环颈雉与蒙古环颈雉杂交育成的。其羽色与我国环颈雉基本相似，羽毛略浅于我国环颈雉，颈部白环窄，雄雉头部眶上无白眉。经过多年的选育，其体重和生产性能均高于原品种。雄雉体重1 500～1 800g，雌雉体重1 300～1 600g，年产蛋60～120枚，受精率81.7%，受精蛋孵化率84.16%，蛋重33g左右。

二、种雉的选择

每年10～11月份进行第一次选择，严格按品种标准、生长发育和健康情况选择，组成后备群；次年的1～2月份进行第二次选择，选择标准：公雉羽毛丰满鲜艳，羽束直立，胸宽深，体大，体格粗壮，雄性强；母雉身体端正呈椭圆形，羽毛紧贴有光泽，尾不着地，腿部及眼睛无缺陷。在2月底3月初进行一次精选，将不符合产品特征或雄性不强、精神状态不佳的雄雉剔除，母雉至3月初脸不红或尾拖地的个体剔除。至此，经过2～3次选择淘汰就可确定种雉。

三、繁殖技术

（一）雉鸡的繁殖特点

1. 季节性繁殖　在自然条件下，雉鸡具有季节性繁殖的特点。雉鸡常集群越冬，在2～3月份开始分群，雄雉鸣叫占区，寻找配偶，4～5月产卵，5～6月为产卵旺季。7～8月产卵逐渐减少而停止。人工养殖条件下，产蛋期可延至8～9月，产蛋量也高。

2. 配种年龄和利用年限　雉鸡生后10月龄性成熟，此时公雉体重1.2kg，母雉0.9kg，即可参加配种。清晨雄雉发出清脆的叫声，并拍打翅膀引诱雌雉到来。雄雉求偶姿态为：颈部羽毛蓬松，尾羽竖立，迅速追赶雌雉，从侧面接近雌雉，将靠近雌雉的翅膀下垂，另一侧翅膀不住的扇动，头上下点动，围着雌雉做弧形快速来回走动，如果雌雉接受交配，雄雉则跳到雌雉背上，用嘴叼住雌雉头顶羽毛，进行交配。

一般第一年孵出的雉雏到第二年繁殖季节时即可参加配种。在繁殖场，雌雉产蛋后即可淘汰，再从当年的育成雉中进行选留。雄雉可以留用2年，且第二年的配种效果优于第一年。在育种场或育种时，雌雉可用2年，雄雉可用3年。

3. 雄雌雉鸡的比例　雄雌比例直接影响种蛋的受精率。自然条件下，比例一般为1∶2～1∶4，当然也有一雄一雌的情况，在人工饲养条件下，比例为1∶5～1∶8。

（二）配种方法

1. 自然配种

（1）大群配种：在较大数量的母雉群内，按一定比例放入公雉，让其自由交配。每群100～150只母雉。这种方法管理方便，可节省人力，种蛋受精率和孵化率都很高。缺点是不能确定雏雉的父母，是一般生产场常用的方法。

（2）小群配种：把1只公雉和5～7只母雉放在一个小间内配种。将公母雉带上脚号和肩号以便区别，记清每个种蛋的母雉号。此法可知道每个雏雉的父母，便于建立系谱，是品种选育和引种观察常用的方法。

2. 人工授精

（1）人工授精前的准备：①公雉单笼饲养，母雉每笼3只，笼的底面积为：50cm×70cm。②训练公母雉鸡采精输精。公雉一般每天采精两次，分别为8～9时和16～17时。随着家养驯化环颈雉代数的增加，其野性逐渐消失，采精的成功率也越来越高。母雉鸡可每天训练输精1次，一般训练4～5次即可。

（2）雉鸡的精液品质：雉鸡的精液为乳白色，每次可采精0.1ml左右，pH值为7.1～7.2，每毫升精液含有效精子20亿～30亿以上。

（3）雉鸡的输精：将采得的新鲜雉鸡精液，立即用0.9%的生理盐水稀释10倍，1次输0.1～0.2ml稀释精液，连输两天，每天1次。输精时，助手手持母雉，术者用带刻度的滴管吸取稀释精液后，将滴管插入母雉阴道，同时按摩其泄殖腔外侧，将精液慢慢输入。

第三节　雉鸡的饲养管理

一、营养需要和饲料配方

雉鸡的营养需要和饲料配方

参见表12－1、表12－2、表12－3、表12－4、表12－5。

表12－1　美国NRC雉鸡的饲养标准

营养＼时期	育雏期	生长期	种用期
代谢能（MJ/kg）	11.72	11.3	11.72
蛋白质（%）	30.0	16.0	18.0
甘氨酸＋丝氨酸（%）	1.8	1.0	0.5
赖氨酸（%）	1.5	0.8	0.6
蛋氨酸＋胱氨酸（%）	1.1	0.6	0.6
亚油酸（%）	1.0	1.0	1.0
钙（%）	1.0	0.7	2.5
有效磷（%）	0.55	0.45	0.40
钠（%）	0.15	0.15	0.15
氯（%）	0.11	0.11	0.11
碘（mg）	0.30	0.30	0.10
核黄素（mg）	3.5	3.0	4.0
泛酸（mg）	10.0	10.0	16.0
烟酸（mg）	60.0	40.0	20.0
胆碱（mg）	1 500	1 000	1 000

表12－2　中国雉鸡各饲养阶段营养需要推荐水平　（%）

成分	育雏期（0～4周龄）	肥育前期（4～12周龄）	肥育后期（12周至出售）	种雉休产期或后备种雉	种雉产蛋期
代谢能（MJ/kg）	12.13～12.55	12.55	12.55	12.13～12.55	12.13
粗蛋白	26～27	22	16	17	22
赖氨酸	1.45	1.05	0.75	0.80	0.80

续表

成分	育雏期（0～4 周龄）	肥育前期（4～12 周龄）	肥育后期（12 周至出售）	种雉休产期或后备种雉	种雉产蛋期
蛋氨酸	0.60	0.50	0.30	0.35	0.35
蛋氨酸＋胱氨酸	1.05	0.90	0.72	0.65	0.65
亚油酸	1.0	1.0	1.0	1.0	1.0
钙	1.3	1.0	1.0	1.0	2.5
磷	0.90	0.70	0.70	0.70	1.0
钠	0.15	0.15	0.15	0.15	0.15
碘	0.30	0.30	0.30	0.30	0.30
锌（mg）	62	62	62	62	62
锰（mg）	95	95	95	70	70
维生素 A（IU/kg）	15 000	8 000	8 000	8 000	20 000
维生素 D（IU/kg）	2 200	2 200	2 200	2 200	4 400
维生素 B_2（mg/kg）	3.5	3.5	3.0	4.0	4.0
烟酸（mg/kg）	60	60	60	60	60
泛酸（mg/kg）	10	10	10	10	16
胆碱（mg/kg）	1 500	1 000	1 000	1 000	1 000

表 12－3　雉鸡的饲料配方（一）　　（%）

饲料种类	周龄				
	幼雉（0～4）	中雉（5～9）	大雉（10～16）	产蛋期	非产蛋雉
玉米	30	38	60	40	62.5
全麦粉	10	10	—	10	—
麦麸	2.6	4.6	8.5	3.5	15
豆饼	25	21	18	15	15
高粱	3	3	—	—	—
大豆粉	10	8	—	10	—
鱼粉（进口）	12	10	8	12	5
酵母	5	3	3	5	—
骨粉	1	1	—	2	—
贝壳粉	1	1	2	2	2
食盐	0.4	0.4	0.5	0.5	05
多种维生素（g/100kg）	20	20	20	20	20
微量元素（g/100kg）	100	100	100	100	200
代谢能（MJ/kg）	12.21	12.25	12.16	11.75	11.95
粗蛋白	28.0	25.2	28.8	24.7	17.9

表 12-4 雏鸡的饲料配方（二） （%）

成 分	育雏期 0~4 周龄	肥育前期 4~12 周龄	肥育后期 12 周龄至出售	种鸡休产期或后备种鸡	种鸡产蛋期 4~7 月龄
玉米	57	55	70.5	67	56
豆饼	28	29	16	20	25
麦麸	3	6	8	8	5
进口鱼粉	10	7	4	3.5	10
骨粉	1.5	1	0.5	0.5	2
贝壳粉	0.5	1	1	1	2
羽毛粉	—	1	—	—	—

注：育雏期饲料在此配方基础上，每 100 只雏每次加 1 个熟鸡蛋，每日喂 9 次，20d 后停喂；按混合料的 0.3% 添加蛋氨酸。各期均混合料的 0.3% 添加食盐。按说明添加各种添加剂。

表 12-5 雉鸡饲料需要量 （g/只）

周龄	体重	每日料量	每周料量	累积料量	周龄	体重	每日料量	每周料量	累积料量
1	34.4	5	35	35	11	722	56	392	2 156
2	55.7	9	63	98	12	798	63	441	2 597
3	87.9	13	91	189	13	874	68	476	3 073
4	134.7	17	119	308	14	925	70	490	3 563
5	185	21	147	455	15	977	73	511	4 074
6	260	25	175	630	16	1 025	72	504	4 578
7	346	31	217	847	17	1 069	71	497	5 075
8	445	37	259	1 106	18	1 111	71	497	5 572
9	541	44	308	1 414	19	1 152	70	490	6 062
10	636	50	350	1 764	20	1 191	70	490	6 552

二、雉舍的选择与建设

雉鸡适合在干燥的条件下生活，场地应选择地势较高，背风向阳，交通便利，远离居民区、厂矿，较为僻静并有卫生的水源和电源的地方。规模化养殖，每栋鸡舍长 36m，宽 8m，高 2m 以上，鸡舍前设有运动场，并罩上网罩，以防飞逃。7~8 月份，天气炎热，应搭棚遮荫。

三、雉鸡的饲养管理

雉鸡的饲养管理分为 3 个阶段，0~8 周龄为育雏期，9~19 周龄为育成期，20 周龄后为成年雉。

（一）育雏期的饲养管理

1. 育雏前的准备工作　对育雏舍进行全面修理，清扫干净，地面干燥，通风良好，光线充足，保温良好，供温设施齐全。进雏前将育雏笼、育雏伞放在适当位置，垫好垫料。封闭所有门窗，并进行熏蒸消毒。按每立方米空间加福尔马林 15ml，高锰酸钾 7.5g，熏蒸一昼夜。食具和饮水器用 2% 火碱水或其他消毒剂消毒，然后用清水洗净。在进雏前 2d 要进行试温，使各部分温度均匀，温差不超过 2℃。

2. 育雏方式　雉鸡的育雏方式分为育雏箱、地面平养、网上平养及育雏笼育雏等几种方式，无论何种方式，都要求育雏舍保温性能好，利于通风换气。

（1）育雏箱育雏：育雏箱的规格一般为70cm×45cm×40cm，箱底的网眼为10cm×10cm，在箱的上方悬挂红外线灯供热，育雏量为18～20只/箱。适于20日龄以内雏雉的小批量育雏，20日龄以后改为地面育雏。

（2）地面平养育雏：用网眼为15cm×15cm以下的铁丝网或苇席制成80～100cm围栏，地面铺5～10cm厚的垫料。围栏内放置伞形育雏器，也可在上方悬挂红外线灯供热，也可用火道、热水管或热风机供热。

（3）育雏笼育雏：育雏笼由笼架、笼体、料槽、水槽、底网、承粪板组成，一般分为3～4层，采用叠式排列，每层装有照明光源、热源和加温控温系统，可自动调节温度，但育雏初始温度必须是35℃。

（4）网上平养育雏：在离地面0.6～0.8m的地方安装上架子，铺上金属网，网上加盖一层塑料方格网，同地面平养一样将网上分割几个小围栏。小围栏上方悬挂保温伞，直径1.5m左右，高约0.5m。伞的中心装有电热丝和调节器，具有供温均匀、稳定特点。网上育雏可以节省大量的垫料，由于雏雉不与粪便接触，可以减少疾病的传播。

3. 雏雉的饲养管理

（1）温度：育雏温度应随雏雉日龄的增加而降低。雏雉1～3日龄为35～34℃；4～5日龄34～33℃；6～8日龄33～32℃；9～10日龄32～31℃；11～14日龄31～28℃；15～20日龄28℃；21～25日龄25℃；25日龄以后常温，一般不低于18℃，白天可停止给温，夜晚要继续加温；28日龄以后可完全脱温，但还要根据室外环境温度的变化灵活掌握育雏效果会更佳。

（2）湿度：育雏初期由于室温高，可向地面洒水、用喷雾器喷雾或用室内放水盆来增加湿度。育雏中后期由于雏雉呼吸量和排粪量的增加及室温的逐渐降低，湿度超过70%，可通过通风换气和及时清扫粪便等方法来降低湿度。因此，一般1～10日龄相对湿度为65%～70%，11日龄以后为55%～65%。

（3）饮水和适时开食：雉雏出壳10h左右即可转入育雏舍，12h以后有啄食行为时即可饮水［水中加0.01%高锰酸钾，青霉素2 000～3 000IU/（只·d）或5%葡萄糖水及0.1%维生素C混合液］。喂水后1～2h即可开食。开食料要柔软，适口性好，营养丰富易于消化，第一天喂玉米面拌熟鸡蛋（100只雏雉每日加3～4只），饲料中应拌入少量的水，达到手攥成团，张手散开。2日龄可喂蛋白质25%以上的全价饲料。由于雏雉食量小，应少喂勤添。开食每隔2～3h喂1次，每日喂8次以上；4～14日龄喂6次；15～18日龄喂5次；以后每日喂3～4次，随着日龄的增加，饲料量也逐渐增加。

（4）密度：饲养密度过大，则导致卫生条件差，空气污浊，抢食抢水，相互叨啄，同时湿度过大，易引起疾病。网上平养或箱式育雏密度为1～10d，50～60只/m^2；10～20d，30～40只/m^2；此后可转入立体笼（蛋雉育雏用4层笼），21～42d，20～30只/m^2；43～60d，10～20只/m^2。

（5）通风换气及室内环境控制：室内空气流通不好，氨气浓度过大，会直接影响雉鸡的生长发育，并可诱发慢性呼吸道疾病、眼病等。一般以进入育雏舍无异味、无氨气刺激眼为宜。应经常通风换气，保持室内空气清新，及时清粪，维持适宜的温度，定期带鸡消毒。做好室内卫生环境控制是提高雏雉成活率的重要措施之一。

（6）光照控制：初雏1~3d内保持每天24h光照，4~7d保持每天20~22h光照，光照强度为5~10lx，此后根据雏雉采食情况可转入自然光。3周后转入立体笼时，第一个晚上要全光照，以使雏雉尽快适应新的环境，待雉群稳定后正常采食和饮水后即可采用自然光。

（7）断喙：雉鸡好斗，断喙是解决雉鸡啄癖的最有效的方法。在2周龄用断喙器进行，4~6周补断1次。断喙时雉的应激性非常大，可在水里加入适当的维生素C和维生素K以减少应激和利于止血。断喙1周内，多添些料，使雏雉易采食。

（8）免疫接种：结合本场情况制定好免疫程序。一般在出雏后24h内注射马立克氏疫苗；7日龄注射传染性支气管炎疫苗；14日龄用新城疫Ⅳ系苗和法氏囊苗饮水。

（9）环境的安静：雏雉特别易受环境影响，稍有动静就会发生惊群，四处奔跑，容易发生撞伤。应保持环境安静，减少捕捉。

（10）加强管理：育雏期间应加强卫生管理，喂料及饮水用具每日清理，定期消毒。

（二）育成雉鸡的饲养管理

育成舍南面建有相连接的运动场，长3m，宽2.5m，高1.8m，上设天网。

1. 及时转群　雉鸡养至8周龄时，进行第一次选种，将青年种雉与育肥雉分开饲养，转入青年雉鸡舍和育肥舍饲养。在雏雉转入的前2d，将舍内、外清扫干净，彻底消毒。舍内铺上垫草。对于青年雉鸡的饲养密度6只/m^2，如果包括运动场在内，则2~3只/m^2，每群300只左右。当雉鸡达到11周龄以后，已能明显分出雌雄，应按雌雄强弱分别组群。每群100~200只，密度1~2只/m^2。

2. 科学饲喂　为使雉鸡达到最佳的生长发育和繁殖要求，要根据雉鸡的不同时期、不同阶段的营养需要，提供全价饲料。为保证雉鸡在繁殖期获得较高的产蛋率和受精率，在饲养过程应经常抽测体重，以便灵活掌握雉鸡日粮的能量和蛋白质水平。

3. 加强运动，防止飞逃　青年雉鸡性情活跃，爱奔走跳跃。因此，青年雉鸡舍一般采用半敞开式或棚架式雉鸡舍，舍外设有运动场，并在管理上采取防逃措施，如剪翼羽、断翅或在运动场上架设网罩等方法防止飞逃。运动场上设置栖架，以便雉鸡飞跃攀登，扩大活动范围，一般50~70只/架。运动场铺一层细沙，供雉鸡采食和沙浴。

4. 保持环境安静，防止雉鸡惊群　经常翻晾和补充垫草，每日清理粪便，食槽和水槽应清洁卫生，保证室内外的清洁。

（三）成年雉鸡的饲养管理

成年雉鸡指养至20周龄以后的雉鸡，育成青年雉鸡到10月龄可达到性成熟，公雉鸡比母雉鸡性成熟晚1个月左右。种用雉鸡饲养和管理的目的是培育健壮的种雉鸡，提高产蛋量和受精率。种雉鸡饲养时期时间较长，可分为繁殖准备期（3~4月份）、繁殖期（5~7月份）、换羽期（8~9月份）、越冬期（10月至翌年2月份）。

1. 繁殖准备期　此时天气转暖，日照时间渐长，为促使雉鸡发情，应适当提高日粮能量和蛋白质水平，并相应降低糠麸量，添加多种维生素和微量元素，增加活动空间降低饲养密度，种雉鸡饲养面积为0.8m^2/只。对雉鸡进行精选，将种雉按一定比例进行组群，每群100只。此期还应修整雉鸡舍，网室地面铺5cm的细沙。将产蛋箱安放在雉鸡舍较暖处，箱内铺少量木屑，产蛋箱底部应有5°的倾斜，以便蛋产出后自动滚入集蛋槽，避免雉鸡损害和污染种蛋。在运动场内设置一些障碍，以减少公雉鸡争偶打斗，保证所有公雉都能正常与母雉交尾。此期管理工作重点：①做好产蛋前的种雉防疫工作，做好雉鸡舍环境卫生工作，以防疫病传播。②对种雉群进行调整，断喙做得不好的要进行补断，以防啄肛、啄蛋行为。

2. 繁殖期　雉鸡在繁殖期需要提高蛋白质水平，并注意维生素和微量元素的补充。

中国地方雉一般在4月15日左右交尾，公母比例1：5~1：8，母雉一般4月下旬到5月上旬开始产蛋。美国七彩山鸡于3月20日左右开始交尾。

中国地方雉应在4月15日左右将日粮改为繁殖日粮，美国七彩山鸡于3月15日改日粮，此期采食量逐渐增加，对日粮营养水平的要求也增加。繁殖期的饲养管理要求如下：

（1）注意营养调控，增加动物蛋白质喂：进入繁殖期的雉鸡，要求营养丰富，尤其是动物性蛋白质饲料要求充分，只有这样才能满足雉鸡交配和产蛋的营养需要。

（2）及早确定王雉：雉鸡群王雉确定后才能保证雉鸡群的稳定，这样有利于交配，减少死亡。

（3）供给清洁的饮水，保持舍内外环境卫生。

（4）搭棚避光，防暑降温：5~7月份是产卵季节，在我国北方6月中旬至7月末，正值炎热天气，如果阳光直射，则影响种雉的性活动，减少交配次数，降低受精率。因此，在北方炎热天气，须采取搭棚、种树、洒水等降温措施。

（5）有计划对公雉进行轮换：到繁殖后期，部分公雉交配能力下降，应及时更换，但对新公雉要注意保护，如果争斗严重，应将弱者及时转走，以免出现损伤。

（6）勤捡蛋，减少破损：公母雉都有啄蛋行为，应安放足够的产蛋箱，并勤捡蛋，发现破蛋及时清理干净。

（7）合理光照：适当延长光照，可使雉鸡的产蛋提前，延长产蛋期，增加产蛋量。

3. 换羽期　产蛋结束后开始换羽，为加快换羽，日粮中粗蛋质要适当降低，在饲料中加入1%的生石膏粉，有助于新羽毛的生成。此期应淘汰病、弱雉鸡及产蛋性能下降和超过使用年限的种雉。留下的应将公、母雉分开饲养。

4. 越冬期　此期对种雉进行调整，选出育种群和繁殖群。对种雉要进行断啄、接种疫苗等工作，做好鸡舍保温工作，以利于开春后种雉早开产、产蛋量高。

复习思考题

1. 简述雉鸡的生物学特性。
2. 雉鸡育雏期的饲养管理技术要点有哪些？
3. 育成雉鸡的饲养管理技术要点有哪些？
4. 雉鸡繁殖准备期的饲养管理技术要点有哪些？
5. 雉鸡繁殖期的饲养管理技术要点有哪些？

张淑娟

第十三章 肉 鸽

肉鸽为家鸽（*Columba livia* domestica）的一种，其祖先是原鸽（*Columba livia*），属于鸟纲（Aves）、今鸟亚纲（Neornithes）、突胸总目（Carinatae）、鸽形目（Columbiformes）、鸠鸽科（Columbidae）、鸽属（*Columba*）。鸽肉肉质细嫩，味道鲜美，营养丰富，早有“一鸽胜九鸡”之说。鸽肉对于防治血管硬化、高血压、气喘等多种疾病有一定的药用作用，对产妇、术后患者、久病贫血者具有大补、养血之功效；同时对延缓衰老也有很好的益处。中成药“乌鸡白凤丸”可治多种妇科疾病，其中的白凤就是指鸽。

第一节 肉鸽的生物学特性

一、形态特征

鸽子躯干呈纺锤形，胸宽而且肌肉丰满；头小呈圆形；颈粗长，可灵活转动；腿部粗状，脚有4趾，第1趾向后，其余3趾向前，趾端有爪；尾端附有12根尾羽，在鸽子飞翔时起舵的作用。鸽子的羽色有纯白、纯黑、纯灰、绛红、黑白相间的“宝石花”、“雨点”等。成年鸽体重700~1 000g。

二、生活习性

肉鸽与其他家禽或鸟类相比，有其特殊的生活习性和特点。

（一）配偶特性

肉鸽是单配偶的鸟类，鸽成熟后对配偶有选择性，一旦配对后则感情专一、雌雄不离，不与其他鸽乱交配。为“一夫一妻”制；但若找不到异性配偶，有时也会同另一只同性的鸽子配对，一旦配对成功，会彼此依恋，所以散养种鸽必须公、母各半，防止同性配对现象发生。

（二）筑巢护巢特性

在筑巢、孵卵、哺育后代、守巢护巢公母共同担任，共同寻找筑巢材料、编织巢窝，母鸽产下两枚蛋后公母轮流孵蛋，公鸽上午九点到下午三、四点钟，母鸽接着孵化至第二天。鸽的孵化期为17~18d。雏鸽由父母轮流用“鸽乳”哺育。

（三）食性

鸽子无胆囊，通常以植物性饲料为主。喜食粒料、豆类，如绿豆、小豆、玉米、麦粒、高粱、谷物等。没有吃熟食的习惯，对青绿饲料和沙粒也很喜爱。鸽子保持野生的嗜盐习性，人工养殖在保健沙中加入3%~5%的食盐。

（四）警觉性与自卫本能

对外来的刺激反应敏感，故易受惊扰。如各种人为的惊扰，鼠、猫等动物的侵扰，都会引起鸽群惊慌骚乱、不安，甚至不敢回巢。另一方面，为保卫自己的生活区域和雏鸽的安全，有较强的自卫本能。特别是雄鸽比较凶猛，当雌鸽在孵蛋和抱雏时，雄鸽在巢边守护；当饲养人员检查鸽蛋和雏鸽时，亲鸽会喙啄翼打。

（五）记忆力强

对其周围的饲养环境、饲料、窝巢、用具、配偶及饲养人员等都可形成一定的习惯记忆，一旦熟悉后则不会忘记。不愿在生疏的地方逗留、栖息，往往出生地就是它们一生生活的地方。若改变窝巢后则需很长时间才能适应。

（六）鸽是晚成鸟

刚出壳的雏鸽尚未充分发育，眼睛不能睁开，不能行走、觅食，需亲鸽在巢中继续哺喂约 30d 才能独立生活。

（七）适应性强

鸽子的适应范围广，包括地域性、气温、湿度、海拔高度、饲料种类、饲养方式等，但改变要逐渐进行。

（八）洗浴性

洗浴是鸽子一个重要的生活习性，平时尤其喜欢水浴，也喜欢日光浴。即使在冬季也是如此，也愿意在冷水里洗浴。以此清洁羽毛和皮肤。

鸽的寿命可达 20 ~30 年，为了准确掌握年龄和性别情况，平时应戴脚号及书面记录。

第二节　肉鸽的繁育

一、肉鸽的品种

（一）石歧鸽

石歧鸽原产于广东省中山县石歧。是我国大型的肉用鸽品种之一。翼及尾部较长，形状如芭蕉的芭蕾，平头，鼻长而尖，眼睛较细，胸圆。成年体重公鸽为 750 ~800g，母鸽可达 650 ~750g。体型修长，毛色多为瓦灰或细雨点，年产 7 ~8 对仔鸽。耐粗饲、肉嫩、易养。

（二）王鸽

王鸽原产于美国，是世界著名的品种。有白羽和银羽两种。

白羽王鸽特点是全身羽毛洁白，颈部的白羽闪出微绿色的金属光泽，嘴呈肉红色；鼻瘤很小，眼大有神，眼皮呈双重粉红色，眼球呈深红色。成年鸽体重 800 ~1 000g，年产乳鸽 6 ~8 对。银羽王鸽体型比白羽王鸽稍大，全身披银灰带棕色的羽毛，翅羽上有两条黑色带，腹部和尾部呈橙黄色，胫部羽毛呈紫红色。生产性能和产蛋量较高，每年可产 10 对仔鸽。乳鸽生产快，饲料报酬高。

（三）蒙丹鸽

蒙丹鸽原产于法国和意大利，因其善于飞翔，喜在地上行走又称地鸽。体形与王鸽相似，性情懒惰，不愿栖息。成年公鸽体重可达 750 ~850g ，母鸽 700 ~800g，重者达 1 000g。年产乳鸽 6 ~8 对，育雏性能好，毛色多种多样。目前世界许多国家已育成了自己的蒙丹种，按产地分：法国蒙丹、印度蒙丹、西班牙蒙丹等。

（四）贺姆鸽

贺姆鸽系大型品种，原有两个品种：食用贺姆鸽、纯种贺姆鸽。美国利用食用贺姆鸽、卡奴鸽、蒙丹鸽、王鸽杂交育成肉用贺姆鸽。其特点平头，羽毛坚挺紧密，光脚。成年公鸽体重680～760g，母鸽体重600～700g，年产仔鸽5～6对。羽色有白、灰、黑、棕及花斑等。4周龄乳鸽体重可达600g左右，乳鸽肥美多汁，嫩滑味甘。

（五）鸾鸽

鸾鸽原产于西班牙和意大利，后经改良，是肉鸽中的“巨鸽”，一般成年公鸽体重1 400～1 500g，母鸽也达1 250g。此鸽特点平头大脚，体短方形，大如母鸡，性情温顺，几乎不会飞翔，胸部突出，肌肉丰满。羽色有黑、白、银灰等。是杂交亲本的理想品种。

（六）卡奴鸽

卡奴鸽原产于法国。体型中等结实，颈粗、胸阔，体重可达600～800g。羽色有黄、红、白、黑等。繁殖力强，年产乳鸽10对以上。

二、种鸽的选择

（一）体型外貌选择要求

选体健性温、采食性强、结构匀称、胸宽深而向前突出、背平宽而长、龙骨直而不弯、胸宽且深、体型较长，但尾不着地、体型适中，全身羽毛纯白光洁润滑、紧贴身体的青年鸽留做后备种鸽。

（二）生产性能要求

亲鸽产蛋率高，受精率高，死胚率低，抱孵性好，育雏能力强。亲鸽月产蛋达3对，产仔的每窝周期在35d以下的高产亲鸽的后裔，留做种用。选择的后备种用鸽30日龄体重雄鸽550g以上，雌鸽600g以上。

根据留种的种鸽，将其分A、B两组，A组后代的雌鸽配B组后代的雄鸽，B组后代的雌鸽配A组后代的雄鸽，以防止近亲繁殖。

做好记录，建立笼号，形成档案和系谱，并经常检查有条件的进行系谱鉴定、系谱分析，了解后裔的优劣，发现问题及时调整处理。

三、繁殖技术

（一）肉鸽的繁殖特点

各品种的鸽子平均5月龄开始产蛋。一般幼鸽生长到6月龄时可以配对繁殖。种鸽的繁殖年限比鸡、鸭等家禽长。肉鸽繁殖年限一般4～5年时间，其中2～3岁是繁殖力旺盛的时期。5岁以上的种鸽繁殖性能开始减退，但个别鸽养到10岁仍保持较好的繁殖性能。公鸽的繁殖能力较母鸽强，繁殖年限也较长。

（二）配对

交配前鸽子神态活跃，公鸽追逐母鸽，在母鸽周围打转，频频点头，发出“咕咕”叫声。母鸽受刺激后。逐渐接近公鸽，随后以喙相吻，进行交配。

1. 自然交配　将数量相等、年龄大小相同或相近的鸽子放在一起组成鸽群，鸽子在群中自由选择对象。自然交配配种成功率高，且易于管理，但配对需要1个月左右才能稳定下来，且系谱混乱，易造成近亲繁殖现象，后代在体型、毛色上差异较大，一般在乳鸽商品场采用自然交配。

自然交配要有充足的食槽、水槽和窝巢。若已对鸽不进巢，要“强迫”其进入空闲的巢房，并用铁网临时封闭巢房；鸽配对占巢后，撤去多余巢房，仍没有进行配对的鸽子重新组群。

2. 人工配对　人为选择1对放在一个配种笼内，开始时在笼中间用铁丝网隔开，使其彼此对望，建立感情，不再发生争斗即可抽去隔网，配对即可成功。人工配对血源清楚，能充分发挥种鸽的生产能力，应用范围广，但工作量大，要求必须对种鸽进行准确的性别鉴定才能使用，否则会造成同性别配对现象。

（三）筑巢产蛋

交配成功后，则到处寻找材料筑巢，这时须及时用稻草等材料编成圆形巢窝，供其产蛋孵化。鸽常在交配后7～9d开始产蛋，第一枚蛋产出后，间隔48h左右产第2枚蛋。

（四）孵化

1. 自然孵化　公、母鸽轮流抱窝，孵化期为18d左右。鸽蛋经4～5d孵化后，要用灯光照蛋，若蛋内血管分布似均匀蜘蛛网状，即为受精蛋；若蛋内无血管或不呈网状，呈“～”状或不规则状，即为死精蛋；若蛋内透明，即是无精蛋。到第10d应进行第二次照蛋，若蛋内一端乌黑，另一端气室增大空白，则是正常发育；若蛋内物如水状可动，壳灰色，则是死胚蛋。到第18d左右，幼雏啄壳，必要时应以人工辅助剥壳1/3。雏鸽出壳后，公母亲鸽的嗉囊便开始产生乳白色的鸽乳，用于喂养雏鸽，以后逐渐改用食进嗉囔中已软化的饲料灌喂，直到幼鸽独立生活为止。

2. 保姆鸽孵化　在养鸽生产中，可根据具体情况利用保姆鸽来代替亲鸽完成孵蛋或哺乳任务。

（1）利用保姆鸽的目的：主要应用于以下几种情况：①代替不善于孵化、哺育的亲鸽，如一些体重较大的品种鸽、初产鸽等常将蛋踩碎或踩死仔鸽。②当获得品种优良的种鸽蛋时，为了孵出良种幼鸽则需要临时寻找普通品种的保姆鸽。③在孵蛋期间公母亲鸽生病、死亡或失踪，也可利用保姆鸽。④为了充分发挥优良种鸽的种用价值，可以让其专门产蛋，产下的蛋由普通保姆鸽代为孵育。⑤单蛋并窝或仔鸽并窝，自然情况一般每窝两蛋，如果照蛋时发现死精、死胚蛋，就会出现单蛋蛋巢，这时可将相同或相近日龄的胚蛋两两合并、代孵代哺，这样可腾出部分亲鸽，提前产蛋、提高效益；同样的道理，可将初生仔鸽实行并窝，但最多只能每窝3只，且日龄（最多相差1～2d）、大小应相近。

（2）保姆鸽的选择：保姆鸽应具备下列条件：一是精神状态好，没有疾病；二是有较强的孵蛋育雏能力；三是应选择1岁以上、5岁以内的生产鸽；四是选择正在产蛋、孵化或育雏的生产鸽。但值得注意的是初产鸽产下2枚蛋后，最好让其自己孵育，以保持鸽子自身的生产特性。

3. 人工孵化　为了提高肉鸽生产效益，增加繁殖窝数和被亲鸽遗弃的种蛋以及因亲鸽不善或不能完成孵蛋时，都可进行人工孵化（当然在条件不具备的情况下，也可采用“代孵鸽”即“保姆鸽”来代替亲鸽孵蛋）。采用人工孵化方法，还可避免鸽孵化时压破种蛋，防止鸽粪污染，减少蛋胚中途死亡等不利因素，提高孵化率和出雏率。同时由于亲鸽不需担负孵蛋和育雏的繁重任务，因而可大大缩短种鸽的产蛋周期、提高产蛋率，据统计平均产蛋周期由自然孵化时的63d缩短为人工孵化时的13d左右。

肉鸽的人工孵化就是将收集起来的种蛋，用一种小型平面孵化器进行孵化（可将普通蛋架换成孵鸽蛋蛋架）。其基本操作方法与普通鸡蛋孵化大体相同。孵化温度1～7d为38℃，8～14d为37.5℃，14d以后为37.3℃。相对湿度应保持在60%～70%，出壳时提高到70%～75%。在入孵当天应翻蛋2次，以后每天翻蛋6次，一直到出壳前2d停止翻蛋。

第三节　肉鸽的饲养管理

一、饲养肉鸽的设备

（一）鸽舍

1. 内外笼双列式　鸽舍用人字屋架，屋顶两边设气楼，正中是走道。走道两侧靠墙壁各安装一排4层的重叠式鸽笼，屋外安有对应的笼子，内外一一对应，以墙相隔。分别在墙上开一个中门（20cm×15cm），供鸽子出入。

2. 单列式鸽舍　笼层放在南侧，北墙封闭。此舍不需通气楼，光照好，但造价高。

3. 群养式鸽舍　可利用普通平房，舍内放群养式鸽笼。舍南面是运动场，运动场四周用水泥柱架网，顶上用铁丝网覆盖。运动场两边放栖息架。

4. 敞棚式鸽舍　四周敞开，只用几根砖（木）柱，上搭棚顶，鸽笼分层、分排放在棚下。此舍造价低，但不能保暖。

（二）鸽笼

1. 群养式鸽笼　可用竹、木、砖等材料。常分4层，共16个小格笼（35cm×40cm×35cm），相邻两格间可开一小门，供养1对种鸽。

2. 内外双笼式鸽笼　常用金属网制成。内笼（40cm×40cm×60cm）正面设小门（20cm×20cm）并设有笼外食槽，小门一侧距笼底17cm处设一巢盆。笼底网眼为3cm×3cm。外笼正面也开一小门（20cm×15cm），顶层上部设一带有许多小孔的水管，用于给鸽淋浴，笼外需设饮水槽。鸽笼应距地面20cm，内外地面分设排水沟。

3. 单笼　该笼（50cm×50cm×60cm）用于强行配对及隔离饲养伤、病、弱鸽。

4. 种鸽配对笼　该笼（35cm×35cm×35cm）中间有一个可抽动的隔网。

5. 其他　巢盆可用木、瓦、陶、塑盆等材料。食槽可用竹木、铁皮等制成长条状（长20cm、高8cm，开口宽4.5cm）。饮水器常为长型，但形式多样。保健砂杯要求深8cm，上口径6cm。栖架是鸽在笼外的休息所。用竹木条制成架子或货格子均可。

二、肉鸽的常用饲料及饲养标准

（一）肉鸽常用饲料

1. 蛋白饲料　主要是豌豆、绿豆、大豆、黑豆等豆类。

2. 能量饲料　主要是玉米、稻谷、大麦、小麦、高粱等谷物类。

3. 维生素　可用青绿饲料补充，也可在饲料中添加复合维生素。

4. 矿物质　常用红土、木炭、壳粉、粒沙、食盐等。

5. 其他饲料　5%的火麻仁（油菜籽、芝麻、花生米）常用于鸽子的换羽期（8～10

月）。

（二）肉鸽的参考饲养标准

肉鸽的饲养标准是在饲养试验的基础上拟定的。各生产场应结合当地的气候、饲料条件和生产实际适当调整（表 13－1）。

表 13－1　肉鸽的参考饲养标准

项目	育雏期种鸽	童鸽	青年鸽	非育雏期种鸽
代谢能（MJ/kg）	12.9	11.9	11.7	12.5
粗蛋白（%）	17～18	16	13～4	14～15
粗纤维（%）	2.8～3.2	—	3.5	3.2
钙（%）	2.0	0.9	1.0	2.0
磷（%）	0.85	0.7	0.65	0.85

（三）饲料搭配比例

幼鸽日粮能量饲料（3～4 种）75%～80%；蛋白质饲料（1～2 种）20%～25%。非育雏期种鸽日粮能量饲料（3～4 种）85%～90%；蛋白质饲料（1 种）10%～15%。育雏期种鸽日粮能量饲料（3～4 种）70%～80%；蛋白质饲料（1～2 种）20%～30%。

（四）保健砂（也称矿盐）

配方一：黄泥 25%、壳粉 25%、细砂 25%、骨粉 10%、旧石膏 5%、食盐 5%、木炭末 4.5%、甘草 0.5%。

配方二：壳粉 20%、陈石灰 6%、骨粉 5%、黄泥 20%、中砂 40%、木炭末 4.5%、食盐 4%、龙胆草 0.3%、甘草 0.2%。

保健砂的配方很多，各场使用时可根据鸽的实际需要适当补充其他添加剂，如矿物质、多种维生素和抗生素等，使其作用更全面。

（五）全价颗粒饲料的应用

全价颗粒料的应用改变了传统饲养肉鸽用原粮加保健砂的饲养方式，满足了不同阶段鸽子的营养需要，克服了鸽子挑食、偏食、营养不全的现象，避免了配制、添加保健砂的麻烦和劳动。极大地提高了亲鸽的产蛋和出仔率，饲料的消化吸收及利用更加充分，使乳鸽的生长速度加快、提早上市、大大提高了经济收益。

配方举例：玉米 40%、大麦 15%、小麦 5%、麸皮 8%、麸质粉 3%、蚕豆 18%、菜籽饼 1.5%、火麻仁 2%、矿物质 2%、草粉 3%、贝壳粉 2%、食盐 0.5%，同时以每 100kg 加多维 15g、土霉素 50g。

三、肉鸽的饲养管理

（一）日常饲养管理

群养鸽多采用全天给料法，笼养鸽常定时定量饲喂，上、下午各喂 1 次，哺乳鸽、种鸽加喂 1 次，注意饲料新鲜、防霉变；整天供水并保持水质清洁，预防鸽病的药物可溶于水中饮服；每天观察鸽群，看神态、采食、粪便是否正常，发现异常及时隔离、检查或治疗；要做到冬暖夏凉、干燥清洁、合理密度；及时添加保健砂；适当洗浴，每天 1 次，炎热时 2 次，天冷时每周 1 次，每年安排 2 次专门洗浴，即在水中加入药物，如敌百虫，以预防或驱杀体外寄生虫；水槽、饲槽应每周用高锰酸钾或新洁尔灭消毒 1 次，鸽舍、鸽笼及用具在进鸽前可用福尔马林加高锰酸钾熏蒸消毒，舍外运动场、水沟每月用生石灰、漂白粉消毒及清理；做好防病治病工作，坚持以防为主的原则，应根据本地区、本场的实际，对常见鸽病（如鸽痘、沙门氏菌病、霉形体、鸟疫、毛滴虫病等）定期检疫，制定预防措施，发现病鸽及时隔离治疗。亲鸽应补充光照，每天补充光照达 16～17h，日照不足可用人工补光。

（二）鸽的雌雄鉴别

鸽的雌雄鉴别是肉鸽生产者必须掌握的技术。鸽子为“一夫一妻”制，只有首先鉴别公母才能合理搭配公母，肉鸽生产才能顺利进行。鸽的性别鉴定不像其他家禽那么容易，因为其从小到长大，外貌几乎一致，但同品种、同窝孵出的鸽子还是可以鉴别的。

1. 雏鸽的雌雄鉴别方法　4～5 日龄的乳鸽，可观察其肛门的形状：从侧面看，雄鸽肛门下缘短、上缘覆盖着下缘，雌鸽则相反；从后面看肛门，雄鸽的肛门两端稍向上弯，而雌鸽则稍向下弯。此外，还可从外形进行比较：雄鸽体型常稍大、颈短粗、鼻瘤大而扁平、喙长而宽、尾脂腺（鸽尾斗）尖端开叉，出壳 10 日龄左右时，遇有人把手伸到其面前时，常仰头站立、反应灵敏、用嘴啄击、羽毛竖起，能走时爱离巢活动、行动活泼，当亲鸽哺喂时常争先抢喂。而雌鸽则相反。

2. 成年鸽雌雄鉴别方法　雄鸽体型大、活泼、好斗、眼有神，5 月龄左右发情后，常追逐母鸽，昂头挺胸、频繁上下点头，并常发出“咕嘟”的鸣叫声，鸣叫时颈部气囊膨胀、颈和背部羽毛蓬松、尾羽散开似扇形。雄鸽鼻瘤较大（4～5 年以上老龄鸽不能分辨）、头顶圆阔或略方、颈部粗短且硬、喙部厚而较短，耻骨间距短窄、龙骨突出、胸峰较长、脚胫骨粗圆，雌鸽在上述几个方面则相反。此外还可进行翻肛检查：雄鸽肛门闭合时向外突起，张开时呈六角形（山形）；雌鸽肛门闭合时向内凹进，张开时呈星状（花形）。还有一点值得注意的是雄鸽孵蛋时间多在 9 时至 16 时，雌鸽多在 16 时至第二天 9 时。

（三）不同时期鸽的饲养管理

1. 乳鸽的饲养管理　乳鸽是指 1 个月内的小鸽。刚孵出的鸽子取食于亲鸽的嗉囊分泌出的嗉囊乳，经过 3～4h，乳鸽将嘴向上抬起，插入亲鸽嘴内，亲鸽用口对口试将鸽乳吐给乳鸽。出壳几小时内的鸽乳稀烂；5～7 日龄，鸽乳较浓稠，并夹杂经过软化的小颗粒料，以后鸽乳逐渐减少，饲料逐渐增多。25 日龄后，乳鸽可以学啄食颗粒料，1 月龄后可以断乳独立生活。此时应做好以下工作：

（1）及时进行“三调”：当发现亲鸽不会喂乳时，应将乳鸽的嘴小心插入亲鸽口中，经反复调教后即可；调换乳鸽的位置，可使亲鸽先喂小的 1 只，使 2 只均能喂好；当因死胚或死亡等造成 1 窝只剩 1 只乳鸽时，可调并乳鸽，将其合并到日龄相近的窝内饲养。

（2）及时离亲：不留种的商品乳鸽在 21 日龄左右离开亲鸽，进行肥育；种用者 28 日龄时也应离亲单养。

（3）乳鸽的人工哺育：因为亲鸽的某种原因乳鸽不能正常吃到嗉囊乳要实行人工哺育，通常 8～21 日龄乳鸽人工哺育较易，8 日龄前乳鸽常采用人造鸽乳或保姆鸽进行哺育。

（4）乳鸽的肥育：常用玉米、小麦、糙米以及豆类作填肥饲料。能量饲料占75%～80%，豆类占20%～25%。常在出售1周进行人工填肥，将饲料碎成小颗粒，并适当添加食盐、禽用复合维生素、矿物质和健胃药，浸泡软化晾干；或用配合粉料，水料比1:1，每只乳鸽1次填喂50～80g，每日2～3次。填喂后让乳鸽少运动、多睡眠。

2. 童鸽的饲养管理　童鸽是1～2月龄开始独立生活的幼鸽。此时童鸽消化功能尚未完善，消化饲料的能力较差，因此，饲喂时定时、定质、定量，将粉碎为小颗粒的饲料按配方拌匀浸泡12～24h后再喂。日粮结构豆类饲料占30%，能量饲料占70%，每日喂3次。因独自生活，适应能力差，易患病，增喂预防性药物，如加喂钙片、复合维生素B、鱼肝油、酵母片等药物；应注意保暖，应反复多次精心训练幼鸽的采食和饮水，在水中加入食盐。

50～60日龄换羽时，童鸽对外界环境条件的影响较为敏感，抗病力低，应注意防治感冒、沙门氏菌、毛滴虫、念珠菌及球虫感染，精心管理。

3. 青年鸽的饲养管理　青年鸽是指2月龄以上的鸽子。50～80日龄鸽子发病率和死亡率是最高的，经过这个危险期，鸽子进入稳定的生长期，此时期适应性强、爱飞、好争斗，新陈代谢增强，该时期应适当限制饲喂，防止过肥；公母应分养，防止早配、争斗；应离地网养或地面平养，多晒太阳、多运动；日粮结构为：豆类饲料占20%，能量饲料占80%。

5～6月龄时，鸽子生长发育已趋于成熟，换羽将要结束，应增加豆类蛋白质饲料，将其比例增至25%～30%，提供充足的保健砂和维生素。由于提高日粮的质量和每日的饲喂量，鸽子成熟就比较一致，开产时间比较整齐。青年鸽常感染体内外寄生虫，在优选配对上笼同时进行药物驱虫。当青年鸽的主翼羽10根更换完毕后就可配成对，开始转入繁殖鸽舍进行繁殖。

4. 种鸽的饲养管理　种鸽即是青年鸽转入配对后的鸽子（6月龄以上），配对后进入产蛋和孵育仔鸽的种鸽叫亲鸽、产鸽或生产鸽。

（1）配对鸽的饲养管理：饲料不足和管理不善的鸽场，会造成产单蛋，对将近产蛋的种鸽要提高日粮的营养水平，调高豆类的比例，供给充足的保健砂及蛋壳等含磷、钙的矿物质，以提高鸽蛋的重量和蛋壳的强度，减少孵化时鸽蛋的破损和初生雏鸡的体重。

饲养员应注意观察种鸽的繁殖动态，当公鸽在笼内周围积极寻找杂物、羽毛带入巢盆，而母鸽较长时间伏于巢中，甚至喂食也不愿离巢，这说明母鸽要产蛋。此时要准备清洁巢盆，放入干细砂，北方天冷时加垫软泡沫塑料片或麻布袋片，让母鸽产蛋。对有些将蛋产于盆外的鸽应及时将其赶入鸽巢产蛋。

（2）孵化期的饲养管理：孵化期的种鸽，由于活动少，新陈代谢较慢，采食量下降，孵化期供给饲料应注意质量和消化性，每天供给新的保健砂，并在保健砂内添加健胃及抗生素药物。

孵化期为提高孵化率应提供良好的孵化条件，鸽舍冬暖夏凉，鸽巢用麻布适当遮挡，避免强光的照射和邻舍的干扰，使种鸽专心孵化。对生产鸽舍要认真灭鼠和避免蛇、猫的危害。

（3）育雏期的饲养管理：出壳后的雏鸽4～5日龄后，亲鸽对雏鸽除哺喂乳外还开始补喂籽实类饲料，而且逐日增加，至雏鸽2周龄后基本过渡到全喂籽实饲料，因此种鸽的采食量明显增强，同时要选择蛋白质含量高的饲料喂种鸽，才能保证乳鸽的“泌乳”。此时要有充足的饮水和保健砂。繁殖力强的母鸽在育雏3～4周期间开始产蛋，因此在种鸽育雏中期要准备巢盆。

（4）换羽期的饲养管理：每年夏末秋初种鸽换羽一次，常由于个体差异，换羽快慢、迟早不一，造成发情时间不一，延长休产期，引起不必要的损失，为此可强制鸽群在较统一时间内迅速换羽，具体做法是：将蛋白饲料降到10%～12%，同时减少喂量和次数，也可停料1～2d，只给饮水。待整群换羽完毕后，再逐渐增加蛋白质饲料和火麻仁至正常比例，促其早日产蛋；换羽期间，还可结合进行选种、驱虫、疫苗接种及舍内外全面消毒等工作。

复习思考题

1. 肉鸽的生活习性有哪些？
2. 如何对肉鸽进行雌雄鉴别？
3. 对种鸽如何进行选择？
4. 简述种鸽日常饲养管理过程。
5. 乳鸽的饲养管理技术要点有哪些？
6. 童鸽的饲养管理技术要点有哪些？
7. 青年鸽的饲养管理技术要点有哪些？
8. 种鸽的饲养管理技术要点有哪些？

张淑娟

第十四章 鹌 鹑

鹌鹑（*Coturnix coturnix*）又称日本鹑，属于鸟纲（Aves）、今鸟亚纲（Neornithes）、突胸总目（Carinatae）、鸡形目（Galliformes）、雉科（Phasianide）、鹑属（*Coturnix*），是鸡形目中最小的一种禽类。按经济用途分为蛋用鹑和肉用鹑。肉鹑肌纤维细嫩，肉质肥实，味道鲜美，含有丰富蛋白质、铁、钙、磷，被誉为野味之珍；鹑蛋富含卵磷脂、脑磷脂，易于消化吸收，对过敏症和肠胃病有特殊疗效，对人体神经系统有特殊的营养作用。

第一节 鹌鹑的生物学特性

一、形态特征

鹌鹑形似雏鸡，头小尾短。羽毛与眼睛的颜色因品种而异，有色羽品种，其羽毛色素有黑、黄、红 3 种，不同的色素混合可产生不同颜色的羽毛；白色羽品种则因不含色素所致。鹌鹑同一个体，因季节、年龄、产蛋率、营养及健康状态等不同呈现不同的色彩。其体形大小因品种、性别而差别较大，同品种的母鹑体重大于公鹑。

二、鹌鹑的生活习性

鹌鹑喜温暖干燥，畏寒冷潮湿，产蛋适宜环境温度为 20～22℃，低于 15℃和高于 30℃产蛋率下降。鹌鹑胆小怕惊，饲养室要保持安静。鹌鹑食量小，代谢旺盛，生长发育快，饲料报酬高，出雏时仅 7～8g，肉鹑 21～28d 体重达 125～200g，蛋鹑 45～50 日龄性成熟，体重可达 120g，每只鹌鹑从孵出到产蛋，仅耗料 500g，但鹌鹑对饲料质量要求高。鹌鹑寿命短，产蛋 1 年后自然死亡率上升，因此产蛋 10～12 个月的应淘汰。鹌鹑为单配偶制及有限的多配偶制，性成熟后有求偶行为，但选择配偶严格，性交多为强制性行为，故受精率较低。鹌鹑经人工驯养后已丧失就巢性，人工孵化的孵化率可达 75%～89%。鹌鹑适应性强，易于调教，尤耐密集型笼养，便于集约化生产。

第二节 鹌鹑的繁育

一、鹌鹑的品种

（一）蛋用型

1. 日本鹌鹑　日本鹌鹑是小田厚太郎利用中国野生鹌鹑经 15 年驯化育成的。以体型小、产蛋多、纯度高而著称于世。其体羽呈栗褐色，头部黑褐色，中央有淡色直纹，背羽赤褐色，均匀散布着黄色直条纹和暗色横纹，腹羽色泽较浅。公鹌鹑脸部、下颊、喉部为赤褐色，胸羽呈红砖色；母鹌鹑脸部淡褐色，下颊灰白色，胸羽浅褐色并缀有分布范围似鸡心状的粗细不等的黑色斑点。成年公鹌鹑体重110g，母鹌鹑140g。限饲条件下，母鹌鹑6周龄开产，年产蛋250～300个，高产品系母鹌鹑年产蛋超过320个，平均蛋重10.5g，蛋壳上布满棕褐色或青紫色的斑块或斑点。棕褐色蛋壳常有光泽，而青紫色蛋壳呈粉状。

2. 朝鲜鹌鹑 由日本鹌鹑分离选育而成。我国1978年引入“龙城”、“黄城”两系，经北京市种禽公司等单位多年选育，其均匀度与生产性能均有较大提高。目前已成为我国养鹑业中蛋鹑的当家品种。其体型大于日本鹌鹑，羽毛与日本鹌鹑相似，成年公鹑体重125～130g，母鹑约150g。母鹑40日龄开产，年产蛋270～280个，平均蛋重12g，蛋壳有斑块或斑点。繁殖期日耗料23g，料蛋比3.3：1。

3. 中国白羽鹌鹑 由北京市种禽公司种鹌鹑场、中国农业大学和南京农业大学等联合育成的隐性白羽自别雌雄配套新品系。白羽纯系（隐性）的体型似朝鲜鹌鹑，体羽洁白，偶有黄色条斑，眼粉红色，喙、胫、脚为肉色。屠体皮肤呈白色或淡黄色，外表美观。成年母鹌鹑体重130～140g，40～45日龄开产，年产蛋265～300枚，蛋重11.5～13.5g，蛋壳有斑块与斑点。繁殖期日耗料23～25g，料蛋比为2.73：1。具有伴性遗传的特性，为自别雌雄配套系的父本。

4. 法国白羽鹌鹑 由法国鹌鹑选育中心育成。体色为白色，成鹑体重为140g，40日龄开产，年平均产蛋率75%，最高达80%，平均蛋重11g。生活力与适应性强，0～5周龄耗料约400g，每枚蛋耗料35g。

5. 黄羽鹌鹑 由南京农业大学发现并培育成的隐性黄羽新品系。体羽黄色，体型与朝鲜鹌鹑相似。成年母鹌鹑体重144g，50日龄开产，年产蛋285枚，平均蛋重11.43g，料蛋比为2.75：1。具有伴性遗传特性，为自别雌雄配套系的父本。

6. 羽色自别雌雄配套系 利用隐性纯系鹌鹑具有伴性遗传的特性自别雌雄，具有较高的育种与生产价值。

（1）隐性白羽公×栗色母（朝鲜鹌鹑、法国肉用鹌鹑等），子一代初生雏淡黄色羽为雌雏（初级换羽后呈白色羽），栗色则为雌雏，自别准确率100%。

（2）隐性黄羽公×栗羽母（朝鲜鹌鹑），子一代初生雏鹑黄色者（背部隐约有深黄色条斑）为雌雏，栗褐色者为雄雏。

（3）隐性白羽公×黄羽母，子一代初生雏鹑淡黄色羽为雌雏（初级换羽后呈白色羽），栗羽则为雄雏。

（4）隐性黄羽公×白羽母，子一代初生雏鹑黄色者（背部隐约有深黄色条斑）为雌雏，而栗褐色者则为雄雏。

试验表明，杂交雏生活力强，育雏率可达93%以上，性成熟早，生产性能高，年平均产蛋率85%～90%，成鹑体重达140～170g，抗病力强，自然淘汰率低，性情温顺，蛋料比高。

7. 爱沙尼亚鹌鹑 该鹌鹑为蛋肉双重用途的品种。体羽为赭石色与暗褐色相间，公鹌鹑前胸部为赭石色，母鹌鹑胸部为带黑斑点的灰褐色。体型呈短颈短尾的圆形，背前部稍高，形成一个峰。47日龄开产，年产蛋315枚，繁殖期日耗料28.6g，料蛋比为2.62：1。肉用仔鹑35日龄公鹑活重140g，母鹑150g，料重比为2.83：1；47日龄公鹑平均活重 170g，母鹑 190g。近年来，80% 以上的鹑蛋作为种蛋内销或外销，用于生产人用疫苗和兽用疫苗。

（二）肉用型

1. 迪法克 FM 系肉鹑　由法国迪法克公司育成，又称巨型肉用鹌鹑。我国于 1986 年引进。该鹑体型大，体羽呈黑褐色，间杂有红棕色的直纹羽毛，头部黑褐色，头顶有 3 条淡黄色直纹，尾羽短。公鹑胸羽呈红棕色，母鹑胸羽为灰白色，并缀有黑色斑点。种鹑 42 日龄开产，平均产蛋率 70% ~75%，蛋重 13 ~ 14.5g；35 日龄平均活重 200g，料肉比 2.13：1，成年重 300 ~350g。

2. 中国白羽肉鹑　由北京市种鹑场等单位相继从迪法克肉鹑中选育而成的纯白羽肉用鹌鹑。体型同迪法克鹌鹑，黑眼，喙、胫、脚肉色。种鹑 40 ~50 日龄开产，平均产蛋率 70% ~80%，蛋重 12.3 ~13.5g，成年母鹑重 200 ~250g。

3. 莎维麦特肉鹑　由法国莎维麦特公司育成。我国 1992 年引进。体型硕大，其生长发育与生产性能在某些方面已超过迪法克肉鹑。种鹑 35 ~45 日龄开产，年产蛋 250 枚以上，蛋重 13.5 ~14.5g，公母配比为 1：2.5 时，种蛋受精率可达 90% 以上，孵化率超过 85%。35 日龄平均体重超过 220g，料重比为 2.4：1；成年鹌鹑最大体重超过 450g。

4. 美国法老肉用鹌鹑　为美国新近育成的肉用型品种。成鹑体重 300g 左右，仔鹑经育肥后 5 周龄活重达 250 ~300g。生长发育快，屠宰率高，鹑肉品质好。

5. 美国加利福尼亚肉用鹌鹑　为美国育成的著名肉用型品种。按成年鹌鹑体羽颜色可分为金黄色和银白色 2 种，其屠体皮颜色亦有黄、白之分。成年母鹑体重 300g 以上，种鹑生活力与适应性强。肉用仔鹑屠宰适龄为 50d。

此外，较著名的还有澳大利亚肉鹑、英国白羽肉鹑、东北金黄鹌鹑等。

二、种鹑的选种

（一）鹌鹑的雌雄鉴别

早期鉴别仔鹑的雌雄，对养鹑业有着重要的经济效益与育种价值。自别雌雄配套系鹌鹑，1 日龄即可通过羽色鉴别；有色羽鹌鹑可外貌鉴别雌雄，鹌鹑出壳至性成熟期间雌雄的主要特征与区别见表 14 -1。

表 14 -1　鹌鹑出壳至性成熟期间雌雄的主要区别

项　目	雄　鹑	雌　鹑
肛门鉴别（24h）	生殖突起为黄赤色	无生殖突起
胸部和面颊羽毛	红褐色	灰间杂褐色斑点
鸣叫声	短促高朗	鸣叫声细微
肛　门	上方有红色膨大的性腺	肛门上方膨大的性腺
粪　便	附有白色泡沫状物	无泡沫状物
体　型	小而紧凑	大且宽松

（二）种鹑的选种标准

雌鹑选择羽毛完整，色彩明显，有光泽，头小且圆，眼睛明亮、大小适中，颈长，体态匀称，腹部容积大，体重在130～150g，年产蛋达250个以上者。雄鹑选择羽毛完整紧密，色彩鲜艳而有光泽，头大，眼大有神，体壮胸宽，鹑爪完全伸开，鸣声洪亮、稍长而连续，肛门深红色隆起，用手按压有白色泡沫出现，交配能力强，体重达120～130g的个体。不论雌雄鹑，不要选近亲鹑的后代留作种用。

三、繁殖技术

（一）配种年龄

雌鹑3月龄至1年，雄鹑以4～6月龄最好。但实际生产中，50～60日龄的雄、雌鹑开始配种繁殖，繁殖利用1年就淘汰。自然交配公母比例1∶2～1∶3为宜。

（二）配种方式

根据生产目的的不同，可分别采用单配（1雄1雌）或轮配（1雄4雌，每天在人工控制下进行间隔交配）；小群配种（2雄5～7雌）；大群配种（10雄30雌）。生产证明，小群配种优于大群配种，小群配种公鹑斗架较少，母鹑的伤残率低，受精率高。种鹑入笼时，应先放入公鹑；使其先熟悉环境，占据笼位顺序优势，数日后再放入母鹑，这样可防止众多母鹑欺负公鹑，是防止受精率低的措施之一。

（三）人工授精

1. 采精方法　采精时，将雄鹑抓在手掌内，使头朝下，肛门部向上固定，用左手的拇指和右手的拇指按摩腹部。这样，雄鹑便出现性兴奋，位于肛门处的舌状性器官勃起，这时用手指压迫泄殖腔，性器官就会射出乳白色或乳黄色的精液，可用小型吸管收集起来。射精量约0.01ml。

鹌鹑精子的活力极低，生存时间极短，在10～15min就将完全停止活动。因此，采精后必须立即输精。

2. 输精方法　输精时，用左手将雌鹑固定，再用右手轻压其腹部，使阴道口外露，然后将装好精液的授精器插入阴道内1.5cm处。一般每次输精0.005ml即可。人工授精最好选择傍晚或夜间进行，因为夜间雌鹑已产完蛋，泄殖腔空虚，受精率较高。

第三节　鹌鹑的饲养管理

一、营养需要与饲料配方

目前，国内外尚无鹌鹑的饲养标准，建议参考NRC标准（表14－2），结合生产实际配制日粮。鹌鹑的营养需要建议量见表14－3，饲料配方示例见表14－4和表14－5。

表14－2　美国NRC建议的日本鹌鹑的营养需要

营养成分	开食和生长阶段	种鹌鹑
代谢能（MJ/kg）	12.13	12.13
蛋白质（%）	24.00	20.00
精氨酸（%）	1.25	1.26
赖氨酸（%）	1.30	1.00

续表

营养成分	开食和生长阶段	种鹌鹑
蛋氨酸＋胱氨酸（%）	0.75	0.70
蛋氨酸（%）	0.50	0.45
亚油酸（%）	1.00	1.00
钙（%）	0.80	2.50
非植酸磷（%）	0.30	0.35

表 14－3　中国白羽鹌鹑营养需要建议量

项目	0～3 周龄	4～5 周龄	种鹌鹑
代谢能（MJ/kg）	11.92	11.72	11.72
粗蛋白（%）	24	19	20
蛋氨酸（%）	0.55	0.45	0.50
蛋氨酸＋胱氨酸（%）	0.85	0.70	0.90
赖氨酸（%）	1.30	0.95	1.20
精氨酸（%）	1.25	1.00	1.25
甘氨酸＋丝氨酸（%）	1.20	1.00	1.17
组氨酸（%）	1.36	0.30	0.42
亮氨酸（%）	1.69	1.40	1.42
异亮氨酸（%）	0.98	0.81	0.90
酪氨酸＋苯丙氨酸（%）	1.80	1.50	1.40
苯丙氨酸（%）	0.96	0.80	0.78
苏氨酸（%）	1.02	0.85	0.74
色氨酸（%）	0.22	0.18	0.19
缬氨酸（%）	0.95	0.79	0.92
钙（%）	0.90	0.70	3.00
有效磷（%）	0.50	0.45	0.55
钾（%）	0.40	0.40	0.40
钠（%）	0.15	0.15	0.15
氯（%）	0.20	0.15	0.15
镁（mg/kg）	300	300	500
锰（mg/kg）	90	80	70
锌（mg/kg）	100	90	60
铜（mg/kg）	7	7	7
碘（mg/kg）	0.30	0.30	0.30
硒（mg/kg）	0.20	0.20	0.20
维生素 A（IU）	5 000	5 000	5 000
维生素 D（IU）	1 200	1 200	2 400
维生素 E（IU）	12	12	15
维生素 K（mg/kg）	1	1	1
核黄素（mg/kg）	4	4	4
烟酸（mg/kg）	40	30	20
维生素 B_{12}（mg/kg）	3	3	3

续表

项目	0～3周龄	4～5周龄	种鹌鹑
胆碱（mg/kg）	2 000	1 800	1 500
生物素（mg/kg）	0.3	0.3	0.3
叶酸（mg/kg）	1	1	1
硫胺素（mg/kg）	2	2	2
吡哆醇（mg/kg）	3	3	3
泛酸（mg/kg）	10	12	15

引自北京市种鹑场《白羽鹌鹑鉴定文件》，1990。

表14－4　鹌鹑各期饲料配方示例　（%）

项目	育雏期	育成期	产蛋期（41～400日龄）		
	0～20日龄	21～40日龄	产蛋率80%以上	产蛋率70%～80%	产蛋率70%以下
黄玉米	40	40	53	52	52
豆饼	25	20	21	20	18
麸皮	6	10	—	3	—
鱼粉	14	11	13	12	10
谷子	7	8	—	—	—
小麦	5	8	4	—	—
次粉	—	—	—	5	10
花生饼	—	—	3	3	3
稻糠	—	—	—	—	2
骨粉	2	2	3	2	2
贝壳粉	0.7	0.7	2	2	2
石粉	—	—	1	1	1
食盐	0.3	0.3	—	—	—

注：（1）各期每100kg日粮加硫酸锰15g、硫酸锌10g、多种维生素10g。

（2）产蛋期日粮中如用进口鱼粉，每100kg另加食盐30g、沙粒2～3kg。

表14－5　鹌鹑各期低鱼粉饲料配方示例　（%）

项目	育雏期	育成期	产蛋期（41～400日龄）		
	0～20日龄	21～40日龄	产蛋率80%以上	产蛋率70%～80%	产蛋率70%以下
玉米	52	51	50	50	51
豆饼	34	20	23	21	20
麸皮	7	7	4	6	7
鱼粉	5	4	5	5	4
花生饼	–	13	13	13	13
骨粉	1.7	2	2	2	2
贝壳粉	0.3	2	2	2	2
石粉	–	1	1	1	1

注：（1）各期每100kg日粮加硫酸锰15g、硫酸锌10g。

（2）按添加剂说明添加赖氨酸、蛋氨酸、多种维生素。

（3）进口鱼粉每100kg添加食盐300g、沙粒2～3kg。

二、鹑舍的建造及设备

鹌鹑多采用舍内层叠式笼养。鹑舍建造一般为东西走向，坐北朝南，背风向阳，通风良好。鹑舍的规格以长 10～12m、宽 2.7～3m、高 2.7m 为宜。每栋鹑舍要建有缓冲区，以利于保温。地面要用水泥砂浆抹面，便于清扫消毒和预防老鼠打洞入舍侵害鹌鹑。每栋鹑舍养殖鹌鹑的数量应控制在 3 000～5 000 只。鹑舍周围多栽花草树木，搞好环境绿化工作。鹑笼应安装在鹑舍中间，按南北向排列，每两行之间留 1.5m 宽的通道，便于生产操作。

鹑笼可用竹、木、金属材料等制作，规格为 40cm×50cm×20cm，笼底网孔大小 0.8cm×0.8cm，笼子四周的条栅间距 2.5cm，底网要后高前低略倾斜，以便于鹌鹑蛋滚出，蛋盘长 15cm，每笼可养 30 只鹌鹑。

鹑笼叠放时，每层底部设一块能抽出的承粪板，与上层笼底相距 5～10cm，笼子一般可叠放 5～6 层，最下层底部距地面 22cm。笼门可单独制作成活动门，或在栅栏中部设几根活动的条栅。食槽和水槽安装在笼子的前、后部，水槽也可安装在侧部，使并排的两笼鹌鹑在同一个水槽里饮水。为了节约占地面积，水槽、食槽也可全部放在笼子前面，食槽和水槽大小应按笼子尺寸等具体情况而定。

食槽可用镀锌铁皮、纤维板或木板、竹片制作，也可用直径为 10～12cm 的毛竹对剖开做成；水槽则多用镀锌铁皮制作。长度根据需要确定，一般槽口直径为 4cm，槽深 5cm。每鹑占槽长 3cm。

三、饲养管理

（一）雏鹑的饲养管理（0～20 日龄）

1. 饮水开食　雏鹑出壳 24h 内饮水，开水最好饮 0.01% 高锰酸钾水，以后饮凉开水，一旦饮水，便不能中断。雏鹑饮水后 1h 就可开食，1～3 日龄喂开食料，开食料用玉米粉，每 100 只雏鹑给 1g 酵母粉、1g 磷酸钙，第二天开始用含蛋白质 27%～28% 的配合料投喂，4 日龄后逐渐换成雏鹑料。1～7 日龄每天喂 6～8 次，以后逐渐减至 4 次，原则上分早、中、晚、夜间 4 次，保证不断料，并保持料槽、水槽清洁。

2. 温度　雏鹑体温调节能力极差，出壳后 3d，雏鹑的体温平均为 39℃，1 周后才能达到成鹑的体温 41～42℃。因此，育雏前期要求温度高而稳，严禁忽高忽低。1～6 日龄育雏温度保持在 37～36℃，7～14 日龄 36～35℃，15～20 日龄 34℃，20 日龄以后每天降 1℃，降至 27℃时不再用保温设备，移至 22～27℃的常温下饲养。育雏保温设备可选用保温伞、煤炉、电热丝、红外线灯等作为热源。

3. 湿度和通风　2 周龄内育雏室的相对湿度要保持为 65%～70%，2 周龄后为 55%～60%。同时要注意通风，使育雏室保持空气新鲜，一般通风量为 $6m^3$/（kg·h），但要避免冷空气直接吹到雏鹑身上。

4. 密度　雏鹑适宜的饲养密度为：1～7 日龄，100～150 只/m^2；8～14 日龄，80～100 只/m^2；15～21 日龄，60～80 只/m^2。密度可随季节适当调整，冬季可大些，夏季可小些。

5. 光照　1 周龄内采用 24h/d 光照，灯泡的高度为 2m 左右，光照强度为 15.92lx

($4W/m^2$)。以后光照14h/d，光照强度15.92lx ($4W/m^2$)。

6. 精心管理　观察雏鹑的状况，检查温度、湿度和换气是否合适。定期洗刷水槽、料槽，定期消毒，保持环境卫生。

（二）仔鹑的饲养管理

1. 种用仔鹑与蛋用仔鹑（21～35日龄）　种用仔鹑与蛋用仔鹑的饲养管理基本相同。此阶段中心任务是使鹌鹑适时开产，充分发挥生产潜力。

（1）转群：20日龄后，由育雏室转入仔鹑笼舍或产蛋笼舍内饲养。这时鹑舍小气候尽量接近育雏期，尽可能保持育雏室内的操作日程，为了减少上笼引起的应激，在日粮中加0.2%的多种维生素。转群的同时，可根据外貌特征进行雌雄分群。

（2）调控性成熟：性成熟的迟早与品种、品系、营养、饲养管理密切相关，其中蛋白质水平、光照时间和强度影响最大。为了确保雌鹑的种用价值和较高的产蛋率，需把性成熟控制在40～45日龄。体重是生长发育的重要指标，一般5周龄雄鹑体重在110g左右，雌鹑在130g左右。为了控制性早熟，此期必须限制饲养，一是控制饲喂量，仅喂标准量的90%；二是降低蛋白质水平。从上笼第三天开始，夜间停止光照，只保持10～12h自然光照，若日照时间长，应设窗帘，控制光照时间和强度。

（3）室内小气候的控制：保持室温在20～25℃，湿度在52%～55%。注意室内通风，保持空气新鲜。保持室内外清洁卫生，防止啄癖，定期防疫与检测，及时防治。

2. 肉用仔鹑（21～45日龄）　肉用仔鹑在2日龄前饲养管理与蛋用鹑基本相同。20～25日龄转入育肥笼，育肥期一般为10～14d。为了取得良好的育肥效果，应饲喂高能量、高蛋白质日粮。育肥笼的高度为10～12cm，既便于仔鹑的生活，又能防止仔鹑跳跃，从而减少运动量，还可避免啄羽和抓背而影响产品质量。此期温度控制在20～25℃；光照不宜过强，不超过12h/d，也可采用1h光照、3h黑暗交替进行；密度控制在8只/m^2。30日龄后公母分开肥育，保证均衡发育。上市时间可根据膘度来确定，拨开仔鹑翼羽观察根部，如果皮肤呈白色或淡黄色即可上市。优良品种仔鹑35～45日龄体重可达250～300g。

（三）种鹑与产蛋鹑的饲养管理（41～40日龄）

1. 调整营养　40日龄以后，雌鹑逐渐开产，开产后20d左右进入高产期，70%～90%产蛋率可持续10～20周。为保持高水平的产蛋率又尽量节省饲料，在日粮配制上可分为开产初期、产蛋旺期、产蛋后期3个不同营养水平，但在产蛋率下降时，日粮中的蛋白质水平不可下降太多，钙含量也不应下降。每天消耗全价料25～30g，具体喂量还应根据产蛋率、日粮营养水平、环境条件等综合确定。

2. 饲喂方法　每天分早、上午、下午、晚4次饲喂，产蛋高峰期夜间加喂1次，饲喂要定时、定量、少喂勤添。每周饮2次0.01%高锰酸钾水。

3. 环境条件　实践证明，温度保持在18～24℃时产蛋效果最佳。生产中要根据气温变化及时调整温度，夏季要加强通风，降低饲养密度，做好防暑工作；冬季要注意防寒保暖，增加饲养密度及生火炉等措施来保持温度。只要饮水器中经常有水，就可达到50%～55%的适宜湿度。如果湿度过大，要强行通风；如湿度过低，可适当在地上洒水。最好单只笼养，不能单养的以20～30只/m^2为宜。注意舍内清洁卫生，定期消毒。

4. 光照管理　在产蛋期间，一般光照16～18h。自然光照不足时，要早、晚补充光照。

5. 日常管理　注意笼舍清洁卫生，定期对料槽、水槽进行清洗消毒。注意鹑群精神状态、食欲和粪便的观察，发现病鹑及时隔离治疗，保持鹑舍安静，做好日常的记录。此外，要尽可能不在笼前走动，鹑的产蛋时间主要集中在午后及晚上20时前，下午15～16时为产蛋高峰时间，检蛋时间最好集中在早晨一次性收蛋，不要零星捡蛋，以保持安静的环境。

复习思考题

1. 鹌鹑有哪些生活习性？
2. 鹌鹑的品种有哪些？各自的特点是什么？
3. 如何进行鹌鹑的雌雄鉴别和种鹌鹑的选种？
4. 简述鹌鹑的繁殖技术。
5. 简述鹌鹑不同生理阶段的饲养管理要点。

汤俊一

第十五章 火 鸡

第一节 火鸡的品种与生物学特性

火鸡（*Meleagris gallepavo*），又名吐绶鸡、象鼻鸡、七面鸡，在动物分类学上属于鸟纲（Aves）、今鸟亚纲（Neornithes）、突胸总目（Carinatae）、鸡形目（Galliformes）、吐绶鸡科（Meleagrididae）、吐绶鸡属（*Meleagris*）。火鸡原产于北美洲。15 世纪末由墨西哥的印第安人驯养成功，后逐渐普及于美洲，16 世纪中叶传入欧洲，现已遍布世界各地。火鸡生长快，出肉率高，肉味鲜美，营养丰富，高蛋白，低脂肪，低胆固醇，火鸡肉在国外已成为一种相当普及的大众化食品。

一、火鸡的形态特征

火鸡体长而宽，背部略隆起，胸宽而突出，腹部丰满不下垂，胸与腿部肌肉均很发达。火鸡头上无冠，头颈部皮肤裸露，只长少量针毛，并生有珊瑚状皮瘤。喙粗短有力，在喙根部上方生有肉锥，当火鸡采食或激动时，肉锥收缩成 2～3cm 的圆锥状，安静时，可膨大下垂到 10cm 以上。颌下生有肉坠。肉锥、肉垂及皮瘤属于第二性征，公鸡较大，母鸡较小。皮瘤颜色经常变化，火鸡安静时呈赤色，兴奋时变为浅蓝色或紫色。公鸡体大，鸡胸前生有一缕“须毛束”，胫上有距，尾羽发达，能展开呈扇状。母鸡体小，无“须毛束”和距，尾羽不展开。公鸡常发出“咕噜、咕噜”的叫声，母鸡则发出“咯咯”的叫声。

二、火鸡的品种

火鸡的品种很多，按其培育的强度来分，可分标准品种、非标准品种、商用品种 3 类。

（一）标准品种

1. 黑火鸡　黑火鸡原产于英国，全身羽色为黑色，带绿色光泽。胫、趾为浅红色，喙、眼色较深，胸前有黑色胸毛束。成年公鸡体重 15kg，母鸡为 8.2kg。

2. 青铜火鸡　原产于美洲，曾是世界上分布最广品种。体大，羽毛黯黑，颈部羽毛为青铜色，背部有黑色条纹，翅膀末端有黑斑，尾羽末端有白边，公火鸡胸前有一束黑色须毛，头上皮瘤由红色到紫白色。雏火鸡腿为黑色，成火鸡腿为粉白色。

青铜火鸡体质强健，性情活泼，生长迅速，肉质肥美。成年公火鸡体重 16kg，母火鸡体重 9kg，年产蛋量为 50～60 枚，蛋重为 75～80g。蛋壳为浅褐色，带有深褐色的斑点。

3. 荷兰白火鸡　荷兰白火鸡原产于荷兰，在美国培育成优良品种。全身羽毛为纯白色，喙、胫、趾为红色，但喙色较深，公鸡胸前有一黑色的须毛束，雏鸡毛色为黄色。成年公鸡体重平均为15kg，母鸡为8.2kg。

4. 波朋红火鸡　波朋红火鸡是用美国青铜火鸡、浅黄色火鸡和荷兰白火鸡杂交培育而成。波朋红火鸡为深褐红色，但主翼羽及尾羽为白色，副翼羽为浅灰色，母鸡羽毛边缘呈白色条纹，胫和趾为粉红色，但雏鸡为深褐色。成年公鸡的体重为15kg，母鸡为8kg。

此外，还有贝兹尔白火鸡、那拉根塞火鸡、青板石火鸡等，均为美国杂交培育成的小型火鸡。

（二）非标准品种

此类品种为经过一定程度的选育，但尚未列入正式育成的品种，如里唐尼火鸡、罗友泡姆火鸡、巴夫火鸡、克里姆逊当火鸡等。

（三）商用品种

适宜工厂生产的杂种鸡，多以公司名称命名。通常按其体重分为大、中、小3种类型。大型品种公鸡体重平均在16kg，母鸡9kg以上；小型品种公鸡体重在9kg，母鸡在5kg以下；中型品种公鸡体重为12kg，母鸡体重为7kg左右。较为著名的品种主要有以下几种：

1. 美国尼古拉火鸡　由美国尼古拉火鸡育种公司从大型宽胸青铜火鸡的白羽突变种培育出的。成年公火鸡体重20～22kg，母火鸡9～11kg。商品肉用仔鸡最佳屠宰时间是12～14周龄，体重5～7kg，屠宰率为80%～82%，料肉比2.7：1。母火鸡29～31周龄开产，高产期22周，产蛋量为79～92枚，蛋重85～95g。受精率约90%，孵化率70%～80%。

2. 加拿大海布里德火鸡　又称白钻石火鸡，是加拿大海布里德火鸡公司培育的。该品种火鸡白羽，宽胸，分为大、中、小3个品系。大型品系接近尼古拉火鸡。中型体重公火鸡14kg，母火鸡8kg，初生体重60g，母火鸡12～13周龄时体重为3.9～4.4kg，公火鸡16～18周龄时体重为7.4～8.5kg，18周龄屠宰时料肉比为2.4：1。小型火鸡初生体重56g，公母混养12～14周龄屠宰时，平均体重为4.0～4.9kg，专供烤仔火鸡用，年产蛋90枚。

3. 法国贝蒂纳火鸡　为法国贝蒂纳公司生产的一种小型商用品种火鸡。公系为黑羽，母系为白羽，由于体型小，不需人工授精。成年公火鸡体重7.5kg，母火鸡4.5kg。该品种适应性强，耐粗饲，抗病力强，肉味好，但生长速度慢。平均年产蛋93.36个，蛋重75g。18周龄屠宰体重为5kg，贝蒂纳火鸡料肉比为3.3：1。

4. 贝茨维尔小型火鸡　该品种是美国贝茨维尔农业研究中心育成的小型著名火鸡品种。商品火鸡14～16周龄上市，公母火鸡平均体重3.5～4.5kg。成年公火鸡体重14kg，母火鸡可达8kg。该品种具有早熟、适应性强、生长快、肉质鲜美、产蛋多等优点。

5. 布特火鸡　由英国布特联合火鸡育种公司培育成，共有4种类型，成年公鸡的体重为23.5kg，母鸡12.5kg。

三、火鸡的生物学特性

火鸡采食青草的能力强，仅次于鹅，适合放牧饲养。放牧时，能觅食草籽和谷粒，甚至能跳起撸食1m多高的水稗草穗。火鸡特别喜欢吃韭菜、葱和大蒜等辛辣食物。

火鸡对环境适应能力强，特别是对过冷和过热环境适应性更强，对鸡舍条件和管理水平要求不高，放牧、散养和圈养均可。火鸡对周围环境的刺激较敏感，当人畜接近或受到惊吓时，会竖起羽毛，头面部着色部位颜色发生变化，呈现五彩缤纷的颜色，以示自卫。

火鸡的就巢性很强。一般产 10～15 枚卵就会抱窝就巢，尤其是在气温较高、光线充足的季节里更易发生。公火鸡在觅食或配种时常发生争斗，但不作殊死搏斗，以一方妥协而结束。当饲料中缺乏矿物质（如食盐）或光照太强、密度太大、通风不好时会有啄癖行为。

第二节 火鸡的繁育

一、种鸡的选择

雏鸡选择出生时间和初生重适中，出壳干毛后两眼明亮有神，绒毛清洁，脐部愈合好，卵黄吸收，鸣叫声脆，站立稳定，发育良好雏鸡留种用。比计划多留 30%。

育成火鸡在 15～18 周龄时选择，将生长速度快、体格发育正常、行动灵活、反应敏捷、羽毛紧、尾翘，符合品种特征的留下，将不符合要求的淘汰。比计划多留 15%。成年鸡选择羽毛丰满，背宽平，胸宽深，腿脚健壮，姿态优美，第二性征明显，生产性能高、具有本品种特性的公、母鸡。

二、繁殖技术

（一）火鸡的繁殖特点

火鸡的性成熟较晚。母火鸡一般为 28～30 周龄（约 7 个月），公火鸡比母火鸡迟 2 周。刚进入性成熟期的火鸡不能立即配种繁殖，一般在性成熟后 3～4 周为宜。火鸡每年有 4～6 个产蛋周期，每个周期产蛋 10～20 枚。年平均产蛋量因类型不同而有差异。大型火鸡一般为 50～70 枚，中型 70～90 枚，小型 100 枚。母鸡第一年产蛋最多，第二年下降 20%～25%，第三年下降得更多。因此，种用火鸡的利用年限一般不超过 2 年。火鸡蛋重 80～90g，蛋壳较厚，白色带褐色斑点。蛋形指数为 0.74 左右。

在自然交配情况下，公母比例为 1∶7～1∶9；人工授精时为 1∶18～1∶20。

（二）火鸡的人工授精技术

人工授精的地点应选择在光线充足、温度适宜（室温）、通风良好、清洁卫生的地方，如实验室、采精室及适宜的采精场所。

1. 人工授精的准备

（1）饲养管理：加强种用火鸡的饲养管理，使种火鸡达到种用体况。

（2）种鸡训练：采精前 1～2 周，应对公、母鸡进行采精、输精训练，使其适应各种动作，形成条件反射。训练方法是在公鸡背部用手从头部向尾部按摩，诱其性冲动，减轻公鸡的惊慌，每日 2～3 次。母鸡也要训练使其习惯输精的操作程序。待公、母火鸡适应采精、输精操作，公鸡正常射精，精液达到要求后，才能正式授精配种。

2. 采精和输精

（1）采精：生产中主要采用按摩采精法。采精时一人保定公鸡，让其胸部放于采精台上，腹部和泄殖腔虚悬于台外，另一人在背部与尾部之间和泄殖腔两侧迅速按摩，待出现性冲动，交尾器勃起，翻出泄殖腔射精时，右手（或第三人）持集精杯收集精液，左手反复挤压泄殖腔两侧，促使排精。每只鸡每隔 2 ~ 3d 可以采集一次，每次用时 30 ~ 40s，一次可采集 0.3 ~ 0.4ml。精液呈白色或乳白色，镜检时精子活力应在 0.7 以上，精子畸形率不超过 10%，精子密度为 50 亿 ~ 70 亿/ml，不合格的精液一律不得采用。

（2）输精技术：一人使母鸡蹲在授精台上，按摩泄殖腔周围，并挤压促使翻肛。另一人将输精管插入肛门内左侧开口（左侧为阴道口，右侧为直肠开口）内 3cm 处，徐徐注入精液，取出输精管，按压一下鸡尾，放松母鸡，恢复自然状态。因火鸡精子活力衰竭快，所以精液应现采现输，时间不超过 20 ~ 30min。每次输精量为 0.02 ~ 0.025ml 原精，如果用生理盐水按 1∶1 稀释，必须保证输入的精子数不少于 2 亿。如果每天早 3 时开灯光照，输精时间一般为下午 3 时以后（因大部分母火鸡都产完蛋），傍晚或晚上 9 时输精的效果更好。为保证受精率，刚开始输精时，应每周输精 2 次；繁殖前期每 7 ~ 10d 输精 1 次；繁殖后期，每 5 ~ 7d 输精 1 次。如果火鸡的受精率下降，人工授精的间隔时间还应缩短。

第三节 火鸡的饲养管理

一、营养需要与饲料配方

火鸡的营养需要与饲料配方参见表 15 - 1、表 15 - 2、表 15 - 3、表 15 - 4、表 15 - 5。

表 15 - 1 火鸡的营养需要

［干物质（DM）=90%，NRC，1994］

周龄	公：0 ~ 4 母：0 ~ 4	4 ~ 8 4 ~ 8	8 ~ 12 8 ~ 11	12 ~ 16 11 ~ 14	16 ~ 20 14 ~ 17	20 ~ 24 17 ~ 20	停产期	产蛋期
苯丙氨酸（%）	1.0	0.9	0.8	0.7	0.6	0.5	0.4	0.55
苏氨酸（%）	1.0	0.93	0.79	0.68	0.59	0.5	0.4	0.45
色氨酸（%）	0.26	0.24	0.2	0.18	0.15	0.13	0.1	0.3
缬氨酸（%）	1.2	1.1	0.94	0.8	0.7	0.6	0.5	0.58
亚油酸（%）	1.0	1.0	0.8	0.8	0.8	0.8	0.8	1.1
钙（%）	1.2	1.0	0.85	0.75	0.65	0.55	0.5	2.25
有效磷（%）	0.6	0.5	0.42	0.38	0.32	0.28	0.25	0.35
钾（%）	0.7	0.6	0.5	0.5	0.4	0.4	0.4	0.6
钠（%）	0.17	0.15	0.12	0.12	0.12	0.12	0.12	0.15
氯（%）	0.15	0.14	0.14	0.12	0.12	0.12	0.12	0.12
镁（mg/kg）	500	500	500	500	500	500	500	500
锰（mg/kg）	60	60	60	60	60	60	60	60
锌（mg/kg）	70	65	50	40	40	40	40	65
铁（mg/kg）	80	60	60	60	50	50	50	65
铜（mg/kg）	8	8	6	6	6	6	6	8
碘（mg/kg）	0.4	0.4	0.4	0.4	0.4	0.4	0.4	0.4

续表

周龄	公：0~4 母：0~4	4~8 4~8	8~12 8~11	12~16 11~14	16~20 14~17	20~24 17~20	停产期	产蛋期
硒（mg/kg）	0.2	0.2	0.4	0.2	0.2	0.2	0.2	0.2
维生素 A（IU/kg）	4 000	4 000	4 000	4 000	4 000	4 000	4 000	4 000
维生素 D（IU/kg）	900	900	900	900	900	900	900	900
维生素 E（IU/kg）	12	12	12	10	10	10	10	10
维生素 K（IU/kg）	1.0	1.0	1.0	0.8	0.8	0.8	0.8	1.4
核黄素（mg/kg）	3.6	3.6	3.6	3.0	2.5	2.5	2.5	4.0
泛酸（mg/kg）	11.0	11.0	11.0	9.0	9.0	9.0	9.0	16.0
烟酸（mg/kg）	70.0	70.0	70.0	50.0	40.0	4.0	40.0	30.0
维生素 B_{12}（mg/kg）	0.003	0.003	0.003	0.003	0.003	0.003	0.003	0.003
胆碱（mg/kg）	1 900	1 600	1 300	1 100	950	800	800	100
生物素（mg/kg）	0.2	0.2	0.15	0.125	0.100	0.100	0.100	0.15
叶酸（mg/kg）	1.0	1.0	0.8	0.8	0.7	0.7	0.7	100
硫胺素（mg/kg）	2.0	2.0	2.0	2.0	2.0	2.0	2.0	2.0
吡哆醇（mg/kg）	4.5	4.5	3.5	3.5	3.0	3.0	3.0	3.0

表 15－2 加拿大重型火鸡饲养标准（一）

周龄	育雏期		育成期				
	0~3	4~8	9~11	12~15	16~19	20~22	23~29
代谢能（MJ/kg）	12.5	12.91	12.91	13.15	13.38	13.84	13.84
粗蛋白（%）	29.0	24.0	20.0	18.0	16.0	14.0	12.0
精氨酸（%）	1.71	1.45	1.21	1.09	0.97	0.93	0.80
赖氨酸（%）	0.56	0.46	1.18	1.06	0.94	0.68	0.71
蛋氨酸（%）	—	—	0.40	0.36	0.32	0.31	0.27
蛋氨酸＋胱氨酸	0.95	0.79	0.68	0.61	0.54	0.51	0.44
色氨酸（%）	0.29	0.24	0.20	0.18	0.16	0.11	0.10
组氨酸（%）	0.60	0.50	0.41	0.37	0.33	0.18	0.16
亮氨酸（%）	2.05	1.70	1.41	1.27	1.13	0.86	0.74
异亮氨酸（%）	1.19	0.990	0.82	0.74	0.66	0.45	0.39
苯丙氨酸（%）	1.08	0.90	0.75	0.68	0.61	0.40	0.35
苯丙氨酸＋酪氨酸（%）	1.94	1.60	1.34	0.21	1.08	0.78	0.67
苏氨酸（%）	1.10	0.91	0.76	0.69	0.61	0.58	0.50
缬氨酸（%）	1.30	1.08	0.90	0.81	0.72	0.44	0.38
甘氨酸（%）	1.20	1.0	0.83	0.77	—	—	—
钙（%）	1.20	1.0	1.0	0.85	0.80	0.80	0.80
有效磷（%）	0.65	0.60	0.50	0.45	0.45	0.40	0.40
锰（mg/kg）	80	80	80	80	80	80	80

续表

周龄	育雏期		育成期				
	0~3	4~8	9~11	12~15	16~19	20~22	23~29
铁（mg/kg）	110	110	110	110	110	110	110
铜（mg/kg）	8	8	8	8	8	8	8
锌（mg/kg）	80	80	80	80	80	80	80
硒（mg/kg）	0.25	0.25	0.15	0.15	0.10	0.10	0.10
钠（%）	2.2	2.2	2.2	2.2	2.2	2.2	2.0
钾（%）	2.9	2.9	2.9	2.9	2.9	2.9	2.9
镁（%）	0.45	0.45	0.45	0.45	0.45	0.45	0.45
碘（%）	700	700	700	700	700	700	700
氯（%）	2.8	2.8	2.8	2.8	2.8	2.8	2.8

表 15-3　加拿大重型火鸡饲养标准（二）

周龄	后备	种火鸡	肉用仔火鸡		
	19~29	30~54	8~11	12~上市	最后肥育2周
代谢能（MJ/kg）	10.07	11.95	12.38	13.84	13.84
粗蛋白（%）	13.0	15.0	18.0	16.0	14.0
精氨酸（%）	0.65	0.75	1.10	0.98	0.86
赖氨酸（%）	0.65	0.75	1.10	0.98	0.86
蛋氨酸（%）	0.32	0.37	0.38	0.34	0.30
蛋氨酸+胱氨酸	0.55	0.63	0.63	0.56	0.48
色氨酸（%）	0.14	0.15	0.18	0.16	0.14
组氨酸（%）	0.14	0.15	0.40	0.36	0.31
亮氨酸（%）	0.77	0.85	1.27	1.13	0.99
异亮氨酸（%）	0.55	0.60	0.75	0.67	0.59
苯丙氨酸（%）	0.55	0.60	0.70	0.62	0.55
苯丙氨酸+酪氨酸（%）	0.39	0.43	1.25	1.11	0.98
苏氨酸（%）	0.73	0.80	0.70	0.62	0.55
缬氨酸（%）	0.55	0.60	0.85	0.76	0.66
甘氨酸（%）	0.59	0.65	0.80	0.71	0.62
钙（%）	1.20	2.00	0.90	0.80	0.80
有效磷（%）	0.40	0.45	0.45	0.45	0.40
锰（mg/kg）	80	80	80	80	80
铁（mg/kg）	110	110	110	110	110
铜（mg/kg）	8	8	8	8	8
锌（mg/kg）	80	80	80	80	80
硒（mg/kg）	0.10	0.1	0.1	0.1	0.1
钠（%）	2.2	2.2	2.2	2.2	2.2
钾（%）	2.9	2.9	2.9	2.9	2.9
镁（%）	0.45	0.45	0.45	0.45	0.45
碘（%）	700	700	700	700	700
氯（%）	2.8	2.8	2.8	2.8	2.8

表 15－4　加拿大重型火鸡维生素的需要量（一）

周龄	育雏期		育成期				
	0～3	4～8	9～11	12～15	16～19	20～22	23～29
维生素 A（IU/kg）	9 500	8 500	7 000	7 000	6 000	6 000	10 000
维生素 D（IU/kg）	1 700	1 500	1 300	1 300	1 200	1 200	1 700
胆碱（mg/kg）	1 900	1 700	1 500	1 500	1 400	1 400	1 900
泛酸（mg/kg）	17.0	15.0	13.0	13.0	12.0	12.0	17.0
维生素 B_2（mg/kg）	6.0	5.5	4.5	4.5	4.0	4.0	6.0
维生素 B_{12}（mg/kg）	14.0	12.0	10.0	10.0	10.0	10.0	14.0
叶酸（mg/kg）	1.0	0.75	0.50	0.50	0.50	0.50	1.60
生物素（mg/kg）	0.25	0.20	0.10	0.10	0.10	0.10	0.50
烟酸（mg/kg）	77.0	77.0	60.0	60.0	50.0	50.0	70.0
维生素 K（mg/kg）	1.80	1.80	1.80	1.80	1.80	1.80	1.80
维生素 E（IU/kg）	20.0	17.50	15.0	15.0	10.0	10.0	25.0
维生素 B_5（mg/kg）	3.00	2.75	2.50	2.5	2.5	2.5	3.00
维生素 B_6（mg/kg）	4.0	3.50	3.0	3.0	3.0	3.0	4.0

表 15－5　加拿大重型火鸡维生素的需要量（二）

周龄	后备	种火鸡	肉用仔鸡		
	19～29	30～54	8～11	12～上市	最后肥育 2 周
维生素 A（IU/kg）	7 000	10 000	8 000	8 000	8 000
维生素 D（IU/kg）	1 000	1 700	1 400	1 400	1 400
胆碱（mg/kg）	1 200	1 900	1 500	1 500	1 500
泛酸（mg/kg）	13.0	17.0	14.0	14.0	14.0
维生素 B_2（mg/kg）	4.5	6.0	4.5	4.5	4.5
维生素 B_{12}（mg/kg）	10.0	14.0	11.0	11.0	11.0
叶酸（mg/kg）	0.75	1.60	0.5	0.5	0.5
生物素（mg/kg）	0.4	0.5	4.15	4.15	4.15
烟酸（mg/kg）	60.0	70.0	60.0	60.0	60.0
维生素 K（mg/kg）	1.80	1.80	1.8	1.8	1.8
维生素 E（IU/kg）	10.0	25.0	15.0	15.0	15.0
维生素 B_5（mg/kg）	2.5	3.0	2.50	2.50	2.50
维生素 B_6（mg/kg）	3.0	4.0	3.5	3.5	3.5

二、鸡舍构造与设备

火鸡场应选择在地势较高、背风向阳、交通便利、远离居民区的地方。鸡舍构造、类型、布局及其建筑要求与家鸡基本相似，通常分牧饲简易舍、平养舍和笼养舍3种。

牧饲简易舍应选在牧草优良、便于分区放牧的地方，分简易、半开放等几种，供火鸡遮风避雨、栖息、采食、交配、产卵之用。舍内配备料槽、水槽、照明灯、栖架等。每只火鸡占料槽、水槽及栖架的位置分别为7.5cm、1.9cm、3.0cm，料槽与水槽间距小于6m。

笼养舍选用密闭或半密闭房间，内置阶梯型或半阶梯型架笼。鸡笼大小依鸡体型和笼养羽数而定。大型火鸡单养笼规格为60cm×40cm×60cm，双养笼为60cm×60cm×60cm，三养笼为60cm×80cm×60cm，中、小型鸡笼比大型鸡笼每边分别少5cm和10cm。

平养舍是饲养火鸡采用较普遍的一种饲养鸡舍，有开放式和密闭式两种，开放式鸡舍包括舍内和运动场两部分，可网上平养或地面平养。密闭式鸡舍参照家禽的设计。

火鸡场的设备主要包括育雏设备、供暖设备、给料设备、通风设备以及火鸡各生长阶段所需要的特殊设备等。

三、火鸡的饲养管理

根据火鸡的生物学特性和生长发育特点，将火鸡的饲养管理划分为雏火鸡（出生至8周龄）、育成火鸡（9~28周龄）、成年火鸡的饲养管理。

（一）雏火鸡的饲养管理

1. 饲养密度　雏火鸡的饲养密度见表15-6。

表15-6　雏火鸡适宜的饲养密度

周龄	饲养密度（只/m^2）	周龄	饲养密度（只/m^2）
1	30	3~6	10
2	20	7~8	7

2. 温度、湿度　10日龄前育雏舍温度要保持在20℃以上，育雏器内的温度应达到35~38℃。以后随着日龄增加，逐渐下调温度。在实际生产中，要记录育雏舍内不同部位的温度，观察火鸡群的精神状态和活动表现并根据气候、昼夜及火鸡群情况及时调整。为便于雏火鸡的生长，应把舍内相对湿度保持在以下范围：2周龄内60%~65%，2周龄以上55%~60%。

3. 通风换气　育雏开始几天，只在中午天气晴朗时稍稍打开一下门窗即可。以后随着火鸡呼吸量加大，排粪量增加，舍内有害气体含量大大提高。应开启通风设备，保持空气新鲜。应注意防止出现贼风，避免冷风直吹造成的雏火鸡感冒。

4. 饮水和饲喂　水、饲具应放在热源或光源附近，并适时调整水、饲具的高度与鸡背平齐或稍高些。雏火鸡进舍前准备好含有葡萄糖、维生素C以及抗生素的温水，使雏火鸡进入舍内即可饮水。2h后可开食。雏火鸡嗉囊小，应少喂勤添。若小规模饲养，可将青绿饲料切碎后拌在饲料中饲喂，如韭菜、葱、大蒜、苜蓿草等，可补充维生素和微量元素等。

5. 光照　雏火鸡视力弱，为提高雏火鸡生活能力，促进生长发育，应在育雏开始前几天使用强光照和长光照，以后随着日龄增加逐渐减少（表15-7）。

表 15-7 育雏火鸡的光照控制

日龄	光照时间（h）	光照强度（lx）
1~2	22	50
3~7	20	50
8~14	18	25
15~21	17	10
22~42	16	10

6. 其他管理　为防止火鸡间的相互伤害和减少饲料浪费，于10日龄前完成摘除肉鳌、去趾和断喙工作。育雏期将公母分群、强弱分群，利于雏火鸡的生长发育，提高饲料利用率。用松软的木屑、刨花、切短的稻草等作为垫料，并随着雏火鸡日龄增加，逐渐加厚、经常翻晒或更换垫料。育雏舍应严格隔离，进入舍内的人员、物品经过洗淋、喷洒或紫外线灯消毒，育雏舍内外每周消毒2~3次。雏火鸡在3周龄时需要接种鸡痘和新城疫疫苗，并检查免疫效果是否有效，必要时进行再次免疫。为了预防细菌性疾病的发生，育雏期可以适当进行2~3次抗生素的投放。

（二）育成火鸡的饲养管理

此期火鸡适应性强，对饲养管理的要求比较粗放。为促进生长发育，减少胸部囊肿、脚垫、趾瘤的发生，育成火鸡的饲养多采用舍内地面平养法。根据育成期火鸡生长发育特点和生产需要，可把育成期分为生长阶段（9~18周龄）和限制生长阶段（19~29周龄）。商品肉用火鸡完成生长阶段的饲养即可上市。

1. 生长阶段的饲养管理　主要包括如下技术要点。

（1）饲养密度：为使火鸡充分运动，正常发育，要根据品种和培育场地，适当调整饲养密度。地面平养一般每平方米可养大型火鸡3只，中型火鸡3.5只，小型火鸡4只。

（2）温度、湿度及通风换气：其管理程序与雏火鸡基本一致，特别注意加强通风换气。

（3）饮水和饲喂：要保证充足的饮水，采用机械喂料时，可一次给足饲料。采用料槽人工加料时，应少喂勤添。随着火鸡的生长，调整饲槽和水槽的高度也很重要，调整的原则是使火鸡背与饲槽和水槽相齐或稍低。

（4）光照：商品肉用火鸡应采用短光照，以减少活动，利于育肥。或采用间断性光照，即1h光照，3h黑暗。种用火鸡采用14h的连续光照，光照强度为15~20lx。

（5）选择：此期要做好选种工作。不适合种用的作为肉用火鸡饲养。

2. 限制生长阶段的饲养管理　此期火鸡生长速度逐渐减慢，体内开始沉积脂肪，并逐渐达到性成熟，羽毛丰满，对外界适应能力增强，成活率增高。

（1）光照：公火鸡的光照时间为12h连续光照，强度为15lx左右。母火鸡对光照的刺激非常敏感。如果光照时间和光照强度逐渐加强，会造成性早熟，提前开产，产蛋数少，蛋重小，早衰。连续光照时间由生长阶段的14h连续光照改为6~8h，光照强度为10~20lx。为保证光照控制的效果，火鸡舍的门、窗通气孔都应用挡板或其他遮挡物遮住，不让自然光透入。母火鸡从第22周龄起用7h光照，从第25周龄到第29周龄延长光照之前，采用6h光照。如果火鸡舍不是密闭舍，自然光不好控制，则从进入控制生长阶段起就采用 6h 光照，不必采用逐步缩短光照时间的方法。

（2）限制饲喂：限制饲喂是限制生长阶段火鸡饲养的主要工作。如果火鸡的实际体重达不到标准体重，应提高饲料的营养水平，促使火鸡多采食。如果实际体重超过标准体重，要限制饲喂。限制饲喂的方法，一是限制饲料营养水平，降低饲料的能量和蛋白质水平，增加粗饲料的比例；二是限制饲粮的数量，生产上多采用这种方法。具体做法是：根据生长发育情况确定每天的饲喂量，把 2d 的定量在 1d 中 1 次喂给，另外 1d 停喂，但饮水不断。限制饲喂时要有足够的料槽供所有火鸡同时采食，防止出现饥饱不均的现象。

（3）加强运动：由于后备母火鸡的光照时间变短，光照强度变弱，使母火鸡卧地休息时间变长，运动量不足，结果会出现体内脂肪沉积，容易抱窝和养成懒惰喜卧的恶癖，影响产蛋量。因此，必须通过加强驱赶运动的方法来纠正。每天上午赶入运动场 2 次，每次 0.5 ~ 1h，以后逐渐加强。在舍内吊挂火鸡喜食的青绿饲料，诱使火鸡跳起啄食，以达到减少卧地、增加运动的目的。母火鸡喜欢在栖架上休息，舍内栖架的高度应适当加高。舍内和舍外应增加砂浴槽，令其经常砂浴，能加强运动，促进发育。火鸡喜食小的昆虫和动物，晚上用 8 ~ 12W 的日光灯引诱昆虫 1 ~ 2h，使火鸡争相追食，这样在加大运动量的同时，还能达到补充营养的目的。

（三）种火鸡的饲养管理

火鸡养到 29 ~ 31 周龄开始产蛋，约到 55 周龄产蛋结束。产蛋期饲养管理得好坏，是关系到能否充分发挥遗传潜力，达到较高经济效益的关键。

1. 产蛋火鸡舍的准备　产蛋火鸡入产蛋舍前，必须对产蛋舍进行彻底清扫和消毒，准备好食槽、水槽、产蛋箱、灯泡和防抱窝设施等，铺上清洁干燥的垫草。

（1）产蛋箱：火鸡由于品种不同及体型大小的差异，所使用的产蛋箱尺寸也略有不同。一般为宽 35 ~ 40cm，高 50 ~ 55cm，深 50 ~ 55cm 。在前门下缘设一 5 ~ 10cm 高的门槛，并设自动门，使火鸡进入产蛋箱时会自动关闭，产蛋时免受其他火鸡干扰。当火鸡产完蛋，走出产蛋箱时，前门会随火鸡背部拱抬而重新打开。每 4 ~ 5 只火鸡可共用 1 个产蛋箱。产蛋箱内铺上洁净干燥的垫料，如刨花、稻草和麦秸等。垫料厚度 5 ~ 10cm。

（2）防抱窝圈：防抱窝圈应设在火鸡产蛋舍的一边。窝圈的大小和数量依据母火鸡饲养数而定。一般可容纳母火鸡总数的 1% ~ 1.5% 。防抱窝圈内要求光照时间长、强度大，不设产蛋箱。抱窝火鸡每天到箱内 1 次，直至醒抱为止。醒抱后放回产蛋火鸡群中。

2. 选择与转群　种火鸡在转入产蛋舍前必须进行 1 次严格选择。除了在外形上严格挑选外，重点应检查种公火鸡的性功能。将合格的种火鸡转入产蛋鸡舍进行配种繁殖。转群应在晚上进行，抓鸡的动作要轻，以减少应激和伤残，防止积堆，转群后关灯，让火鸡休息。

3. 饲养方式　主要有舍内笼养和平养两种。笼养时 3 只/m^2，平养时 1 ~ 1.5 只/m^2。

4. 创造适宜的环境　为火鸡创造适宜的环境，是更好发挥火鸡生产力的一项重要措施。种火鸡舍的适宜温度是 10 ~ 24℃，当气温超过 29℃ 或低于 6℃ 时，均要采取措施降温或保暖。火鸡适宜饲养在较干燥的环境中，相对湿度以 55% ~ 60% 为宜，高温高湿或低温高湿都会影响火鸡的生产性能，甚至引发疾病。加强通风，以排出污浊空气和缓解高温高湿。母火鸡 29 ~ 40 周龄光照时间为 14h，40 ~ 44 周龄光照时间增加到 16h。45 周龄以上可增加到 17h，光照强度不低于 50lx。公火鸡采用 12h 光照，强度为 10lx。弱光照可以使公火鸡保持安静，提高精液品质和受精率，减少争斗和伤亡。

5. 精心饲喂 由于火鸡的体型和产蛋水平存在很大差异，应根据实际情况喂饲。产蛋母火鸡必须每天供给清洁饮水500ml。夏季由于气温较高，饮水应增加到正常量的1.5～2倍。如果缺水，会严重影响产蛋量。

6. 种蛋管理 对于刚开产的火鸡要防止把蛋产在窝外。可以采取以下措施：

（1）将欲在窝外产蛋的火鸡送入产蛋箱内。

（2）在产蛋箱内放几枚蛋，引诱火鸡进入产蛋箱内产蛋。

（3）及时收集产蛋箱外的蛋，每天4～6次。在开产10d后，集蛋时将产蛋箱内的母火鸡赶出，以防止母火鸡抱窝。集蛋后应立即把合格种蛋放在熏蒸箱内消毒。

7. 防止抱窝 母火鸡一般每产10～15枚蛋就出现一次抱窝行为。为了减少抱窝，提高火鸡产蛋量，平时饲养中要勤观察，及时查出将要抱窝的火鸡。将要抱窝火鸡的表现为：

（1）当饲养员进产蛋箱取蛋时，竖起翅膀，啄饲养员的手。

（2）整日都呆在产蛋箱或角落里。

当火鸡有抱窝迹象时及时采取措施醒抱，一般3～7d可恢复正常。但如果已抱了窝，再醒抱就困难了，通常要经过2～3周甚至更长的时间才能恢复产蛋。及早处理要抱窝的火鸡，可以使产蛋量提高10%～15%。

防抱窝的措施：控制光照，使光线充足射入产蛋箱内，保证产蛋舍内明亮，没有暗角。光照强度不低于50lx。勤捡蛋，将鸡赶出产蛋箱，减少母火鸡在产蛋箱内停留时间。加强运动，每天驱赶母火鸡运动4～5次，使它们由于活动量增加而不能长时间停留在角落里。使用防抱窝圈，将公火鸡放入防抱窝圈内，促使母火鸡早醒抱。加强种蛋的选择，淘汰抱性强的火鸡。或者给母火鸡注射黄体酮（30mg）或其他神经性药物醒抱。

（四）肉用仔火鸡的饲养管理

肉用仔火鸡又称商品火鸡。只有做好火鸡的品种选择，采用科学的饲料配方，搞好饲养管理，才能使肉火鸡生长快，耗料少，早上市，效益高。

肉用仔火鸡的饲养管理同生长阶段火鸡，但还应注意以下几点：

1. 饲养方式 肉用仔火鸡生长迅速，体重大，卧伏的时间长，多为平养。

2. 公、母分群 肉用仔火鸡一般公、母分群饲养，因为公、母火鸡的生长速度、营养需要、饲料转化率和出售时间都不一样。例如，母火鸡一般7周龄即转入肥育，而公火鸡一般在9周龄转入肥育鸡舍育肥。母火鸡13～14周龄出售，而公火鸡的最佳出售时间是18周龄。

3. 育雏温度 肉用仔火鸡的育雏温度比种雏高0.5～1℃。

4. 光照 肉用仔火鸡光照的目的是使火鸡多采食，多长肉。

（1）逐渐缩短的光照制度：可提高生长速度，减少饲料消耗和啄癖，适于中小型火鸡（表15－8）。

表15－8 逐渐缩短光照制度

日龄	光照时间（h）	光照强度（lx）	日龄	光照时间（h）	光照强度（lx）
1～3	24	50	21～56	14	15
4～20	17	30	56～上市	8	2～5

（2）逐渐延长的光照制度：适于重型火鸡。因为8～20周龄重型火鸡增重迅速，肌肉增长速度快于骨骼生长，造成肌肉与骨骼生长失调，腿部骨骼负重过度而弯曲或关节肿大。为减轻腿病的发生，光照可先长后短，再由短变长，使肌肉与骨骼的生长同步（表15－9）。

表15－9　逐渐延长光照制度

周（日）龄	光照时间（h）	光照强度（lx）	周（日）龄	光照时间（h）	光照强度（lx）
1～3日龄	24	50	11～12	13	20
4～21日龄	18	30	12～14	13.5	20
4～6周龄	14	20	15～16	14	20
7～8周龄	12	20	17～18	14.5	20
9～10周龄	12.5	20	19～20	15	20

5. 饲养密度　充分利用房舍设备，肉用仔火鸡的饲养密度一般均大于种火鸡。随日龄增大，必须经常调整密度（表15－10）。

表15－10　火鸡饲养密度　（只/m^2）

周龄	0～3	4～7	8～14	15～20	21～30
饲养密度	45～50	25～20	15～20	7～9	2～3

复习思考题

1. 试述火鸡有哪些生物学特性？如何在饲养管理中加以应用？
2. 火鸡有哪些繁殖特点？
3. 试述火鸡的人工授精技术。
4. 火鸡的人工孵化技术要点有哪些？
5. 试述种用火鸡的选择方法。
6. 试述不同时期火鸡的饲养管理要点。

汤俊一

第十六章 珍珠鸡

第一节 珍珠鸡的生物学特性

珍珠鸡（Numida meleagris）属于鸟纲（Aves）、今鸟亚纲（Neornithes）、突胸总目（Carinatae）、鸡形目（Galliformes）、珠鸡科（Numididae），原产于非洲的几内亚等地，亦称几内亚鸡。目前，非洲西部还有野生种。珍珠鸡驯养之初仅作为观赏禽类，后来被视为佳肴。20世纪50年代人工驯养成功。法国、意大利、美国、前苏联是世界上饲养珍珠鸡比较早、饲养量较大的国家，但亚洲饲养量较少。

一、形态特征

成年珍珠鸡体长约50cm，体重2~2.5kg。面部淡青紫色，喙强而尖。咏前端淡黄色，局部呈红色。在喙的下方有2个红色的肉髯。眼部四周无毛，有一条白色斑纹延至颈上部。头顶上有2~2.5cm高的角质化突起物。颈细长，从头后至颈的中部有稀疏针状羽毛，呈紫蓝色，体羽青褐，密缀白色圆点，形似珍珠，故名珍珠鸡。羽毛紧贴，富有光泽，两翼发达，善于飞翔。足短，暗褐色，行走迅捷。尾直而下垂。

二、生活习性

珍珠鸡具有适应性强、群居、归巢、野性、喜动、胆小、杂食等习性。只有掌握珍珠鸡的习性，创造必要的饲养管理条件，才能得到好的饲养效果。

（一）适应性

珍珠鸡喜干不喜湿，对外界不良环境的耐受能力较强，特别是对热的耐受能力较强。雏鸡1日龄应在舍温35~38℃条件下生活，否则很容易着凉、拉稀而死亡、成年鸡在-20~40℃时均能正常生长，在冰天雪地的北方也能栖息在房顶或树上度过整个严寒夜晚，即使在烈日炎炎的盛夏也能正常生长，并照常产蛋。所以，全国绝大部分地区都适宜饲养。

（二）群居性和归巢性

珍珠鸡合群性强，放养或散养时，几十只或数百只常聚集在一起，喜欢三五成群地在活动场中嬉耍和觅食。因此，珍珠鸡十分适宜大群放养。另外，珍珠鸡具有较强的归巢性。群养的珍珠鸡傍晚归巢时，往往各回其屋。

（三）善飞翔，爱攀登，野性较强

珍珠鸡两翅发达有力，善于飞翔，雏鸡1月龄就能飞1m多远，3月龄以后就能飞上屋顶，飞翔距离约3m。雏鸡有较大野性，到处乱钻，往往钻到高低不平的砖头、竹围、杂物等地方，常因此引起死亡。珍珠鸡休息时都爱攀登于高处，夜间更是如此。为此，珍

珠鸡舍内应设栖架，这样既符合珍珠鸡的习性，也利于鸡体羽毛的清洁卫生，减少羽毛被粪便污染和球虫病的发生。

（四）好活动，喜沙浴，常鸣叫

珍珠鸡好活动，清早开栏放鸡时，又飞又叫，显得非常活跃，珍珠鸡飞翔能力较强，最高飞3m便下落；善走动，雏鸡可昼夜不停地转圈走动。除觅食外，其余时间喜欢登立于栖架上休息，从早到晚发出有节奏的叫声，成熟母珍珠鸡发出“咯嘎！咯嘎！”的叫声，声音缓柔从容，公鸡则发出“嘎嘎嘎……”的叫声，声音尖锐刺耳。在鸡舍附近群鸡的叫声喧闹刺耳，尤其是它们发现异常情况时，叫声更加剧烈。由于这个缘故，珍珠鸡舍与人居住的地方应有500m以上的距离，以防干扰人的休息。珍珠鸡具有沙浴的习惯和行为，以清除其皮肤上的污物和寄生虫等，饲养珍珠鸡应设置沙浴坑。

（五）神经质、胆小易惊、野性强

珍珠鸡胆小、机敏、神经质、易受惊吓，一旦遇到意外，如飞鸟掠过、物体坠落、汽车鸣笛等，鸡群即出现不安，发出叫声，逃避、飞跑或乱冲乱撞，导致颈部、脚部、翅膀折断或撕裂和划伤。另外，珍珠鸡对颜色变化很敏感，饲养员衣服颜色和所用的饲喂用具不要经常变换颜色；否则，鸡群很长时间不敢靠近饮水器和料槽。

（六）无就巢性

珍珠鸡经过人类的长期驯化、选育，已丧失了就巢的本能。因此，无孵化能力，需要实行人工孵化和育雏。

（七）杂食性

珍珠鸡食性很杂，常用的禽类饲料都可以用来配制珍珠鸡的饲料，如玉米、豆饼、糠麸、鱼粉、麦类、骨粉、蛎粉、食盐、维生素和微量元素添加剂等。珍珠鸡喜食青绿植物，如青草、蔬菜、草籽、树叶，还喜食蚱蜢、飞蛾等昆虫。多喂青绿饲料既可以降低饲料成本，还可以改善肉的品质和口味。

三、肉质特征

珍珠鸡原属野禽，肉质具有特殊野味，肌纤维细嫩，鲜美可口，胜过其他禽类，据营养分析，珍珠鸡肉所含蛋白质比肉鸡高，胆固醇类含量偏低，任何方式烹调均不会出现厚厚的油层，食多而不腻。由于珍珠鸡既是病人良好的滋补食物，又是男女老少皆宜的保健食物，法国人称之为“禽中之王”；香港人则称之为“皇帝鸡”。

第二节　珍珠鸡的繁育

一、品种

（一）西伯利亚白色珍珠鸡

由前苏联畜牧专家在西伯利亚育成，是银斑珍珠鸡的突变种，经近交和严格选育而形成的优良种群。70日龄活重达0.85～0.95kg，90日龄活重为1.2kg，150日龄活重达1.6kg；年产蛋量为120枚，蛋重为42～45g，每千克增重的饲料消耗为3.2～3.4kg。

（二）白胸珍珠鸡

前苏联家禽研究所育成的肉用珍珠鸡种群，因胸部有白色羽毛而得名。90日龄活重为 1kg。150 日龄活重达 1.45kg；年产蛋量为 140 枚，蛋重为 40 ~ 45g，每千克增重的饲料消耗为 3.4kg；净肉率 56% ~ 57%。

（三）银斑珍珠鸡

该品种羽毛为深灰色，带有银白色斑点，是前苏联培育出的肉用珠鸡。成年公鸡体重为 1.6 ~ 1.7kg，母鸡体重 1.5 ~ 1.6kg。70 日龄活重达 0.8 ~ 0.85kg，90 日龄活重为 1kg，150 日龄活重达 1.35kg；年产蛋量为 100 枚，蛋重为 45 ~ 46g，每千克增重的饲料消耗为 3.2 ~ 3.4kg。8 ~ 8.5 月龄达性成熟。

（四）法国“可乐”和“依莎”

由法国培育的专门化高产珍珠鸡品系，商品名称为“可乐”、“依莎”，又称为灰色珍珠鸡。成年活重为 2.2 ~ 2.5kg，12 周龄体重达 1.2 ~ 1.5kg，28 周龄体重达 1.9 ~ 2.1kg，每千克增重的饲料消耗为 2.8 ~ 3.0kg。产蛋期为 35 周，产蛋量为 165 ~ 185 枚。

二、种鸡的选择

种鸡必须符合本品种特征，体型和姿势正常。站立时身体平稳，走动时姿势自然，动作灵活，特别是公鸡。眼睛要圆而明亮，喙要坚硬，上下长度适中。头小，与颈部比例适当。背腰宽平，胸宽度适中，胸骨直而长短适中。腿脚健壮，肌肉丰满。羽毛覆盖紧密、有光泽。体重过重过轻都不宜作为种用。留种用珍珠鸡要求在 32 周龄前性成熟，32 周龄开产，产蛋高峰期的产蛋率 60%，种蛋受精率 85%，受精蛋孵化率 90%。

三、繁殖技术

（一）繁殖特点

珍珠鸡 28 ~ 30 周龄性成熟，但开产时间与营养、季节、光照、温度等因素有关。珍珠鸡繁殖季节性强，散养的珍珠鸡每年 3 ~ 11 月份为繁殖期，此期内公鸡睾丸明显增大，5 ~ 6 月份为母鸡产卵高峰期，但由于南北地理位置、气温的差异，产蛋期的长短不一，蛋的受精率与季节有关，法国珍珠鸡蛋受精率高峰期在 4 ~ 5 月份，这说明，公鸡的性活动与温度有关。如果在低温季节提高室温，可提高母鸡的繁殖性能。

珍珠鸡一般可利用 2 ~ 4 年，母鸡第一年的产蛋量最高，以后逐年下降。野生珍珠鸡是一夫一妻制；人工饲养条件下，公母比例一般为 1 : 5 ~ 1 : 6；人工授精则为 1 : 10 ~ 1 : 20。

（二）珍珠鸡的人工授精

1. 采精前的准备工作　配种前 1 个月左右公、母鸡分笼饲养，公鸡单笼饲养。分笼几天后便可训练公、母鸡适应采精、输精工作，方法同火鸡。人工授精器具主要包括集精杯、保温瓶、显微镜、载玻片、输精细管、温度计等。

2. 采精　采精者将珍珠公鸡固定在腿上，沿着鸡背侧由头部向尾部方向轻轻按摩数次，同时，左手在公鸡腹部柔软处按摩，刺激它的性欲，使之生殖突起翻出，达到充分勃起，左手向上推与右手形成挤压动作，种公鸡的精液即流出，助手应立即握住集精管，收集精液。重复上述动作 2 ~ 3 次，即可完成一只公鸡的采精。采精时间为 10 ~ 20s。

3. 精液品质的检查　在正常情况下，每只珍珠鸡的采精量为 0.08 ~ 0.1ml，颜色为乳白色或白色，如有血色或粪污染，应弃之不用。精子活力在 0.7 以上，密度为 60 亿 ~ 70

亿/ml。

4. 输精　输精由2个人完成，其动作要领同火鸡。输精管插入输卵管2~3cm为宜。5d输精一次，输精量前期0.013~0.015ml，中后期0.025~0.03ml。原精液中有8 000万~1亿个精子，如用稀释精液输精，应根据稀释倍数调整输精量。母鸡首次输精输入2倍的输精量或每只母鸡连输2d，以提高受精率。输精时间最好在每天大部分母鸡产蛋后3h。

（三）珍珠鸡的孵化技术

珍珠鸡无就巢性，必须通过人工孵化或用家鸡来孵。无论采用什么样的孵化方法，只要掌握好温度、湿度、翻凉蛋和通风换气等几个关键因素，都可成功地孵化出珍珠鸡，但珍珠鸡的蛋比家鸡蛋小，壳厚。因此，珍珠鸡的孵化温度比家鸡应偏高一点，孵化湿度略大一些。

1. 种蛋的选择、保存及消毒

（1）种蛋的选择：珍珠鸡蛋正常为圆锥形，颜色为淡褐色花斑。蛋壳表面有皱纹、裂痕，蛋过大、过小或过长、过圆的均不宜留作种蛋，蛋壳为白色或无褐色花斑的亦属不正常的蛋。蛋重45~50g。

（2）种蛋的保存：入孵的种蛋以1周内产的蛋为好，将产下的种蛋存放在15℃、相对湿度为70%的地方。如果存放时间短，可大头向上、小头向下，可在短时间内不翻蛋。如存放时间较长，则要经常翻蛋，每天需翻蛋1次，以防止蛋黄与蛋壳粘连。在种蛋保存期间，不能用水洗蛋的表面，否则会把蛋壳表面的胶质抹掉，导致细菌入侵而降低孵化率。

（3）种蛋的消毒：种蛋在入孵前要进行消毒，一般用0.02%的高锰酸钾溶液浸洗3min，晾干后放入孵化器；浸洗可用庆大霉素（每升水10万单位）预防沙门氏菌造成的胚胎中后期死亡。

2. 孵化技术

（1）孵化的温度与孵化期：珍珠鸡的孵化期为26~28d，第24d落盘，孵化器内温度为38.8℃，相对湿度保持在60%~65%。出雏器温度37.6℃，相对湿度为70%。

（2）翻蛋与凉蛋：为使种蛋受热均匀，防止胚胎与蛋壳相连，需要经常进行翻蛋，一般2~4h翻蛋1次。入孵早期增加翻蛋次数可提高孵化率，以后每天翻蛋5~6次。有翻蛋架的，翻蛋角度为90°，无翻蛋架，用手翻蛋，翻蛋角度为180°。

种蛋孵化到后期（24~27d），胚胎自身产生的生物热过多，这时如把蛋放在眼皮上感到烫眼，需要进行凉蛋。凉蛋方法：电热丝停止加温，打开孵化器15~30min，待蛋壳不烫眼皮为止。每天凉蛋2次，在雏鸡出壳前几天将蛋托取出。用40℃温水均匀地喷在蛋壳上，可促使蛋壳变脆，有利于啄壳出雏，每天喷水1次，注意不要使种蛋温度过低，使出雏时间延长。

（3）照蛋与通风换气：种蛋入孵8d后可进行头照，在暗室内用照蛋器逐个照检。凡蛋壳通亮的为无精蛋，蛋壳稍透亮，有一条暗红色的血带紧贴蛋壳上的为死精蛋。有些蛋的蛋壳较厚，易出现误判，需要用较明亮的照蛋灯才能看清内部发育情况。第二次照蛋在孵化后20d进行。这时蛋壳透亮的全为无精蛋或中死蛋，发育正常的蛋蛋黄中间有一黑点，气室边界起伏呈波浪状有血丝分布，中死蛋的气室边界平整较模糊，看不见红色的血丝，蛋黄中间一段淡黑色、蛋小头一端淡色稍透亮。凉蛋时，蛋托取出机外一段时间，发育正常的蛋蛋温下降慢，蛋壳冰凉的为死胎蛋，蛋壳温暖的为发育正常的蛋。

在孵化过程中，种蛋胚胎的发育需要吸收氧气，排出二氧化碳。因此，要注意通风换气，应随着日龄的增长，逐步增加通风量，保证胚胎对氧气的要求。

（4）出雏：在出雏前，出雏筐内底部应垫上粗布，防止底部过滑造成雏鸡脚开叉，同时关闭照明灯，防止雏鸡见灯亮爬动而损伤踝关节。对已啄开壳而无力蹬出蛋壳的可进行人工助产，胎血未吸收干净的不能强行剥壳出雏。出雏后小雏羽毛潮湿，待身体羽毛基本干燥后取出，放入育雏室内。出雏结束后，将畸形、叉腿、弱小的雏鸡及时淘汰，这类雏无饲养价值，且易发疫病并可引起其他鸡雏产生啄肛、啄羽等现象。

3. 孵化效果的检查　孵化率低的原因很多，应从种鸡的鸡龄、季节、环境、饲养管理几方面来查找原因。首先，可能是因种鸡公母配比不当、近亲交配、种蛋保存时间长或温度、湿度达不到要求，或者种蛋运输时受强烈震动等原因造成的；其次，可能是因在孵化中温湿度过高、过低或通风不良、不按时翻蛋等原因造成的。

第三节　珍珠鸡的饲养管理

一、营养需要与日粮配方

（一）营养需要

珍珠鸡的营养需要见表 16－1、表 16－2。

表 16－1　珍珠鸡营养需要

项目	幼雏期 1～20d	中雏期Ⅰ 21～56d	中雏期Ⅱ 57d～26 周龄	产蛋期 1	产蛋期 2
代谢能（MJ/kg）	12.33	11.50～11.70	11.29	11.50	11.50
粗蛋白（%）	22	20	15.50	17.50	16.50
赖氨酸（%）	1.25	1.0	0.70	0.85	0.80
蛋氨酸（%）	0.55	0.43	0.35	0.43	0.36
蛋氨酸＋胱氨酸（%）	0.95	0.80	0.65	0.75	0.65
粗纤维（%）	3.50	4.00	6.50	4.00	4.20
钙（%）	1.10	1.10	1.10	3.20	3.20
总磷（%）	0.80	0.75	0.75	0.72	0.72
有效磷（%）	0.55	0.50	0.45	0.45	0.45

注：产蛋率 50% 以下，采用 2 号料；产蛋率超过 50%，采用 1 号料。

表 16－2　珍珠鸡的营养需要

维生素	0～8 周龄	9～26 周龄	产蛋期
A（IU/kg）	15 000	12 000	15 000
D（IU/kg）	3 000	2 500	3 000
E（IU/kg）	25	25	30

续表

维生素	0～8周龄	9～26周龄	产蛋期
C（mg/kg）	20	20	20
K（mg/kg）	5	5	5
B_1（mg/kg）	1.5	1.5	2
B_2（mg/kg）	12	10	20
B_6（mg/kg）	5	3	4
B_{12}（mg/kg）	0.0125	0.01	0.015
烟酸（mg/kg）	60	40	50
泛酸（mg/kg）	20	16	20
胆碱（mg/kg）	600	500	600
叶酸（mg/kg）	1.5	1.5	2
生物素（mg/kg）	0.15	0.15	0.20
微量元素			
锌（mg/kg）	80	70	80
锰（mg/kg）	100	80	100
铁（mg/kg）	40	32	40
铜（mg/kg）	12.5	10	12
钴（mg/kg）	0.25	0.25	0.25
碘（mg/kg）	2	2	2
硒（mg/kg）	0.15	0.15	0.15

（二）日粮配方

配制饲粮时，主要根据珍珠鸡生产各阶段的营养需要和生长阶段的生理特点、饲料原料的质量、生产力及气候等的不同，并结合本地的实际情况来配制。配合日粮时，各种饲料种类的大致比例参考表16－3。

表16－3 珍珠鸡各种饲料所占的比例 （%）

饲料种类	百分比
谷物类（2～3种以上）	45～60
糠麸类	5～15
植物性蛋白饲料	15～25
动物性蛋白饲料	3～8
矿物质饲料	5～7
青饲料	10～12
微量元素和维生素添加剂	1
河沙	自由采食，不能间断

1. 配合日粮应注意的问题

(1) 饲料种类尽可能多一些，保证营养物质完善，提高饲料转化率。

(2) 注意饲料品质及适口性，决不能使用发霉变质饲料，最好使用颗粒状饲料。

(3) 根据当地条件选择价格便宜的饲料，做到既能满足珍珠鸡的营养需要，又能降低日粮成本。

(4) 日粮配合应有相对的稳定性。如要调整，必须注意逐渐改变，改变过急和经常改变，都会影响珍珠鸡的生长和产蛋。

2. 饲料配方举例　见表16-4。

表16-4　珍珠鸡生物学时期的饲料配方　(%)

原　料	0~4周	4~8周	8~12周	12~24周	繁殖期
黄玉米	50	55	54	52	52
小麦粉	3	6	8	8	8
麦麸	2	4	14	14	10
草粉	—	2	6	6	6
豆饼	31	22	12	12	14
鱼粉	12	8	4	4	5
骨粉	1.1	1.6	1.5	1.5	2.5
贝壳粉	—	0.5	1.5	1.5	1.5
食盐	0.4	0.4	0.5	0.5	0.5
含硒生长素	0.5	0.5	0.5	0.5	0.5
禽用多种维生素	常量	常量	常量	常量	2倍量

二、饲养管理

种用珍珠鸡在其饲养管理过程中可将其分为育雏时期（0~3周龄）、育成期（3~25周龄）和产蛋期（繁殖期，26~6周龄）3个饲养时期。肉用珍珠仔鸡一般饲养到12~13周龄，就可屠宰上市。所以，其饲养管理时期只有育雏期和育肥期2个时期。

（一）雏鸡的饲养管理

1. 育雏前的准备　育雏舍密封性能要好，门窗缝隙要堵严，以利于鸡舍保温，杜绝过堂风和贼风。育雏舍墙壁要光滑，地面铺水泥，有排水系统，以利于鸡舍清扫冲洗和消毒。鸡舍要有防鸟、兽和啮齿类动物侵入的措施，防止带入病菌和咬伤雏鸡。

准备好消毒药如百毒杀、火碱、熟石灰等，常用的治疗疾病的药物如土霉素、青霉素、链霉素等。

2. 育雏的方式　育雏方式可分为地面平养、地板网平面饲养和笼养，采用全进全出制。同批次同日龄的鸡在同一舍内饲养，不要混养。公母雏分栏饲养，有条件的可分舍饲养。

地面散养时，室内地面应铺以5~7cm厚的干稻草，稻草要清洁、干燥、无霉烂，垫草经一次育雏后应清除出舍外，不再使用。

采用地板网平养时，网面可用木板、竹片制成，网眼要合适，防止夹住鸡脚，又不致影响粪便落下。网面高 60～70cm，整个网面是活动的，以便鸡群转出后清除粪便和清扫鸡舍。

网上平养所需投资不大，在保温条件下，鸡群离开地面，不受地面冷、湿、脏的影响，饲养效果也好。不管采用什么样的育雏设备，都要做到设备坚固耐用，便于操作，表面没有尖锐的外露部分，以避免不必要的伤残和死亡。

3. 育雏的条件

（1）育雏温度：刚出壳的雏鸡要生活在 35～38℃的保温伞下，或者在温度为 37～38℃的育雏室。

（2）育雏湿度：育雏室内相对湿度保持在 60%～65%。育雏后期可以适当降低相对湿度。

（3）育雏光照：雏鸡需要一定的光照强度。在密闭式鸡舍，如果公母鸡可以分开饲养，其光照时间见表 16－5。

表 16－5 珍珠鸡育雏光照时间表 (h)

雏别	1 周龄	2 周龄	3 周龄
公雏	23～20	16	12
母雏	23～20	16	14

在开放式鸡舍，白天可利用自然日光，光照时间不足时，可按表 16－5 补充人工光照。

雏鸡的光照强度：1 周龄为 11.94lx（3 W/m^2），2 周龄为 9.95lx（2.5 W/m^2），3 周龄为 7.96lx（2 W/m^2），要保证鸡舍的鸡都能看得见采食和饮水，不致发生惊群。

（4）通风换气：育雏舍通风只需自然通风装置就可以了，一般门、窗、屋顶风帽足以满足雏鸡对通风量的需求。在育雏 1 周内，鸡舍内无需增加通风量，以后 2 周内，应根据舍外气温状况和室内空气污浊程度，逐渐增大通风量。要做到既保证舍内温度合适，又保证空气新鲜。

（5）育雏密度：1 周龄饲养 50～60 只/m^2，2 周龄时饲养 30～40 只/ m^2，至 3 周龄 20～30 只/ m^2。

4. 育雏期的饲养 育雏用料代谢能为 12.33WJ/kg，粗蛋白 22%，钙 1.10%，总磷 0.80%，有效磷 0.55%。玉米要粉碎，矿物质饲料、微量元素和维生素添加剂要预先与糠麸类混匀，然后再拌入玉米面中，多次搅拌混匀才能饲喂。育雏采用湿拌料，每 2h 喂 1 次，每次要少添，保证全吃完后再投料，第 1 周龄每只鸡 15g/d，第 2 周龄每只鸡 20g/d，第 3 周龄每只鸡 24g/d，1 周龄每天喂 8 次，2 周龄每天喂 4 次，4 周后每天喂 3 次。

5. 育雏期的管理

（1）断翅：为管理方便，刚出壳的珍珠鸡马上用断喙器切去一侧翅膀最后一个关节，使其育成后不能飞逃。

（2）检查鸡群：每天饲喂前检查料槽、水槽，看有无剩料、剩水。如果剩得太多，要查明原因；观察鸡群精神状态，发现精神萎靡的雏鸡要隔离饲喂；鸡群聚堆，温度低；鸡群张口喘气，则温度太高。温度适宜时，雏鸡呈满天星状分布，饮水量和采食量均正常，排泄物也正常。

在育雏过程中，要把弱雏与健雏分开饲喂。把弱雏放在离热源较近的地方，密度小一些，饲料中添加抗生素预防白痢病。每周龄末随机取样测定体重（空腹时），并与标准体重相对照，以评价饲养管理状况，找出工作中的差距。

（3）做好育雏记录：每个育雏室每天由饲养员填写育雏日记，内容有进雏日期和只数、死亡数、淘汰数、剩余数及填报人姓名。鸡场管理人员要经常检查记录是否准确、完整、规范，使之正确反映真实情况，以便从中吸取经验教训，指导工作。

（二）育成期的饲养管理

1. 饲养方式及设备　育成鸡采用地面平养，全进全出制。

育成鸡舍的形式多采用开放式鸡舍。鸡舍内水泥地，舍内各部分利于冲洗消毒，舍外有封闭的笼舍运动场；育成鸡舍设有自然通风和机械通风设备：进风口、风机、风帽、应急窗。进口处要有铁丝网，防止鸟兽进入和珍珠鸡飞出舍外。

在比较寒冷的地方，刚从育雏室转来时，仍需一定的供暖设备。供暖设备因地制宜，可采用电热风、火炉、火墙等。育成鸡按每只鸡7cm长料槽和1cm长水槽标准设置采食、饮水设备，栖架按15只鸡需1m长计算，离地面1～1.5m，要注意木条光滑，以防刺伤鸡脚。还要准备专用捕鸡用具，用1.8m长细木杆或竹竿，一端固定一铁圈，直径40cm，铁圈上系一个鱼网缝制的深40～50cm的网兜，网眼大小为2～3cm见方。

2. 饲养密度　育成前期每平方米15～20只，育成后期每平方米6～15只。

3. 育成期光照　采用开放式鸡舍养育成鸡，完全采用自然光照可以满足光照要求；密闭式鸡舍按0.5～1.0W/m^2均匀设置白炽灯泡，育成后期公鸡要比母鸡提早增加光照时间，因为公鸡比母鸡晚成熟1个多月。

4. 饲养要点　育成前期代谢能和粗蛋白比育成后期高，粗纤维比后期低。育成前期（21～56日龄）粗蛋白20%，育成后期（56日龄～26周龄）粗蛋白为15.50%。前期粗纤维为4.00%，后期为6.50%。平均每只每天耗料40g，饮水量是采食量的2.5倍；每天投料3次，上料要定时，均匀，让强弱鸡都能吃饱。

5. 管理要点　第一，饲养员要穿同一种颜色的工作服，不要乱换。进鸡舍要又轻又稳，防止鸡群受惊挤在墙角受伤。第二，每天进鸡舍时，注意观察鸡的精神、食欲、饮水、排粪等情况，挑出病弱鸡，隔离饲养。第三，每天清洗水槽、食槽，注意是否有漏水和撒料现象，防止饲料和水的浪费；根据鸡的生长速度及时添加水槽、食槽。注意环境卫生。第四，每2周抽测1次体重，取样数按全群的5%，称空腹体重。第五，育成期的珍珠鸡，易患肠道疾病，应定期进行药物预防。

（三）产蛋期的饲养管理

1. 饲养方式及设备　采用散养自然交配，其种蛋受精率在30%左右；而人工授精，受精率可高达87%～88%，受精蛋孵化率可高达83%。因此，种用珍珠鸡多采用笼养结合人工授精。

种鸡舍分公、母舍，一般可按每平方米10只来计算种鸡舍的面积。鸡笼采用2层或3层全阶梯笼，每笼养2只鸡，采精、输精时抓鸡比较方便。

鸡笼可用星杂579鸡笼代替，采用乳头式饮水装置。

2. 产蛋期的饲养环境

（1）温度及湿度：种鸡舍温度以20℃为最佳，一般变化幅度范围不超过5℃；相对湿度50%～60%。

（2）光照：光照时间为14～16h/d。

（3）密度：笼养时8～10只/m^2，散养时4～6只/m^2。

3. 产蛋期的饲料及饲喂制度　产蛋率50%以下时，采用产蛋期2号料，粗蛋白为16.50%，粗纤维4.20%，代谢能11.50 MJ/kg；产蛋率超过50%，采用1号料，粗蛋白为17.50%，粗纤维4.00%，代谢能11.50MJ/kg。珍珠鸡和一般肉食鸡或蛋鸡相比，维生素E、烟酸及锰元素需求量高。配制饲料时，应根据特殊需要加入，否则易出现关节疾病。

产蛋期珍珠鸡饲喂要定时定量，每天分3次上料，每只鸡每天耗料105～120g，平均为115g左右。

（四）肉用仔珍珠鸡的饲养管理

1. 肉用仔珍珠鸡对环境的要求　具体技术要点如下：

（1）温度及湿度：舍温仍应在20℃左右，相对湿度为50%～60%。

（2）空气要求：在保持舍温的同时，注意通风换气。3周龄以后的雏鸡，可在舍外散养，白天进入运动场，夜晚赶回鸡舍，保证舍内空气新鲜。

（3）光照：0～3周龄时的光照为11.94lx（3W/m^2），4～12周龄为1.99lx（0.5W/m^2）。开放式鸡舍则为自然光照，夜间适当补充光照。

（4）密度：0～3周龄30只/m^2，4～12周龄为10～15只/m^2。

2. 饲养要点　饲养原则是以最低的饲料成本，获得最大的产肉量。肉用珍珠鸡饲料营养标准见表16－6。肉用珍珠鸡采用自由采食方式饲喂，每天喂3次，不限制饲料量。

表16－6　肉用珍珠鸡营养需要标准　（%）

营养成分	0～4周龄	4～8周龄	8周龄～屠宰
代谢能（MJ/kg）	12.96	13.38	13.59
粗蛋白	24	22	18～20
蛋氨酸	0.60	0.57	0.50
蛋氨酸＋胱氨酸	1.00	0.94	0.85
赖氨酸	1.35	1.00	0.90
钙	1.20	1.00	0.90
有效磷	0.50	0.40	0.40
食盐	0.43	0.43	0.43

3. 管理要点　防止饲料和饮水的浪费；保证清洁卫生；及时挑出病弱鸡，并及时治疗；舍内垫料要均匀，干净；舍内外设有足够的栖架；定时称重，检查饲喂效果；及时调整饲料配方。

复习思考题

1. 珍珠鸡有哪些生活习性？
2. 珍珠鸡有哪些繁殖特点？
3. 叙述珍珠鸡不同生理阶段的饲养管理要点。
4. 叙述珍珠鸡品种特征。

汤俊一

第十七章 鸵 鸟

通常意义上所说的鸵鸟是指非洲鸵鸟（*Struthio camelus*），除此之外还有美洲鸵鸟（*Rhea amricana*）、澳洲鸵鸟——鸸鹋（*Drimaus movahollandeae*），属鸟纲（Aves）、今鸟亚纲（Neornithes）、平胸总目（Ratitae）、鸵形目（Struthioniformes）、鸵鸟科（Struthionidae）、鸵鸟属（*Struthio*）。通常将鸵鸟分为 3 种类型：红颈鸵鸟、蓝颈鸵鸟和驯养鸵鸟。鸵鸟是现存鸟类中体型最大的鸟，不能飞行，属于一种古老的谱系，由能飞行的祖先衍变而来。鸵鸟肉、蛋含有 21 种氨基酸，具有低脂肪、低胆固醇、低热量等特点，是理想的健康食品；皮革名贵，蛋壳、羽毛可作为工艺品和装饰品。

第一节 鸵鸟的生物学特性

一、形态特征

鸵鸟雄性略大于雌性，非洲鸵鸟体重约 140～200kg，体高 1.75～2.75m；美洲鸵鸟体高 1.5m 左右，体重 35kg；澳洲鸵鸟体高 1.8m 左右，体重 35～40kg。鸵鸟头小，眼大，颈长，腿长而粗，非洲鸵鸟足只有 2 趾，澳洲鸵鸟、美洲鸵鸟有 3 趾。具有非常好的视觉，视野范围达 300°。其瞬膜（第三眼睑）能阻挡沙砾保护眼睛。

鸵鸟颈部上 3/4 及其大腿无羽毛，雄鸵鸟的下颈部、躯体及整个翅膀的羽毛呈黑色。而雌鸵鸟则呈浅棕灰色。大多数雄鸵鸟颈部裸毛，但下缘还有一圈白毛，并有可供区别的白色翅羽和尾羽，而雌鸵鸟相应部位的羽毛颜色没那么明显。刚孵出的雏鸵鸟有刺状浅黄色软毛、顶端黑色，沿颈侧有数行黑点，这种装饰性着色在其他平胸类鸟以及一些野生动物中也可见到，此类羽毛可保留到 3 月龄，然后羽毛长得逐渐似成年雌鸵鸟。雄鸵鸟的黑色羽毛约在 11 月龄时开始出现，至 2 岁龄时可形成完全的黑白羽毛。翅羽的功能主要是用于平衡身体，在寒冷季节用以覆盖无羽毛的大腿，保持体温，交配时用来求偶调情。种鸵鸟也常用翅羽保护小鸵鸟及巢穴中的蛋。

二、生活习性

鸵鸟有群居性，常以十几只为一个群体，栖息在沙漠、草原、丛林等地域。喜干燥怕潮湿，适应性广，耐高温，耐严寒，能在雪地和沙漠中生存，在 -18～39℃环境下，可正常生长发育和繁殖。抗病力强，除 1 月龄以内的雏鸟会因营养不良、湿度过大、管理不当死亡外，成年鸵鸟很少患病死亡。鸵鸟行走非常迅速，大步奔跑时速度可达 40～70km/h。当走投无路或面对较小的敌人时，鸵鸟能用腿向前踢、其准确性和力量都很强。

鸵鸟属草食、单胃禽类，杂食性，其消化道组成与其他畜禽不同。鸵鸟没有牙齿，也没有嗉囊，食管直通腺胃。腺胃很发达，也叫前胃。腺胃与肌胃由一较窄的通道相连，此狭窄连接部有时会引起胃阻塞。有两条发达的盲肠，大肠较长，消化粗纤维的能力很强。主食草类、蔬菜、水果、果实、种子、昆虫及软体动物等。在沙漠里，鸵鸟还啄食一些小的蜥蜴、蝗虫、白蚁等小动物，以补充蛋白质和能量。鸵鸟腹下储存的大量脂肪可以使其安全度过食物短缺期。

鸵鸟成熟早、产蛋期长、产蛋量大，非洲鸵鸟 18～30 月龄性成熟，寿命长达 70 年，有效繁殖寿命约 50 年。7 岁为产蛋高峰期，年产蛋 80～120 枚。蛋重 1.0～1.8kg，长径为 16cm，短径为 13cm，壳厚 2mm，蛋壳由多层组成。自然孵化多积 10～15 枚后开始，孵化期 42d。

第二节　鸵鸟的繁育

一、种鸟的选择

（一）雌雄鉴别

鸵鸟的性别鉴定非常重要，当出售幼鸵鸟时必须保证适当的公母比例。大鸵鸟比幼鸵鸟容易识别，但对一群年龄体形大小不一的鸵鸟进行性别鉴定时，常常容易混淆和出错。应先将鸵鸟按体形大小分群，再在相同大小的鸵鸟群中进行性别鉴定。

1. 泄殖腔　鸵鸟在 4 月龄时就可进行性别辨别。辨别时一人抱定鸵鸟，另一人将手指润滑后轻轻伸入泄殖腔的前上方，将阴茎或阴蒂拉出来检查。也可直接将手指伸进泄殖腔，检查其阴茎或阴蒂，如果不能分辨出来，可将其外翻检查。9 月龄以上的鸵鸟，当其排粪或排尿时其阴茎会露出来，可在这时对其进行性别鉴定。大鸵鸟可直接检查泄殖腔，雄鸵鸟可触摸到阴茎，阴茎呈圆锥形，比较胀满并稍带红色；雌鸵鸟的泄殖腔壁较厚，阴蒂较小，外缘较薄，呈淡粉红色，不太胀满，看不见明显的血管。

2. 颜色变化　从第 10 个月开始雄鸵鸟的胫或喙开始变得稍带粉红色，而雌鸵鸟仍然是黑色。14 个月以后鸵鸟的外部会表现出第二性征，雄鸵鸟的羽毛开始变成黑色，而雌鸵鸟的羽毛仍是棕灰色。

（二）年龄鉴定

12 月龄时，雄鸟的腿和喙变为白色；2 岁时，不论雌雄背部的雏羽毛全部褪换，雌鸟大部分腹部的白色羽毛被黄褐色的羽毛所取代，但颈的基部和腹部仍有部分雏羽存在；3 岁时，雌雄鸟腹部白色羽毛全部褪换，而颈基部雏毛不变，雄鸟的腿和喙变为典型的红色；4 岁时，鸵鸟完全达到性成熟，雄鸵鸟的羽毛开始变成黑色，而雌鸵鸟的羽毛仍是棕灰色。4 岁以后没有明显的年龄特征。

（三）种鸟选择

一般情况下，雄鸟在 3 岁时可达到性成熟，雌鸟 2 岁时已经开始产蛋。在选择种鸟时，要选择雄鸟年龄稍大一些，这样可避免产生大量的无精蛋。

雄鸟的羽毛、胫、喙的颜色与繁殖能力有密切的关系。当其腿部和喙部变成猩红色时，表明其繁殖机能已进佳境；颜色变浅，将意味着受精率的下降。因此，在繁殖旺季，要选择状态好、色彩艳丽的雄鸟进行交配。状态不佳或腿、喙颜色变浅的隔离饲养，不做种用。

二、繁殖技术

（一）繁殖习性

鸵鸟在繁殖期主要有趴窝行为、选择行为、求偶行为、交媾行为、孵化行为等，其中任何一个环节出现问题都会影响到鸵鸟的繁殖力。性腺激素调节是产生这些行为的最直接原因，性行为的出现标志着鸵鸟已达到性成熟，能够进行交配并繁殖后代。一般性行为强的鸵鸟，其繁殖能力必然高，性行为弱的鸵鸟，其繁殖力则低。

（二）孵化技术

人工饲养的鸵鸟，其孵化应以人工孵化为主。自然孵化率仅35%，人工孵化率可达95%。

1. 种蛋的收集与保存　一般雌鸟比雄鸟先进入发情期，早期产的蛋一般不育。种蛋必须来自优良、健康的鸟群。选择种蛋时，先将薄壳蛋、砂壳蛋、钢皮蛋及过大、过小、过扁、过圆、污染面积过大的种蛋剔除，对刚产出的种蛋不宜马上入孵，要贮存24h以上，但鸵鸟蛋的壳外无脂状物覆盖，气孔开放，微生物极易进入而造成污染。因此，必须加强产蛋箱的管理，增加收蛋次数，避免蛋过多的在外暴露，贮存期一般以3～7d为宜。保存的温度以15℃，湿度以40%～50%为宜，并注意贮存室的通风。种蛋保存时，应大头朝下，每天翻动1次。

2. 建立完善卫生消毒制度　种蛋贮藏室地板每2d用消毒液擦拭1次；每2周全面清洗、消毒1次，并用福尔马林溶液进行熏蒸。孵化室墙壁、天花板每半月用消毒药喷洒1次，1个月进行1次全面清扫，每次孵化前，孵化机内外及表面要用消毒药擦拭一遍，并用福尔马林熏蒸消毒。种蛋入贮前可用经消毒液浸泡的纱布擦去表面脏物，再用紫外线消毒或熏蒸消毒。每平方米用37%的福尔马林42ml，高锰酸钾21g，熏蒸30min。入孵之前，用1‰新洁尔灭的消毒药（温度控制在46～48℃）浸泡20～30s，然后用消毒过的干纱布擦干种蛋。

3. 孵化技术　入孵时，一定要使鸵鸟蛋的大头朝上，依贮存期、产蛋期分清批次，认真记录父母亲编号、贮存天数、入孵日期等，尽量不要混孵，以免造成出雏的混乱。

（1）温度：温度是孵化的首要条件。研究发现，室温在18～25℃时，采用恒温孵化法，孵化温度控制在37℃效果最好，随着室温的升高，孵化温度可适当降低。采用变温孵化法，将孵化期分为前期（1～21d）、中期（22～33d）和后期（34～42d），温度可分别控制为36.5℃、36℃和35.5℃，其相对湿度分别为22%、23%和25%。种蛋最好可按大、中、小或重、中、轻3个档次，实行分机孵化，可显著提高孵化率和健雏率。

（2）湿度：湿度是孵化的重要条件。鸵鸟蛋壳厚2.5mm，水分不易蒸发，与其他禽类相比孵化湿度要求相对较低。孵化期湿度应控制在20%～30%，胚胎失水率控制在12%～14%。转入出雏机湿度应相对提高，通常为30%～40%，以利雏鸟啄壳。孵化室内相对湿度小于45%。

（3）通风与凉蛋：胚胎发育需要新鲜的空气和充足的氧气。二氧化碳和各种有害气体超标会导致死胚或弱雏增加，因此要定期通风换气。鸵鸟蛋的体积较大，蛋壳较厚，胚胎代谢会使蛋温急剧增高，应注意凉蛋。一般孵化早期5～6h凉蛋1次；中期2～3h凉蛋

1次；后期1h凉蛋1次；每次大约0.5h。

（4）翻蛋：翻蛋有利于胚胎受热均匀，防止胚胎粘连。孵化前期每2～3h翻蛋1次，后期每4h翻蛋1次，角度以前俯后仰50°～55°为宜。孵化第40d左右停止翻蛋。

（5）照蛋：孵化第14d、24d、32d分别照蛋，及时取出无精蛋和死胚蛋。第一次照蛋发育正常的胚胎可见清晰的眼和血管，无精蛋只能看到卵黄在浮动，若胚胎早期死亡则血管暗淡；第二次照蛋可见血管呈树杈状，胚胎部分呈现黑色并可看见胚胎活动；第三次照蛋可见蛋壳内小端几乎被胚胎占满，用手握住蛋能感到振动。

（6）出雏：第39d落盘，出雏机的温度和相对湿度同孵化机，对啄壳48h还未出壳的，要及时进行人工助产，即沿啄壳孔向后轻轻地剥掉蛋壳，在剥脐带周围蛋壳时应特别小心，以免撕裂雏鸟皮肤造成不良后果；发现内壳膜发白或有红色血管时停止往下剥，应停留2～3h再往下剥。雏鸟出壳后，脐带部最好用碘酒消毒。

第三节　鸵鸟的饲养管理

一、营养需要与饲料配方

目前国内还没有统一的鸵鸟饲养标准出台，养殖场及饲料生产厂家多借鉴其他家禽（主要是鸡）的营养标准来制定饲料配方，忽视了鸵鸟消化特点，导致日粮能量摄入过剩，生长过肥，产蛋率及受精率反而下降。

鸵鸟的营养需要国内外的推荐量是：0～12周龄的雏鸟，精料中代谢能可控制在12.13MJ/kg，粗蛋白19%～22%。饲料配方为玉米56%、小麦6%、豆饼12%、麦麸3%、秘鲁鱼粉6%、苜蓿粉10%、食盐0.4%、磷酸氢钙1.5%、贝壳粉0.8%、骨粉3%、氧化胆碱0.5%、蛋氨酸0.4%、赖氨酸0.4%。1月龄内每只每天采食120g，1～2月龄120～600g，2～3月龄600～800g。同时添喂适量的富含粗纤维的青绿饲料，按6份精料1份优质青干草或3份精料2份优质青绿饲料添加。

成年鸵鸟精料中代谢能11.3～11.7MJ/kg，粗蛋白18%，氨基酸的种类及需要量是精氨酸1.04%，赖氨酸0.86%，蛋氨酸+胱氨酸0.73%，苯丙氨酸0.95%，缬氨酸1.02%。矿物质方面，目前研究较多的是钙、磷、钠、镁，但在产蛋期钙的需要量上分歧较大，国外学者建议0.9%～1.78%，而国内学者建议为3.0%～3.5%，在磷、钠和镁的含量上，观点比较一致，一般认为，磷的需要量为0.4%，钠为0.3%，镁为0.25%。维生素E为80IU/kg。

人工饲养的成年鸵应以草料为主，配合饲料为辅。日粮中青绿饲料占70%，精粗比为1∶3，精料不超过1.5kg/只，青饲料自由采食。配合料以玉米、高粱、碎米、麦麸、米糠等作为能量饲料，以饼粕类、鱼粉、肉骨粉等作为蛋白饲料，再适量添加矿物质、维生素、微量元素配制而成。青绿饲料选择易种植、产量高、适口性好的紫花苜蓿、象草、花草属系列、黑麦草、墨西哥玉米、红苕藤、各种蔬菜等。喂青料时一要捡出杂物，二要切碎。

二、鸟舍构造及设计

根据鸵鸟不同年龄的行为特性和生理特点，通常将鸵鸟栏舍分为三大类：种鸵鸟栏舍、生长鸵鸟栏舍和雏鸵鸟栏舍。鸵鸟栏舍设计的总体要求是：四周有良好的排水沟渠，围栏、房舍、拐弯处没有突出的棱角，场地内没有异物，几种不同鸵鸟栏舍的规格见表 17－1。

表 17－1　鸵鸟栏舍规格

栏舍类型	鸵鸟月龄	房舍面积（m^2/只）	运动场面积（m^2/只）	运动场形状	标准栏舍规格（m^2）
雏鸵鸟栏舍	0～3	1.6	8	长方形	25×5
生长鸵鸟栏舍	4～6	2	20	正方形	25×25
	>6	3	30	正方形	30×30
种鸵鸟栏舍	产蛋种鸵鸟	5	300～400	长方形或楔形	25×30

注：仅为遮荫棚。

种鸵鸟在配种前通常有追赶行为。因此，必须为其提供较大的运动场地。运动场一般为长方形、正方形和楔形。楔形运动场的优点在于其易于从小头集中鸵鸟，便于驱赶。而长方形运动场，则更有利于种鸵鸟快速追赶时安全拐弯有足够的奔跑距离。

三、饲养管理

（一）雏鸟的饲养管理

雏鸟出壳时仅 0.8kg，3 月龄时则达 22～25kg，生长速度非常快；但消化系统发育不完善，体温调节、免疫力比较差。因此在育雏中应做好以下几点。

1. 保温　雏鸵鸟出壳后 1 周内，应饲养在保育盒或保温箱内，温度以 30～35℃为宜，不放出运动，以后每周递降 2℃，至 20℃为止。1 周龄后，每天定时放雏鸵鸟到育雏室内活动，室温以 26℃为宜，以后每周递降 2℃，至 18℃为止。3 周龄后，白天适当放到运动场运动，以锻炼雏鸵鸟对环境温度的适应，但要防止温度剧变。

2. 湿度　刚出壳的雏鸟都有不同程度的水肿，育雏室相对湿度保持在 65%～70%有利于水肿的消失，并可减少脐炎，防止脱水。

3. 饮水开食　出壳 2～3d 后让雏鸟先饮用万分之一的高锰酸钾溶液，2h 后再诱导采食，对雏鸵鸟的饲喂要少喂勤添，保证饮水清洁充足。

4. 通风　雏鸵鸟生长旺盛，排泄量大，要加强通风，防止排泄物中的氨气引起呼吸道感染，但要防止穿膛风。风速不能超过 0.2m/s。

5. 其他管理　雏鸵鸟出壳 24～36h 后，按体重大小分群，每群 15～25 只为宜。在保温箱内，根据鸵鸟群体状态及时合理调整温度。加强雏鸵鸟的清洁卫生，3d 内每日用碘酒消毒脐部。预防雏鸟肠炎、雏鸟进行性消瘦综合征等常见病。

（二）育成鸵鸟的饲养管理

1. 育成期鸵鸟的饲养要点　育成期鸵鸟的生长发育及生理特点是：消化系统逐渐发育完全，能消化较多的饲料纤维。6 月龄前，生长潜力大，增重快；6 月龄后，生长速度减慢，饲料转化率降低。其饲养原则是：6 月龄前充分饲喂，发挥其最大的增重潜力，配合饲料及青饲料任其自由采食，保持适宜的饲料粗纤维含量；6 月龄后，配合饲料限量饲喂，青饲料自由采食，选择较高的饲粮粗纤维水平，充分开发其耐粗饲特性，降低饲养成本，节约粮食，育成期精料的粗蛋白含量为15%～16%。6月龄饲喂量：精饲料1.2～1.4kg，青绿饲料3.5～4.0kg。

2. 育成鸵鸟的管理要点

（1）控制体重：育成期的鸵鸟，采食量大，容易过食，最好定时定量限制饲喂；并加强运动，保证充足清洁饮水。每日喂4次，饲喂后0.5～1h应驱赶运动，以防脂肪沉积过多影响以后产蛋性能的发挥。

（2）定期消毒：育成鸵鸟采食量大，排粪多，应及时清除。饲养场地应定期消毒。饮水器每天清洗1次，每周用高锰酸钾水消毒1次。

（3）适时放牧：有条件的养殖场，可在早晨太阳升起1h左右待露水消失后，把鸵鸟赶到草地放牧；放牧回来后应根据情况补饲精料。

（4）合埋拔毛：鸵鸟生长到6月龄时，可第一次拔毛，最好在温暖季节进行。翅膀的羽毛用剪刀剪，覆羽、尾羽、体羽可用手拔，不能用力过猛，以免损伤皮肤。腹部的羽毛一般不拔，以利于健康。此后每隔9个月拔毛1次。拔下的鸵鸟羽毛可制作成工艺品。

（三）成年鸵鸟的饲养管理

相对于同一只鸵鸟，2～4月为恢复产蛋期，应尽快提高种鸟产蛋量和种蛋受精率；5～6月和9～11月为产蛋高峰期，应加强营养，提高种蛋品质和受精率；7～8月为多雨季节，应加强管理，保持卫生，抓紧防疫治病；12月和1月为种鸵鸟休产期，应做好免疫、驱虫和恢复工作。

1. 成年鸵鸟的饲养要点　成年鸵鸟一般采用集约化饲养。将成年鸵鸟按适当的雌雄比例配对后分组，饲养于运动场面积有限的栏舍内。成年鸵鸟完全饲喂全价配合饲料，并同时喂人工青绿饲料。根据其生活规律定时、定量饲喂。一般日喂4次，早晨在6：30～7：00时饲喂，每次饲喂的间隔尽可能相等。饲喂顺序可先粗后精，也可以把精细料拌入粗饲料中一起饲喂。饲喂量一般不超过2kg，尽可能在1.5kg左右，以防采食精料过多，体重增加而产蛋下降或停产。鸵鸟没有胆囊，对脂肪的消化能力差，不宜饲喂脂肪含量高的饲料。

2. 成年鸵鸟的管理要点

（1）卫生防疫：运动场要经常保持清洁的饮水，冬季可给20～25℃的温水，对饮水器、食槽要随时清洗，每周消毒1次。做好饲料卫生工作，搞好垫草、垫沙的清理和消毒工作。鸵鸟在繁殖期间好斗，要注意安全，并经常检查设施和场地有无铁钉、玻璃碎片等，以免鸵鸟误食或刺伤。放牧时防止采食杜鹃花、黑刺槐、曼陀罗、夹竹桃等有毒植物。

（2）适当运动：产蛋期鸵鸟每天上、下午喂食1h后可驱赶运动1～2h，以提高产蛋性能。

（3）做好配种工作：配种后要做好系谱记录，防止近亲交配，鸵鸟的种群雌雄比例应为3：1～5：1。

（4）防病工作：繁殖期间预防鸵鸟产软壳蛋、阴道脱垂、感染性子宫炎、排卵受阻、软脚病、前胃积沙等。

（5）实行人工休产：在我国北方地区，冬季气候寒冷，种鸵鸟会产生自然休产2～4个月的休产期。在休产期里，雄鸵鸟停止交配，雌鸵鸟停止产蛋，可以得到体力恢复，为下一个繁殖期做好准备。但在我国南方地区，气温较高，鸵鸟一年四季均可配种产蛋，为了保持种鸵鸟体力，延长使用年限，提高种蛋的质量和受精率，必须对其实行人工休产，停止交配，减少配合饲料用量。

复习思考题

1. 鸵鸟有哪些形态特点？
2. 如何进行鸵鸟的雌雄鉴别？
3. 如何进行鸟舍的设计？
4. 我国南方地区为什么要对种鸵鸟实行人工休产？
5. 鸵鸟的孵化湿度与家禽有何不同？

王春强

第十八章 绿头野鸭

绿头野鸭（*Anas platyrhynchos*）通称野鸭，为一种候鸟，在动物分类学上属于鸟纲（Aves）、今鸟亚纲（Neornithes）、突胸总目（Carinatae）、雁形目（Anseriformes）、鸭科（Anatidae）。其肉质鲜嫩，营养丰富，美味可口，是一种滋补的野味佳肴。据测定，野鸭肉含有16种人体所需的氨基酸，硫胺素、核黄素、尼克酸、钙、磷、铁、铜、锌和酶类含量多。中医认为，野鸭肉有补虚暖胃、强筋壮骨、活血行气的作用。

第一节 绿头野鸭的生物学特性

一、形态特征

野鸭身体呈流线形，全身覆盖羽毛。初生雏无论公母全身均为黑色绒毛，肩、背、腹部有黄色绒毛相间，喙和脚黑黄色，趾、爪黄色。10日龄左右羽毛开始发生规律性变化；15日龄时腹羽开始生长，毛色全部变成灰白色；25日龄时翼羽生长，背腰两侧下羽毛长齐；30日龄时翼尖已见硬管毛，腹羽长齐；50日龄时背部羽毛长齐，翼尖羽毛约8cm；60日龄时副翼羽上的镜羽开始生长，翼羽长达12cm；70日龄时镜羽长齐，主翼羽达16cm；80日龄时羽毛长齐，主翼羽达19cm。

成年公鸭喙呈浅绿色，头颈部呈深绿色，颈部有一狭窄的白色珍珠颈环，胸部红褐色，背部淡色，有暗褐色微斑，翅羽深蓝色，镜羽紫蓝色，且蓝色镜羽前后镶白边，腹部浅灰白色，尾部黑色且尾羽有白尖，中央两对向上卷曲似钩状的性羽，趾、爪黄色。体重1.2～1.4kg，体长55～60cm。成年母鸭全身体羽深浅不一，胸腹部有黑色条纹，尾部羽毛亦缀有白色，与家鸭相似，但羽毛不卷，亮而紧凑，喙灰黄色，趾、爪一般是黄色，也有灰黑色。体重约1kg，体长50～56cm。

二、生活习性

绿头野鸭原栖息于水生植物繁茂的江湖、水流缓慢的浅水滩湾或湖泊、水库等水域的芦苇丛中，采食、求偶、交尾和活动均可在水中进行，嬉水更是其本能。自然条件下，在我国黄河和长江流域中部及南方水域越冬生活，春夏季又成群迁回我国东北、内蒙古、新疆西部、西藏南部一带繁殖。自出壳干毛后即表现出很强的集群性，换羽、越冬季节及迁徙时，常结成数百以至千余只大群。野鸭野生时秋天南迁越冬，飞翔能力很强。人工饲养时运动场要设置网罩以防止飞逃。野生状态下野鸭多在湖泊、河流沿岸的杂草垛、地上、洞穴里或树杈上筑巢孵蛋。一般每窝产蛋1枚左右开始孵蛋，鸭蛋呈灰绿色或白色。经常水浴，可减少“就巢”现象。野鸭耐受力极强，不怕炎热和寒冷，在 -25 ~40℃都能生存。不易患疾病或被传染，死亡率低，且遗传性能稳定，有利于集约化饲养。

野鸭食性杂而广，齿状的上、下颌成筛状喙，在岸上可掠食植物的叶、茎、根、果，吃到各种昆虫，下到水里可滤食水中的鱼、虾、虫、藻类等浮游植物和生物。

野鸭一年换 2 次羽，在夏秋季所有羽毛脱换 1 次，在秋冬季部分羽毛脱换。

第二节　绿头野鸭的繁殖

一、繁殖特点

野鸭为季节性繁殖，雄鸭 180d 左右、雌鸭 150 ~160d 性成熟。种母鸭适配年龄在开产后 3 ~4 周，公鸭应稍迟配种，一般 6 ~7 月龄为宜。野鸭年产蛋量 100 ~150 枚，高产者可达 200 枚以上，蛋重 55 ~65g。3 ~6 月份是雌鸭产蛋高峰期，产蛋量占全年产蛋量的 70% ~80%，种蛋受精率达 90% 以上，9 ~11 月份是第二个产蛋高峰，产蛋量占全年蛋量的 30%，种蛋受精率为 85% 左右。绿头野鸭第二年产蛋量比第一年高一些，第三年产蛋量比第二年约下降 20%。因此，种母鸭利用年限一般为 2 ~3 年；种公鸭利用年限为 1 年。

二、繁殖技术

（一）种野鸭的选择

种雄鸭选择 1 ~2 岁，体型大而壮，体重 1.25kg 以上，种雌鸭选择体重 1kg 以上，头小，眼大有神，颈长，产蛋率高。

（二）公、母比例

公、母比例的确定受种鸭年龄、健康状况、饲养方式、饲料营养和季节变化等多种因素影响。一般情况下绿头野鸭公、母比例为 1∶8 ~1∶10，种蛋受精率可达 85% ~92%。

（三）配种方法

1. 大群配种　在种母鸭群中按 1∶8 ~1∶10 的公、母比例放入公鸭，随机交配，称为大群配种。鸭群数量以 100 ~1 000 只不等，以 300 只为宜。由于野鸭交配旺期为每日早晚，为了提高受精率与孵化率，应主动将种鸭强行赶下水促其交配。

2. 小群配种　将 1 只公鸭放入 10 只种母鸭群中的交配方式。种母鸭要分别编号，设自闭产蛋箱。此法常用于育种场。

（四）雌雄鉴别

成年雄野鸭尾羽中央有 4 枚黑色并向上曲如钩状的雄性羽，颈下部有非常显著的白色颈环。而成年雌野鸭无这些特征。雏野鸭雌雄鉴别可选用以下方法：

1. 外观鉴别法　头较大，鼻孔狭小，鼻基粗硬，面无起伏，额毛直，颈粗，身体圆的为雄野鸭；头小，鼻孔较大略圆，鼻基柔软，额毛贴卧，身扁，尾巴散开的为雌野鸭。

2. 行为鉴别法　驱赶雏野鸭，雄鸭一般低头伸颈，叫声高、尖而清晰；雌鸭高昂着头，鸣声低、粗而沉。

3. 翻肛法　将初生雏野鸭握在左手掌中，用中指和无名指夹住鸭的颈部，使头向外，腹朝上，呈仰卧姿势。然后用右手大拇指和食指挤出胎粪，再轻轻翻开肛门。有 3 ~ 4cm 长交尾器的是公雏，没有的则是母雏。

4. 摸鸣管法　鸣管位于气管下部，雄鸭鸣管呈球形，易摸到；雌野鸭的鸣管与气管一样，不易摸到。

5. 按捏肛门法　左手捉住雏鸭使其背朝天，肛门朝向鉴定者的右手。用右手的拇指和食指在肛门外部轻轻按捏，有油菜籽大小异物感的是雄雏；无异物感的是雌雏。

第三节　绿头野鸭的饲养管理

一、营养需要与饲料配方

（一）营养需要

目前尚无统一的绿头野鸭营养标准，表 18 – 1、表 18 – 2、表 18 – 3 是参照家鸭的标准制定的。

表 18 – 1　野鸭的营养需要量

周　龄	1 ~ 2	3 ~ 6	7 ~ 9	10 ~ 12	成年种鸭
代谢能（MJ/kg）	12.1	11.5	11.1	11.3	11.5
粗蛋白（%）	20.0	18.0	12.0	17.0	18.0
粗脂肪（%）	3	2.5	2.0	2.5	2.5
粗纤维（%）	3.5	4.0	5.0	4.0	3.5
钙（%）	1.0	1.0	0.9	0.8	2.7
有效磷（%）	0.6	0.5	0.5	0.4	0.5
食盐（%）	0.3	0.3	0.3	0.3	0.3
蛋氨酸（%）	0.35	0.3	0.27	0.55	0.85
赖氨酸（%）	1.10	0.95	0.73	0.55	0.26
胱氨酸（%）	0.30	0.29	0.25	0.18	0.8
组氨酸（%）	1.2	1.1	0.8	0.7	0.24
色氨酸（%）	0.27	0.26	0.24	0.22	60
锰（mg/kg）	60	60	40	40	70
锌（mg/kg）	75	65	50	40	0.4
碘（mg/kg）	0.4	0.4	0.4	0.4	6 000
维生素 A（IU）	4 000	3 300	2 000	3 300	900
维生素 D（IU）	900	900	900	900	25
维生素 E（IU）	12	12	10	10	1.4
维生素 K（mg/kg）	1.0	1.0	0.8	0.8	—

表 18－2　肉用仔野鸭的营养需要

项目	1～10d	11～30d	31～70d	71～80d
代谢能（MJ/kg）	12.54	11.70	11.29	11.70
粗蛋白（%）	22	20	15	16
粗纤维（%）	3	4	8	4
钙（%）	0.9	1	1	1
磷（%）	0.5	0.5	0.5	0.5

表 18－3　野鸭对维生素的需要量

营养成分	0～8 周	9 周至性成熟	种用期
维生素 A（IU）	4 000	4 000	4 000
维生素 D（IU）	900	900	900
维生素 E（IU）	12	10	25
维生素 K（mg）	1.0	0.8	1.4
维生素 B_1（mg）	2.0	2.0	2.0
维生素 B_2（mg）	3.6	3.0	4.0
维生素 B_3（mg）	11.0	9.0	16.0
维生素 B_{12}（mg）	0.003	0.003	0.008
烟酸（mg）	70	50.0	30.0
维生素 B_6（mg）	4.5	3.5	3.0
生物素（mg）	0.2	0.1	0.15
胆碱（mg）	1 900	1 150	1 000
叶酸（mg）	1.0	0.8	1.0

（二）饲料配方

野鸭的参考饲料配方见表 18－4、表 18－5。

表 18－4　野鸭的饲料配方（一）　（%）

阶段		玉米	麸皮	大麦	高粱	豆饼	鱼粉	血粉	菜籽饼	葵花饼	蛎粉	骨粉	矿物质添加剂	盐	沙粒
育雏期	1	40	10	15	5	15	8	—	—	—	—	4.7	—	0.3	2
	2	35	13	10	5	20	10	—	—	—	—	4.7	—	0.3	2
育成期	1	35	13	13	15	10	7	—	—	—	—	4.7	—	0.3	2
	2	40	15	13	12	8	5	—	—	—	—	4.7	—	0.3	2
种鸭	1	40	15	—	—	30	10	—	—	—	4	1	—	—	—
	2	54.5	5.6	3.3	—	20	9.4	1	1.9	1	2.3	—	1	—	—

注：每 100kg 饲粮加禽用维生素添加剂 10g。

表 18－5　野鸭肉鸭各生长阶段饲粮配方　　（%）

原料/种类	规格	高档			中档		
		0～4 周	5～6 周	7 周～出售	0～4 周	5～6 周	7 周～出售
玉米	水分≤14%	53	52	49	53	50	48
小麦	蛋白≥12%	6	7	8	6	8	8
米糠	蛋白≥15%	3	7	12	3	8	13
麸皮	蛋白≥16%	—	4	8	—	5	9
豆粕	蛋白≥45%	24	16	7	24	14	6
菜粕	蛋白≥36%	3	4	6	3	5	6
棉粕	蛋白≥37%	3	4	6	3	5	6
进口鱼粉	蛋白≥62%	4	2	—	4	1	—
磷酸氢钙	磷≥16%	1.50	1.6	1.6	1.50	1.6	1.6
石粉	钙≥32%	1.0	1.1	1.05	1.0	1.05	1.05
食盐	食用	0.25	0.30	0.35	0.25	0.35	0.35
蛋氨酸	纯度≥99%	0.10	—	—	0.10	—	—
赖氨酸	纯度≥99%	0.15	—	—	0.15	—	—
添加剂	肉鸭系列	1	1	1	1	1	1

二、野鸭舍建造及设备

野鸭的养殖场宜建在环境安静、交通便利、背风向阳、地势稍高、排水良好、邻近水源处，多为半敞开式鸭舍，外有运动场和水面。每间鸭舍长 6m，宽 4m，高 2.5m，前墙开门。鸭舍、运动场和水面三者的面积比例为 1∶2∶3。如果没有天然的水域，可以人工挖池，水域的周围最好有较高的草丛，便于野鸭栖息。野鸭具有很强的飞翔能力，必须在运动场、水面周围的顶部架设金属或尼龙网罩，网眼以 2cm×2cm 为宜，以防飞蹿。栏水竹竿或金属网要深及河底，以防潜逃。

三、饲养管理

（一）育雏期的饲养管理

雏鸭是指出壳后 30 日龄内的小鸭。雏鸭绒毛稀少，体质较弱，体温调节能力差，对外界温度变化较敏感，需要人工给温；雏鸭的消化器官不健全，消化能力差，但生长速度快。

1. 雏鸭的饲养　野鸭出壳后 24h 内移入育雏室，有啄食行为时即可开水，先用与室温相同的 0.1% 高锰酸钾溶液或 5% 的葡萄糖水饮水，以起到清理肠胃、消毒肠道、排出胎粪、预防白痢病的作用。以后 3d 饮用加有鱼肝油、奶粉等的糖水，同时根据季节不同，夏季加抗暑药，冬季加抗感冒药以增强体质和预防中暑、感冒等。10 日龄前供应温水，饮水要保持清洁、卫生且不间断，不限量，并在饮水中添加适量 B 族维生素。

开水后 2～3h 即可开食。开食应选用易消化的软性饲料或加水软化的湿粉料、碎粒料，做到少喂多餐。1～10日龄每天喂7次，其中夜喂2次；11～20日龄每天喂5次，其中夜喂1次，21日龄后喂4次。

2. 雏鸭的管理

（1）注意保暖：育雏温度随日龄、季节、天气、昼夜的变化而变化，关键是看鸭舍温度，适时而均衡。测定鸭舍温度，以高出脚支承面6～8cm处为准。室温一般保持15～20℃，育雏温度开始设定为30℃，以后每隔2d降温1℃，20日龄后可逐步过渡到常温育雏。脱温时应有3～4d过渡期。

（2）适宜湿度：育雏期间，舍内空气相对湿度随育雏温度而变，1周龄内，育雏温度高，相对湿度应控制在70%左右；2周龄起相对湿度控制在50%～55%即可。湿度偏低，可用热水蒸气提高室内湿度；湿度偏高，可勤换垫草和加大通风降低室内湿度。

（3）调整密度：1～10日龄40只/m^2，11～20日龄30只/m^2，21～30日龄25只/m^2。密度过大，生长发育受阻，易得病，密度过小，浪费大，不经济。20日龄后，天气晴暖时进行放牧，以50～100只一群为宜。

（4）加强通风：在保温的情况下，加强通风换气，保持空气新鲜，排出水蒸气、氨气、二氧化碳等有毒有害气体。冬春两季，白天可打开透气窗，夜间要关闭。

（5）保持光照：1～10日龄实行昼夜光照，光照时间不少于20h/d。光照强度以29.6lx（8W/m^2）为宜。11～20日龄时白天停止人工光照，并逐渐减少夜间光照，21日龄后用自然光照。

（6）适时下水：3～4日龄，就可在10～15℃的浅水盆或浅水池中洗浴3～15min，1周龄后可以赶至5～10cm浅盆中或浅池塘嬉水，每天上、下午各1次，每次约0.5h。10日龄后在15～20cm深的水池中活动。30日龄后可自由活动。

（7）严防堆压：雏鸭夜间常常堆挤而眠，温度偏低，堆挤更严重，以致压伤、压死或变成僵鸭。所以，夜间每2h左右要观察1次，及时轻轻拨弄赶堆，防止闷死、压死意外事件发生，同时调整舍温，更换潮湿垫料，将弱雏隔离饲养。

（8）搞好卫生：鸭舍要清洁、干燥、空气新鲜。育雏头3d不必冲洗地板，但每日须清除粪便，更换潮湿的垫草，垫草经晒干、抖净粪便污物后方可再利用。发现死鸭及时捡出并登记。料槽及饮水器，每日清洗1次。运动场及周围尽量勿堆杂物。

（二）商品野鸭的饲养管理

商品野鸭生产通常采用育雏期和育肥期的两段饲养法。雏鸭离温后，食欲旺盛，采食量大，羽毛、骨骼、肌肉迅速增长，尤其是管状羽毛生长很快，对营养需求量大；同时其活动能力和耐寒性也不断增强，适应性强，容易管理，可以在常温条件下自由生活。

商品野鸭的饲养期可分为两种。第一种饲养期为60d，平均体重1.2～1.4kg出栏上市，这种方法适宜规模化饲养，饲料转换率高，并在野性期到来以前就已结束饲养，生产周期短，经济效益高。第二种饲养期为80～90d。60～90日龄为野鸭的野性开始表露期，在此期鸭群食欲下降，体重减轻，因此，此法饲养成本增加，不适宜规模化饲养。采用此法时，在50～70日龄适当降低日粮中粗蛋白的水平，增加糠麸饲料和青粗饲料，进行放牧饲养，以利长羽和增强体质。70日龄以后，再提高粗蛋白水平，进行圈养育肥。待80日龄以后，全身羽毛长齐后即可上市出售。商品野鸭的饲养管理要点如下：

1. 精心饲喂　从育雏期转入商品生长期，野鸭日粮要有3～5d的过渡期。每天喂4

次，一般喂量为其体重的5%。在增加日粮的同时，增加动物性饲料，加大青粗饲料用量，注意无机盐和维生素饲料的供应，在无青绿饲料情况下应按配合饲料总量加入。0.01%的禽用复合维生素，以提高肉质，促进生长，按期上市。

2. 科学管理　勤换垫草，定期通风换气，保证圈内清洁干燥，保持水源清洁卫生。及时调整密度，确保每只鸭子都有采食位置。适当洗浴，促进其新陈代谢。加入一定沙砾，增强野鸭的消化机能和抗病能力。定期称测体重，并酌情调整饲粮，使肉用仔鸭及时上市。

（三）育成期的饲养管理

种野鸭育成期是指育雏结束至开产前这一阶段。此期野鸭主要长羽毛、肌肉和骨骼，其觅食能力、消化能力和对外界温度的适应能力均较强，是生长发育最快的时期。

1. 选择分群　野鸭由育雏期转入育成期之前，应公母鸭分开饲养，且按体型大小、体质强弱选择分群。60日龄时，淘汰体弱、病残鸭，按公母1∶6选留种鸭。分群饲养，可使同一群体内个体间均衡生长，便于饲养管理，节省生产成本。育成鸭5周龄时饲养密度为每平方米15~18只，以后每隔1周减少2~3只，直至5~10只为止。

2. 适时换料　作为后备种鸭，应酌情增加青绿多汁饲料，用量约占喂料量15%，产前30~40d青料可增至55%~70%，粗料占20%~30%，精料占10%~15%，适当控制精料，以控制体重，防止早产。每次换料必须逐渐过渡，使野鸭有一个适应过程，切忌突然改变饲料，以免造成肠胃疾病和消化不良，使体重下降。

3. 充分放牧　40日龄后，除天气恶劣外，均应实行放牧，既可使野鸭保持野性，维持肉质的细嫩野味，又可锻炼其合群性，提高体质和种用价值。

4. 减少应激　野鸭60~70日龄是体重增长的高峰期。由于体内脂肪增加和生理变化，使野鸭敏感、骚动不安，采食锐减，导致体重下降。减少应激的方法，一是保持环境安静，避免干扰；二是日粮中增加15%~20%的粗纤维饲料，推迟或减轻野性发作。

（四）种野鸭产蛋期的饲养管理

绿头野鸭在170日龄左右达到性成熟，全年平均产蛋量达120个左右。产蛋期主要任务是提高产蛋量、蛋重及受精率，减少破损蛋，节省饲料，降低鸭群死亡率和淘汰率，获得最佳经济效益。种鸭最好采用舍饲与放牧相结合的方式，以降低生产成本。

1. 精心饲养　产蛋期要根据体重变化和产蛋量及时调整日喂量，任其自由采食。产蛋期间及时添骨粉、贝壳粉和微量元素；产蛋高峰来临前，应提高蛋白质含量。产蛋期要注意饲料的稳定性，不轻易改变；如需改变，应有7d的过渡期。必须确保清洁饮水的充分供应。

2. 补充光照　产蛋期间要保证每天有16h光照，光照强度为11.94lx（$3W/m^2$）。晚上每$20m^2$可设一个15W的白炽灯进行整夜照明，可以防止惊群。

3. 科学管理　鸭舍要保持清洁卫生，要在墙的四周铺垫草，多设一些陷窝，引诱母鸭夜间产蛋。清晨打开门窗，使迟产鸭仍能在舍内产蛋。放鸭后及时捡蛋，以防种蛋污染，种蛋破烂。水源要充足，水面要清洁卫生，以利于野鸭下水交配，提高受精率。在第二个产蛋期可给种鸭增加秋牧，放田觅食，以减少补料，节省成本，深秋后应予补饲。保持鸭舍环境的安静，防止各种应激，但秋冬季晚上要驱赶鸭群，以防鸭体肥胖。同时还应夏季防暑，冬季防寒保暖。野鸭抗病力较强，疾病很少，但生产中要根据当地发病情况，做好传染病预防接种工作和白痢、球虫病等常见病药物预防工作。

（五）综合防治鸭病

野鸭抗病能力很强，但若饲养管理不当，或因某些病菌的侵入，也可引起雏鸭发病。野鸭舍应严格限制无关人员出入；场地、用具要天天打扫、清洗，定期进行消毒，实行全进全出制饲养方式。每批商品鸭出栏以后，应彻底清扫消毒，经1周左右才能进新鸭；同时做好预防接种工作。为预防疾病的发生，2日龄时用0.2%的过氧乙酸进行带鸭喷雾消毒；3~5日龄时，用抗生素水溶液饮水，连饮3d，以预防大肠杆菌病、肠炎及传染性浆膜炎等；9日龄时进行雏鸭病毒性肝炎的首次免疫，间隔2周后进行第二次免疫（如果种鸭在产蛋前已注射过雏鸭病毒性肝炎疫苗，则雏鸭的首次免疫应选在3周龄以后进行）；25日龄进行鸭瘟疫苗的首次免疫，间隔1个月后进行重复免疫；50日龄接种禽霍乱疫苗；60日龄进行1次驱虫。平时在饲料中掺入一定比例的抗生素药物，以预防疾病的发生。

复习思考题

1. 野鸭有哪些生活习性?
2. 简述野鸭繁殖技术。
3. 简述野鸭不同生理阶段的饲养管理要点。
4. 根据当地的实际情况制订野鸭的免疫程序。

汤俊一

第十九章 大 雁

第一节 大雁的生物学特性

大雁又称野鹅，系鸟纲（Aves）、今鸟亚纲（Neornithes）、突胸总目（Carinatae）、雁形目（Anseriformes）、鸭科（Anatidae），是大型候鸟，是鸭科雁属（*Anser*）中的鸿雁（*Anser cygnoides*）、灰雁（*Anser anser*）、豆雁（*Anser fabalis*）、雪雁（*Anser Caerulescens*）等的总称，是我国重要的水禽之一，为国家二级保护动物，主要分布在内蒙古、黑龙江、吉林、辽宁、江苏等地。大雁肉蛋白质含量高，是高蛋白低脂肪食品；蛋富含钙、磷、铁等人体所必需的矿物质元素，具有极高的滋补保健功效，是传统的上等野味珍品。其羽绒轻软，保暖性好，可作服装、被褥等的填充材料，较硬的羽毛可制成扇子等工艺品。近年来野生大雁日趋减少，人工驯化既可提高经济效益，还可以进行有效保种。

一、形态特征

大雁雌雄外形相似，喙的基部较高，上喙边缘有齿状突起，喙角较大。鼻纵长，位于喙的中部或稍后处，翅长而尖，尾圆。周身披有灰褐色羽毛，其中，背腰部为深鼠灰色，颈、胸和后躯呈淡灰色，腹部有黑色横斑。眼为棕色，喙黄色或略带红色，喙角呈象牙色，腿和脚为肉红色和略带灰色。

出生雏头顶及上体为黄褐色，两颊及后颈为黄色，喙为黑褐色，脚为黑褐色。

二、生活习性

大雁常栖息于水生植物丛生的水边或沼泽地、湖泊附近，也生活在山区或山林中。多在水边觅食，有时在湖泊中游荡。至霜降前后，选择晴天、无风或风小而且能见度很高的夜晚，分批向越冬区迁徙，在迁徙中通常以年长者为首，排成人字或一字，边飞边叫。然后在原野、田间越冬。所以人工养殖时，夏季防暑降温，冬季要做好防寒保暖工作。

大雁主要采食植物性饲料，野草、牧草都是良好的食物来源，偶而也采食贝类、螺和小虾等。野生状态下，白天在水域休息，黄昏飞至食物场游荡觅食，晚上返回栖息地。人工饲养时，冬季可直接喂粉碎的秸秆，如玉米秸、大豆秸和花生秧等，适当补充精料。气候温暖可进行放牧，归牧时适当补充饲料。

大雁在水中觅食，并喜欢在水中交配，所以人工养殖大雁应有良好的水源或人工水池。大雁喜欢群居和成群活动。春季 10 ~ 20 只组成一小群，冬季则数百只组成一大群。行进时队列整齐，觅食时在一定范围内扩散，轮流承担警戒任务。迁徙时集大群行动，换羽期间则隐藏在人迹罕至的水域或岛屿。大雁生性敏感、警惕性高。野生大雁夜宿时，总有一只承担警戒，若有异声，则大声惊叫，然后成群逃逸。人工饲养时应加强调教和驯化，同时要防止其他动物进入，以免发生惊吓。在雁群中存在等级序列，新群体组成时，通过争斗产生，级别较高的大雁则有采食、交配和占领领地的优先权。人工饲养时应保持群体的相对稳定，若调群过于频繁，不利于雁群的稳定，更不利于生产性能的充分发挥。

第二节　大雁的繁殖

一、繁殖特点

野生大雁性成熟较晚，雌雁3年才能产蛋，经过人工驯化的大雁，性成熟期可提前至9～10月龄。人工饲养时雄雌按1：2～1：3的比例调整雁群。大雁3月份开始发情，交配后10d开始产蛋，间隔2～3d产1枚蛋。一般第一年产蛋15枚左右，第2～6年产蛋25枚左右。平均蛋重150g左右。

大雁的交配活动在水中进行，人工养殖时在繁殖期间应增加放水量和放水时间，尤其是上午。雌雁产蛋后就开始孵化，雄雁守卫在雌雁身旁，孵化期28～31d。大雁使用年限一般为2～5年。

二、繁殖技术

（一）配种方式

1. 大群配种　在产蛋前，按一定比例放对。此种方法，配种机会均等，受精率高。

2. 小间配种　在一个配种小间放入1只雄雁，室内配有产蛋箱，可以建立系谱档案。

（二）大雁的人工孵化

大雁种蛋蛋壳较厚，雏雁的破壳齿不很锋利，有些幼雏不能正常出壳，因此在出雏期间应适当助产。将尿囊血管已经枯萎、内壳膜发黄的胚蛋用剪刀等在蛋钝部轻轻打开，拨开蛋壳1/3左右，并用手将雏雁的头轻轻拉出，放入出雏器令其自行出壳。

第三节　大雁的饲养管理

一、推荐饲料配方

目前，我国关于大雁的饲养标准尚处于摸索阶段。大雁是家鹅的祖先，可根据大雁的生产特点，参考鹅的营养需要及饲养标准，结合本地区的实际情况，根据不同品种、不同饲养方式及不同阶段拟定出科学的饲料配方。表19－1配方可供参考。

表19－1　大雁推荐饲料配方　（%）

饲料名称	育雏期	育成期	繁殖期	商品大雁育肥期
玉米	58.4	59.3	61.3	53.4
麦麸	5.0	10.0	8.0	10.0

续表

饲料名称	育雏期	育成期	繁殖期	商品大雁育肥期
米糠	3.0	7.0	5.0	16.0
大豆粕	25.0	16.0	18.0	15.0
菜籽粕	3.0	4.0	3.0	2.0
蛋氨酸	0.25	0.2	0.2	—
赖氨酸	0.22	—	0.1	—
磷酸氢钙	1.0	1.0	1.5	1.0
石粉	0.7	0.7	1.0	0.7
植酸酶	0.5	0.5	0.7	0.7
溢康素（广东产）	0.3	0.2	0.2	0.2
酵母	1.3	—	—	—
食盐	0.3	0.3	0.3	0.3
复合维生素	0.03	0.02	0.2	0.02
复合微量元素添加剂	0.7	0.68	0.68	0.68

注：植酸酶活性 500U/kg。

二、大雁舍的建造与设备

（一）场址的选择

地势平坦或稍有坡度的平地，以南向或东南向为宜。水源充足，水质好，水场周围有丰盛的牧草，周边地区没有大气污染，环境安静，交通便利。

（二）大雁舍的建造与设备

1. 育雏室　要求保温性能好，房舍低矮，墙较厚，干燥，屋顶设有天花板，利于保温。通风良好，气流平缓。

2. 育成房舍　遮风挡雨即可。室外要有运动场，运动场周围有围网。水上运动场的围网应直通水底，并高出水面大约 1.8 ~2m，网孔以大雁钻不出去为宜，水上动物场水草丰盛。陆地运动场也要设围网，高为 1.8 ~2m，要求地面干燥不积水，适当种些树木或作物遮荫。

3. 商品雁肥育舍　与育成舍基本相同，但要加大饲养密度，减少运动量，使其快速育肥，达到上市体重。

4. 种雁产蛋舍　饲养网舍内即可，舍内设产蛋箱及适当的遮阳、避雨设施。为防止逃窜，网室的入口要设双层门。

三、饲养管理

（一）雏雁的饲养管理

雏雁是指 1 月龄以内的雁。雏雁消化机能不健全，体温调节能力较差，需要精心饲养管理。

1. 温度与密度　初生雁畏寒怕冷，易聚堆挤压造成伤亡，因此必须保持合适的温度与密度。1～4日龄保持30～28℃，20～25只/m^2；5～14日龄保持27～25℃，15～20只/m^2；15～30日龄保持24～18℃，10～15只/m^2；30日龄以后即可脱温饲养。

2. 饮水与饲喂　雏雁出壳后12～18h，在水盘内放入0.01%的高锰酸钾水溶液，自由饮水3～5min。饮水后即可开食，开食料用浸泡的碎米加切碎的菜叶，也可用潮拌配合饲料加菜叶，其比例为1：2～1：3。雏雁所喂的精饲料一定要新鲜、干净；精料宜软不宜硬，但不可过黏。1～3日龄可将饲料撒在喂料板或浅槽中任其自由采食，每天给料4～5次，4日龄以后可用料槽饲喂，每天给料6～7次，并将青饲料比例提高到70%～80%。21日龄以后，雏雁消化能力大大增强，可适当掺喂一些粒料或碎玉米。雏雁饮水量较大，应保证全天不间断供水。

3. 光照　育雏舍要宽敞明亮，光照充足，育雏前3d要保证24h光照，4～14d全天保持16h光照，2周龄以后，可完全采用自然光照。

4. 湿度　前7d可通过水盆向室内供湿，使室内湿度保持65%左右，1周以后可不必向室内特意加湿，必要时还要打开门窗通风将室内多余的潮气排出。

5. 防病　潮湿的环境往往会引发多种疾病，因此应通风顺畅。垫料清洁干燥无霉变，用具经常清洗、晾晒、消毒。运动场要天天清扫，保持卫生。还可在饲料或饮水中投喂大蒜汁、青霉素等预防疾病。

6. 放牧　为增强雏雁体质，尽快适应周围环境，天气晴好时，可在上午将7日龄后的雏雁赶到放牧地自由活动20～30min；15日龄后可将雁群赶至浅水中游泳30～50min，上下午各1次；30日龄以后便可全天放牧。

（二）商品肉雁（青年雁）的饲养管理

1月龄至繁殖前的雁称为青年雁。青年雁采食量大，抗逆性强，是生长发育最快的阶段。这一阶段可全天放牧，归牧时适应补充一些精料。待主翼羽完全长出后即可育肥。

对商品肉雁的育肥主要是限制其活动，减少体内养分的消耗，促使其肌肉的生长和脂肪的沉积。育肥前对雁进行体内驱虫。将雁进行小空间的围栏式饲养，饲槽与水槽挂在栏外，通过栏的间隙采食。一般每栏1m^2饲养肉雁2～3只。每天喂3～4次，饲料以玉米为主，另加15%的豆饼，5%麦麸，10%叶粉和0.35%食盐，中午加喂1次切碎的青饲料，保证全天饮水。育肥2～3周达4kg即可出栏。

（三）种雁的饲养管理

当青年雁主翼羽完全长出后，选择体型较大、体质强健、身体各部位发育均匀的雁留作种用，并按1：2～1：3的雄雌比例调整好雁群。此时雁的飞翔能力很强，为防止逃窜可将主翼羽拔掉或将其剪短。

留作种用的大雁仍以放牧为主，适当的补充精料，饲料的营养水平要逐步提高，适当地增加光照，尽可能多补充青绿饲料，以促使其尽快达到性成熟。繁殖期的雌雁腹部比较饱满，出归牧时不要驱赶过猛，最好选择近处、地势平坦、有充足水源和牧草的地方放牧。放牧期间要注意观察，如发现有行动不安、四处寻窝的种雁，应及时将其捉住，并用手指按压肛门看是否有蛋，若有将其送回产蛋箱，防止养成在牧地产蛋的坏习惯。

复习思考题

1. 雏雁的饲养管理应重点注意哪些问题?
2. 叙述商品肉雁的饲养管理技术要点。
3. 叙述种雁的饲养管理技术。
4. 大雁有哪些生活习性？生产中应如何科学地加以应用?

张淑娟

第三篇

药用及其他经济动物

第二十章 中国林蛙

中国林蛙以其特有的药用价值与营养价值而日益被人们所重视，成为蛙类中经济价值最高的一种。在各地所产的林蛙中又以长白山区产的林蛙以其体格大、产油高、体质健壮、繁殖率高而成为林蛙中的极品。林蛙油富含18种氨基酸、矿物质和多种维生素，其所含营养物质足以满足人体对各种营养成分的需求，因此具有极高的营养及滋补作用。

第一节 中国林蛙的生物学特性

一、分类与分布

我国现有4种林蛙，即中国林蛙、黑龙江林蛙、日本林蛙和昭觉林蛙，其中最常见、养殖最广泛的种类是中国林蛙。中国林蛙（*Rana temporaria* Chensinensis David），属脊索动物门（Chordata）、脊椎动物亚门（Vertebrata）、两栖纲（Amphibia）、无尾目（Salientia），蛙科（Ranidae）、蛙属（*Rana*），俗称哈士蟆、红肚田鸡、黄蛤蟆或油蛤蟆。中国林蛙在我国分布较广，主要分布的省区为黑龙江、吉林、辽宁、河北、河南和山东，在安徽、江苏、四川、湖北、山西、陕西、宁夏、内蒙古、甘肃、青海、新疆和西藏也有分布，但以东北地区为蛤蟆油的正宗产地。

二、形态特征

雌蛙头部背面呈三角形，扁而宽，头长比头宽略短些。雄蛙吻端较尖，向前突出，略长于下颌。林蛙的躯干部皮肤比较光滑，身体背面侧褶呈细线状，起始于头侧后缘。前肢短而细，指较细，指端略尖。指关节下突明显，指间无蹼。后肢发达，其长度为前肢的3倍左右。蹠部内侧有一个明显的内蹠突起。趾间蹼呈薄膜状，蹼间有浅凹。雄蛙体长43~72mm，雌蛙体长55~81mm，大的可达90mm。雄蛙后肢比雌蛙发达，雄蛙躯干部与雌蛙相比显得短而匀称，雄蛙的前肢粗壮有力，五趾中第一趾有明显的灰白色突起肉瘤，肉瘤分为4块，呈圆形。肉瘤在生殖季节显著膨大。

中国林蛙的体色随着季节的不同有明显的变化。典型体色为体背和体侧是黑褐色或不规则黑斑。体背上肩胛骨稍后部位的皮肤上有一个类似人字形的黑斑。腹部典型的体色为黄色并夹杂橙红色斑纹。林蛙前肢基部内侧有一长形黑斑，后肢背侧有环形黑斑。雄蛙与雌蛙的体色在背部与四肢基本相似，没有明显差别，但腹部体色却有明显差别。雄蛙为灰白色带褐斑；雌蛙腹面呈黄白色夹杂橙红色斑纹。腹部颜色是中国林蛙性别鉴定的重要依据之一（表20-1）。

表 20-1 林蛙雌、雄鉴别

区分部位	雄	雌
体　　型	稍小	较大
腹部颜色斑	灰白带褐斑	多为带白色夹杂橙红色斑
躯干大小	较小	较大
前　　肢	较粗	较细
婚　　垫	有	无
内生囊	有	无

三、生活习性

中国林蛙是两栖动物，在自然条件下，生活于江河、湖泊、沼泽、池塘、水库等静水水域及其附近的陆地环境，特别喜欢活动在水边植物繁茂的地区。蝌蚪期只在水中活动取食，成蛙则在水陆间活动。白天林蛙常将身体悬浮于水中，或栖息在水旁潮湿阴凉的草丛、洞穴内，遇到惊扰便潜入水中。晚间出来活动捕食。

中国林蛙为杂食性动物，但不同的发育阶段有所差异。蝌蚪的食性变化尤为明显，孵化后 5～20d 的小蝌蚪以植物性食物为主，如：甲藻、绿藻、蓝藻、黄藻等浮游植物。此后逐渐转为杂食性，取食多种水生浮游生物。后肢出现后，因蝌蚪的运动量增加，生长发育速度加快，食性也转变为肉食性，取食各种水蚤等浮游甲壳生物，以及水蚯蚓和孑孓等水生虫类。变态为幼蛙后，主要捕食森林内的昆虫，如叶蝉、蜡蝉、蝗虫、蟋蟀、蝼蛄、金龟子、蝇蚊等，有时食物缺乏时也吃一些植物的种子。

中国林蛙在夏季生殖之后经过短暂的生殖休眠，5 月初开始进入夏季森林生活期，完全陆栖生活，生活的主要林型是阔叶林和针阔叶混交林。中国林蛙在山林里活动有一定范围和一定的规律，其活动范围是以其冬眠和繁殖的水域为中心，在其四周相对固定的范围内活动。

中国林蛙在森林生活期大体可分为 3 个阶段：

第一阶段是上山期。成蛙从生殖休眠之后，一般在 5 月初开始到 5 月中下午旬结束，历时 20～30d。一年生幼蛙从 6 月中旬变态后半个月左右，广泛分布于树林中。中国林蛙主要沿潮湿植物带进入山林。

第二阶段是生活期。从 5 月中旬到 9 月末，中国林蛙分散栖息在森林各处，大量摄取食物，6～8 月生长迅速是一年主要的生长发育时期。

第三阶段是下山期。从 9 月份开始，气温逐渐降低，降至 15℃以下时，林蛙开始从山上向山下有水的地方移动。大约在 9 月 15 日前后，多数蛙已移到山下沟谷及河流两岸的森林草丛或附近的农田。当气温降至 10℃左右时，即陆续入水冬眠。

四、繁殖与生长

中国林蛙的产卵季节在 6 月初至 8 月底。林蛙为雌雄异体，繁殖时在水中“抱对”。在雌蛙排卵的同时，雄蛙排精，精子在水中游动找卵，二者结合完成体外受精。林蛙两岁时达性成熟，体重在 12g 以上。性成熟的林蛙在外界环境适宜时便能发情，发情的雄蛙婚垫特别明显，呈肉红色，鸣叫并有追逐行为，摄食甚少，表明其急于求偶；当雌蛙不摄食，向雄蛙鸣处跳跃或游动时，表明雌蛙也有交配要求。发情达高潮时，雄蛙频频鸣叫，急于追逐拥抱雌蛙，但当遇到的雌蛙没有发情时均被甩开。当遇到的雌蛙有交配要求时，雌蛙常在浅水徘徊或在岸上依恋于雄蛙左右，遇到这种情况，雄蛙便跳骑于雌蛙背上，用婚垫夹住雌蛙腋部开始抱对。

抱对多在傍晚或后半夜开始，抱对可持续数小时至数天。抱对快要结束时，因异性刺激，雌蛙腹腔借助呼吸和雄蛙的拥抱进行有节奏的收缩排卵，与此同时，雄蛙向水中喷射精子，并用后肢将卵向身体后方拨动，促使卵在水中受精。产卵全过程一般持续 10～20min。雄蛙精子排完后便从雌蛙背跳下，雌蛙潜入水中，雄蛙在周围水面护卵，抱对产卵结束。

一般情况下，受精卵的受精过程在 1h 内完成，时间过长，未受精卵很难受精。通常精子的数量多于卵子数倍，受精机率较高，可达 80% 以上。

林蛙抱对的最低温度应在气温 5℃以上、水温 2℃以上。适宜的抱对温度是水温 7～9℃，气温 8～10℃，温度过低林蛙活动较弱，不抱对或抱对时间延长。如果水温低于 2℃，雌雄蛙长时间内不进行抱对。

林蛙抱对的时间一般在下午 4～5 点，经过 4～6h 多数林蛙能够完成抱对。零点以后陆续开始排卵。有近 1/3 的林蛙需经 30h 抱对才能产卵。少数个体抱对时间长达 64h。有时候由于气候条件不好，如低温、大风天气等，就要推迟产卵期，如果推迟时间较长，会影响林蛙抱对、产卵规律。林蛙的抱对必须在浅水中进行。

林蛙产卵量的大小，取决于生长发育状况、年龄、营养状况和周围环境。青壮年蛙、营养良好的蛙、发育健壮的蛙产卵量大，水温等环境条件好的产卵量大。林蛙每次可产卵 4 000～5 000粒。一般情况下，刚刚性成熟的雌蛙可产数千粒卵，此后随年龄的增长而增加。

蛙的发育要经过变态过程。从卵孵化出蝌蚪到发育成幼蛙，外部形态要发生一系列变化，与此同时内部构造及其生理功能也随之变化。通常情况下，受精卵经 4～7d 的胚胎发育可孵化出蝌蚪。刚孵化的蝌蚪其胚胎发育尚未完成，外鳃长有鳃丝，口裂分化，眼角膜透明。此时的蝌蚪用吸盘吸附在水草上不取食，靠卵黄维持正常代谢，这一阶段需 2～3d 时间。此后吸盘逐渐退化，牙出现并开始取食藻类。此后鳃盖逐渐形成并将鳃丝包围，在鳃盖内形成内鳃。同时外鳃随之退化，内鳃腔形成一个出水孔与外界相通。蝌蚪生长到 20～30d 时，尾的基部会出现后肢芽，并随蝌蚪的生长逐渐长大形成关节结构。在后肢发育的这段时期，是蝌蚪生长最快的时期。因而这一阶段的蝌蚪采食量大，食性较杂。蝌蚪生长约 70d 后，左前肢从出水孔中伸出，接着右前肢穿过鳃盖壁露出体外。至此蝌蚪停止采食，尾内的贮存物成了提供营养的主要来源。随着尾逐渐被吸收萎缩以至消失，口部等结构也发生变化，口裂加深，鼓膜形成，呼吸方式也由杂食性转变为肉食性。同时鳃开始退化，肺发育形成，呼吸方式也由鳃呼吸转变为肺呼吸，进而转变为两栖生活。

第二节 蛙场建设

一、场地选址

林蛙为两栖动物，适应性比较强，无论山区、平原、城镇、农村，只要有水源的地方均可养殖。养殖场所通常可以分为室内和室外两种，室外又可以分为大面积散养场和小面积集约化养殖场。选择什么类型的养殖场主要根据当地的自然环境和已有的条件来决定。如果当地水面较多，有湖泊、河塘、洼地、水库、废弃的鱼塘或有水稻、莲藕种植，可考虑大面积放养。如果房前屋后的空闲地多或住房面积大，且水源有保证，可考虑建池发展庭院养殖或室内养殖。

（一）养殖场的环境要符合林蛙的生活习性

要选择自然环境僻静，植物丛生，接近水域的地带。凡是有工厂、汽车往来、人类活动频繁的环境都不宜作养蛙场所。特别是饲养种蛙的场地更要周密考虑这些因素。选择空旷地带作养殖场必须对其生态环境进行必要的人工改造，通过种草植树或种植瓜果等经济作物增加植被。养殖场所最好是冬暖夏凉的地方，若地面能稍向东南方向倾斜更好。这种地形阳光照射面积大，地温、水温上升较快，在夏季还可以受东南季风的影响，波动水面增加水中溶氧量，对蛙及其水中饵料的繁殖和生长都有利。

（二）养殖场必须有水源保证且排灌方便

方便的水源可有效地控制水温、水的溶氧量及病虫害，有利于蛙的生长和越冬。养殖场应排灌便利，利于平时池水的调节，暴雨时不会造成水灾，遇到干旱时能及时供水。有的养殖场用水可能与农田灌溉水源联系，应考虑两者之间是否有矛盾，并做好相应的准备，以免在天旱或排涝时两者不可兼顾而带来不必要的损失。

（三）养殖场要建在饵料资源丰富的地方

饵料丰富的地方，能够提供大量的自然食物源，可降低饲料成本。或在该地区有丰富而廉价的生产饵料的原料及土地，如附近有家畜家禽养殖场，有大量的动物粪便供应，或有食品加工厂出售下脚料。若附近有蛙的人工合成饵料生产出售，则使用更为方便。

（四）室外养殖要考虑便于修筑防逃设施

由于林蛙善于跳、钻、爬，这就需要建设防逃围墙。防逃围墙既能防止林蛙外逃，又能防止野蛙、鼠类等外来敌害的入侵，破坏蛙卵和蝌蚪。

二、蛙场建造

养殖场地是养殖林蛙的基本设施。一个规模化的养蛙场应包括种蛙池、孵化池、蝌蚪池、幼蛙池、商品蛙池和越冬场6种类型的养殖场地，各类场地所需数量、大小以及建造模式主要依据养殖方式、养殖规模大小而定。

（一）种蛙池

池水以20～30cm深为宜，陆地占全池面积的1/3，陆地靠水处筑成斜坡，以便种蛙登陆栖息。产卵池的面积要适中，为了便于观察产卵情况和采卵，面积以15～30m^{2}为宜。也可利用原有成蛙池作产卵池，不专门建产卵池。若池水较深时，应有1/3深度为

15～20cm 的地方。产卵池的环境要近似自然环境，要求安静、阴凉，夏季注意遮荫，水中要有水草，以便产卵。

（二）孵化池

孵化池要求能防止敌害的侵入，以免敌害破坏和吞食蛙卵。孵化池不必很大，2～3m^2 即可，水深 20～40cm。孵化池不宜用泥土池，最好用砖石、水泥砌筑，池底铺 6cm 厚的沙子。如没有条件也可用蝌蚪池来代替或在产卵池中放置网箱原地产卵孵化。

（三）蝌蚪池

蝌蚪池最好使用水泥池，也可建土池，蝌蚪在孵化池中稍大后移入。蝌蚪池的面积稍大些，通常 20～30m^2，水深 30～80cm。这样容易控制水质和便于管理，池过小水质容易变坏，过大管理不方便。蝌蚪池的池壁坡度宜小些，一般斜坡起止点的高度与水平距离的比是 3∶10，以便蝌蚪附着休息，同时也便于变态后幼蛙登陆栖息。

池中可种植漂浮性水生植物，水面下 10cm 处设置饵料台。若场地较小，则尽可能增加水的面积，池周围也最好有少量陆地。池坑是饲养池的主要部分，应建成中间深、边沿浅的锅底形，或者平底形。锅底形池坑可分为深水区和浅水区，以便对应蝌蚪有时浅水活动，有时深水活动的生活习性。在修建池子时，要注意建好防渗层，以减少渗漏。

在蝌蚪池中可设有安全坑。安全坑的位置通常在池中央，亦可修在一侧，总的来说安全坑要修在池坑的水深之处。安全坑的主要作用是防止池水中断干涸，尤其防止夜间断水蝌蚪死亡。安全坑的另一个作用是当水温较低或较高时，蝌蚪可躲在安全坑内，安全坑内水较深，水温变化较慢，这对蝌蚪的生存很有好处。

（四）幼蛙池

幼蛙池是专门饲养变态后 2 个月内的幼蛙。此时幼蛙的捕食能力较差，需要加强护理，也是驯化采食人工合成饵料的关键时期。蛙池的面积不宜过大，按养蛙的数量、管理水平、水深情况等灵活决定。陆地面积占 1/4，水深 15～40cm，池堤坡度为 3∶10。在蛙池四周应做好绿化工作，为幼蛙创造良好的生活环境。

（五）商品蛙池

商品蛙池主要用于大规模生产、饲养生长两个月以上的幼蛙，商品蛙池的大小和规格可根据养殖数量和养殖方式而定。野外粗养不需要专门设置商品蛙池，只要将水库、沼泽、江河、湖泊、稻田等稍加改造即可。集约化精养则需要专门建设商品蛙池，且数量要满足生产的需要，使大小不同规格的蛙能够分养。商品蛙池的大小可灵活确定，只要水深能保持在 20～40cm，冬季达到 80～100cm，进出水方便，能够防逃即可。通常水陆面积比例以 3∶2 为宜，若为流水池，陆地面积可适当增加。池壁应有一定的坡度，池四周或中间应有洞穴，以便林蛙登陆栖息。野外的养殖池既要注意陆地的绿化，又要注意夏季搭棚遮荫。

（六）越冬场

越冬场是林蛙冬眠的场所，林蛙基本的越冬方式是水下集群冬眠。东北冬季严寒，河流水量剧减，小河及山涧溪流常出现断流现象。在这种情况下，如果没有越冬设施和正确的技术管理，就会发生幼蛙和成蛙冻死的现象，给养殖者造成重大损失。因此林蛙安全过冬是人工养殖林蛙的一项重要工作。

1. 天然越冬场　适合林蛙冬眠的越冬场的条件：一是距夏季放养场不能太远，而且是林蛙在冬眠前能够到达的河流。一般情况下，陆地距离应在 1 000 ~ 1 500m。二是应当具有一定的水量。人工养殖林蛙密度大，要有较大的水量才能安全越冬。水量小林蛙容易在越冬过程中死亡，同时还易受到敌害的侵袭。严冬枯水期的最低水流量不应低于 0.02 ~ 0.03m^2/s，最好能达到 0.05 ~ 0.1m^2/s 的流量。林蛙只能在深水湾越冬。三是河床既要适合林蛙越冬，又要适合捕捞。四是河床的坡度不要过大，如果河床坡度大、流速快，林蛙难以在此越冬。比较好的越冬场应有比较多的稳水区和深水湾。稳水区的水深应在 1m 左右，深水湾的水深应在 1.5m 以上。

天然河道往往不能完全适合林蛙越冬的需要，应适当进行人工修整疏通。对于林蛙集中放养区，秋季集中入河河段的稳水区要特别加以修整利用，改成深水湾效果最好。人工改造深水湾可用人工挖掘，深度在 1m 左右，面积为 10 ~ 15m^2 的水湾就可容纳数千只林蛙越冬。

深水湾修整之后，还要根据情况投放供林蛙越冬的隐蔽物。沙石组成的河底，如果石块数量少，可以人工投放一部分石块加以补充。泥沙组成的河底，经过人工挖掘，疏松层被挖掉，破坏了原来的隐蔽条件，需人工投放隐蔽物。若越冬场进水处短而宽，在严冬季节易冻干断流，水流阻断，形成大面淹冰，断流之下河道中冬眠的林蛙即可被冻死。因此必须在秋季将一些浅滩加以修整，加深河道使水流集中在狭而深的河道中通过，这样冬季便不易冻干断流。

2. 人工越冬场

（1）水库：林蛙的水库越冬场实际是人工修建的小型水库。这种水库适合建在小溪及小河沿岸的一侧，面积一般为 100 ~ 200m^2，水容量在 200 ~ 500m^3。水库位置要在林蛙比较集中的分布区内，依靠林蛙对深水区的特殊感受性，自动集中进入水库越冬。根据林蛙的运动规律，沿河流应每隔 500 ~ 800m 就修一座水库。水库的位置要修在河畔沿岸的一侧，以便引水入库。距离主河道要有 10m 长的距离，并且要在洪水冲击范围之外。注意水库不要修在主河道上，也不要修在洪水泛滥区内。

修建水库一般采用人工挖掘。从地面向下深挖 2m，将泥沙石块运出即修成人工水库。水库的形状可以是任何形状。库底一般修成平底形，也可中央部分加深，深度 2.5 ~ 3m 即可。库壁要修成斜坡形，防止水浸塌方。水库上游设入水口，入水口要高出库底 2m 以上。下游设出水口，出水口距库底亦需 2m 以上，这样可使蓄水深度达 2m。出水口要用铁网封好，防止林蛙出逃。在入水前挖一条通向河流的引水渠，以引河水入库，使河水在水库通过，库水不断更新，保持流动状态。水库出水口下方挖排水渠，末端排入河流。在引水渠上游与河流相接处设闸门控制入水量。

水库是一种永久性养殖林蛙的生产设施，在有条件的情况下可用推土机作业，修建大一些的水库，库壁可用石块砌筑，坚固耐用，减少维修费用。

（2）地窖：在离繁殖场地不远的地方选择一处不渗漏、土质疏松的地方，挖长 3m，宽 2m 的地窖，窖顶覆盖 50cm 的厚土，留一个通气口和窖门，窖门长宽各 50cm 即可，气孔高出窖顶土层 50cm，其直径为 8cm。窖底平铺一层厚 25cm 的泥沙土，泥沙各占一半。这样的窖可以使 600 只林蛙过冬。窖内每周喷水 1 次，相对湿度保持在 60% ~70%，温度控制在 2 ~7℃即可。

第三节 中国林蛙的繁殖

一、种蛙的选择

（一）年龄的选择

种蛙应选择3龄或4龄的林蛙，此阶段的林蛙生命力旺盛，怀卵量大，繁殖力强，适宜作种蛙。一般2龄林蛙可达性成熟，排卵量一般为1 000～1 200粒，3龄林蛙可达1 500～2 000粒，4龄林蛙可达2 000粒以上。4龄以上的林蛙不宜作种蛙。

（二）体质的选择

选择个体较大，体质健壮，无损伤，跳跃灵活的林蛙。按林蛙形态选择标准体色，背上有人字斑，黑褐色为佳。作种蛙的2龄蛙体重应在27g以上，3龄蛙体重应在40g以上，4龄蛙体重应在56g以上。林蛙在繁殖期内不摄食，性腺发育主要依靠体内积累的脂肪供给营养，所以在挑选种蛙时要选择膘肥体壮、活泼好动的蛙。

（三）性别比例

选择种蛙时要注意雌、雄比例的合理搭配。雌雄比例以1：1为宜。多雌少雄或多雄少雌均会引起相互争斗，影响发情产卵。

二、种蛙的培育

种蛙培育要从秋季开始，从当年孵化出的幼蛙中选取生长速度快，体格大，体质壮的幼蛙，加强饲养使其体内贮存丰富的营养，以确保安全越冬。主要应从以下几方面做起。

（一）创造适宜的环境

在种蛙性腺发育期间，要保证蛙场环境安静，无外来干扰，温、湿度合适。杜绝闲杂人员进入蛙场，减少噪音，避免发出强烈的音响，创造安静的场所。

（二）供给充足的优质饲料

每天应投喂占种蛙体重5%以上、适口性好的动物性饵料，饵料的种类要丰富，以保证种蛙对微量元素与维生素的需求。每天可投喂两次，8～9时、16～18时。不要喂得过饱，以投喂后种蛙在2h内将饵料吃光为标准。每次投喂前要清除残饵，防止种蛙食入腐败饵料而发生疾病。

（三）加强日常管理

种蛙培育要精心管理，早晚要巡池检查，如发现问题要及时解决，特别要加强防逃逸、防病害、防偷盗等工作。

三、自然发情产卵

林蛙的发情产卵包括出河、抱对、产卵3个既相互联系又互相独立的阶段。在正常情况下，出河之后多数林蛙在5h左右开始抱对，抱对后6h开始产卵。但少数林蛙出河之后并不立即抱对，或抱对之后不产卵，需数天之后才能产卵。遇有特殊条件，如突然降温、降雪情况，正在出河的林蛙能立即停止出河，出河之后停止抱对产卵，待到温度上升出现适宜温度时才抱对产卵。林蛙不能在其越冬河流中产卵，成蛙在生殖期间，必须从越冬河流里出来，转入静水区产卵，此过程为出河阶段。

随着春季温度升高，河流解冻，林蛙由冬眠状态苏醒过来，雌雄个体分别从各自的冬眠场出来，靠岸登陆并奔向产卵场。最先出河多数为雄蛙，开始时出河数量较少，随气温升高数量也增加。林蛙出河时间，因地而异，一般是4月初至4月中旬。

林蛙没有外生殖器，其产卵抱对只是起异性刺激作用，引起雌蛙排卵，雄蛙排精，精、卵在体外结合，完成受精过程，抱对是产卵的准备活动。

林蛙产卵选择在静水区，一般在产卵场的边缘浅水处，水深10～15cm，最深不超过25cm。林蛙产卵最低水温是2℃，适宜水温为8℃。

林蛙产卵后，潜入土壤中休眠，时间10～15d，产后雌蛙必须进行生殖休眠，否则种蛙死亡率高。

四、人工催产

人工养殖林蛙，特别是在圈养的情况下，人工催产更具有现实意义。例如，正常林蛙产卵、孵化是在4月中旬。而通过人工催产可以提前到2月末或3月初，提早进行蝌蚪培育使当年幼蛙能获得更多的生长发育时间。当然这需要在各种条件都满足的情况下才能实现，其中最主要是饵料问题，此阶段昆虫还十分稀少，温度较低，因此要有足够的动物性饵料和一定的保温措施。

（一）催情作用

当种蛙性腺已经发育成熟，但因其自身或环境条件的影响而不能正常产卵时，则应进行人工催情、产卵、受精。

一般林蛙催产所使用的药物有蛙或鲤鱼的脑垂体、促黄体释放激素（LRH-A）、绒毛膜促性腺激素（HCG）。使用催产剂的作用在于促进卵细胞或精子的进一步成熟，并使种蛙神经兴奋，肌肉收缩，将卵细胞或精细胞排出体外。

（二）催产剂的配制

目前，用于林蛙催产的药物多数还是选用鱼、畜所用的催产药物，但剂量有别于鱼和家畜的用量。据各地经验，对蛙有效的催产剂和用量是：

1. 单一药物注射　黄体酮释放激素500～600ug/kg，垂体20～40mg/kg，绒毛膜促性腺激素4 000～6 000u/kg。

2. 混合药物注射　40～80ug（LRH）+8～16ug（垂体）/kg；LRH（500ug）+HCG（1 200u）/kg；垂体（6～8个）+LRH（400ug）+HCG（1 000u）/kg。以上药物都是以雌蛙为准，雄蛙减半。使用药物时用生理盐水或注射用水将药物溶解稀释，配制的药液量以每次每蛙注射0.2～0.3ml为宜。配制的药物和注射用具应严格灭菌，以免感染细菌致病而影响发情产卵。

3. 催产药物的注射　催产注射的方法有1次注射和2次注射。1次注射是将所配的催产液1次注入蛙体内；2次注射是先配制总剂量的1/5的药液注入蛙体，12h后配制另外4/5药液注入蛙体。1次注射操作简单，2次注射虽然麻烦一些，但能促进未完全成熟种蛙的性腺发育，使其迅速达到完全成熟，使群体产卵整齐完全。

催产注射的注射部位一般选取在臀部两侧肌肉丰厚处，此外在腹部皮下也可进行注射。注射时针倾斜45°角扎入皮下0.5cm慢慢将药物注入。拔针时用手指压住针眼防止药液外溢。注射时要注意针头不要损伤蛙的骨骼及内脏，否则会出现流产、死亡。

（三）催产后的管理

将催产注射后的种蛙按比例放入产卵池中，若环境和水温适宜，一般经过30~50h都会发情、抱对、产卵、受精。受精率在90%以上。

催产后经60h仍不见种蛙抱对、产卵，则应及时检查。首先检查水温、水质等因素；再查催产药剂量、注射操作有无差错；然后再检查种蛙腹部有无明显变化及腹部增大程度。若种蛙腹部变化不明显，则是性腺尚未成熟，应继续饲养；若稍有变化则是卵细胞尚未成熟或刚开始退化，可以补注减半剂量的催产药物进行补救；若明显膨大，松软，则卵细胞已过成熟退化，无法逆转，只能淘汰。

（四）垂体摘取与保存

选择已性成熟的蛙或鲤鱼，用手术刀从其头部后端下刀，向前缓缓将头盖骨揭开，除去脂肪，取出脑，在位于双眼后端，视交叉神经下面，近似倒三角形的基点处，脑腹面的骨窝里，可见一白色小颗粒，大者如高粱粒大小，小者如小米粒，这就是脑下垂体。用小镊子挑去外层的薄膜将垂体完整地取出。

取出垂体后，除去外表上的黏附物，在70%的酒精中固化浸泡4~6h，弃去旧液，换新液，再浸泡10~12h，然后转入无水酒精中脱水，12h后将垂体转入盛有丙酮的小瓶中浸泡，同时封口，可保存3~5年。

使用垂体时，从丙酮保存液中取出所需垂体，晾干，放入研钵中磨成细粉，逐滴滴入生理盐水，再研磨成糊状，继而成乳液，加注射用水拌匀后即可注射。

五、同期排卵

由于种蛙之间个体的差异，雌蛙在自然状态下产卵，产卵时间分散，在同一地区间距长者可达10~15d，这就使蝌蚪发育不整齐，变态也不集中。同时还存在这样一种现象，即在同一水池中如果密度过大，大蝌蚪可分泌有毒物质，抑制刚孵化出的蝌蚪的生长。这既不利于规模化的蝌蚪饲养，也给管理带来诸多不便。林蛙同期排卵技术，就是将林蛙的产卵进行科学管理，使其控制在24h内90%以上的雌蛙产卵结束，使整个蛙场的蛙卵孵化、蝌蚪的生长、蝌蚪的变态匀比较整齐。在一个相对较短的时间内，整体呈现出比较均匀一致的生长发育过程。

（一）药物方法

取体重及发育状态相似的冬眠中林蛙，雌、雄分开，注射催情药物，注射后48h，将雌、雄按比例（1∶1）放入产卵池，雌雄抱对、排卵，基本上24h内产卵结束，收集蛙卵，统一在孵化池内孵化，注意阳光及水温控制。

（二）控制抱对法

将已发育成熟的种蛙强制性地按雌、雄分开放置在7~8℃环境内（不能放在水中，不能挤压），2~3d后，逐渐将温度升高到12℃，并放入产卵池中，产卵池的一侧露地，另一侧水深30cm，产卵池环境需安静及阳光能正常照射（池水温度12℃），雌雄比例1∶1，24h内抱对产卵基本都可结束。

六、卵的孵化

林蛙产卵后应及时将卵捞出放入孵化池中。蛙卵分为动物极与植物极两个半球。动物极半球内分布大量的黑色素，呈现深黑色；植物极半球因黑色素少，呈现乳白色，蛙卵刚产出时，动、植物极尚不明显，受精后30min，动、植物极变化十分明显，黑白分明，并有自我转动，调整动、植物极的能力。凡受精卵其动物极在上，植物极在下，即使人为逆转，在几分钟内又会自动恢复到原来位置。如果产卵后1h还有植物极朝上，即看到白色卵粒，则表明此卵未受精。卵的外层包有胶质薄膜，吸水膨胀，使卵粒周围出现均匀的间隙，连片漂浮于水面上。也有因伸展不开而成团的卵球悬浮在水中。受精卵细胞经过无数次分裂发育形成胚胎，直至脱膜成为蝌蚪。

1. 卵　在人工繁殖的情况下，种蛙产卵后当蛙卵直径达5mm时就应及时将其捞出放入孵化箱中。蛙卵发育到一定程度，其胶膜逐渐软化，发育至芽胚期时卵带因浮力降低而沉入水底。为防止胚胎沉入池底被泥沙埋没，此时应将蛙卵及时置于孵化网箱中，让卵块伸展均匀分布于水表面，任其自然孵化。

2. 孵化　孵化蛙卵的常用工具有孵化箱、孵化池、大木盆、水缸等。其中以孵化箱操作简单、方便，效果最佳。其具体工作应从以下几方面着手：

（1）清池灌水：放卵孵化之前，应将孵化池和孵化器具严格消毒。孵化池用生石灰或者漂白粉全池泼洒，将水中的敌害、病菌全部杀死，器具可用漂白粉浸洗30min。然后池内灌进清洁无污染的水，池水要求溶氧量要高，浮游动物少，水温恒定，水深30cm。

（2）放卵：先在池水表层放上一层薄薄的水草，然后再将卵块放在水草上，并用光滑的棍棒轻轻拨动，帮助卵块均匀分布，避免卵块下沉堆积。

（3）孵化密度：若采用专门的孵化器孵化，一般在孵化后不久就可移入蝌蚪池培育，由于孵化时间短，因此孵化密度可以大些，一般每平方米放置5～6团。孵化网箱应透水性良好，使箱内外水体可以交换。若采用土池孵化，一般可在同池中直接转入蝌蚪培育，放卵密度不宜过大，平均每平方米2 000粒左右。孵化密度与孵化率一般成反比，密度越大，孵化率越低；相反密度稀，孵化率高。蛙卵数量的计算多数采用方格计算法：将平铺水面的卵块用尺丈量其总面积，然后取方正的100cm^{2}范围卵块，计算其内卵粒数量，最后推算总量。

（4）孵化时间：蛙卵的孵化时间与水温成正比，水温19～22℃时，3～4d即可脱膜成蝌蚪。水温25～31℃时2d就可以孵出蝌蚪。但温度高对卵的孵化质量不利，宜出现畸形蝌蚪。蛙卵对低温有很强的抵抗力，在2℃时可正常发育，但发育速度缓慢，在发育初期将水温控制在5～7℃为宜，中期在12℃为宜，末期保持在14℃为好。

在自然条件下蛙卵的孵化是在静水区，此处泥沙含量低，适合卵的孵化。而人工养殖依靠灌水，孵化池是流动而不平静的，不可避免带来泥沙易形成沉水卵，降低孵化率。所以在孵化期间必须保证水质清洁，泥沙含量低，尽量保持静水条件，以减少泥沙对卵块的污染。

在自然条件下林蛙胚胎发育的条件是中性的，pH值为6～7，蛙卵不能在碱性条件下发育，水体碱性或酸性过大，能破坏蝌蚪体液内环境的平衡，导致蝌蚪中毒死亡。

（5）日常管理：将同一天产的蛙卵放入同一个孵化箱或池中，不宜把不同时期所产的卵并入一个孵化箱或池中，以免先期孵化的蝌蚪吸吮后期未出膜的卵粒，降低孵化率。

在孵化期间，应避免搅动水体。加灌新水时应控制流量尽可能小一些，不要冲动卵块。清网除杂时要小心细致，防止胚体或刚出膜的蝌蚪受到损伤，及时预防卵块或蝌蚪堆积死亡。

调控水的深度，初期孵化池的水深可浅些，这样能增加水温，利于孵化。蝌蚪出膜后应逐渐加深水位，增加水体，恒定的水温有利于蝌蚪发育。

蛙卵孵化期间应及时在孵化池上架设遮荫网；应勤检查，若发现问题应及时处理。孵化箱应及时清除青苔，疏通淤泥，防止网眼被封堵影响水体交换。孵化池应加强防渗、防敌害。

第四节　中国林蛙的饲养管理

一、种蛙的饲养管理

种蛙是选留作繁殖育种用的优质成年蛙。种蛙饲养管理的好坏，决定着产卵量、孵化率和蝌蚪的长势，从而最终决定养殖经济效益的高低。因此良好的种蛙饲养管理是养殖林蛙成功的重要一关。

种蛙的摄食量大，摄取的营养要能充分满足生长繁殖的需要。一般每只种蛙每日的投饵量为其体重的10%。饵料种类要丰富，营养要全面，其中动物性饵料不得少于60%。种蛙在发情时摄食量减少，抱对、产卵、排精时基本不摄食，繁殖后摄食量增加，要根据这种情况酌情增减投饵量。投食时间一般是每天傍晚投饵1次，要定点、定时，要经常清理投饵台，以保持水的清洁。

种蛙的放养要特别注意繁殖后的雌蛙和雄蛙。雌蛙产卵后立即进入产后休眠，所以在产卵后数小时内，一定要将雌蛙从产卵场移出，立即送往放养场，使其能及时休眠。雌蛙休眠宜采用埋藏法，因为有些雌蛙体弱不易钻入土中。雄蛙的休眠地点要远离繁殖场，以防止雄蛙再次寻找雌蛙配对。

种蛙的放养密度为：每100m^2 50～100只，最多不超过200只。

种蛙繁殖后往往发生死亡现象，因此要特别注意加强管理。特别是雌蛙，甚至有少数雌蛙在产卵过程就死亡，但多数都发生在生殖休眠期。最有效的防范措施是产卵后尽快将雌蛙送往条件适宜的生殖休眠场。

种蛙池不仅是种蛙摄食、生活的场所，更重要的还是产卵、排精的场所，若不进行人工孵化，这里还是蛙卵自然孵化的场所。因此种蛙池周围的环境条件既要适合于种蛙生存，还要适合于蛙卵的受精和孵化。因此要做到以下几点：

1. 控制水温　水温控制在种蛙生活繁殖的适宜温度。

2. 控制噪音　保持安静、切忌嘈杂。

3. 控制水位　池水水位应保持在15～40cm，其深度与保持适宜的水温有关。要经常调节水质，使其溶氧量、盐度、pH值、生物组成等因素都适于蛙卵受精和孵化。由于池水浅，水温易发生变化，因此要特别注意水温过高而对蛙卵造成危害。

4. 控制密度　种蛙的养殖密度一般为每平方米1～2只，密度过大对其生殖不利。

5. 精心养护　种蛙产卵后，要及时进行强化饲养，同时也要精心护理。

6. 谨防敌害　要谨防各种敌害捕食抱对的种蛙及其产下的卵。由于抱对种蛙正处于生殖兴奋状态，对敌害入侵反应不灵敏，行动不敏捷，御敌能力较差，故而很容易受到敌害的伤害；而蛙卵则更容易被鱼类及其他蛙类所吞食。

7. 安全越冬　要特别做好种蛙的越冬工作。

8. 防范气候突变　要防范天气的突变，如冰雹、寒流袭击，大风降温等突发情况，针对这些情况要采取相应的预防措施，如加盖塑料薄膜、及时灌水保温等。

二、蝌蚪的饲养管理

（一）蝌蚪的死亡

蝌蚪的生命力、抗病力、抗寒力和防御外敌的能力都比较弱，很容易遭受危害或患病死亡。蝌蚪死亡的原因主要有以下几点：

1. 种蛙的种质退化　种蛙的种质退化，不仅会影响繁殖，而且会影响受精率、孵化率及蝌蚪和幼蛙的成活率。据调查发现蝌蚪的大批死亡也和种蛙的种质退化有直接的关系。

2. 生态因素的影响　在孵化过程中水中溶解氧的下降是造成蝌蚪死亡的重要原因之一。蛙卵的孵化需要消耗氧气，孵化后的蝌蚪耗氧量较大，再加上卵膜在孵化过程中分解以及随卵进入孵化池中的水草等附着物的腐败，均消耗大量氧气。当孵化池中的溶氧量降到3mg/L以下时，蝌蚪会出现浮头。由于蝌蚪体质娇嫩，一经浮头就无法抢救，从而造成死亡。另外，温度也是造成蝌蚪死亡的重要因素之一。蝌蚪生存的适宜温度为20～30℃，最适水温是25±3℃。初夏繁殖的蝌蚪由于昼夜温差较大，晚上的温度可降到20℃以下；7、8月份繁殖的蝌蚪，此时正值盛夏高温，白天温度常高达35℃以上。这两个时间段繁殖的蝌蚪常出现大批的死亡。另外，池中灌入受污染的水也会造成蝌蚪的死亡。

3. 出池过晚　刚孵化的蝌蚪一般应等待一段时间以后才能捞捕出池。其确切的时间应根据蝌蚪的内在器官的发育情况以及外界环境的条件来决定。一般情况下蝌蚪孵出6～7d后就要出池，因为这时的蝌蚪已从消耗内营养转变为摄取外营养，急需开食。同时也由于其个体长大，耗氧量增加。若错过出池有利时机，往往会因为缺氧和缺乏营养而引起仔蝌蚪的大批死亡。

（二）蝌蚪饵料的投喂

草料要用漂白粉消毒，动物性饵料应清洗干净。腐烂、变质的饵料一定不能饲喂，以免蝌蚪患肠胃炎和污染水体。由于各种饵料的营养成分及其含量各不相同，因此蝌蚪对不同饵料的喜好也不同。经常更换饵料可使蝌蚪食欲增加，提高饵料的利用率。蝌蚪若长期吃单一的饵料，不仅生长发育不良，而且也极易患病。有雷阵雨时要少投或不投；早晨蝌蚪浮头时或出现个别个体死亡时，要控制投饵。

1. 投饵的方式

（1）饵料台投饵：在蝌蚪池中设立若干个饵料台，其规格和数量决定于池面积及养殖密度等因素。将人工饵料捣碎浸泡，然后放到饵料台上。这样有利于观察食饵量，便于清除残余饵料。

（2）全池匀撒：培养的浮游生物或制作的豆浆，可匀洒全池。这样可使全池蝌蚪都能就近吃到饵料，但其缺点是难以掌握蝌蚪的实际食饵量。若投喂过量下沉的残饵腐败后常影响水质。

（3）投饵的时间、次数和数量：投饵的时间、次数和数量应因地、因时、因蝌蚪的情况而灵活控制。3~5日龄的蝌蚪就有摄食的需求。投饵的次数一般为每天1~2次，上午9~10时，下午4~5时。每天投饵都应遵照循序渐变的原则。

2. 投饵量　投饵量一般与水温、蝌蚪的日龄以及体重呈正比。但若水温高于35℃或蝌蚪正处在变态的高峰期时，投饵量则要减少。蝌蚪初期的开口饵料最好投入培养的浮游生物。中、后期则可投喂配合饵料，动物饵料与植物饵料的比例为1：1或2：3。蝌蚪有饥后暴食的习性，因此必须防止饵料突变而引起的消化不良。所以要经常检查上次投饵料的吃食情况，以此决定下次的投饵量。如上次有剩余，下次则适当减量，如短时间内能吃光，则应酌量增加。但以80%的饱食量为最佳投饵量。

（三）蝌蚪的防逃措施

在串灌的条件下，上游池子里的蝌蚪可能流窜到下游池子里，再从下游池子里的出水口流入排水渠；在单灌条件下，蝌蚪窜出水池，可能直接进入排水渠。绝大部分蝌蚪由于不能适应变化了的环境而死亡。因而控制蝌蚪的流失是饲养管理上一项不可忽视的工作。在排水口安装拦网是防止蝌蚪流失的有效措施。

1. 片状拦网　片状拦网是用8号铁丝做成长方形网框，在框上固定网片。要阻拦15日龄前的蝌蚪可用窗纱做网片，缝制在网框上，即成为片状拦网，其规格为22cm×17cm。但这种拦网孔小，透水性差，容易堵塞，所以要注意及时清理。对于15日龄后的蝌蚪，可更换16目铁纱网片，这种网片孔眼大，透水性强，不易堵塞。拦网要安装在出水口处的池埂内侧，网片的侧面和底边都要固定好，而且和池壁无缝隙，防止蝌蚪从网框与池壁之间的缝隙中逃出。拦网要及时清理使流水畅通。

2. 筒状拦网　筒状拦网使用的是方形木筒，在筒口安装纱网，木筒长40cm，筒口为12cm×12cm。筒状拦网的网片要用铁纱做成。先将铁纱做成方形筒状纱网，筒长12cm，筒口尺寸与木筒口相同。将铁纱网的筒套在木筒之上4cm左右处，再用铁条将其固定在木筒上。安装时，挖开出水口池埂，将木筒埋在池埂里，其底边应离池底高15cm。这种拦网能增加进水面积，分散水流压力，减少蝌蚪被吸附死亡的数量。此外还可在木筒上开一狭口，插入木板，起闸门作用，这样便于调节水池的水位。

3. 管状拦网　管状拦网类似筒状拦网，管状部分可采用塑料管，其口径为4cm，长度为35cm，管端部加套铁纱网，做成圆筒状，长12cm，套在筒上4cm。将管状拦网埋在出水口池埂处，其位置和筒状拦网相同，要比池底高15cm，使蓄水深度达20cm左右，清除网上附着物时，可将网抽下，清洗后再重新安装。

（四）蝌蚪的日常管理

1. 定期巡池　每天早晨和傍晚巡视养殖池，及时记录气温、水温、水质、蝌蚪的活动情况，发现问题及时处理。对于刚孵出的蝌蚪以及变态高峰期的蝌蚪，要格外注意。

2. 控制水温和水位　蝌蚪比较娇嫩，对温度很敏感。当水温升到30℃以上时蝌蚪就会停止生长，甚至导致死亡。水温降到8℃以下就停止进食。瞬时温差超过2~3℃会使刚出膜的蝌蚪死亡。因此早春池水宜浅，有利于太阳照射升温。孵化期控制温度为10~12℃，蝌蚪期为20~22℃。前者水深30cm，后者水深0.4~0.5m，高温季节则应加深水位，或搭设凉棚并放置水草，防止水温升得过高。若水温过高则要及时换水。将原池水排出1/4~1/2，注入水温较低的清洁水。水位一般宜保持在40~60cm。养殖小蝌蚪或水温较低时，水位宜低些，相反则应高些。蝌蚪入池或转池时，要调对好水体的温度才能放蝌蝌蚪入池。

3. 控制水质　蝌蚪池的水质应清洁，水中溶氧量应高于3mg/L，盐度小于2‰，pH值在6.6~8.2之间。水质的好坏一般可看水色来估测。水色发红并带棕色混浊，说明水中含有大量藻类，蝌蚪吃后不消化，严重时可使蝌蚪中毒。抢救的办法是及时移走蝌蚪，然后清理池塘。

有时因水过肥，绿藻大量繁殖而形成“乌云水”，这种水最易缺氧。水质的恶化，除因某些浮游生物过度繁殖引起外，还可由有机物发酵、食物残渣腐烂、水中缺氧、水源被工业及生活用水污染所引起。水质污染变质一经发现，就要及时换水，换水时要注意不要使水温温差短时间内变化太大，一般换水量为1/4~1/2，并注意掌握换水时间和速度。

4. 检查维修设施　所有用于蝌蚪养殖的设施要经常维修，使其始终处于良好的状态。

5. 及时处理蝌蚪的浮头现象　蝌蚪在水中上下垂直活动，或在水面吞食浮性饵料，则为正常现象；如果长期在水面漂浮露头，或处于不活动状态，则为缺氧浮头或病态。

水温较高时（7~9月份）黎明前后蝌蚪常在水面上浮头，说明水中溶氧不足。如日出后（上午7~8时）不再浮头，则问题不大；如果天气异常闷热，蝌蚪在前半夜，甚至傍晚就浮头，说明水中缺氧严重，水质恶化，必须立即换水或开增氧机增加水的溶氧量。并找出缺氧的原因，采取相应的措施。

6. 保持适宜的放养密度　一般情况下，刚刚孵出至10日龄的蝌蚪养殖密度以每平方米1 000~2 000尾为宜；11~30日龄以300~1 000尾为宜；30日龄至变态为幼蛙之前的放养密度以100~300尾为宜。密度的确定与蝌蚪的生育期、体型大小、供饵状况、管理水平等因素有关，可根据具体条件而做相应的调整。

放养密度通常是由密到疏逐渐改变，此过程常常通过扩池来实现。当蝌蚪由一个养殖池迁移至另一个养殖池时，注意不要使蝌蚪的生态环境发生突变，以免蝌蚪产生疾病或不适应环境而造成损失。环境条件的变化宜在蝌蚪可以生存的范围内逐渐改变，尤其是在密集状态经长期运输的蝌蚪，其刚投放养殖池时更需注意这一点。

三、幼蛙的饲养管理

（一）幼蛙的饲喂

蝌蚪变成幼蛙不仅形态和内部构造发生巨大变化，而且生活习性随之发生了根本变化。从水栖变成水、陆两栖；从素食性转变为肉食性，因此在培育幼蛙时必须充分照顾到这些特点，才能保证幼蛙的成活率。

变态幼蛙刚刚从水栖变成水陆两栖，身体十分娇嫩，体力有限，对环境要求十分严格，对食物也比较苛刻，这个时期是养殖林蛙过程中最关键和最麻烦的阶段。此阶段若能饲养好变态幼蛙，就为林蛙的成功养殖奠定了坚实的基础。

幼蛙生长发育较快，适应环境能力较强，但对寒冷的抗抵能力不如蝌蚪。林蛙幼蛙以肉食为主，如饵料供给不足或缺少动物性饵料，就会出现幼蛙蚕食蝌蚪的现象。

刚变态的幼蛙只吃活的食物，因此必须投入活饵料，并逐渐训练其吃死饵。变态后1个月的幼蛙投喂活饵与死饵之比为2：1，5月龄幼蛙为1：1，8月龄时可全部投喂死饵。死饵的大小根据蛙的大小而定，以一口能吞下为宜。若饵料太大，幼蛙一口难以吞下就会导致幼蛙之间相互争夺饵料，这样就耗费吃饵的时间和能量，对幼蛙生长发育不利。

脱尾1周以后的幼蛙由于基本上都吃了一部分食物，捕食能力增强，这时在网箱或土池内要设置料盘，培养幼蛙定点采食的习惯。每天投喂两次，投喂量以其体重的4%～8%或以投食后2h吃净为投喂原则。饵料中要加入适量的林蛙用生长添加剂；同时对林蛙要定期驱虫；网箱、土池每5d要消毒1次，防止腐败物及有害微生物的繁殖而传播疾病，并在池内设隐蔽物。

随着幼蛙身体的增长，口裂增大，逐渐可以捕食更大的昆虫，食量也随之增加，投喂量也要随之增加。此时幼蛙经过一段时间养殖后，个体差异也日渐明显，有的个体甚至相差1～3倍。为了避免这种现象的发生，投饵料时应少投、多次，加大投喂频率。

投喂活饵与死饵的种类，要根据各地养殖饵料的状况、饵料资源情况及季节而定。做到饵料既要多样化，营养丰富，能满足幼蛙生长发育的需要，又要价格低廉。从目前情况来看，能供应大批量的幼蛙饵料，而又比较可靠的方法是大力开展黄粉虫、蚯蚓、蝇蛆、蜗牛等的人工养殖；或就近购买屠宰场、食品厂的下脚料；或生产、购买人工配合饵料；或用黑光灯诱集昆虫等。蚯蚓是幼蛙的好饵料，无论在室内还是在室外养殖林蛙，蚯蚓均能满足需要。

林蛙在自然条件下是不吃死饵料的，若要使其吃人工配合饵料，必须从幼蛙起坚持驯食。驯食的方法很多，常采用的方法有蚕蛹驯食法和动物内脏驯食法。

1. 蚕蛹驯食幼蛙　将蚕蛹放在温水中浸泡至柔软，再在围墙顶至幼蛙池边放置一个斜板，板上端放置蚕蛹。当蚕蛹沿斜板滚入水中时，幼蛙开始会感到恐惧，不敢摄食，但坚持在同地点以同样方法继续投喂，就能使幼蛙逐渐适应并开始捕食。等到幼蛙习惯后可将蚕蛹放在斜板下端，幼蛙也能跃至板上吞食。

2. 动物内脏驯食幼蛙　使用钓竿并在前端绑上动物内脏（动物内脏切成片段）每天在池边固定地点，使钓饵在水面15cm处上下移动，起初幼蛙不敢接近，但久之则被诱惑而自动吞食，习惯之后会群起抢食。除此以外也可将动物内脏切成小块置于饵料台上，每次定时放在池边某地点，饵料台一半沉入水中，一半露出水面。同时将几条泥鳅（或小鱼）置于饵料台上。泥鳅在饵料台搅动动物内脏，致使幼蛙误认为是活饵前来抢食。吃惯之后就可不放泥鳅，幼蛙也会自动从饵料台摄取配合饵料。另外还可在饵料台上安装一条水管，使水逐滴滴到饵料台上。水的振动使台上死饵波动使幼蛙误认为是活饵而去摄食，从而逐渐养成吃死饵的习惯。还可在开始时使用膨化饵料，将其与泥鳅、小鱼虾等一起放在3～5cm水深的槽形饵料台上，训练幼蛙进槽吃漂动的膨化饵料。

在幼蛙的整个驯食过程中都必须注意“四定”，即定时、定位、定质和定量。

在投饵中，如发现幼蛙迁入新环境后不摄食则要及时检查原因。若非病虫害或环境不适宜而引起的，则要采取强迫进食的办法。即扒开上下颌，将饵料强行放入蛙口使其咽下，当蛙尝到饵料后便可以逐渐自动摄食。

投饵中，不宜以其他种类的幼蛙作饵料，否则将养成幼蛙之间的相互残食的习惯。

（二）幼蛙的日常管理

幼蛙的日常管理工作很多与蝌蚪的管理类似，除强调要为幼蛙创造良好的环境条件外还要注意以下几点：

1. 控制水温　幼蛙生活的最宜水温为23～30℃，如果水温高于30℃，则必须采取降温措施。如部分换水或加盖遮荫棚等。

2. 控制水质　幼蛙池水最适的 pH 值为 6～8。要经常清除剩余饵料，捞出死蛙及腐败植物、落叶、浮膜等异物。如水质被污染则要消毒并换水以保持清洁。由于幼蛙主要用肺进行呼吸，虽对水中氧气含量的要求不像蝌蚪那样严格，但仍不能忽视。

3. 控制温度　要经常保持陆地潮湿，种植作物或建棚以避免阳光直接照射。

4. 及时分级分池管理　幼蛙因摄食能力强弱不同，生长速度各异，造成大小差异较大。蛙又有同类相残食的本性，特别是在饵料缺乏的情况下，常常会发生大蛙吃小蛙的现象。因此，为了提高幼蛙的育成率，每养殖一段时间后，都要按幼蛙的大小将其分成不同等级，在幼蛙阶段至少要分 2～3 次。进行分池管理养殖密度要适宜，一般 40 日龄内的幼蛙 100～150 只/m^2，40 日龄后的幼蛙 20～100 只/m^2。

5. 做好病虫害和天敌的防治工作　对养殖池要经常消毒，一般每隔 15～20d 用生石灰（30～40g/m^3）全池泼洒 1 次。要特别注意老鼠、水蛇和野蛙对幼蛙的残食和破坏。

（三）幼蛙的放养

幼蛙生活力较强，其大部分能发育成商品蛙，其回捕率大约在 50%～80%，因此要精心保护幼蛙，选择好放养场地，实行集中放养。

1. 放养场地的选择　选择幼蛙的放养场地主要根据有两条：一是土壤中动物及地表动物群丰富，能为幼蛙提供丰富的饵料。幼蛙在 7～8 月份生长最快，这段时间保持充足的饵料非常重要。一般植物被覆盖好、枯枝落叶层厚、土壤松软的地段作为放养场地是比较合适的。二是考虑场地之中有合适的水源作为幼蛙活动的控制中心，将幼蛙控制在放养场里生长发育，秋季又能引导到指定水域集中捕捞。如果在河流中放养，要注意河流的捕捞条件。

2. 幼蛙放养　幼蛙计划放养的前提条件是：幼蛙必须集中越冬，春季集中出库。放养的方法可分为春眠前放养和春眠后放养。

（1）春眠前放养：幼蛙在放养场里进行春眠，当积雪融化、土层解冻后实行放养。这样可省去保管幼蛙春眠的麻烦，节省工时。

幼蛙出库时，进行清理计数，用麻袋或塑料编织袋盛装，并清理树叶、树枝等杂物。然后将幼蛙放入水中，冲洗蛙体分泌的黏液并放养到预定的地方。放养方法有分散放法和埋藏放法两种。

分散放法是将幼蛙分散撒放在预定的地方。放养时，将幼蛙装在麻袋里或水桶里，然后散放在树下枯枝落叶上，让幼蛙自己寻找场所潜伏进行春眠。撒放时不要将幼蛙抛得过高或过远，避免幼蛙受伤。撒放要均匀，不要成堆放置。撒放一定数量后要检查 1 次，将没有潜入落叶层下的幼蛙埋入落叶层里，不要暴露在外面，避免受天敌伤害。

埋藏法是直接将幼蛙埋藏在枯枝落叶层下的土壤里。用锹或耙子扒开枯枝落叶层，挖 10cm 深，直径 20～30cm 的穴坑，亦可挖成长 50cm，宽 10cm 的条状沟。每穴内放蛙 60～100 只，条状沟中每沟放幼蛙 100～200 只，边放边埋上树叶。幼蛙在穴沟内可以靠在一起，但不能堆压在一起。用树叶和土混合覆盖 3～4cm，外层再用树叶盖上，但不要压实，保持蓬松状态，以利空气进入。春眠期间幼蛙经常活动，当降雨或温度上升时，蛙便从土壤中钻出来，多数另寻新场所潜入枯枝下继续春眠。

幼蛙的放养时间是土层解冻后。放养时要选择气候温暖的白天，气温在 7～10℃时。

如气候条件不好，温度低，天气寒冷，可延缓放养。

春眠前放养的幼蛙经过10～15d的春眠期，当土壤温度上升到10℃时，即从5月份开始，陆续解除休眠，从土壤中钻出，到森林里活动。

(2) 春眠后放养：幼蛙集中在繁殖场度过春眠之后再送往放养场。当春季气候条件不适宜，如有寒潮低温等，在不能实行春眠前放养的情况下，可采用春眠后放养。

这种放养的关键是加强春眠管理，使幼蛙安全度过春眠期。集中春眠的办法是挖春眠坑，深30cm，长和宽依据幼蛙的数量而定，100cm×50cm的坑穴，可容纳5～8kg幼蛙。挖好坑穴之后，先铺垫5cm厚松软的壤土，在土上加20cm厚的枯树叶。在坑四周设立塑料薄膜围墙，防止幼蛙逃散。将幼蛙放进穴中便自行钻进枯叶中，多数蛙在30min左右先后进入树叶之中，少数蛙可能在外面停留的时间稍长些。待幼蛙全部进入树叶层中之后要用喷壶往树叶上洒水，使幼蛙保持湿润的春眠环境。树叶层内温度5℃时，幼蛙比较安静，当温度升到10℃时，幼蛙就会解除春眠。这时必须将幼蛙从春眠穴中全部取出，送到森林放养场里放养。放养的方法同春眠前放养法。

四、成蛙的饲养管理

幼蛙饲养1年后即达到性成熟，即为成蛙。成蛙饲养一段时间后，有的选留为种蛙，剩余的则可作为商品蛙出售或加工处理。因此，成蛙的饲养好坏，对于种蛙和商品蛙质量的优劣有重要影响。

成蛙的个体大，摄食量多。保证供给充足的优质适口饵料，控制适宜的环境温度，其体重增长仍较快，每月个体的增重可达30～50g。

成蛙的饲料类似幼蛙。对于已驯食成功，习惯于吃死饵的成蛙，除自行捕食少量黑光灯下诱集的活昆虫外，基本上吃的都是死饵。对于新引进的野外放养的种蛙，则要像幼蛙那样，起初供应活饵，同时逐步训练吃人工饵料。

投饵要定时、定点。投饵量依据成蛙实际食饵量而定。通常每天黄昏前投喂1次。饵料台上吃剩的饵料要及时清理，以防腐烂，污染水质。同时认真做好疾病的防治工作。

成蛙的日常管理与幼蛙基本相同。但由于成蛙活动能力强，善跳跃，故应特别注意防逃设备的维修，以防外逃和敌害。

成蛙生存最适宜的水温是23～30℃，要注意盛夏时的遮荫，防夏季的高温，防强曝光的直接照射。在其活动的陆地上要常洒水，以保持潮湿。

成蛙摄食量大，排泄物也多，要经常保持水质不被污染，一般在炎热的夏季，最好每天换水1次，换水量为全池水体的1/2，新旧水的温差不要超过2℃，要避免水温的急剧变化。

成蛙的养殖密度一般为20～50只/m^2，密度可随成蛙体型大小及养殖管理水平、水温、水质等因素酌情调整。

成蛙在生长发育过程中，个体大小差异较大，为避免大蛙吞食小蛙，在适当的时期最好将不同大小的成蛙分池养殖，同时调整养殖密度。

五、越冬期管理

（一）幼蛙越冬期死亡的原因

每年10月份以后外界气温降至15℃以下，林蛙纷纷下山。其间除了商品蛙被采收之外，剩下的种蛙和幼蛙均进入越冬场进行冬眠。漫长的冬季给林蛙养殖带来很多困难，特别是当年生的个体小的幼蛙，常发生大批死亡现象，故应采取积极措施不断提高越冬林蛙的成活率，幼蛙与成蛙的越冬管理方法基本相同，但幼蛙个体小，活动量又大，因此越冬期间管理不善易引起死亡。幼蛙越冬期死亡的原因主要有：

1. 冬季水温过低　在水温较低的情况下，特别是在结冰后，由于幼蛙新陈代谢不和谐而导致生理失调。

2. 越冬前饲养管理不善　幼蛙没有积累充分的营养，蛙体过小、瘦弱，脂肪贮存量小，抗寒能力较弱而导致死亡。

3. 敌害侵入　幼蛙的活动能力弱，再加上冬季鼠类等食物稀少，因此幼蛙就成了鼠类重点的捕食对象。

（二）林蛙的越冬方式

1. 山涧溪流越冬　林蛙冬眠的溪流条件：①具备常流水的溪流；②距离夏季放养场不远；③溪流应有一定的水量；④有石块和砂砾所组成的河床，既适合越冬也便于捕捉；⑤河床的坡度不大，既要有湍流，又要有缓流和深水湾。具有稳水区和深水湾的场地是林蛙越冬的良好场所。

天然河道往往不能完全适合林蛙越冬，因为天然河道缺少稳水区和深水湾。必须进行人工改造。

对于林蛙集中放养区，河段的稳水区要特别加以修整利用，改造成深水湾效果最好（使水的深度达到1.5m左右）。经过修整的深水湾要投入供蛙越冬的隐蔽物，如砂砾、石块等，也可将农作物秸秆、野生蒿草、小灌木枝等扎成草把状，用石块压在水底，或用木桩固定在水下作为蛙的隐蔽物。利用山涧溪流越冬，需加强管理，主要是检查河流的水量，消灭主要天敌。

2. 水库越冬　所谓水库越冬是指利用人工建造的专门用来养蛙的小型水库或山区的农用水库供林蛙越冬。

（1）专用水库越冬：水库越冬是目前林蛙越冬方式中最有效果的方式。利用此种方法林蛙越冬其存活率高，简便易行而且安全可靠。水库越冬分两个阶段进行：浅水贮存阶段和水库越冬阶段。贮蛙池类似产卵池，长5m、宽3m、深60cm，池壁及池底可用砖石水泥修筑，亦可用塑料薄膜作围墙。水口对角线方向设置。池内水深保持40cm。保持池水的流动，不断更新池水。此种规格的池子可放林蛙1万只左右。林蛙的越冬时间为9月中旬到10月末，约为45d。林蛙在存贮池存贮，是林蛙越冬的过渡阶段，经过存贮池暂存之后，才能入水库越冬。林蛙进入水库的时间一般在10月末或11月初。此时水温应稳定在10℃以下，最好在5℃左右。这样林蛙不仅不再出河上岸，而且在水下的活动也很少，仅在很小范围内活动。

林蛙水库越冬的方式有两种：散放越冬法和笼装越冬法。散放越冬法是将林蛙散放在水库内，库内要设置一些隐蔽物，任其自由寻找越冬场所。此种方法的成活率较高。笼装越冬法是将林蛙放在铁丝或竹子编织的笼子里，连笼带蛙一起放入水库越冬。笼子的规格一般为70cm×60cm×30cm，每笼可装500只林蛙。笼子在水库内的放置方法是，将装好蛙的笼子盖封好，放进库区稳水区1.5～2m水深处，注意要将笼子用木桩固定，以防水流冲走。

笼装水库越冬管理的主要任务之一就是要经常检查和调整水位。始终使笼子在水下1.5～2m深的水中，即使上层结有50～80cm厚的冰，底部尚有1m多深的水层。冬季结冰后要打开几个冰眼经常观察水位变化，检查林蛙的越冬情况。有条件的地方可以检查水的溶氧量，保证冬季水溶氧量在每升5mg以上。打冰眼通气是冬季水面结冰后增氧的好办法。

林蛙出库有两种方式：人工出库法和自然出库法。人工出库法是将入水口封闭，排干库水，将库内林蛙一次取出。笼装林蛙出库较简便，取出笼子，用流水冲洗掉污物后送往繁殖场即可。人工出库的时间要比自然出库早5～7d。自然出库法是当林蛙自然从越冬水库中出来后在水库岸边设立围墙拦阻，人工捕捉后送往放养场。这种出库的方法关键是建好防逃设施，减少外逃损失。

林蛙自然出库的规律是：每天18时开始出库，19～21时形成高峰，0时基本停止。整个出库历时10d左右，但集中出库时间只有4～5d。根据这一规律可安排捕捉的时间。

（2）农用水库越冬：全国各地均有大小不等的用于农田灌溉的水库，这种水库基本上都可以用来作为林蛙的越冬场地。可以利用全库，也可以利用局部。如果水库位于放养场的中心，可以将整个水库作为蛙的越冬场。如果放养场的一部分与水库相连，可以利用水库的局部，比较小的水库，也可以全部利用。其具体过程与人造水库越冬基本相同。

春季蛙的出库方法只能靠林蛙自然出库，要注意及时进行捕捉，送往放养场。

3. 江河越冬　林蛙江河越冬的优点是水量充足，溶氧量大，没有缺水、缺氧的威胁。但管理有一定困难。为了便于管理，最好采用蛙笼或网箱越冬。将越冬林蛙放入蛙笼或网箱中再放入江河的深水处越冬。其出水时间要比自然出水时间提前。幼蛙最好采用蛙笼集中越冬法。

林蛙在越冬过程中死亡的原因主要有两种：多数是因缺水冻死，少数因缺氧窒息死亡。针对这两种原因可采取相应的措施。为了防止枯水期河流的干枯，可适当改造河道，加深部分河床，防止出现断流；也可放入比较保险的深水湾越冬。同时也可修筑小型水库蓄水，或打机井及时往越冬池中灌水。为避免缺氧而引起林蛙窒息死亡，不要将越冬蛙笼和网箱放得太深，深水中溶氧较低。另外，集中在一起越冬林蛙的数量不能过多。同时可以加强水的流动以增加水中溶氧，有条件的地方可以采用增氧机增氧。

（三）越冬期的管理

为了使幼蛙和种蛙安全过冬，无论采用哪种越冬法越冬都要安排专人定期巡视，若有意外情况要及时解决和处理。越冬期的管理要点如下：

1. 调整水位　在林蛙入池冬眠之后，要始终保持足够的水位（一般不低于1.5m），特别要防止严冬断水。越冬期水位必须保证冰层下有1m深水层，并且要处于流动状态。

在河道冬眠的，还要注意检查河道的淹冰状况。发现淹冰要及时设法疏通河道，以防干涸断流，冻死林蛙。

2. 防止和减少人为干扰　林蛙在冬眠期间，尤其是在水面结冰之后，要禁止敲击冰面，防止人为破冰捕鱼。

3. 预防天敌侵害　林蛙在冬眠期间的主要敌害为鼠类及肉食性鱼类。预防方法是投放鼠夹或鼠药，秋季捕捉场内肉食性鱼类。

复习思考题

1. 中国林蛙具有哪些生活习性？
2. 林蛙是怎样繁殖的？
3. 林蛙建场应注意哪些因素？
4. 如何选择种蛙？
5. 蝌蚪死亡有哪些因素？
6. 林蛙越冬的方法有哪几种？
7. 林蛙不同时期的管理注意事项有哪些？

张　宇

第二十一章 鳖

鳖俗称甲鱼、水鱼、团鱼和王八等，是一种深受广大消费者欢迎的水产品。鳖肉味鲜美、营养丰富，不仅是餐桌上的美味佳肴，而且是一种用途很广的滋补药品。鳖的全身均可入药，其成分含动物胶、角蛋白、维生素 D 及碘等，具有滋阴清热、平肝益肾、破结软坚及消淤功能。鳖甲、头、肉、血、胆等都可入药。据《本草纲目》记载：鳖肉可治久痢、虚劳、脚气等病；鳖甲主治骨蒸劳热、阴虚风动、肝脾肿大和肝硬化等；鳖血外敷可治颜面神经麻痹、小儿疳积潮热，兑酒可治妇女血痨；鳖卵能治久泻久痢；鳖胆汁有治痔瘘等功效。鳖头干制入药称“鳖首”，可治脱肛、漏疮等。用活鳖、鳖甲或鳖甲胶做原料配制的中成药有二龙膏、乌鸡白凤丸、化症回生丹、史国公酒、鳖甲煎丸等。

第一节 鳖的生物学特性

一、分类与分布

鳖属脊索动物门（Chordata）、脊椎动物亚门（Vertebrata）、爬行纲（Reptilia）、龟鳖目（Testudoformes 或 Chelonia）、鳖科（Trionychidae）。我国分布的鳖科动物有 3 属 4 种：鼋属（*Pelochelys*），包括 1 种鼋（*P. bibroni*），分布于我国云南、广西、广东、海南、福建、浙江等省区境内的水域中。在东南亚缅甸、马来西亚和菲律宾等几个国家以及几内亚地区都有分布。鼋为我国一级保护动物。山瑞鳖属（*Palea*）1 种，即山瑞鳖（*P. steindachneri*），分布于我国贵州、云南、广东、广西和海南等地。小鳖属（*Pelodiscus*）两种，即小鳖（*P. parviformis*）和中华鳖（*P. sinensis*）。小鳖仅产于广西东北及其接壤的湖南部分县市的湘江上游江段，为我国新发现的鳖类物种。中华鳖广泛分布于除宁夏、新疆、青海和西藏省区以外的我国大部分地区，尤以湖南、湖北、江西、安徽、江苏等省产量较高。另外在日本、朝鲜、越南等国家也有分布。我国的鳖科动物以中华鳖最为常见，而目前养殖的鳖类也以中华鳖为主。

二、形态特征

鳖体躯扁平，呈椭圆形，背腹具甲。通体被柔软的革质皮肤所包裹，无角质盾片。体色基本一致，具有鲜明的淡色斑点。头部粗大，前端略呈三角形。吻端细长呈管状，具有长的肉质吻突，约与眼径相等。眼小，位于鼻孔的后方两侧。口无齿，脖颈细长，呈圆筒状，伸缩自如，视觉敏锐。颈基两侧及背甲前缘均无明显的瘰粒或大疣。背甲暗绿色或黄褐色，周边为肥厚的结缔组织，俗称“裙边”。腹甲灰白色或黄白色，平坦光滑，有 7 个胼胝体，分别在上腹板、内腹板、舌腹板与下腹板联体及剑板上。尾部较短，四肢扁平，后肢比前肢发达。前后肢各有5趾，趾间有蹼，内侧3趾有锋利的爪，四肢均可缩入甲壳内。

鳖性成熟以后雌雄鳖的体形会发生较大的变化。雌鳖的躯干部一般较雄性更隆起，身体显得肥厚一些。从背面看，雌鳖身体后部较宽，裙边外展，呈前窄后宽的椭圆形；而雄鳖呈前后一致较规则的卵圆形，背甲扁平，中央线略有塌陷，其两侧稍微隆起。雌鳖和雄鳖的尾部长度和形状也有所不同，雌鳖的尾较短，从背面观察不达裙边；雄鳖的尾较长，超出裙边外缘，从背面观察可见外露的尾尖。雌鳖的腹甲为“十”字形；而雄鳖的腹甲则是不连贯的“十”字形（表21-1）。

表21-1　鳖的雌雄鉴别

鉴别部位	雌　鳖	雄　鳖
尾部	较短，不能自然伸出裙边外或外露很少	较长，能自然伸出裙边外
体型	圆	稍长
背甲厚度	高	隆起而薄
背甲形状	呈卵圆形，前后基本一致	呈长卵圆形，后部较宽
腹部中间软甲	十字形	不连贯的十字形
后肢间距	较宽	较窄

三、生活习性

鳖主要栖息在底质为带沙性泥土的河流、湖泊、池塘、沟港等水域。鳖的活动是时而潜入水中，时而伏于水底泥沙中，时而又浮到水面，伸出吻突呼吸空气。一般每隔3~5min换气一次，温度越高，出水呼吸越频繁。鳖性喜温，风雨天栖居水中，夏季大雨滂沱时，它往往将颈部伸长、竖直于空间，任凭雨淋。温暖无风的晴日，鳖爬上岸边的沙滩、岩石上晒太阳；环境宁静、感觉安全时，它可以长时间在陆地上沐浴阳光，这称之为晒背。鳖的晒背对其生存具有重要意义：在阳光下鳖伸长颈部，舒展着四肢，让其背甲、腹甲的水分完全晒干，附生在体表上的青苔、病菌、寄生虫以及长在其皮肤上的一层污秽，都借助日光照射而杀灭或干枯脱落。否则鳖将会生病或出现生理上的障碍。鳖在受到攻击无处藏身时，会咬住攻击物不松口，只有再次到水中处于逃跑状态时才会松口。鳖是杂食性动物，喜食鱼虾、昆虫等，也食水草、谷类等植物性食物，并特别嗜食臭鱼、烂虾等腐败变质的食物。白天潜伏在水中或淤泥中，夜间出水觅食，耐饥饿，可长时间不吃不喝。

鳖是变温动物，对外界环境温度的变化较敏感。适合鳖摄食和生长的温度范围是20~30℃。最佳的温度范围是25~30℃。在这个温度条件下，鳖摄食旺盛，生长迅速。当水温降到20℃左右时，鳖的摄食、活动能力开始降低；当水温降至15℃左右时，鳖就停止摄食、活动呆滞。当水温处于10~12℃时，鳖就潜入水底，蛰伏于泥沙中进行“休眠”。休眠期的鳖看上去好像是处于完全静止状态（假死）。在长达5~6个月的漫长休眠期中，鳖不吃不动不生长，新陈代谢降到最低水平，这是鳖用来对付恶劣气候条件的一种适应。

四、繁殖特性

在自然条件下，鳖生长4～5龄时才可达到性成熟；水温达到20℃以上时，开始发情交配。一次交配，多次产卵。北方一年产卵2～3次，南方4～5次。5～8月为产卵期，6～7月为产卵高峰期。产卵的时间一般在下半夜，这与鳖喜欢安静的环境有关。鳖的产卵方式为掘洞产卵，产后用沙土掩埋。通常首次产卵仅4～6枚。体重在500g左右的雌鳖可产卵24～30枚。5龄以上的雌鳖一年可产50～100枚。雌鳖在繁殖季节一般可产卵3～4次。卵为球形，乳白色，卵径15～20mm，卵重为8～9g。雌鳖将产卵点一般选在环境安静、干燥向阳、土质松软的地方。当雌鳖选好产卵地点后，掘一深10cm的坑，将卵产于其中，然后用土覆盖压平不留痕迹。雌鳖一次产卵10枚左右，经过40～70d自然孵化，稚鳖破壳而出，1～3d脐带脱落并下水生活。卵及稚鳖常受蚊、鼠、蛇、虫等敌害的侵害。

第二节　鳖的繁殖

一、种鳖的选择

（一）年龄标准

生活在自然界中的鳖由于不同的纬度地区其性成熟的年龄是不一致的。这主要是受到温度纬度地带性变化的影响。就我国而言，生活在东北、华北、西北地区的鳖要达到5～6龄才能性成熟；而在长江中游、黄河中下游地区为4～5龄；华南、华东地区为3～4龄；而台湾省、海南省则为2～3龄。若采用加温养殖，使水温常年保持在30℃左右，只需1.5年即可使鳖达性成熟。但是刚达性成熟的种鳖，产卵量少，卵小且不均匀，受精率、孵化率和稚鳖成活率也较低。

如果捕捉野生鳖作为种鳖，不同地区选择的年龄标准应有所不同。在我国的“三北”地区，宜以8～9龄以上为佳；长江、黄河中下游地区为6～7龄以上；华南地区应在5～6龄以上；台湾省和海南省则为4～5龄以上。人工养殖的种鳖需选择3龄以上者。在这里，需要说明的是，种鳖的选择也并不是年龄越大就越好。日本学者认为，雌鳖最佳的生育年龄为15～20龄，这时的雌鳖每次产卵的数量多达50枚左右，年产卵量可达100～150枚。又有研究表明，雌鳖最佳的产卵年龄在8～10龄，在10龄以前产卵量和质量一般与体重或年龄呈正相关。若超过13～15龄，雌鳖的繁殖力会逐渐下降。目前普遍认为选择7～8龄的雌鳖作为种鳖最合适。

（二）体重标准

雌鳖只要达到性成熟年龄，体重在400g以上便能产卵。有研究表明，鳖的产卵率、受精率以及孵化率等指标都与种鳖的体重存在一定程度的正相关。随着种鳖体重的增加，产卵窝数、每窝的产卵数、鳖卵的大小也随着增加，同时受精率也明显提高。实践表明，体重在750g以下的雌鳖，不但产卵少、卵小，而且受精率和孵化率低，孵出的稚鳖体质较弱，死亡率高，生长缓慢。如果雌鳖的体重超过1 200g,其不仅产卵多，卵大，而且受精率也高。孵出的稚鳖体质健壮，生长也较快。因此，一般认为优质的种鳖其体重应该在

1 200g以上。另外，为了获得优质鳖卵，一般要对刚性成熟的种鳖进行强化培育。

（三）体质和品质标准

种鳖体质和品质的好坏，不仅关系着繁殖过程中种鳖的死亡率、产卵的数量和质量，同时也会影响到鳖卵的孵化率和稚鳖的健康状况。因此，种鳖必须选择健康、肥壮、年龄与体重合适的个体。体质好的种鳖一般体表外观有光泽，裙边肥厚不下垂，动作活泼，反应敏捷；如果将其仰放，能立即翻转过来。相反，如果发现颈部肿胀或腹甲磨损并有红斑，背甲有孔洞或溃烂；四肢残疾等均不能作为种鳖。在雌雄选配时，还要注意避免近亲繁殖造成种质下降。为了防止种质退化，实际生产中常对种鳖进行单性选择，即只选择雌性种鳖，而引进异源的雄性种鳖。

二、种鳖的培育

在放养种鳖前，必须提早对种鳖池进行检查，围墙有无破洞，产卵场的细沙是否柔软，并彻底放干池水，用生石灰进行全池消毒。放养量一般为300～400只/667m²，水温最好保持在15～17℃。为了提早使雌鳖进入产卵期，可在鳖池上架放塑料大棚提高水温，或在种鳖池中直接加入热水（如发电厂的冷却水、温泉水等）。为了防止热水中有害物质的污染，也可采用热水管加温的方法。有条件的地方，可兴建人工调温的工厂化种鳖培育车间，可使产卵期提早2个月。

培育种鳖的技术关键是要供给充足的优质饲料。鳖是以动物性食物为主的杂食性动物，主要以小鱼虾、蚯蚓、动物内脏、蝇蛆、螺蚌肉、鼠肉为食，也摄食一些瓜菜、麦粒等植物性食物。投饲量一般为种鳖体重的15%～20%。为了保持食物的新鲜，并便于掌握鳖的摄食情况，应在池边搭建稍低于水面的带边框的饲料台或将饲料串在铁丝上挂入水中。为了解决天然饲料的不足，可使用人工配合颗粒饲料，饲料的蛋白质含量应在40%以上（一般为60%左右），以利于鳖的性腺发育和产卵。特别是在春季产卵前，应进行强化培育。增强种鳖的体质，提高产卵率。在种鳖的培育中要加强管理，及时捞除残渣，注意水质。如发现病鳖、死鳖，应及时捞出处理掉。

雄鳖的精子能在雌鳖的生殖道中存活较长的时间，而且雄鳖可以多次同几只雌鳖交配。因此可适当减少雄鳖的放养量，并且一雄多雌还可以有效地减弱繁殖季节雄性的争雌行为。雌雄比例可按4∶1进行放养。种鳖放养的密度应随体重的大小而有所变化，在常温养殖池中，若种鳖的体重为1 500～3 000g,可每平方米放养1～2只，若体重为1 500g以下可每平方米放养2～3只。

三、鳖卵的收集与孵化

由于地理位置的不同，我国各地鳖的产卵期存在差异。华南地区为4～9月，华中地区为5～8月，华北、东北地区为6～8月。每当春夏之际，水温上升到20℃以上，性成熟的雄鳖就在水中尾随、追逐雌鳖。当达到发情高潮，雄鳖就爬到雌鳖的背上进行交配。交配时间一般为6～15min。在交配后的10～15d，雌鳖上岸，寻找适宜的沙地挖穴、产卵。当年初期产出的受精卵也可能是上年保留在雌鳖泄殖腔内的精子与当年成熟卵子结合的受精卵。

（一）卵的采集

雌鳖一般均在夜间产卵。产卵期间，管理人员最好每天早上进入产卵场收集新产的卵。尽早收集卵以避免不良天气和敌害对卵的破坏，同时，也为夜间其他雌鳖产卵提供场所。卵穴的上方中央有雌鳖产卵后腹甲的压痕，压痕周围是雌鳖扒沙埋卵时留下的一圈辐射状爪印。找到卵穴后做好标记，不要急于取卵。待卵产出后8～10h，胚胎已安全固定好时方可采卵。采卵时在盆或其他容器内铺垫2cm厚的细沙，然后小心翼翼地将卵场沙滩中的鳖卵挖出，排列在盆或其他容器内，注意将受精卵的动物极朝上。收集完毕，再将受精卵移入孵化室进行孵化。每次采卵后，应将产卵场的沙坪整理好，以便其他甲鱼再次爬上产卵。

（二）孵化期的管理

在整个孵化期内要对孵化室的温度、湿度以及空气状况等因素进行监测调控，并做好记录，尤其对孵化介质的湿度要特别关注。一般1～2d就要往沙上喷水1次。在洒水时，切忌搬动孵化盘，以防鳖卵翻动。在孵化过程中如发现死胚鳖卵要及时剔除，因为胚胎死亡后很容易感染霉菌，影响其他正常鳖卵的孵化。

1. 温度　孵化期的长短取决于孵化温度，一般为60d左右。卵对温度的耐受范围是22～36℃。在恒温孵化条件下，最适孵化温度为32.5℃左右。与野外自然孵化相比，在28℃恒温孵化时，孵化期可减少10d。对于简易孵化室，由于缺乏控温设备，孵化温度受环境温度变化的影响很大，因此温度变化就成为影响孵化率的一个重要环节。所以要定时检查孵化温度，特别是孵化介质的温度。因为卵周围的“小气候”比大环境对鳖卵的影响更为重要。通常需要准备两支温度计，分别监测孵化室和孵化介质的温度变化。一般早、中、晚各检查1次。如果孵化室的温度超过38℃，介质温度超过34℃，就应及时采取通风、遮荫等降温措施。

对于标准的孵化室，由于具有温度控制装置，孵化室温度可以自动控制，所以温度并不是日常管理中非常关键的因素，只要将控温仪设置好适宜的温度即可。但要定期对仪器进行检验校准和维护，同时还要防止停电可能造成的损失。

2. 湿度　孵化场内要保持一定的湿度（81%～85%），为此要及时喷水。如遇烈日、干旱，更要勤喷水，但又要防止沙床积水、涝渍。

对于控温孵化温室，鳖卵周围孵化介质所提供的微环境的空气湿度是影响孵化效果的最为重要的因素。因为孵化介质的含水量不仅为鳖卵孵化提供湿度环境，更重要的是严重影响孵化介质的通气状况，所以管理孵化介质的湿度是日常管理中重要的环节。

对于简易的孵化室，情况更是如此，孵化室的湿度受环境湿度和温度的影响，每天都有较大的波动。所以若要在日常管理中减小环境因子的波动，保持适宜的孵化湿度就显得尤为重要。如果是采用沙子作为孵化介质，沙子表面发白干燥就要进行检查。如果环境温度低于35℃，而卵周围的沙层还保持湿润，则属正常，可暂不加水；如果上层鳖卵周围的沙层开始出现干燥，则应该及时补水，可用喷雾器在沙子表面喷少量水。喷水时只要上层沙略带湿润即可。切不可大量喷水，尤其在闷热的高温季节，宁可使上层的沙层稍保持干燥也不可盲目大量喷水，否则会因高温窒息而产生更为严重的后果。一般洒水后15min左右，用手或细竹耙轻轻松动沙层表面，以防沙层表面板结造成胚胎窒息，而且这样还有利于沙层较好的保持水分。注意松土时绝对不可以碰到鳖卵，以免影响孵化。

如果采用海绵作为孵化介质，每天午后应及时检查上层海绵的湿度。如果手感海绵干燥就应加水，一般可将海绵轻轻拿起，用水浸湿后用力攥干直至无水滴下为止，然后将海绵轻铺于鳖卵上。这一过程中最应注意的就是避免取放海绵时拨动鳖卵。如果发现鳖卵表面有水珠附着，说明海绵的湿度过大，应及时调整海绵的湿度，以免出现窒息危险。

3. 通风换气　胚胎发育过程中代谢旺盛，胚胎同环境间的气体交换也很活跃，所以要经常进行通风换气，以保持孵化室内空气的清新。同时通风也可以起到调节孵化环境温度的作用。

4. 严防敌害　鳖卵在孵化过程中，最危险的敌害是老鼠、蛇和蚂蚁。所以要做到防患于未然，发现鼠洞、蛇迹要及时采取措施，防止造成大的损失。

当稚鳖行将出壳时，其先由前肢刺出，随之头部撞出壳外，经 4 ~ 5min 的紧张冲击后，则全身脱壳，带着羊膜迅速遁入水中。刚出壳的稚鳖腹部羊膜尚未脱落，还有豌豆大的卵黄囊未完全吸收。为此需要在水盆内暂养 1 ~ 2d，待卵黄囊被完全吸收，羊膜脱落后，才能转入稚鳖饲养池养殖。

第三节　鳖的饲养管理

一、种鳖的饲养管理

（一）种鳖的饲喂

投喂给种鳖的饲料除维持其正常的代谢外，主要是为种鳖性腺发育提供营养。当鳖进入繁殖季节时，卵巢的成熟系数达 9% ~10%，此时需要摄取大量营养物质。产后卵巢成熟系数迅速降低（1.4%左右）。但为了翌年的繁殖，应让卵巢成熟系数在越冬前提高到 5%，故抓紧雌鳖的产后饲养很重要。如果投喂天然的动、植物性饲料，其具体办法是：在水温为 20 ~25℃的春秋凉爽时节，视雌鳖的摄食状况，每天投食 1 次，投喂量为其体重的 3%；夏秋的高温季节，每天早晚各投喂 1 次，每天投喂量为雌鳖体重的 5% ~10%。

种鳖的饲料多种多样，大体上可分为配合饲料与鲜活饲料。配合饲料即市场出售的成鳖料或专用种鳖料，饲料蛋白质的含量在 45% 以上。但在调配这些饲料时不是用水，而是用打浆机将蔬菜打成汁液，然后再添加一定量的鲜活饲料和维生素 A、维生素 E、维生素 D 等。在种鳖产期和产后必须投喂鲜活饲料如鱼、虾、蚌、螺、蚯蚓、禽畜的内脏以及各种蔬菜等。投喂种鳖的鲜活饲料的种类和数量，直接影响种鳖的产卵量和卵的受精率。

（二）投喂方法

种鳖投喂应严格按照“四定”原则进行。

1. 定时　种鳖的摄食量随水温的变化而增减。一般水温在 20℃以上时种鳖开始摄食，此时应投喂少量新鲜鱼肉、螺肉等进行“诱食”，使之早日开口摄食。开始 1 ~2d 投喂 1 次即可，随着水温的回升，逐渐增加投喂次数和投喂量。25℃以上时种鳖摄食旺盛，可按正常标准投喂。一般日出前后（上午 7 ~8 时）和日落前后（下午 5 ~6 时）投喂较适宜，这样可避免阳光照射破坏饲料中的维生素，保持饲料新鲜。

2. 定位　饲料应投置于固定的饵料台上，这样既利于鳖的摄食又有利于检查摄食情况，及时清除残饵，避免浪费饲料和污染水质。

3. 定质 无论鲜活饲料或人工配合饲料都必须是新鲜、无腐败变质的饲料；无论哪种饲料其营养成分都必须符合种鳖的发育与生长需要；注意饲料的适口性，如用颗粒饲料，颗粒的大小要求适宜。

4. 定量 每天的投喂量一般是按鳖体重的百分比计算。人工配合饲料每天的投喂量（干重）为1%～1.5%，鲜活饲料每天投喂量为5%～8%。无论哪种饲料，其投喂量应根据气候状况、鳖的摄食强度而灵活调整，每次投喂量不能过多，通常以投饵后2h内吃完为适宜投喂量。

（三）日常管理

每天早晚坚持巡视池塘，清除残饵并清洗饵料台，以免污染水质。发现病鳖，要及时采取治疗措施，防止疾病蔓延。种鳖池附近尽量减少行人和车辆往来，使种鳖在安静的环境中晒背、交配和繁殖。在产卵场发现蛇、鼠、蚂蚁等应采取相应措施灭害。

（四）水质管理

种鳖养殖池的水质要求肥、活、爽。水质要肥而无污染，即水中浮游生物生长繁殖正常、无污浊和异味、氧气充足、透明度保持在30～35cm，这样能使种鳖增加安全感，避免相互厮斗。

二、稚鳖的饲养管理

（一）出壳稚鳖的暂养

稚鳖暂养阶段的主要目的就是要提高鳖苗的成活率，这就要求在水质调节、饵料配比、投饵制度以及日常消毒等方面制定出科学合理的管理措施。

刚孵化出壳的稚鳖，由于其卵黄囊还没有吸收，胚外组织的羊膜还没有脱离，加上体质娇嫩，适应能力差，对环境要求较为严格，放养密度一般每平方米以50只左右为宜。给刚出壳的稚鳖进行药浴除了可以使用高锰酸钾外，抗生素、食盐或漂白粉均为常用药物。常用药浴的抗生素种类一般为土霉素、青霉素和链霉素等。浓度一般在20～40g/m^3，药浴时间为5min；食盐浓度为3%，药溶时间为5min；高锰酸钾为20g/m^3，药浴时间为10min；漂白粉为2～3g/m^3 药浴3min。药浴可促进稚鳖肚脐的愈合，预防病菌感染，增强稚鳖的抗病能力。当卵黄囊吸收完毕后，稚鳖即开始摄食。起初可投喂些红虫、小糠虾、蚯蚓等。有条件的还可喂熟鸡蛋和动物肝脏。投喂的饵料一定要捣碎。每天投饵量为稚鳖体重的10%，一日投喂3～4次。稍后可投喂捣碎的鱼肉和螺肉等，投喂饲料为稚鳖体重的20%，每天投喂2次。也可以一开始就投喂人工配合饵料，每日投饵量为稚鳖体重的5%左右。稚鳖饲养期，不宜投喂蚕蛹、大肠、肉粉等含脂肪较高而不易消化的饵料。饵料可投在饵料台上，也可投在稚鳖池边的水中。这段时间是鳖养殖中比较困难的时期。这时除需有丰富的饵料外，还需要有良好的水质。稚鳖池水必须3～5d更换一次，并及时清除饵料残渣，使水质保持清新。

（二）稚鳖的饲养管理

经过暂养阶段，稚鳖发育基本完善，也渐渐适应了人工养殖的生态条件，此时应将其转入稚鳖池中进行养殖。

1. 稚鳖池生态条件要求 由于稚鳖游泳能力还相对较弱，所以池水不宜过深，一般对于5~10g的稚鳖，水深控制在15~20cm即可，过深的水体会增加稚鳖的体能消耗。由于水体较小，温度易波动，所以一定要注意水温的调控，尽可能将水温控制在29~31℃的范围内。应在养殖池内建立合理的生物种群结构，提高水体的自净能力，使水体保持旺盛的生产力。同时应当防止蓝藻的过度繁殖，使池水呈淡绿色，透明度应在30cm左右。

由于养殖密度大，残饵和排泄物较多，水温又高，易造成水质恶化，因此每天应定时排污，并适量换水，但要避免大量换水而造成水体环境的巨大波动。应配备必要的增氧设施，一般应在黎明3时左右充氧1~2h，保持池水溶氧在5~6mg/L以上。同时还要注意保持较好的光照和通风条件。在池中应设置一定数量的晒背台，一般面积要占养殖水面的1/10以上。另外还要定期消毒，一般每10~15d，根据水体的酸碱度，用20~30g/m^3的漂白粉，进行全池遍洒消毒，以杀灭池水中的病原微生物，预防疾病的发生。同时还可以改良水质，调节水体酸碱度，增加水中的钙含量，促进稚鳖的生长。

2. 科学投饵　稚鳖对饲料的营养水平要求很高，不仅蛋白质含量需求较高，而且对饲料的种类要求也较高。饲料应以动物性优质饲料为主。饲料中不饱和脂肪酸的含量要相对高一些，还要适量添加维生素和微量元素。对于稚鳖的饲喂最好一开始就用配合饲料对其进行驯化。有的配合饲料为了延长保质期，脂肪含量很少，因此在使用时可以添加3%~5%的植物油或鱼油，使投喂饲料中的脂肪含量达到7%~8%。不可投喂氧化脂肪、组胺和食盐含量高的营养不平衡的饲料。

3. 温度控制　稚鳖对环境温度变化非常敏感，温度不但决定了代谢水平，也是影响机体免疫状况的重要因素。由于7、8月份气温高，昼夜温差大，所以调节的关键是保持水温的稳定。塑料薄膜可以揭开，也可以部分揭开。温室水温过高时，可以在温室的棚顶部分加盖遮荫网，减少太阳照射，控制水体温度的稳定。稚鳖池中还可种植水浮莲，为稚鳖提供攀附和遮荫的场所。但要定时清捞水浮莲，防止其过度繁殖。进入9月中旬后应及时采取保温措施，加盖薄膜防止晚间温度降低影响稚鳖的生长。稚鳖的游泳能力较差，水中充足的溶氧对于其呼吸非常重要，溶氧量高可以显著减少稚鳖上浮次数，节省体力，利于生长。

4. 及时分池　由于受精卵的质量不同，所以孵化出的稚鳖在重量、体质和生长速度等方面也会存在较大差异。经过一段时间养殖后，同池的稚鳖在体重上会有一定差距。不同大小的稚鳖同养一池，体弱的稚鳖很容易被强壮的稚鳖咬伤，即使能够生存，也会严重影响到生长发育。因此应及时将大小不同的稚鳖分池饲养。

稚鳖养殖阶段前后应各分池1次。第一次是从暂养池进入稚鳖养殖阶段前，挑选不同规格的稚鳖进行分池饲养，密度控制在40~50只/m^2，单位水体的生物量在0.2~0.3kg/m^3。经3个多月的养殖一般稚鳖可达到40~50g，这时便可以转入幼鳖养殖阶段（幼鳖的饲养管理与成鳖基本相同）。在进入幼鳖养殖阶段之前，再进行1次分池，将大小不同的幼鳖分开饲养，密度控制在20~25只/m^2，这时水体的生物量应控制在1kg/m^3左右。

在分池时应注意不要将不同池的幼鳖进行同池饲养，以免发生集体残杀现象。所以分池时最好是将同池的幼鳖按大小分开后，分成两池饲养，这样还可以减小分池操作对幼鳖产生的应激作用，从而使幼鳖尽快适应新的养殖环境。

三、成鳖的饲养管理

一般将200g以上的鳖称为成鳖或青年鳖。这一阶段鳖生长迅速，抗病力强，而且这一时期外界环境条件相对适宜，管理相对比较容易。由于此时外界气温还不是很高，成鳖养殖可继续采取加温养殖，但为了节省能源，也可采取常温养殖，温室以保温为主。

（一）水质管理

这一阶段是水温的上升期，露天养殖池的水位应稳定在中低水平较好。水温升到30℃以上时，可以补水，提高池水水位。水位提高后，对饵料台的高度也要进行相应的调整。成鳖养殖中，要经常监测水质、水温和水位的变化，适时地加以调节，这是保证成鳖健康快速生长的关键。由于成鳖养殖大都采用保温或常温养殖，所以水温受环境影响比较大。虽然成鳖体质较强，对环境温度变换有一定的适应能力，但是大幅度的水温波动也会引起成鳖的不适，严重影响其生长。所以一定要注意养殖水体温度的调节，防止水温的大幅度波动。另外由于水体生物负载量进一步增大，成鳖摄食代谢旺盛，有机物在水体中积累太多，因此一定要及时排污，防止水体的过度富营养化。

（二）科学投饵

成鳖饲料的蛋白水平同幼鳖料相比可适当降低，最新的研究表明，成鳖饲料中可消化纯蛋白含量在25%以下就可满足成鳖的需求。而且成鳖摄食量大，饲料转化效率高，同时低蛋白饲料对水体的污染程度小，成本也低。在成鳖养殖阶段，投喂的天然鲜活饵料主要包括野杂鱼、蚬螺、动物下脚料等。投喂的活饵一定要新鲜，否则易引起肠道疾病。另外，鲜杂鱼类体内所含的激素等活性成分可能对鳖的生长造成不利影响，因此投喂时应慎重。

当表层水温较高或较低时，应适当降低投饵台高度，避免因此影响成鳖的摄食。高温季节应适当增加投饵次数，同时减少每次的投饵量，使每次投饵时都有部分成鳖保持旺盛的食欲。这样可以减少饵料在水中的浸泡时间，对于防止水质恶化有积极作用。成鳖的摄食量受天气变化影响较大，如阴雨天，一定要少投或不投。摄食量也是成鳖身体健康状况的反映，如发现成鳖的摄食量突然降低，饵料台上每次都有较多剩饵时要及时查找原因，若发现病鳖时应及时捕鳖取样，进行解剖检查，及早确定病原，及时防治。

由于夏季气温较高，一定要定期对投饵台进行清扫消毒，防止残饵在高温下腐败变质，污染投喂的饲料和水质。一般用清水将饲料台冲洗干净后还要用10g/m^3 的漂白粉水刷洗，以杀死饵料台上可能附着的病害微生物。在7、8月的高温季节里，要注意预防饲料变质。气温转冷后露天养殖应适时减少投饵次数和投饵量。

（三）分池放养

成鳖阶段是鳖生长最迅速的时期，放养密度对其生长影响很大，所以一定要及时做好分池工作，使水体生物量控制在一个适宜的水平。500g 的成鳖放养密度最好不要超过5只/m^2。因为成鳖的攻击性很强，而且其喙和爪都很锋利，相互咬伤后很难痊愈，会严重影响鳖的商品品质。由于养殖密度低，水体容积大，水质相对稳定，水色较佳，活性也强。环境对鳖类皮肤的颜色具有很大的影响。所以经过一段时间露天养殖的成鳖，体色一般较好，多呈黄绿色或草绿色，商品价值较高。

四、越冬期的管理

随着温度的下降，露天养殖的鳖摄食渐渐减少。当水温下降18℃左右时鳖一般就很少摄食，准备进入冬眠状态。如果采取保温甚至加温措施，将温度维持在25℃以上，成鳖摄食还是比较旺盛的，但鳖性成熟后其相对生长速度明显减慢，所以从经济角度考虑，当年不能卖出的成鳖，最好让其自然冬眠。

鳖冬眠前，要进行一次彻底的清池消毒，消除池底污泥，更换新沙，越冬池应用生石灰消毒晾晒后再灌注新水。水体深度一般要在1.5~2m，以防止底层水温过低而冻伤鳖。在冬季比较寒冷的北方，最好在露天温室上搭设简易塑料薄膜保温棚，防止冻伤、冻死越冬鳖，并在冬眠前适当增氧，为冬眠鳖创造一个舒适的环境，使鳖能够安全越冬。在鳖进入冬眠之前当水体温度降到18℃左右时，就应停止对鳖的饲料投喂，并将鳖池的保温塑料薄膜部分揭开、直至全部揭开，使水温迅速降到10℃以下使鳖进入冬眠状态，切忌长期将水温控制在10~20℃的水平。

复习思考题

1. 鳖的雌雄如何辨别？
2. 种鳖的选择要注意什么？
3. 种鳖投喂的“四定”原则是什么？
4. 鳖越冬期管理应重点注意哪些问题？

张　宇

第二十二章　药用蛇类

蛇属爬行动物，在我国自古以来就被作为许多药材的原料，如今品质纯正的蛇胆在国际市场上作为高档的抗癌药品更是价格不菲，蛇胆和蛇毒被并喻为“蛇金”。蛇全身都是宝，蛇肉、蛇蜕、蛇血、蛇鞭等都是有名的药材。鲜蛇肉中保留了较多的生物活性物质，可治风湿性关节炎、中风后半身不遂、小儿热痱、皮肤瘙痒等。从蛇肉中提取有效成分制成的注射液有消炎、补肾壮阳的作用，适用于治疗慢性支气管炎、浸润性肺结核等。蛇蜕和蛇蜕酒具有祛风退翳、明目、解毒、杀虫等功效。蛇胆自古以来就是一种珍贵药材，能行气化痰、平肝熄风、搜风祛湿、清凉明目、止咳化痰等功效。服鲜蛇血可治疗关节痹痛及变形，并有升血作用。蛇毒制剂临床上可用于治疗各种神经痛、小儿麻痹及其后遗症、椎体外系神经麻痹、止血或抗凝、制备抗蛇毒血清、镇痛等。蛇鞭具有补肾壮阳、温中安脏的功能，可以治疗阳痿、肾虚、耳鸣、慢性睾丸炎、妇女宫冷不孕等。

第一节　蛇的生物学特性

一、蛇的分类

蛇属脊索动物门（Chordata）、脊椎动物亚门（Vertebrata）、爬行纲（Reptilia）、蛇目（Serpentiformes）。蛇家族种类众多，目前已经发现世界上约有 3 000多种，其分属于盲蛇科（Typhlopidae）、异盾盲蛇科（Anomalepidae）、细盲蛇科（Leptotyphlopidae）、林蚺科（Tropidophiidae）、岛蚺科（Bolyeridae）、筒蛇科（Aniliidae）、美洲闪鳞蛇科（*Loxocemidae*）、倭管蛇科（Anomochilidae）、管蛇科（Cylindrophiidae）、针尾蛇科（Uropeltidae）、闪鳞蛇科（Xenopeltidae）、瘰鳞蛇科（Acrochordidae）、游蛇科（Colubridae）、眼镜蛇科（Elapidae）、蝰蛇科（Viperidae）、蟒蛇科（Boidae）和海蛇科（Hydrophiidae）。除此以外蛇又可分为有毒蛇和无毒蛇。有毒蛇又可分为管牙类毒蛇、前沟牙类毒蛇和后沟类毒蛇 3 类。毒蛇主要是蝰蛇科、眼镜蛇科和海蛇科的所有种类，以及一些游蛇科的种类。

二、蛇的分布

我国蛇资源丰富，是产蛇最多的国家之一，在我国分布的蛇类约有 200 种，其中有毒蛇约 50 种。大多数蛇分布于我国长江以南诸省区，其中以云南、贵州、广西、福建、海南、广东等省较多，四川、江西、浙江和台湾次之；长江以北蛇的种类和数量都较少，但黑龙江、吉林、辽宁、山西、陕西及河南等省的蛇资源相对较多。目前，人工饲养的药用蛇主要有银环蛇、金环蛇、蝮蛇、乌梢蛇、竹叶青蛇和眼镜蛇等。

三、形态结构

蛇是一种较为原始的爬行动物。蛇体细长，体表被鳞片所包裹，不同种类的蛇各有其不同的体态特征，而且在体形和体重有的相差十分悬殊。蛇头一般呈椭圆形和三角形。无毒蛇头一般呈椭圆形，有毒蛇则呈三角形。雄蛇尾略长而粗，内部藏有两根半阴茎，当用两手指紧捏泄殖腔孔后端时便会显露出来，而雌蛇尾部短而细，这是区分性别的主要特征之一。

总的来说蛇的形体分为头、颈（一般不明显）、躯干和尾4部分。腹面的泄殖肛孔是躯干与尾的分界线。低等蛇在泄殖肛孔两侧各有一呈爪状并已经退化的后肢残余。蛇的身体结构由皮肤系统、骨骼系统、肌肉系统、呼吸系统、消化系统、循环系统、泄殖系统和神经系统等所组成。

蛇的皮肤系统分为表皮和真皮两部分。表皮由最深层的生发层以及生活细胞层和表皮的角质层组成，真皮由浅的疏松结缔组织、色素细胞以及深层的致密结缔组织组成。蛇皮肤色素细胞发达，不同种类的体色和斑纹亦不同。蜕皮时，由于表皮生发层细胞的不断分裂，形成新的生活细胞层和角质层。在酶的作用下将旧的生活细胞层溶解使旧的角质层与新形成的生活细胞层分离。蛇借助自然环境中的石块或树枝将上下颌的角质层磨开并逐渐向后翻蜕，最终将旧的角质层完全蜕掉。蛇蜕皮的次数与生长速度密切相关，生长快的1~2月蜕皮一次，大多数蛇每年蜕皮2~4次。

蛇的骨骼系统包括头骨、脊椎骨和肋骨3部分。头骨由脑质咽颅和皮颅组成，具有较大的活动性，使口腔张得更大，可达130°角，能吞食较大的食物。蛇的脊椎骨由212~232个椎体连接而成，多者可达500块。脊柱分成寰椎、枢椎、躯椎及尾椎4部分。寰椎与头骨的枕骨髁关节连接，能与头骨一起在枢椎的齿突上转动，增大了头部的灵活性。蛇没有胸骨，其肋骨成对地附着在躯椎的椎体上，可达100~200块。这样既能支撑肢体、保护内脏，又便于灵活地运动和盘蜷，具有较大的灵活性。

蛇的肌肉系统包括头部肌肉、躯干部肌肉、尾部肌肉以及皮肌。头部肌肉分布于头的背面、腹面、两侧以及眼的周围。躯干部肌肉分为轴上肌及轴下肌。轴上肌位于脊椎骨的下面，轴下肌位于脊椎骨的上面，并有长肌和短肌之分。尾部肌肉的结构基本与躯干部肌肉一样。在蛇的肌肉系统中，皮肌发达且在完成运动的过程中起着重要作用。其分布于躯干部的腹面，包括上肋皮肌和下肋皮肌。这些皮肌的收缩可以改变蛇鳞的位置和肋骨的移动，以此来完成蛇特有的爬行动作。

蛇的呼吸系统是由鼻腔、喉头、气管和肺4个部分组成，其主要功能是完成气体交换的功能。

蛇的鼻腔包括内鼻孔、鼻腔和外鼻孔3部分。外鼻孔位于吻的两侧（水生种类的蛇则偏向背面，有利于露出水面呼吸）。内鼻孔位于口腔前背壁面。在进行呼吸时，外界空气由外鼻孔进入鼻腔，再经内鼻孔与喉相通。

蛇的喉头开口位于口腔底部的前方、蛇鞘的后方，由3块软骨组成。喉头为纵裂状，是气管的开口。蛇吞取食物时，喉头常逸出口外，从而不致影响蛇的正常呼吸。蛇的喉头没有声带，因此不会发声。但有的蛇，如眼镜蛇和眼睛王蛇，虽没有声带，在发怒时仍能发出“呼呼”的恐吓声，以此来威胁对方。这是由于躯干肌肉的紧张性在特定情况下骤然增强，能够把肺内贮存的空气快速压出，再经过肺部及气管，最后由较狭小的喉口吹出，当气流经过气管时，产生振动而形成声音，此声音源于口腔的共鸣。

蛇的气管较长，约为食管的一半，由许多不完全的环状软骨构成。环状软骨之间靠膜性结缔组织相连，背侧的缺损由结缔组织所填充，其后端与肺相通。自肺的前端开始，气管在背面的环状软骨缺损处，有一条长沟与肺直接相通。气管沿着肺中线向后延伸，直到肺的前2/3处分叉，形成左右两只气管。其支气管极短，仅由几个环状软骨组成，长度约1cm。气管与支气管共为蛇的呼吸通道。

蛇的肺部一般呈长囊状，左右两肺差异颇大。绝大多数蛇的左肺都大大缩小，甚至完全消失。惟有蟒蛇和闪鳞蛇有一个机能性左肺。但左肺也明显比右肺小。蛇为弥补这一原始缺陷，一部分靠右肺向后延长，一部分靠气管形成的一个附加的呼吸面，即所谓的气管肺，并以此来增强呼吸的能力完成正常的呼吸。

蛇的消化系统是由消化道和消化腺组成，其消化道随着身体的结构形成一根笔直的管子，由口腔、食道、胃、十二指肠、小肠、直肠、泄殖肛腔、泄殖肛孔及肝、胰等组成。消化腺包括肝、胰、毒腺、唇腺等。其中毒腺和唇腺是毒蛇所具有的特征。蛇的消化道起始于口腔，末端止于泄殖肛孔，是一条既长而各部位的粗细又具有一定差异的长管，这样有利于蛇的消化和吸收，不会妨碍消化道内食物的蠕动，正是由于消化道的伸缩性极强，因此蛇一次性可以吞吃大量的食物。

蛇的口腔位于上、下颌之间，由舌和齿构成。蛇齿的数量较多，着生于上颌骨、腭骨、翼骨和齿骨上，并有分化。口腔是蛇进食消化的“第一站”。

蛇的食道长而直，约为体长的1/2。其内壁具有明显的纵形皱褶，前端与口腔相连，食道壁较厚具有极强的伸缩力。因此，蛇的食道可以通过较大的食物。

蛇的胃是消化道中最大的膨胀的部分，呈直管状，其长度约是食道的1/4。蛇胃的肌肉也比食道发达。胃的内壁可见粗大的纵囊，伸缩性很强。蛇的消化过程比较缓慢，故食物在胃中停留的时间比较长，一般多为7~10d。

蛇胃的后部与十二指肠和回肠相连。十二指肠短而直，长度仅1cm左右，回肠略弯曲，总长度与食管大致相等，其前后分别与十二指肠和大肠相连，呈回状盘曲在蛇体的腹部中，具有吸收水分的作用。蛇的小肠比较细小，肠壁也轻薄，但比食道厚，有发达的肌肉和黏膜层。

蛇的直肠短粗，其长度大约为食道的1/10，直肠的末端是泄殖肛腔。蛇的泄殖肛腔是大肠、输精管（输卵管）、输尿管、交接器共同开口的地方，故蛇的屎尿不分，排泄物及食物的残渣常混成半液态状的物质，经由泄殖肛孔排出体外，完成正常的新陈代谢。

蛇的毒腺为毒蛇所特有。一般位于眼的后下方，口角的上方，上颌的外侧，毒腺的大小与蛇的种类和蛇体大小成正比。所有的毒蛇都有口腔黏液腺。这些黏液不仅可以湿润食物，更主要的是毒腺分泌的毒液中含有多种腺体，可起到消化的作用。

蛇的循环系统由心脏、动脉和静脉组成。蛇的心脏位于体腔前部，但由于蛇的种类不同其心脏位置也存在一定的差异。蛇的心脏分为心耳（相当于心房）和心室。心耳又分为左心耳和右心耳。身体各部分回流回来的乏氧血经静脉窦流入右心耳，而左心耳接受由肺静脉回流回来的富氧血。蛇的心室还没有完全分隔开，所以心室的血也仍有部分浑浊不清，但属正常。

蛇的泄殖系统包括泌尿系统及生殖系统。主要负责蛇体内代谢废物的排出和繁殖。

蛇的泌尿系统包括一对肾脏和输尿管。其肾脏位于体腔后部，呈长形，颜色为赤褐或棕红色，是蛇体内成对器官最大的一对。两肾位置交错，右肾较左肾位置略前，同时也长于左肾。在每个肾脏内侧的前方，分别有1条输尿管向后延伸，直达泄殖肛腔。雄蛇的左右输尿管在将入尿殖肛腔的部位分别与左右输精管合并，开口于尿殖肛腔前部的背壁。而雌蛇的左右输尿管分别开口于尿殖肛腔中部的背壁，不与输卵管合并。蛇的尾基部有1对臭腺，呈长囊状，开口位于尿殖肛腔后外侧缘。在发情期雌蛇的臭腺分泌具有特殊气味的分泌物，以此招引雄蛇进行逐偶和交配。蛇无膀胱。屎尿一同经过尿殖肛孔排出体外。

蛇的生殖系统分为雄性生殖系统和雌性生殖系统。雄性生殖系统由睾丸、附睾、输精管、交接器（半阴茎）和臭腺所组成。雌性生殖系统由卵巢、输卵管及臭腺组成。

蛇的神经系统包括中枢神经和外周神经两部分。中枢神经由脑和脊髓构成。外周神经由脑神经和脊神经组成。

蛇的感觉系统由眼、耳的柱骨、内耳、颊窝、舌、锄鼻器和鼻组成。感觉器官的功能是接受外界环境的各种不同刺激，再通过神经冲动，完成感觉功能。眼位于头部两侧，晶状体呈圆球状，曲率固定不变，靠肌肉的牵引而改变与视网膜的距离，以达到聚焦的目的。眼的附属结构有眼睑、瞬膜、泪腺和眼肌等。上下眼睑完全愈合成透明膜，蜕皮时透明膜也角质化而变浑浊与蛇皮一起蜕掉。动眼肌简单，眼球只能作小范围活动，故蛇的视力普遍较弱，尤其对静置物体不易察觉，只能辨认近距离的活动物体。

蛇无外耳和中耳，只有耳柱骨，无鼓膜、鼓室和咽鼓管。所以蛇不能接受由空气传递的声波，但对从地面传来的震动很敏感。

鼻囊的前端由外鼻孔与外界相通，后端内鼻孔开口于口腔顶部前方。分为嗅区和呼吸区。与锄鼻器相比，鼻囊的嗅觉作用处于次要地位。

四、生活习性

大多数蛇喜欢栖息在温度适宜、离水不远，隐蔽条件好，阴暗潮湿、食物丰富的地方，如草丛、山地、地沟、库区等。蛇多在洞穴、裂缝、杂乱的砖瓦块下藏身。蛇白天多躲藏在窝中，晚间出来活动、觅食，但也有少数蛇白天出来活动，如乌梢蛇、中国水蛇、双斑锦蛇等。

蛇是变温动物，没有汗腺，不能调节自身体温，其体温是随栖息环境温度变化而变化的，因此蛇对周围环境温度的变化比较敏感。外界气温在20～30℃时适合蛇的生长，当气温在25～32℃左右时蛇的活动较为频繁，当温度降到20～13℃时，蛇会本能地寻找温暖的场所。若外界环境温度长时间处于较低水平时，蛇体内的新陈代谢便会降低，活动量明显减少，以致不吃不喝不动，处于昏睡状态，以“冬眠”的形式来度过漫长冬季。蛇在炎热的夏季当气温上升到32℃以上时，由于耐受不了持续的高温，也会转入短暂的“夏蜇“阶段。时间上南北各异，完全取决于各地的气温高低。蛇一旦进入“夏蜇”，也会与冬眠一样，既不吃食，也不蜕皮，采取非常消极有限的营养供给方式，以此躲避盛夏的高温。这些都是蛇长期沿袭下来的一个自然遗传现象或抵御恶劣气候的原始本能行为。

蛇为肉食性动物，主要捕食活的动物，但有的蛇也取食死的动物。蛇的主要食物有蛙类、鼠类、鸟类、昆虫、蜥蜴、蚯蚓、泥鳅、黄鳝及小型兽类等。在饥饿或长时间食物短缺时，绝大部分蛇会吞食同类，尤其是成年蛇吞仔蛇、弱蛇。

蛇的食物种类往往与其所栖息的环境息息相关。如果蛇生存在一个食物丰富、品种繁多的环境里，其食物的可选择性强，这样的蛇多属广食性蛇；水栖生活的蛇则多以鱼类、小虾等为食；穴居生活的蛇多以蚯蚓、昆虫等为食；在海水中生活的蛇因终生生活在海洋，故只捕食海里的海产品，这便是狭食性蛇与生存环境相互依托的主要食物链，也是蛇为了生存而形成的一种本能依赖性。

五、繁殖特性

蛇的交配高峰期一般在每年的春末夏初，秋季也有交配。蛇交配前大多是雄蛇主动寻觅雌蛇，雄蛇跟踪雌蛇皮肤和尾基部臭腺释放出来的雌性激素来寻觅雌蛇。两蛇相遇后先是雌、雄蛇昂头并行，随后雄蛇便伏在雌蛇身上将交配器插入雌蛇的泄殖腔内（每次只用1个）。交配时雄蛇的情绪异常激动，不断摇头摆尾，并主动缠绕雌蛇，而雌蛇则伏地不动，任其吻抚缠绕，但有时雌蛇也会将身体前部直立起来予以配合。类似这样的缠绵动作能持续几小时，甚至几天，然后雌雄蛇分开，交配随之结束。

大多数蛇交配后很快便进入产卵期，不同种类的蛇产卵（仔）期也各不相同。如五步蛇6~8月份；眼镜蛇6~8月；银环蛇5~8月；赤链蛇多在6月底至7月；蝰蛇、蝮蛇、海蛇、竹叶青都是卵胎生，均在每年的8~10月产仔。

第二节　蛇的繁殖

蛇为雌雄异体，行体内受精繁殖后代。蛇的繁殖方式有卵生和卵胎生两种方式。但人们通常饲养的蛇种多数是卵生繁殖的。一条雄蛇可以和数条雌蛇交配，但由于雄蛇的精子可在雌蛇体内生存3~5年，因此雌蛇大多交配1次可连续产卵3年，基本上是一年繁殖1次。但在人工饲养条件下，由于管理和喂养上的种种原因，雌蛇产卵后一般要间隔1年或数年才能再次繁殖。连续2年内均繁殖者目前比较少见，仅占隔年繁殖的30%。

一、种蛇的选择

人工养蛇首先要有品质优良、体格健壮、大小匀称的种蛇。种蛇质量的优劣往往关系到人工养蛇的成败。因此必须对种蛇的体型大小、健康状况和蛇龄等有较严格的标准和要求。

理想的种蛇从外观上看应是体格健壮、生猛有力、体色油亮（蜕皮时除外）、肌肉丰满、活泼好动、伸缩自如、体重适中的蛇。蛇与其他畜禽一样体重太重或太轻均不能作种。种蛇必须处在壮年阶段，同一种类应在体重上有具体的限制。一般来说，小型蛇约100~150g/条；中型蛇150~350g/条；大型蛇250~700g/条。一般蛇的外伤很容易用肉眼观察到，轻微的外伤大多经过简单的治疗即可痊愈，不影响作种养殖。但关键是要查看其有无内伤，具体的查看方法是将蛇放在地上，观察其爬行姿态是否灵活和自然；或以两手各执其头尾慢慢拉直并放在地上。看蛇的蜷缩能力如何，盘蜷能力强而迅速的蛇说明无内伤，反之则不能作种。在选择药用毒蛇的种蛇时最好逐条检查蛇的口腔，仔细察看其是否有一副完整的毒牙。被拔掉毒牙的毒蛇，大多口腔红肿、难以吞咽和捕捉食物，这会导致蛇的营养不良而逐渐衰竭而亡。

对于那些用肉眼暂时难以判断优劣的种蛇，可先隔离试养一段时间，并密切观察其活动状况或进食情况。在确认健康无病后才能将种蛇放入已事先消毒好的蛇场内集中饲养，反之应及时处理或淘汰。

二、种蛇的培育

（一）卵的选择

入孵的种卵，一定要新鲜优质。存放时间长的卵孵化率低，且死亡率高，孵出的仔蛇体弱，生长发育缓慢。因此雌蛇在产卵之前应经常进行检查，发现卵快接近肛门时，要及时关入蛇箱或产卵房内，让其在舒适的条件下产卵，将产下的卵及时放入孵化器内孵化。要选择卵形、卵色正常和无破损的卵作为种卵。

（二）仔（幼）蛇的培养和选育

1. 仔（幼）蛇的培养　仔蛇出生后要为其提供适宜的生活环境。可暂养于蛇箱中，并保持适宜的湿度，使其顺利蜕皮。提供优质易消化的饲料，对采食能力弱或不采食的仔蛇可适当填喂一些流体食物。加强仔蛇的驯化，增强其适应能力，拓宽食性，尽量缩短冬眠时间，延长其生长期。

2. 仔（幼）蛇的选育　在仔（幼）蛇阶段就必须注意选择，要观察仔（幼）蛇的生长发育速度，选择生长发育快、食性广、食欲旺盛、适应性强及抗逆性强的个体作为后备种蛇，同时还要加强对后备种蛇的管理和驯化工作，以使其能很好地适应人工养殖的环境条件。

（三）春秋两季种蛇的选择

1. 春季选择　春季蛇出蛰后很快就进入发情配种期，配种前要对雌、雄蛇进行一次严格的选择。要选择体型大、体质健壮、食欲正常、活泼好动、无伤残、无疾病的个体，特别是要选择发情和交配行为正常的种蛇，组成育种核心群并合群配种。对以生产蛇毒为目的的有毒蛇的选择，要侧重泌毒量和毒液的质量；对全身入药的蛇则要侧重于体型大小、色泽与花纹等重要指标。

2. 秋季选择　入蛰前蛇的食欲猛增，活动频繁，体质强壮，体内贮备了大量的营养物质。此时选择种蛇要挑选体肥、无伤残、无疾病和泌毒量高、质量好的个体，并为其创造适宜的环境条件，使其安全越冬。越冬期间要严格管理，防止天敌危害。

三、蛇卵的采集和孵化

在蛇的产卵期，应每天固定专人、定时到产房去收集蛇卵。这个时期应避免杂人或陌生人进入产房，以免影响雌蛇产卵。雌蛇产卵的时间并不集中，若等到雌蛇全部产完再捡卵时卵已经都粘在一起了，故此应及时采卵。若发现蛇卵产在水沟或水池里，捡出时不能和其他的卵一块混放，必须用干燥的毛巾将其擦干，待完全干爽时再放在一起孵化。捡卵时，如果发现个别发育不好、畸形的、干瘪的、有异味的、颜色不纯的畸形卵，都应弃之不要。只有把好入孵蛇卵的质量关，才会有较高的孵化出壳率及日后的成活率。

人工孵化蛇卵，大多采用陶缸，即缸孵法。缸的大小不限，主要根据蛇卵的具体数量而定。缸底先铺一层厚约5cm的新鲜无菌土当垫床，并用砖压实，以免幼蛇出壳后钻入土中。土的湿度不宜太干或太湿，以用手捏之成团，撒之即散为度。排放蛇卵时切忌竖立，应将卵横卧于缸内的土层上，因蛇卵壳质地坚硬、不宜破碎，可将卵一直排卧至缸口10～15cm左右的位置。然后用结实的尼龙纱网罩住缸口。这样不仅透气，有利于卵的孵化，而且还能防止老鼠入缸偷食蛇卵。为了让卵四周的温度和湿度较为平衡，最好7～10d翻一次卵，阴雨天可4～5d翻一次，即把缸底的卵翻到上面，再把上面的卵翻到缸底。同时检查有无未受精卵和死胎卵，一旦发现应立即取出。

在人工孵卵的过程中，应掌握如下孵卵要点：

1. 掌握温度　孵卵的温度一般应掌握在20～30℃。为测试方便，可在缸沿上吊挂一支温度计。若雨天缸内温度偏低时，可用白炽灯照射升温。

2. 调节湿度　孵卵的相对湿度宜掌握在50%～90%，在缸内应置湿度表。若湿度长时间偏高，蛇卵极易被霉菌感染，直接影响卵的孵化质量，此时必须立即翻缸拣出变质卵，并悬挂白炽灯升温，尽快促使缸内潮气散发，以便蛇卵顺利孵出。

3. 处理霉卵　一旦发现卵壳上面有霉斑，可用绒布轻轻拭去。在出现霉斑的地方用毛笔蘸少许灰黄霉素涂抹，待完全晾干后放回原处。切忌使用抗生素软膏涂抹，否则油脂会堵住卵壳上的气孔，致使胚胎窒息而死，成为死胎。

4. 选择孵卵物　为了调节和保持蛇卵在入孵期的适宜湿度，以利于提高蛇卵的孵化出壳率，应选择新鲜、洁净的青草或苔藓植被盖住蛇卵，一般2～4d更换一次。

5. 适时验卵　在孵卵过程中，若未受精卵或死胎放置时间过久，就会因变质而胀气破裂，从而污染其他的受精卵。为避免这一现象发生，应采取适时验卵的措施，以确保受精卵正常孵化。验卵时，可以用一内置白炽灯的木匣，在匣上开一略小于蛇卵的孔，将卵置于孔前照光，即可验出蛇卵是否受精。

6. 防止天敌　鼠类、家犬、黄鼠狼、蚂蚁等动物均会入缸破坏蛇卵，故应在缸口加盖或用纱网防护，以防蛇卵遭到侵害。

在人工孵化蛇卵的过程中，根据实践发现，蛇卵由于孵化温度的不同，会直接影响到幼蛇出壳后雌雄比例。因此人工孵卵完全可以人为地改变仔蛇的性别。若要增加雌蛇的比例，只需将孵化温度控制在20～24℃，相对湿度在90%左右，孵出的大部分是雌蛇。将孵化温度控制在高于27℃，湿度低于70%时，孵出的大部分是雄蛇。如果将温度控制在24～27℃，相对湿度控制在50%～70%时，孵出的雌、雄蛇的比例约各占一半。但是，温度若长时间高于27℃，湿度低于40%时，蛇卵多会干瘪而废，导致孵化失败。

蛇卵经过完整的孵化期在其卵壳内形成仔蛇。仔蛇大多在夜间出壳，仔蛇将要出壳时，可见孵化处的沙土面上潮湿并相继出现泡沫（卵壳破裂、卵内液体外流所致），仔蛇临近出壳时以吻端的卵齿将卵壳划破约1厘米长的破碎口，有的还可划破多个破口，并伴有泡沫样的液体溢出，沙土面上也见有泡沫液体。其后便见仔蛇露出小蛇头，一有少许惊动便缩回壳内，如此反复多次，待仔蛇慢慢适应后，方才将头继续外伸，呈连续摆动状，随即全身爬出壳外。据不完全统计，仔蛇约经过20～24h才完全出壳。刚出壳的仔蛇与成蛇一样可以迅速爬行，活动敏捷，用手触之当即冲击扑咬。初出壳的仔蛇其腹部下有一长约5cm的脐带，脐带在爬行时会自行脱落，亦有在脱壳时挣断脐带的。脐带脱落后，脐孔自行封闭，脐孔位于肛门前29～32片腹鳞处。初出壳的仔蛇通常全身附着有黏液，尤以体后段为多，此时仔蛇活动频率明显削弱，少有扑咬行为，常是蜷曲状态。

第三节　蛇的饲养管理

一、种蛇的饲养管理

种蛇入场前应对蛇场及墙体进行彻底消毒，特别是由养殖其他动物改造而成的蛇场更应及时消毒。此外蛇场内的水沟、水池应提前注入清洁干净的饮用水，有条件者还应将鲜活食物也一同放入，以便种蛇尽快恢复体力及早适应新的环境。种蛇入场前一定要进行“药浴”，消毒后方可放入蛇场。种蛇进入蛇场后投喂的饲料品种应多样化，如鱼、泥鳅、鳝鱼、鼠等高营养食物。并增喂钙片、维生素、氨基酸等添加剂，以提高精子活力，促进蛇卵的发育。

在养殖场内安排一定的隔离区，将雌、雄蛇放在一起饲养，这样有利于配种。每群中雌、雄蛇的比例一般为5∶1～8∶1，这样的比例既可以保证雌蛇能交配，又不会浪费雄蛇。1条雄蛇可先后与数条雌蛇交配，而1条雌蛇交配1次之后就不再进行交配，而且连续2～3年都可以产受精卵，但这种受精卵的质量比较差。配种前雌、雄蛇都不太进食，这期间可投放它们喜欢吃的食物，但数量不宜太多。这个期间不能缺水，一定要保证足够的饮水，饮水中最好添加0.5%的少许食盐水。同时要保持室内的温度在20～25℃、相对湿度50%～60%，而且要保持安静，只有这样才能顺利完成配种。

交配后应将雌、雄蛇分开饲养，因为雄蛇一般比雌蛇的个体大，性情凶猛，若此时雌、雄蛇还养在一起，雄蛇不但与雌蛇争食，有时还会吃掉雌蛇。另外还会干扰怀孕雌蛇的休息，甚至将产下的蛇卵吃掉。这时应把雄蛇放入另外的未交配但已发情的雌蛇池（或箱）内，让雄蛇与其他雌蛇交配，配种后将雄蛇放回原来的场地。

交配受孕的雌蛇最好单独饲养，要避免互相干扰。每天供给新鲜的饲料，提供充足的营养，人工配合饲料特别要增加动物蛋白质、钙和维生素，满足胚胎发育的需要。饲料一定要无污染、清洁、干净、不发霉、不腐败。同时要保持环境安静，以便胚胎有良好的发育条件，不至于发生早产。

维生素E是雌蛇繁殖的必需物质。雌蛇如果缺乏维生素E，除了会引起脑软化、反应迟钝、肌肉不发达、影响正常的生长发育外，还会影响蛇卵的受精率和出壳率，从而造成产卵（仔）率下降。因此，对缺乏维生素E的雌蛇，适量颈注维生素E是很有必要的。鉴于这种情况，在孕蛇即将产卵（仔）的15～20d内，每条孕蛇每日注射维生素E 10mg，同时连续喂药3d即可收到满意效果。在治疗上如有必要，可在7～10d内再重复注射，如果多分几个部位依次注射效果还会更好。

当年交配怀孕的雌蛇，到第二年才能产出受精卵。怀孕雌蛇随着体内胚胎的发育而腹部开始膨大，受精卵不断向泄殖腔的方向移动，这时按其腹部可以摸到凹凸不平的卵粒，当卵粒离泄殖腔2～3cm时，当日即可产下卵。此时应注意观察雌蛇产卵的情况，不必投料，但要喂水，也不得随便干扰孕蛇。孕蛇如果在产前出现流产和早产现象，一般多由环境不良、管理不当和诸多疾病引起的。如未能使孕蛇处在安静的环境中；卵泡没有得到良好的发育；再加之饵料品种单一，营养不全，不被孕蛇所喜食等。若发现孕蛇有病，应抓出来单独喂养。除正常的治疗外，还应将孕蛇放置在木板、棉絮、麻袋等保暖物品上，再配以适口饲料。另外正在产卵的孕蛇如受到过分惊扰（不论健康与否），均会延长正常的产卵（仔）时间，重者甚至停止产卵（仔），体内剩余的卵（仔）会自行消失，被肌体慢慢吸收。

刚产完卵（仔）的雌蛇体重明显减轻，产后雌蛇的体背段脊柱两侧皮肤会出现较大的皱褶，这是产后蛇最显著的特征。产完卵（仔）的雌蛇，一般在此期间不进食，继续消耗自身体内尚存的营养。但产后有大量饮水的习性，应及时供应充足的饮水。如果发现有护卵行为的雌蛇，最好将其慢慢轰走，将卵捡出进行人工孵化，这样可使雌蛇不因护卵而耽搁进食，体质会在短时间内得到恢复。由于产后蛇体质虚弱，喷水降温时不宜将水泼洒在蛇体上，以免感冒引发肺炎。

二、仔、幼蛇的饲养管理

刚出生的仔蛇由于个体较小，活动能力差，其饲养密度可以适当大一些，一般为每平方米 8 ~10 条。具体的原则是：要根据所养品种来掌握密度，一般仔蛇的体表总面积约占养殖面积的 1/3 即可，以保证仔蛇有活动和捕食的场所为标准。饲养 15 ~20d 后捡出幼蛇总数量的 1/5；30 ~40d 后，再捡出总数的 1/5。

在大多数情况下，仔蛇几乎一出生就立即开始觅食。但其主动进食的能力还较差，最好人工诱其集体觅食。人工诱导仔蛇采食的具体方法是：在仔蛇的饲养活动场地内，一次性投放数量是仔蛇数量 2 ~3 倍的活体小动物，人为创造出仔蛇易于捕食的环境，引诱其积极主动地捕食。在这段时间内能否确保每条仔蛇都能自行捕到食物，是培养仔蛇“开口食”最有利的时期。仔蛇采食后，隔天应检查是否所有的仔蛇都有进食迹象（可查看仔蛇腹部，以局部膨胀为准）。对于少数体瘦体弱、不能主动进食的仔蛇，应拿出来单独喂养。必要时可利用洗耳球或钝头注射器等工具对仔蛇进行人工填喂。待饲喂一段时间后，将生长发育恢复正常的仔蛇重新放归蛇群；对个别久喂不见起色的仔蛇，可根据具体情况，或耐心护理，或直接淘汰。

仔蛇出生后，一般在 5 ~10d 内就进行第一次蜕皮；有的出生后不久即开始蜕皮；有少数个别的要 15d 后才蜕皮；最晚者可延至 21d，这样的蛇多属早产蛇，因先天性的直接原因，大多成活率不高，为减少养殖麻烦，不如及早淘汰。

仔蛇在蜕皮时大多不食不动，极易遭受敌害侵扰。刚刚蜕完皮的仔蛇，滑嫩的皮肤易感染病菌，必须精心护理。此外，仔蛇蜕皮与湿度的关系密切。因此，在仔蛇蜕皮期间，饲养环境的湿度应保持在 50% ~70% 左右。对于那些入水湿润后仍不能顺利蜕皮的仔蛇，应人工帮其蜕皮。考虑到仔蛇蜕皮后有立即饮水的习性，在其蜕皮期间必须供应充足、清洁的饮用水，但不需另行投饲，以免惊扰仔蛇蜕皮。同时应减少对仔蛇的观察次数，确保仔蛇在相对安静的环境中顺利蜕皮。

一般情况下，仔蛇同成蛇所需的适宜温度基本上是差不多的，但仔蛇对温度的适应范围应略高一些。仔蛇出壳时正值 8 ~9 月份，周围的自然环境温度均能满足其生活和生长的要求。若温度低于 20℃时，应采取保暖或升温措施；若温度高于 35℃或连续数日高于 32℃，应采取遮阳或降温措施。因仔蛇最适宜的饲养环境温度为 23 ~28℃，短时间的低温或高温对仔蛇并无多大妨碍，但也不能掉以轻心。饲养场地的环境相对湿度保持在 40% ~50% 较为适宜。当仔蛇进入蜕皮阶段，对环境湿度的需求要高一些，应保持在

50% ~70%。若环境湿度过低，气候干燥不利于仔蛇蜕皮，往往由于蜕不下皮而造成死亡。但环境湿度也不宜过大，一般以不超过75%为宜，虽然短时间的高温对仔蛇没多大影响，但时间久了仔蛇易得霉斑病。在空气不流通的情况下，仔蛇易患肺炎。因此，要加强通风，保持饲养场地空气清新。

仔蛇虽然继承了成蛇耐饥能力强的特点，但必须每7~10d投饲一次。在人工饲养仔蛇的过程中，投饲主要根据所养仔蛇的种类、年龄、性别和体型大小灵活掌握。如果按照正常的饲养管理去操作，仔蛇喂至入冬前的2个多月后，体长能增至出生时的2倍左右，体重能增至2倍，这时便进入幼蛇期。在这种长势情况下，幼蛇可望安全越冬。因此应使幼蛇尽快增重上膘，确保其捕到充足可口食物，最大程度地积累体内的营养物质，保证第一次冬眠有足够的能量。

我国绝大部分地区，一年四季寒暑交替气温变化明显，幼蛇的活动也随季节的变化而发生明显的差异。春末或初夏，幼蛇会本能地结束冬眠而出蛰活动，在此期间幼蛇只是选择天气暖和的中午出来晒太阳，但并不急于摄食，而是继续消耗体内所储存的剩余脂肪。如果幼蛇在过冬之前体内脂肪储存不足，再加之体弱或有寄生虫病等，往往在出蛰后活动不久便经不起外界气温的变化而导致死亡，这时的死亡率往往高达35% ~50%。为了避免这种情况的发生首先应在幼蛇还未出蛰之前，先清理蛇场杂物并彻底消毒，以防病菌侵害幼蛇。其次是清刷水沟或水池，并注入新鲜的饮用水，最好在水中加入少许抗生素或复合维生素B溶液，这样有助于幼蛇早日进食。初春是幼蛇出蛰后蜕皮最集中的时期，此时应尽量保持环境安静，让幼蛇在安静的场所尽快蜕皮。据观察，幼蛇蜕皮后的10~15d开始少量进食，此时应抓住时机、适时投喂，满足幼蛇的进食所需。

生活在热带或亚热带的幼蛇，在炎热的夏季也具有“夏眠”的现象。其原因主要是夏季气温过高，加上长时间不下雨，造成气候比较干燥，使幼蛇赖以生存的条件难以达到，生命在此时受到严重威胁。因此，不得不转入地下或窝内，深居简出，以“夏眠”的形式度过生命危机。在夏季人工养殖幼蛇时，可以给蛇场提前张挂黑色遮阳网；水池（沟）经常注入新鲜的饮用水；加厚地下与地上蛇窝的遮盖物；每天的早晚各喷水1次。这些措施均有利于幼蛇度过炎热的夏季，使幼蛇不“夏眠”或尽量缩短“夏眠”时间。

在日常的饲养管理中幼蛇生病总是在所难免的。特别是冬眠过后，幼蛇的体质相当虚弱，更容易染上疾病。因此，要注意搞好蛇场卫生，预防疾病发生。蛇窝里铺垫的沙土要经常更换，长期保持干燥；饮用水要洁净，且无污染，特别是在盛夏酷暑季节，由于幼蛇活动频繁，饮食较多，产生的粪便也多，再加上有些吐出的食物残渣或咬死后没有吃完的动物尸体，极易腐败污染蛇场和水源。因此，每天应定时清捡未食的死动物、幼蛇蜕以及死亡的幼蛇尸体。水池（沟）内的水应保持清洁、定期更换，若能采用缓缓流动的常流水最好。水池（沟）中水面的高度应与地面高度不能相差太大，否则幼蛇入水后难以爬出，会因体力耗尽而淹死。要及时清除粪便，因幼蛇粪便中含有大量的尿酸。如果蛇窝和蛇房（场）中被超量的尿酸气味所弥漫，尤其是在盛夏的阴雨天气，在通风不畅的环境里，幼蛇会因此患上肺炎或重度呼吸道感染，由此而引发幼蛇大批死亡。同时要定期检查蛇窝内的温、湿度以及幼蛇的健康状况，发现病蛇应及时隔离治疗，以免传染其他健康的幼蛇。

三、成蛇的饲养管理

成蛇饲养一段时间后，有的选留为种蛇，剩余的则可作为商品蛇出售或做加工蛇毒处理。因此成蛇的饲养好坏，对于种蛇和商品蛇质量的优劣有重要影响。

成蛇的个体大，摄食量多。要保证供给充足的优质适口饵料，控制适宜的环境温度，保证其正常的生长。

成蛇的管理与幼蛇基本相同。但由于成蛇的活动能力强，故应特别注意防逃设备的维修，以防外逃和敌害。

20～30℃的温度最适合蛇的生长，要注意盛夏时的遮荫，防夏季的高温，防强曝光的直接照射。在其活动的陆地上要常洒水，以保持潮湿。

成蛇的养殖密度一般为每平方米不超过5条，密度大小随成蛇体型大小及养殖管理水平等因素而酌情调整。

成蛇生长发育过程中，个体大小差异较大，为避免大蛇吞食小蛇，在适当的时期最好将不同大小的成蛇分别养殖，同时调整养殖密度。

秋季是蛇大量进食的季节，可以说是蛇全年进食的高峰期。因此，人工养蛇在秋季的催肥工作就显得十分重要，也是成蛇管理的“非常时期”，需做好如下工作：

1. 全面清理蛇场　秋季为了投食方便或使成蛇更好地接受太阳光照晒，便于食物的消化与吸收，必须把夏季给蛇遮阳纳凉的杂草割去或有选择性地拔掉。用镰刀割时不要离地面太近，应离地面30cm左右，避免锋利的草棵茬口刺伤蛇的皮肤。若蛇场内的植被不是太高、太稠密，可维持现状。

2. 投饲要充足　秋季成蛇进食比较频繁，应每隔5～7d按时投喂1次，投饲量应为正常食量的2倍以上，这样才能确保场内的大小蛇均能吃到充足的食物。投喂食物的品种尽可能多样化，投喂时间可改在上午9：00以后，投放地点宜选在背荫处。放好食物后，投饲人员应尽快退出，以免惊扰成蛇的进食。另外在9：30～18：30时，尽量不要进场，确保蛇场清静。在这样的环境里，成蛇就能吃好、吃饱，以此贮积肥厚的脂肪来度过漫长的冬天。

3. 驱虫　蛇喜捕食的食物如蟾蜍、老鼠等身体上均带有或多或少的寄生虫或虫卵，蛇一旦吞食后便会寄生在腹腔内并吸收蛇体内的营养成分，这时蛇就会出现多食少长，甚至明显消瘦的状况。为此入秋前一定要用肠虫清、精制敌百虫、灭滴灵和硫苯咪唑等药物给蛇驱虫。驱虫药可直接饲喂，也可在投喂饵料时给药。药物的用量要严格按蛇的体重计算好后再配给，慎防用药过量而影响蛇的进食。

四、冬眠期的饲养管理

蛇在外界的环境温度低于13℃以下时即进入休眠状态。由于南北气候的明显不同，蛇进入冬眠的时间也不尽相同，加之性别与年龄不同，其进入冬眠的早晚亦有一定差异。据观测，同一个种类的蛇，成年蛇较幼年蛇早冬眠；雌蛇较雄蛇早冬眠；健康蛇较瘦弱蛇早冬眠；瘦弱蛇又比病蛇早冬眠。鉴于蛇有这种明显冬眠特征，可将那些始终不进冬眠场所的病蛇统一搜集出场，尽快予以处理。

进入冬眠场所的蛇有独自冬眠的；也有雌雄同居的；还有几条或数十条群居的。蛇混养时发现也有不同种类的蛇在一起混居的。不管是多条群居还是多种混居而眠，都有利于维持蛇体温度、抗寒能力和增加安全感，对提高冬眠的成活率与来年的繁殖均大有益处。冬眠密度主要依据蛇活动的密度而定。可以酌增数倍，一般以不出现严重层叠和挤压为宜，使用“多层立体式地下蛇房”者则无此弊病。仔蛇或幼蛇由于个头小、体积轻、耐受能力较成蛇强，冬眠密度可以适当增加，但不能超过成蛇数量1倍。

蛇的越冬应着重注意以下几个方面：

第一，入秋后应尽量多投充足且多样化的食物，为冬眠蛇的增膘复壮打下基础。此间除让蛇吃饱、吃好，蓄积丰富的脂肪外，还应做好驱虫工作。如饲养的是毒蛇，应不在此时采毒或只采少量的毒，尽量减少由晚秋采毒造成的冬眠期死亡。

第二，要及时清除蛇窝内的粪便，重新更换新鲜的干土（沙），并集中消毒防疫确保蛇安全越冬。

第三，蛇窝顶层覆土厚度应在冻土层以下。封顶的土层若达不到越冬厚度，应尽快备土加高加厚，以利于蛇进入最佳冬眠状态。如果发现窝内气温较低，可加盖塑料薄膜、篷布、草帘、玉米秸等保温物品。

第四，蛇越冬窝舍的环境湿度应保持在45%～50%。若达不到要求可放置几盆清水调节湿度。

第五，冬季蛇窝内的温度保持在4～6℃，蛇均能安全越冬。但蛇窝内的温度不宜超过8～12℃。窝内的温度更不能忽高忽低，否则会使整个蛇窝中的蛇时而苏醒，时而冬眠，如此反复多次，会使蛇体内的分泌系统和机能代谢明显紊乱而导致大量死亡。

第六，冬眠期间除定期检查窝内的温、湿度变化情况外，还应定期检查蛇体的健康状况。如发现病蛇应及时隔离治疗，以免相互传染。若见蛇体有咬伤或数量减少时，应彻底检查消灭鼠害和其他天敌，并加强安全防范措施，阻止老鼠和天敌的再次入侵。如果窝内情况无异常时，则无须翻动蛇窝，尽量减少对冬眠蛇的干扰。

第七，清明节前后，虽然气温正慢慢回升，但春天风大，气温有时会变化无常，而此季恰恰是蛇复苏出蛰的时候，也是容易导致蛇大批死亡的关键阶段，因此应特别注意防风、防寒、防冻和保温。由于春季的昼夜温差较大，管理上切忌麻痹大意，力争把好蛇冬眠的最后一关，为蛇的整齐出蛰打好基础。

复习思考题

1. 毒蛇可分哪几类？
2. 如何辨别蛇的性别？
3. 种蛇的选择主要注意哪几个方面？
4. 人工孵卵的要点是什么？
5. 如何给幼蛇喂食？
6. 如何给蛇秋季催肥？
7. 蛇越冬期管理应注意哪几个方面？

张 宇

第二十三章　蛤　　蚧

第一节　蛤蚧的生物学特性

一、分类与形态

蛤蚧（*Gekko gecko*）又叫大壁虎，在动物分类学上属于脊索动物门（Chordata）、脊椎动物亚门（Vertebrata）、爬行纲（Reptilia）、蜥蜴目（Lacertiformes）、壁虎科（Gekkonidae）、壁虎属（*Gekko*）。蛤蚧为陆生爬行动物，外形似壁虎，但体型较壁虎大。成年蛤蚧体全长约300mm，其中体长（吻至泄殖腔口）120～160mm，尾长100～145mm；体重多为60～80g，最重的可达100g。蛤蚧的体色很不一致，主要与其栖息的环境密切相关。例如，栖息于深色石山上的蛤蚧，体色较黑；栖息于浅色石山上的蛤蚧，体色较灰；栖息于土山、土坡上的蛤蚧，体色棕黄；栖息于山林、树洞中的蛤蚧，体色较青；在人工饲养环境下体色较淡。另外，在同一栖息环境中，其体色也略有差异（图23－1）。

图23－1　哈蚧的形态

蛤蚧的体形可明显地区分为头、颈、躯干、尾和四肢。头较大，呈扁三角形，有花纹；眼眶内陷，眼大突出，位于头两侧，无活动眼睑，瞳孔能随光线强弱调节；吻端凸圆，上下颌有很多细小的角质牙齿，在吻端中央有吻鳞1片，上下唇鳞片左右对称，上唇每侧11～14片，下唇每侧11～12片；头部两侧各有1个耳孔。颈粗短，能转动。躯干背侧被覆粒鳞，粒鳞间杂有较大粒状疣鳞，成行镶嵌于上皮细胞中，多为12～14行，胸腹部鳞片较大，多为圆形或六角形，呈覆瓦状排列；腹部两侧各有1条皮肤褶；躯干的前后各有1对附肢；躯干与尾交界处为泄殖腔孔，泄殖腔孔呈横裂状，是生殖和排泄的出口。

尾部是指泄殖腔孔之后的部分，尾基部较粗，向尾端逐渐变细；尾部皮肤薄，呈横行节段，尾椎数目为26~30个，节间连接处松散，易断裂和再生；雄性尾基部腹侧面紧靠泄殖腔处有2个椭圆形凸起，即肛门后囊（阴茎囊），内有2个交尾器（半阴茎），肛门后有1对囊孔（阴茎口）；雄性尾基部两侧各有1个明显鳞突，而雌性较小。这是从外形上鉴别雌、雄的重要特征。

二、生长发育特点

刚孵化出来的蛤蚧幼体为灰色，体重平均为3.42g（3.0~4.5g），体长平均为101.5mm（98~135mm）。幼体的生长发育速度差异极大，当年卵孵化出的幼体比越冬卵孵化出的幼体在生长初期生长速度慢，这主要因为当年孵化的幼体出生在秋末冬初（9~10月份），气温开始下降，食物减少，经过较短的时间就进入冬眠期，其体质受到较大的影响，因此生长发育速度慢；而越冬卵孵化出的幼体出生时正值春末夏初（5~7月份），气候温和，食物丰富，体质不受外界环境影响，因此，生长发育速度快。

在蛤蚧的生长发育过程中，当身体生长增大，角质的皮肤阻碍了生长发育时，便蜕去角质层（即蜕皮），以适应身体生长发育的需要。蛤蚧每年蜕皮1~2次，蜕皮前肤色变暗，由暗变灰，皮下出现空隙，开始逐渐脱落。蜕皮的顺序是头、肢、背、躯干、尾、足。蛤蚧的蜕皮不同于蛇类，非整张脱落，而是一块一块地脱落。蜕皮过程所经历的时间因个体的体质不同而有差异，幼小的个体一般只需4~5d，健壮的个体一般需要5~6d，瘦弱的个体所需时间更长一些，病弱的个体常不能完成蜕皮过程就死亡了。蜕皮常发生在蛤蚧的活跃期（4~6月份），蜕下的皮被自己吃掉或被其他蛤蚧吃掉。

三、断尾与尾的再生

（一）断尾的意义及形态学基础

蛤蚧与蜥蜴类爬行动物一样具有发达的尾巴。在爬行时，尾左右摇摆，对其爬行具有推动作用和保持身体平衡作用。但是长而发达的尾巴，对于逃避敌害却极其不便，容易被敌人捉住或被物体挤压住。因而，在长期的自然选择中，其获得了尾易折断和再生的能力。蛤蚧在被敌人捉住尾巴或被物体挤住尾巴时，可以立即自断尾巴而逃脱，这种现象称为“自割”。根据解剖和组织学观察，自割主要形态学基础有如下3个方面：

1. 尾椎连接松散　尾椎的椎体中央有横生未钙化的软骨盘（或称为断层），极易折断，自割时即在此断裂。

2. 尾肌形状与排列特异　尾肌由“V”形肌束从前向后一个嵌一个，形成纵行8条圆锥形肌群，分布在尾周围，“V”形肌束前后、左右平行规则排列。这种排列方式有助于在同一平面断裂。

3. 尾部皮肤呈横行节段　尾部皮肤横行分节排列，尾部皮肤节段连接处非常薄，节段处极易断裂。

（二）断尾过程

蛤蚧在遇到敌害或尾巴被物体挤压时，肌肉剧烈收缩，导致椎体的软骨盘（断层）受到较大振动而断裂，同时“V”形肌束所组成的肌间节也猝然断裂，从而尾巴脱离身体。掉下的尾巴，肌肉仍然不断的急剧收缩，而使尾巴不停地跳动，吸引了敌人的注意力，蛤蚧便乘机逃脱。蛤蚧尾折断一般在尾的前端（距尾基部约20mm）。

（三）断尾的再生

蛤蚧尾的再生能力很强，有人对3只蛤蚧（1只雄性成体，1只雌性成体，1只2龄幼体，均于5月份人工断尾）尾的再生观察，雄性成体80d再生尾生长了42mm，雌性成体80d再生尾生长了31mm，2龄幼体92d再生尾生长了50mm。通过对断尾的组织学研究发现，断尾脊髓突然变细，可能因断尾受损所致。变细的脊髓只延伸到与断面相接的再生尾第一节尾椎的前端。再生的脊髓部主要是神经纤维，中央可见有似中央管状腔，两侧有柱状上皮细胞。再生脊髓与原脊髓一样有脊髓膜包裹。说明蛤蚧中枢神经——脊髓可以再生，但是再生能力不强。尾椎骨再生能力也较差，仅形成位于再生尾中央的不完整的钙化软骨环，无髓弧、脉弧和椎体之分，位于椎体间的脊索没有再生。再生尾肌束不呈“V”字排列，肌膜发达。肌肉与钙化软骨环间脂肪组织显著增厚，因此再生尾比原尾稍粗大。再生尾血管分支多，再生力强，表明血液循环发达，对尾部的营养有积极作用。再生尾皮肤比原尾发达，表明皮肤再生能力强。再生尾的解剖结构特点表明：皮肤、肌肉、结缔组织再生能力强，而神经组织和骨组织再生能力弱。

蛤蚧断尾与再生现象在生产上也有重要的利用价值。第一，在出售蛤蚧时，可将自然断尾的蛤蚧经过短期饲养，使其断尾再生，达到全尾标准时再出售；第二，通过对蛤蚧断尾与尾再生机制的研究，完善人工活体取尾技术，增加蛤蚧产品产量，提高养殖效益。

四、生活习性

（一）栖息习性

在自然条件下，蛤蚧多生活在岩石暴露，植物稀少，仅覆被些次生灌木丛的石山上部，人迹不易到达的岩壁裂缝中。蛤蚧穴居的石壁缝隙不大，刚好在内行动自如，缝隙的曲直不定。蛤蚧经常保持栖息环境清洁，将壁缝内的粪便或杂草都清除干净。蛤蚧也栖息在古老中空的大树树洞内。也会栖息在居民住房的屋顶、墙壁以及城墙缝内。

（二）喜欢鸣叫

每天早晨6时至7时左右，中午12时左右，晚上7时到12时左右为鸣叫时间。鸣声为“咯—蚧”。一般3龄蛤蚧连续鸣叫约13次，停歇一定时间后再叫；1～2龄鸣叫8～10次；不满1龄鸣叫2～3次。可根据蛤蚧的鸣叫次数估计蛤蚧的年龄。

（三）畏冷怕热

蛤蚧既怕冷又怕热，既怕风又怕雨。喜栖息于干燥凉爽较深的石缝内。一般在天气晴朗和凉爽的清晨，在石山中部活动，傍晚多爬到上部活动；在多云无风而较闷热的傍晚，则迁移到石山下部的崖壁缝内活动。在炎热天气爬出洞外，伏于岩石上晒太阳。蛤蚧在天冷时居深洞，天暖时居浅洞；刮风的天气，常迁移到背风的山坡栖息。天气寒冷时就进行冬眠，当翌年春季气温回升到20℃以上时，再恢复活动。

（四）断尾诱敌

蛤蚧遇到敌害时，先张嘴回击，当不能取胜时，则自割断尾逃逸，刚断的尾巴因肌肉收缩能够跳动，借以吸引敌人注意力，蛤蚧便乘机逃脱，免受伤害。

第二节　蛤蚧的繁殖技术

一、生殖系统特点

（一）雄性生殖系统特点

雄性蛤蚧生殖系统由精巢、附睾、输精管和半阴茎组成。精巢1对，呈黄白色，位于大肠背侧，右精巢稍偏前，左精巢稍偏后；精巢下为附睾，左右附睾均延续为长的输精管；输精管以小孔从背侧通入泄殖腔；泄殖腔与肛后囊相连；囊内有两个突起的半阴茎，半阴茎内壁有1条输送精液的沟槽，交配时，半阴茎充血勃起向外伸出，同时插入雌性泄殖腔内，把精液射入雌性体内。

（二）雌性生殖系统特点

雌性生殖系统由卵巢、输卵管和泄殖腔组成。卵巢1对，呈浅黄色，位于脊柱腹侧下方，右卵巢稍偏前，左卵巢稍偏后，卵巢内有处于发育不同阶段的卵（卵细胞），在繁殖期卵巢较大，非繁殖期卵巢较小；卵巢的下方与带状输卵管相连，输卵管位于大肠的后方，卵巢的外侧，悬挂在系膜上，前端呈喇叭口状，开口于体腔的前部，后端开口于泄殖腔的背侧。当卵成熟时，卵巢壁破裂，成熟的卵落入体腔内，进入输卵管的喇叭口，顺着输卵管逐渐下行与精子相遇受精。受精卵在沿着输卵管下行过程中，被输卵管壁分泌的石灰质和胶质包裹，形成卵壳后产出体外。

二、交配方式与产卵

在正常情况下，蛤蚧满3龄，体重约50g以上、体长130mm以上时才能达到性成熟。性成熟的早晚与性别、孵化时间有密切关系。一般来说雄性比雌性性成熟早；越冬卵孵化出的个体比当年卵孵化出的个体性成熟早。

（一）交配方式

蛤蚧在每年的4～5月份发情交配。交配时，雄性靠近雌性，并爬到雌性背上，尾根部绕到雌性体下部，与之对合，几秒钟后即完成射精过程，雌雄各自离开。交配前无追逐行为。

（二）产卵

在5～9月这段时间，都可见到蛤蚧产卵，但以6、7月份产卵最多，5、8、9月份产卵较少，有的个体10月也产卵。怀卵待产的蛤蚧，腹部膨大，两侧卵巢各有1个成熟的卵及7～10个未发育成熟的卵。蛤蚧每年仅产卵1次，每次产两个卵，一般两个卵相隔几分钟产出，但也有相隔30min至数天甚至数月的。有个别蛤蚧，一年仅产1个卵。在野生条件下，蛤蚧卵产在洞内较高处。在饲养室中，蛤蚧喜将卵集中产在天花板、墙角、墙壁的暗角处，卵大多重叠堆积，互相粘连不能分开。铁丝笼内的蛤蚧大多将卵产在笼壁上，也有产在笼顶的，但极少产在笼底，这与保护卵的安全使卵免遭敌害有直接关系。蛤蚧产卵时，头部朝下，尾部朝上，四肢平行伸展，卵刚产出时，卵壳柔软具黏性，蛤蚧用后腿或后脚不停地将卵往墙壁或笼壁上挤压，约经几分钟，卵就粘于壁上。卵产出几十分钟后，蛤蚧自动离开，没有护卵的习性。蛤蚧卵长为22～30mm，宽为20～25mm，卵重多数为 5 ~7g。

三、卵的孵化

蛤蚧没有抱卵孵化的习性，其产的卵只靠气温（30℃以上）进行孵化，刚产出的卵为白色，在适宜的温度下，经 20d 左右变为浅肉色，经 60d 左右变为浅灰褐色，经 90d 胚胎发育完成，蛤蚧幼体出壳。在自然条件下，孵化期与温度和产卵时间有密切关系。温度高孵化期短，反之孵化期则长；7 月 15 日之前产出的卵当年能够孵化出幼体，其孵化期平均为 105d，孵化积温为 2 642.5 ~ 3 108.8℃；7 月 15 日以后产出的卵当年不能孵化出幼体，要经过越冬期，到翌年才能孵化出幼体，其孵化期长，平均为 297.5d，孵化积温为 5 068 ~ 6 048.1℃。

卵的质量与孵化率有直接的关系。没有破损的受精卵，只要温度和湿度适宜，都能正常孵化。早产卵、未受精的卵、被霉菌污染的卵和破损卵都不能孵化。卵的孵化率多在 50% ~60%。孵化率较低的原因也与孵化过程中温度、湿度不适宜导致死胎有关。

第三节　蛤蚧的饲养管理

一、饲养方式与设施

蛤蚧的饲养方式有散养、圈养、箱养和室养。下面以室养为例介绍一下蛤蚧的饲养设施。

室养的主要设施为饲养房。根据蛤蚧的生活习性，设计饲养房时，要考虑为其创造与自然环境相类似的栖息环境，可因地制宜、因陋就简，只要具备有隐蔽场所和容易取得丰富食物的环境就可以。普通的各式平房，不拘大小、高矮，只要稍加修缮或改装都可以使用。旧房要堵死洞缝，使老鼠不能窜入，蛤蚧不能外逃，地面铺一层三合土；房顶加天花板；墙壁上钉上几块横置的木板，供蛤蚧栖息；在朝向虫源的一侧，加铁丝网罩，晚上使蛤蚧到网内捕食、活动，网内（外）挂一盏 20W 的黑光诱虫灯。整个房子可分 4 部分，即大蛤蚧饲养房、小蛤蚧饲养房、工作室、蛤蚧活动场。南北两面开窗，窗上钉铁丝网，加设可开闭的百页窗，房顶留 1 ~2 道缝隙，作为蛤蚧出入活动场的通道。活动场设在房顶，用铁丝网围成。大蛤蚧活动场的铁丝网孔径为 15mm ×15mm，小蛤蚧活动场网的孔径为 6mm ×6mm，活动场设木板门或铁丝门，供饲养人员出入（图 23 -2）。

黑光诱虫灯安装在大蛤蚧活动场上面，灯下设收集漏斗，漏斗管长约 500mm，使昆虫可以落入活动场内，为防止蛤蚧从此管逃出，应在漏斗管下安装一个能自动开闭的薄铁板，昆虫落下后，薄铁板自动关闭，防止蛤蚧逃跑，也可以用塑料布制成 1m 长管套在漏斗下方，用以防止蛤蚧逃跑。小蛤蚧的活动场可将黑光诱虫灯挂在铁丝网内，只让小型昆虫进入，大型昆虫可再次飞到大蛤蚧活动场上。

二、常用饲料

饲养蛤蚧能否成功，关键在于饲料是否充足。饲料来源一是诱捕自然界的昆虫，二是人工培育饵料，两方面可以互相补充。通过对野生蛤蚧的胃检发现，蛤蚧的食物以鞘翅目

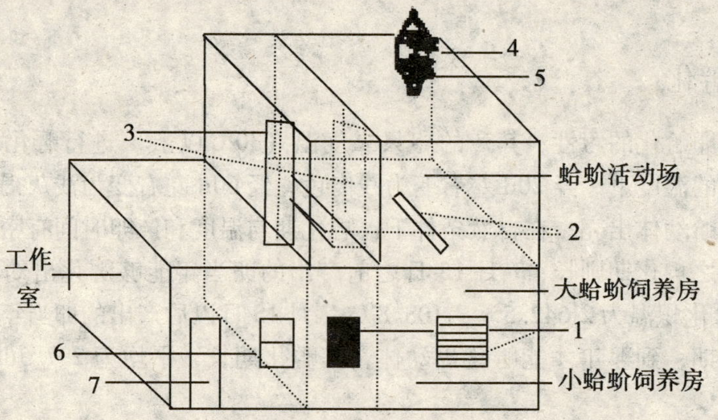

图 23－2　蛤蚧饲养房示意图

1. 百叶窗　2. 出入口　3. 活动场门　4. 黑光诱虫灯
5. 漏斗　6. 普通门　7. 门

昆虫数量最多，其次是半翅目、膜翅目和直翅目昆虫。凡有趋光习性的昆虫都能被诱虫灯诱引入饲养房内，蛤蚧选吃蝗虫、蚱蜢、稻螟、玉米螟、蔗螟、蛾类、蝼蛄、小型金龟子等；不食田鳖、推车虫、龙虱和大型金龟子等；饲喂人工捕捉的昆虫比如蝗、蜢、蟑螂、蜻蜓、蝼蛄、蜂、蛾、蝶、天牛、蟋蟀、蜘蛛及鞘翅目昆虫的幼虫，蛤蚧都能吃。在极度饥饿情况下，蛤蚧甚至能吃泽蛙、花姬蛙、壁虎、小型河蟹和小型龙虱等。小蛤蚧能吃蚊子、苍蝇、蜘蛛、小飞蛾、蝇虎、小蟑螂等。

人工饲养饵料主要有蚕、地鳖虫、蟑螂等。其中养蚕饲养蛤蚧是很好的措施。蛤蚧能吃桑蚕和木薯蚕的幼虫、蛹和成虫，蚕生长到 10～20mm 长时适合喂养小蛤蚧，蚕边长大边用来喂蛤蚧。多余的蚕可使其做茧，然后取蛹喂大蛤蚧。

三、饲养管理要点

蛤蚧在夜间出来活动和摄食，在天黑以后，蛤蚧沿房顶缝隙进入活动场，此时将黑光灯开启，有趋光性的昆虫即迎光扑来，落入活动场内，蛤蚧即可捕食。一盏 20W 的黑光灯，诱捕昆虫的范围为 200m 以上，一夜可诱捕上万只昆虫，重达 500g 以上，这些昆虫可供 400 多条蛤蚧食用。如遇饲料不足时，可补充家蚕、蓖麻蚕、蟑螂和地鳖虫等。

蛤蚧畏寒怕热，存活的温度在 8℃以上，15℃以上才能活动，17～18℃以上才能摄食，22～32℃最活跃。由于个体之间有体质强弱之差，因此耐寒性也各不相同。健壮的个体即使在室温 5℃时也不致死亡，而瘦弱个体在 10～13℃都会被冻死，幼小蛤蚧的耐寒力则更差，一般不能忍受低于 13℃的气温，因此在冬季和早春要做好防寒保温工作。将门窗关严，防止寒风侵入；蛤蚧栖息的地方可挂麻袋片，必要时可烧木炭火盆增温，以保持室温不低于 13℃。这样的温度，蛤蚧不致冻死。直到惊蛰或春分，蛤蚧才再度开始活动。如果冬季室温提高到 20℃以上时，可喂蚕虫、蟑螂和地鳖虫等，如果不给饲料，蛤蚧消耗体内营养，会很快消瘦，抗寒能力也会随之降低，易死亡。小蛤蚧抗寒能力弱，管理中更应特别注意。夏季，当室温上升到 32℃以上时，除应洒水降温，除增加遮荫设施外，还应在饲养房内增设饮水用具，供足饮水，或结合降温，在蛤蚧身上洒水。

炎热天气蛤蚧喜欢湿润的环境，这时室内相对湿度最好保持在70%～90%，如果相对湿度降到50%以下，应在室内洒水以增加湿度。

应经常打扫室内卫生，清洗饮水用具，勤换饮水，检查房内有无洞隙、蛤蚧是否健康，发现有病的应及时隔离治疗。一般有病的蛤蚧主要表现在脚的吸附力差，喜欢单独在有光处或低处停留。

复习思考题

1. 蛤蚧有哪些生活习性？根据这些习性应采取哪些饲养管理措施？
2. 影响蛤蚧卵的孵化因素有哪些？
3. 蛤蚧断尾有何意义？
4. 蛤蚧断尾的形态学基础是什么？
5. 蛤蚧再生尾与原尾有何不同？

秋文然

第二十四章 蝎　子

第一节　蝎的生物学特性

一、种类与形态

（一）蝎子的形态

蝎子（*Scorpio maurus*）在动物分类学上属于节肢动物门（Arthropoda）、真节肢动物亚门（Euarthropoda）、蛛形纲（Arachnida）、蝎目（Scorpiones）、蝎属（Scornio）。蝎雌、雄异体，成年蝎体长40～70mm，不同蝎种成年蝎体长不同。蝎体由头胸部、腹部（前腹部）和尾部（后腹部）3部分组成（图24-1）。

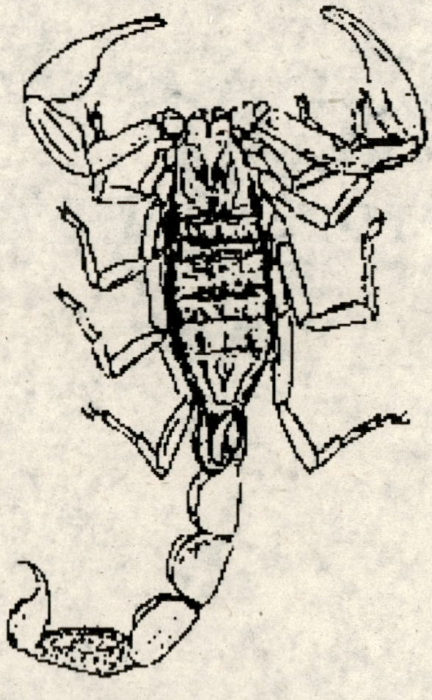

图24-1　蝎的形态

1. 头胸部　呈前窄后宽的梯形，背侧有坚硬的背甲，密布颗粒状突起。蝎的头胸部有6节组成，有6对附肢（1对螯肢、1对触肢和4对步足）。在头胸部前端的眼丘上有1对中眼，前侧角各有3个侧眼，中眼和侧眼皆为单眼，只能感光不能成像，故蝎的视力很弱。

2. 腹部　蝎腹部较宽，由7节组成。背板中部有3条纵脊，第1节腹侧有2片半圆形的生殖厣（生殖腔盖），是前腹部第1节的附属物，打开后可见一多皱的生殖孔。第2节腹板呈短把状，两侧各连一栉板，构成“八”字形的栉状器，栉状器上有丰富的神经，是重要的感觉器官。第3~6节腹面左右各有1个圆形的书肺孔，共4对分别与相应的书肺相通，是体内外进行气体交换的通道，起呼吸作用。第3~7节腹板较大，两侧有侧膜与背板相连，侧膜有伸缩性，因此，腹部可舒张和收缩。

3. 尾部　又称后腹部或末体，由5节组成。尾部能向上和左右卷曲（但不能向下卷曲）。每一节背面都有中沟，第5节最长，呈深褐色，其腹面后缘节间膜上有1个开口，为肛门。第5节后是一个袋状尾节，内有1对白色的毒腺，尾节最后是一个尖锐的毒针，毒针近末端靠近上部两侧各有1个针眼状的开口，其与毒腺管相通，能释放毒液，用以捕获猎物和攻击天敌。

（二）雌雄蝎的区别

蝎没有外生殖器，只是在第1节腹侧有2片半圆形的生殖厣，雌雄蝎的第二性征又不明显，所以很难进行雌雄鉴别，必须仔细观察蝎的肤色、体形和活动情况，才能区别雌雄。我们把雌雄蝎的外貌特征归纳成表24－1，以便于区别蝎的雌雄。

表24－1　雌雄蝎的外貌特征比较

外貌部位	外貌特征	
	雌　蝎	雄　蝎
触肢的钳	细长、长椭圆形、可动指较长	短粗、圆形、可动指较短
触肢不动指基部内缘	无明显突起	有明显突起
躯干部宽于尾部	2~2.5倍	2倍以下
胸板下边	宽（7mm）	窄（5mm）
生殖厣	软	硬
栉板齿数及齿长	19个（6mm）	23~27个（8mm）
身体颜色	暗红	青黄而鲜亮

（三）蝎子的种类

目前已知蝎目有6科、70属、1 000余种，分布于我国的有15种。下面介绍几种常见的蝎种：

1. 东亚钳蝎　成年蝎体长50~60mm，具有复眼1对，单眼3对，栉状器有16~25枚。东亚钳蝎广泛分布于我国北方各省，为我国广泛饲养和药用的主要蝎种。

2. 沁全蝎　沁全蝎是我国的良种蝎之一，经近年来与青州蝎、会全蝎的杂交优化，表现出繁殖快、产仔多、成活率高、寿命长等优点。寿命8~10年，繁殖期6年，能在－5~39℃条件下生活，最适宜生长温度为28~38℃。该品种饲养简单，只要精心饲养和科学管理，可年产仔3次，每次约产仔蝎30~60只，当年即可出售。

3. 辽克尔蝎　成年蝎体长40mm左右，有侧眼3对，栉状器有5~8枚。该蝎种分布于我国中部各省和台湾省。

4. 东全蝎　东全蝎体型较长，深黑色，喜欢生活在偏酸性土壤中，喜食昆虫，产仔多，母性较差，主要产于山东、河北交界一带。

5. 会全蝎　体型中等，深褐色，喜欢生活在偏碱性土壤中，除喜食昆虫外，还食植物籽实。性成熟早，母性强。

6. 山蝎　蝎体颜色为赤褐色，后腹部尾节上无明显的纵沟。主要分布在华中地区。

7. 斑蝎　以体型细长为主要特征，成年雌蝎体长可达70mm，主要分布于我国台湾省。

二、生长发育特点

（一）生长发育过程

仔蝎初生体长10mm左右，呈乳白色，体型肥胖，附肢短，活动能力弱，一般头朝外、尾朝内群集在母蝎背上。仔蝎初生到第一次蜕皮为1龄蝎，以后每蜕一次皮增加1龄，蝎在一生中共蜕6次皮，成蝎为7龄蝎。在适宜条件下，仔蝎出生后第五天完成第一次蜕皮，蜕皮时，仔蝎用尾刺钩住母蝎背部间隙或其他仔蝎蜕下的皮，并不断扭动躯体。蜕皮后有的仔蝎会跌落到母蝎周围的地上，但很快又会爬回母蝎背上。蜕皮后仔蝎成为2龄蝎（称为幼蝎），2龄蝎身体颜色加深，由乳白色变为淡褐色，体重、体长显著增加。2龄幼蝎经过5～7d，活动能力增强，尾针可以蛰刺，并能排出少量毒液，具备了捕食小虫的能力，就离开母蝎背部，开始独立生活，夜间便四处活动，捕食食物。幼蝎在9月份进行第二次蜕皮成为3龄蝎。3龄蝎在40d内，采食大量食物，进行营养积累，准备越冬。10月下旬进入冬眠期，翌年清明前后起蛰，5月份后随着气温升高，3龄蝎采食量逐渐达到高峰期。6月份进行第三次蜕皮，成为4龄蝎。8月份进行第四次蜕皮，成为5龄蝎，5龄蝎经过一段时间的营养积累，然后进入冬眠。到第三年的6月份和8月份分别进行第五次和第六次蜕皮，成为7龄蝎，即为成蝎并逐渐达到性成熟，到第四年夏季开始繁殖。蝎每一次蜕皮，体重、体长均显著增加（表24－2）。

表24－2　不同龄蝎体重、体长对照

蜕皮次数	蜕皮时间	龄期	体重（mg）	增长比率（%）	体长（mm）	增长比率（%）
0	—	1	15.2	—	1.0	—
1	出生后第五天	2	24.0	57.9	1.5	50.0
2	9月下旬	3	81.2	238.3	2.0	33.3
3	翌年6月下旬	4	231.5	185.1	2.7	35.0
4	翌年6月下旬	5	497.1	114.7	3.4	25.9
5	第三年6月上旬	6	923.5	85.8	4.1	20.6
6	第三年8月下旬	7	1240.0	34.3	4.8	17.1

从表24－2看出，蝎的每次蜕皮，体重和体长都大幅度增加，但在不同龄期体重与体长的增长量是不同的。体长的相对增长量随着龄期的增大而逐渐减小，但绝对增长量几乎没有变化；1～3龄期体重相对增长量增加，而4～7龄期相对增长量逐渐减小，但1～7龄期绝对增长量逐渐增加。这充分体现了动物生长发育的不均衡性。

从蝎的生长发育过程可以看出，其生长发育与季节密切相关，温度是蝎生长发育的决定因素，试验表明，给予蝎适宜的温度（25～30℃）条件，蝎的生长发育速度加快，从仔蝎发育成成蝎时间缩短（只需250d左右，见表24－3）。

表 24-3　适宜温度（25~30℃）条件下各龄期蝎的生长发育时间　(d)

龄　期	1	2	3	4	5	6
生长时间	5	45	51	52	50	57

（二）蝎的蜕皮特点

蜕皮是蝎生长发育的标志，是其在生长发育过程中的重要步骤。蝎必须蜕去旧皮身体才能增长。其在每次蜕皮后，体长和体重均大幅度的增加。蝎的龄期是以蜕皮次数划分的。其初生到第一次蜕皮为 1 龄，从第一次蜕皮结束到第二次蜕皮为 2 龄，以此类推，直至第六次蜕皮结束为 7 龄成年蝎。

1. 蝎的蜕皮过程　蝎蜕皮 1 周前处于半休眠状态，活动减少、皮肤粗糙、体节明显、前腹肥大，有的腹部紧贴地面，摩擦腹部。因为蝎在蜕皮前吸收了大量水分，体压增高，在促退皮激素的作用下，旧皮从头胸部的前角与背板之间的水平方向裂开，头胸部先脱出，附肢折叠于腹面。先脱出的躯体部分不断扭曲、蠕动，以此为动力，从头胸部到尾部一次脱出。整个蜕皮过程约需 3h。蝎蜕皮后，伏地不动，身体各部逐渐伸展，明显看出其体型增大。刚蜕完皮的蝎身体柔软、有光泽、体色淡黄、肌肉娇嫩。经过几天，体色加深，活动能力逐渐增强，体重迅速增加。

2. 影响蝎蜕皮的因素　影响蝎蜕皮的因素有：营养、密度、环境条件和饲养管理。

（1）营养：营养是保证蝎生长发育的关键因素，营养不足或营养不全，蝎生长发育受阻，会导致其蜕皮时间推迟。

（2）个体与密度：蝎的个体不同，蜕皮先后不同，如果密度过大会导致未蜕皮的蝎将正在蜕皮的蝎吃掉。

（3）环境条件：蝎在蜕皮时喜欢找到隐蔽、安静、温湿度适宜的环境条件，在蝎蜕皮时环境温度应保持在 25~37℃，土壤相对湿度为 10%~15%，空气湿度为 70%~80%。

（4）饲养管理：在蝎蜕皮期间，应饲喂足量的、多样化的、鲜活的昆虫，同时饲喂适量的饲料添加剂，如生长素、微量元素、氨基酸、抗生素和蜕皮激素等，以促进蝎的生长与蜕皮。如果饲喂量不足或饲喂的昆虫过大会导致母蝎食子、未蜕皮蝎食蜕皮蝎和昆虫食蝎等现象发生。

（三）生活时期划分

蝎是变温动物，在一年中因季节不同，其生理活动、生长发育和生活活动等都有明显差异，为了便于蝎的养殖，根据蝎的生理活动、生活活动和生长发育的特点将蝎每年的生活过程划分为生长期、填脱期和复苏期等 4 个时期。

1. 生长期　从清明到白露（约 150~160d）之间，蝎的营养生长和繁殖生长均特别旺盛，故称为生长期。每年清明以后，气温逐渐升高，昆虫逐渐出蛰，开始繁殖、生长，蝎的食物逐渐丰富。随着气温的升高，蝎的活动范围增大、活动量增多、消化能力增强，特别是到夏至以后，其营养生长和繁殖生长达到高峰并开始交配和产仔。

2. 填脱期　从秋分到霜降（约 45~50d）之间蝎进行营养储备、躯体脱水，开始做入蛰准备，故称为填脱期。秋分以后，气温开始下降，蝎的采食量增大，摄入体内的营养除满足其生理活动与生活活动需要外，大部分营养被以脂肪的形式贮存起来，以供给冬眠和复苏期的需要。同时蝎通过摄取一定量的风化土，进行躯体脱水，防止在低温天气因躯体结冰而冻死。蝎此期是因储存营养而增加采食量，所以其生长发育不明显。

3. 休眠期　从立冬到雨水（约120～130d）之间蝎生长发育完全停止，处于休眠状态，故称为休眠期。霜降以后，气温不断下降，蝎的活动量逐渐减少，至秋末冬初完全停止，进入冬眠。蝎冬眠时多潜伏于地下300～800mm深的巢穴内，缩回附肢与步足，尾部向上卷曲。在整个休眠期内，蝎新陈代谢水平很低。

4. 复苏期　从惊蛰到清明（约30～50d）之间，蝎由冬眠状态开始出蛰，故称为复苏期。惊蛰以后，气温稳步上升，蝎开始苏醒出蛰，由蛰伏状态进入活动状态。但因为早春气温偏低、昼夜温差大，加上消化功能尚未恢复，其采食量很小，活动时间少，活动范围小，白天晒暖时间逐渐延长，夜间很少出巢活动，只是利用身体的吸湿功能吸收少量水分。此期仍需利用填脱期所贮存的营养和采食一定量的风化土来维持生命。

三、繁殖特点

（一）性成熟及其影响因素

蝎的生殖系统发育与身体生长发育几乎同步，当机体生长发育基本完成时，生殖系统也发育成熟。在自然状态下，蝎经过26个月左右可达到性成熟，也就是在6龄蝎后期，第六次蜕皮之前接近性成熟，第六次蜕皮后，7龄蝎就是性成熟蝎了。雌雄蝎的性器官的发育速度是不同的，雄蝎的发育速度快些，一般比雌蝎早几个月。在人工饲养条件下，因为营养条件、管理条件和生活条件的优化，冬眠期缩短或没有冬眠期，使蝎的生长发育速度加快，只需12～18个月就达到性成熟。

（二）生殖系统特点

蝎是雌雄异体的昆虫，生殖器官的开口（生殖孔）位于前腹部第一节的腹面，外有生殖厣覆盖。

雄蝎的生殖系统由精巢、输精管和交配器3部分组成（图24－2）。1对精巢各连一输精管，输精管末端通入膨大的贮精囊，贮精囊能分泌黏液，将精液包裹起来，形成呈棒状、长10mm的精荚。每个雄蝎有1对交配器，交配器由叉枝颈部和交配轴组成，叉枝颈部近端与输精管相连，远端与交配轴相连，内贮精子为交配器的主要部分。每个交配器上有1个交配轴，在进行交配时，生殖厣打开，交配轴伸直，从生殖孔伸出，全部裸露于体外，排出精荚。交配轴易断裂，交配1次后便自叉枝颈部顶端脱裂，遗落于体外。

雌蝎的生殖系统比较简单，主要由卵巢和输卵管组成（图24－3）。1对卵巢呈梯形与很短的输卵管相连，输卵管另一端与生殖孔相连。卵巢呈管状，网络相通，形成8个比较规则的卵巢网格。受精卵可移行到网格外，依附于卵巢管壁外进行孵化，到胚胎发育成仔蝎后，自前向后依次娩出。

（三）交配特点

1. 精荚为受精媒体　在交配前雄蝎与雌蝎“共舞”，找到平坦的石面或较坚实的地面，雄蝎排出精荚，精荚与地面约成70°角粘在地面上，雄蝎将雌蝎拉过来，雌蝎打开生殖厣，精荚上半部刺入生殖腔内，精荚破裂，精液进入雌蝎体内。

2. 精子可以长期在雌蝎体内贮存　雌蝎受精后，精子能长期贮存其体内，因此1次配种可连续产仔3～5年。

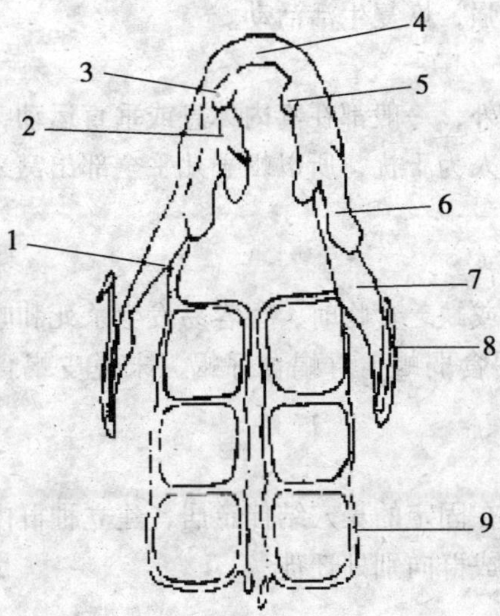

图 24－2　雄蝎生殖系统示意图

1. 输精管　2. 贮精囊　3. 附属腺　4. 生殖腔　5. 附属腺　6. 圆柱腺　7. 精荚腺　8. 鞭状体　9. 精巢

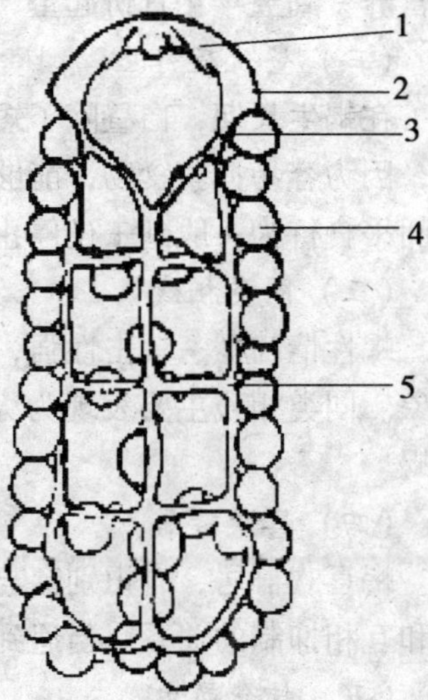

图 24－3　雌蝎生殖系统示意图

1. 生殖腔　2. 纳精囊　3. 输卵管　4. 卵　5. 卵巢

3. 雌蝎配种后性情狂躁　雌蝎在交配后几分钟内，似有被激怒的表现，性情特别狂躁，如果雄蝎不及时离开，就会被咬伤或被吃掉。

4. 外界环境影响蝎的交配行为　外界环境对蝎的交配行为影响显著。蝎的适宜交配环境为：温度 25～40℃，相对湿度 70%～85%，月光下或黑暗中，无风或微风，地面平坦且坚实，环境安静。

（四）体内孵化与产仔

1. 蝎的体内孵化　雌蝎交配后，不立即受精，而是将精子贮存在其体内，待卵成熟后再受精。受精卵在雌蝎体内孵化，因蝎是变温动物，所以其孵化过程受季节影响很大，胚胎只在生长期迅速发育，而在填脱期、休眠期和复苏期停滞发育，因此蝎在体内孵化时间较长。在自然状态下，雌蝎在交配后的翌年 6、7 月份才能产仔。

2. 蝎的产仔　孕蝎在临产前食欲下降或废绝、活动减少、寻找产仔场所。在产仔时，第一、二对步足相抱、第三、四对步足伸直、栉状器下垂、生殖厣打开，仔蝎依次产于两步足之合抱内。当仔蝎身上黏液干后，即沿着母蝎触肢和头胸部爬到母蝎背上。母蝎一般每产 4～5 只为一批，每隔 30min 产一批，母蝎产仔数为 15～35 只（平均 25 只）。

四、蝎子的生活习性

（一）冬眠习性

蝎是变温动物，从立冬开始，蝎的生理活动减弱，新陈代谢降低，渐渐进入越冬阶段，开始冬眠。冬眠前，首先要进行充分的营养储备，蝎在 9 月份开始食欲旺盛，食量大幅度增加，积累大量脂肪；其次寻找安全的蛰伏处所，蝎蛰伏的适宜温度为 2～3℃，适宜湿度为 11%～15%，蛰伏深度为地下 300mm，甚至到 700～800mm。冬眠中，蝎的外部行为、活动全部停止，不吃不动，体内只维持最低的代谢水平，静静地消耗着冬眠前贮存的营养。到翌年4月份起蛰，新陈代谢逐渐加强，恢复生活活动。

（二）昼伏夜行

在蝎生长期，白昼除了短时间外出晒太阳外，一般都在窝内休息或垂直运动，到了夜间，因为容易捕获食物，能够避开天敌攻击和人为干扰，所以蝎子几乎全部出窝采食。蝎夜间采食行为一般到午夜停止。

（三）同类相残

蝎性情凶猛、攻击性强，在饲养密度过高或缺乏食物时，很容易发生杀死和吃掉同类现象。同类相残主要表现为大蝎食小蝎、强蝎食弱蝎、母蝎食仔蝎、未蜕皮蝎食正在蜕皮蝎。

（四）喜欢群居

蝎喜欢群居，有识别窝与群的能力，一般在固定的巢穴结伴定居，建立种群内互相合作和互相抑制的关系。当遇到恶劣条件时，会成群向别处迁徙。

（五）捕食昆虫

蝎为食肉动物，喜欢捕食蜘蛛、小蜈蚣、蚊、蝇和黄粉虫等昆虫。蝎捕食昆虫的种类见表24－4。蝎捕食昆虫的能力较低，捕食昆虫要趁昆虫在身边活动时，凭感觉器官感知，用螯肢钳住，对于个体较大的昆虫，蝎先用毒针将其麻醉，再采食。

表24－4　蝎捕食昆虫的种类

喜食程度	昆虫名称
喜欢吃	黄粉虫、地鳖、舍蝇、蜘蛛、小蜈蚣、油葫芦
较喜欢吃	黑粉虫、甲虫、蝗虫、蛾类、蚊类、蝶类、蟑螂、蚰蜒、蝇蛆

第二节　蝎的饲养管理

一、蝎场规划

（一）场地选择

根据蝎的生物学特性和饲养管理要求，在选择养蝎场地时应该考虑如下几个方面：第一，场地要避风向阳，切忌在山口迎风处建筑养蝎场；第二，远离可能有严重化学污染的企业（如化工厂、造纸厂和制药厂等）；第三，远离树木10m以上，防止其遮荫和树根影响蝎窝；第四，避开天敌，如老鼠、蚂蚁和蛇等；第五，地势平坦、高燥，地势最大坡度不超过40°，要能够顺利排出积水，防止水淹蝎窝。

（二）场区布局

确定场地以后，应该根据饲养规模、饲养方式和本场管理水平，对场地进行合理布局。蝎场划分为生产区和生活区，生产区的面积超过100m^2时，还应该划分为若干个小区。小区的划分依据场地的大小及形状确定，尽可能的使小区形状规范，小区的大小一般为30～50m^2。

（三）主要养殖设施

1. 蝎窝　传统蝎窝一般用瓦片、土坯或石板垒成，每层间用泥沙或小瓦片垫起10～

15mm 的缝隙，以供蝎栖息。规范化蝎窝由 3 块用水泥或三合土预制的隔板安装在养蝎小区土层中建成。隔板为边长 250mm 的正方形，厚 20～30mm，中间有一个边长 80～90mm 的方形孔，是蝎出入的通道，孔周围有 16 个小室。安装时将隔板（小室门朝上）分层放置于 300mm×300mm×300mm 的深坑里，在最上层隔板下放置一个水泥食物盘，再盖上最后一块隔板，上面盖上盖板，在最上面放置一个无底玻璃瓶（图 24－4）。

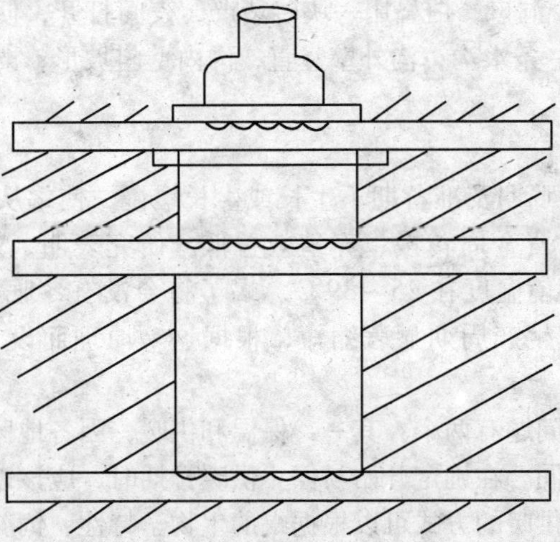

图 24－4　规范化蝎窝示意图

2. 封闭线　为了防止蝎子逃跑、天敌入侵，必须在养蝎场的各个小区的边界设置封闭线。封闭线用玻璃板或塑料薄膜围成，地下部分深 50mm，地上部分高 150mm，接头要重叠、接严。如果用塑料薄膜围成，塑料薄膜要用支架拉直绷紧。

二、饲养方法

（一）传统饲养法

传统饲养法是根据蝎的生物学特性，结合人工养殖特点，人为模拟蝎的自然生态环境，而采取的一系列饲养管理措施。我国人工养蝎开始于 20 世纪 50 年代，在长期饲养实践中总结出来的因地制宜、设备简陋、管理便利的养蝎方法。传统饲养法的饲养方式有山养、盆养、缸养、池养、房养、罐养、箱养、坑养、架养和阳台饲养等，下面简单介绍常用的饲养方式。

1. 山养　这是最简单的饲养方式，山养应该选择远离果园和林场，地势高燥、平坦、坚实、丛生杂草和容易收捕的山地，四周环水更佳。采用该方式饲养只需放入蝎种，进行适当补饲，不用管理，定期收获即可。

2. 盆养　盆养是用大盆、大浅缸或水泥钵作容器，里面铺 1 层沙砾或壤土并压实，在其上堆一些瓦片。准备好后，放入种蝎，为了防逃和天敌伤害，在饲养容器上盖上铁纱网，定期投放饲料。

3. 缸养　用无底的旧缸口下底上埋入地下 1/3，地面用三合土夯实，上面铺上一层熟土，熟土上放上瓦片等，准备好后，放入种蝎，缸口罩上纱网。

4. 池养　池养有地上池养和半地下池养两种。养蝎池一般每个占地 $2m^2$，池壁粘上光滑材料（如玻璃板、塑料板等），池底铺 50mm 的细土，用瓦片或小石块垒上蝎窝，准备好后，放入种蝎。

5. *房养*　房养是建一个 3.5m×3.5m×2.6m 的养蝎房，房的正面设门，门内砌一道高 500mm 的半圆形围墙，直径以不影响门的启闭为度，房内修人行脚台，高约 300mm，安装几个诱虫灯，夜间开灯诱虫，供蝎捕食。墙壁其余三面各设 1 个窗，在墙基处设 240mm×60mm 的若干个洞口，白昼用一块砖堵严，夜间打开，便于蝎夜间乘凉、捕食和饮水。距蝎房 1m 处挖一条水沟，沟外壁竖直，沟内壁斜坡形，既方便蝎饮水，又能防止蝎逃跑。

（二）恒温饲养法

传统养蝎法因为冬眠期及准备期不生长或生长缓慢，使蝎从出生到成年需要 3 年左右，导致饲养周期长、资金周转慢、养殖效益低。研究表明，蝎子冬眠的决定因素是温度，如果保持养蝎环境温度在 25～39℃，蝎子将会没有冬眠期，使蝎子在一年中都处于最佳生长状态，其生产周期显著缩短，根据这一原理而设计的养蝎方法称为恒温饲养法。

恒温饲养法的关键问题有两个：其一，保温和供暖，因各地区气温下降时间不同，所以开始供暖的日期也不同，在确定开始与停止供暖日期时，应该以气温是否影响到蝎的生长发育为依据，保温与供暖的方式可以根据蝎的生物学特性、饲养规模、饲养方式以及饲养管理水平因地制宜使用，在保温与供暖时还应正确处理保温与换气、温度与湿度的矛盾；其二，冬季蝎的饲料，因为此法饲养蝎子冬季不休眠，所以其冬季和早春要消耗很多饲料，而此时没有昆虫，因此，在秋季要做好饲料收集，饲料加工和贮存工作。

三、各龄期饲养管理要点

（一）仔蝎饲养管理要点

仔蝎是指初生至第二次蜕皮前的小蝎。初生到第一次蜕皮后 5～7d，仔蝎在母蝎背上生活，因为有卵黄营养供给其生命活动，此期不需饲喂，也不需要管理。第一次蜕皮后 5～7d（一般为出生 12d 左右）后，开始独立生活，应根据其生理特点采取相应的饲养管理措施。

仔蝎捕食能力差、活动范围小、口器小，因此应饲喂适口性好的小昆虫（如小黄粉虫、蚊蝇类和蝇蛆等），也可以用动物肉搅成肉泥或用蛋、乳拌肉粉饲喂。刚离开母蝎背的仔蝎食欲旺盛，必须饲喂充足的饲料，否则会出现互相残食现象，离开母蝎背 48h 内每只仔蝎大约吃掉 20mg 小虫，1 个月内可食 6 只小虫。

因为仔蝎体小质嫩，逃出后很难捕获，即使捕获也会被挤伤或捏死，因此，防止仔蝎逃跑是仔蝎管理的重要环节。仔蝎的逃跑能力比其他蝎强，用于仔蝎防逃的玻璃带一定要光滑、平整、严密。如果采用传统饲养法，要注意防寒保温，最好将冬眠仔蝎的饲养室温度控制在 0～7℃。

（二）幼蝎饲养管理要点

幼蝎是指第二次蜕皮后至第六次蜕皮前的小蝎。幼蝎新陈代谢旺盛、不挑食物、活动范围大、行动敏捷、有攻击能力、性情凶猛。根据这些特点应该采取如下管理措施：

第一，因为幼蝎食欲旺盛，不挑食物，在饲养时，要增加饲喂次数和饲喂量（特别是在每年的6~7月份和8~9月份），加强食性驯化，尽量使用配合料饲喂。

第二，因幼蝎凶猛好斗，所以要雌雄分群、母仔分开饲养，严格控制饲养密度。

第三，如果使用传统饲养法，幼蝎每年的6~7月份和8~9月份为采食高峰要适当增加饲喂频率和饲喂量，在4~6月份及10~11月份，蝎食量小，可以延长饲喂间隔，减少饲喂量，在11月份至翌年4月份应停止饲喂；如果采用恒温饲养法必须正常饲喂（表24-5）。

表24-5　各龄蝎的饲养密度　（只/m^2）

蝎子龄期	2龄	4龄	6龄	种蝎
饲养密度	3 000	1 500	800	500

（三）种蝎饲养管理要点

当幼蝎经过6次蜕皮生长到7龄时就称为成年蝎。成年蝎经过选种，不适合做种用和超过留种计划的部分以商品蝎加工或直接出售，按照留种计划，适合做种用的按种蝎进行饲养管理。成年蝎活动范围扩大，食量增大，此时要分群饲养，降低饲养密度。种蝎配种期能量和蛋白消耗多，在配种前后应该供给营养丰富、数量充足的食物。在雌蝎产前必须分离饲养，每只蝎1个产房，防止因其互相干扰，而发生仔蝎爬不到母蝎背上、仔蝎从母蝎背上掉下、仔蝎被其他蝎咬伤或吃掉等现象。常用的产房有土坯产房、水泥板产房、木板巢格产房和广口玻璃瓶产房等。土坯产房和水泥板产房虽然占地面积小保证了产仔所需温湿度，但是因存在互相“串房”现象，仍然会互相干扰。木板巢格产房和广口玻璃瓶产房就克服了互相干扰的问题。在母蝎临产前要对产房进行消毒、装10mm厚的饲养土（细壤土拌18%的水）、投放4~6条料虫。当母蝎出现临产征兆时，将其放入产房内。

在仔蝎第一次蜕皮后5~7d（出生后10~12d），由于雌蝎消耗大、体液散失多须外出觅食补充；母蝎活动时易踩伤仔蝎；仔蝎体内卵黄即将消失，分离饲养有利于仔蝎通过捕食获取营养；仔蝎与母蝎对饲料的要求不同，分离饲养便于饲喂等原因，应该将母仔分离饲养。蝎的母子分离常用的方法有：

1. 直接分离法　在出生后10~12d后的夜间，将外出活动的母蝎抓出放入种蝎池中饲养，把仔蝎继续留在产房饲养。这种方法适用于土坯产房和水泥板产房。

2. 玻璃板分离法　操作时，先将母蝎抓出放入种蝎池中饲养，再将幼蝎连同饲养土轻轻倒在饲养盆中的玻璃板上（玻璃板下面放一个玻璃瓶），仔蝎将自动慢慢向玻璃板四周爬动，当爬到玻璃板边缘时会掉入饲养盆中，当仔蝎全部掉入饲养盆中后，将玻璃板上的土倒掉。该法适用于广口玻璃瓶产房。

3. 自动滑梯分离法　当养蝎规模很大时，可在养蝎池中建一个小池，其底面高于饲养池100mm，边缘与饲养池地面成60°斜坡，坡上铺玻璃板，小池四壁粘上玻璃板，四壁与池底之间留3mm缝隙，只能通过仔蝎，母蝎不能通过。使用时，将产房中仔蝎、母蝎、饲养土一起倒入小池中，仔蝎会通过小池的缝隙滑到饲养池中，而母蝎和饲养土留在小池中。该法适用于广口玻璃瓶产房。

复习思考题

1. 如何鉴别成蝎的雌雄？
2. 蝎的蜕皮有何生物学意义？
3. 蝎的交配有何特点？
4. 试叙述蝎各龄期的饲养管理要点。
5. 为什么要将蝎及时进行母子分离饲养？怎样进行母子分离？

秋文然

第二十五章 蜈 蚣

第一节 蜈蚣的生物学特性

一、蜈蚣的种类与形态

(一) 蜈蚣的种类

蜈蚣在动物分类学属于节肢动物门（Arthropoda）、真节肢动物亚门（Euarthropoda）、多足纲（Myriapoda）、唇足亚纲（Chilopoda）、蜈蚣目（Scolopendromorpha）、蜈蚣科（Scolopendridae）、蜈蚣属（*Scolopendra*）。该属共有65个种和13个亚种。人工养殖药用蜈蚣种类主要有少棘蜈蚣、多棘蜈蚣、哈氏蜈蚣、马氏蜈蚣、模棘蜈蚣等。

(二) 蜈蚣的形态

药用蜈蚣大体上看形态相似。体形呈带状，左右对称，背腹扁平，有21~22个体节，每个体节左右两侧有1对步足，整个身体表面覆盖着几丁质层，形成外骨骼，蜈蚣的不同种类、不同性别其外部形态也有差异（图25-1）。

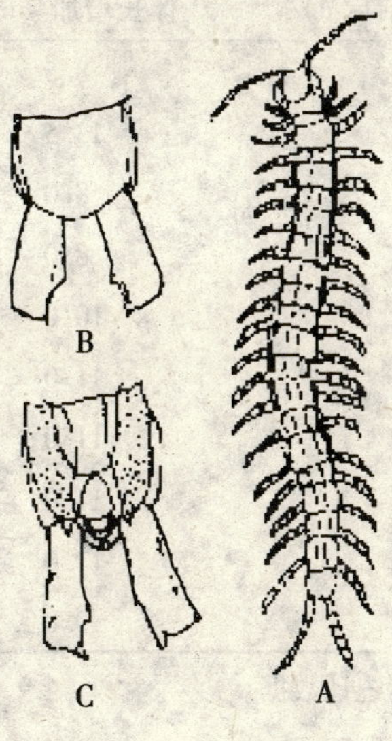

图25-1 主要药用蜈蚣的形态

A. 整体（背面观） B. 身体后端（背面观）

C. 身体后端（腹面观）

雌雄蜈蚣在形态上略有差别，其主要区别见表25-1。

表 25－1 雌雄蜈蚣形态特征比较

主要特征		雌性蜈蚣	雄性蜈蚣
体态	体型	较大	较小
	体质	较软	较硬
体躯结构	头部	背板较大、扁平、呈圆形	背板较小、隆起、呈椭圆形
	腹部	肥厚	较瘦
	第 21 体节背板	后缘扁平、呈圆形	后缘隆起、呈锥形
	泄殖孔	—	手挤压后突出两个泡形结构，内侧各有两个细小的棘刺
活动与反应		活动较少、反应迟钝	活动频繁、反应敏捷

二、蜈蚣的生长发育特点

蜈蚣从出生发育到成体，以及从成体到衰亡，要伴随一系列蜕皮现象。蜕皮是节肢动物生长发育的普遍现象，因为其体外被覆较硬的几丁质，限制了其发育，只有通过蜕皮方式才能解脱对骨骼的束缚，使其身体快速生长发育。蜈蚣从出生到性成熟要经过 8 次蜕皮，成为成体，成体一般再经过两次蜕皮后即衰亡了。因此，蜕皮是蜈蚣生长发育的重要标志，每次蜕皮后蜈蚣的体长和体重都有显著增加，在第 8 次蜕皮后蜈蚣性成熟，具备了繁殖能力，第 10 次蜕皮后，再经过第 6 个越冬期，母体在第 7 年夏季进行第 3 次产卵后开始衰亡。蜈蚣蜕皮时间、体长与体重变化情况见表 25－2。

表 25－2 蜈蚣蜕皮时间及体长与体重变化

蜕皮次数	蜕皮时间（独立生活后 d）	体长增加（mm）	体重增加（mg）
1	34～44	8.5	7.0
2	65～72	13.5	22.0
3	334～341	8.0	8.0
4	369～381	8.0	28.0
5	422～436	10.0	30.0
6	703～738	11.0	154.0
7	779～808	11.0	46.0
8	1 139～1 142	11.0	63.0
9	1 481～1 526	11.0	67.0
10	2 190～2 220	9.0	67.0

注：表中数据为对少棘蜈蚣的观察统计数据。

三、生活习性

（一）居所阴湿，喜欢群居

蜈蚣喜欢栖息在阴暗潮湿的地方，野生状态下常栖息于荒芜阴湿的草地、朽木、石隙下、柴堆草垛内、厨房墙角里、田野路旁边等。在猪舍、鸡舍周围的阴湿墙角也有蜈蚣栖息。

蜈蚣栖息时很多条聚居在一起，并且能够和睦相处，很少发生互相攻击和自相残杀现象。当栖息地小，聚居的个体多时，老的个体会主动走开，另觅栖息地。当两条蜈蚣相向爬行时，触角相碰即回避。

（二）昼伏夜出，胆小怕惊

蜈蚣是昼伏夜出动物，其虽有 8 只眼睛，但眼的视力均已经退化，尤其在白昼，其视力更差，白天两个蜈蚣相向爬行，却不能发现对方，只有触角相撞时才能感知对方。晚上 20 时到 24 时是蜈蚣的活动高峰，一般到凌晨 4 时左右蜈蚣陆续回窝休息。

蜈蚣非常胆小，稍受惊扰，就会停止活动而逃走（或卷缩不动），如果产卵的雌蜈蚣受到惊吓就会停止产卵，如果正在孵卵的蜈蚣受到惊吓就会把卵吃掉。因此，在蜈蚣的饲养管理上，必须保持饲养环境的安静。

（三）习惯舔舐，爱好清洁

蜈蚣经常用第 1 小颚末节与基节突起上稠密的绒毛、第 2 小颚末节背面上刷状刚毛，以及口中吐出的唾液舔舐触角、步足、巢穴和卵表面，保持其清洁，防止寄生虫、细菌和真菌的孳生与侵害。

第二节　蜈蚣的繁殖技术

一、生殖系统特点

（一）雌性生殖系统解剖结构特点

雌性蜈蚣生殖系统有卵巢、输卵管和纳精囊等器官构成。

1. 卵巢　位于消化道的背侧面，呈细长的圆筒状，成体的卵巢内壁有许多白色球状的胚细胞，其再进一步发育即成为富含卵黄的卵细胞。

2. 输卵管　输卵管与卵巢相连，二者无明显界限。在输卵管的尾部又分成两支，把后肠包围起来，并在后肠的腹面又汇合成一根与生殖孔相连。

3. 纳精囊　雌蜈蚣有 2 个纳精囊，与输卵管末端相连。交配后，精子贮存于纳精囊内，母体排卵时，卵子在此受精，使发育完全成熟的卵子在排卵时能与精子结合，成为受精卵而排出。

（二）雄性生殖系统解剖结构特点

蜈蚣雄性生殖系统由精巢、输精管、贮精囊、副腺和附属物组成。不同种类的蜈蚣精巢数量不同，每个精巢有两条细精管与中央的纵行输精管相连，输精管与射精管相连，射精管的末端开口于体外。在输精管内常存在若干椭圆形精胞。

二、配种与产卵

蜈蚣的母体一般在独立生活后的第 5 年性成熟，在当年的 5 ~ 9 月间求偶交配。交配一般在夜间进行，配种时雄蜈蚣爬到雌蜈蚣的侧背面，一侧步足全部翘起，此时雌体则侧仰，一侧步足亦翘起。不久雄蜈蚣从生殖孔排出一鞭状精包，送如雌蜈蚣的生殖孔内，交配结束。蜈蚣的交配过程约持续 30min，交配 1 次雌性蜈蚣可持续几年产出受精卵。在自然状态下 2 ~ 3 龄时，蜈蚣的雌雄比例为 1 : 1，4 龄以后雄性蜈蚣几乎没有了。人工饲养时雌雄比例为 10：1 比较适宜。

雌性蜈蚣产卵前有营巢行为。在产卵前 1 周左右，雌性蜈蚣在潮湿、松软的土层内用颚肢、口器和步足将土扒松，边扒边转，并用颚肢和步足将土团向外推移，逐渐在原处形成一个圆形（或椭圆形）巢穴，巢穴高 40～50mm，直径为 50～55mm，在接近产卵时，雌性蜈蚣将巢穴口用土团密封，其伏于巢穴中产卵。

蜈蚣每年春末夏初产卵，6 月下旬至 8 月上旬为产卵盛期。产卵时，蜈蚣呈“S”形盘曲于巢穴内，尾部翘在 8～9 体节的背板上，生殖孔不断地收缩与舒张，软皮外翻，向体外推移卵粒。开始产卵后约需 30min 排出第一粒卵，以后大约每间隔 2～3min 排出 1 粒卵，到排卵后期两次排卵间隔时间略长些。排出的卵为椭圆形、淡黄色、半透明，表面有一层黏液，将排出的卵粘成卵团。整个产卵过程约需 3h，一次排卵数为 20～60 粒，平均 40 粒。

三、孵化与胚胎发育

产完卵后，蜈蚣母体巧妙地翻身侧转，用前面的几对步足将卵团全部抱在身体前部的腹侧面的步足之间，使卵完全悬空，不与地面接触，以保证卵的清洁。在温度适宜的条件下，蜈蚣抱卵孵化需 35～45d，在孵化过程中，蜈蚣一直不离开卵和幼体，并经常翻动卵团和用口舔卵面，清除异物。

孵化过程中，胚胎经过卵黄裂、形成胚层、3 次蜕皮等发育过程，大体上分为 4 个时期：第一期—卵黄裂和胚层形成期；第二期—分节和器官形成期；第三期—器官形成期；第四期—器官发育基本完成期（性器官除外）。胚胎的发育特征见表 25－3。

表 25－3　蜈蚣胚胎的发育特征

孵化时间（d）	胚胎发育的主要特征
0～10	卵黄裂，形成中胚层、原肠及两侧胚条，开始分节
10～13	胚胎分节，出现触角原基
13～15	附肢原基和触角明显增长
16～20	进行第一次蜕皮，卵两端脱开
20～35	进行第二次蜕皮，卵呈月牙形，初具幼虫形态
35～40	进行第三次蜕皮，成为幼体，呈蛆虫状、乳白色，能在母体怀抱中爬动
40～45	幼体表皮几丁质增厚，体色加深，可以离开母体独立生活

第三节　蜈蚣的饲养管理

一、饲养方式

根据饲养蜈蚣的器具和处所不同可将蜈蚣的饲养方式分为 3 种，分别是箱养法、缸养法和池养法。

（一）箱养法

该法的主要饲养设备为饲养箱。饲养箱用 7～10mm 厚的木板和 15mm 的木条制成。

规格为600mm×400mm×300mm，箱内贴一层无毒塑料，箱口盖上铁纱，以防蜈蚣逃跑，避免木板受潮变形。选20片瓦片，四角用水泥做15mm高的小支脚，以5片为一叠，使瓦片之间有15mm高的缝隙供蜈蚣栖息。每个饲养箱可放4叠20块瓦片。在瓦片放入前，应将瓦片用清水洗净消毒，并使其吸足水分，以便保证蜈蚣栖息环境潮湿。饲养过程中要定期清洗瓦片，保持清洁卫生。

（二）缸养法

用一口中型缸，缸底铺一层碎石子，石子上盖一层200～300mm厚的饲养土（无农药、化肥污染的菜地土），饲养土上堆叠瓦片，堆叠高度要低于缸口150mm，缸口盖上铁纱。

（三）池养法

在室内（或室外）用砖与水泥建一个饲养池，池深500mm，大小可根据饲养面积与饲养规模确定。饲养池内壁贴一层塑料膜，池口盖上铁纱。池底铺100mm厚的饲养土，土上用砖和土坯做蜈蚣巢（图25－2），也可堆叠瓦片。

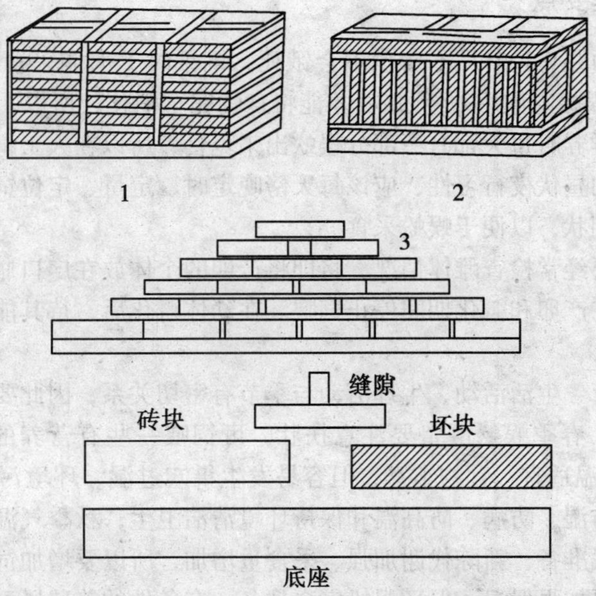

图25－2　立式蜈蚣巢示意图

1. 全卧砖式　2. 卧一立砖式　3. 砖、坯平卧式

以上3种饲养方式在饲养实际中可根据饲养规模、饲养管理水平和饲养地区等因地制宜的选择使用。

二、蜈蚣的饲料

蜈蚣的觅食能力强，性情凶猛，能捕食比自己大得多的小动物。所以其饲料来源非常广泛，主要动物性饲料有蛙类、蛇类、鱼类和昆虫及其卵与幼体，主要的植物性饲料有多汁蔬菜、瓜果类和青草嫩芽等。人工饲养时为了保证营养均衡，降低饲养成本，促进其生长发育，常使用配合饲料，表25－4列出常用的蜈蚣饲料配方供参考。

表 25－4　常用的蜈蚣饲料配方

饲料名称	配合比例（%）				
	配方 1	配方 2	配方 3	配方 4	配方 5
昆虫	70	—	—	—	—
动物肉泥	—	70	—	—	—
蚯蚓	—	—	60	35	—
地鳖虫	—	—	—	35	—
蝇蛆	—	—	—	—	40
鱼粉或蚕蛹粉		20	—	—	—
面包虫	—	—	—	—	30
熟土豆	20	—	30	20	20
青菜	10	10	8	9	9
矿物粉	—	—	2	1	1

三、饲养管理要点

蜈蚣耐饥饿能力强，1 个月不食也不会饿死，饥饿时 1 次能采食相当于自身体重的 1/5～3/5 的食物。蜈蚣吃饱后须经过 3d 才能将食物完全消化，所以，其并不是每天都采食饲料，但因为大群养时每天都有一部分蜈蚣出来觅食，所以在人工饲养时还应该每天饲喂 1 次。根据蜈蚣的昼伏夜行习性，应该每天傍晚定时、定量、定位饲喂 1 次。饲喂时将饲料切碎，调制成糊状，以便于蜈蚣采食。

在蜈蚣产卵期要经常检查雌体情况，将即将产卵的个体放在广口瓶中单独饲养，以防止其他个体惊扰。在产卵和孵化期间停止饲喂。在幼体孵化后，待其能独立生活时就将母子分开饲养。

蜈蚣的生长发育、生活活动、生理活动与季节有密切关系，因此要根据季节变化及时调整饲养管理措施。春季蜈蚣醒蛰要注意扶壮，可饲喂一些有营养的温水（如蛋黄水、葡萄糖水）；夏季气温适宜、食物丰富，但容易发生巢穴过湿、环境污浊、病原微生物孳生等现象，所以要防湿、防病、防高温和保持环境清洁卫生；秋季气温逐渐降低，蜈蚣将进行蜕皮，进入冬眠准备，新陈代谢加强、采食量增加，所以要增加饲喂量，为蜕皮和冬眠积累营养；冬季要加强保温，保证蜈蚣安全越冬，有条件的养殖场可以保持环境温度在 20～30℃，使蜈蚣不冬眠（恒温养殖），继续生长发育和进行正常的生活活动，研究表明恒温养殖可缩短蜈蚣生长周期，提前性成熟（15 个月），每年可以繁殖两次。

复习思考题

1. 蜈蚣的生长发育有何特点？
2. 蜈蚣有哪些生活习性？了解这些生活习性在饲养管理中有何意义？
3. 蜈蚣的繁殖有何特点？
4. 试叙述蜈蚣的饲养管理要点。

秋文然

第二十六章　地鳖虫

第一节　地鳖虫的生物学特性

一、种类与形态特征

地鳖虫（*Eupdyphaga sinensis*）俗名土鳖虫、土元。地鳖虫的种类很多，大致分为中华地鳖、滇地鳖、藏地鳖、冀地鳖和金边地鳖等，目前人工饲养的是中华地鳖虫，其属于节肢动物门（Arthropoda）、真节肢动物亚门（Euarthropoda）、昆虫纲（Insecta）、蜚蠊目（Blattodea）、鳖蠊科（Corydiidae）、地鳖属（*Potynhaga*）。地鳖虫广泛的分布于全国各地，是传统的中药材，主治跌打损伤、淤血肿痛和妇女血瘀经闭等。

中华地鳖虫雌雄异体，其形态见图 26－1。雌性成虫无翅，体长 30～35mm，体宽 25～30mm，体形扁平，呈卵圆形，背侧面呈棕褐色，腹侧面呈棕红色。头较小，向腹面弯曲，隐于前胸腹面，采食时伸出，并可见其颈部；口器为咀嚼式，大且坚硬；触角为丝状，长且多节；复眼发达，呈肾形，环绕于触角基部，单眼 2 个，位于两复眼之间上方。胸部由 3 节组成，前胸背板呈三角形，中间有花纹，中后胸背板较窄。腹部由 9 节组成，呈覆瓦状排列，其中 8～9 节向内收缩在第七节内。肛上板扁平，近似于矩形，中间部位有一小切口。胸部有较发达的 3 对足。腹部末端有 1 对较小的尾须。

雄性成虫有翅，体型略小于雌性成虫，体长 25～30mm，体宽 15～20mm。呈淡褐色，无光泽，但比雌虫鲜艳。头较小，触角粗壮。前胸呈波纹状，有缺刻。腹部有 2 对翅膀，较发达，前翅革质，后翅膜质，善于行走和飞翔。腹部末端上方有尾须 1 对，下方有腹刺 1 对。胸部有 3 对足。

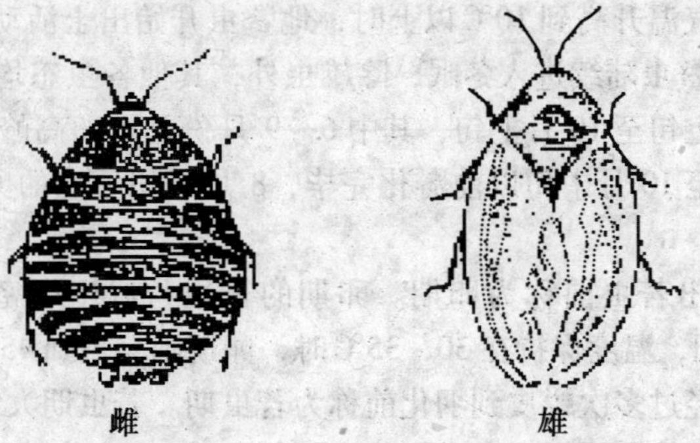

图 26－1　地鳖虫成虫的形态

二、生长发育特点

地鳖虫属于不完全变态发育昆虫，完成一个世代发育要经过卵期、幼虫（常称为若虫）和成虫3个阶段，在自然条件下历时2~4年，在适宜条件下历时10~18个月。

（一）卵期

从卵产出到孵化出若虫前称为卵期。卵期的长短与温度有密切关系，温度保持在25℃时，卵期约为60d，温度保持在30~35℃时，卵期则缩短到45d左右。地鳖虫卵产出时包在被称为卵鞘的革质袋中，卵鞘似豆荚形，呈棕褐色，长10mm左右，宽5mm，表面有数条纵纹，一侧呈锯齿状。每个卵鞘内按两行排列着2~30粒卵粒。健康的卵粒内呈清澈的水滴状，卵粒间粘在一起。

卵鞘在气温25℃以上时开始孵化，卵内胚胎开始发育，最适宜的孵化温度为30~35℃、相对湿度为70%~80%。孵化温度适宜时，孵化到15d，卵鞘外形饱满膨大，卵鞘重量显著增加（每1kg增重200g），卵粒内呈乳白色，卵粒间分开；孵化22d后胚胎已经似幼体形状；26~27d出现眼点和前脚背板；孵化到30d眼点呈淡黑色，前胸背板呈淡棕色；孵化到35d开始有若虫出生。

（二）若虫

刚孵化出来蜕去卵壳的若虫体色为白色，稍休息片刻，自行入土，开始独立生活。以后每隔25d左右蜕1次皮，从若虫到成虫，雄性要进行8次蜕皮，雌性要进行10~11次蜕皮。若虫蜕皮时，先在背部裂开一条缝，再从头部开始依次慢慢蜕皮，蜕皮过程约需4~6h，体质较弱的需12h。蜕皮后若虫体色呈乳白色，尔后逐渐变成米黄色、浅棕色、棕褐色。蜕皮后的若虫行动迟缓，不进食，须经过几小时后才开始进食，48h后进入暴食期。若虫进行完最后一次蜕皮即为成虫。

（三）成虫

雄性成虫寿命较短，经过第一次交配后，经过1个月左右死亡。雌性成虫寿命较长，一般为2~4年，产卵期为18个月，产卵高峰期为6~7个月。

三、生活史

每年4月上旬当气温升高到10℃以上时，地鳖虫开始出土活动，到10月中旬气温下降到10℃以下时，地鳖虫陆续进入冬眠，除雄虫外，其他各虫态均能越冬。常温饲养时，雌虫的产卵期为5月上旬至10月上旬，其中6~9月份是产卵高峰期。在5~8月份产的卵，可以在7月上旬至10月中旬以前孵化完毕，8月下旬后产的卵，要等到翌年6月末至7月初才开始孵化。

从卵产出到孵化出若虫前称为卵期。卵期的长短与温度有密切关系，温度保持在25℃时，卵期约为60d，温度保持在30~35℃时，卵期则缩短到45d左右。

从卵开始孵化，经过多次蜕皮到羽化前称为若虫期。若虫期大约6个月左右。若虫每蜕一次皮，增加1龄，雄虫要蜕8次皮，雌虫要蜕10~11次皮。整个若虫期的长短与温度、土壤湿度、饲养和个体状况有关。温度高、土壤湿度合适、饲养管理好、个体体质强，蜕皮速度快，若虫期短，反之则长。

若虫在发育过程中，蜕去最后一次皮就变为成虫。从成虫直至死亡前的这段时间称为成虫期。雌成虫的寿命为2～3年，雄成虫寿命较短，经过第一次交配后，1个月左右死亡。雌性成虫产卵期为一年半。

四、生活习性

（一）喜阴畏光

地鳖虫喜欢在阴暗、潮湿、含腐殖质丰富的地方生活，如枯枝落叶下、树根乱草中、朽木木质内、山石缝隙里。地鳖虫具有很强的避光性，白天潜土较深，夜间潜土较浅，白天隐藏，晚间出来觅食和活动。

（二）遇敌假死

地鳖虫有假死习性，当遇到敌害时，立即伪装成死亡，以逃避敌人攻击，有时，在蜕皮时也出现假死状态。

（三）冬眠习性

在自然状态下，每年10月中旬气温下降到10℃以下时，地鳖虫陆续进入冬眠，除雄虫外，其他各虫态均能越冬。在翌年4月上旬气温升高到10℃以上时，地鳖虫开始出土活动。

第二节　地鳖虫的养殖技术

一、繁殖技术

（一）生殖系统特点

地鳖虫雌、雄异体且异形。雌性生殖系统由卵巢、输卵管、生殖腔、生殖孔以及附属结构如卵萼、受精囊、副性腺等组成。卵巢包含有若干卵管，位于消化管的背侧。卵巢的两侧各有1条输卵管，两侧输卵管移行到身体后端汇合成一条总输卵管，末端与生殖孔相连开口于体外；在输卵管前端膨大成卵萼，供产卵时暂时储存卵粒，在生殖孔的前端背侧有其突出形成的长管状受精囊，是交配时接受精子的地方。此外，生殖腔背面有副性腺，产卵时能分泌胶质将产出的卵粒粘合在一起，形成特殊的卵鞘，并粘附在其他物体之上。

雄性生殖系统由精巢、输精管、贮精囊和阴茎组成。精巢在消化管的背侧左右各1个，由若干条小管组成，能够产生精子，与其相接的是输精管。输精管末端膨大形成贮精囊，是暂时贮存精子的地方。两条输精管与一条射出管相连，而射出管连接阴茎与生殖孔相通。此外，射精管的上端与能分泌黏液的副性腺相连，黏液有保护精子的作用。

（二）交配与产卵

1. 交配　成虫性成熟后，在繁殖季节则会出现发情。发情时，雄虫表现为：扑动翅膀，来回飞跑寻找雌虫。雌虫发情时，腹部会散发出一股特殊的物质（性诱激素），来引诱雄虫前来交配。当雄虫嗅到雌性诱激素气味后，会立即朝雌虫迅速爬来。前来求爱的雄虫争相与发情的雌虫交配，其中会有1只雄虫爬到雌虫背上，不断转圈，确认寻找无误时，立即调头与雌虫交配。此时，其他雄虫只好去寻找新的发情雌虫。雌雄交配时间一般持续30min左右。1只雄虫在60d的生命中可以与5～8只发情雌虫交配。雌虫交配1次，可以终生产受精卵。

2. 产卵　雌虫在交配后5d左右便可产出受精卵。产卵时，阴道副性腺分泌胶状液把卵粒粘合在一起形成卵鞘。卵鞘一般长2～10mm，呈豆荚形，一侧边缘有锯齿。每个卵鞘内紧紧排列两行卵粒，一个卵鞘内有2～30粒卵，刚产出的卵鞘为淡棕黄色，随着受精卵发育慢慢变为深褐色。地鳖虫在适宜温度下，整个活动期都可以产卵，6～9月份为产卵盛期。雌虫产卵间隔时间与气温高低有密切关系。在良好的饲养管理条件下，气温30℃时，3～5d产1枚卵鞘，25℃时6～7d产1枚卵鞘，而当降低为20℃时，则需8～12d才产1枚卵鞘。一般1只雌虫年产30枚卵鞘。通常卵鞘产在饲养土表层和近表层上，这有利于卵的孵化。

（三）虫卵的孵化

1. 孵化期　从卵鞘入孵到孵化出若虫所经历的时间称为孵化期。孵化期的长短与温度有密切关系，温度较高，孵化期短，温度较低，孵化期长。例如温度为26℃时，孵化期约为60d，温度为30～35℃时，孵化期则缩短到45d左右。

2. 孵化条件　地鳖虫卵鞘的孵化条件有温度、湿度和饲养土。

（1）温度：最适宜的孵化温度为30～35℃。温度低（30～26℃）胚胎发育缓慢，孵化时间延长，温度过低（26℃以下）胚胎发育停滞。

（2）湿度：最适宜的孵化湿度为70%～80%。如果湿度过低，卵鞘内水分散失过多，胚胎发育所需要的水分难以满足，往往造成失水死亡；但是湿度过高，大量的水进入卵鞘，这样会抑制胚胎的发育，孵化出来的若虫，身体虚弱，活动能力差。

（3）饲养土：要求土质疏松、颗粒大小适中、富含腐殖质、pH值为中性；适合地鳖虫的饲养土含水量为15%～20%。制作饲养土时，将炉渣摊放在阳光下暴晒消毒，并不断翻动、捣碎，晒干后用筛孔直径为2.0～2.5mm的筛子过筛，取松散的细粒备用。将沙土用同样方法过筛，去除石子等大块颗粒，取松散的细粒备用。将经过上述处理的两种细粒按1:1的比例混合均匀加水调节，使其湿度为20%左右即可使用。如果饲养土湿度过低，卵鞘内水分散失过多，胚胎发育所需要的水分难以满足，往往造成失水死亡；但是湿度过高，大量的水进入卵鞘，这样会抑制胚胎的发育，孵化出来的若虫，身体虚弱，活动能力差。

3. 孵化方法　地鳖虫的孵化方法有自然孵化法和人工孵化法。自然孵化法是将分期收集的卵鞘放在饲养土中，凭借自然温度进行孵化的方法。自然孵化时，通常1kg卵鞘与2kg的饲养土混合，饲养土的湿度为20%，空气湿度保持在50%～80%。这种孵化方法卵的孵化率低，孵化出的若虫体质弱，成活率低。人工孵化是将收集起来的卵鞘与饲养土混合后，用人工加温的办法，使孵化条件保持在适宜的范围内。这种孵化方法，卵的孵化率高，孵化出的若虫体质健壮，成活率高。下面详细介绍人工孵化法。

二、人工孵化技术

（一）卵鞘的收集与挑选

人工孵化的第一项重要工作是从饲养土中收集卵鞘。在地鳖虫的产卵盛期，每3～5d收集1次表层的卵鞘，因为这里产下的卵鞘最多，卵鞘和虫的接触机会也多，卵鞘易被损害，故应及时筛取。而对表层以下的卵鞘一般20d左右筛选1次，间隔时间短不但收集的卵鞘少并且会影响雌虫产卵，但间隔时间过长，卵鞘留在土中时间延长，受损的机会也增大。收集方法是先清除表面的各种杂物，如吃剩下的饲料、霉变的团块等，然后用筛子除去虫体和饲养土，留下卵鞘，最后把混在卵鞘中的杂物、土粒除去。

收集到卵鞘后，要对卵鞘进行挑选。合格的卵鞘为褐色，饱满，外壳两侧无明显起伏卵影，用拇指和食指捏住卵鞘的两端用力一挤，立即会发出较脆的响声，从有锯齿状一侧边缘小齿破裂处可以清楚地看到两排白色的卵粒，一般每排6粒左右（老龄虫产的卵鞘中卵粒较少）。不合格的卵鞘，从外壳上明显地看到起伏的卵影，可以辨认出卵鞘内卵粒的数量，有的表面已经干瘪、发霉、卵粒僵化或半僵化，有的卵鞘受损，卵粒外露、僵化、霉变等。在挑选时要剔除不合格卵鞘，选留合格卵鞘进行孵化。

（二）孵化前准备

孵化前先对孵化室、加热设施进行维修，对孵化室和孵化用具进行消毒，然后将孵化室的温度、湿度调节至孵化条件要求的适宜范围内。

将挑选好的卵鞘与含水量20%的饲养土按照1∶1进行混合拌匀，然后放入陶瓷缸或盆内，每个容器内放入卵鞘与饲养土的混合物的厚度为80mm，然后在表层盖上一层纱布。送入孵化室进行孵化。

（三）孵化过程管理

在孵化过程中主要做好如下几项管理工作：

1. 保持孵化室的温度、湿度　控制孵化室温度在30～35℃范围内，不低于28℃，不超过38℃。

2. 每天翻动一下饲养土与卵鞘　为了使温度、湿度均匀，并加强通风换气，有利于胚胎发育，出虫快、出虫整齐，饲养管理中每天要翻动一下饲养土与卵鞘。

3. 要做好饲养土保湿工作　保持饲养土湿度为20%。如果湿度过低，卵鞘内水分散失过多，胚胎发育所需要的水分难以满足，往往造成失水死亡；但是湿度过高，大量的水进入卵鞘，这样会抑制胚胎的发育，孵化出来的若虫，身体虚弱，活动能力差，难以成活。如果饲养土变得干燥时，要更换等量、等温的饲养土，切忌向已经变得干燥的饲养土中倒水或喷水，以防止堵塞卵的换气孔。如果饲养土过湿时，应加强孵化室的通风换气，降低孵化室的湿度，以促进饲养土的水分蒸发，使其含水量降低。

三、饲养管理技术

（一）饲养方式

地鳖虫的饲养的方式有缸（盆）养法、池养和箱养法3种，各种饲养方式中可以采用单层和多层进行饲养。选用饲养方式时，应根据饲养规模、本场饲养管理水平和本地区的环境条件确定。

1. 缸（盆）饲养法　缸（盆）饲养法，一般采用现有的陶瓷旧缸、盆，有条件的地方可制作统一规格的缸（盆）。缸、盆内壁要有光滑的釉质，并且不能有破损漏洞。缸口直径为500～1 000mm，高度为300～500mm。

饲养缸不能太高和太矮，太高不便于操作，太矮不便于饲养。饲养前先把缸（盆）洗净、消毒后晒干，在缸底铺上6～9mm厚沙土，沙、泥比例为2∶1，以帮助调节饲养土的湿度，在其上面铺180～200mm厚的饲养土（湿度为20%左右）。缸口盖上有能通气的铁丝网做的缸盖，在缸底及其周围撒些生石灰，防止蚂蚁等入侵。这种饲养方法适用于家庭小规模饲养。

2. 池养法　较大规模饲养地鳖虫，常采用池养的饲养方式。池养是在室内（或室外）用砖和水泥砌成长方形方格池。建造饲养池的房可选择地势较高、阴暗潮湿、通风的旧房。在平整的水泥地面用红砖沿窗建成单行或两行饲养池，两行的中间间隔 0.5m，池宽为 1.0～2.0m，池高 300～350mm。饲养池可根据需要再分隔成 2～3 个小池。饲养池的池壁内壁要用水泥或石灰抹平，使其光滑。如果能在四壁上方嵌上 5cm 左右的玻璃条，则更光滑，可防止地鳖虫外逃，池上面加盖，盖上留下通风孔。饲养前在池底铺上 50mm 左右的沙土，然后在上面铺上厚度为 200～250mm、湿度为 20% 的饲养土。这种饲养方式优点是不但提高了地面利用率，而且便于管理，饲养效果也好。

3. 箱养法　在室内用木板制成立体饲养箱，箱的规格为 1.0m×0.7m×0.48m。箱内铺 170～240mm 的饲养土。

（二）地鳖虫的饲料

1. 饲料种类　地鳖虫是杂食性动物，食性范围广，常用的饲料分为植物性饲料、动物性饲料和矿物质饲料 3 大类。

（1）植物性饲料：包括青饲料以及谷物籽实及其加工产品。青饲料有各种蔬菜叶、青草、水生植物、树叶、瓜果皮、番薯及水果等，青饲料含有各种地鳖虫生命活动所需要的营养物质，而且适口性好，但其水分多，粗纤维多，单纯喂青饲料不能完全满足其生长繁殖所需要的营养物质。谷物籽实及其加工产品如米糠、麦麸、饼粕等。因其粗纤维少，含淀粉或粗蛋白质较高，故又称精饲料。它能提供高能量或高蛋白质，但其所含营养物质不全面，而且价格较高，不能多用，只能作补充料；精饲料在饲喂前必须炒香但不可炒焦，这样既可提高适口性又能提高消化率。

（2）动物性饲料：动物性饲料包括鱼粉、蚕蛹粉、蚯蚓及鱼、虾、蟹、鸡、鸭肉等。其主要提供高水平的动物蛋白质，以满足地鳖虫生长繁殖中所需要的蛋白质。使用动物性饲料必须注意：一是要新鲜，不能腐败变质，以防地鳖虫感染疾病；二是最好烘干打成粉或煮熟后再喂地鳖虫，以提高消化率和适口性，防止消化不良。

（3）矿物质饲料：主要为畜禽、鱼类骨头。使用时要晒干、脱脂加工成细粉，混合于饲料中饲喂。提供钙、磷等营养。

此外，各种动物的粪便如牛粪、猪粪、鸡粪等也可作为地鳖虫的饲料。使用时一定要发酵、腐熟、晒干和粉碎后，再混入饲养土中供地鳖虫慢慢采食。否则在饲养土中发酵，不但会产生热量，使饲养土的温度升高、湿度降低，不利于地鳖虫生活，而且还会放出有害气体危及地鳖虫健康。

2. 饲料的配合与调制　在投喂饲料时，要进行科学的搭配饲料，既要注重营养丰富、营养全面和适口性好，又要注意采用成本低、来源广和本地容易解决的饲料。下面介绍一个饲料配方供参考（表 26－1）。

饲料在使用前应根据地鳖虫的消化特点、采食习惯和饲料特点进行精心调制。谷类、麦类、豆饼、花生饼等必须粉碎并炒香，青饲料、南瓜、番薯等瓜果类要切细切短，各种动物性饲料（鱼粉、蚯蚓粉除外）必须煮熟。饲喂时，先把谷物精料与鱼粉或其他动物性饲料混合均匀，加入矿物质粉、酵母粉等充分拌匀，再把鱼肝油与南瓜、番薯、青饲料充分拌匀，最后将两种拌匀的料再混合拌匀即可。配合饲料的干湿度要与饲养土相当，如果过湿会使饲料黏稠，不适宜地鳖虫咀嚼式口器的取食，且常粘在足上，既浪费饲料，又妨碍地鳖虫活动。但是过干了各种饲料难以粘合拌匀，不能完全取食而浪费饲料，并且还因取食不全而影响地鳖虫的生长繁殖。

表 26-1　不同龄期地鳖虫的饲料配方　(%)

常用饲料	龄期				
	1~3	4~6	7~9	10~11	成虫
玉米粉	12	10	10	10	10
碎米	5	7	4	4	8
麦麸	25	17	14	17	15
米糠	20	15	16	16	15
豆饼或花生饼	15	8	10	10	9
鱼粉或蚯蚓	6	6	6	6	6
土豆	10	20	20	18	18
青饲料	5	15	15	17	17
酵母粉	1	1	1	1	1
鱼肝油	1	1	1	1	1

（三）各龄期饲养管理要点

饲养地鳖虫时应该按照不同虫龄进行分池饲养，即把虫龄相近、体重大小差别不大的地鳖虫放养在一起，不能把大小若虫及成虫混养在一起。地鳖虫一般分为幼龄若虫、中龄若虫、老龄若虫和成虫。

1. 幼龄若虫的饲养管理要点　幼龄若虫指 1~4 龄若虫，此时的虫体大小形似芝麻。刚孵出时色白，蜕 2 次皮后呈浅黄褐色，幼龄若虫期约 2 个月。幼龄若虫虽然活跃，但觅食能力差，抗逆能力不强，是最容易死亡的阶段。另外，它们既不能栖息于饲养土的深处，又不能咀嚼一般的粗硬的青饲料。所以，饲养幼龄若虫的饲养土颗粒应细、含腐殖质高，湿度偏低。饲养缸、盆体积不宜太大，饲养土厚度以 60~80mm 为宜，饲养密度为 $1kg/m^2$ 左右。

刚孵出的幼虫至第一次蜕皮前，应将含水量 20%~30% 的干牛粪掺入饲养土的表层中。幼虫经一次蜕皮，即开始少量取食，但由于口器发育未健全，身体生长发育又需要较高的营养，同时消化功能较差，因此只能投喂营养价值高、容易消化吸收的精饲料，如炒香的糠麸类加少量鱼粉或蚯蚓粉。此外可投喂植物的花、嫩菜叶、南瓜丝等。每 1~2d 投喂 1 次，每次喂量是 1 万只幼龄若虫喂精料 500~1 000g。调制饲料时，要让精料尽量粘在青嫩饲料上，以利于幼虫采食精料，并可减少精料掉入饲养土中而发霉变质污染饲养土。

在饲养过程中要及时清除撒在饲养土上的饲料残渣，保持饲养土的清洁，同时定期洒水保持饲养土的湿度在 20% 左右。平常要注意观察幼虫的生长速度，及时调整饲料及分群。还应注意蚂蚁、螨等的入侵，一经发现，应立即采取措施，及早清除。

2. 中龄若虫饲养管理要点　中龄若虫指 4~7 龄若虫，生长期 3 个月左右。经两次蜕皮后变得形似绿豆大小，经过 3 个月左右则变成形似黄豆大小。随着虫体的长大，活动能力逐渐增强，栖息在表层30mm左右的地方，下深至60mm左右，由土表层中觅食开始出土觅食了。中龄若虫的采食量日渐增加，采食青饲料的能力日益增强，因此其抗逆能力也在不断地提高。

中龄若虫投喂的饲料可适当增加青饲料比例，而逐渐减少精饲料的用量。为了保证中龄若虫迅速生长和蜕皮的营养需要，蛋白质含量应不低于18%，在这一时期内要适当增加钙、磷营养，以满足其蜕皮和生长的需要，在饲料中可加入1%左右的酵母粉，以促进食欲、增强消化能力。中龄若虫觅食能力大幅度提高的时期，投喂饲料不宜散在饲养土上，应放在饲料板或饲料盆上，这样既可以防止浪费，又便于准确掌握中龄若虫的采食量，也便于把剩余的饲料及时清除，以免污染饲养土。喂料后饲料板或饲料盆应及时清洗、晒干，保持清洁，减少疾病的发生。饲料配合时应注意饲料的种类要相对稳定，变换饲料宜逐步进行，尤其是青饲料不能突然变换，以免产生拒食，影响饲料的消化，严重时还会发生互相残食，造成不必要的损失。

中龄若虫一般日喂1次，掌握好投喂量，原则上掌握精料先吃完，青料略有剩余，既要虫子吃饱，又避免浪费饲料。一般每次投喂量约每万只虫精饲料4～5kg，青饲料5～6kg。

中龄若虫饲养密度为2～3kg/m^2，饲养期间应随着其体重增加而不断分池，以免密度过大发生互相残食。

中龄若虫的饲养土厚度一般为80～140mm。由于投喂青饲料增加，故饲养土不但容易增大湿度，而且容易被残料污染，故应注意保持饲养土的适宜湿度，还要及时清除残料，保持饲养土的清洁，切实为中龄若虫提供一个良好的生活环境。

3. 老龄若虫的饲养管理要点　老龄若虫是指8～11龄若虫，从黄豆大小的中龄若虫经过3～5个月的饲养可长到蚕豆大小。老龄若虫在生长发育速度以及形态上没有根本的变化，只是中龄若虫的生长发育的继续，所以，饲养管理措施与中龄若虫相似。但由于老龄若虫最后变为成虫，由生长期转入繁殖期。所以饲料中的精饲料要适当增加，蛋白质含量不低于20%，青饲料则要适当减少。每万只老龄若虫每天要喂精饲料5～8kg，青饲料4～5kg。另外，饲料中蛋白质的含量也要有所提高，为将来提高产卵率和种卵质量打下良好的基础。饲养密度为3kg/m^{2}左右，养土厚度为140～160mm。

当老龄若虫进入9龄时，雄虫也渐趋成熟，继续饲养将会长出翅膀，失去药用功能，这时就要去雄留种。在自然情况下，雌、雄比例为13∶5，在人工饲养条件下，雄虫占总虫数的30%左右；一般认为在人工控制的条件下有15%的健壮雄虫，就完全可以满足交配需要，不会影响卵的受精和孵化。多余的雄虫可进行加工处理，提高单位面积产量，增加经济效益。

4. 成虫的饲养管理要点　老龄若虫完成最后一次蜕皮后，就变成了具有繁殖能力的成虫了。从老龄若虫进入成虫的时间很不一致，有的已经产卵，但有的还未完成最后一次蜕皮，这些老龄若虫会把雌虫所产的卵吃掉。为了减少卵的损失，应该及时把成虫与老龄若虫分开，一般一池老龄若虫往往要3次分池，老龄若虫才全部变成成虫。由于繁殖的需要，成虫所消耗的各种营养物质较多，因此，投喂的饲料应由粗转精，以米糠、麦麸为主，适当搭配鱼粉、豆饼等蛋白质饲料，并增加骨粉、鱼肝油的比例。此外适当加喂青饲料。饲养密度4kg/m^2，饲养土厚度16mm左右。

成虫的适应性强，抗病力也强，一般不患病。但也要经常检查，发现采食少、活动迟缓，白天不进入饲养土的不正常的成虫应立即查明原因，采取有效措施。

成虫产卵期一般为10个月左右，产完卵的老龄成虫，腹部瘪下去，身体变成扁平，体表失去光泽，这样的成虫体力衰竭，难以生存，应立即采收。

复习思考题

1. 地鳖虫生长发育有何特点？
2. 地鳖虫的孵化条件是什么？怎样进行地鳖虫的人工孵化？
3. 地鳖虫的饲养方式有哪几种？如何选用饲养方式？
4. 试叙述地鳖虫各龄期的饲养管理要点。

秋文然

第二十七章　蜜　　蜂

第一节　蜜蜂的生物学特性

一、分类与分布

蜜蜂在动物分类学上属于节肢动物门（Arthropoda）、真节肢动物亚门（Euarthropoda）、昆虫纲（Insecta）、有翅亚纲（Pterygota）、膜翅目（Hymenoptera）、细腰亚目（Apocrita）、蜜蜂总科（Apoidea）、蜜蜂科（Apidae）、蜜蜂亚科（Apinae）、蜜蜂属（*Apis*）。蜜蜂属有 6 个种，即大蜜蜂、黑大蜜蜂、小蜜蜂、黑小蜜蜂、东方蜜蜂和西方蜜蜂。大蜜蜂、黑大蜜蜂、小蜜蜂和黑小蜜蜂为野生蜂种，分布在我国海南、广西和云南等省（区），东方蜜蜂和西方蜜蜂又包括许多品种，多为自然品种，即地理种或地理亚种。

人类饲养蜜蜂已有几千年历史。我国饲养的蜜蜂主要有中华蜜蜂（Apis cerana）和意大利蜂（Apis mellifera）。蜜蜂经过人工选育其生产能力、繁殖能力和生活能力显著提高，下面介绍几个蜜蜂品种：

（一）中华蜜蜂

简称中蜂（属于东方蜜蜂），是我国的地方品种。工蜂体长 10～12mm；腹节背板黑色，有明显或不明显的褐黄环。生活在高纬度、高海拔地区的中蜂腹部色泽偏黑；生活在低纬度、平原地区的中蜂腹部色泽偏黄。雄蜂体长 11～14mm，体色黑或黑棕色，全身被灰色绒毛；蜂王体长 14～19mm，体色有黑色和棕红色两种，全身被覆黑色和深黄色绒毛；工蜂嗅觉灵敏，发现蜜源快，善于利用零星蜜源，飞行敏捷，采集积极，不采树胶，蜡质不含树胶。

中蜂的特点是抗蜂螨力强，盗性强，分蜂性强，当蜜源缺乏或病虫害侵袭时易飞逃；抗巢虫力弱，爱咬毁旧巢脾；易感染囊状幼虫病和欧洲幼虫病；蜂王产卵力弱，每日产卵量很少超过 1 000粒，但根据蜜粉源条件的变化，调整产卵量快；蜂群丧失蜂王易出现工蜂产卵。

（二）意大利蜂

简称意蜂（属于西方蜜蜂）为黄色品种。工蜂腹板几丁质黄色，第二至第四节腹节背板前缘有黄色环带，体长 12～14mm，绒毛淡黄色；喙长 6.2～6.9mm。

其特点为分蜂性弱，能维持强群；善于采集持续时间长的大蜜源；造脾快，产蜡多；性温和，不怕光，提脾检查时，蜜蜂安静；抗巢虫力强；意蜂易迷巢，爱作盗；抗蜂螨力弱；蜂王产卵力强，工蜂分泌蜂王浆多，哺育力强，从春到秋能保持大面积子脾，维持强壮的群势。

意蜂是我国饲养的主要蜜蜂品种。它的越冬性能不如东北黑蜂和其他欧洲黑蜂。意蜂除在华南亚热带地区越夏困难，除在西藏地区没有饲养外，在全国各地均有饲养。

（三）卡尼鄂拉蜂

简称卡蜂（属于西方蜜蜂），其大小和体型与意蜂相似，腹板黑色，体表绒毛灰色，喙长6.4~6.8mm。卡蜂善于采集春季和初夏的早期蜜源，也能利用零星蜜源；分蜂性较强，耐寒，定向力强，采集树胶较少；性温和，不怕光，提脾检查时蜜蜂安静；蜂王产卵力强，春季群势发展快；主要采蜜期间蜂王产卵易受到进蜜的限制，使产卵圈压缩。

（四）欧洲黑蜂

属于西方蜜蜂。工蜂体长12~15mm，腹部粗壮，背板黑色，有的在第二、三腹节背板有黄棕色斑，绒毛深棕色，喙长平均6.4mm。其特点为分蜂性较强；采集树胶多，怕光，检查时蜜蜂乱爬；蜂王产卵力较强，春季群势发展平缓；善于采集夏秋季的主要蜜源。

（五）东北黑蜂

属于西方蜜蜂。是卡蜂和欧洲黑蜂的杂交种，并混有意大利蜂的血统。体型与卡蜂相似，腹节背板黑色，绒毛灰色，喙长平均6.4mm。其特点为分蜂性较弱，耐寒，性温和，不怕光；蜂王产卵力强，春季群势发展快，善于采集流蜜量大的蜜源。

（六）我国选育的高产蜂种

1. 浙农大1号意蜂品种　浙农大1号意蜂品种是浙江农业大学、中国农业科学院、福建农学院、北京大学等单位协作选育的蜜蜂品种，是蜂蜜、蜂王浆双高产意蜂品种。其特点为蜂王浆产量高；春季群势增长率较大，采集、利用花粉较多；产蜜量与意大利蜂其他品系相当，而且在形态上和同功酶方面也产生了变化，是蜂王浆、蜂蜜双高产品种。早春的1kg蜜蜂（4框蜂），在7~8个月的生产期，可生产蜂王浆4kg。

2. 白山5号三交种蜜蜂　这是吉林省养蜂科学研究所选育成功的优良杂交种蜜蜂。其特点为繁殖力强，比普通意蜂高18%；产蜜量大，比普通意蜂增加30%以上；王浆产量高，比普通意蜂增加20%以上，越冬群势削弱率降低；越冬饲料消耗少。

二、蜂群的结构特点

（一）蜂群的结构

蜜蜂是母系群居、组织严密、分工明确的一种昆虫。蜂群是蜜蜂在自然界生存的基本单位，任何一只蜜蜂离开蜂群都无法生存。蜂群有蜂王、雄蜂和工蜂3种形态的蜜蜂个体组成（图27-1）。蜂群的结构与各个形态个体的分工见表27-1。

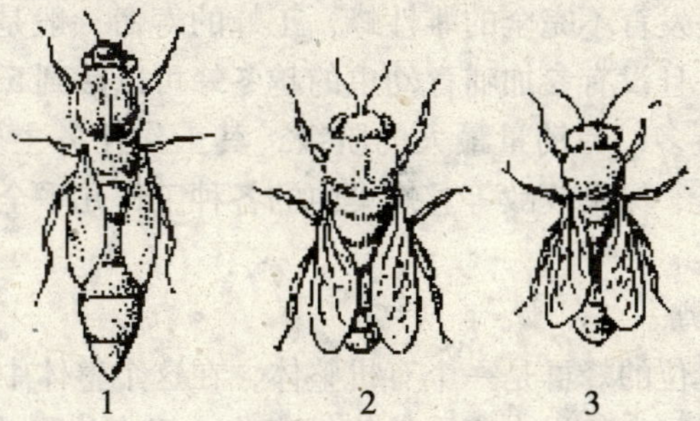

图27-1　蜜蜂的形态

1. 蜂王　2. 雄蜂　3. 工蜂

表 27-1 蜂群的结构与各个形态个体的分工

个体形态	蜂群中数量	生活位置	采食的饲料	形态特点	蜂群中的分工
蜂王	1只	大型蜂房（王台）	蜂王浆	体型大、具有发育完善的生殖器官	产卵、维持蜂群的群势
雄蜂	几十至几百只	中等蜂房	花粉、蜂蜜	体型粗壮，头部和腹部末端较圆，翅较长	与处女蜂王交配
工蜂	成千上万只	小型蜂房	花粉、蜂蜜	体型最小，第三对足有花粉刷和花粉筐	采集花粉、酿造蜂蜜、造脾、饲喂幼虫、清理卫生、侦察蜜源、守卫蜂群等

1. 蜂王　蜂王是受精卵在工蜂建造的王台由工蜂用蜂王浆培育而成。工蜂对蜂王台里的受精卵特别照顾，一直到幼虫化蛹以前始终饲喂蜂王浆，使蜂王幼虫浸润在王浆上面。蜂王浆含有丰富的蛋白质、维生素和生物激素，对蜂王幼虫的生长发育，特别是对雌性生殖器官的发育起重要的促进作用。随着蜂王幼虫的生长，工蜂把台基加高，最后封盖。羽化出房的新蜂王身体柔嫩，由工蜂给它梳理身上的绒毛，交配成功的处女王不久便开始产卵。处女蜂王交尾后除了分蜂以外，一般不再出巢。蜂王体型细长而稳重，寿命一般为3~5年，最长的可活八九年。

蜂王在蜂群中的分工是产卵，在春天和花期前后产卵量最高。其分泌的蜂王物质激素可以抑制工蜂的卵巢发育，并且影响蜂巢内的工蜂的行为。

2. 雄峰　雄峰是由未受精卵在较大雄峰房由工蜂培育而成的。在整个发育过程中，雄峰幼虫的食量要比工蜂幼虫大1~2倍。雄蜂生殖系统的发育需要较长的时间，羽化出房后还要经过8~14d才能达到性成熟。雄蜂性成熟时，其精巢内的精小管有大量的精子成熟，并逐步地排到贮精囊中，一般一个雄蜂的贮精囊中的精液量为1.5~2.0μl。1μl精液平均有精子750万个。精子的数量和活力对蜂群后代的遗传性状和发育具有直接影响。因此，选育优质遗传后代的种群作父本与选择优质蜂王同等重要。

雄蜂在蜂群中的分工是和处女王交配后繁殖后代，雄峰不参加酿造和采集生产。

3. 工蜂　工蜂与蜂王一样也是由受精卵发育成的。哺育工蜂对它们的照料不如对蜂王幼虫那样周到，仅在孵化后的头3d内饲喂蜂王浆，而自第四天起就只饲喂蜜、粉混合饲料。因为这种饲料的营养不如蜂王浆高，而且缺乏促进卵巢发育的生物激素。因此，工蜂的生殖器官发育受到抑制，直到羽化为成蜂，其卵巢内仅有数条卵巢管，失去了正常的生殖机能。所以，她们是发育不完全的雌性蜂，工蜂的寿命一般是30~60d。在北方的越冬期，工蜂较少活动，并且没有参加哺育幼虫的越冬蜂可以活到5~6个月。

工蜂是蜂群中工作最多，劳动量最大的阶级，其工作任务主要有采集食物、哺育幼虫、泌蜡造脾、泌浆清巢、保巢攻敌等。蜂巢内的各种工作几乎全由工蜂们完成。每群的工蜂量决定于蜂群的兴盛。

（二）蜂群的生活时期

作为蜜蜂基本生活单位的蜂群是一个有机整体，在这个整体中各个成员都努力维持其生存环境的相对稳定，但是自然界中四季的气候变化，极大地影响蜂群生活环境的稳定，为了适应四季的气候变化，蜂群在一年的生活和生产也进行相应地调整，大致分为4个时期，即：繁殖期、贮蜜期（生产期）、越冬准备期和越冬期。蜂群是从一个时期逐渐过渡到另一个时期，各个时期间没有明显的界限，但每个时期都有明显的特点。下面以意蜂为例说明各个时期的特点。

1. 繁殖期　繁殖期是指从蜂王恢复产卵至第一个采蜜期开始这段时间。依据蜂群内部变化情况，该时期又可分为越冬蜂更替阶段、群势发展阶段、青幼龄蜂积累阶段和自然分蜂阶段。

（1）越冬蜂更替阶段：该阶段从蜂王开始产卵到越冬蜂全部被新羽化的工蜂代替。开始，蜂王产卵数很少，越冬蜂（老蜂）死亡数多于羽化的新蜂数，使群势呈下降趋势；随着蜂王产卵数量的增多，新蜂的羽化数量也逐渐增加，新蜂羽化数与老蜂的死亡数达到平衡，大约经过30～40d，老蜂全部死亡，蜂群被新蜂取代完成越冬蜂更替。应该强调的是越冬蜂的死亡速度、越冬蜂的哺育新蜂的能力是由越冬期蜂群群势、生理状态和越冬前是否哺育过幼虫等因素决定的。进入越冬期的蜂群群势弱，蜂群维持越冬团所需的热量多，其消耗的能量和食物就多，个体衰弱，在越冬蜂更替阶段死亡的速度较快；反之，越冬蜂在更替阶段死亡速度也较慢。如果蜜蜂在越冬之前没有参加过哺育幼虫的工作，它们的舌腺和上腭腺仍保持在发育状态，越冬期结束后它们寿命较长，并且哺育能力也较强。

（2）群势发展阶段：该阶段从新蜂全部取代越冬蜂开始到群势达到8框以上结束。新蜂全部取代越冬蜂后，蜂群的哺育能力极大提高（每只越冬蜂平均哺育1只幼虫，而每只新蜂平均能哺育4只幼虫），由于蜂王的产卵量日益提高，被哺育的数量显著增加，因此，群势迅速发展壮大。该阶段经历时间的长短取决于蜂群进入越冬期前的群势。越冬前群势强，该阶段经历的时间短，越冬前群势弱，该阶段经历的时间就长。

（3）青幼龄蜂积累阶段：该阶段从群势达到8框以上开始到群势达到16框以上结束。当群势达到8框以上时，蜂王的产卵量还在继续提高，群内青幼龄蜂的数量不断增多。但是一只蜂王的产卵量毕竟有限，于是出现了越来越多的青幼龄蜂没有机会哺育幼虫的现象，这些工蜂就作为后备力量积累起来。

（4）自然分蜂阶段：自然分蜂是指蜂王和蜂群中大约半数蜜蜂飞离巢箱，将原巢箱留给即将羽化的处女蜂王和其余半数蜜蜂，由1个蜂群分成两个蜂群的现象。自然分蜂是蜜蜂特有的繁殖方式。当蜂群中青幼龄蜂积累到一定数量时，蜂群就开始建造雄蜂房，培育雄蜂。如果该群蜂王衰老，产卵量达到一定数量不再提高，大量适龄青幼蜂无事可做，就开始在巢脾边缘建造王台基；在大量雄蜂羽化时，工蜂就减少甚至停止用王浆饲喂蜂王，并迫使蜂王在王台基内产卵，开始培育新蜂王。当新蜂王即将羽化时，便出现自然分蜂。

2. 贮蜜期（生产期）　蜂群的繁殖期结束，就进入贮蜜期，从春季到秋季，只要外界有蜜源植物开花，外勤蜂都会外出采集花粉和花蜜，酿造蜂蜜。此期一个蜂群一天可采回几千克至十几千克的花蜜，在几天之内就酿造成几十千克的蜂蜜贮存起来。由于贮蜜期工蜂劳动量大，其衰老死亡快，蜂群的群势会有所降低。

3. 越冬准备期　在秋季，当最后的蜜源流蜜期结束后，老蜂就逐渐死亡，蜂群逐渐被新蜂代替。蜂群进入越冬准备期，新羽化的蜜蜂需要进行飞行排泄，将后肠道的粪便在飞行中排泄出去，否则，不能安全越冬。因此，在生产上要掌握好最后一批蜜蜂的羽化时间，保证其羽化后有一段适宜飞行排泄的气候条件（气温高于12℃，天气晴朗）。

4. 越冬期　当冬季来临，外界环境气温长期处于10℃以下时，蜜蜂就很少或停止出巢飞行，蜂王停止产卵。蜂群以蜂王为中心聚集在蜜脾（贮有蜂蜜的巢脾）上，形成一个蜂团。蜂团是在活动状态下越冬的，每个个体都以蜂蜜为食物，依靠群体产生的热量来维持每个个体生理活动所必需的体温。稳定的越冬蜂团一般内部温度为 14 ~ 30℃，外表面温度为 6 ~ 8℃（单个个体被冻僵的温度约为 5℃）。

应该注意，上述蜂群的生活时期的变化在四季分明的地区表现非常典型，而在四季气候变化不明显的地区，蜂群生活期变化的表现不同。例如，在华南地区，蜂群的生活时期没有越冬准备期和越冬期，但有越夏期，各个时期出现的季节也不同。

三、个体发育特点

（一）个体发育时间

蜜蜂是全变态昆虫，其个体发育需经过卵、幼虫、蛹和成虫 4 个发育阶段。同一发育阶段，不同形态的个体所需的发育时间不同，不同种类蜜蜂所需要的发育时间也不同（表 27 - 2）。此外，巢内温度和营养状况也会影响到个体发育时间。

表 27 - 2　西方蜂和中蜂个体发育时间比较　(d)

蜜蜂种类	蜂王			雄蜂			工蜂		
	卵期	幼虫期	蛹期	卵期	幼虫期	蛹期	卵期	幼虫期	蛹期
西方蜜蜂	3	5	8	3	7	14	3	6	12
中　蜂	3	5	8	3	7	13	3	6	11

注：西方蜜蜂包括意大利蜂、卡尼鄂拉蜂、高加索蜂、东北黑蜂等。

（二）个体发育过程

1. 蜂卵的发育　蜂王产的卵为乳白色，香蕉形，卵膜略透明。稍细的一端为腹部，朝向巢房底部；稍粗的一端为头部朝向巢房口。卵内的胚胎在适宜的条件（温度 32 ~ 35℃、湿度 75% ~90%）下，经过 3d 孵化，受精卵发育成雌性幼虫，未受精卵发育成雄性幼虫。

2. 幼虫的发育　幼虫为白色蠕虫状，初生呈“C”字形，随着虫体的长大，虫体伸直，头朝向巢房口。幼虫由工蜂喂养。工蜂如果在饲喂雌性幼虫的蜂王浆里加有蜂蜜和花粉，则这些雌性幼虫将发育成工蜂；工蜂如果在雌性幼虫期不间断地饲喂大量的蜂王浆，则这个雌性幼虫将发育成蜂王；雄性幼虫无论如何喂养都将发育成雄蜂。不同形态的个体幼虫的发育时间不同，蜂王 5d、雄蜂 7d、工蜂 6d。幼虫发育期末由工蜂将其巢房口封上蜡盖，幼虫在封盖巢房内的吐丝作茧后化蛹。封盖的幼虫和蛹统称为封盖子，有大部分封盖子的巢脾叫做封盖子脾（蛹脾）。工蜂蛹的封盖略突出，整个封盖子脾看起来比较平整。雄蜂蛹的封盖凸起，而且巢房较大，两者容易区别。

3. 蛹的发育　蛹期主要是把内部器官加以改造和分化，形成成蜂的各种器官。逐渐呈现出头、胸、腹 3 部分，附肢也显露出来，颜色由乳白色逐步变深。发育成熟的蛹，脱下蛹壳，咬破巢房封盖，羽化为成蜂。

4. 成蜂的发育　刚出房的蜜蜂外骨骼较软，体表的绒毛十分柔嫩，体色较浅。不久骨骼即硬化，四翅伸直，体内各种器官逐渐发育成熟，这个过程称为羽化。

蜂王羽化后成为处女蜂王，处女蜂王在羽化后 5 ~ 7d 性成熟，性成熟后的处女蜂王在晴朗的天气飞出巢箱外，在空中与 7～15 只雄蜂进行交尾，与其交尾的雄蜂精液贮存在蜂王的腹部的受精囊中。交尾后蜂王回到巢箱，经 2～3d 开始产卵（受精卵）。如果蜂王羽化后连续 2～3 周没有适合交尾的晴朗天气，就会错过交尾时机。由于其卵巢已经发育成熟，蜂王也会产卵（未受精卵），此后蜂王就不会再交尾了。

雄蜂羽化后 8～14d 性成熟，性成熟后，在晴朗天气飞出巢外与处女蜂王交尾。雄蜂交尾后随即死亡。

工蜂羽化后即开始承担劳务，日龄不同的工蜂承担的劳务任务不同。3 日龄的幼蜂承担保温、清理巢房等劳务；4～8 日龄的工蜂承担饲喂大幼虫的劳务；8～12 日龄的工蜂承担饲喂蜂王和小幼虫的劳务；12～18 日龄的工蜂承担泌蜡造脾、清理巢箱、接运花蜜和花粉、酿造蜂蜜等劳务；18 日龄以上的工蜂承担采集花粉、侦察蜜源、蜂群守卫等劳务。在大流蜜期，或蜂群内适龄采集蜂不足的情况下，工蜂的出巢采集日龄减小。习惯上，将承担巢内劳务的工蜂称为内勤蜂，将承担巢外劳务的工蜂称为外勤蜂。

四、营养与饲料特点

（一）营养特点

蜜蜂的生长发育、生理活动所要的营养物质与其他动物相似，主要有蛋白质、脂肪、碳水化合物、维生素、矿物质和水。这些营养物质的来源于蜂蜜、花粉和工蜂分泌的蜂王浆。我们知道花粉是工蜂采集的，蜂蜜是工蜂酿造的、蜂王浆是工蜂分泌的，因此，如果不过度采收蜂蜜、蜂王浆和蜂花粉，蜜蜂是不需人工喂饲的。

不同形态的蜜蜂营养来源不同；不同时期的蜜蜂营养来源也不同。各形态、各时期蜜蜂营养来源见表 27－3。

表 27－3　各种形态、各时期蜜蜂的营养来源

蜜蜂形态	卵	幼虫	蛹	成虫
蜂王	自身提供	蜂王浆	幼虫积累的营养	蜂王浆
雄蜂	自身提供	工蜂浆、舌腺分泌物、蜂蜜和花粉	幼虫积累的营养	蜂蜜、花粉、花蜜
工蜂	自身提供	工蜂浆、舌腺分泌物、蜂蜜和花粉	幼虫积累的营养	蜂蜜、花粉、花蜜

（二）饲料特点

1. 蜂蜜　是一种碳水化合物，几乎不含蛋白质，其在蜜蜂体内可以转化为脂肪和糖原，是蜜蜂的能源。

2. 花粉　是一种全价蛋白饲料，其富含蜜蜂所需要的各种蛋白质、氨基酸、维生素，也含有脂肪和矿物质。

3. 花蜜　花蜜的主要成分是糖类，因为其含有大量水分，所以花蜜为蜜蜂提供水和能量。

4. 蜂王浆　是工蜂舌腺与上颚腺分泌物的混合物，两者各占 50% 的比例。蜂王浆营养极其丰富，干物质蛋白质含量为 50%，含有 18 种氨基酸和丰富的维生素。

5. 工蜂浆　工蜂浆也是工蜂舌腺与上颚腺分泌物的混合物，但由于两者比例与蜂王浆不同，所以营养成分有显著差别，据分析，蜂王浆中泛酸含量是工蜂浆的 10 倍，其他的维生素，包括叶酸和生物蝶呤也要高得多。工蜂浆中舌腺分泌物约占 60% ~80%，上颚腺分泌物约占 40% ~20%。

第二节　蜜蜂的基础管理技术

一、饲养方式

蜜蜂的饲养方式有定地饲养和转地饲养两种。

（一）定地饲养

定地饲养应选择蜜源丰富、环境适宜的地方建立蜂场。养蜂场地周围 2 ~ 3km 范围内，全年至少要有一两种大面积的主要蜜源植物。养蜂场地要求背风向阳，地势高燥，不积水，小气候适宜。西北面最好有院墙或密林，山区应选山脚或山腰南向的坡地上，背有挡风屏障，前面地势开阔，阳光充足，场地中有稀疏的小树。冬春可防寒风吹袭，夏季有小树遮荫，免遭烈日暴晒。蜂场附近应有清洁的水源，若有常年流水的小溪，更为理想，可供蜜蜂采水。蜂场前面不可紧靠水库、湖泊、大河。

（二）转地饲养

实行有计划、有目的地转地饲养是充分利用蜜源资源，增加蜂产品产量和蜂群的繁殖能力，战胜自然灾害的有效措施。转地饲养又有两种形式。一种是长途转地饲养，称为大转地；另一种短途转地饲养，称为小转地。广大养蜂者为了充分利用蜜源资源，提高经济效益，追花夺蜜，积累了丰富经验，形成了多条放蜂路线（表 27 –4）。

表 27 –4　我国长途转地放蜂主要路线

东线			中线			西线			南线		
时间	地区	蜜源	时间	地区	蜜源	时间	地区	蜜源	时间	地区	蜜源
12 月	福建 广东	油菜	12 月	广东 广西	油菜	12 月	云南	油菜	12 月	福建 浙江	油菜
2 月 3 月	浙江 安徽	油菜	2 月	江西 湖南	油菜	2 月	四川	油菜	2 月 下旬	安徽	油菜
4 月	江苏	油菜 紫云英	3 月	湖北	紫云英	3 月 下旬	陕西	油菜 刺槐 苜蓿	4 月	江西	紫云英
5 月初	山东	刺槐	4 月 下旬	河南	刺槐 枣花	6 月	青海 宁夏 新疆	油菜 山花 棉花	5 月	湖南 河南	紫云英 荆条 刺槐
5 月 下旬	辽宁	刺槐 草木犀 苜蓿	6 月 中旬	河北或 北京	荆条				7 月	湖北	棉花 芝麻
6 月 下旬	吉林 黑龙江	椴树 胡枝子 向日葵	8 月初	内蒙古	向日葵 荞麦						
8 月初	内蒙古	向日葵 荞麦									

长途转地饲养需要有丰富的经验和有组织地进行，而且各项开支较大。以定地饲养为主，结合短途转地，有利于发挥蜂群的生产潜力，开展多品种生产，风险也比较小。

二、主要饲养设备

1. 蜂箱　蜂箱的种类很多，按照饲养蜜蜂的种类分为西蜂蜂箱和中蜂蜂箱，按照容纳巢框的数量分为十框标准蜂箱、十二框方形蜂箱、十六框卧式蜂箱，按照用途分为生产蜂箱、转运蜂箱和交尾蜂箱等。下面以十框标准蜂箱为例介绍一下蜂箱结构。

十框标准蜂箱由箱体（由规格完全相同的巢箱和继箱两部分组成）、箱盖（又称大盖）、副盖、箱底、巢框、隔板及闸板和巢门等组成。其样式见图 27－2，其规格见表 27－5。

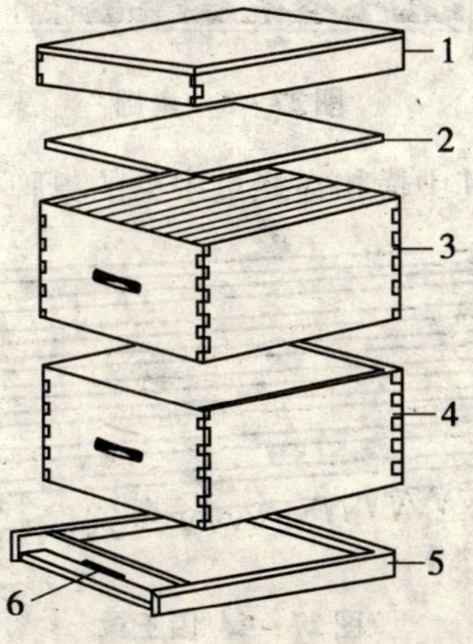

图 27－2　十框标准蜂箱

1. 箱盖　2. 副盖　3. 继箱　4. 巢箱　5. 箱底　6. 巢门

表 27－5　十框标准蜂箱规格　（mm）

结构名称	箱体内围	箱盖	副盖	巢框	隔板	闸板	巢门
长	465	555	510	448	448	448	—
宽	380	470	425	232	232	232	165（50）
高	265	—	—	—	—	—	9（8）
厚	22	20	10	上框 20 两端 10	10	10	—

2. 巢础　巢础是人工用蜂蜡制成的，两面布满六角形巢房房底的蜜蜂“房基”（蜜蜂自己也会自造巢础和巢脾，但形状不规则且不耐用）。巢础有西蜂巢础和中蜂巢础之分。其形状虽然相同，但每个“房基”大小不同在采购时应注意区分。西蜂巢础“房眼”宽约为 5.31mm，每 1 000mm^2 巢础两面约有 857 个“房眼”；中蜂巢础“房眼”宽约为 4.61mm，每 1 000mm^2 巢础两面约有 1 243 个“房眼”。巢础的样式见图 27－3。

3. 囚王罩　两端为塑料板，前后两面用直径为 2mm 的竹扦间隔 3mm 围成长方形的笼

图 27－3　巢础

状用具。使用时，将蜂王放在其中横扣在蜂巢中央的巢脾上，迫使蜂王停产（图 27－4）。

图 27－4　囚王罩

4. 蜂王诱入器　有扣脾诱入器和框式诱入器两种，见图 27－5。

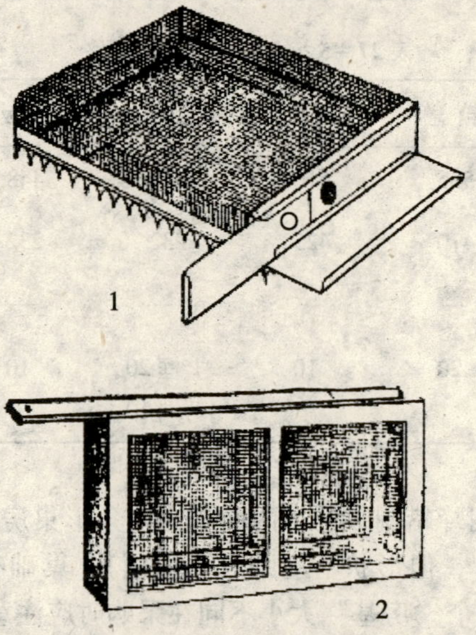

图 27－5　蜂王诱入器

1. 扣脾诱入器　2. 框式诱入器

5. 产浆框及育王框　产浆框及育王框是外形、长及高与巢框相似的木条框架，厚13mm（图27－6）。产浆框的两侧条之间平行安装3～5根扁木条，用以固定王台条。育王框的两侧之间平行安装2～3根扁木条，每根木条上等距离安装10～12个人工王台基。

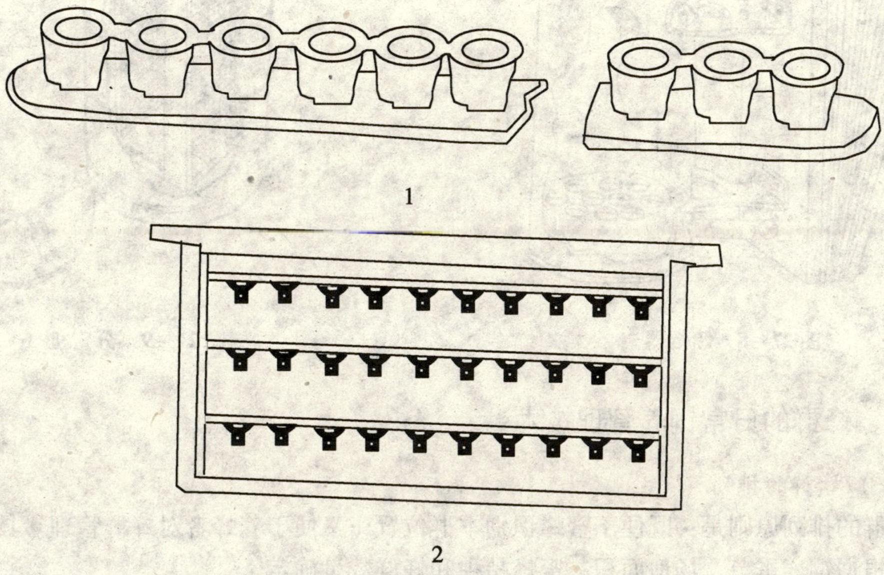

图27－6　王台条和育王框

1. 王台条　2. 育王框

6. 起刮刀　用钢材制成的小型蜂具（图27－7）。用以撬开被蜂胶粘紧的副盖、继箱、隔王板和巢脾等，刮掉上面粘着的蜂胶和蜂蜡，清除箱底的污物和巢虫。

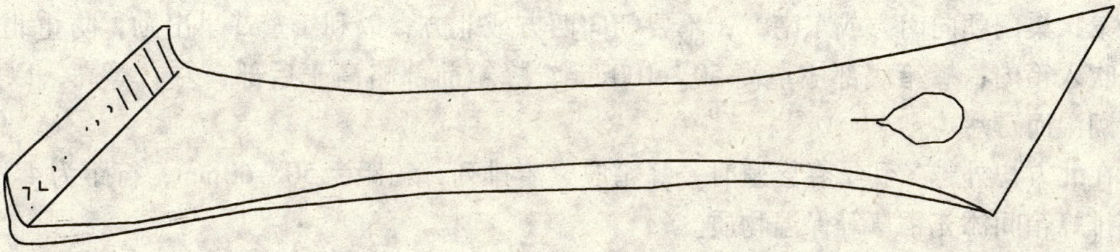

图27－7　起刮刀

7. 喷烟器　由发烟筒和鼓风箱组成（图27－8）。用于开箱检查蜂群时向蜂群喷烟雾，使蜜蜂攻击力降低，以便于操作。

8. 分蜜机　俗称摇蜜机。常用的是两框翻面式手动分蜜机（图27－9），使用时，将切除蜂房盖的蜜脾分别放在两个框架中，摇动手柄，利用快速转动产生的离心力将蜂蜜甩出。

除上述主要设备外，还有蜂扫、饲喂器、蜂王诱入器、隔王栅、面网和割蜜刀等。

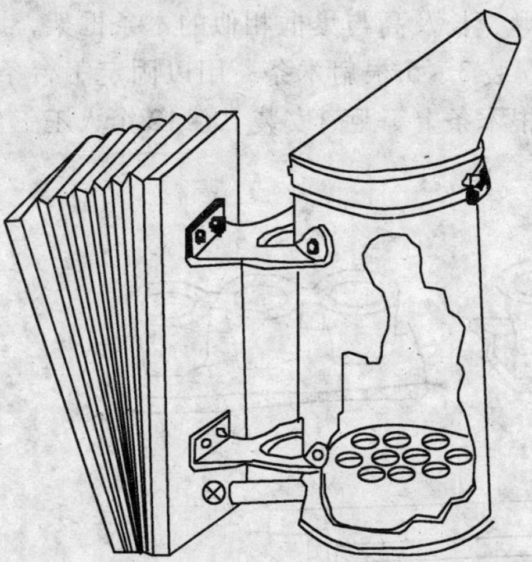

图 27－8　喷烟器

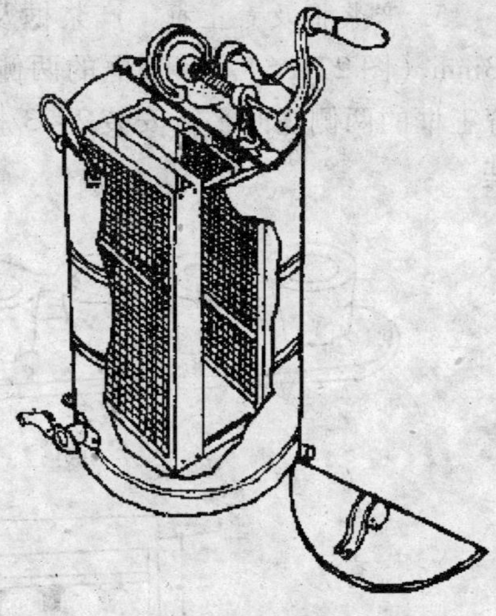

图 27－9　分蜜机

三、蜂群的日常饲养管理技术

（一）蜂群的排列

蜂群的排列原则是：既便于蜜蜂识别本群位置，又便于养蜂者对蜂群管理。具体排列方法应根据饲养季节、场地面积、蜜蜂品种和蜂群数量确定。

在生产季节，可以单箱排列也可以双箱排列。单箱排列时，单箱排列成若干排，同一排中相邻两箱的间距为 1m，相邻两排间距为 2m 以上；双箱排列时，两箱一组排列成若干排，同一排中相邻两组的间距为 1m 以上，相邻两排间距为 2m 以上。排列要求是：弱群放置于前排，强群放置于后排，这样可以防止弱群蜜蜂因迷巢而导致弱群更弱；相邻两排蜂箱要交错放置（即后排的蜂箱对着前排蜂箱的空挡），以便于后排蜂箱中的蜜蜂出勤与回巢；巢门朝向南方或东南方，不要朝向西方或北方，以利于蜜蜂早出勤，防止北风或西风吹入箱内；蜂箱底部应垫高 50～100mm，蜂箱前部略高于后部，左右等高，以防止箱底潮湿而霉烂。

在北方户外越冬和早春繁殖时，蜂箱应紧凑排列，箱距为 50～60mm，行距为 4～5m。在各排蜂箱间添充稻草等保温物质。

在交尾期，蜂箱分散放置在蜂场周围，箱门朝向不同方向，并且充分利用地形、地物作标志，防止蜂王交尾后回巢时误巢。

（二）蜂群的检查

1. 箱外观察　在饲养管理蜜蜂过程中，要经常到蜂箱附近观察蜜蜂的行为、活动情况和死亡蜜蜂的尸体状况，据此判断蜂群内的大致情况，发现问题及时进行开箱检查处理。

（1）根据死亡蜜蜂的尸体判断蜂群状况：在蜂群越冬期或早春，若发现蜂箱前有碎蜂尸体，表明发生了鼠害；在晴朗天气，若发现巢门前突然有大量死蜂，尸体表现为喙伸出、翅张开、腹勾曲，有的后足上还带有花粉团，表明该群蜜蜂发生了农药中毒；在夏秋季节，若发现巢门前有死蜂尸体，许多蜜蜂拥挤在巢门口且情绪紧张，表明该群蜂遭到了敌害侵袭。

（2）根据蜜蜂的行为判断蜂群状况：在越冬后期，若个别蜂群不管天气好坏不断往外飞，或在巢门前爬出爬进，提起蜂箱感到很轻，表明缺乏饲料；箱底死蜂成堆，死蜂腹缩小，喙伸出，说明蜂是饿死的；在早春或贮蜜期，若发现蜂群采蜜懈怠、带回的花粉少、有的蜜蜂在巢门口乱爬、振翅，表明蜂群失去了蜂王；在分蜂季节，个别蜂群很少有蜜蜂出去采集，许多蜜蜂在巢门前形成“蜂胡子”，有的蜜蜂在咬巢门，说明蜂群出现分蜂热；蜜源稀少时，巢门前有蜜蜂抱团厮杀，进巢蜂腹小，出巢蜂腹大。这是发生盗蜂的迹象；在繁殖和生产季节，若发现不断有一些体格弱小、翅残缺的蜜蜂爬出箱外，可能是遭受了螨害。

2. 开箱检查　开箱检查就是打开箱盖和副盖，将巢脾提出巢箱外进行检查。开箱检查要在天气晴朗、气温在59℃以上时进行（在夏季应在上午10时以前或下午16时以后进行）。检查操作方法是：操作者站在蜂箱一侧，检查蜂群时动作要轻，如遇蜂胶粘住处，可用起刮刀轻轻撬动一下，再进行操作。检查蜂群提脾方法是用双手捏住左右框耳，将巢脾轻轻垂直提出蜂箱外，查看正面巢脾蜜蜂情况，若看另一面时，用双手沿着巢脾平面方向，转动90°，这时一手在上，另一手在下，再以框梁为轴转动180°后，双手沿着巢脾平面方向，转回90°，这时整张巢脾转到框梁上方。这样操作主要是防止巢房内的蜂蜜外流和花粉外落。在繁殖季节，一般1周检查1次，但在夏季3～4d检查1次，在缺少蜜源时，应减少检查，以免造成盗蜂。

开箱检查因检查目的不同分为全面检查和局部检查。全面检查是对蜂群逐框进行检查，仔细观察蜂群内全部情况，包括蜂王有无、产卵情况、有无自然王台、蜜蜂数量、子脾情况、蜜脾情况、蜜粉脾情况、有无蜂螨等。局部检查是为了解蜂群某种特定情况。如检查饲料是否够用时，可抽边脾或第三脾上两角有封盖蜜，说明贮蜜短期够用；框梁上和巢脾上部分出现白色新蜡，表明外界有蜜源，可考虑加脾或加继箱；盖布下、边脾上充满蜜蜂，表明可以加脾。

开箱检查时应注意下述问题：（1）操作者不能站在蜂箱的正面，以免挡住巢门，妨碍蜜蜂进出蜂箱；（2）操作时动作要轻，以免震动蜂群，给检查增加难度；（3）不要轻易使用喷烟器，只有在蜂群被激怒、无法提脾检查时再使用喷烟器；（4）在气温低的季节检查速度要快，检查时间要短，以免巢内热量散失过多；（5）查看巢脾时操作者应背对太阳，双手提脾，使巢脾与地面垂直，在蜂巢的正上方查看，让光线照射到巢脾上，以便看清巢房，防止蜂王、稀蜜和花粉团掉落。

（三）移动蜂群

移动蜂群是指近距离地将蜂群从一处移到另一处。蜜蜂辨别方位能力很强，且对蜂箱位置有暂时的记忆能力。蜜蜂的飞翔半径一般为2～3km，远的可达5km，在蜜蜂习惯了的飞行区域内，不能随意移动蜂箱位置，否则会有许多蜜蜂回到原来位置。所以近距离移动蜂群应逐渐进行。若要想前后移动，每次可移动0.5～1.0m；若要想左右移动，每次移动300～500mm；若要将蜂群移动10～20m应每天按照上述移动的距离逐渐移动到目标位置。若要近距离搬迁蜂场，其直线距离至少在5km以上；如果必须移动到距原址5km以内的位置，应该在原址留下装满空脾的蜂箱，以收容返回原址的蜜蜂，移动到新址后，在不危及蜂群安全的时间范围内，尽量晚点打开巢门，使蜜蜂注意新场址地形、地物。

（四）诱入蜂王

失王的蜂群、淘汰老劣蜂王的蜂群、人工分蜂时分出来的新蜂群，都需要诱入蜂王。诱入蜂王的方法有直接诱入法和间接诱入法两种，下面分别介绍。

1. 直接诱入法　在傍晚时，将新蜂王身上喷上少量蜜水后，放置于无王蜂群的巢门口，让其自己爬入蜂箱中，或放置于巢脾的框梁上，让其自己爬上巢脾。此法可在大流蜜期使用，在早春使用此法，成功率也较高。直接诱入法安全性低，一般不要轻易使用。

2. 间接诱入法　从无王蜂群中提出一张子脾，抖落子脾上的蜜蜂，用扣脾诱入器将蜂王扣在该子脾的空巢房和少量蜜房的位置上，再将该子脾放回蜂群中，使诱入器处于两张子脾之间。经过1～2d后，将扣有蜂王的子脾提出蜂箱外观察，如果诱入器上只有几只蜜蜂，表明新蜂王已经被蜂群接受，可以取下诱入器，将蜂王释放；如果诱入器上聚集许多蜜蜂，则表明蜂王未被蜂群接受，不能取下诱入器，再过1～2d进行重复观察，直至诱入器上只有几只蜜蜂时，才能取下诱入器，释放蜂王。也可以将一张子脾连同新蜂王一起放入框式诱入器内，插入蜂群中，经过3～4d后，取出诱入器将蜂王释放。

（五）合并蜂群

当蜂群失去蜂王而又没有贮备蜂王和成熟王台或蜂群过于弱小而不利于繁殖、生产和越冬时，应该将蜂群合并。合并蜂群就是将两个或两个以上的蜂群合并成为一个蜂群。合并蜂群的方法有直接合并法和间接合并法。

1. 直接合并法　在越冬期和越冬蜂更替阶段，将无王蜂群的脾与蜂一起直接放入有王蜂群中，无王的蜂脾与有王的蜂脾靠拢一起，因为天气寒冷，不会相互争斗，合并容易成功；在生产期，将有王蜂群放在蜂箱一侧，将无王蜂群放在蜂箱的另一侧，两群蜂的巢脾间隔一个巢框梁的距离或中间放一块隔板，同时再向两群蜂中喷一些稀糖水或喷一些烟，第二天再将两群蜂靠拢在一起。

2. 间接合并法　傍晚时，将无王群的蜂与脾一起放到有王群的蜂箱中，两群蜜蜂间用带有许多小孔的报纸隔开，经过一段时间，蜜蜂会自己将报纸咬破相互混合，一般经过1～2d后取出破碎报纸，将两群蜂靠拢在一起，就合并成功了。

合并蜂群时应注意：（1）要将无王群合并到有王群，将弱群合并到强群中，并且在合并前将无王群中的王台全部毁掉；（2）将失王时间长，出现工蜂产卵的蜂群拆散，分别合并到几个有王蜂群中。

（六）人工饲喂

一般情况下，蜜蜂是不需要人工饲喂的。但在巢内缺少饲料而外界又没有蜜源、为了刺激蜂王产卵和工蜂哺育幼虫的积极性等情况下，应对蜂群进行人工饲喂。饲喂蜜蜂的饲料有蜂蜜、糖水、花粉和水。

1. 饲喂蜂蜜　根据人工饲喂的目的饲喂蜂蜜有补足饲喂和奖励饲喂两种方式。在巢内缺少饲料蜜而外界又没有蜜源时，进行的人工饲喂就是补足饲喂。补足饲喂一般用浓稠的饲料（浓糖水、稀蜂蜜）。浓糖水的配制方法是用2份的纯净白砂糖与1份的开水充分地搅拌均匀；稀蜂蜜的配制方法是用4份的无病害、无污染蜂蜜与1份的开水充分搅拌均匀。饲喂方法是在每天傍晚用框式饲喂器进行饲喂，根据群势大小，每晚饲喂1.5～2.0kg。在巢内虽然有贮备饲料，但为了刺激蜂王产卵和工蜂哺育幼虫积极性进行人工饲喂称为奖励饲喂。奖励饲喂使用的饲料为稀糖水（40%～50%）或蜜汁。饲喂方法是在每天（或隔天）傍晚用瓶式饲喂器进行饲喂，根据群势大小每次饲喂0.3～0.5kg。

2. 饲喂花粉　当蜂巢内没有花粉贮备，外界又缺乏花粉来源而影响蜂群正常繁殖时，需要人工饲喂花粉；人工育王，为了保证处女王和雄蜂质量，需要人工饲喂花粉。饲喂花粉方法是用适量的蜂蜜或浓糖水将花粉调制成柔软的花粉饼，放在贮存花粉的粉脾框梁上，让蜜蜂自由采食，每周饲喂1次，每次饲喂100～300g，如果没有天然花粉，也可以用新鲜的豆饼粉、炒熟的大豆粉和食用的酵母粉等花粉代用品。这些代用品既可以单独使用，也可以混合使用。一般常用大豆粉与食用酵母5∶1的混合物。

3. 饲喂饮水　在春繁时，将清洁的饮水灌入瓶式饮水器内进行饲喂；在夏季，可在蜂场内放几个装满清洁饮水的水盆，水面上再放几个薄木片，供蜜蜂自由饮用；在运输途中，可用空脾灌一些清洁饮水放在蜂箱边脾位置，供蜜蜂自由饮用。饲喂饮水时，可以在水中加0.1%左右的食盐，以补充其对无机盐的需要。

（七）修造巢脾

从春末到秋初，只要外界有丰富的蜜源，群势较强的有王蜂群都可以修造巢脾。蜂王开始产卵的人工分蜂群、自然分蜂的新蜂群和刚开始流蜜时的蜂群造脾积极性高。修造巢脾时，首先人工将巢础安装在巢框上，安装了巢础的巢框称为巢础框。

当蜂群内巢脾的框梁上出现白色新蜡时，将巢础框放入蜂群内造脾。巢础框一般放在蜜粉脾与子脾之间，一般每群放入1个巢础框，造好1框再加1框；强群造脾能力强，速度快，可以每次放入2个巢础框。为了提高造脾速度，可以在晚间人工饲喂一些糖水。

（八）收捕蜂团

离巢的蜂团有两种，一种是自然分蜂时，由原群中分出来的蜂团，另一种是饥饿、蜂箱内环境恶劣和敌害侵入等因素而导致的蜜蜂弃巢迁飞的蜂团。收捕蜂团时，应根据蜂团的位置确定收捕措施。如果蜂团离地面很低（如在很矮的树枝上）可以将有适当数量巢脾的蜂箱放在蜂团的正下方，然后用力振动树枝，使蜂团被震落到蜂箱内（或将树枝剪下，将蜂团抖落到蜂箱中）；如果蜂团距地面较高（在屋檐下或较高的树枝上），可将1张巢脾绑在竹竿（或木杆）的一端，举至接进蜂团，引诱蜜蜂上脾，待巢脾上爬满蜜蜂时，取下该巢脾，放入空蜂箱内，盖上箱盖，关闭巢门，然后再换1张脾用同样方法引诱，直至蜂王爬上巢脾后，立即用扣脾诱入器将蜂王扣在巢脾上与前几个巢脾放入同一个蜂箱中，打开巢门，让其余蜜蜂自己飞回蜂箱内。

第三节　蜂群的阶段管理

根据一年四季的气候变化和蜜源植物的生长发育特点，蜂群在一年的生活和生产也进行相应地调整，大致分为4个时期，即：繁殖期、贮蜜期（生产期）、越冬准备期和越冬期。针对蜂群在各个时期的生理活动、生活活动、生产活动的特点，在养蜂生产实践中，不同的时期应该采取相应的管理措施。

一、繁殖期的蜂群管理

（一）刺激蜜蜂进行飞行排泄

蜂群的繁殖期正值自然界的春季。在越冬期间，蜜蜂因无法出巢活动和飞行，其只得将粪便积累在后肠中。冬季时间长的地区，蜜蜂后肠积累的粪便重量甚至高达其体重的50%。初春，由于气温的变化对蜂群的刺激及蜜蜂对季节变化的本能反应，蜂群的活动加强，产热量增多，使蜂团中心温度升高。因温度的升高，蜂王开始产卵，蜂群为了保证仔蜂的生长发育温度（34～35℃），就必然增加采食量，从而加快了粪便的积累速度。因此，在繁殖期来临时，首先要尽早刺激蜜蜂进行飞行排泄。

刺激蜜蜂飞行排泄，先清理蜂场，清除积雪，如果蜂群在室内越冬的应该在晴朗无风的天气将蜂箱移到室外，按照室外越冬的方法排列蜂箱。当气温达到15℃、阳光照射到蜂箱上时，取下箱盖，使阳光温暖蜂巢，刺激蜜蜂出巢飞行，进行排泄。

（二）检查蜂群和整理巢脾

在天气晴朗、气温较高的时候对全场的蜂群进行一次快速检查，检查的同时对巢脾进行整理。检查时间要选择在上午11时至下午15时。检查的内容有：蜂群的饲料情况、蜂王情况和蜂群群势等。如果饲料不足，应该加蜜粉脾（或蜜脾）；如果群势较弱，可将两个较弱蜂群放在同一个蜂箱中，两群之间用闸板隔开，以利于保温；如果群势过弱或失去蜂王应该将该群并入其他蜂群；清除箱底的死蜂尸体、蜡屑和污物；紧缩巢脾，抽出多余空脾，使蜂多于脾，一般做法是3框蜂使用2张脾，4框蜂使用3张脾；缩小巢脾间距离（蜂路），一般缩小至8～9mm，使蜂王集中产卵，便于工蜂调节巢内温度，有利于幼虫发育。

（三）加强保温和奖励饲喂

早春，蜂群管理仍然应该注意保温。保温的措施有：箱底垫草帘或干草；箱体盖上草帘；蜂箱之间填充干草；用保温材料填充蜂箱内没有巢脾的空间；适当地减少开箱检查的次数和缩小巢门。

春繁时，为了满足蜂群对蜜、粉、水和无机盐的需要，刺激蜂王产卵和工蜂哺育幼虫积极性进行人工饲喂（奖励饲喂）。否则将影响幼虫和幼蜂的发育。

（四）防治蜂螨

蜂群内没有封盖子脾时，是防治蜂螨的最佳时期。因此，在早春利用蜂王刚刚产卵时，群内没有或封盖子脾很少时，抓紧防治蜂螨。自蜜蜂进行第一次飞行排泄开始后，每次开箱检查时，每一箱蜂都使用防治蜂螨的药物进行防治。连用2～3次，即可控制蜂螨。防治蜂螨的常用药物有很多种，如螨扑（有效成分为氟胺氰菊酯）、杀螨剂1号（有效成分为双甲脒）、溴螨酯、硫萘合剂、甲酸和生化硫粉等。但在早春防治蜂螨时，应使用水剂，不宜使用熏蒸。

（五）扩大产卵圈和蜂巢

产卵圈就是蜂王在巢脾上的产卵范围。产卵圈的大小直接关系到着蜂群的发展速度。蜂王刚恢复产卵时，产卵圈很小，以后逐渐扩大，产卵圈面积越大，蜂群发展速度越快，因此，要适时扩大产卵圈。当巢脾上的封盖蜜面积大时，可以从巢脾中间向四周分期将蜜房盖割开；如果巢脾的前部是产卵圈，后部是封盖蜜，可将位于中间部位的子脾相间隔地前后调头，并分期割开蜜房盖；当蜜源植物大量开花，巢内的蜜、粉限制了产卵圈（或产卵圈与花粉房掺杂），应将刚封盖的子脾调到边脾（蜜粉脾）的内侧，把即将出房的子脾调到蜂巢中央，以便于新蜂出房后，腾出巢房供蜂王产卵。

适时扩大蜂巢是繁殖期加速蜂群发展的关键。当边脾内侧各张巢脾上的产卵圈都扩大到巢脾底部时，则可继续加脾。开始加脾时，用颜色较深的优质旧巢脾，加到边脾内侧，待蜂王产卵后，再调到蜂巢中间。以后可以逐渐加颜色稍浅的旧巢脾、新脾和半成脾并且可以直接加到蜂巢中央。当蜂箱中的巢脾加满时，则停止扩大蜂巢，使蜜蜂数量增加，巢脾上蜜蜂的密度加大，大到蜂、脾相称。

（六）强群的培育和保持

蜂群的生产能力与蜂群群势存在密切关系。群势强的蜂群，其生产能力也强。强群是蜂产品高产的基础，因此，应该根据蜜源植物开始流蜜的时间，实施培养强群和保持强群。

1. 培养强群的措施

（1）及时加继箱：加继箱的方法是从巢箱中提出3～4张封盖子脾、1～2张大幼虫脾和1～2张蜜粉脾放入继箱中，然后在巢箱和继箱内分别加1～2张空脾。

（2）更换老劣蜂王：将蜂群中老蜂王、伤残蜂王和产卵力弱的蜂王及时淘汰，在该蜂群失王几小时后用间接诱王法诱入1只产卵力强的新蜂王。

（3）奖励饲喂：春繁时，为了满足蜂群对蜜、粉、水和无机盐的需要，刺激蜂王产卵和工蜂哺育幼虫积极性进行人工饲喂（奖励饲喂），否则将影响幼虫和幼蜂的发育。

（4）造脾：在大流蜜期来临之前，应该充分利用外界辅助蜜源抓紧造脾，促进蜂群发展，预防分蜂热。

2. 保持强群的措施有　（1）有计划地更换蜂王；（2）保证巢内饲料充足；（3）预防蜂病和农药中毒；（4）调控蜂王产卵和调整子脾；（5）预防分蜂热。

二、生产期的蜂群管理

根据生产期的生产目的、蜂群特点、气候条件和蜜源状况等，在生产期应该对蜂群分别采取相应的管理措施。下面依据生产目的，结合蜂群特点、气候条件和蜜源状况分别介绍蜂群生产期管理技术。

（一）生产蜂蜜的蜂群管理

1. 采蜜群的组织　在蜜源植物大流蜜期来临前，应该培养强大的群势。使分蜂性弱的品种有15～20框的群势；使分蜂性强的品种也达到10框以上的群势。如果群势没有达到上述要求应该人工组织采蜜群，具体方法有：（1）在大流蜜期来临前15～20d，将副群封盖子脾及其青、幼年蜜蜂一起补充到主群；（2）在大流蜜期即将到来时，将副群蜂箱与主群蜂箱并列排列，在开始大流蜜时，将副群蜂箱移开，使副群蜂箱中的外勤工蜂飞入主群；（3）将双王群中的1只蜂王移出，使其成为强势的单王群。将蜂箱分成生产区和育虫区，生产区安排在继箱（无王），育虫区安排在巢箱（有王），巢箱与继箱间加隔王板。

2. 控制蜂王产卵　为了提高蜂蜜产量、充分利用蜜源，可以根据蜜源特点适当地控制蜂王产卵。在蜜源植物流蜜期短、两种相邻蜜源植物流蜜期间隔1个月以上，或者采集一年中最后一个蜜源情况下，应在蜜源植物开始流蜜5～7d内，适当控制蜂王产卵。控制蜂王产卵的方法是在巢箱内只留下卵虫脾、刚封盖的子脾和蜜粉脾，取出空脾和封盖子脾，没有供蜂王产卵空脾。将取出的封盖子脾放入继箱，封盖子脾间加入空脾，供贮蜜使用。

3. 注意蜂箱的通风和遮荫　气温高的季节，应该开大巢门，扩大巢路，打开通风纱窗，以便蜂巢内通风，使花粉中的水分快速蒸发；在炎热的天气要给蜂箱遮荫，防止阳光直射蜂箱；在炎热干燥的天气可以给蜂群采水降温，方法是将空脾灌半巢房的清水，每3～4d灌1次。

4. 合理取蜜　生产期取蜜的原则是只取生产区的蜂蜜，不取育虫区的蜂蜜；初期早取、中期稳取和后期少取。主要植物大流蜜后2～3d内进行第一次取蜜，以刺激工蜂采集的积极性；到流蜜盛期，一定等到蜜脾封盖后（蜂蜜成熟）再取蜜，不要见蜜就取，以提高蜂蜜质量，如果空脾都装满蜂蜜，但没封盖，应再加空脾（或巢础框）来扩大生产区；当继箱内装满巢脾时，可以在继箱下再加一个继箱，当第二个继箱所有蜜脾即将装满时，将第一继箱的蜜脾提出来取蜜，取蜜后将第一个继箱放置于第二个继箱下，如此循环取蜜；主要蜜源植物大流蜜后期，要少取多留，每群留2～4张蜜粉脾，保证蜂群有足够的饲料。

（二）生产王浆蜂群的管理

1. 组织产浆群　生产蜂王浆应选择分泌蜂王浆能力强的品种。在生产蜂王浆前1～2d，用8框蜂以上的蜂群组成产浆群。巢箱为育虫区（有王），继箱为生产区（无王）。巢箱与继箱间加隔王板。巢箱由外向内依次为蜜粉脾、即将出房的封盖子脾、空脾，继箱由外向内依次为蜜粉脾、封盖子脾、幼虫脾。

2. 培养适龄幼虫　生产蜂王浆需要大量适龄幼虫，在组织好产浆群后，要加强适龄幼虫培养。培养适龄幼虫方法是在全场选择1/3的蜂群作为供虫群（供虫群最好是双王群或新分群）。在移虫前4d，将空脾放入供虫群的育虫区，让蜂王产卵，第五天该空脾上就会出现大量的虫龄整齐的幼虫。

3. 移虫　从产浆群中取出经过工蜂清扫过的产浆框，再从供虫群中取出供虫脾。用移虫针沿幼虫的蜂房壁直插入蜂房底部，将18～24h虫龄的幼虫（虫体呈新月形、蛋清色）连同房底的浆汁取出，再将移虫针伸入王台基底部，用食指轻轻推压移虫针推杆，将幼虫推入王台基底部。移好幼虫的产浆框应尽快放入产浆群的生产区，插在两张幼虫脾之间（或幼虫脾与封盖子脾之间）。将移好幼虫的产浆框放入产浆群的生产区的过程称为下框。在第一次下框前的1～2h，应该在生产区内预留出放入产浆框的位置，并且喷上稀糖浆，引诱工蜂聚集该位置。一般每个产浆框安装3～5个王台条（单浆框），为了增加王浆产量，也可以将产浆框加宽，在每个安装王台条的位置安装两个王台条，每个产浆框安装6～10个王台条（称为双浆框）。在产浆群群势有8框蜂时，放入一个单浆框；当产浆群达到14框蜂时，放入一个双浆框；群势特强时，可放入两个双浆框。

4. 产浆群的管理　（1）及时调整产浆群的蜂巢，保证生产区内有足够的蜜粉脾和育虫脾，保证育虫区有空脾供蜂王产卵。（2）产浆群内必须有充足的蜜、粉储备，蜜粉不足时，应该立即人工饲喂糖浆和花粉。（3）在炎热的天气应该加强蜂巢的通风和遮荫。

三、越冬准备期的蜂群管理

为了使蜂群安全越冬，保证翌年春繁，促进蜂群稳产高产，在秋末应积极做好越冬的准备工作。越冬准备期蜂群管理的主要任务是调整蜂群、储备越冬饲料、防治蜂螨。

（一）调整蜂群

1. 培育适龄越冬蜂　在秋季羽化出房后，经过飞行排泄，没有参加过哺育和采集劳务的蜜蜂，称为适龄越冬蜂。因为适龄越冬蜂没有哺育过子蜂，其各种腺体均保持初期发育状态，越冬后，仍具有较强的哺育能力，以保证蜂群在翌年春季的正常繁殖和发展。培育适龄越冬蜂应该在秋季最后一个主要蜜源植物流蜜中期开始，到蜂王停止产卵时结束。

在秋季最后一个主要蜜源植物流蜜中后期，一定要在保证蜂群饲料充足和蜂王有产卵空房的前提下取蜜，使蜂王有足够的产卵圈产卵。如果子脾上的贮蜜限制了产卵圈，应将蜂蜜取出，扩大产卵圈；将贮蜜多的封盖子脾调入继箱，向巢箱中加一张空脾，供蜂王产卵；及时取出封盖蜜脾留作越冬饲料。

在秋季最后一个主要蜜源植物流蜜结束后，取出多余的巢脾，保持蜂与脾相称。注意蜂箱保温，进行奖励饲喂，以促进蜂王产卵。

2. 淘汰老劣蜂王　在秋季最后一个主要蜜源植物流蜜的中后期，将全场的蜂群中老劣蜂王淘汰，诱入用夏秋季培育的优质新蜂王。

3. 迫使蜂王停产　培育适龄越冬蜂的工作到秋末的一定时间（北方到9月中下旬，南方到11月中旬）就应该结束，否则太晚羽化出房的工蜂由于气候因素而无机会进行飞行排泄，无法安全越冬。迫使蜂王停产一般使用“囚王断子法”，其方法是将蜂王关在囚王笼中，挂在蜂巢中间的巢脾上，等气温下降至蜂群基本停止活动时，再将蜂王从囚王笼中放出，此时蜂王已经停产。

（二）防治蜂螨

在蜂王停产后，蜂巢内没有子脾时，应该进行防治蜂螨。用治螨药物喷洒蜂巢，每4d一次，连续2~3次，使蜂螨寄生率降低到最低限度，使蜂群翌年健康繁殖和生产。

（三）储备越冬饲料

储备越冬饲料最好的办法是选留封盖蜜脾。在秋季最后一个主要蜜源植物流蜜期内，给每群选出4~5张脾面平整、无雄蜂房、蜂王已经产过几次卵的巢脾，放在继箱中，巢脾之间距离8~9mm，使蜜蜂贮蜜，等其封盖后，从继箱中取出，放入空蜂箱中备用。选留蜜脾的数量，应该根据越冬时间长短和蜂群群势强弱确定。在北方越冬和春繁的蜂群，平均每框蜂需要贮存1~1.5个蜜脾，在南方越冬和春繁的蜂群，平均每框蜂需要贮存0.5~1个蜜脾，此外在秋季粉源充足时，还应给每群选留两张花粉脾。

四、越冬期的蜂群管理

（一）布置越冬蜂巢

蜂王停产后，就应该着手调整蜂群、布置蜂巢。尽量使全场蜂群的群势达到5~6框蜂，将群势为2~3框蜂的弱群合并；当外界气温下降到夜晚趋于结团，白天还能出巢活动时，就应该布置越冬蜂巢。布置蜂巢应根据蜂群的群势确定。群势为3框左右的弱群，可采取双群同箱越冬，用闸板将蜂箱隔成两个相等小室，每个小室放一个弱群，每群各开一个巢门，半蜜脾放在隔板两侧，整蜜脾放在半蜜脾外侧，脾数多于蜂数（3框蜂放4张脾），在冬季时，两群蜂就会以隔板为中心结成一个蜂团，以利于保温；群势为5~6框蜂的蜂群采用平箱越冬，平箱越冬是只用巢箱而不用继箱的蜂群越冬方法，蜂巢中部放半蜜脾，整蜜脾放在半蜜脾两侧，脾数多于蜂数（5~6框蜂放6~7张脾）；蜂群的群势在

7框以上时，需要加继箱越冬，巢箱与继箱之间不安装隔王板，各放置8~9张脾，将整蜜脾放在继箱中，半蜜脾和空脾放在巢箱中。

（二）越冬蜂群排列和包装

1. 越冬蜂群的室外排列与包装　当气温下降至0℃以下时，在准备放置越冬蜂群的位置铺上一层砖，砖上铺上一层100mm厚的干草，将蜂箱排列在干草上。每10箱一排，箱与箱之间留50~60mm的间隙，间隙用干草填满，箱后、箱上及每排箱的两侧用草帘包裹，箱的前壁用草帘覆盖。

2. 越冬蜂群的室内排列　当外界最高气温下降至0℃以下时，应该将蜂群由室外移入室内。室内越冬蜂群的排列方式有两排式和四排式两种，如果采用两排式（每排3层，强群在上，弱群在下），应靠越冬室两侧墙壁排列，中间留出管理通道，巢门朝向管理通道；如果如果采用四排式，应靠越冬室两侧墙壁排列两排，在中间背靠背排列两排，中间留出两条管理通道，巢门朝向管理通道。

（三）越冬群的管理

1. 室外越冬群的管理　（1）调节巢门，保持巢内温度基本稳定：当外界温度过低（-20℃以下）时，可用棉絮轻轻挡住巢门。（2）防止鼠害：巢门不能开得过高，防止老鼠进入，每半个月左右用铁丝钩掏一次箱底死蜂尸体，如果发现许多碎蜂尸体和蜡屑，表明已经发生鼠害，应该立即采取措施。（3）经常巡视蜂场，注意防火、防盗和防止畜禽干扰。（4）及时清除积雪。

2. 室内越冬群的管理　（1）越冬室的温度应该保持在-4~4℃，湿度保持在75%左右。用通气口的开大与缩小来调节越冬室温、湿度。蜂群移入越冬室后的前几天，每天检查一次温、湿度，待其稳定后，每5~10d检查一次。（2）经常巡视越冬蜂箱，可以贴近蜂箱听蜂群是否异常，每15d左右用铁丝钩掏一次箱底死蜂尸体，如果发现许多碎蜂尸体和蜡屑，表明已经发生鼠害，应该立即采取措施。（3）越冬后期，每2~3d检查一次蜂群。

第四节　蜂产品生产技术

养蜂的目的是获得蜂产品，蜂产品有两大类，一类是外源性蜂产品，是指蜜蜂从自然界采集原料经过其加工而成的产品，包括蜂蜜、蜂花粉和蜂胶；另一类是内源性蜂产品，是指蜜蜂体内各个腺体的分泌物，包括蜂王浆、蜂蜡和蜂毒。

一、蜂产品的用途

1. 蜂蜜的用途　蜂蜜是一种营养丰富的滋补品，常用于心脏病、高血压、贫血、便秘、胃和十二指肠溃疡、神经系统疾病等慢性病的辅助治疗；蜂蜜还用于食品、中药、化妆品、烟草、酿造等加工业。

2. 蜂花粉的用途　蜂花粉具有明显的降血脂作用，可以预防心血管疾病；蜂花粉具有调节内分泌、抗疲劳、抗缺氧等作用；经常服用蜂花粉可以增强机体的抗病能力；因此，在临床上常用于治疗慢性前列腺炎、心脑血管疾病和习惯性便秘。

3. 蜂胶的用途　蜂胶具有广谱抗菌作用，可杀菌、防腐、消炎、镇痛和促进组织再生，临床上其被用于治疗皮肤病和口腔炎；作为防腐剂、护肤剂、抗氧化剂，其广泛的被用于日用化工、食品、农产品贮藏和轻工业等。

4. 蜂王浆的用途　蜂王浆是医疗保健品，能够调节机体代谢，对于慢性肾炎、肺结核、放射病、甲状腺机能减退、更年期综合征都有一定的疗效；在家畜饲料中添加少量蜂王浆，可以提高其生产能力。

5. 蜂蜡的用途　蜂蜡用于制作养蜂用的巢础；因为蜂蜡具有韧性好、绝缘性强、防水、防腐蚀等特性，所以也广泛用于医药、电子、机械、纺织、农业、化工和光学仪器制造等。

6. 蜂毒的用途　在医学上，蜂毒主要用于治疗风湿、类风湿、肩周炎、神经痛。对于某些代谢病、支气管哮喘也有较好的疗效。

二、蜂产品的主要成分和性质

（一）蜂蜜的主要成分和性质

蜂蜜是蜜蜂从植物体上采集到的花粉或其分泌物，经过蜜蜂加工酿制而成的味道香甜的胶状液体，贮存于巢脾内，作为蜂群的主要营养源。

蜂蜜的主要成分是碳水化合物，约占75%，其次是水约占18%，此外还有少量的蛋白质、氨基酸、维生素、矿物质、有机酸和酶类。蜂蜜中的糖类主要是葡萄糖和果糖（约为80%～90%），其他为二糖（如蔗糖、麦芽糖、棉子糖等）、三糖（如松三糖、麦芽三糖）和多糖（如糊精）。

常温常压下，成熟纯净的蜂蜜为半透明的胶状液体，味香甜，呈白色至深琥珀色，密度为1.401～1.443g/cm^3。蜂蜜容易结晶，在13～14℃时最易结晶，温度低于10℃时结晶速度减慢，27～30℃时不结晶；蜂蜜具有吸湿性和排湿性，当空气湿度大时，蜂蜜从空气中吸水，当空气湿度小时，蜂蜜中的水分蒸发到空气中，即暴露于空气中的蜂蜜与空气中的水分呈动态平衡状态，高浓度的蜂蜜在潮湿的环境中会变稀，稀蜂蜜在干燥的环境中会变浓；蜂蜜也能发酵，在蜂蜜中存在着酵母菌等微生物，由于蜂蜜含糖量太高，很多酵母菌与其他微生物在蜂蜜中不能繁殖，但是耐糖酵母菌可以在蜂蜜中繁殖，引起蜂蜜发酵，蜂蜜发酵与水分含量和环境温度有关，水含量超过17%时就有可能发酵，超过21%时发酵速度加快，温度低于10℃时蜂蜜不易发酵，温度较高时蜂蜜容易发酵；除以上性质外，蜂蜜还具有黏滞性、旋光性和折光性。

（二）蜂花粉的主要成分和性质

蜂花粉营养丰富、成分复杂，被誉为“微型营养库”。新鲜蜂花粉含水量约为20%～30%，含蛋白质15%～36%，氨基酸有20种（其中包括人体所必需的8种氨基酸），糖类约占干物质的1/3，主要是葡萄糖和果糖，脂类含量平均为9.2%（含有人体所必需的多种不饱和脂肪酸），此外，蜂花粉还含有多种生物活性物质（如：黄酮类、酶类、激素类、核酸）、矿物质和微量元素等。

蜜源植物不同，花粉颜色也不同（例如：油菜花粉团的颜色为黄色、葵花粉团的颜色为橘红色、荞麦花粉团的颜色为暗褐色等）；新鲜花粉团一般都有特殊的香味，但不同蜜源植物的花粉团的味道也不相同；因为蜂花粉营养丰富，有利于微生物生长繁殖，因此其易发霉变质；因为新鲜蜂花粉常混有虫卵，所以其易被虫蛀；蜂花粉有吸湿性，可吸收空气中的水分。

（三）蜂胶的主要成分和性质

蜂胶的主要成分是酮类化合物，此外还有有机酸、醇类、酚类、醛类、酯类、醚类、维生素和矿物质等。

蜂胶为棕黄色和棕红色（也有棕褐色或灰褐色，因来源不同而异）的不透明固体，其味芳香而微苦，密度为1.1 g/cm^3；蜂胶的硬度随温度变化而变化，低于15℃时变硬，36℃时变软，60℃熔化；不溶于水，可溶于乙醇、易溶于氢氧化钠、乙醚、氯仿、丙酮和苯等；蜂胶能抑制多种细菌、真菌和病毒的生长与繁殖，因此具有广谱抗菌作用。

（四）蜂王浆的主要成分和性质

蜂王浆中水分为65%～70%，干物质为30%～35%。干物质中主要为蛋白质、氨基酸、碳水化合物、脂类、矿物质，此外还含有维生素、酶、激素、核酸、王浆酸和未知因子等。

蜂王浆为乳白色或浅黄色、有光泽、奶油状物，味酸涩、味甜、略带辛辣、具有特殊香味，密度为1.1g/cm^3；蜂王浆呈酸性，pH值为3.9～4.1；蜂王浆可被水蒸气水解，对光敏感，遇热不稳定，将其长时间放置于有水蒸气、光和热的环境中，易导致生物活性降低甚至消失；蜂王浆部分溶解于水，其余部分形成悬浊液，部分溶解于酒精，并产生蛋白沉淀，完全溶解于浓盐酸和氢氧化钠溶液；常温下，蜂王浆易被氧化。

（五）蜂蜡的主要成分和性质

蜂蜡的主要成分为脂肪酸酯类、饱和脂肪酸和少量未知因子。蜂蜡为白色或淡黄色固体，有特殊香味，密度为0.96 g/cm^3，熔点较低，在62～67℃时熔化；不溶于水、微溶于乙醇、易溶于乙醚、氯仿和苯等；此外蜂蜡有可塑性、润滑性、绝缘、防水、防锈等。

（六）蜂毒的主要成分和性质

蜂毒的成分非常复杂，目前还没有完全测定明确，已知的有多肽类、酶类、生物胺、碳水化合物、酯类等。工蜂刚排出的蜂毒为透明的液体，具有特殊的芳香气味，pH值为5.0～5.5，密度为1.1g/cm^3；蜂毒易结晶，在常温下很快结晶成针状或粉末状固体；蜂毒易溶于水、不溶于乙醇；容易被微生物破坏而变质；可被氧化酶或氧化物破坏。

三、蜂产品生产技术

（一）蜂蜜生产技术

1. 蜂蜜采收　蜂蜜的采收（取蜜）通过脱蜂、割盖、分离和过滤4道工序完成。

（1）脱蜂：将蜜脾提出，用双手拇指、食指和中指紧握蜜脾的两个框耳，用力突然上下抖动几下，将脾上蜜蜂抖落到继箱内，然后再用蜂帚将剩余蜜蜂扫入继箱内。

（2）割盖：将一个洁净的隔王板放在一个洁净的塑料盆上，一只手握住蜜脾的一个框耳，将其竖放在隔王板上，另一只手持割蜜刀，将蜜脾上的蜜房封盖割开。

（3）分离：分离蜂蜜也称为摇蜜，目前我国使用的是两框翻面式手动摇蜜机，将割盖后的两张蜜脾放在两侧，由慢到快手摇转柄，停下时再由快到慢缓慢停止。

（4）过滤：在摇蜜机的蜂蜜出口处，安放1个滤蜜器（或16～18目的网状漏斗），在蜂蜜流出时滤出蜂蜜中的蜡屑、死蜂等杂物。

2. 采收蜂蜜时应该注意　（1）采收蜂蜜工作最好在早晨进行，既不影响蜂群采蜜，又可防止将当天采集的花蜜采出。(2) 蜂群多的蜂场可将蜂群分组，每天采 1 组。(3) 在割盖操作时，应该经常用清洁的水洗去沾在割蜜刀上的蜡屑和蜂蜜。(4) 采收蜂蜜应该在取蜜车间进行，不要在露天进行，防止蜂蜜污染和诱发盗蜂。(5) 取完蜂蜜后，应该立即将空脾放回继箱。

3. 蜂蜜的初步加工　成熟蜂蜜初加工只需经过过滤，就可以包装、贮存；未成熟的蜂蜜需要浓缩后，才能包装、贮存，目前我国对未成熟的蜂蜜采用真空减压浓缩法和薄膜蒸发浓缩法，国外采用瞬时高温加热浓缩法。

(二) 蜂王浆生产技术

移虫 3d (72h) 后开始采集蜂王浆，在采集蜂王浆之前，先将采集用具和容器用 75% 酒精消毒，再将产浆框脱蜂后运入取浆车间进行采集。采集蜂王浆的操作步骤是：

(1) 将王台条从产浆框中取下，用薄刀片沿王台基口将加高部分的蜂蜡削去。

(2) 用小镊子轻轻地将幼虫从王浆中取出，弃于容器中，注意不要镊破幼虫，也不要漏镊。

(3) 用取浆笔挖出王台中的蜂王浆，暂时置于洁净的容器中。

(4) 将取出的蜂王浆用 100 ~ 120 目尼龙网过滤，装入王浆瓶中，放置于 -18℃ 的环境中低温冷藏。

(三) 蜂花粉的生产技术

1. 蜂花粉的收集　在蜜源植物吐粉丰富的季节，每天早晨当蜂群大量采花粉时，将脱粉器安装在蜂巢门口，收集工蜂采回的花粉团，经过 2 ~ 3h 后，取下脱粉器。

2. 蜂花粉的初步加工　蜂花粉含水量高，混有昆虫卵，所以其应该经过干燥、灭菌和杀虫后贮存。蜂花粉的干燥方法很多，常用的有自然干燥和烘干法。

(1) 自然干燥方法：在干燥、通风良好的室内，将新鲜蜂花粉均匀的摊铺在洁净的报纸或布上（厚度约 10mm），每隔 3 ~ 5h 翻动一次。此法虽然简便，但干燥的时间较长（需要几天时间），并且需要人工经常翻动。

(2) 烘干法：在温度为 40 ~ 45℃ 的干燥室内，将新鲜蜂花粉均匀的摊铺在洁净的报纸或布上（厚度约 10mm）。此法干燥的时间短（只需几个小时）。

(四) 蜂蜡生产技术

蜜蜂的泌蜡能力很强，一个强群在春夏两个季节最多可泌蜡 5.0 ~ 7.5kg，所以，要注意蜂蜡的收集。收集蜂蜡可以通过以下途径：(1) 适时淘汰旧脾，应该将 3 年以上的旧脾及时淘汰，每年淘汰全场的 1/3 以上的巢脾，用于制蜡。(2) 充分利用春夏蜜源植物流蜜期间多造脾。(3) 收集好蜡屑、蜂房盖和王台基割下的部分。

(五) 蜂胶的生产技术

1. 蜂胶的采集　不同的蜂种采胶的习性不同，西蜂蜂种中高加索蜂采胶能力最强，其次为意大利蜂，卡蜂和东北黑蜂采胶较少，中蜂不采胶，不能用于蜂胶生产。蜂胶的采集方法有直接取胶法、覆布取胶法和尼龙纱取胶法，下面分别介绍：

(1) 接取胶法：将纱盖上、箱体与隔王板接触处、隔王板上、框梁上的蜂胶直接用起刮刀，捏成小团。注意不要将蜡屑和死蜂混杂在蜂胶中，采胶操作最好与开箱检查结合进行。

(2) 覆布取胶法：在巢框上横放几根木条，将透气性较好的白布（覆布）覆盖在木条上，使框梁与覆布有3~5mm的间隙，诱导蜜蜂在覆布上积累蜂胶，经过10~20d，将覆布揭下放入冰柜中，等蜂胶冻结变脆后，将覆布敲打、搓揉，使蜂胶脱落。取胶后，再将覆布有胶的一面朝下放回蜂箱。

(3) 尼龙纱取胶法：与覆布取胶法相似，只是在覆布下多加一层10目尼龙纱，以增加蜂胶附着和便于取胶。

2. 蜂胶的初步加工　蜂胶的初加工只需除去死蜂、木屑和蜡屑等杂质，再装入无毒的塑料袋中密封，贮存于20℃以下的阴凉通风处。

(六) 蜂毒的生产技术

1. 蜂毒的采集　操作者取毒前将取毒器的集毒托盘用75%的酒精棉球擦拭干净，穿上白色工作服，戴上面网。将取毒器安装在巢门前（或框梁上），接通电源，控制电压与通电时间（电压：30~40V，每通电6~9s、断电4s进行循环），每次取毒时间7~10min。

2. 蜂毒的初步加工　取毒后，将取毒器的集毒托盘放在阴凉处，使蜂毒自然风干结晶，然后用刀片刮下集毒托盘上的蜂毒，装入瓶中（称为蜂毒的粗制品），将蜂毒的粗制品溶于蒸馏水中，使其除糖、脱色，再经冷冻干燥，即成为蜂毒的精制品。

复习思考题

1. 蜜蜂有几种形态？各种形态蜜蜂在蜂群中的地位和作用是什么？
2. 蜜蜂的营养有何特点？
3. 怎样排列蜂群？
4. 怎样检查蜂群？检查蜂群时应注意什么？
5. 怎样合并蜂群？合并蜂群时应注意什么？
6. 试叙述各时期蜂群的管理要点。
7. 采收蜂蜜的基本步骤是什么？采收蜂蜜时应注意什么？

秋文然

第二十八章 黄粉虫

黄粉虫（*Tenebrio molitor*）属节肢动物门（Arthropoda）、真节肢动物亚门（Euarthropoda）、昆虫纲（Insecta）、鞘翅目（Coleoptera）、拟步甲科（Tenebrionidae）、粉虫属（*Tenebrio*）。在粮食仓库、药材仓库及各种农副产品仓库中，是一种重要的害虫，因国外有人在制作面包时，经常将黄粉虫烘干粉碎后加入面包中，增加了营养成分和香度，所以它又被称为面包虫。

黄粉虫是高蛋白的鲜活饲料，其蛋白质含量为51%，脂肪含量高达29%，素有“动物蛋白王”的美誉。通过工厂化生产，可提供大量优质动物性蛋白质，黄粉虫脱脂提油后的虫粉蛋白质含量达70%，再经提取壳聚糖即甲壳素，蛋白质含量高达80%，不但能够替代进口优质鱼粉，而且是特种养殖的鲜活饲料、中国林蛙人工养殖的主体饲料，更是高蛋白、高营养的美味食品。

第一节 黄粉虫概述

一、黄粉虫生产发展概况

（一）国外开发利用黄粉虫概况

国外有许多国家在开发利用黄粉虫，有的还设立专门机构，进行深入的研究。最早进行研究的有法国、德国、俄罗斯和日本。从人工饲料的研究、人工养殖技术的改进到产品的食用、药用及保健功能的探索等，做了许多工作，并且在这些方面已有较多的报道。近年来，有人发现黄粉虫蛋白质不仅是优质食用蛋白质及医用蛋白质，而且在一些液体产品中加入黄粉虫蛋白质可以防冻、抗结冰，可作为寒冷地区饮料、药品、车用水箱及工业用防冻液和抗结冰剂。有的国家以黄粉虫为原料，提取生化活性物质，作为特殊药品，如干扰素等。有一些国家将黄粉虫加工成菜肴，摆上了餐桌，有的以黄粉虫为原料制作药品和保健品，在市场上销售，如以几丁质产品为原料的果蔬增产催熟剂、美容化妆品等。

（二）国内开发利用黄粉虫的概况

我国黄粉虫养殖是从本世纪初开始的，当时养殖的黄粉虫主要用作药用动物及珍禽的饲料，也用于科研教学。近年来，黄粉虫的开发利用发展很快。由于保健品市场的发展，对黄粉虫开发利用起了促进作用，黄粉虫的养殖已遍及全国，各地的花鸟鱼虫市场都有黄粉虫销售，而且销量很大。黄粉虫也由作蝎子和鳖的饲料发展到作鸟、金鱼、乌龟、蛤蚧、牛蛙和热带鱼等十余种动物的饲料。各地学者对黄粉虫食用的研究较多，餐饮系统、宾馆、饭店也逐渐将黄粉虫搬上了餐桌，并逐渐被消费者所接受。有的学者在研究利用黄粉虫的表皮提取几丁质和几丁聚糖。几丁质又称甲壳质，为乙酰氨基葡萄糖多聚体，广泛存在于低等植物、菌类、甲壳动物外壳和高等植物细胞壁。几丁聚糖又称壳聚糖，是几丁质脱乙酰基产物。几丁质和几丁聚糖均有广泛的用途，有降低人体胆固醇、提高机体免疫能力、防治糖尿病、降低血压等作用，可用来制做具有活化细胞、抗菌、止血作用的人工皮肤，可作为食品稳定剂、乳化剂、防腐剂和澄清剂，还可在制造具有抑菌、防腐、抗过敏作用的纺织品中发挥作用。

黄粉虫脂肪含有丰富的不饱和脂肪酸，可提纯作医用和化妆品用脂肪。黄粉虫脂肪能提高皮肤的抗皱功能，对皮肤疾病也有一定的治疗和缓解症状作用，是一种值得研究和开发的产品。

二、形态特征

黄粉虫在自然界中发生的种群已经很少，一般年发生1代，很少个体可以发生2代，有的个体甚至两年发生1代。我国北部地区以幼虫越冬，3月中下旬至4月上旬开始活动，幼虫逐渐老熟并化蛹；5月中下旬幼虫羽化为成虫，性成熟后即交配产卵。黄粉虫是完全变态的昆虫，即成虫、卵、幼虫、蛹4个阶段。

（一）成虫

刚羽化的成虫第1对翅柔软，为白色，然后为黄色，黄褐色，逐渐变成黑色有金属光泽，头部为前口式，唇基两侧不超过触觉基部，成虫在羽化过程中，头、胸、足为淡棕色，腹部和鞘翅为乳白色，开始虫体稚嫩，不愿活动，鞘翅黑色变硬，灵活，第二对翅为膜翅，但因退化不能飞翔，爬行很快。成虫形似萤火虫，体长10~18mm，宽4~6mm。体重0.1~0.2g/只，体分头、胸、腹三部，共13节。头部1节，有触角1对，端部2~3节膨大，呈棒状，嘴生于头的侧下方。头小，部分嵌入前胸，有1对黑色颚，咀嚼式口器。胸部3节，前胸背板与侧板间无明显分界线，多愈合，前胸侧腹缝显著。腹部共8节，可见腹节5节，尾部为1节。雄虫和雌虫分别有交接器和产卵器。

（二）卵

长约1~1.5mm，长圆形，乳白色，卵壳白而软，易破裂。卵外层为卵壳，内层是卵黄膜，里面充满乳白色的卵内物质。

（三）幼虫

外形极似金针虫与拟地甲，体细长，唇基明显，即上唇与额间有明显缝线。刚孵出的幼虫体乳白色，长约2mm，以后蜕皮，每蜕一皮为1龄，变成棕黄色，老熟幼虫长20~30mm，体节明显，有3对胸足，在第9腹节有1双尾突。体宽3~3.5mm，重0.13~0.24g。当最后一次蜕皮时在饲料表层化蛹。

（四）蛹

刚由老熟幼虫变成的蛹为乳白色，体表柔软，很稚嫩。之后体色变灰白色，体表变硬，是典型的裸蛹。蛹长15~20mm，宽约3mm，重约0.15~0.25g/只。背中有淡色纵条，嘴黑。腹部侧面有乳状突。胸节大，侧面有雏形翅和附肢、头节也大，有1对黑眼点。

黄粉虫见图28-1。

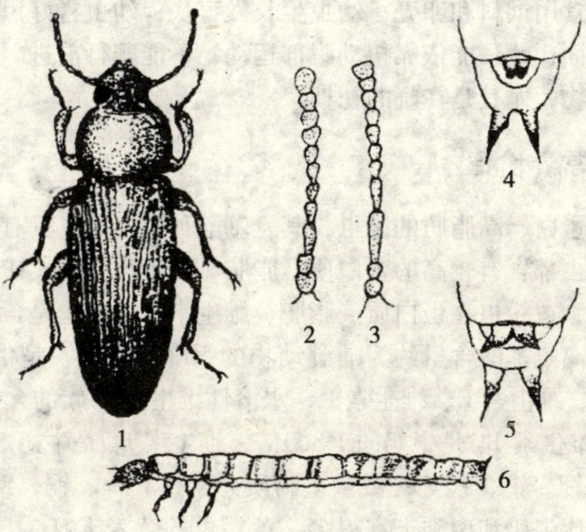

图 28-1 黄粉虫

1. 成虫 2. 黄粉虫触角 3. 黑粉虫触角
4. 雄性蛹乳突 5. 雌性蛹乳突 6. 幼虫

三、生活习性

(一) 喜群居

黄粉虫幼虫和成虫均喜欢聚集在一起生活，饲养的密度要适中，不宜过大。当饲养密度过大时，一来提高了群体内温度而造成高温致幼虫死亡，二来活动的地方减少，食物易造成不足，导致成虫和幼虫产生食卵和食蛹。饲养密度也不宜过小，否则会造成资源的浪费，降低生产率。所以人工饲养时应注意分盘，控制饲养密度。

(二) 趋光性

在自然界，光和热是太阳辐射到地球上的两种热能状态。黄粉虫可以从太阳的辐射热中直接吸收热能。但黄粉虫幼虫复眼完全退化，仅有单眼 6 对，怕光而趋黑，要以触角及感觉器官作为导向；成虫也一样怕光，但它们需要一定的光照度，以便吸收太阳的热量，提高消化能力，加快生长发育的速度。据报道和观察，黄粉虫对弱光有正趋性，对强光有负趋性，但它们最喜欢在较弱的暗光下活动。因此，在人工饲养环境中应创造一个光线较暗的环境，也可以利用黄粉虫的这一特性进行蛹及不同大小的幼虫的筛选。

(三) 自相残杀性

黄粉虫群体中存在一定的自相残杀现象，均是发生于特殊时期与条件下。无论是刚从蛹壳中出来的成虫，新化的蛹，还是正在脱皮的幼虫和卵等，都是易受伤害或成为同类的食物。因此，控制环境条件，防止黄粉虫的自相残杀、取食，是保证人工饲养黄粉虫成功的一个重要问题。

(四) 不同时期黄粉虫的特点

成虫后翅退化，不能飞行，爬行速度快，喜黑暗，怕光，夜间活动较多；卵产出时卵壳外表面包裹有大量黏液，黏附食物碎屑及粪便，可以起到保护卵的作用，同时可以保证幼虫孵化后及时直接食用饲料和卵壳；幼虫生长发育快，幼虫喜好黑暗，幼虫蜕皮时常爬浮于群体及饲料的表面；蛹只能依靠扭动腹部运动，不能爬行前进。黄粉虫成虫和幼虫随时都可以将蛹作为食物，尤其是在蛹的初期。

四、黄粉虫的营养价值

黄粉虫是一种高蛋白、高脂肪的昆虫，其氨基酸种类全面，具有极高的营养价值。黄粉虫的幼虫、蛹、成虫都含有较高的蛋白质、脂肪、碳水化合物、矿物元素、维生素等营养物质。与肉类相比，黄粉虫在蛋白质、脂肪、维生素方面无论是含量还是质量上都具有明显的优势。其中游离氨基酸含量约为哺乳动物的 50 ~ 100 倍，是牛奶的 11 倍；脂溶性维生素 A、维生素 D、维生素 E、维生素 K，水溶性维生素 B 族的含量极为丰富，维生素 B_1 是牛奶的 15 倍，维生素 B_2 是牛奶的 1 800倍，维生素 B_6 是牛奶的 52 倍。另外，具有常量矿物质元素钙、钾、钠、镁等；微量矿物质元素铁、锌、铜、锰、钴、铬、硒、硼、碘等营养素的含量均比牛奶和肉类丰富得多。黄粉虫的营养丰富，具有提高人体免疫力、抗疲劳、延缓衰老、降低血脂、增强体质和抗癌等功效。

黄粉虫粪便极为干燥，几乎不含水分，没有任何异味，像细沙一样的粪便，所以又称为沙粪，也叫粪沙，便于运输。经化验分析其中含氮 25%，磷 1.04%，钾 1.4%，并含锌、硼、锰、镁、铜等 7 种微量元素，可直接作为肥料施用。施用后不仅能增肥地力、增加农作物产量、提高农产品品质，还能降低农业生产成本、改善土壤结构、改善农业生态环境、促进种植业的可持续发展。目前市场上真正的高效生物有机肥产品供应量不大，而且存在不稳定的问题，不能满足高效农业生产的需求，因此，以虫粪为主要原料生产的高效生物有机肥，具有良好的市场前景。此外，虫粪因含有较高的粗蛋白，还可作为猪、鱼等的饲料。

据试验证明：用 3% ~6% 的鲜黄粉虫代替等量的国产鱼粉饲养肉鸡，增重率提高 13%，饲料报酬提高 23%。尤其是特种养殖业中的肉食性和杂食性动物，如鱼、蛙、鳖、龟等观赏动物、药用动物和稀有野禽理想的优质高蛋白的鲜活饵料。

经申红等测定黄粉虫幼虫的营养成分为粗蛋白 41.23%，粗脂肪 40.03%，灰分 4.35%，钙 0.7%，磷 0.9%，营养成分与鱼粉相当，粗蛋白和粗脂肪等指标高于大部分常用饲料。虽然黄粉虫蛋白质、氨基酸等的含量及组成已经确定，但各营养成分的消化利用率还有待于进一步研究。黄粉虫各生理时期及其副产物与部分常用饲料成分比较见表 28 – 1。

表 28 – 1　黄粉虫各生理时期及其副产物与部分常用饲料成分比较　（%）

样品	粗蛋白	粗脂肪	灰分	钙	磷
成虫	51.18	15.81	4.65	0.13	0.81
幼虫	41.23	40.03	4.35	0.37	0.39
蛹	42.86	37.97	4.20	2.58	1.67
脱皮	40.77	15.49	7.15	0.37	0.39
粪便	14.28	13.34	11.30	0.60	1.88
玉米	8.50	4.80	5.60	0.11	0.30

续表

样品	粗蛋白	粗脂肪	灰分	钙	磷
豆粕	42.00	3.50	6.00	0.30	0.65
小麦	11.70	2.30	2.50	0.06	0.48
苜蓿	16.00	26.00	9.30	1.30	0.35
鱼粉	50.46	22.73	14.50	3.05	3.22

注：样品均为干品。

第二节　黄粉虫养殖技术

一、饲养场地与设备

（一）场地

黄粉虫对饲养场地要求不高，可以利用闲置的房舍进行生产。室内养殖要注意防鼠、防鸟、防壁虎、防阳光直射，保持黑暗、良好的通风、适当附设加温、保温设施等；另一种方式为塑料大棚采热养殖，也可以将两种养殖方式有机地结合，即房舍与大棚联体建设，充分利用自然条件调节温度。夏季温度要能控制在33℃以下，冬季如要继续繁殖生产时，温度需升高到20℃以上，但也不能过高。

（二）设备

在传统饲养模式中，常用盒、缸、木箱、纸盒、砖池等器具进行饲养，要求内壁光滑，器具缘深达15cm左右，以防幼虫、成虫逃逸。但这些方法既不安全，也不利于操作。以下对适合中大型规模养殖的饲养设备做一简单的介绍：主要有饲养架、饲养盘、产卵盘、分离筛、孵化箱和羽化箱等（参考山东农业大学昆虫研究所的标准）。

1. 饲养架　饲养盘放置于三角铁焊接而成的多层架上，架高一般为1.6～2.0m，具体高度依操作方便和房间高度而定。

2. 饲养盘　标准饲养盘的规格为72cm×30cm×15cm，内衬油光纸。标准饲养盘底部及四周壁均具透风孔，以利于通风换气散发虫体集群呼吸的热量，衬纸要内光外糙，以防止黄粉虫幼虫、成虫沿壁爬出。养殖者可根据当地的具体情况，为了节约成本，可自行制作木盘，但规格必须与上述要求统一，以达到合适的饲养密度。

3. 产卵盘　产卵盘由40～60目的分离筛与标准饲养盘两部分组成。

4. 分离筛　用于分离幼虫和虫粪。分别制备20目、40目、60目铁丝网及尼龙丝分离筛，四周木板厚度为1cm。

5. 孵化箱和羽化箱　黄粉虫卵和蛹的发育是各生态史期中最长的，为了保证其最适温度和湿度需求，并防止蚁、螨、鼠等天敌的侵袭，应选用孵化箱与羽化箱，如果条件不允许可利用饲养盘来代替，虽然效果要差一些但成本要低许多。山东农业大学昆虫研究所设计制作了孵化箱和羽化箱。箱内由双排多层隔板组成，两层之间的距离为饲养盘高度的1.5倍，底层留出较大空间以便置水保湿。

二、饲料

黄粉虫是一种杂食性昆虫，在自然条件下，喜蛀食面粉、麦麸、米糠、碎米、腐烂粮食和虫尸，也蛀食含淀粉、蛋白质、糖分较多的中药材，如鸡内金等。在人工饲养条件下，黄粉虫的饲料应选择黄粉虫喜欢吃，成本又低的种类。另外，不能只喂一种饲料，应投喂多种饲料制成的混合饲料，这样才能满足黄粉虫生长发育和繁殖所需要的各种营养物质，保证其正常生长发育和繁殖，否则，黄粉虫得不到足够的营养物质，仅能维持生命，生长发育受阻，虫体变小，繁殖力下降。实践证明，单一的饲料喂养，会造成饲料浪费。单用麸皮喂养的黄粉虫鲜虫，每增加 1kg 虫重需消耗饲料 4～5kg，而用复合饲料喂养的黄粉虫鲜虫，每增加 1kg 虫重仅消耗饲料 2～3kg。因此，养殖黄粉虫不能单纯地计算饲料的价格，还应同时注意饲料的营养价值。目前，在饲养中投喂的饲料有精饲料和青饲料两类。

（一）精饲料

主要有麦麸皮、米糠、豆腐渣、玉米粉、面粉、大豆粉、鱼粉及多维素等。常用的两种黄粉虫的精饲料配方：麦麸 80%、玉米粉 10%、花生饼 9%、其他（包括多种维生素和土霉素等）1%；麦麸 60%、米糠 20%、玉米粉 10%、豆饼 9%、其他 1%。根据黄粉虫的生理时期的不同，适量添加其他物质，比如在产卵期添加鱼粉和食糖各 4% 等，以提高黄粉虫成虫的产卵量和寿命。各地可按虫体生长状况和饲料来源以及经济状况，从而灵活掌握自行调整，不可生搬硬套、固守一方。

（二）青饲料

主要有叶菜类，如生菜、包菜、芥菜、白菜、幼嫩树叶、瓜类的花朵等。

三、饲养条件

（一）温度

黄粉虫生长发育适宜的温度为 26～32℃，而生长发育最快是在 35℃，当温度高于 35℃时，生长发育速度下降，38℃时黄粉虫则会受热致死；黄粉虫较耐寒，老龄幼虫可耐受 −4℃的低温，而低龄幼虫在 0℃时即大量冻死，8℃时才开始生长发育。

上述温度是指群体内部的温度，一般来说群体内部的温度往往高于室内温度 8～10℃。如果室内温度达到 26℃时，就要采取降温措施，同时减少群体的密度，以免温度过高而死亡。

（二）湿度

黄粉虫不怕干燥，能在含水量低于 10% 的饲料中生存，但湿度太低时体内水分过分蒸发，因而生长发育慢，体重减轻，饲料利用率低，所以最适宜的饲料含水量为 15%，室内空气湿度为 70%，但当饲料含水量达 18% 和室内空气湿度为 85% 时，黄粉虫不但生长发育减慢，而且容易生病，在潮湿条件下，成虫更易生病死亡。

（三）合理的饲养密度

黄粉虫为群居性昆虫，若饲养密度过小，会直接影响活动和取食；密度过大，互相拥挤摩擦生热，使局部温度升高，又会自相残伤，增加死亡率。所以饲养 3.5～6kg 的幼虫，面积一般应在 $1m^2$ 左右。幼虫个体愈大，相对密度应小一些。室温高、湿度大时，密度也应小一些。繁殖用成虫饲养密度以每平方米面积饲养5 000～1 0000只为宜。

四、黄粉虫的饲养管理

（一）成虫的饲养管理

1. 及时转盘　成虫饲养的任务是使成虫产下大量的虫卵。羽化后的成虫，在虫体体色变成黑褐色之前，就要转到成虫产卵盘饲养。

2. 种虫繁殖　雌雄成虫的投放比例为1∶1。在投放成虫前，先在饲养盘底与产卵筛之间铺一张纸，让卵产在纸上。盘内铺上一层1cm厚的饲料，这样才能使成虫把卵产在纸上而不至于产在饲料中。在饲料上铺上一层鲜桑叶或其他豆科植物的叶片，使成虫分散隐蔽在叶子下面，并保持较稳定的温度。然后再按照温度和湿度盖上蔬菜叶片，如果温度高、湿度低时多盖一些，蔬菜主要是提供水分和增加维生素，随吃随加，不可过量，以免湿度过大菜叶腐烂，致使成虫容易生病，降低产卵量。成虫在生长期间不断进食不断产卵，所以每天要投料1～2次，将饲料撒到叶面上供其自由取食。成虫产卵时多数钻到纸上或纸和网之间的底部，伸出产卵器穿过铁丝网孔，将卵产在纸上或纸与网之间的饲料中；这样可以防止成虫把卵吃掉的食卵现象。

3. 种虫的淘汰　成虫连续产卵3个月后，雌虫会逐渐因衰老而死亡，未死亡的雌虫产卵量也显著下降，因而饲养3个月后就要把成虫全部淘汰，以免浪费饲料和占用产卵箱，提高生产效益。

（二）幼虫的饲养管理

幼虫的饲养管理是指从孵化出幼虫至幼虫化为蛹的这段时间。一个孵化箱可孵化1～3个卵箱筛的卵纸，但应分层堆放，层间用几根木条隔开，以保持良好的通风。

孵化前先进行筛卵，筛卵时首先将箱中的饲料及其他碎屑筛下，然后将卵纸一起放进孵化箱中进行孵化。卵上盖一层菜叶，以保持适宜的湿度。这样卵在孵化箱中10d内即可孵出幼虫。幼虫留在箱中饲养，3龄前不需要添加混合饲料，原来的饲料已够食用，但要经常放菜叶，让幼虫在菜叶底下栖息取食。

除投喂精饲料外，当幼虫长到5mm长时，可适量投放一些青菜、白菜、甘蓝、萝卜、西瓜皮等。投放多汁饲料应将菜叶等洗净晾至半干，切成约$1cm^2$的小片，撒入饲养盘中。幼虫特别喜欢取食瓜菜类饲料，但投放量一次不能过大，过大会使饲养盘内的湿度增高，湿度过高虫子易患病。菜叶等多汁饲料，夏天喂量一般以6h内能吃完为好，隔两天喂1次，夏季可适当多喂一些。在幼虫化蛹期应少喂或不喂多汁饲料。

（三）蛹、成虫及卵的分离与收集

1. 蛹的分离　幼虫长到12龄时进行分蛹。蛹期为黄粉虫的生命危险期，易被幼虫或成虫咬伤，所以饲养盘中有幼虫化蛹时，就应及时将蛹与幼虫分开。分离蛹的方法有手工挑拣、过筛选蛹等办法。少量的蛹可以用手工挑拣，蛹多时用筛网筛出。在养殖过程中应不断改进养殖技术，使幼虫生长整齐，化蛹时间集中，在同一时间，多数幼虫同时化蛹，减少虫间的互相伤残现象。分蛹应在幼虫化蛹前或快化蛹时进行。黄粉虫怕光，老熟幼虫在化蛹前3～5d行动缓慢，甚至不爬行，此时在饲养盘上用灯光照射，小幼虫较活泼，会很快钻进虫粪或饲料中，表面则留下已化蛹的或快要化蛹的老熟幼虫，这时可方便地将其收集到一起。如此反复分离，比较方便。

2. 成虫的分离　分离出来的蛹集中到一起，经过5～8d会逐渐羽化为成虫。在同一批蛹中，羽化的先后时间不一致，先羽化的成虫会咬食尚未羽化的蛹，所以，要尽早将羽化的成虫与蛹分离开来。分离成虫有几种方法：一是用菜叶诱集成虫，即在羽化出成虫时往盘中放一些较大片的菜叶，成虫便迅速爬到菜叶上取食，然后将菜叶连同成虫一起取出，放到集卵箱中。如此反复几次，便可将成虫分离出来。二是用一块浸湿的黑布平盖在饲养盘中的蛹和成虫上面，待成虫大部分爬在黑布上时，将黑布移至集卵箱中，把成虫拨下来。

3. 卵的收集　成虫产卵时可用卵筛通过纱网集卵。集卵也可不用纱网，而在饲料的下面放一张纸，但需要浪费大量的人力。成虫产卵时每3～5d取1次卵纸，连同饲料中的卵和纸一起取出集中放入饲养盘中，另换上新的饲料和纸，供成虫产卵。如此反复收集虫卵，待其孵化。但此方法不及筛网集卵方法好，因为成虫还有机会取食部分卵块。

五、疫病防治

在正常饲养管理条件下，黄粉虫很少得病。但随着饲养密度的增加，患病率也逐渐升高。如湿度过大，粪便污染，饲料变质，都会造成幼虫的腐烂病。即排黑便，身体渐变软、变黑，病虫排出之液体会传染其他虫子，若不及时处理，会造成整箱虫子死亡。饲料未经灭菌处理或连阴雨季节较易发生这种病。黄粉虫卵还会受到一些肉食性昆虫或螨类的危害。以下就以黄粉虫养殖过程中常见的几种疾病作一简单介绍。

（一）螨病

螨类对黄粉虫的整个生长发育过程危害都较大。发病原因是饲料中带螨虫，饲料含水过多和室内不清洁等。该病容易发生在气温高、空气湿度大的7～9月间。当黄粉虫被螨虫寄附后便体弱消瘦，生长缓慢，产卵率和孵化率降低。因此要预防本病的发生就做到调节好室内的温湿度、饲料要经过灭螨处理、保持适当的水分等。若发现有螨病，可用40%三氯杀螨醇800～1 000倍稀释液喷洒墙角、饲养器皿和饲料进行杀螨。

（二）软腐病

此病多发于雨季。发病原因是室内空气潮湿，放养密度过大，清粪，运输时用力过大造成虫体受伤。发病后幼虫行动迟缓，食欲下降，粪便稀清，最后变黑而死亡，发现软虫体，死虫要及时取出，青饲料停放，清理残食，调节室内湿度。用0.25g金霉素与250g麦麸子拌匀投喂。

（三）干枯病

该病病因是环境过于干燥，空气相对湿度低，投喂的饲料含水分过少或缺少青饲料等原因，部分地区为了保温在冬季生炉子，使得室内变得异常干燥，群体发病率较高。虫体患病后，尾、头部干枯发展到全身干枯而死亡。蛹是最怕干燥、湿度小的环境，在这种环境下蛹极易死亡。防治办法是空气干燥季节及时的投喂青菜，在地面洒水，蒸气，设水盆降温增湿；在饲料中添加酵母片、土霉素粉，并增加含钙食料，可以提高幼虫的抗病力。

复习思考题

1. 不同时期黄粉虫的形态特点有哪些？
2. 黄粉虫有哪些营养价值？
3. 黄粉虫对温度和湿度的要求有哪些？
4. 黄粉虫的蛹、成虫及卵的分离与收集中应注意哪些问题？

王春强

实训指导

实训一　经济动物品种识别与综合操作技术

［目的要求］　通过现场介绍，并补充幻灯、光盘或录像资料，使学生掌握不同家兔、狐、貉、茸用鹿、水貂、犬、珍禽等经济动物品种的外貌特征。通过实际操作训练，使学生掌握家兔与狐貉的捕捉方法、家兔雌雄鉴别、家兔年龄鉴别、家兔公兔去势、家兔及茸用鹿打耳号技术。

［材料与用具］　不同品种、不同年龄阶段、不同性别的经济动物若干，打耳号及去势手术用器材，捕捉钳，幻灯、光盘或录像资料。

［方法与步骤］　教师讲解掌握这几项操作技术的意义与要领，由教师或饲养员作示范表演，学生分组或逐个进行操作练习。

1. 品种识别

教师带领学生参观兔场、养鹿场及毛皮动物养殖场，现场介绍不同动物品种的外貌特征。学生指认不同品种，复述其外形特征及经济用途。

2. 捕捉方法

（1）捕捉家兔：打开成年兔笼门，待兔安静下来后，用右手从头部顺毛抚摸几下，然后抓住两耳和耳下的颈皮，将兔轻轻提起，左手顺势托起臀部，使家兔的主要体重落在左手掌上，以降低对两耳和颈皮的拉力，将兔捉到笼外。这样操作既使兔体免受伤害，也避免抓伤人。只提两只耳朵、两条后腿或只抓起背皮等捉兔方法都是不正确的。

（2）捕捉狐、貉：选用合适大小的捕捉钳，夹住狐、貉颈部进行捕捉，也可以用自制的带有握柄的捕捉套索进行捕捉。

3. 家兔雌雄鉴别

用正确的捉兔方法将兔捉到笼外，左手食指和中指夹住尾巴向后翻，拇指向上推，打开外生殖器。性成熟的公兔会显出阴茎，母兔会显出外阴部黏膜。性成熟之前的仔、幼兔，雌性生殖孔，远肛门端突起明显，而近肛门端突起不明显，呈“V”字形，距肛门的距离较近。雄性仔、幼兔生殖孔圆形，略小于肛门，距肛门较远，生殖孔呈“O”形。

4. 家兔年龄鉴别

家兔的年龄鉴别主要通过爪、牙、毛、皮及外部形态与行为进行。

爪：通过检查对比家兔爪进行年龄鉴定时，要观察后爪。幼兔和青年兔的爪短尖平直，隐在脚毛之中不外露，1.5～2.5 岁时，爪露在脚毛之外，仍显平直，2.5 岁的兔爪露出一半，开始变得弯曲，老年兔爪明显长而弯曲，爪尖钝圆。白色被毛的家兔，爪的基部呈粉红色，尖部呈白色，界限分明，1 岁时红白几乎相等，1 岁以上的兔白色多于红色。

牙：青年兔的门齿短小、洁白、整齐，中年兔的门齿长，齿面微黄，老年兔的门齿厚而长，齿面污黄，间有破损。

毛：青年和中年兔，被毛光亮、完整，老年兔被毛粗糙无光，针毛中半截毛较多。

皮：用手抓一下被皮，青年兔被皮紧，弹性好，老年兔被皮厚而松弛，弹性差；用手捏压皮肤，感觉皮肤厚度时，青年兔皮肤比较薄，老年兔皮肤较厚。

外部形态与行为：青年兔外形紧凑，两眼有神，行动活跃敏捷；老年兔体形粗重，两眼无神，行动稳重、笨拙。

5. 犬的年龄鉴别

犬的年龄鉴别主要通过检查牙齿脱换与磨损情况进行。幼犬乳齿长齐后，乳齿 28 枚，长头型成年犬牙齿 42 枚，短头型成年犬牙齿 38 枚。幼犬齿式为：2 ×（I3/3、C1/1、P3/3、M0/0）；长头型成年犬齿式为：2 ×（I3/3、C1/1、P4/4、M2/3）；短头型成年犬齿式为：2 ×（I3/3、C1/1、P4/4、M1/2）。

犬出生后 19 ~ 20d 开始长出乳齿；4 ~ 5 周龄时，第 1、2 乳切齿长齐；5 ~ 6 周龄时第 3 乳切齿长齐；2 个月龄时，乳切齿全部长齐。乳齿白色，细而尖。2 ~ 4 月龄时，更换第 1 门切齿；5 ~ 6 月龄时，更换第 2、3 乳切齿和乳犬齿；8 个月龄到 1 岁，更换臼齿至全部更换为永久齿。

1 岁时永久齿长齐，洁白光亮，切齿有尖突；1.5 ~ 2 岁时，下颌门齿大尖峰磨损，与小尖峰平齐，称为尖峰磨灭；2.5 岁时，下颌第 2 切齿尖峰磨灭；3.5 岁时，上颌门齿尖峰磨灭；4.5 岁时，上颌第 2 切齿尖峰磨灭；5 岁时，下颌第 3 切齿和犬齿尖峰稍磨损，第 1、2 切齿呈矩形；6 岁时，上颌第 3 切齿尖峰稍磨损，犬齿钝圆；7 岁时，下颌门齿磨损至根部，磨面呈纵椭圆形；8 岁时，下颌门齿磨损面向前方倾斜；10 岁时，下颌第 2 切齿磨损面呈纵椭圆形，上颌门齿磨损面也呈纵椭圆形；16 岁时，切齿脱落，犬齿不全；20 岁，犬齿脱落。

6. 公兔去势

（1）阉割法：将兔腹部向上，用绳索把四肢固定在手术架上，剪去阴囊附近的绒毛，左手将睾丸从腹股沟挤入阴囊，捏紧，用酒精消毒术部，用手术刀沿体轴方向切开皮肤，长 1cm 左右，挤出睾丸，切断精索，缝合伤口 1 ~ 2 针或不缝合，成年兔要缝合，涂以酒精或碘酒。术后应单笼饲养，防止伤口感染，一般经 3 ~ 5d 可康复。

（2）结扎法：把兔固定后，将睾丸挤入阴囊，用尼龙线或橡皮筋在阴囊的基部扎紧，使血液不通，经 10d 左右睾丸枯萎、脱落。此种方法家兔的痛苦时间长。

7. 家兔打耳号

家兔编号以打耳号为主要方法，通常在断奶前 3 ~ 5d 进行。断奶后准备留做种用的幼兔，在耳朵中间位置打号，同时要注意避开大血管。打号的内容包括个体号、性别、品种、品系、家系以及出生日期等。

（1）钳刺法：用特制的耳号钳在兔耳上打号。将编好的刺号装入耳号钳，将兔固定在保定箱内，或另一人配合保定，在耳内侧中部血管少的地方，消毒术部，待酒精挥发后，用耳号钳快而有力地钳刺，然后涂上醋墨。醋墨是用 2∶8 的食用醋和墨汁混合而成。

（2）针刺法：将兔耳垫在硬板上，用沾水笔沾上醋墨，直接在耳内侧血管少的地方穿刺，间隔1mm刺一个孔，刺穿留下的醋墨才多，字迹才清楚。该方法工作效率低，现在已很少采用。

8. 茸用鹿编号

（1）编号：编号要考虑出生先后顺序、按出生年代、公鹿号等内容。按鹿出生的先后顺序依次编号时，编号时应根据鹿群大小，采用百位或千位。公、母鹿编号可用奇偶号数加以分别。按出生年代编号时，为便于区分鹿只年龄，每年都从1号开始编号，在编号之前冠以年代。如2007年出生的第6只仔母鹿，即可编号为076号。按公鹿号编号时，为区别不同公鹿的后代，在编号之前可冠以公鹿号。如952号仔鹿为801号公鹿的后代，则952号仔鹿可标记为801/952。

（2）标记：标记方法有剪耳号、打牌号两种方法。一般鹿场多采用剪耳号法标记鹿只，剪耳号通常在仔鹿出生后2~3d进行。方法是在鹿的左右耳的不同部位用特制的剪耳钳打缺口，每个缺口用相应的数字表示，其所有数字之和即为该鹿的号。鹿的右耳上（内）、下（外）缘每一缺口分别代表1和3，耳尖缺口代表100，耳中间圆孔代表400；左耳上（内）、下（外）缘每一缺口分别代表10与30，耳尖缺口代表200，耳中间圆孔代表800。耳的上下缘最多只能分别打3个缺口，耳尖只能打1个缺口，耳中间只能打1个圆孔。刻口的深度与部位必须适当，如果刻口的位置不当，容易认错鹿号，一般刻口深度以0.5~0.7cm为宜。

打牌号法是用耳标钳将一印有组合数字的一凹与一凸的组件穿戴于仔鹿的耳上，耳标牌上的组合数字，从正面看一目了然。

［实训要求］ 按程序与操作步骤写出实训报告。

实训二 家兔自然采光兔舍采光效果设计

［目的要求］ 了解兔舍自然采光效果是否理想的意义，熟悉并掌握兔舍自然采光设计的一般方法与技术。设计的兔舍在春分和秋分时舍内要几乎洒满阳光，摆放的兔笼能接受到阳光直射，夏至时，能够有阳光入舍，并做到可调。

［材料与用具］ 计算器、绘图工具、环境卫生参考书、电脑、三角函数表等。

［方法与步骤］

1. 计算获得环境卫生学基本资料　根据地区纬度计算太阳高度角，根据太阳高度角计算高度为3m的正常房舍阳光入舍最大跨度与最小跨度。中午太阳高度角 $h_o = 90° - (\delta - \phi)$，δ（赤纬值）为23°27′。

2. 设计兔舍舍内设施与布局　根据教师所给条件和本人设想，设计兔舍宽度及舍内粪尿沟、过道、笼具类型与摆放位置。

3. 通过计算设计采光窗　设计采光前窗密度与上下尺寸、设计天窗位置尺寸布局。生产实践与试验得知，理想的自然兔舍，采光系数达到1∶3.3比较理想。

4. 绘制设计图　绘制的设计图，要能反映兔舍舍内设施与布局、兔舍采光窗户具体位置与尺寸数据，春分、秋分、夏至时光线入舍情况。

［实训报告］ 填写兔舍自然采光效果表，按照操作程序写出实训报告。

表实 -1 兔舍自然采光效果

项目	采光系数	入射角	透光角	光线入舍最大跨度	光线入舍最小跨度
南窗					
天窗					
合计					

实训三 鹿茸适时合理收取与初加工

［目的要求］ 了解收茸种类，熟悉收茸方法，掌握鹿茸适时合理收取与初步加工技术。

［材料与用具］ 茸锯、麻醉箭或长杆式注射器、麻醉药及解救药、5ml 注射器及针头、细绳、血盆、鹿茸、毛刷、毛巾、茸架、真空泵等排液设备、煮炸锅、烘干器、风干室等。

［方法与步骤］

1. 确定收茸种类与时间 观察鹿茸生长发育情况，确定收茸种类与时间。确定梅花鹿收茸种类时要参考往年的收茸记录，对于那些羊角茸、爬头茸、三杈阶段掌状顶的怪角茸应该收取二杠茸，3 ~4 岁小鹿以收二杠茸为主，对于在 3 岁时收取的二杠茸鲜茸重量超过 0. 5kg 以上的鹿，4 岁时可根据长势和鹿茸差价适当收取部分三杈茸。成年鹿以收取三杈茸为主。鹿茸长势好，比较肥嫩的应适当延长生长期，对于比较干瘦的鹿茸应适当早收。确定具体的收茸时间，应在收茸前一天下午进行认真观察，确定具体收茸个体，以便第二天早饲前收茸。

2. 收茸操作 在早饲前收茸，按照麻醉保定→确定下锯部位→锯茸→止血→注射解救药→放鹿等操作程序进行。注射麻醉药与解救药要准确估计鹿的体重，按用药说明准确用药。锯茸前要对茸锯进行消毒，以避免细菌感染。锯茸时下锯部位要准，距茸根 2cm 左右下锯，且注意锯口要平、动作要快而稳，锯茸后马上用止血药进行止血。

3. 鹿茸初加工 刚收取的鹿茸如果具备条件应该及时进行加工。排血茸加工大致工序是：称重、测尺→记台账→排液→鹿茸清理→破伤茸处理→上茸架→第一水煮炸加工（煮两排）→风干→第二天进行第二水煮炸（煮两排）→去掉茸架→烘烤→风干→第三天或第四天进行第三水煮炸→烘烤→风干→第四天或第五天进行第四水煮炸→烘烤→风干→定期风干煮头。

第一水煮炸时要特别注意避免鹿茸鼓皮现象，一旦出现鼓皮现象要及时停止煮炸，用针头将气放出，涂以蛋清面后再继续煮炸。第一水煮炸时为受热均匀要进行撞水，为了不影响茸血排出锯口不要入水，但当第二排煮炸快要结束前，为了避免出现生根现象，锯口要入水煮炸几次。烘烤鹿茸的温度要在 70 ~75℃，过高容易将茸烤裂，过低时如果湿度过高，容易受闷出现喧皮现象。

［实训报告］ 按照操作程序写出实训报告。

实训四　狐的人工授精

［目的要求］　了解狐人工授精意义，熟悉狐人工授精一般操作规程，掌握狐人工授精技术。

［材料与用具］　采精保定架、集精管、输精针、开腔器、稀释液、显微镜、酒精等消毒药、载玻片、红细胞记数器、发情检测仪、公母狐。

［方法与步骤］

1. 仪器设备与稀释液的准备

（1）采精保定架：采精架平台宽 40cm，长 60cm，高 55cm；架内固定板长 30cm，宽 15cm，高 15cm。前端上方固定横板，分为左右两扇，右侧扇固定，左侧扇可张开又合并，中间有一圆孔，直径 8cm，用以卡住狐颈部，这时可进行采精。

（2）集精管的准备：收集狐的精液，采用自己研制的玻璃集精管，长 12cm，直径上端 2cm，下端 0.5cm。采精前对集精管要认真清洗，蒸煮 15 ~ 20min，把消毒好的集精管放在保温杯装有 40℃温水里，以便采精时集精管不凉，采下的精子不受冷打击。

（3）输精器与开腔器：狐用注射式输精器（输精针），规格、输精器长 210mm，直径 2 ~ 3mm。开腔器（阴道扩张器）长 120mm，直径 8mm。

（4）稀释液的配制：

配方一：制作 500ml 稀释液，蒸馏水 344.14ml，三羟甲基氨基甲烷 12.21g，果糖 5g，甘油 30.65g，柠檬酸 7g，卵黄 100g，青霉素 10 万单位。先将前 5 种药剂和蒸馏水配制成 400g，输精前按需要稀释液用量和按比例再加鲜卵黄和青霉素。

配方二：三羟甲基氨基甲烷 18.17g，果糖 2.50g，蒸馏水 430ml，使用前加 14% 卵黄。

配方三：柠檬酸钠（含 1 分子水）11.85g，葡萄糖 4g，蒸馏水 400ml，使用时加 20% 卵黄。

配方四：蒸馏水 100ml，蔗糖 11g，使用前加 16ml 卵黄，青霉素 5 万单位。

2. 采精与精液稀释

（1）保定：保定者先用捕狐钳子将狐脖子套住，再用左手抓住狐尾部将公狐固定于采精架上，呈站立姿势，狐颈部用活页板孔卡住。

（2）采精：待公狐安静后，用 42℃0.1% 高锰酸钾水（或 0.1% 新洁尔灭）对阴茎及其周围部位进行消毒。然后，操作人员右手拇指、食指和中指握阴茎体，上下轻轻滑动，待阴茎稍有突起时将阴茎由公狐两后腿间拉向后方，上下按摩数次，约 20 ~ 30s，公狐即可产生射精反应。操作人员左手持集精杯随时准备接取精液。银黑狐和北极狐的采精方法有一定差异，北极狐以刺激阴茎膨大部为主，银黑狐则刺激阴茎膨大部和龟头相结合。该方法采精时，应预先训练 2 ~ 3d，使之形成条件反射，操作人员的技术要求熟练，动作要有规律，宜轻勿重，快慢适宜，忌粗暴。此外，公狐对操作手法也有一定的适应性和依赖性。采精频率：1 次/d，连续 2 ~ 3 次休息 1 ~ 2d。

（3）精液品质检查：狐排精量约 0.5 ~ 2.5ml，精子数目 3 亿 ~ 6 亿，活力大于 0.7。采精后对精液的精子密度、活力和畸形进行检查。若活力低于 0.7，畸形率高于 10%，狐的受胎率明显下降。

（4）精液的稀释及保存：采精前，把精液稀释液移至试管内，置于盛有 35～37℃水的广口保温瓶内或水浴锅中预热保存。采精后，将预热的稀释液慢慢加入到精液中，先作 1 倍稀释。在确定原精液的精子密度后，再进一步稀释，使稀释后的精液精子密度在 5 000 万～15 000万/ml 的范围内。精液稀释后要避免升温、震荡和光线直射，经精子活力检查符合要求后方可输精。

3. 发情鉴定与输精

（1）发情鉴定：阴门的肿胀程度开始消退，而且上部有轻微皱褶，有些母狐还有白色或微黄色黏液及凝乳状的分泌物，这时阴道根部变软，用公狐试情，母狐接近公狐，主动抬尾，接受交配，此时称为输精适宜期。此时成熟的卵细胞逐渐排出，进行显微镜检查时阴道涂片里角质化的无核细胞占优势。如果有发情检测仪进行人工授精，没有发情的母狐检测仪的数值在 150 左右，发情以后逐渐升高，最高达 1900 左右，当数值开始回落到 600 左右（不同狐属有所差异）即可输精。

（2）输精方法：一人保定，一人输精。用捕狐钳子将发情母狐的脖子套住，头朝下提起尾，母狐的阴道向后上方倾斜，与脊柱呈 45°，用 70% 酒精棉球进行外阴部消毒。输精员用稀释液棉球擦拭消毒过的输器前端和开腔器，将消毒过的扩张器缓慢地插入母狐的阴道，并抵达阴道底部。用左手的拇指、食指和中指 3 个手指隔着腹壁沿着扩张器前端触摸且固定子宫颈。然后用输精器吸取精液，用右手的拇指、食指和中指 3 个手指握住消毒过的输精针，调整输精针的标志对准右手的虎口。左手在固定子宫颈的同时，略向上抬举，保持扩张器前端与子宫颈的吻合，适度调整子宫颈方向，使输精针前端插入子宫颈口内 1～2cm，将精液缓慢注入母狐的子宫，慢慢取出输精针、扩张器。每次输精 0.5～1.5ml，每只母狐每次所输入的精子不应少于 3 000万个。一个发情期给母狐输精 2～3 次，每天 1 次。

［实训报告］ 按照操作程序写出实训报告。

实训五 毛皮初加工

［目的要求］ 熟悉不同毛皮动物的打皮季节，了解毛皮动物不同的剥皮方法，掌握珍贵毛皮动物圆筒式剥皮的初步加工工序与技术。

［材料与用具］ 剥皮刀、刮油刀、剪刀、手术刀柄及刀片 4～6 套，20～50ml 注射器及针头，硬质锯末，楦板、圆木楦各 4～6 个，打皮操作台，风干机，实验动物，毛巾等。

［方法与步骤］

1. 毛皮成熟鉴定 观察毛皮脱换是否完成，水貂针毛是否灵活，蓝狐等长毛型毛皮动物是否毛大绒足，毛被是否有裂纹现象；将毛绒分开，观察皮板是否呈白色或类白色。只有毛皮成熟的动物方能处死。

2. 毛皮动物的处死 分别选用药物处死法、断颈椎法、心脏注空气法等方法进行实施操作。

3. 剥皮 采用圆筒式剥皮，剥水貂皮、狐皮或兔皮进行操作练习。具体操作技术和注意事项参照教材，实验教师补充讲解。

4. 毛皮初步加工　按照刮油→洗皮→上楦→干燥→毛皮整理程序进行。具体操作技术和注意事项参照教材，实验教师补充讲解。

［实训报告］　按照操作程序写出实训报告。

实训六　毛皮质量鉴定

［目的要求］　了解不同毛皮动物的正产季节，熟悉不同毛皮动物毛皮的收购规格，掌握特种毛皮动物毛皮质量鉴定技术。

［材料与用具］　实习用狐皮、貂皮，卷尺，不同色差的样皮，设有固定灯光的实验室等。

［实习组织］　结合打皮季节到相关养殖场进行，或结合教学实习、课堂实习在实验室进行。

［方法与步骤］

1. 在固定灯光下观察毛皮板质、毛质。

2. 与样皮比较色差。

3. 测量毛皮尺码（圆筒式剥皮的皮张测量长度、袜筒式及片状剥皮的皮张测量面积）。

4. 填写鉴定记录表（以貂皮为例）。

表实－2　毛皮质量鉴定

项　目	评　价
被毛颜色	
被毛品质	
皮板面积或尺码	
皮板质地	
皮板颜色	
伤残	
备注	

表实－3　毛皮价格计算

标准 / 项目	实际比差（%）	100%时各项标准	合　计
毛色比差			
等级比差			
性别比差			
尺码比差			
基础价格		合　计	

［实训报告］　按操作程序写出毛皮品质鉴定实训报告，将鉴定结果及价格计算结果

填入相应表中。

实训七 毛皮动物的预防注射

［目的要求］ 熟悉不同毛皮动物主要接种的疫苗种类，掌握不同毛皮动物疫苗接种时机、方法。

［材料与用具］ 注射器、针头、酒精棉、75%酒精、止血钳或镊子，实验毛皮动物，疫苗。

［方法与步骤］ 结合相关养殖场疫苗注射生产实际进行，或结合教学实习、课堂实习在实验室进行；实习过程中每3～5人划分成一个实习小组，每组人数不要过多；不同的小组间彼此轮换进行不同动物的免疫接种。如果现场进行，每组要有1名指导教师，在指导教师指导下认真、有效、无误地完成疫苗接种注射。

1. 选择2.0～5.0ml注射器或连续注射器。
2. 各组根据接种对象由药品架上各自选择疫苗。
3. 按适当剂量抽取疫苗。
4. 选择动物颈部、肩部、臀部或股内侧等适当部位（待注射部位）进行消毒。
5. 右手持注射器，针头与动物皮肤呈垂直角度，采用皮下注射方法接种疫苗。
6. 填写疫苗接种记录表。

表实－4 毛皮动物疫苗接种记录

标准 项目	疫苗种类	接种时机 （年龄、季节等）	接种方法	备注
水貂				
北极狐				
貉				
家兔				
其他				

［讨论］

1. 不同毛皮动物各自主要接种哪些疫苗？接种的时机如何掌握？
2. 接种通常采用哪种注射方法？为什么？
3. 哪些因素对疫苗免疫效果有显著影响？应如何尽量避免？

［实训报告］ 按照操作程序、结合讨论内容写出疫苗注射实训报告，并填写毛皮动物疫苗接种记录表。

实训八 梅花鹿人工授精

［目的要求］ 了解梅花鹿人工授精的环节与步骤，掌握梅花鹿人工授精各环节的技术要点。

［材料与用具］ 种公鹿、种母鹿、保定器材及药品、电刺激采精器、水浴锅、集精杯、试管、诱导母鹿发情的药品等。

［方法与步骤］

（一）人工采精技术

1. 电刺激采精法

（1）原理：采用输出频率20～50Hz电流正弦波，刺激公鹿直肠壶腹部的低级射精中枢，引起射精反射，达到采精目的。特点：安全，成功率高（98%），鹿无痛苦（按摩感觉）。技术参数：输出电压0～20V；最大输出电流1A，输出频率20～50Hz；输出波形为正弦波；电源电压220V；消耗功率不超过50W。

（2）采精器使用方法：①接通电源：打开开关，指示灯亮，旋转“输出调节”旋钮，所示读数与电压表读数相符，表示仪器正常（空载时电压表读数为零）。②调节仪器：“输出调节”旋钮调至“0V”位置，在输出插座接上探棒，将探棒插入采精鹿直肠内适当位置，此时仪器即可工作。③调节刺激时间：旋动“输出调节”旋钮到所需位置（由低档开始，逐步升高），每档可随机掌握刺激时间，将旋钮调至“0V”位置，则刺激停止。④反复刺激：在每档刺激间隔一定时间后，再旋动“输出调节”旋钮逐步提高输出电压，反复刺激，直至射精。⑤采精完毕：关上电源，从直肠中取出探捧，并将“输出调节”旋钮调至“0V”位置，拔出电源插头。

（3）采精方法：①保定采精鹿：目前多应用麻醉保定采精鹿，方法是肌肉注射眠乃宁或鹿眠宝2ml，经过5～7min，待鹿倒地后即可采精。②采精操作：剪净鹿尿道口附近的被毛，用生理盐水冲洗包皮内污物并擦干，用创布覆盖鹿躯体；用温肥皂水或1%～3%盐水灌肠排除蓄粪，将探棒涂上液体石蜡插入直肠约15cm；接通电源，打开输出开关，先从1档（3V）开始刺激，刺激5～6s间歇10～30s，连续刺激6～8次之后升高到2档（6V）、3档（9V）、4档(12V）……刺激间歇方法同前。当鹿在某个档射精时不再升档，用集精杯收集精液，直至射精结束。一般情况下鹿在2～6档射精。如果升至7档（14～20V）仍不射精，可休息4～6mim，再从1档重新开始刺激。

2. 假阴道采精法 此法需要有驯化良好的采精公鹿和有一定驯化基础的母鹿作台鹿（或制作假台鹿)。母鹿发情分泌外激素（在假台鹿臀部涂上发情母鹿的尿液)，刺激公鹿性欲，在台鹿臀下安装假阴道，诱导公鹿爬跨时进行采精。假阴道由外壳、内胎、集精杯、气卡、胶塞等构成。采精前要保证假阴道内外胎不漏水，内胎无皱榴、无弯曲，松紧适度，再装上集精杯，用75%的酒精消毒，酒精挥发后用稀释液冲洗1～2次。由注水孔向内胎注入45～55℃水400～500ml，内胎1/3～1/2涂润滑剂。向内胎吹气，调节压力，采精前保持假阴道内温度为38～40℃。

梅花鹿的射精量：假阴道采精0.6～1ml。电刺激采精1～2ml。鹿精液pH值为6.6～7.3。

（二）精液的稀释

1. 稀释目的 稀释的目的是精液扩大精液体积、增加配种母鹿数量、提供精子营养、缓冲酸碱度、延长精子存活时间、便于保存和运输和提高种公鹿利用率。依据精子活力和密度确定精液稀释倍数，用电刺激采精法所得鹿精液活力和密度不如假阴道采精法，稀释倍数一般为1～4倍。

2. 稀释液配方

（1）常温输精稀释液配方：①蒸馏水 100ml，柠檬酸钠 2.98g，卵黄 20ml，青、链霉素各 10 万 IU。②12% 乳糖 80ml，卵黄 20ml，青、链霉素各 10 万 IU。

（2）冷冻精稀释液配方：①基础液：乳糖 10g；双蒸水 80ml；鲜脱脂牛奶 20ml；卵黄 20ml。稀释液：取基础液 45ml，葡萄糖 3g，甘油 5ml，青、链霉素各 5 万 IU。②基础液：葡萄糖 30g，双蒸水 100ml，柠檬酸钠 1.4g。稀释液：取基础液 75ml，甘油 5ml，青、链霉素各 10 万 IU。

3. 精液的稀释方法　根据精子活力、密度和精液量确定稀释倍数和稀释液量。原则是预计解冻后每粒冻精含有效精子数不少于 1 500万。稀释时，多采用两次稀释法，即先将与精液等温（20～25℃）不含甘油的第一稀释液沿试管壁缓慢加入精液中，达最终稀释倍数的一半，并慢慢降温（大于 60min）至 4～5℃，再加入与精液等温的第二稀释液。第二稀释液的加入可采用 1 次、多次以及缓慢滴入等方法，甘油最终浓度为 5%～7%。转动试管，均匀混合。

4. 精液的平衡　是指稀释液中的甘油与精子相互作用，达到保护精子的目的。方法是将稀释好的精液用硫酸纸封好管口，再用棉花包好试管或直接将试管放入装有 200ml 与精液等温（20～25℃）的水杯中，一并放入 5℃的冰箱中缓慢降温平衡 3～5h。

（三）精液冷冻操作技术

1. 颗粒冷冻法

（1）滴冻：将 1～0.4mm 铜网放在 5L 的广口液氮罐内，铜网距液氮罐口 8～10cm，距离液氮面 5～7cm，网面中心温度在 -120～-80℃。如果没有低温温度计，可根据滴冻时颗粒上是否出现一束上升的白雾来判断温度是否适宜，并调整铜网距液氮面的距离。每毫升精液滴冻 10 粒为宜，滴冻结束后，盖上容器盖，停留 2～3min，然后将已冻精粒投入液氮中。随机抽样检查，解冻后活力 0.3 以上为合格，装入纱布袋，标记后放入液氮中保存。

（2）解冻：在解冻管内加入 2.9% 的柠檬酸钠溶液 0.2ml，在 40～43℃温水中加热 2～3min，然后放入 1 粒冻精，轻轻摇晃，使之融化，待融化 2/3 时取出放在手中，借手温全部融化，取少许放在玻片上镜捡。

2. 细管冷冻法

（1）细管印字：细管又称麦管。使用无毒聚乙烯制成，容量有 0.25ml 和 0.5ml 两种。在细管上印有代号、品种、编号、生产日期等，放在冰箱内预冷。

（2）分装：用法国凯劳式分装机要在平衡后分装，用日产式分装机要在分装后平衡。

（3）冷冻：将 1～0.4mm 铜网放于 5L 的广口液氮罐内，铜网距液氮面 5～7cm，距液氮罐口 7～8cm，网面温度 -120℃。将平衡后的精液细管铺在铜网上，盖上容器盖，冷冻 8～10min，然后浸入液氮中。抽样检查解冻后精子活力在 0.3 以上为合格，装入纱布袋，标记后放入液氮中保存。

（四）人工输精技术

1. 母鹿发情控制　发情控制是指利用某些激素制剂，人为调控鹿的发情周期，促使母鹿按照人们的要求在一定的时间内发情、排卵及配种。

（1）诱导发情：利用外源性激素或某些生理活性物质及环境条件刺激，通过内分泌和神经调节，激发卵巢机能，促进卵泡生长发育，达到催情目的。①孕马血清促性腺激素（PMSG）：肌注 800～1 000IU,间隔 10～15d，连续注射两次。②孕激素及类似物与 PMSG 结合：促进卵巢超数排卵，提高双胎率和平均产仔数。③前列腺素（PGF）类似物：能消除卵巢的功能性黄体，引起卵泡发育、发情以及排卵。④PGF与 PMSG 结合应用：肌注 2～3mg/次，8～9d 再注射一次，可诱导发情。⑤异性刺激：配种初期向母鹿群放入试情公鹿，促进母鹿发情。

（2）母鹿同期发情：指利用某些生殖激素制剂，人为调控母鹿群的发情进程，使母鹿在预定的时间内集中发情。便于实施人工授精，提高繁殖力。①阴道栓塞法：用拴细线的软海绵块或泡沫塑料经严格消毒后浸入孕激素制剂，用长柄钳送至靠近子宫颈的阴道深处，9～12d 后取出，在取出当天肌注孕马血清促性腺激素 800～1 000IU,2～4d 内多数母鹿出现同期发情。国外使用一种叫做 CIDR 的三杈型硅胶环孕激素栓塞诱导母鹿同期发情，安全可靠。②口服药物法：将一定量的孕激素类药物均匀地混合在饲料中，连续饲喂母鹿一定天数后同时停喂，在几天内能使大多数母鹿同期发情。缺点是母鹿大群饲养时饲料采食不均匀，影响同期发情效果。③埋植法：把一定计量的孕激素装在有微孔的塑管中或吸附硅胶棒中，或制成专用的埋植复合物，利用特制的套管针和埋植器具，将埋植物埋植在母鹿的耳背或颈侧，经一定时间取出。取出同时肌注孕马血清促性腺激素 400～800IU，2～4d 母鹿发情。④前列腺素法：在母鹿发情周期第 5～8d（黄体功能期）将前列腺素注射到子宫、子宫颈或肌肉，利用前列腺素溶解功能性黄体而诱导母鹿发情。⑤综合处理法：将鹿麻醉后，颈部皮下埋植装有 18－甲基炔诺酮粉末的带孔细管（用药剂量为 60mg/只），同时肌肉注射雌二醇 3.0mg/只。间隔 12d 后取出埋植物，同时肌肉注射 PMSG、HCG 各 700IU/只。次日用试情公鹿试情。在 4～9d 内的同期发情率为 57.14%，产仔时间缩短 16d，受胎率为 100%。不管使用何种方法，用激素处理后均需密切注意观察母鹿的发情表现，及时输精。同期发情处理后大多数母鹿能正常发情和排卵，但可能有少数母鹿无明显发情征候和性行为表现。到第二次自然发情时会一切正常。因此，对同期发情母鹿不但要抓紧输精工作，更要关注部分母鹿下一个发情期的发情与输精工作。

2. 母鹿发情鉴定及输精　用试情公鹿试情，确认母鹿发情后 8～10h 内一次输精，或 6～12h 两次输精。先用医疗保定器保定或用眠乃宁麻醉保定母鹿，再用开腔器撑开阴道，将吸入精液的输精器通过子宫颈口 2～3cm。现多采用直径 4cm、长约 30cm、前端内壁装有光源的聚乙烯管代替开膣器实施输精，效果较好。

［实训要求］　按程序写出鹿人工授精的技术要点及注意事项。

实训九　林蛙油的加工、质量鉴定与真伪鉴别

［目的要求］　掌握林蛙油的加工方法与真伪鉴别技术。

［材料与用具］　烘干箱、手术刀、玻璃容器、林蛙。

［方法与步骤］

（一）林蛙的干制

将林蛙用 60～70℃的水烫死，然后用铁丝或麻绳从上下颌或左右眼睛穿过，将林蛙穿成串，放在通风良好的地方晾晒 7～10d 即可自然干燥。干制过程中要注意防止受冻或

发霉，阴雨天或夜间要收于室内。或用火炕加温干制，室温在20~25℃，4d基本可以干燥，但不可直接放在火炉上烘烤，如若烘烤，必须在空气中干燥1d使体重减轻30%~40%之后，再放在火炉上烘干。目前，最好的干燥方法是机械干燥法，即采用烘干箱进行干燥，温度在50~55℃，约经48h可完全干燥。

（二）林蛙油的剥取

1. 鲜剥林蛙油　鲜剥林蛙油，是将活蛙杀死之后，从体内取出输卵管，再经干制而成林蛙油，具体操作如下：

将活蛙装入桶内，用50~60℃热水烫死，在冷水中冷却5~10min后，在蛙体正中线用手术剪刀剪开，再向左右各剪一横口，用小镊子夹住输卵管，先从下边连接子宫的部分切断，剪刀经输卵管背面将系膜剪断，一边剪一边用镊子提起输卵管，一直剪到肺根附近，将输卵管全部剪下来。剪下一根之后，再将另一侧输卵管剪下来，将剪下的输卵管堆成一小堆，放在50~60℃的烘干箱内烘干，经4~6h即可干燥好。

2. 干剥林蛙油　把干制的林蛙放于60~70℃的温水中浸泡10min（注意不要把口腔浸入水中，且浸泡时间不要过长，否则，水浸入腹腔，油即膨胀且和卵巢粘在一起很难剥离，降低油的质量）。将浸泡好的蛙取出后，装入盆或其他容器里，用湿润的麻袋等物加以覆盖，放在温暖的室内，经6~7h，皮肤和肌肉变软后即可剥油（输卵管）。剥油的方法有：

（1）将颈部向背面折断，去掉脊柱，从背面撕开腹部，即可取出油块。

（2）从腰部向背面折断，去掉肋骨和脊柱，从背面剥开腹部取出油块。

（3）将前肢沿左右方向朝上掰开露出腹部，从腹面剖开腹部，去掉内脏和卵巢取出油块。

剥油时要取净全部油块，不要丢掉细小的油块，特别注意将延伸到肺根附近的小块油取出。并将内脏器官，如肝、肾、卵粒等从油里挑干净。

（三）林蛙油的分等、包装与保藏

刚剥出的林蛙油，水分多，要放在通风干燥处晾3~5d，待充分干燥后，以油的色泽、块的大小及杂物含量等分级。其等级标准如下：

一等：金黄或黄白色，块大整齐，透明有光泽，干净无皮肌、卵粒等杂物，干而不潮者。

二等：淡黄色，干而纯净，粉籽、皮肌及碎块等杂物不超过1%，无碎末，干而不潮者。

三等：油色不纯白，不变质，碎块和粉籽、皮肉等杂物少于5%，无碎末，干而不潮者。

四等（等外）：油呈黑红色，少有皮肉、粉籽及其他杂物，但不超过10%，干而不潮者。

林蛙油可用木制、玻璃容器盛装，容器内衬油纸或白纸，装入后加盖严封，贮存在干燥的环境中，防止潮湿发霉和生虫。夏季容易受鞘翅目昆虫危害，应设法防除。一般采用白酒喷洒，或将启盖的酒瓶放入装林蛙油的箱中用日光晒也能防潮灭虫。

（四）林蛙油的真伪鉴别

1. 性状鉴别　干品为不规则弯曲、相互重叠的厚块，略呈卵形，长1.5~2cm，厚

1.5～3mm。外表乳白（入蛰后生产的）或黄白色（出蛰后生产的），显脂肪样光泽，偶有带灰白色薄膜状的干皮，手摸有滑腻感，遇水可膨胀10～15倍。气味特殊、微甘，嚼之黏滑。

而雄性鳕鱼精巢干制品呈片状或条状，重叠集聚在一个系带上。片状断裂物呈小扇形翻卷成扭曲。黄色或土黄，质松、无光泽。断端有白茬，不整齐，有鱼腥气，味咸，稍苦。

中华大蟾蜍的输卵管呈粉条状弯曲盘旋，不堆黏成团，乳白色或黄白色，质坚有弹性，无光泽，断裂后成段，不成块，气稍腥，味甘辛麻舌。

琼脂蛋白脉加工品成团状、块状或弯曲粉条状，边缘有刀切痕，色灰白、稍透明，有光泽，质轻有弹性，不易破碎和断裂，气微味淡。

2. 火试与水试　林蛙油遇火易燃，离火自熄，燃烧时发泡，并有劈啪之响声，无烟，吸焦糊气不刺鼻。遇水膨胀，膨胀时输卵管壁破裂，24h后呈白色棉絮状，体积可增大15～20倍，加热煮沸不溶化，手捏不粘手。脱水干燥后可恢复原样，但失去了光泽。

雄鲜鱼的精巢，遇火易燃，燃烧处融化卷缩，并发出吱吱声，有烟，燃烧后有烤鱼之香气，遇水变为乳白色，稍有膨胀，形态不变，并有碎块脱落，使水呈混浊状，水表面出现油滴漂浮。气极腥，煮沸不溶化，呈凝团状。

中华大蟾蜍的输卵管，遇火易燃，遇水稍膨胀，输卵管管壁不破裂，只见粉条状物加粗，但形态不变。遇水虽变软，但不能将其拉直。断裂处呈狮子头样膨大，但不呈棉絮状。

黑龙江林蛙与中国林蛙相似，油为土黄色或棕黄色，吸水后体积增大约15倍。

琼脂蛋白加工品，遇火易燃，燃烧时卷缩，并发出吱吱声，有烟，焦烟气刺鼻。遇水膨胀不明显，呈透明胶冻状。有韧性，煮沸后溶化，冷却后凝固。

3. 显微镜检查　林蛙油加碘酒染色后，在显微镜下呈金黄色，腺体细胞肥大，呈长椭圆形，排列整齐，细胞壁明显。靠腺体内腔一端较狭，细胞壁凸起，细胞核椭圆形，位于细胞中间偏向腺体内腔一面，腺体低部较宽，上端极狭，呈圆锥形，腺体开口呈心脏形内凹，腺体内腔较宽，整个腺体布满细小纹理。

黑龙江林蛙输卵管，腺体细胞较短，呈方形，细胞核不太明显。腺体较狭，大约为中国林蛙的3/4，腺体内腔宽度约为中国林蛙油的1/2，腺体上纹理少于林蛙油。

雄鳕鱼精巢，遇碘酒后迅速凝固，压片后凝固或呈韧性很强的片状物。没有腺体和腺体细胞。精巢表面细胞为多角形，不明显，清晰可见不规则的细胞碎块和细丝组成的条状物。

中华大蟾蜍的输卵管。腺体宽而呈三角形，腺体内腔较粗，腺体开口凹陷较大。腺体细胞形态不一，排列不齐，细胞较小，大约为林蛙油的1/4。细胞壁不明显，细胞核近圆形，位于腺体内腔一侧。腺体细小、纹理少，在显微镜下显得光亮而鲜艳。

琼脂蛋白加工品，遇碘酒后不易着色，镜检只见大量的糊化固体。

［实训要求］　按程序写出实训报告及体会。

实验十 蛇毒的采收及干毒的制备

［目的要求］ 掌握蛇毒采收和干燥的基本方法。

［材料与用具］ 蝮蛇、真空泵、漏斗、试管、取毒器、有色玻璃瓶、钳子、瓷碟、鲜奶（胆汁）、高筒硬胶靴、防护手套、急救药械。

［方法与步骤］

（一）蛇毒的采收

将蝮蛇关在竹篓或细孔铁笼内，冲洗干净。取毒时一人从蛇篓内钩起毒蛇，第二人先用钳子夹住蛇头，然后用左手捏住蛇的头颈部，右手捏住蛇体，轻重适宜，使蛇安静不动，第三人左手拿取毒器，伸入蛇口，使毒牙卡在取毒器的小漏斗边缘，双牙外露，呈咬皿状，毒液便从毒牙中滴出，顺漏斗边缘流入取毒器。如不咬皿或不排毒时，可将拇指和食指上下轻压毒蛇头部两侧（相当于颊窝部）毒腺囊，毒液即由毒牙管流出。将取毒器及漏斗固定，一人即可完成上述操作过程。为避免温度影响酶活力而降低蛇毒质量，可将取毒器放在装有冰块的广口保温瓶中，小漏斗通过带孔胶塞将毒液输入取毒器（30～50ml 试管）中。

（二）干毒的制备

1. 普通真空干燥法

（1）检查真空干燥装置，开动真空泵 3～5min，关闭静止 30min，真空干燥器内仍然保持较低负压，可确认设备良好。

（2）先将蛇毒高速离心 0.5h 左右，除掉杂质，小心迅速接入真空干燥器中，干燥器下层事先放入干燥剂（五氧化二磷，装在较大的培养皿内）。密封后立即开动真空泵，待真空泵转动正常时，再打开活塞，观察抽气是否正常。

（3）在抽气过程中，必须随时观察毒液的蒸发情况，当水分迅速蒸发时，毒液表面很快变成黏稠状。开始有气泡产生时，应注意调节干燥器的排气阀，控制抽气速度，气泡多易使蛇毒外溅，应及时关闭排气阀，停止抽气，待气泡消失后，继续抽气，如此反复直至蛇毒表面发生“龟裂”，即可关严排气阀，在真空状态下再静止 1h，使蛇毒彻底干燥。

（4）逐渐打开干燥器的排气阀，使干燥器内外气压平衡，然后开启，取出蛇毒，置于无菌瓶中避光保存。

2. 冷冻真空干燥法

（1）先将离心后的蛇毒移入玻璃真空装置的真空球内，再把真空球置入装有 -25～-30℃酒精溶液的低温浴槽内，迅速旋转真空球，使蛇毒在真空球内冻结成均匀的一层。

（2）迅速安装好玻璃真空装置，将其底端放入浴槽内，开动真空泵。

（3）暴露在空气中的装有蛇毒的真空球的表面开始结霜，一直不间断地真空抽气，直至真空球表面的霜层融化尽，无水滴为止，即干燥完毕。

（4）关闭排气阀，停止抽气，取下真空球，再关闭低温浴槽的开关。

新鲜蛇毒为均匀一致的半透明的黄白色黏稠状液体，干燥后均为疏松的淡黄色粉末，冷冻干燥的呈乳白色粉末，形似奶粉。干毒吸水性较强，放置一定时间变为金黄色结晶体。

［实训要求］ 按程序写出实训报告及体会。

实训十一 蝎子的采收与加工

［目的要求］ 熟悉蝎子的采收、加工及蝎毒的采取方法，掌握相应操作技能。

［材料与用具］ 蝎子、桶、盆、簸箕、刷子、筷子、镊子、锅、笊篱、食盐、白酒、生理实验多用仪、小烧杯、手套、长筒靴、布袋、喷雾器、冰箱等。

［方法与步骤］

（一）采收

除留作种用以外，其他成蝎、已交配的雄蝎、已产仔蝎3～4次以上的雌蝎以及一些肢残、患病体弱的蝎子均可采收以制成商品蝎。

1. 野生、盆养、缸养和池养蝎采收 蝎子的数量较少，可用竹筷或镊子夹入盆内，数量再多时，用大号、中号毛刷，将蝎子扫入簸箕内，倒入光滑的塑料桶或盆内，遇有垛体时，将瓦片或砖块一一拆掉，一边拆，一边将蝎子夹入或扫入盆内。

2. 房养蝎子 数量较多，室内设置较为复杂，不易一一拆卸。用喷雾器将30°左右的白酒对养殖房喷雾。喷雾前将门窗关好，仅留下墙基脚的两个出气孔不堵塞。喷雾约30min后，蝎子耐不住酒精的刺激，便会从出气孔向外逃窜。在出气孔处放一较深的塑料盆（桶），蝎子逃出时逐个掉入盆（桶）内。

采收蝎子时要谨慎操作，防止人、蝎受伤。对采收到的蝎子进行分捡，将中小蝎子捡出留作种用，非种用大蝎用于加工。

（二）全蝎的加工与保存

1. 预处理 将蝎子放入塑料盆、桶内，加入冷水浸泡，冲洗掉蝎子身上的泥土，使其排出体内的粪便，保持蝎体清洁。反复冲洗几次，洗净后捞出。

2. 加工方法

（1）咸全蝎：将洗净的蝎子放入盐水锅内，浸泡0.5～2h。一般500g活蝎，加150g食盐，2.5L水，盐水以没过蝎子为度。经过浸泡，用文火慢慢将盐水烧开，煮20min左右，用手指捏其尾端，如能挺直竖立，背见抽沟、腹瘪，即可捞出，置于通风处阴干（不可晒干）即可。

（2）淡全蝎：将洗净的蝎直接放入不加食盐的沸水中，待重新沸腾后2～3min即可捞出，快速晒干或烘干。

3. 保存 咸全蝎在湿热的夏季会吸水返潮，返卤起盐，但不易遭受虫蛀，不易发霉；淡全蝎不会返卤，形态较为完整，但易受到虫蛀或发霉，干时碰压易碎。

加工好的成品蝎宜放入布袋或塑料袋中置阴凉干燥通风处保存，每千克干品蝎可拌入香油20ml，以防潮湿，放入适量樟脑以防虫蛀。

4. 产品质量要求 优质的全蝎体轻、质脆、气腥、味咸，颜色正，新货有光泽，虫体完整，大小均匀，体内无杂质，无虫蛀，不返卤，不含盐粒和泥沙等其他杂质。

（三）蝎毒采取

1. 人工采毒 取6龄以上的蝎子，用镊子夹住蝎子的一个触肢，不能夹破。蝎子因自卫便会排毒。先用玻片接取蝎毒，用注射器收集毒液，然后分装于深色安瓿内，抽去空气，密封，放入 -5 ~ -10℃低温冰箱中保存。

2. 电刺激取毒 用生理实验多用仪，调频到128Hz，电压6 ~ 10V，以1只电极夹住蝎的一个触肢，1个金属镊夹住第二尾节处，用另一电极不断接触镊子，蝎子即可排毒；为防接触不良，可在电极与触肢的接触处滴上生理盐水。毒液先清后浊，排量较大，用小烧杯收集毒液，达一定数量时，用注射器吸取并分装于深色安瓿内，抽去空气，密封，放入 -5 ~ -10℃低温冰箱中保存。10d 后方可再次取毒。

［实训要求］ 按程序写出实训报告及体会。

实训十二 蜈蚣的采收与加工

［目的要求］ 掌握蜈蚣的采收和药用加工方法。

［材料与用具］ 钉耙、竹片、容器、煮制设备等。

［方法与步骤］

1. 采收 用钉耙翻动蜈蚣栖息的瓦片、碎石，发现蜈蚣时，用宽竹片夹住，放入容器中。若发现蜈蚣，而没有夹子，可徒手捕捉，用食指或其他工具压住其头部，使其毒颚张开，不能合拢，然后用拇指配合食指捏起头部，拿起后一只手将蜈蚣躯体握进手掌，扔进容器中。在扔进容器的过程中要注意将其头尾一起脱手，否则易被蜇伤。

2. 初加工 将采收的蜈蚣用两端削尖的竹片，刺入头尾两端，将其撑起绷直，晒干或烘干。

3. 注意事项 捕捉时要安静，防止发生惊扰。同时要注意安全。

［实训要求］ 按程序写出实训报告及体会。

实训十三 蛤蚧的加工

［目的要求］ 掌握蛤蚧的加工方法。

［材料与用具］ 解剖板、解剖刀、铁钉、竹钉、竹签、60°米酒、硫磺、火炉、木箱。

［方法与步骤］

1. 干制 一般用刀背在蛤蚧头的枕部轻轻一击，将蛤蚧处死，挖去眼睛，然后将蛤蚧腹面朝上，用铁钉将头钉于解剖板上。左手持蛤蚧尾臀部，拉直身躯，右手持刀从蛤蚧肛门处桃起，经腹、胸位直至喉后方。然后撑开胸、腹壁，取出内脏弃之，用布把血液抹干。取3根粗0.4cm的竹签，长短依蛤蚧体躯及四肢的长短而定。第一根竹签插在左肩到右胯部之间，第二根插在右肩部至左胯部之间，第三根经过胸部，插入两前肢，直至指端。再用一根粗约0.8cm的竹签，从头的吻部直插至尾尖，或仅插入头吻部，经过胸、腹部直至尾端。然后用砂纸（两广特产，为一种性韧又能吸水的纸）将尾缠系于竹签上。最后用0.1cm厚、长约等于展开的胸、腹体壁宽，宽约等于蛤蚧从胛窝下方到鼠蹊部的直线距离的一长方形竹片，安插在胸腹体壁的内壁，展开体壁。经过以上处理，蛤蚧全身均匀地伸展开。置于硫磺火炉上，用文火焙干，包装后放于密封木箱内保存或运输。要注意防潮，每隔10d用硫磺烟火熏1次，以防虫蛀及烂裂。中药材习惯成对出售。

2. 泡制蛤蚧酒　用蛤蚧的骨肉浸制的药酒叫蛤蚧酒。其加工方法有以下两种：

（1）干制蛤蚧浸的酒：将干制过的蛤蚧，用淡盐水洗去污物，剥去体表被覆鳞片，去掉插在体壁内的竹签和竹片，待晾干后，整体浸泡于60°的米酒中，贮藏100d以上即成。

干制蛤蚧浸制的蛤蚧酒呈棕褐色，半透明的澄清状。

（2）生蛤蚧酒：将活蛤蚧处死，用水洗干净，剥去体鳞，剖开胸、腹部，挖去内脏，用砂纸吸干血液（不能用水洗），置于60°米酒中，浸泡100d以上。

此法制成的蛤蚧酒呈青绿色、深暗状。广西壮族自治区浸泡蛤蚧酒常用的配方为100kg酒，浸入100条蛤蚧，并加当归、苁蓉、龙骨、阿拉伯胶、桑螵蛸、大枣、川芎、白芷等中药各400g，一方面中药可去掉蛤蚧的腥味，另一方面，中药配伍后的协同作用，可增加药酒的功效。

［实训要求］　按程序写出实训报告及体会。

实训十四　特禽的孵化

［目的要求］　掌握特禽种蛋选择、消毒的方法，掌握胚胎生物学检查的一般方法；了解孵化机的构造，掌握机器孵化的主要管理操作技术。

［材料与用具］　新鲜种禽蛋，保存1个月以上的种禽蛋及各种畸形蛋若干枚；孵化各日龄的胚蛋，胚胎发育图，孵化记录资料，高锰酸钾、福尔马林，照蛋器、干湿温度计、消毒柜、孵化机、出雏机等。

［方法与步骤］

1. 种蛋的选择

（1）考察种蛋是否来源于健康、高产、公母比例适当的种禽群。

（2）通过看、摸、听、嗅等感官和照蛋器对种蛋作综合鉴定，判断种蛋是否新鲜；蛋形、蛋重、蛋色是否符合品种特征；蛋壳是否致密、厚薄适度、无破损、无皱纹，表面清洁。剔除过长、过圆、两头尖等畸形蛋和蛋白变稀、气室较大、系带松弛，蛋黄膜破裂、蛋壳有裂纹的种蛋。

2. 种蛋的消毒

（1）熏蒸法：按每立方米空间甲醛溶液30ml、高锰酸钾15g熏蒸消毒20～30min。

（2）高锰酸钾溶液浸泡法：将种蛋放入40℃左右的0.01%～0.05%的高锰酸钾溶液，浸泡2～3min，取出晾干。

（3）碘溶液浸泡法：将种蛋放入40℃左右的0.1%的碘溶液内，浸泡1min左右，洗去污物，可杀死蛋壳上的杂菌和白痢杆菌。

（4）新洁尔灭溶液浸泡法：将种蛋放入40℃左右的0.2%的新洁尔灭溶液内，浸泡约2min，取出晾干。使用时，应避免肥皂、碘、高锰酸钾、碱等物质渗入，防止药液失效。

3. 孵化前的准备

（1）孵化机的检查：入孵前1周对机器各部件进行仔细检查。在孵化器上、中、下蛋盘内放置校正好的标准水银温度计，调节导电温度计到需要的数值，将孵化机连续运转

24h 以上，检查孵化机温度计是否准确，自动控温装置是否正常，警铃和抽风设备是否有效。如有不正常，必须及时、彻底修好。入孵前 1 ~ 2d 开机调整机内温度和湿度，使之达到孵化所需的各种条件。

（2）孵化室和孵化器消毒：入孵前对孵化室屋顶、地面及各个角落，孵化器的内外进行彻底的清扫和刷洗，然后用福尔马林熏蒸消毒。按每立方米空间甲醛溶液 30ml，高锰酸钾 15g 计算。消毒条件是温度 25℃，相对湿度 70% 左右，熏蒸时间 60min。最后打开机门，开动风扇，散去福尔马林气味，即可孵化。

（3）种蛋预温：种蛋从贮存室取出立刻孵化，蛋面会出汗而降低孵化率。所以，种蛋入孵前要预温 12 ~ 20h，使蛋温逐渐缓慢升至 30℃左右，然后再入孵。

（4）种蛋装盘：将经过选择、消毒、预温的种蛋大头向上略微倾斜地装入蛋盘。尽可能将种蛋放在蛋盘中间。往机内装蛋盘时，一定要卡好盘，以防翻蛋时蛋盘自行滑落、脱出。蛋盘放入孵化机内即可开始孵化。

4. 提供舒适的孵化条件

（1）温度：种蛋含脂量相对较高，蛋壳膜、蛋壳、气孔和内外壳膜等结构特殊，孵化初期种蛋受热较慢，而中后期胚胎代谢产生大量热，因此，孵化温度采用前高、中平、后低。孵化各阶段温度要严格控制，绝不能超温。孵化前期超温不利于尿囊合拢；后期超温不利于封门或提早封门。温度高，出雏期提前，雏禽个体小，畸形增多，成活率低；若温度偏低，则出雏期推迟，雏出壳后站立不稳，有的腹部浮肿。

（2）湿度：供湿的原则是两头高中间低。前期湿度高，可使种蛋受热良好、均匀，中期低，有利于胚蛋的新陈代谢，孵化后期和出雏阶段，提高湿度利于散热和便于啄壳出雏。湿度过小，出雏早，雏禽体重轻、绒毛干枯；湿度过大，出雏迟，雏禽与蛋壳粘连，孵出的禽大肚子多。

（3）通风换气：通风换气的原则是前少后多。随着胚龄的增大，逐渐增加换气次数。在不影响孵化温度和湿度的情况下，应加大通风换气。在孵化过程中蛋周围空气中的二氧化碳含量不能超过 0.5%。

（4）翻蛋：翻蛋可以促进胚胎活动，防止内容物粘连蛋壳，受热均匀。前期翻蛋最为关键，要求每 2 ~ 3h 翻蛋一次，胚胎转入出雏器后停止翻蛋。

（5）凉蛋：凉蛋可以加强胚胎的气体交换，排除蛋的积热。特别是孵化后期的胚蛋，随着胚龄的增加，蛋温急剧增高，必须向外排出多余的热量，使胚蛋不致超温。

5. 孵化期的管理

（1）拟定孵化计划：根据生产情况和销售合同制定孵化计划。计划入孵种蛋数时按入孵蛋孵化率 70% ~ 90%、公母出雏比例为 1∶1 进行推算。

（2）孵化期的日常管理：实习期间应经常检查孵化机和孵化室的温、湿度情况，观察机器的运转情况，特别是电机和风扇的运转情况。机内水盘每天要加 1 次温水。湿度计的纱布要保持干净，最好出雏 1 次更换 1 次。

（3）照蛋：孵化过程中应随时抽检胚蛋，以掌握胚胎发育情况，并据此控制和调整孵化条件。一般进行 2 次全面照蛋检查。第一次照蛋在起珠时进行，捡出无精蛋和死胚蛋。第二次在胚胎转身（“斜口”）后进行，剔除死胚蛋，将发育正常的胚蛋移至出雏盘。

（4）出雏：开始出雏后，每隔 5 ~ 10h 捡雏 1 次。每次仅捡羽毛已干的幼雏。刚出壳、羽毛潮湿的幼维应暂留出雏器内，待下次再捡。

（5）熟悉孵化规程与记录表格：仔细阅览孵化操作规程、孵化日程表、工作时间表等，做好孵化记录；掌握安排孵化日程和孵化计划的方法。

（6）孵化效果的分析：根据孵化结果分析孵化过程中存在的问题。

［实训要求］ 按程序写出种蛋选择、消毒的步骤；画出 3 个典型时期胚胎发育的特征；根据孵化记录，分析孵化效果。

表实－5 几种特禽蛋的孵化条件

孵化条件		乌鸡	雉鸡	孔雀	鹌鹑	肉鸽	火鸡	珍珠鸡	鹧鸪	鸵鸟	野鸭	番鸭	大雁
孵化温度（℃）	前期	37.8～38	37.8～38	38.5～39	38	38.7	37.5～37.8	38.2～38.8	37.5～38	36.5	38～38.5	38～38.5	38～38.5
	中期	37.5～37.8	37.5～37.8	38～38.5	37.8	38.3	37.2～37.5	37.5～38.2	37.2～37.5	36	37.5～37.8	37～37.8	37～37.5
	后期	37.3～37.5	37～37.5	37.5～38	37.5	38	36.4～37	37～37.5	37～37.2	35.5	36.5～37.5	36.5～37	36～37
孵化温度（%）	前期	65～70	65～70	65～70	65～70	65～70	55～60	60～65	55～60	22～28	65～70	65～70	60～65
	中期	50～55	50～55	60～65	55～60	60～65	50～55	55～60	50～55	18～22	60～65	60～65	60～65
	后期	65～70	70～75	65～75	65～70	70～80	65～75	65～75	60～70	22～28	70～75	70～75	70～75
照蛋时间（d）	头照	7	7	7	5	5	7	7	7	14	7	7	7
	二照			14			14	14		24	18	18	14
	三照	18	18～19	25～26	12～13	10	24～25	23～24	20～21	36～38	24～25	32～34	26～28
落盘时间（d）		18～20	21	25～26	14～15	15～16	25～26	24～25	20～21	39～40	25～26	32～34	28～30
出雏时间（d）		20～21	23～24	27～28	16～17	17～18	27～28	26～27	23～24	40～42	26～28	34～35	30～31
孵化期（d）		21	24	28	17	18	28	27	24	42	28	35	31

实训十五 鸽的雌雄鉴别

［目的要求］ 掌握捉鸽、持鸽及鸽雌雄鉴别的方法。

［材料与用具］ 在生产鸽舍内进行，每个学生分别鉴别不同生理阶段鸽子 5 对。

［方法与步骤］

1. 捉鸽　笼内捉鸽时，先把鸽子赶到笼内一角，用拇指搭住鸽背，其他四指握住鸽腹，轻轻将鸽子按住，然后用食指和中指夹住鸽子的双脚，头部向前往外拿。鸽舍群内抓鸽时，先决定抓哪一只，然后把鸽子赶到舍内一角，张开双手，从上往下，将鸽子轻轻压住。注意不要让它扑打翼羽，以防掉羽。

2. 持鸽方法　让鸽子的头对着人胸部，当用右手抓住鸽子后，用左手的食指与中指夹住其双脚，把鸽子腹部放在手掌上，用大拇指与无名指、小指由下向上握住翅膀，用右手托住鸽胸。

［实训要求］ 通过捉鸽、持鸽、雌雄鉴别的练习，写出雌雄鉴别要点和体会。

帝王白貂
标准貂
欧洲水貂
银黑狐
蓝霜狐
白色北极狐
芬兰蓝狐
赤狐
乌苏里貉
公羊兔
花巨兔
比利时兔
黄狐兔
德系安卡拉兔
加利福尼亚兔
彩色安卡拉兔
虎皮黄兔
哈白兔
新西兰白兔
日本大耳白兔
力克斯兔
白唇鹿
东北马鹿
东北马鹿

麋鹿

梅花鹿

圣伯纳犬

藏獒

林麝

海狸鼠

银王鸽